DGGT und DVW

Empfehlungen des Arbeitskreises Geomesstechnik

Arbeitskreis 2.10 „Geomesstechnik" der DGGT und des DVW

Empfehlungen des Arbeitskreises Geomesstechnik

Ernst & Sohn
A Wiley Brand

Herausgeber

Arbeitskreis 2.10 „Geomesstechnik" der Deutschen Gesellschaft für Geotechnik e. V. DGGT und des DVW – Gesellschaft für Geodäsie, Geoinformation und Landmanagement e. V.

Schriftleitung
Akad. Direktor Dr.-Ing. Jörg Gattermann
Institut für Geomechanik und Geotechnik
Technische Universität Braunschweig
Beethovenstraße 51b
30106 Braunschweig
kontakt@ea-geomesstechnik.de

Cover
Arbeitskreis „Geomesstechnik"
(©) Bildquelle Coverabbildungen:
links oben: Ankerkraftmessungen | Benedikt Bruns
rechts oben: Spannungsmessgeber im Pfahl | Jan Fischer
links unten: Automatisiertes Tachymeter | Werner Lienhart
rechts unten: Gleitmikrometermessungen | Jörg Gattermann

Bibliografische Information der Deutschen Nationalbibliothek
Die Deutsche Nationalbibliothek verzeichnet diese Publikation in der Deutschen Nationalbibliografie; detaillierte bibliografische Daten sind im Internet über http://dnb.d-nb.de abrufbar.

Print ISBN 978-3-433-03343-2
ePDF ISBN 978-3-433-61081-7
ePub ISBN 978-3-433-61080-0

Umschlaggestaltung Design pur GmbH, Berlin
Satz le-tex publishing services GmbH, Leipzig
Druck und Bindung CPI Group (UK) Ltd, Croydon, CR0 4YY

Gedruckt auf säurefreiem Papier.

C114938_020821

Widmung

Im Oktober 2020 verstarb der englische beratende Ingenieur für geotechnische Instrumentierungen John Dunnicliff im Alter von 86 Jahren. John Dunnicliff gilt für uns alle als Wegbereiter bei der systematischen und praxistauglichen Anwendung der Geomesstechnik mit seinem im Wiley-Verlag 1988 veröffentlichten Buch *Geotechnical Instrumentation for Monitoring Field Performance* (auch bekannt als das *Rote Buch*). Zur Würdigung seiner Arbeit und immerwährenden Unterstützung im internationalen Expertenkreis widmen wir ihm diese Empfehlungen.

John Dunnicliff (links) mit Ralph Peck, dem Begründer der Beobachtungsmethode, im Jahre 2001 (Foto: H. Bock).

Inhaltsverzeichnis

Widmung *V*

Vorwort der Deutschen Gesellschaft für Geotechnik e. V. *XIII*

Vorwort des DVW Arbeitskreises 4 „Ingenieurgeodäsie“ *XV*

Vorwort der Obfrau/des Obmanns des Arbeitskreises *XVII*

Einführung *XXI*

Abkürzungsverzeichnis *XXV*

Verwendete Größen und ihre Formelzeichen *XXIX*

Abbildungsverzeichnis *XXXI*

Tabellenverzeichnis *XXXVII*

1 Geomesstechnik *1*
1.1 Ziele der Geomesstechnik *1*
1.2 Sensibilität, Transparenz, Akzeptanz *2*
1.3 Normative Regelung *3*
1.4 Ganzheitliche Entwicklung und Umsetzung von Messprojekten *5*
1.5 Risikomanagement *7*
1.5.1 Projektübergreifendes Risikomanagement *7*
1.5.2 Georisikomanagement *10*
1.5.3 Aufgaben der Geomesstechnik im Rahmen des Georisikomanagements *12*
Literatur *13*

2 Zielsetzung geotechnischer Messungen *15*
2.1 Grundsätzliches *15*
2.2 Erkundungsphase *15*

2.3 Beobachtungsmethode *18*
2.4 Beweissicherung *19*
2.5 Qualitätssicherung für Baumaßnahmen *20*
2.5.1 Qualitätssicherung im Erdbau *20*
2.5.2 Qualitätssicherung im Spezialtiefbau *21*
2.6 Steuerung von Bauprozessen *22*
2.7 Beobachtung des Betriebszustandes von Bauwerken *25*
2.8 Beobachtung des Stilllegungs- und Nachbetriebszustandes *25*
2.8.1 Beobachtung des Stilllegungszustandes *26*
2.8.2 Beobachtung des Nachbetriebszustandes *26*
2.9 Beobachtung naturbedingter Gefährdungen und Frühwarnung *27*
Literatur *28*

3 Messgrößen *31*
3.1 Allgemeines *31*
3.2 Bezugssysteme (Raumbezug) *31*
3.2.1 Definition von Bezugssystemen *31*
3.2.2 Amtliche Bezugssysteme *34*
3.2.3 Lokale Bezugssysteme *36*
3.2.4 Bezugssysteme in der Geotechnik *38*
3.3 Geometrie *40*
3.3.1 Verschiebungen im Raum *41*
3.3.2 Konvergenzen *41*
3.3.3 Neigungen *42*
3.3.4 Deformationen und Verzerrungen *42*
3.3.5 Schwingungen *43*
3.4 Mechanik *43*
3.4.1 Kräfte *44*
3.4.2 Spannungen (inkl. Porenwasserdruck) *44*
3.5 Geophysikalische Messgrößen *47*
3.6 Umwelt *47*
3.6.1 Temperatur *47*
3.6.2 Luftdruck *48*
3.6.3 Weitere Einflussgrößen *48*
3.7 Volumenströme *49*
Literatur *49*

4 Messsysteme und -verfahren *51*
4.1 Begriffe und Methoden *51*
4.2 Messprinzipien *53*
4.2.1 Geometrie *54*
4.2.2 Kinematik *65*
4.2.3 Mechanik *66*
4.2.4 Temperatur *72*
4.3 Messsysteme *74*

4.3.1 Geometrie *74*
4.3.2 Mechanik *107*
4.3.3 Grundwasserstand und Porenwasserdruck *123*
4.3.4 Meteorologie *131*
4.3.5 Temperaturen und Temperaturverteilung *131*
4.3.6 Volumenströme *134*
4.3.7 Geophysik *137*
4.4 Kalibrierung von Messsystemen *143*
4.4.1 Definition der Kalibrierung *143*
4.4.2 Werkskalibrierung *144*
4.4.3 Kalibrierkonzepte *145*
4.4.4 Vorgehensweise bei der Kalibrierung *146*
4.4.5 Bewertung der Kalibrierergebnisse *147*
4.5 Langzeitstabilität von Messsystemen *148*
4.5.1 Vorbemerkungen *148*
4.5.2 Empfehlungen zur Gewährleistung einer langjährigen Betriebsdauer und Stabilität von Messsystemen *149*
4.5.3 Überprüfung der Messsysteme *150*
4.5.4 Wartung *152*
4.6 Qualitätsbewertungen der Messungen *153*
4.6.1 Motivation und Herangehensweise *153*
4.6.2 Grundzüge der statistischen Qualitätsbewertung *154*
4.6.3 Messunsicherheitsbewertung nach GUM *168*
4.6.4 Weitere Methoden zur Bestimmung der Messunsicherheit *177*
4.6.5 Toleranz und Messgenauigkeit *178*
Literatur *183*

5 Grundsätze bei der Erstellung von Messprogrammen *195*
5.1 Bestandteile des Messprogramms *195*
5.2 Definition der allgemeinen Projektbedingungen und Messziele *196*
5.3 Herausarbeiten der geotechnisch relevanten Fragestellungen *197*
5.4 Messgrößen *198*
5.4.1 Definition der zu erfassenden Messgrößen *198*
5.4.2 Anforderungen an Messbereich und Messunsicherheit *198*
5.4.3 Anforderungen an die räumliche Auflösung der Information *199*
5.5 Messkonzept *199*
5.5.1 Messtechnische Instrumentierung *199*
5.5.2 Räumliche Verteilung der Messpunkte *200*
5.5.3 Zeitplan der Messungen *201*
5.6 Auswertekonzept *202*
5.6.1 Auswertung der Messdaten, Reaktionszeit *202*
5.6.2 Archivierung *202*
5.7 Erwartungsgemäßes Verhalten und Reaktionsstufen *203*
5.7.1 Erwartungsgemäßes Verhalten *203*
5.7.2 Schwellen-, Eingreif- und Alarmwerte *204*

5.7.3 Ermittlung von Schwellen-, Eingreif- und Alarmwerten *206*
Literatur *207*

6 Entwurf von Messprogrammen *209*
6.1 Auffüllungen und Schüttungen *209*
6.1.1 Ziel des Messprogramms *209*
6.1.2 Aufgabenstellung *209*
6.1.3 Messungen *210*
6.1.4 Auswertung und Interpretation der Ergebnisse *213*
6.1.5 Hinweise zur Verarbeitung der Messdaten *214*
6.1.6 Fallbeispiel *214*
6.2 Baugruben *217*
6.2.1 Ziel des Messprogramms *218*
6.2.2 Aufgabenstellung *218*
6.2.3 Messungen *219*
6.2.4 Auswertung und Interpretation der Ergebnisse *221*
6.2.5 Hinweise zur Verarbeitung der Messdaten *221*
6.2.6 Fallbeispiel *221*
6.3 Gründungen und Baugrundverbesserungen *224*
6.3.1 Ziel des Messprogramms *224*
6.3.2 Aufgabenstellung *226*
6.3.3 Messungen *226*
6.3.4 Auswertung und Interpretation der Ergebnisse *230*
6.3.5 Hinweise zur Verarbeitung der Messdaten *230*
6.3.6 Fallbeispiel 1 *230*
6.3.7 Fallbeispiel 2 *232*
6.4 Hänge und Böschungen *237*
6.4.1 Ziel des Messprogramms *237*
6.4.2 Aufgabenstellung *238*
6.4.3 Messungen *239*
6.4.4 Auswertung und Interpretation der Ergebnisse *244*
6.4.5 Hinweise zur Verarbeitung der Messdaten *245*
6.4.6 Fallbeispiel: Einschnittsböschung *245*
6.4.7 Fallbeispiel: Rutschhang (Hangrutschung) *248*
6.5 Talsperren, Dämme und Deiche *251*
6.5.1 Ziel des Messprogramms *251*
6.5.2 Aufgaben- bzw. Problemstellung *252*
6.5.3 Messungen *254*
6.5.4 Auswertung und Interpretation der Ergebnisse *260*
6.5.5 Hinweise zur Verarbeitung der Messdaten *260*
6.5.6 Fallbeispiel *261*
6.6 Tunnel *263*
6.6.1 Ziel des Messprogramms *263*
6.6.2 Untertägige Messungen *264*
6.6.3 Zu erfassende obertägige Messdaten *269*

6.6.4 Auswertung und Interpretation der Ergebnisse *271*
6.6.5 Hinweise zur Verarbeitung der Messdaten *272*
6.7 Untertägiger Hohlraumbau *272*
6.7.1 Ziel *272*
6.7.2 Aufgaben- bzw. Problemstellung *273*
6.7.3 Messungen *274*
6.7.4 Fallbeispiel *281*
6.8 Kaimauern und Kajen *284*
6.8.1 Ziel des Messprogramms *284*
6.8.2 Aufgaben- bzw. Problemstellung *284*
6.8.3 Messungen *286*
6.8.4 Auswertung und Interpretation der Ergebnisse *289*
6.8.5 Fallbeispiel *289*
6.9 Offshorebauwerke *291*
6.9.1 Ziel des Messprogramms *291*
6.9.2 Aufgabenstellung *292*
6.9.3 Messungen *293*
6.9.4 Auswertung und Interpretation der Ergebnisse *296*
6.9.5 Hinweise zur Verarbeitung der Messdaten *296*
6.9.6 Fallbeispiel *296*
Literatur *299*

7 Datenmanagement *305*
7.1 Gliederung in verschiedene Funktionsebenen *305*
7.1.1 Sensorebene *305*
7.1.2 Datenerfassungsebene *306*
7.1.3 Auswerteebene *307*
7.2 Datenerfassung *308*
7.2.1 Messprotokoll, Handmessgeräte *308*
7.2.2 Mobile Messgeräte mit Speicherfunktion *308*
7.2.3 Stationäre Logger und Messanlagen, Mess-PCs *308*
7.2.4 Messtechnischer Bericht und Darstellung der Messdaten *310*
7.3 Datenübertragung *310*
7.3.1 Messwertübertragung von der Sensorebene zur Datenerfassungsebene *310*
7.3.2 Datenübertragung zwischen Datenerfassungs- und Auswerteebene *313*
7.4 Datensicherung und -archivierung *315*
7.4.1 Datensicherung *315*
7.4.2 Datenarchivierung *316*
Literatur *316*

8 Datenauswertung: Datenaufbereitung, Datenanalyse und Visualisierung *317*
8.1 Datenaufbereitung *318*
8.1.1 Datensichtung (Plausibilitätsprüfung) *318*

8.1.2 Bereinigung *319*
8.2 Auswertung von kontinuierlichen Messungen *320*
8.2.1 Einführung und Aufgabenstellung *320*
8.2.2 Charakterisierung einer Zeitreihe *321*
8.2.3 Parameter einer Zeitreihe *324*
8.2.4 Voranalyse von Zeitreihen *325*
8.2.5 Betrachtung mehrerer Zeitreihen *328*
8.2.6 Suche nach Periodizitäten *331*
8.3 Visualisierung *334*
8.3.1 Grundsätze *334*
8.3.2 Darstellung von Zeitreihen *335*
8.3.3 Isolinien- und Tensordarstellungen *336*
Literatur *338*

9 Qualitätssicherung und vertragliche Rahmenbedingungen *341*
9.1 Planung messtechnischer Leistungen *341*
9.2 Ausschreibung und Vergabe von Ausrüstungs-, Mess- und Auswerteleistungen *342*
Literatur *345*

Anhang A Kurzbiografien der derzeitigen Mitglieder des Arbeitskreises *347*
Literatur *353*

Stichwortverzeichnis *371*

Vorwort der Deutschen Gesellschaft für Geotechnik e. V.

Unsere Gesellschaft erwartet im zunehmenden Maße Bauprojekte mit Transparenz und Sensibilität zu planen und durchzuführen. Objektive messtechnische Analysen sind dabei eine wesentliche Voraussetzung für die gesellschaftliche Mitwirkung und auch die Akzeptanz. Messtechnische Überwachungen von Bauprojekten haben aufgrund dieser Ansprüche in den letzten Jahren hinsichtlich Methoden und Techniken eine intensive Weiterentwicklung durchlaufen.

Die Geomesstechnik, als interdisziplinäres Zusammenwirken von Geotechnik und Ingenieurgeodäsie, trägt in zunehmendem Maß zur Lösung geotechnischer Fragestellungen mithilfe messtechnischer Methoden bei, in der Baupraxis sind daher technische und geodätische Überwachungsmessverfahren in vielfacher Weise zusammengewachsen und auch die normativen Regelungen, z. B. zur Beobachtungsmethodik und dem Qualitätsmanagement, haben die wachsende Bedeutung der Geomesstechnik verstärkt. Die Geomesstechnik beinhaltet bei all ihren Aufgabenstellungen die messtechnische Zustandserfassung und Überwachung geologischer Körper als auch von Bauwerken im Erd-, Grund-, Fels-, Berg-, Ingenieur- und Deponiebau. Ihr kommt im Rahmen eines erhöhten Umweltbewusstseins, einer verstärkten Risikovorsorge vor Naturgefahren sowie erhöhter Ansprüche an die Kontrolle und Qualitätssicherung von Bauwerken und Bauverfahren eine stetig zunehmende Bedeutung zu.

Schon 2003 wurde der Arbeitskreis „Geomesstechnik" (AK 2.10) gemeinsam von der Deutschen Gesellschaft für Geotechnik e. V. (DGGT) und von der Gesellschaft für Geodäsie, Geoinformation und Landmanagement e. V. (DVW) eingerichtet, um die Geomesstechnik als fachübergreifende Teildisziplin sowohl der Geotechnik als auch der Ingenieurgeodäsie hervorzuheben und die Sensibilisierung der am Bau Beteiligten zu fördern. Die Verfahren der Geomesstechnik sind bislang trotz der intensiven Entwicklungen noch nicht in einem umfassenden Dokument zusammengefasst und abgehandelt worden. Die Haupttätigkeit des Arbeitskreises richtete sich in den letzten Jahren auf die Erarbeitung eines Fachbuches Geomesstechnik als Empfehlungen für den Anwender. Das Hauptaugenmerk des Arbeitskreises 2.10 konzentrierte sich bei der Erarbeitung der nun vorliegenden Empfehlungen darauf, das gesamte Spektrum der Geomesstechnik für Anwender in der Praxis zu erfassen und zu beschreiben. Die konkreten Aufgaben und die inhaltlichen Arbeiten des Arbeitskreises Geomesstechnik orientieren sich an den Zielsetzungen:

- Inhaltliche und konzeptionelle Aufarbeitung der in den europäischen Normen enthaltenen messtechnischen Anforderungen.
- Entwicklung von Empfehlungen für die sachgerechte Auswahl und den Einbau von Sensoren und Messsystemen für die qualitätsgesicherte, fachgerechte Durchführung der Messungen und für die Messwertauswertung und -analyse.
- Entwicklung von Grundlagen für eine qualifizierte Ausschreibung, in der die Messtechnik, Messwertanalyse und -interpretation zu einer vergüteten ingenieurtechnischen Leistung werden.
- Diese Empfehlungen sollen auch geeignet sein, um Fortbildungen im Bereich der Messtechnik zu unterstützen.

Den Obleuten sowie allen Mitgliedern und Unterstützern des Arbeitskreises „Geomesstechnik" möchte ich im Namen der Deutschen Gesellschaft für Geotechnik (DGGT) e. V. für das nie nachlassende Engagement über all die Jahre herzlich danken und zu dem beeindruckenden Werk gratulieren. Dem Arbeitskreis ist es gelungen, eine umfassende und für die Praxis relevante Zusammenfassung des derzeitigen Standes der Technik vorzulegen, welches in der Praxis hohe Anerkennung finden wird. Allen Lesern wünsche ich bei der Nutzung der Empfehlungen viele für ihre Arbeit weiterführende Erkenntnisse und erfolgreiche Anwendungen bei ihren Bauprojekten.

Dr.-Ing. Wolfgang Sondermann

Vorstandsvorsitzender der
Deutschen Gesellschaft
für Geotechnik e. V.

Vorwort des DVW Arbeitskreises 4 „Ingenieurgeodäsie"

Die Geomesstechnik ist eine messende, analysierende und auch bewertende bzw. beratende Fachdisziplin, welche sich mit der Erfassung des geometrischen und physikalischen Zustands von einer Vielzahl von natürlichen (z. B. Rutschhänge) und anthropogenen Objekten (z. B. Bauwerke des Hoch- und Tiefbaus) befasst. Ihre fundamentale Bedeutung für die erfolgreiche Realisierung von Bauprojekten wird schon allein dadurch deutlich, dass hier durch die Verknüpfung von Modellrechnungen und in situ erfassten empirischen Messdaten die reale (Ist-)Situation zu jedem Zeitpunkt des Bauprozesses mit bestmöglichen ingenieurmäßigen Methoden approximiert wird, welche dann eine seriöse Datengrundlage für Entscheidungen hinsichtlich durchzuführender bautechnischer Maßnahmen bzw. für Risikobewertungen bildet. Gerade bei der zunehmenden Verdichtung der bebauten Umwelt – Stichwort „Bauen im Bestand" – kann eine durchdacht ausgeführte messtechnische Begleitung eine sehr verlässliche Entscheidungsgrundlage bilden. Diese Aussage lässt sich natürlich auch auf die Betriebsphase von Bauwerken erweitern.

Vom Standpunkt des Ingenieurgeodäten aus gesehen, bietet die Geomesstechnik ein hervorragendes und sehr spannendes Umfeld für die interdisziplinäre Zusammenarbeit mit den Kolleginnen und Kollegen aus dem Bauwesen, da hier neben den für uns „klassischen" geodätischen Sensoren, wie Tachymeter, Nivellier und Laserscanner, eine Vielzahl von (geotechnischen) Spezialsensoren zum Einsatz kommen, welche auch in unserer Ausbildung – zumindest z. T. – bereits Eingang gefunden haben. Die Beherrschung von unterschiedlichsten Bezugssystemen und die Fähigkeit, messtechnische Prozesse zu automatisieren und die z. T. anfallenden großen Datenmengen zu verarbeiten (Stichwort „Big Data"): Alles Kompetenzen, die das vielfältige Metier der Geomesstechnik erfordert, um seinem Multiskalenanspruch sowohl in räumlicher als auch zeitlicher Hinsicht gerecht zu werden. Variierende Messräume vom kleinen Riss im Millimeter- bis zu einer ganzen geologischen Struktur im Kilometerbereich; erforderliche Messraten im Bereich weniger tausendstel Sekunden für Vibrationen bis hin zu Monaten und Jahrzehnten bei langfristigen Setzungen. Das erfordert neben messtechnischer Kompetenz auch die Fähigkeit zur Etablierung von integrierten Analyseverfahren. Die beste Grundlage hierfür ist ein guter und möglichst alle Aspekte umfassender Leitfaden, der von den beteiligten Fachdisziplinen gemeinsam erarbeitet wurde.

Die vorliegenden „Empfehlungen des Arbeitskreises Geomesstechnik" stellen die Ergebnisse einer langjährigen und sehr konstruktiven Zusammenarbeit von Experten der DGGT (Deutschen Gesellschaft für Geotechnik) und des DVW (Gesellschaft für Geodäsie, Geodäsie und Landmanagement) vor. Man kann hier vorbildhaft erkennen, was geschieht, wenn Vertreter von benachbarten Fachdisziplinen, die in der Praxis in denselben Gewerken des Bauwesens aktiv sind, im echten interdisziplinären Dialog miteinander stehen: Es entsteht eine ganzheitliche Betrachtungsweise von Mess- und Auswerteprozessen, die allen beteiligten Akteuren bei der praktischen Planung und Umsetzung von Messprojekten zum Vorteil gereicht. Die „Empfehlungen" stehen dabei in guter Tradition zu gemeinsamen Fortbildungsseminaren wie beispielsweise den „Interdisziplinären Messaufgaben im Bauwesen", welche über viele Jahre sehr erfolgreich an der Bauhaus-Universität Weimar gehalten wurden.

Dem vorliegenden Leitfaden gelingt es auf vorbildliche Weise, den Bogen zwischen den Fachdisziplinen zu spannen. Er tritt nicht „abstrakt theoretisch" auf, sondern wurde aus der praktischen Erfahrung heraus entwickelt. Trotzdem ist er nicht mit „hemdsärmeligen" Ratschlägen gespickt, sondern stets wissenschaftlich sehr fundiert. Ich wünsche allen Leserinnen und Lesern viele spannende Momente und Erkenntnisse bei der Lektüre.

Prof. Dr.-Ing. Andreas Eichhorn

Leiter DVW Arbeitskreis 4

Vorwort der Obfrau/des Obmanns des Arbeitskreises

Der Arbeitskreis 2.10 „Geomesstechnik" der DGGT – Deutschen Gesellschaft für Geotechnik e. V. und des DVW – Gesellschaft für Geodäsie, Geoinformation und Landmanagement e. V. wurde nach einem Vortrag von Professor Helmut Bock mit dem Titel „Eine Organisation für die Geomesstechnik in Deutschland?" bei der Fachtagung Messen in der Geotechnik 2002 in Braunschweig gegründet.

Die Zielvorstellung dieses Arbeitskreises war die Ausarbeitung von Empfehlungen für die Installation und den Einsatz von Messgeräten sowie die Auswertung der gewonnenen Ergebnisse bei geotechnischen Bauvorhaben. Es besteht eine Interdisziplinarität bei diesen Aufgabenstellungen, bei denen fächerübergreifend auf das Fachwissen der Disziplinen Geomechanik, Geodäsie und Geotechnik zurückgegriffen werden muss.

Die vorliegenden Empfehlungen stellen den neuesten Stand von Wissenschaft und Technik auf dem Gebiet der Geomesstechnik dar. Sie beruhen auf gesicherten Erkenntnissen, die einen empirischen Nachweis einschließen, d. h., es liegen für diese Empfehlungen auch praktische Anwendungen vor. Sie sind daher Bestandteil der „allgemein anerkannten Regeln der Technik".

Für die Zusammenschrift dieser Empfehlungen und die redaktionelle Durchsicht und Korrektur danken wir dem Redaktionsteam bestehend aus den Mitgliedern Bruns, Fahland, Fritschen, Gattermann, Haberland, Hesser, Heusermann, Rosenkranz, Schulze, Schwarz und Stolz, die in intensiver Arbeit seit Herbst 2018 hierfür sehr viel Zeit investiert haben.

Der Arbeitskreis ist an kritischen und anregenden Stellungnahmen aus dem Kollegenkreis an den Obmann unter (kontakt@ea-geomesstechnik.de) sehr interessiert, um die vorliegenden Empfehlungen fortschreiben zu können.

Dr.-Ing. Sandra Fahland
Obfrau des Arbeitskreises
von 2013 bis 2020

Dr.-Ing. Jörg Gattermann
Obmann des Arbeitskreises
von 2002 bis 2013 und seit 2020

Mitglieder des Arbeitskreises

Zum Zeitpunkt der Herausgabe der vorliegenden Veröffentlichung setzte sich der Arbeitskreis „Geomesstechnik“ wie folgt zusammen (in alphabetischer Reihenfolge):

Dr. Rolf Balthes, Leipzig
Prof. Dr.-Ing. Helmut Bock, Bad Bentheim
Prof. Dr.-Ing. Conrad Boley, München
Dipl.-Ing. Benedikt Bruns, Hildesheim[1)]
Dipl.-Ing. Ulrich Estermann, Essen
Dr.-Ing. Sandra Fahland, Hannover[1)]
Dipl.-Ing. Wolfgang Fischle, Esslingen
Dr.-Ing. Ralf Fritschen, Essen[1)]
Dr.-Ing. Jörg Gattermann, Braunschweig[1)]
Dr.-Ing. Ulrich Güttler, Oer-Erkenschwick
Dipl.-Ing. Joachim Haberland, Rheinstetten[1)]
Prof. Dr.-Ing. Richard A. Herrmann, Siegen
Dr.-Ing. Jürgen Hesser, Hannover[1)]
Prof. Dr. Werner Lienhart, Graz
Dipl.-Ing. Frank Manthee, Peine
Prof. Dr.-Ing. Christian Moormann, Stuttgart
Prof. Dr.-Ing. Wolfgang Niemeier, Mardorf
Dipl.-Ing. Holger Rosenkranz, Weimar[1)]
Dipl.-Ing. Roland Schulze, Karlsruhe[1)]
Prof. Dr.-Ing. Willfried Schwarz, Weimar[1)]
Dipl.-Ing. Markus Stolz, Mönchaltorf[1)]

Weitere Mitglieder bzw. Mitwirkende waren (in alphabetischer Reihenfolge):

Dr.-Ing. Paul Althaus, Essen
Prof. Dr. techn. F. K. Brunner, Graz
Dr. rer. nat. Boris Dombrowski, Essen
Prof. Dr.-Ing. E. Fecker, Ettlingen
Dipl.-Ing. Carlos Fischer, Celle
Dr.-Ing. Maik Fritsch, Hamburg
Dipl.-Ing. Rainer Glötzl, Rheinstetten
Dipl.-Geol. Patrick Hartkorn, Stuttgart
Prof. Dr.-Ing. O. Heunecke, Neubiberg
Prof. Dr.-Ing. Stefan Heusermann, Hannover[1)]
Dr. Manfred Jakobs, Aachen
Prof. Dr.-Ing. R. Katzenbach, Darmstadt
Jürgen Kienle, Reutlingen
Dr.-Ing. Oswald Klingmüller, Mannheim

1) Redaktionsteam

Dipl.-Ing. Henry Knitsch, Offenbach
Prof. Dr.-techn. Roman Marte, Graz
Prof. Dr.-Ing. Norbert Meyer, Clausthal-Zellerfeld
Dipl.-Ing. HTL Daniel Naterop, Männedorf
Prof. Axel Paul, Dessau
Prof. Harald Schlemmer, Darmstadt
Prof. Dr. techn. Stefan Semprich, Graz
Prof. Günther Stegner, Dessau
Prof. Dr. Ralf Thiele, Leipzig
Dr.-Ing. Jens Turek, Leinfelden-Echterdingen
Dipl.-Ing. E. Willand, Stuttgart
Dipl.-Ing. Hans Wollenhaupt, Wildeck

Benutzerhinweise

1. Die Empfehlungen des Arbeitskreises „Geomesstechnik“ sind Regeln der Technik. Sie sind als Ergebnis ehrenamtlicher technisch-wissenschaftlicher Gemeinschaftsarbeit aufgrund ihres Zustandekommens nach hierfür geltenden Grundsätzen fachgerecht und sollen sich als „anerkannte Regeln der Technik“ einführen.
2. Die Empfehlungen des Arbeitskreises „Geomesstechnik“ stehen jedermann zur Anwendung frei. Sie bilden einen Maßstab für einwandfreies technisches Verhalten; dieser Maßstab ist auch im Rahmen der Rechtsordnung von Bedeutung. Eine Anwendungspflicht kann sich aus Rechts- oder Verwaltungsvorschriften, Verträgen oder aus sonstigen Rechtsgrundlagen ergeben.
3. Die Empfehlungen des Arbeitskreises „Geomesstechnik“ sind in aller Regel eine wichtige Erkenntnisquelle für fachgerechtes Verhalten im Normalfall. Sie können nicht alle möglichen Sonderfälle erfassen, in denen weitergehende oder einschränkende Maßnahmen geboten sein können. Es ist auch zu berücksichtigen, dass sie nur den zum Zeitpunkt der jeweiligen Ausgabe herrschenden Stand der Technik berücksichtigen können.
4. Abweichungen von den vorgeschlagenen Berechnungsansätzen können im Einzelfall zweckmäßig sein, sofern sie durch entsprechende Nachweise, Messungen oder Erfahrungen begründet werden.
5. Durch das Anwenden der Empfehlungen des Arbeitskreises „Geomesstechnik“ entzieht sich niemand der Verantwortung für eigenes Handeln.

Einführung

Unter dem Begriff *„Geomesstechnik“* werden geotechnische und geodätische Messsysteme, ihre wissenschaftlich-technische Methodik und ihre Anwendung inklusive der dazu erforderlichen ingenieurtechnischen Aufgabenstellungen zusammengefasst, die in dem vielschichtigen Prozess von der Konzeption eines geotechnischen Messprogramms, dessen Umsetzung im Entwurfs-, Bemessungs- und Ausführungsprozess bis zur Analyse und Bewertung der Messergebnisse mit Rückkopplung auf die erforderlichen Entscheidungsprozesse und gegebenenfalls deren Umsetzung in dem weiteren Entwurfs- und Bemessungsprozess erforderlich sind.

Im Rahmen der Ausführungsphase bildet die messtechnische Überwachung ausgewählter Größen den wesentlichen Bestandteil der als *Beobachtungsmethode („observational method“)* gemäß Eurocode 7 eingeführten und anerkannten Methodik, die auf einer Verknüpfung von rechnerischer Prognose, messtechnischer Überwachung und hierauf aufbauenden Handlungsszenarien beruht. Die Beobachtungsmethode ist heute ein unverzichtbares Instrument für eine sichere und den Regeln der Technik, insbesondere den Randbedingungen der Geotechnik, entsprechenden Entwurfs- und Bemessungspraxis und kann bei allen Formen von geotechnischen Strukturen, wie tiefen Baugruben, Tunneln, Gründungen, Geländeeinschnitten etc. zur Anwendung kommen.

Mit Anwendung der Beobachtungsmethode wird dem Umstand Rechnung getragen, dass das Bauen in und mit Boden und Fels durch besondere Randbedingungen und Anforderungen geprägt ist, die insbesondere darauf zurückzuführen sind, dass Boden und Fels ein natürlicher und, anders als Stahl oder Beton, kein genormter Baustoff ist. Der anstehende Baugrund muss im Rahmen einer Baugrunderkundung zunächst hinsichtlich seiner Zusammensetzung und seiner Eigenschaften erkundet werden und kann dabei immer nur stichpunktartig aufgeschlossen werden. Hierdurch bedingt verbleiben zwischen den Aufschlüssen Unsicherheiten bezüglich des Verlaufs von Baugrundschichten sowie der Baugrundeigenschaften. Zudem unterliegen auch innerhalb von Homogenbereichen die Baugrundeigenschaften einer ausgeprägten natürlichen Streuung. Diese räumliche Variabilität in Verbindung mit einer oft komplexen Baugrund-Bauwerk-Interaktion, die selbst bei Einsatz von numerischen Simulationsmodellen stets nur abstrahierend und vereinfachend abgebildet werden kann, führt dazu, dass rechnerische Prognosen mit der Anwendung der Beobachtungsmethode, d. h. durch eine fortlaufende messtechnische Begleitung, also ein Monitoring der Ausführung und manchmal auch des Langzeitverhaltens geotechnischer Verbundkonstruktionen, zu kombinieren sind.

Das Monitoring, die messtechnische Überwachung physikalischer, insbesondere mechanischer Größen, ist ein wichtiges ingenieurtechnisches Werkzeug zur Qualitätssicherung von Herstellprozessen beim Bauen im und mit Boden und Fels, zur Überwachung von Bauwerken und ober- sowie unterirdischen Strukturen während ihres Baus und in ihrer Betriebsphase sowie bei der Beurteilung von Gefährdungen durch natürliche geotechnische Risiken wie Hangrutschungen und Massenströme (u. a. Muren, Lawinen).

Das geotechnische Monitoring ist eine übergreifende Teildisziplin der Geotechnik; sie ist von wachsender Bedeutung für alle Bereiche dieser Ingenieurwissenschaft. Der Einsatz geotechnischer und geodätischer Messverfahren ist eine wesentliche Voraussetzung für das Verständnis des Trag- und Verformungsverhaltens geotechnischer Konstruktionen und ist damit auch ein wichtiges Instrumentarium für die geotechnische Forschung – u. a. auch für regenerative Energiekonzepte, bei der Entsorgung von Reststoffen etc.

Geotechnisches Monitoring erlaubt die Früherkennung von Risiken oder Gefährdungen und damit das rechtzeitige Einleiten von Schutz- und Gegenmaßnahmen und unterstützt so die handelnden Personen maßgeblich dabei, Siedlungs- und Naturräume vor Naturgefahren zu schützen.

Das Monitoring von Herstellungsprozessen ist ein wichtiges Element des Risiko- und Qualitätsmanagements im Erd-, Grund- und Spezialtiefbau und trägt zur Optimierung von Bauprozessen und damit zur Effizienzsteigerung und Nachhaltigkeit bei.

Das fortlaufende Monitoring geotechnischer Verbundkonstruktionen während der Lebensdauer eines Bauwerks und natürlicher Gefährdungen dient der Sicherstellung der Gebrauchstauglichkeit und Standsicherheit, des Natur- und Katastrophenschutzes sowie als Beurteilungsgrundlage für Lebenszyklusanalysen.

Geotechnisches Monitoring ist geprägt durch den Einsatz hochspezialisierter Messverfahren und -methoden, die unter schwierigen Randbedingungen (Umwelteinflüsse, Baustellenbedingungen) eine dauerhaft zuverlässige Erfassung kleiner und kleinster Veränderungen ermöglichen müssen.

Die Entwicklung und Optimierung geotechnischer Messkonzepte ist eine komplexe und umfassende ingenieurtechnische Aufgabenstellung, die mit dem Erkennen der Notwendigkeit und der Definition der Ziele einer messtechnischen Überwachung beginnt und mit der Umsetzung und Einarbeitung der analysierten Messergebnisse in einen Bemessungs- und Überwachungsprozess endet. Dabei kann jeder einzelne Aspekt dieser vielschichtigen Aufgabenstellung maßgebend für den Erfolg der Messaufgabe sein. Die Geomesstechnik ist zugleich geprägt von einer besonderen Form der Interdisziplinarität, die aus der Verknüpfung der Geotechnik mit der Mess- und Prüftechnik (Feinmechanik, Elektrotechnik), der Geodäsie, der Geophysik und konstruktiven Belangen resultiert.

Mit den vorliegenden Empfehlungen des Arbeitskreises 2.10 „Geomesstechnik" der DGGT (Deutschen Gesellschaft für Geotechnik) und der DVW (Gesellschaft für Geodäsie, Geoinformation und Landmanagement) werden alle vorgenannten Aspekte abgedeckt. Ausgehend von Grundüberlegungen zur Geomesstechnik (Kap. 1) und zur Zielsetzung geotechnischer Messungen (Kap. 2) folgt der Aufbau dieser Empfehlungen dem strukturiert sinnvollen Vorgehen des Planungsprozesses bei einer projektspezifischen Messaufgabe: Ausgehend von Überlegungen zu den zu erfassenden Messgrößen (Kap. 3) und den zur Erfassung dieser Messgrößen einzusetzenden Messsystemen und -verfahren (Kap. 4) werden das Datenmanagement, also Aspekte der Datenerfassung, -übertragung und -sicherung (Kap. 7), sowie die Datenauswertung, also der Prozess der Datenaufbereitung, -analyse und Visualisierung (Kap. 8) behandelt. Grundsätzliche bzw. anwendungsspezifische Empfehlungen zur Erstellung von Messprogrammen finden sich in den Kap. 5 und 6. Fallbeispiele zu den anwendungsspezifische Empfehlungen verdeutlichen „Best-Practice"-Anwendungen. Auch Aspekte der Qualitätssicherung sowie vertragliche Rahmenbedingungen werden angesprochen (Kap. 9).

In der Summe bekommt der Anwender damit einen Leitfaden an die Hand, der alle wesentlichen Aspekte der Geomesstechnik nach dem Stand der Technik im Detail behandelt.

Abkürzungsverzeichnis

1-D	eindimensional
2-D	zweidimensional
3-D	dreidimensional
4-D	vierdimensional
A/D	Analog-digital
ABS	Acrylnitril-Butadien-Styrol-Copolymere (Kunststoff)
ADV	Arbeitsgemeinschaft der Vermessungsverwaltungen der Länder der Bundesrepublik Deutschland
AGP	aufgeständerte Gründungspolster
ALS	Airborne Laserscanning
BAW	Bundesanstalt für Wasserbau
BDP	Bohrlochrammsondierung (Borehole Dynamic Probing)
BGR	Bundesanstalt für Geowissenschaften und Rohstoffe
C/A	coarse/acquisition
CAD	computer-aided design
CCD	charge coupled device
DB-REF	Referenzsystem der Deutschen Bahn
DCF 77	Rufzeichen des Zeitzeichensenders
DepV	Deponieverordnung
DGGT	Deutsche Gesellschaft für Geotechnik
DHHN2016	Deutsches Haupthöhennetz 2016
DInSAR	differential interferometric synthetic aperture radar
DMS	Dehnungsmessstreifen
DS	distributed scatterer
DSL	digital subscriber line (digitaler Teilnehmeranschluss)
DVW	Gesellschaft für Geodäsie, Geoinformation und Landmanagement
DVWK	Deutscher Verband für Wasserwirtschaft und Kulturbau e. V.
DWA	Deutsche Vereinigung für Wasserwirtschaft, Abwasser und Abfall e. V.
EBGEO	Empfehlungen für Bewehrungen aus Geokunststoffen
EC	Eurocode
EDZ	excavation damaged zone
EN	Euronorm, europäische Norm

ETRS 89	Europäisches Terrestrisches Referenzsystem 1989
FBG	Faser-Bragg-Gitter
FDVK	flächendeckende dynamische Qualitäts- und Verdichtungskontrolle
FEM	Finite-Elemente-Methode
GBInSAR	ground-based InSAR
GIS	Geografische Informationssysteme
GK	Geotechnische Kategorie
GLONASS	globales Satellitennavigationssystem der Russischen Förderation
GNSS	globales Navigationssatellitensystem (global navigation satellite system)
GOK	Geländeoberkante
GPS	global positioning system
GRS 80	Geodätisches Referenzsystem 1980
GUM	Guide to the Expression of Uncertainty
HOAI	Honorarordnung für Architekten und Ingenieure
IME	Integralmesselement
InSAR	interferometric synthetic aperture radar
KPP	kombinierte Pfahl-Platten-Gründung
LAN	local area network
LBO	Landesbauordnung
LDA	Laser-Doppler-Anemometrie
LiDAR	light detection and ranging
LoRaWAN	long range wide area network
LVDT	linear variable differential transformer
LWL	Lichtwellenleiter
MEMS	microelectromechanical systems
MID	magnetisch-induktive Durchflussmessung
MUX	Multiplexer
NHN	Normalhöhennull
NN	Normalnull
NTC	negative temperature coefficient thermistor
OTDR	optical time domain reflectometry
OWEA	Offshorewindenergieanlagen
P	precise
PA	Polyamid
PSI	persistent scatterer interferometry
PT	Platin-Temperatursensor
PTC	positive temperature coefficient thermistor
PSW	Pumpspeicherwerk
PVC	Polyvinylchlorid
RC	Widerstand (R) – Kondensator (C) – Schwingkreis
RTK	real time kinematic
RS-232	serielle Schnittstelle zur Datenübertragung
RS-485	Schnittstelle zur asynchronen seriellen Datenübertragung
SAR	synthetic aperture radar

SBAS	small baseline subset
SGP	Säulen-Geogitter-Polster-Bauweise
SI	systéme international d'unités
SKH	Stichkanal Hildesheim
SMD	surface-mounted devices
SMS	Spannungsmonitorstation
SPT	standard penetration test
SRD	short range device
SWD	Sohlenwasserdruckgeber
TBM	Tunnelbohrmaschine
TLS	terrestrisches Laserscanning
TLS/SSL	tansport layer security/secure sockets layer
UAV	unmanned aerial vehicle
USB	universal serial bus
USV	unterbrechungsfreie Stromversorgung
UTM	universal transverse mercator
UV	Ultraviolett
v. E.	vom Endwert (engl. full-scale)
VOB	Verdingungsordnung für Bauwesen
VPN	virtual private network
VV	Verwaltungsvorschrift
VW	vibrating wire
WEA	Windenergieanlage
WGS 84	World Geodetic System 1984
WKP	wiederkehrende Prüfungen
WLAN	wireless local area network
WSV	Wasserstraßen- und Schifffahrtsverwaltung des Bundes
ZTV	zusätzliche technische Vertragsbedingungen

Verwendete Größen und ihre Formelzeichen

a_i	Halbbreite der Einflussgröße x_i
A	Fläche
c_i	Sensitivitätskoeffizient der Größe i
$C(k)$	Autokovarianzfunktion
$C_{xz}(k)$	Kreuzkovarianzfunktion
Δl	Längenänderung
Δp	Druckdifferenz $\Delta p = p_1 - p_2$ bzw. $p_{1,2}$
ΔR	elektrische Widerstandsänderung
Δt	Abtastrate (Messintervall)
E	Elastizitätsmodul
ϵ	Dehnung
F	Kraft
g	örtliche Fallbeschleunigung (Erdbeschleunigung)
G_i	Gewichtsfaktor der Größe i
γ_w	Wichte des Grundwassers
k	k-Faktor oder Dehnungsempfindlichkeit
$K_{xz}(k)$	Kreuzkovarianzfunktion (ohne Skalierung der Amplituden)
l_i	Einzelmessung i
l_0	ursprüngliche Länge
$\bar{l}$	arithmetischer Mittelwert
λ	Wellenlänge
n	Anzahl der Messungen
ν_N	Nyquist-Frequenz
p	Druck in Flüssigkeiten, Gasen
p_{abs}	absoluter Druck gegenüber dem Druck null im leeren Raum
p_{amb}	Atmosphärendruck; auch: Luftdruck
p_e	atmosphärische Druckdifferenz (Überdruck)
π	Kreiszahl
Q	Durchfluss
r	empirischer Korrelationskoeffizient
R	elektrischer Widerstand
ρ_w	Dichte des Grundwassers

s	empirische Standardabweichung
$s(\overline{x})$	empirische Standardabweichung des arithmetischen Mittels
s^2	empirische Varianz
s_x, s_y	empirische Standardabweichungen der Zufallsvariablen x bzw. y
s_{xy}	empirische Kovarianz
σ	mechanische Spannung
σ^2	theoretische Varianz
T	Gesamttoleranz
T_i	Einzeltoleranz
T_V	Vermessungstoleranz (Trennschärfe)
u	Porenwasserdruck (Wasserdruck in fluidgefüllten porösen Medien)
u_i	Standardunsicherheit der Größe i nach GUM
U_k	Messunsicherheit mit k = Erweiterungsfaktor ($k = 1, 2, 3$ oder 4)
v	Verbesserung
v_x, v_y	Vektor der Verbesserungen der Zufallsvariablen x bzw. y
V	Varianzmatrix
x, y, z	3-D-Koordinaten
x_i	Messwert Nr. i
$\overline{x}$	arithmetischer Mittelwert
$x(t)$	Zeitreihe $x(t) = g(t) + s(t) + u(t)$, mit $g(t) \rightarrow$ Trendkomponente $s(t) \rightarrow$ Saisonkomponente $u(t) \rightarrow$ Restkomponente
$\overline{y}_t$	ungeradzahlige Glättungsfunktion der Ordnung $p = 2k + 1$
z	geodätische Höhe; auch: geometrische Höhe
z_w	(Grundwasser-)Potenzial; auch: piezometrische Höhe

Abbildungsverzeichnis

1.1 Struktur der grundlegenden geotechnischen Euronorm DIN EN 1997 im Zusammenspiel mit EN ISO Versuchsstandards. *4*
1.2 Inhalt und Ablauf eines Geomonitoringprojekts (in Anlehnung an DIN EN ISO 18674-1:2015-09 und HOAI). *6*
1.3 Prozess des Risikomanagements (nach DIN ISO 31000:2018-10). *9*

3.1 Natürliches Bezugssystem. *32*
3.2 Niveaufläche, Geoid, Quasigeoid, Lotlinie, Ellipsoid. *33*
3.3 Ellipsoidisches Bezugssystem. *34*
3.4 Definition eines lokalen Bezugssystems. *37*
3.5 Bezeichnungen im Zusammenhang mit Porenwasserdruck a) Grundbegriffe Druck in Anlehnung an DIN 1314. b) Fluiddrücke am Piezometer mit Bezeichnungen von Erscheinungsformen unterirdischen Wassers (in Anlehnung an DIN 4047-3 und DIN 4049-3). *46*
4.1 Beziehung zwischen Messgröße und Messwert in einer Messkette (nach DIN 1319-1:1995-01). *52*
4.2 (a–d) Bauarten induktiver Wegaufnehmer, (e) Messprinzip Differenzialdrossel, (f) Differenzialtransformator. *55*
4.3 Bauarten kapazitiver Wegaufnehmer nach Schlemmer (1996). *56*
4.4 Abtastsystem eines inkrementellen Wegaufnehmers (nach Fischer 1990). *56*
4.5 Messprinzip eines Schwingsaitenaufnehmers (GLÖTZL 2020). *57*
4.6 Prinzip eines Triangulationssensors. *57*
4.7 Licht-Schatten-Verfahren. *58*
4.8 Prinzipieller Aufbau eines Michelson-Interferometers. *58*
4.9 Prinzip des Laufzeitverfahrens. *59*
4.10 Prinzip des Phasenvergleichsverfahrens. *60*
4.11 Prinzip einer offenen Druckschlauchwaage (nach Meier und Ingensand 1996). *61*
4.12 Prinzip der Neigungsmessung mit einem Pendel. *62*
4.13 Prinzip kapazitiver Neigungssensoren der Firma Wyler (nach Hinnen et al. 2013). *62*

4.14 Prinzip der Neigungsmessung mit Flüssigkeitshorizont. *63*
4.15 Prinzip der Positionsbestimmung mit GNSS. *63*
4.16 (a) Messprinzip eines Geofons und (b) eines piezoelektrischen Beschleunigungssensors. *65*
4.17 Prinzipskizze eines einachsigen Dehnungsmessstreifens. *67*
4.18 Prinzipskizze eines Faser-Bragg-Gitter-Sensors. *68*
4.19 Bauarten von Verformungskörper (nach Hottinger et al. 1992, S. 631ff). *69*
4.20 Prinzip einer Brückenschaltung. *70*
4.21 Spannungsmessung nach dem Kompensationsmessprinzip (GLÖTZL GmbH, Rheinstetten). *71*
4.22 Prinzip eines Thermoelements. *73*
4.23 Prinzip eines Infrarotthermometers. *73*
4.24 Rückstreuspektrum einer dotierten Faser. *74*
4.25 (a) Automatisiertes Tachymeter und (b) am Bauwerk montiertes Prisma. *75*
4.26 (a) GNSS-Sensor zur Überwachung und (b) lokale GNSS-Referenzstation. *78*
4.27 Terrestrisches Laserscanning: Verfahren. *79*
4.28 Grundlagen der Radarinterferometrie. *83*
4.29 Darstellung einer sonnensynchronen Umlaufbahn. *83*
4.30 Prinzip der Mehrbildfotogrammetrie. *87*
4.31 Prinzip des geometrischen Nivellements. *88*
4.32 Funktionsaufbau einer mobilen, geschlossenen Druckschlauchwaage (GLÖTZL GmbH, Rheinstetten). *91*
4.33 Funktionsprinzip einer offenen stationären Druckschlauchwaage (GLÖTZL GmbH, Rheinstetten). *92*
4.34 Messsystem einer Überlaufschlauchwaage (GLÖTZL 2019f). *93*
4.35 Funktionsprinzip 3-D-Fissurometer (GLÖTZL GmbH, Rheinstetten). *96*
4.36 (a) Prinzip des Schwimmlotes und (b) Prinzip des Schwimmlotes mit selbstzentrierender Sonde (nach Rosenkranz et al. 2002). *99*
4.37 Wippenführung der mobilen Inklinometersonde im Messrohr mit Nuten (GLÖTZL GmbH, Rheinstetten). *102*
4.38 Neigungssystem Zeromatic der Firma Wyler. *104*
4.39 Prinzipieller Aufbau zur Bestimmung von Abstandsänderungen durch Weißlichtinterferometrie mit dem SOFO-Messsystem (aus Inaudi et al. 1994). *106*
4.40 Erschütterungsmessgerät SUMIT M VIPA mit abgesetztem 3-D-Sensor (rechts im Bild), GPS-Zeitsynchronisierung und integriertem Modem (DMT GmbH & Co. KG). *107*
4.41 Ankerkraft- und Kraftmessdose nach dem Prinzip Schwingsaite der Firma GEOKON, Modell 4900 (GEOKON 2019). *109*
4.42 Hydraulisch/elektrische Ankerkraftmessgeber GLÖTZL, Modell KK mit Kenndaten für den Messbereich 250–5000 kN (GLÖTZL 2019a). *109*

4.43 Kopfausbildung eines Litzenankers mit Ankerkraftmessgeber (GLÖTZL GmbH, Rheinstetten). 110
4.44 Hydraulische Pfahlfußdose für Ortbetonpfähle am Bewehrungskorb montiert, Aufbau und Funktionselemente (GLÖTZL 2019d). 111
4.45 Im Bewehrungskorb eingebaute Osterbergzelle mit Wegaufnehmern (Sychla et al. 2020). 112
4.46 Aufbau mechanischer Messanker gemäß Interfels MA (Müller und Habenicht 1979). 113
4.47 Spannungsdruckgeber mit Nachspannrohr und Befestigungsösen, Messprinzip Schwingsaite, Abmessungen 100 mm × 200 mm × 6 mm bzw. 150 mm × 250 mm × 6 mm, Modell 4850-1/2 (GEOKON 2019). 115
4.48 Beispiel einer Spannungsmonitorstation: (Mont Terri-Projekt MB-A Experiment, Phase 23, BGR 2018), siehe Fallbeispiel „Untertägiger Hohlraumbau" im Abschn. 6.7.4. 116
4.49 Verteilung der Druckspannungen im Bereich eingebauter Spannungsmessdosen (Franz 1958), (Fecker 2018, S. 54). 117
4.50 Einbau von Betonspannungs- und Radialspannungsgebern im Tunnelbau mit Nachspannung über das innere System des Druckkissens mittels Nachspannrohr (GLÖTZL GmbH) und (nach Paul und Walter 2004). 118
4.51 Beispiel: Messung von Kontakt (Tangential)-Spannungen an den Grenzflächen von Tübbing-Segmenten (Projekt Stuttgart 21, 2015, Fotoarchiv GLÖTZL). 119
4.52 (a) Einbaubeispiel eines piezoresistiven Sohldruckgebers in der Aussparung der Sauberkeitsschicht der Bodenplatte einer KPP-Gründung und (b) Kabelführung innerhalb der Sauberkeitsschicht (Hochhausgründung La Roche, Basel, 2012, Fotoarchiv GLÖTZL). 120
4.53 Erddruckmessungen in der Gründungssohle eines Dammes, SGP-Bauweise (Projekt DB-ABS Augsburg-Olching, 2006, Fotoarchiv GLÖTZL). 121
4.54 Einpressgeber für Erddruck Typ PE/P (GLÖTZL 2019b). 122
4.55 Temperaturverlauf entlang einer Glasfaser an ausgewählten Messzeitpunkten vor und nach einem Pumpversuch am 24.10.2018 (Bruns et al. 2019). 134
4.56 (a) Prinzip der Refraktionsseismik und (b) daraus ermittelter Schichtverlauf (DMT GmbH & Co. KG). 139
4.57 (a) Geoelektrische Auslage zur Detektion von Hohlräumen und (b) hiermit ermittelte Widerstandsverteilung (DMT GmbH & Co. KG). 140
4.58 Ergebnis einer Elektromagnetik zur Detektion alter Fundamente (DMT GmbH & Co. KG). 140
4.59 (a) Georadarmessungen und (b) Auswertung der Reflexionen (DMT GmbH & Co. KG). 141
4.60 (a) Gravimetrische Messungen zur Ermittlung von (b) Dichteunterschieden (DMT GmbH & Co. KG). 141

4.61 (a) Magnetikmessungen und (b) flächenhafte Verteilung des Erdmagnetfeldes (DMT GmbH & Co. KG). *142*
4.62 Überwachung einer Sanierungsmaßnahme (a) vor und (b) nach dem Einpressen von Injektionsgut (DMT GmbH & Co. KG). *142*
4.63 Verdeutlichung der Begriffe Richtigkeit, Präzision und Auflösung an einer Zielscheibe. *158*
4.64 Unterschiedliche Qualitätsstufen der Präzision und der Richtigkeit (nach Köhne und Wößner 2009). *158*
4.65 Betrag der Korrelationen (nach Wolf 1965, S. 114). *163*
4.66 Berechnung von Wahrscheinlichkeiten aus Dichtefunktionen. *164*
4.67 Dichtefunktionen der Normalverteilung. *165*
4.68 Dichtefunktionsverläufe der Student-Verteilung. *166*
4.69 Rechteckverteilung. *167*
4.70 Ishikawa-Diagramm für ein Tachymeter (nach Hennes 2007). *170*
4.71 Ishikawa-Diagramm für einen Wasserdrucksensor. *171*
4.72 Vertrauensintervalle für unterschiedliche Erweiterungsfaktoren. *173*
4.73 Aufbau des Grundwasserpegels mit den Einzelgrößen der Messung (GLÖTZL GmbH, Rheinstetten). *174*
4.74 Toleranzbegriffe (nach DIN18202:2019-07). *178*
4.75 Prüfung auf Toleranzüberschreitung. *183*

5.1 Beispiel für Schwellen-, Eingreif- und Alarmwert bei kontinuierlichen Messgrößen. *205*

6.1 Instrumentierung in Aufschüttungen (z. B. Dammschüttung auf weichem Untergrund). *212*
6.2 Instrumentierung in Auffüllungen (Deponie). *212*
6.3 Bodenprofil im Bereich der Ausbaustrecke BAB A26, Stade–Hamburg, östlich der Este bis zur AS Neu Wulmstorf. *215*
6.4 Gründungsbereich der Anrampungen mit geotextilummantelten Sandsäulen unter einer horizontalen Geokunststoffbewehrung. *215*
6.5 Anordnung der Messtechnik zwischen und auf den Säulen der geotextilummantelten Sandsäulen. *217*
6.6 Ausgesteifte Baugrube (obere Lage) mit dahinterliegenden denkmalgeschützten Kanzleigebäude und Marienkirche (Gattermann et al. 1996). *222*
6.7 (a) Schnitt durch die Baugrubenwand und (b) Draufsicht (Gattermann et al. 1996). *223*
6.8 Ergebnisse der Inklinometermessungen Messstelle 02, „Breite Straße“ (Gattermann et al. 1996). *225*
6.9 Beispielhafte Anordnung von Messgebern zur messtechnischen Überwachung einer KPP (kombinierte Pfahl-Platten-Gründung) (Moormann 2002). *231*
6.10 Messprogramm Stock Yard im Grundriss (Moormann et al. 2010). *233*

6.11 Messprogramm Stock Yard in Querschnitten (Moormann et al. 2010). *234*
6.12 Offene Druckschlauchwaage zur händischen Messung von Setzungsmulden unter Halden (System Geokon). *235*
6.13 Beispielhafte Messergebnisse des Kohlelagers (Moormann et al. 2010). *236*
6.14 Einschnittsböschung: zeitliche Entwicklung der Böschungsneigung. *245*
6.15 Einschnittsböschung: Schnitt und Grundriss. *248*
6.16 Massenbewegung Gradenbach, Blick auf den Rutschhang von der Referenzstation R2. *248*
6.17 Massenbewegung Gradenbach, Überblick über die Instrumentierung. *251*
6.18 Anordnung der Messstellen an Staumauern (Beispiel). *258*
6.19 Anordnung der Messstellen an Staudämmen (Beispiel). *259*
6.20 PSW Goldisthal, Blick auf den Damm der Hauptsperre (Unterbecken). *261*
6.21 Instrumentierung der Hauptsperre des PSW Goldisthal. *263*
6.22 Exemplarischer untertägiger Messquerschnitt. *267*
6.23 Exemplarische Verformungsmessungen vorab der Ortsbrust in Tunnellängsrichtung. *267*
6.24 Exemplarischer obertägiger Messquerschnitt. *271*
6.25 Anordnung von Konvergenzmessstrecken. *275*
6.26 Beobachtung von Trennflächen. *276*
6.27 Kombination von Extensometer- mit Konvergenzmessungen. *277*
6.28 Exemplarische Anordnung von Druckkissen in einer Ausbauschale. *279*
6.29 Teilschnittmaschine für die Streckenauffahrung im Mont Terri Rock Laboratory. *281*
6.30 Instrumentierung im Gebirge. *283*
6.31 Querschnitt Burchardkai 2, Liegeplatz (HPA Hamburg Port Authority 2008). *285*
6.32 Regelquerschnitt der Kajenkonstruktion des JadeWeserPort mit geotechnischem Messprogramm (Gattermann et al. 2013). *291*
6.33 Offshoregründungsstrukturen. *292*
6.34 (a) Geklebter mechanischer Schutz von Lichtwellenleitern im Inneren eines Monopiles und (b) der Rammschuh am Fuß (Institut für Geomechanik und Geotechnik, TU Braunschweig, 2021). *295*
6.35 Stahlplatte mit vorgesehener Messtechnik vor dem Einbau (Gattermann et al. 2009). *297*
6.36 Installierte Sensorik am Monopile FINO3 (Gattermann et al. 2009). *298*

7.1 Analoge und digitale Übertragungswege zwischen Sensor- und Datenerfassungsebene (Quelle: GLÖTZL GmbH). *305*

8.1 Bereinigung von Messwerten. *320*
8.2 Darstellung der Messwerte über der Zeit (Niemeier 2008). *321*
8.3 Komponentenmodell für eine Zeitreihe (Kneip 2010). *323*
8.4 Aliasing-Effekt bei sinusförmigen/saisonalen Veränderungen (Heunecke et al. 2013). *323*
8.5 Datenlücken in den aufgezeichneten Messwerten einer Zeitreihe. *324*
8.6 Autokovarianzfunktion für die Zeitreihe aus Abb. 8.2 (Niemeier 2008). *325*
8.7 Überwachungsmessung an der Fallersleber-Tor-Brücke in Braunschweig. Zeitreihe für die x-Koordinaten für eine Messmarke (Heinert und Niemeier 2004). *326*
8.8 Gleitende Durchschnittswerte der Ordnung drei bei einer Zeitreihe (aus von der Lippe 2019). *327*
8.9 Trendfunktion für eine Zeitreihe mit periodischem Signal (Holzmann 2002). *328*
8.10 Verschiebung der Zeitreihen um den Mittelwert (Offsettranslation) und Normierung mittels der Standardabweichungen (Amplitudenskalierung) (Kriegel et al. 2009). *329*
8.11 Vorverarbeitungsschritte für die Verarbeitung von zwei Zeitreihen (Kriegel et al. 2009). *329*
8.12 Längenänderung eines Stahlträgers über 30 Tage (Heunecke et al. 2013). *330*
8.13 Simultane Messung der Umgebungstemperatur (Heunecke et al. 2013). *330*
8.14 Empirische Kreuzkorrelationsfunktion zwischen der Länge eines Stahlträgers und der Umgebungstemperatur (Heunecke et al. 2013). *331*
8.15 Veranschaulichung der Approximation einer Treppenfunktion durch eine Folge von harmonischen Funktionen (Kriegel et al. 2009). *332*
8.16 Übergang (a) vom Zeitbereich in (b) den Frequenzbereich. *333*
8.17 Übersicht über ausgewählte Messstellen bei der Erneuerung der Schleuse Brunsbüttel (Otte 2017). *335*
8.18 Visualisierung der Lage der Messstellen für das Messkonzept der Überwachung der Schleuse Münster (Herten 2017). *335*
8.19 Darstellung mehrerer Zeitreihen für Porenwasserdruckmessungen (Pohl 2017). *336*
8.20 Darstellung der Sohlwasserpotenziale am Eidersperrwerk (Nuber et al. 2016). *337*
8.21 Senkungsprognose für das Kavernenfeld Etzel (Eickemeier und Schäfers 2016). *337*
8.22 Tensordarstellung der Hauptwerte der horizontalen relativen Längenänderungen für das Kavernenfeld Etzel für das Jahr 2006 (Eickemeier und Schäfers 2016). *338*

Tabellenverzeichnis

1.1 Prozessschritte beim Georisikomanagement (je Projektphase). *11*

4.1 Auswahl von SAR-Satelliten (C-Band und X-Band). *84*
4.2 Größenordnung der Messunsicherheiten fotogrammetrischer Punktbestimmungen. *88*
4.3 Kennwerte und Merkmale für ausgewählte Sondenextensometer (Gattermann und Stahlmann 2006). *97*
4.4 Technische Daten elektrischer Ankerkraft- und Kraftmessdosen. *108*
4.5 Kompensation des gemessenen Drucks p hinsichtlich des Atmosphärendrucks p_{amb} zur Bestimmung des Porenwasserdrucks u (Fluiddruck). *129*
4.6 Beispiele für Kalibrierangaben. *143*
4.7 Erweiterungsfaktor k in Abhängigkeit von der Überdeckungswahrscheinlichkeit. *172*
4.8 Vermessungstoleranzen, berechnet nach der arithmetischen und der statistischen Methode. *181*

6.1 Typische Messgrößen. *210*
6.2 Häufig eingesetzte Messverfahren. *211*
6.3 Messgrößen und eingesetzte Messverfahren. *217*
6.4 Übersicht der zu messenden Parameter bei Baugruben. *219*
6.5 Typische Messgrößen. *227*
6.6 Häufig genutzte Messverfahren. *228*
6.7 Einschnittsböschung: Messgrößen und eingesetzte Messverfahren. *247*
6.8 Messgrößen und eingesetzte Messverfahren. *250*
6.9 Typische Messgrößen an Dämmen und Staumauern. *255*
6.10 Häufig an Talsperren und Dämmen eingesetzte Messverfahren (unabhängig von der Bauweise). *256*
6.11 Zusätzlich an Dämmen eingesetzte Messverfahren. *256*
6.12 Zusätzlich an Staumauern eingesetzte Messverfahren. *257*
6.13 Empfohlene Messpunktanzahl an Staumauern. *258*
6.14 Empfohlene Messpunktanzahl an Staudämmen. *259*

6.15 Übersicht über das Messprogramm der Hauptsperre des PSW Goldisthal. *262*
6.16 Typische Messgrößen. *266*
6.17 Häufig genutzte Messverfahren. *268*
6.18 Typische Messgrößen. *270*
6.19 Häufig genutzte Messverfahren und -systeme. *270*
6.20 Typische Messgrößen im Grubengebäude. *275*
6.21 Messprogramm zur Beobachtung des Gebirgsverhaltens. *282*
6.22 Übersicht der zu messenden Parameter einer Kaianlage während des Baus. *287*
6.23 Übersicht der zu messenden Parameter einer Kaianlage während der Betriebsphase. *287*
6.24 Zu erfassende Messgrößen und die zugehörige Sensorik einer Kaimauer. *288*
6.25 Messprogramm und eingesetzte Messsysteme am JadeWeserPort. *290*
6.26 Typische Messgrößen bei Offshorebauwerken. *294*
6.27 Häufig genutzte Messverfahren bei Offshorebauwerken. *295*
6.28 Messprogramm und eingesetzte Messsysteme bei der Forschungsplattform FINO^3 in der ersten Betriebsphase. *298*

7.1 Musterinhalte des Messprotokolls. *309*
7.2 Musterinhalte/-angaben für einen messtechnischen Bericht. *311*
7.3 Maximale Übertragungslängen in Abhängigkeit der Sensorart und der Sensorversorgung (GLÖTZL GmbH, langjährige Projekt-Erfahrungswerte). *312*
7.4 Maximale Übertragungsreichweiten digitaler Übertragungssysteme. *314*

1 Geomesstechnik

Die Geomesstechnik ist ein interdisziplinäres Fachgebiet von Geotechnik und Ingenieurgeodäsie. Sie hat zum Ziel, zur Beantwortung geotechnischer Fragestellungen mithilfe messtechnischer Methoden beizutragen. Sie umfasst die lösungsorientierte Entwicklung und Umsetzung von Messprogrammen z. B. zur Bestimmung des Ausgangszustandes für eine Beobachtungsmethode mit der Ermittlung von Kennwerten, zur Zustandsermittlung von Betriebs- oder Endzuständen sowie zur messtechnischen Erfassung von Zustandsänderungen. Dabei sind die Messergebnisse unter Einbeziehung von weiteren Beobachtungen und Informationen in geeigneter Weise zu analysieren und zu bewerten, sodass maßnahmenspezifische Sicherheiten bzw. Risiken eingeschätzt werden können und die Grundlagen für Entscheidungsprozesse zur Verfügung stehen.

Eine besondere Bedeutung der Geomesstechnik begründet sich durch die Etablierung der Beobachtungsmethode gemäß DIN EN 1997-1. Diese Methode beruht auf einer Verknüpfung von rechnerischer Prognose, messtechnischer Überwachung und hierauf aufbauenden Entscheidungsprozessen und Handlungen. Die hiermit einhergehende messtechnische Überwachung geotechnischer Objekte wird im Allgemeinen als „Geomonitoring" bezeichnet. Die Beobachtungsmethode und damit auch die Geomesstechnik sind somit Instrumente für eine sichere und den Regeln der Technik entsprechende Entwurfs-, Bemessungs- und Ausführungspraxis, besonders bei komplexen Untergrundbedingungen und Bauwerken der Geotechnischen Kategorie 3. Darüber hinaus ermöglicht der Einsatz der Beobachtungsmethode während der Nutzung eines Bauwerks die Nachweisführung für dessen anhaltende Gebrauchstauglichkeit und Standsicherheit.

1.1 Ziele der Geomesstechnik

Die Geomesstechnik beinhaltet die messtechnische Zustandserfassung und Überwachung geologischer Körper sowie von Bauwerken im Erd-, Grund-, Fels-, Berg-, Ingenieur- und Deponiebau. Ihr kommt im Rahmen eines erhöhten Umweltbewusstseins, einer verstärkten Risikovorsorge vor Naturgefahren sowie erhöhter Ansprüche an die Kontrolle und Qualitätssicherung von Bauwerken und Bauverfahren eine besondere Bedeutung zu.

Empfehlungen des Arbeitskreises Geomesstechnik, 1. Auflage. Arbeitskreis 2.10 „Geomesstechnik".

Folgende Gesichtspunkte haben bei der Entscheidung über die Notwendigkeit dieser Empfehlungen des Arbeitskreises Geomesstechnik eine wesentliche Rolle gespielt:

1. Die Öffentlichkeit beansprucht im zunehmenden Maße, dass große Bauprojekte, einschließlich der Stadt- und Regionalplanung, mit Sensibilität und Transparenz geplant und durchgeführt werden.
2. Objektive, über die gesamte relevante Projektdauer erfasste geomesstechnische Daten sind eine wesentliche Voraussetzung für die gesellschaftliche Teilhabe und Akzeptanz.
3. Messtechnische Verfahren haben in den letzten Jahren hinsichtlich ihrer Methoden und Techniken eine intensive Weiterentwicklung erfahren. Dabei sind in der Baupraxis geotechnische und geodätische Überwachungsmessverfahren in vielfacher Weise zusammengewachsen. Diese Verfahren sind bislang noch nicht in einem umfassenden Dokument zusammengefasst und abgehandelt worden.
4. Im Rahmen einer einheitlichen Regulierung von Dienstleistungen in Europa ist in der grundlegenden geotechnischen Euronorm DIN EN 1997-1 (Eurocode 7) die „Beobachtungsmethode" zum Entwurf geotechnischer Bauwerke aufgeführt. Geotechnische Überwachungsmessungen sind eine wesentliche Voraussetzung für die fachgerechte Anwendung dieser Methode.
5. Geomesstechnik ist eine Ingenieuraufgabe, die durch eine ganzheitliche und systematische Vorgehensweise charakterisiert ist, vergleichbar der, wie sie im konstruktiven Ingenieurwesen üblich ist. Ein geomesstechnisches Projekt umfasst Inhalte und Abläufe zur Planung, Durchführung, Auswertung und Interpretation geotechnischer Messungen, was eine Koordinierung mit Planern und anderen am Bau Beteiligten erforderlich macht.
6. Das Risikobewusstsein der Fachleute und der Öffentlichkeit verlangt, dass potenzielle Gefährdungen aus Naturgefahren und Baumaßnahmen zuverlässig eingeschätzt und sinnvolle Maßnahmen getroffen werden. Geomesstechnik ist dabei ein notwendiger Bestandteil des Risikomanagements.

Dieser Leitfaden soll helfen, das notwendige Wissen zur Geomesstechnik bereitzustellen und für typische Aufgabenstellungen exemplarische Handlungsanweisungen für ein dem Stand der Wissenschaft und Technik entsprechendes Vorgehen zu geben.

1.2 Sensibilität, Transparenz, Akzeptanz

Die Sicherung des Lebensraumes der modernen Gesellschaft ist verbunden mit der Errichtung und dem Betrieb von Einrichtungen und Maßnahmen gegen Naturgefahren (z. B. Hangrutschung, Hochwasser) sowie von aufwendigen Bauwerken und der Nutzung des Untergrundes (z. B. zur Rohstoff- und Energiegewinnung, Deponiebau). Im Vergleich zur Vergangenheit ist in den letzten Jahren eine erhöhte Sensibilität der Gesellschaft gegenüber diesen Projekten festzustellen, die insbesondere bei Eingriffen in die Natur, dramatischen Unfällen oder medienwirksamen

Katastrophen geweckt wird. Die Anforderung besteht, dass Gebäude, Brücken, Dämme, Verkehrsanlagen und alle anderen Bauwerke bedenkenlos genutzt werden können. Bei der Erstellung von Bauwerken wird die Einhaltung der technischen und wirtschaftlichen Planungsrandbedingungen und die angemessene Berücksichtigung der Schutzgüter (hier insbesondere Mensch, Boden und Wasser) erwartet.

Aus gesellschaftlicher Sicht wird eine angemessene Transparenz über sämtliche Phasen der Errichtung der Bauwerke und eine Dokumentation über evtl. sicherheitsrelevante Störungen gefordert. Die Geomesstechnik trägt dazu bei, diese Transparenz während sämtlicher Phasen sicherzustellen, von der Erkundung des Baugrundes, der Beweissicherung, der Baustelleneinrichtung, der eigentlichen Bauwerkserstellung, bis hin zu oft langen Betriebs- oder Nachbetriebsphasen. Sie liefert messtechnische Informationen zur Standsicherheit und Gebrauchstauglichkeit von Bauwerken. Eine vergleichbar sorgfältige und zielgerichtete Überwachung wird ebenso für das Verhalten kritischer natürlicher Bereiche in der Umwelt gefordert.

Daneben kann in der heutigen Zeit eine breite Akzeptanz für größere Bauvorhaben nur erreicht werden, wenn – neben einer sorgfältigen Planung und einer Voranalyse – im Rahmen eines Risikomanagements eine baubegleitende messtechnische Erfassung und möglichst ohne Verzögerung eine Analyse der für eine umfassende Sicherheitsbeurteilung notwendigen Kenngrößen erfolgt.

Anmerkung: In den vorliegenden Empfehlungen des Arbeitskreises Geomesstechnik wird für das zu überwachende Messobjekt an vielen Stellen der Begriff „Baugrund“ verwendet. Die dort beschriebenen Messinstrumente oder Messverfahren sind jedoch meist ebenso zur Überwachung naturbedingter Gefährdungen, die beispielsweise durch Fließ-, Rutsch- oder Sturzbewegungen verursacht werden, geeignet.

1.3 Normative Regelung

DIN EN 1997 (Eurocode 7, abgekürzt auch bekannt als EC7) „Entwurf, Berechnung und Bemessung in der Geotechnik“ ist die grundlegende europäische Norm im Bereich der Geotechnik. Sie legt die Anforderungen fest, die zur Sicherstellung von Standsicherheit und Gebrauchstauglichkeit geotechnischer Objekte erforderlich sind. Der aktuell bauaufsichtlich eingeführte Stand des EC7 ist dokumentiert im Handbuch Eurocode 7 (2015). Im allgemeinen Teil 1 dieser Norm (DIN EN 1997-1) wird die auf Peck (1969) zurückgehende „Beobachtungsmethode“ als eine von insgesamt vier möglichen Nachweismethoden aufgeführt (Abb. 1.1). Sie ist insbesondere bei schwierigen und komplexen Bauwerken der Geotechnischen Kategorie (GK) 3 angezeigt. Es ist das erste Mal, dass die Beobachtungsmethode in einem internationalen Regelwerk festgeschrieben ist.

Teil 1 des EC7 (DIN EN 1997-1:2009-09) gibt allgemeine Hinweise zur Anwendung der Beobachtungsmethode. Sie ist als eine Methode zu verstehen, bei der die üblichen geotechnischen Untersuchungen und Berechnungen (Prognosen) in systematischer Weise mit einer laufenden messtechnischen Kontrolle des Baugrundes und des Bauwerks kombiniert werden. Dabei können alle Bauwerksphasen betrof-

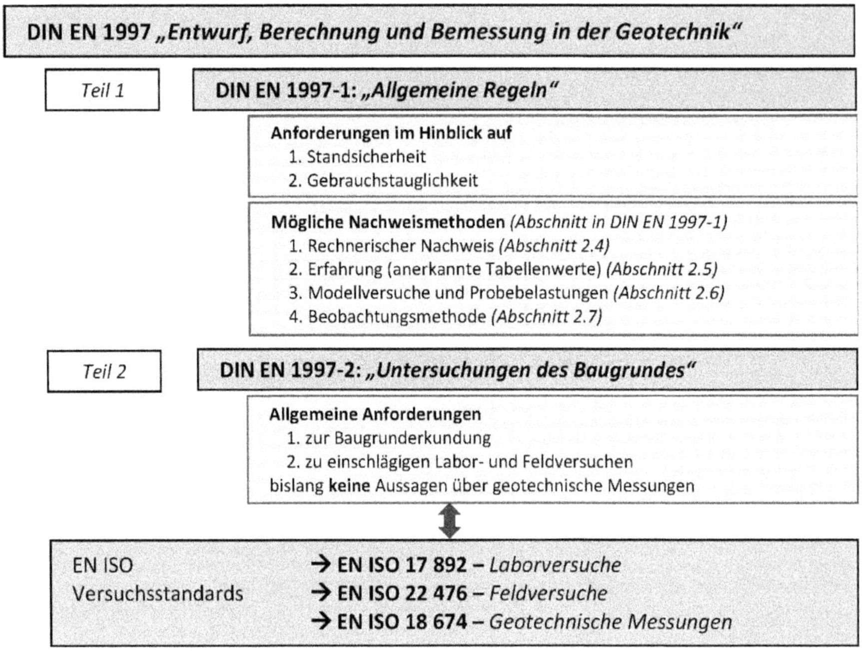

Abb. 1.1 Struktur der grundlegenden geotechnischen Euronorm DIN EN 1997 im Zusammenspiel mit EN ISO Versuchsstandards.

fen sein, vor und während der Herstellung des Bauwerks, aber auch während der Nutzung sowie in der Nachbetriebsphase. Bei der Beobachtungsmethode werden Entwurf, Berechnung und Bemessung im Zuge von Überwachungsmessungen laufend aktualisiert, wobei kritische Situationen durch die Anwendung geeigneter, vorab geplanter technischer Maßnahmen beherrschbar sein müssen. Geomesstechnik in Form von Überwachungsmessungen im Baugrund und an Bauwerken (Geomonitoring) ist somit ein unabdingbarer Bestandteil der Beobachtungsmethode. Im Abschn. 2.3 dieser Empfehlungen wird vertiefend auf die Beobachtungsmethode eingegangen.

Teil 2 des EC7 (DIN EN 1997-2:2010-10) behandelt die Erkundung und Untersuchung des Baugrundes, wobei das Augenmerk auf Richtlinien zur Ermittlung von Boden- und Felskennwerten für geotechnische Berechnungen liegt.

Zum Zeitpunkt der Erstellung dieser Empfehlungen wird unter der Federführung der ISO (International Standardization Organisation) die ISO 18674 – Serie „Geotechnical investigation and testing – Geotechnical monitoring by field instrumentation" erarbeitet (s. Abb. 1.1). Sie wird in der Endfassung voraussichtlich aus zehn Teilen bestehen:

- Part 1: General rules,
- Part 2: Measurement of displacements along a line: Extensometers,
- Part 3: Measurement of displacements across a line: Inclinometers,
- Part 4: Measurement of pore water pressure: Piezometers,
- Part 5: Stress change measurements by total pressure cells (TPC),

- Part 6: Hydraulic settlement systems,
- Part 7: Strain gauges,
- Part 8: Load cells,
- Part 9: Geodetic monitoring instruments,
- Part 10: Vibration monitoring instruments.

Die Teile 1–5 sind bereits in der deutschen Fassung DIN EN ISO 18764 veröffentlicht (Stand Frühjahr 2021). Die übrigen Teile sind in Bearbeitung und werden schrittweise eingeführt.

Entsprechend der Natur derartiger Regelwerke werden in ihnen konzeptuelle Zusammenhänge aufgezeigt und technische Anforderungen spezifiziert. Sie besagen jedoch in der Regel nichts über so wichtige Gesichtspunkte wie die Ausschreibung und Vergabe geotechnischer Messungen sowie die im Geomonitoring entscheidende Zusammenarbeit von Geotechnikingenieuren, konstruktiven Ingenieuren und Messingenieuren. In den Empfehlungen des Arbeitskreises Geomesstechnik werden unter Beachtung der in den Regelwerken niedergelegten technischen Anforderungen, auch diese Gesichtspunkte praxisgerecht abgehandelt.

1.4 Ganzheitliche Entwicklung und Umsetzung von Messprojekten

Eine dem Stand der Technik entsprechende Durchführung geotechnischer Messungen ist eine anspruchsvolle Ingenieuraufgabe (Dunnicliff 1993). Zur Lösung dieser Aufgabe ist ein hohes Maß an interdisziplinären Fachkenntnissen und Erfahrungen erforderlich (z. B. Geotechnik, Messtechnik, Konstruktion), und zwar nicht nur zu den immer komplexer werdenden Messungen und Messeinrichtungen selbst, sondern auch zu den Fragestellungen, Problemlösungen und Bauabläufen, die Anlass dieser Messungen sind. Ein geotechnisches Messprojekt erfordert eine ganzheitliche und systematische Betrachtung analog zu der im Konstruktiven Ingenieurwesen üblichen Vorgehensweise (Abb. 1.2). Leistungen der Geomesstechnik bzw. des Geomonitorings sind in ihrer ganzen Bandbreite zu budgetieren und zu honorieren. Ein Messprojekt beginnt mit dem Erkennen der Notwendigkeit und der Definition der Ziele einer geotechnischen Messung und endet mit der Umsetzung und Einarbeitung der bewerteten Messergebnisse in den geotechnischen Planungs- und Bemessungsprozess. Dabei kann jeder einzelne Aspekt dieser vielschichtigen Aufgabenstellung maßgebend für den Erfolg oder den Misserfolg der Messaufgabe sein.

In Anlehnung an DIN EN ISO 18674-1:2015-09 müssen in einem Messprojekt sämtliche der in Abb. 1.2 aufgeführten Inhalte und Abläufe berücksichtigt werden. Dabei muss jedes Projekt auf zumindest einer spezifischen Frage beruhen, die es mithilfe der Messungen zu beantworten gilt. Die Frage muss zu Beginn eines jeden Messprojekts formuliert sein und als Leitfaden während der Durchführung der Messungen dienen. Umgekehrt muss mit jeder geotechnischen Messung zumindest eine Antwort zur Problemstellung verknüpft sein. Die Antwort erfolgt üblicherweise in einem Messbericht (siehe Rückkopplungsschleife in Abb. 1.2).

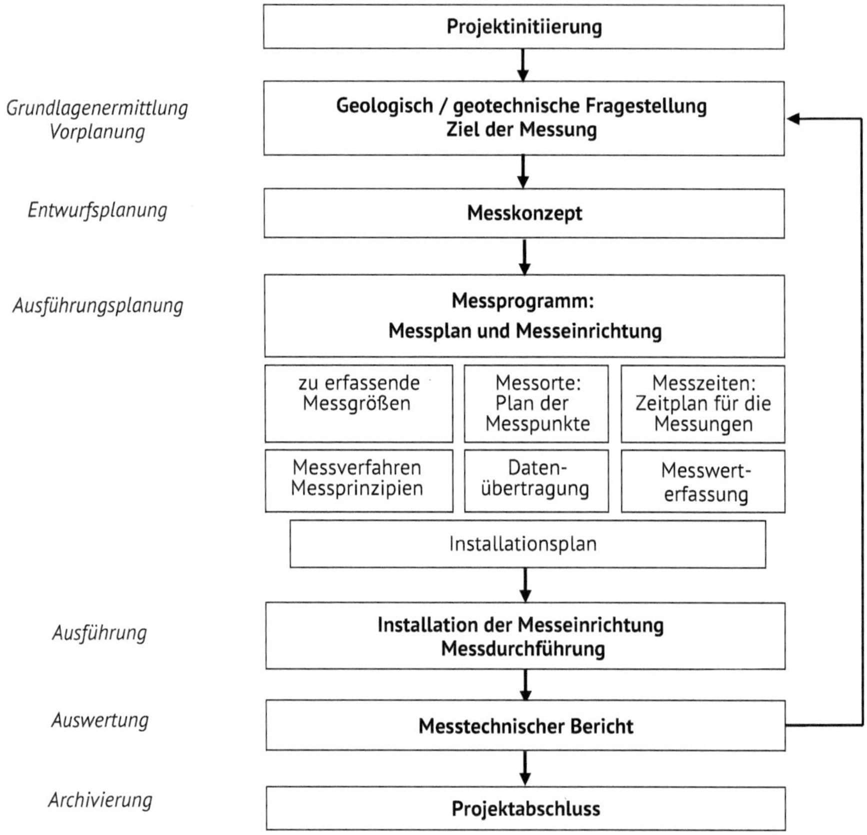

Abb. 1.2 Inhalt und Ablauf eines Geomonitoringprojekts (in Anlehnung an DIN EN ISO 18674-1:2015-09 und HOAI).

Im Einzelnen müssen bei der *Grundlagenermittlung und Vorplanung* geotechnischer Messungen, neben dem Bezug zur Problemstellung, die maßgebenden Messgrößen identifiziert und ihre zu erwartenden Größenordnungen abgeschätzt werden. Darunter werden die für die geotechnische Problemstellung indikativen Messgrößen verstanden. Die Genauigkeit und Messunsicherheit, mit der die Schlüsselparameter erfasst werden sollen, sowie deren geotechnisch tolerierbaren Grenzwerte müssen festgelegt werden.

Bei der *Entwurfsplanung* muss ein Messkonzept entwickelt werden, das geeignet ist, die maßgebenden Messgrößen messtechnisch zu erfassen. Das Konzept umfasst einen Plan der messtechnisch zu überwachenden Objektpunkte sowie die Festlegung der Häufigkeit und der zeitlichen Abfolge der Messungen. Dabei sollte das Konzept auch die voraussichtliche Lebensdauer der geplanten Messanlage berücksichtigen. Ferner sind die grundlegenden Anforderungen an die messtechnische Instrumentierung festzulegen (z. B. händische oder/und automatische Ablesung; Redundanz).

Bei der *Ausführungsplanung* müssen die einschlägigen technischen Details der Messeinrichtung festgelegt werden. Die Messeinrichtung umfasst alle Komponenten der Instrumentierung wie Sensoren, Messwerterfassungsanlagen, Datenübertragung sowie Hilfsgeräte. Es sind ferner Vorgaben über die anzuwendenden Messverfahren zur Erfassung der maßgebenden Messgrößen zu machen und das Messkonzept zu verfeinern. Im Messverfahren sind sowohl Messprinzipien als auch Messmethoden impliziert. Geotechnische Sensoren beruhen auf unterschiedlichsten Messprinzipien, die allesamt ihre spezifischen Anwendungsbereiche haben. Beispiele für geotechnische Sensoren mit unterschiedlichen Messprinzipien sind Schwingsaiten-, Stromschleifen-, induktive, kapazitive, Widerstands- und Lichtwellenleitersensoren.

Geotechnische Sensoren sind im besonders hohen Maße Wechselwirkungen mit den sie umgebenden Medien (z. B. Boden, Fels, Grundwasser, Gasen) ausgesetzt. Eine fachgerechte Installation hat sich wiederholt als entscheidend für den Erfolg eines Messprojekts herausgestellt.

Mit der *Ausführung* geotechnischer Messungen sollte ausschließlich qualifiziertes Personal betraut werden. Vorab sind entsprechende Eignungsnachweise anzufordern. Es sind die Zeit- und Personaleinsatzplanung festzulegen sowie Regelungen über den Transfer, Zugriff und Archivierung der Messdaten zu treffen.

Bei der *Auswertung und Bewertung* der Messdaten ist eine mögliche Überlagerung von Instrumentierungs-, Umwelt- und Umgebungseinflüssen zu berücksichtigen. Plausibilitätsprüfungen sind regelmäßig durchzuführen. In die Prüfung sind sowohl messtechnische als auch geologische, geotechnische und bautechnische Aspekte einzubeziehen. Dabei ist auch die Möglichkeit in Betracht zu ziehen, dass das dem Messkonzept zugrunde liegende geologische/geotechnische Modell unzutreffend sein könnte.

Basierend auf der Aus- und Bewertung der Messdaten ist die technische Reaktion abzuleiten. Bedenkliche Messwertänderungen müssen im Sinne des Risikomanagements (Abschn. 1.5) in die Entscheidung über wirksame technische Gegenmaßnahmen einfließen. Gegebenenfalls muss auch der Umfang und Inhalt des bisher verwendeten Messprogramms überdacht werden, um die Datendichte an das technische Risiko anzupassen.

1.5 Risikomanagement

1.5.1 Projektübergreifendes Risikomanagement

Risiko wird im hier betrachteten Kontext nach DIN ISO 31000:2018-10 als „Auswirkung der Unsicherheit für die Erreichung von Zielen“ definiert und ist wie folgt gekennzeichnet:

- Bei einem Risiko handelt es sich um ein unerwünschtes Ereignis.
- Ein Risiko hat eine oder mehrere Ursachen.
- Ein Risiko tritt mit einer bestimmten Wahrscheinlichkeit ein.
- Ein Risiko hat Folgen.

- Ein Risiko ändert sich im Projektverlauf dynamisch (Wahrscheinlichkeit oder Folgen verändern sich).

Projektrisiken in Bau- und Infrastrukturprojekten können in folgenden Bereichen negative Wirkung entfalten:

- Arbeitssicherheit, Gesundheit,
- Umwelt, Schutzgüter,
- Zeitaufwand für Entwurf und Planung,
- Kosten für Entwurf und Planung,
- Art der Bauausführung,
- Bauzeit,
- Baukosten,
- Folgekosten für den Unterhalt/Betrieb,
- bei Dritten oder Einrichtungen Dritter,
- Reputation der Beteiligten.

Das Risikomanagement umfasst den (a) bewussten, (b) strukturierten, (c) kommunizierten und (d) ständigen Umgang mit Risiken zur erfolgreichen Umsetzung von Projekten bzw. der Erreichung der Projektziele (van Staveren 2016, S. 20). Erfolgreiches Risikomanagement basiert auf der Erkenntnis, dass Risiken existieren und deren Identifikation und Kommunikation die Voraussetzungen für eine effektive Steuerung sind. Dabei handelt es sich um einen kontinuierlichen PDCA-Prozess (Plan-Do-Check-Act), der die Anpassung an den aktuellen Projektstand erfordert. Allgemeine Aussagen zum Risikomanagement für Organisationen sind in DIN ISO 31000:2018-10 enthalten (Abb. 1.3). Die Kapitelnummern in der Abb. 1.3 beziehen sich auf die Gliederungen der DIN ISO 31000:2018-10.

Für die Risikobehandlung nennt die Norm DIN ISO 31000:2018-10 folgende Optionen:

- Vermeidung (einen anderen Weg gehen),
- Transfer (Übertragung auf Dritte),
- Verminderung (Ergreifung von Maßnahmen zur Reduktion der Eintrittswahrscheinlichkeit oder des Schadensausmaßes),
- Akzeptanz (Restrisiko).

Für das Georisikomanagement sind diese Optionen meist in dieser allgemeinen Form nicht handhabbar bzw. müssen in den Projektkontext übertragen werden. So schützt der Risikotransfer zwar möglicherweise eine der Parteien vor wirtschaftlichem Schaden, trägt aber nicht zum Projekterfolg bei.

Für das Risikomanagement speziell in Bau- und Infrastrukturprojekten existieren in Deutschland keine branchenbezogenen normativen Regelungen (ISSMGE 2013, Teil 2). In der gleichen Literatur werden einige typische Hemmnisse für die zögerliche Anwendung eines umfassenden Risikomanagements in Bauprojekten in Deutschland genannt. Die Autoren dieser Empfehlungen Geomesstechnik sind sich bewusst, dass die im Folgenden nach ISSMGE (2013, Teil 2, S. 39) zitierten Feststellungen in der Absolutheit ihrer Aussage sicher unzutreffend, zumindest übertrieben

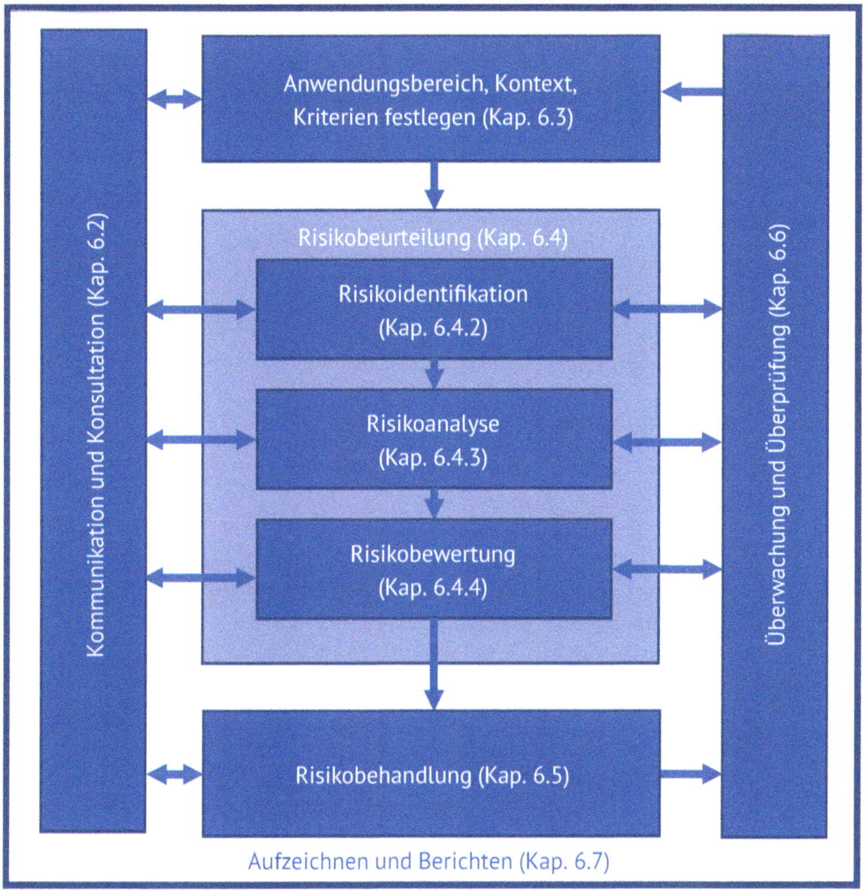

Abb. 1.3 Prozess des Risikomanagements (nach DIN ISO 31000:2018-10).

sind. Die zugrunde liegenden Kritikpunkte sind es jedoch wert, hier genannt und bei zukünftigen Projekten kritisch bedacht zu werden:

- Vorhandensein einer allgemeinen Risikovermeidungskultur, welche den Schwerpunkt auf Sicherheit und Zuverlässigkeit legt und deshalb das Zugestehen und Kommunizieren von potenziellen Risiken nicht erlaubt.
- Risiken werden immer im vertraglichen Kontext gesehen. Risikomanagement ist deshalb eine Frage der Verteilung der Risiken und Verantwortlichkeiten und nicht der systematischen Kommunikation und Steuerung der Risiken.
- Es existiert ein hohes Vertrauen in Normierung und Standardisierung mit dem Glauben, dass bei Ausführung in Übereinstimmung mit den gültigen Normen und Standards nichts schief gehen kann.
- Öffentliche Auftraggeber haben kein großes Interesse, potenzielle Risiken einzugestehen und zu kommunizieren.

- Mangelnde Kommunikation während der Planung und beim Management von Bauprojekten verbunden mit der Tendenz, potenzielle Risiken und Probleme zu verbergen, anstatt sie gegenüber anderen beteiligten Parteien zu kommunizieren.
- Die Zuständigkeiten bei Bauprojekten in Deutschland werden häufig verteilt (Trennung zwischen Design und Bauausführung). Die Verantwortlichkeiten sind deshalb auf verschiedene Parteien verteilt. Kommunikation und Kooperation leiden, wenn kein definierter Verantwortlicher oder Koordinator vorhanden ist.

Neben den Gefahren für das jeweilige Projekt erschwert diese Herangehensweise die positive Aufarbeitung von Problemen nach Projektabschluss und reduziert den Erkenntnisgewinn für zukünftige ähnliche Projekte.

1.5.2 Georisikomanagement

Georisikomanagement ist ein Teil des projektübergreifenden Risikomanagements, in dem u. a. folgende Risiken betrachtet werden:

- geotechnische/geologische Risiken,
- hydrogeologische Risiken (z. B. gespanntes Grundwasser),
- meteorologische Risiken,
- umweltgeologische Risiken (z. B. belasteter Boden),
- seismische Risiken,
- künstliche, d. h. vom Menschen verursachte Risiken im Untergrund (Kabel, Leitungen).

Es befasst sich u. a. mit folgenden Aspekten des Gesamtprojekts:

- mit der angemessenen Beachtung der Schutzgüter Boden, Wasser, Klima/Luft, Pflanzen/Tiere, Landschaft, Kultur-/Sachgüter und Mensch im Zusammenhang mit einer Umweltprüfung oder Umweltverträglichkeitsprüfung,
- mit dem Arbeitsschutz basierend auf einer Gefährdungsbeurteilung und abgeleiteten Arbeitsschutzmaßnahmen,
- mit dem Immissionsschutz zum Schutz vor schädlichen Umwelteinwirkungen durch Erschütterungen, Geräusche, Luft-, Wasser- und Bodenverunreinigungen, Licht und andere Emissionen,
- mit dem Umgang mit Georisiken wie Hangrutschungen, Überflutungen, Erdfällen, Erdbeben,
- mit der Gefahrenabwehr bei akuten oder möglichen technischen Fehlfunktionen,
- mit der Vermeidung von Schäden und den sich daraus ergebenden Schadensersatzansprüchen.

Ein angemessenes Georisikomanagement besteht aus den in Tab. 1.1 genannten Schritten, die in einem zyklischen Prozess in jeder Projektphase mindestens einmal durchlaufen werden. Der gesamte Prozess ist zu dokumentieren (dokumentierte Information nach DIN EN ISO 9001:2015-11); die Ergebnisse sind den interessierten Parteien zu kommunizieren.

Tab. 1.1 Prozessschritte beim Georisikomanagement (je Projektphase).

Schritt 1	Sammeln von Informationen	Anforderungen, Istzustand, räumliche/zeitliche Abgrenzung
Schritt 2	Identifizieren geotechnischer Risiken	Erfassen aller für das Projekt relevanten geotechnischen Risiken
Schritt 3	Analyse geotechnischer Risiken	Betrachtung von Unsicherheiten, Risikoursachen, Wahrscheinlichkeit sowie Erfassung der Auswirkungen (Beschreibung des Schadenspotenzials für Menschen, Sachgüter und andere Schutzgüter in der räumlichen und zeitlichen Relation zu der erkannten Gefährdung und unter Berücksichtigung direkter Schäden und Folgeschäden)
Schritt 4	Bewertung geotechnischer Risiken	Bewertung der Risiken unter Einbeziehung der Ergebnisse der Risikoanalyse bezogen auf die Auswirkungen/Folgen
Schritt 5	Risikobehandlung	Festlegen und Umsetzen von Maßnahmen zur Beherrschung des Risikos
Schritt 6	Überwachung und Überprüfung	Auswertung der Wirksamkeit der getroffenen geotechnischen Maßnahmen zur Beherrschung des Risikos
Schritt 7	Kommunikation, Verbesserung	Übertragen aller geotechnischen Informationen zu Risiken in die nächste Projektphase (Beitrag zu Schritt 1 der nächsten Projektphase)
Beginn der nächsten Projektphase		

Maßnahmen zur Risikobehandlung (Schritt 5) unterteilen sich in präventive Maßnahmen (Versuch der Verringerung der Wahrscheinlichkeit des Eintretens von Risiken oder Schäden) und korrektive Maßnahmen (Begrenzung der Folgen). Darüber hinaus können die wirtschaftlichen Auswirkungen für die Projektbeteiligten durch Versicherungen abgemildert werden, die jedoch keinen direkten Einfluss auf die Wahrscheinlichkeit des Eintretens von Schäden haben. Indirekt ist dieser Einfluss durchaus gegeben, indem die Versicherungen durch ihre Versicherungsbedingungen Einfluss auf den Risikomanagementprozess nehmen.

Typische, nach aufsteigendem Grad der Intervention geordnete Handlungskonzepte sind:

a) Duldung und Beobachtung (präventiv und korrektiv),
b) Vermeidungskonzepte durch alternative Vorgehensweisen (präventiv),
c) Konzepte zur Verminderung der Gefährdung, des Schadenspotenzials oder der Eintrittswahrscheinlichkeit durch geeignete Maßnahmen (korrektiv),
d) Risiko-Response-Konzepte mit Schwellen-, Eingreif- und Alarmschwellen nach Abschn. 5.7 (unterschiedliche Eskalationsstufen), Informations- und Kommunikationsplänen, Maßnahmen zum Arbeitsschutz und Nachbarschaftsschutz, Schutz von Sach- und Vermögenswerten (präventiv und korrektiv),

e) Sicherungskonzepte für den akuten Schadensfall mit entsprechenden technischen und organisatorischen Vorkehrungen (korrektiv),
f) Redundanzsysteme bei Versagen des primären Sicherungssystems,
g) Schadensausgleich im Hinblick auf Sanierung, Entschädigung oder Ersatzausgleich (Versicherung).

Bei einer Auswertung von Problemfällen an Baugruben in van Staveren (2016, S. 13) wurde festgestellt, dass in der überwiegenden Mehrzahl der untersuchten Fälle die Ursache nicht darin lag, dass die technischen Kenntnisse und Erfahrungen nicht vorhanden gewesen wären. Das Problem besteht vielmehr darin, dass das Wissen und die Erfahrung gar nicht, falsch, unvollständig oder nicht rechtzeitig eingebracht wurden. Es handelte sich also eher um organisatorische als um technische Probleme.

Aus Sicht der Versicherungswirtschaft, die ein immanentes wirtschaftliches Interesse an einem wirkungsvollen Risikomanagement hat, wird in ITIG (2006) für Tunnelprojekte Folgendes gefordert:

- Gefahrenerkundung und Risikomanagement sollen höchsten Stellenwert haben (d. h. in der obersten Leitung bzw. Projektleitung verankert sein).
- Die Verantwortung für das Risikomanagement soll ausdrücklich auf alle am Projekt beteiligten Parteien übertragen werden.
- Erkennen, Bewertung und Zuweisung von Risiken sind formal zu dokumentieren.

Diese Herangehensweise zwingt alle Projektbeteiligten dazu, Informationen auszutauschen, sich mit den Risiken auseinanderzusetzen und dazu verbindlich Stellung zu beziehen.

1.5.3 Aufgaben der Geomesstechnik im Rahmen des Georisikomanagements

Die Geomesstechnik trägt durch die Bereitstellung von Informationen auf Basis eines Messprogramms wesentlich zum Gelingen des Georisikomanagements bei. Betrachtet man die im Kap. 2 dieser Empfehlungen benannten Aufgaben der Geomesstechnik, so betrifft dies insbesondere folgende Aufgabenbereiche:

Erkundungsphase

Schritt 1 des Georisikomanagementzyklus beinhaltet das Sammeln von Informationen. Ein wesentlicher Bestandteil dazu sind die Informationen zum Baugrund, welche in der Erkundungsphase gewonnen und dokumentiert werden. Sie sind in angemessenem Umfang den Projektbeteiligten zugänglich zu machen.

Beobachtungsmethode, Beobachtung naturbedingter Gefährdungen und Frühwarnung

Die im Rahmen dieser geotechnischen Aufgabenstellungen gewonnenen Messergebnisse und deren Bewertung dienen im Rahmen des Georisikomanagements der fortlaufenden Auswertung der Wirksamkeit der getroffenen geotechnischen Maßnahmen zur Beherrschung des Risikos (Schritt 6 des Georisikomanagementzyklus). Entscheidend ist die angemessen zeitnahe Bereitstellung der Ergebnisse und das Durchsetzen technischer und organisatorischer Regelungen zur Bewertung der Ergebnisse und zur Reaktion bei Auffälligkeiten. Man spricht in diesem Zusammenhang von einem risikogesteuerten geotechnischen Monitoring. Darunter ist ein auf Grundlage einer Risikoanalyse erstelltes Messprogramm zu verstehen, welches Eingreif- und Alarmwerte enthält, Handlungsanweisungen gibt und Verantwortlichkeiten benennt.

Bei der Anwendung der Beobachtungsmethode und der Beobachtung naturbedingter Gefährdungen handelt es sich meist um ein präventives Konzept, die rechtzeitige Information bei tatsächlichen Schadensfällen (Frühwarnung) hat korrektive Auswirkungen.

Qualitätssicherung von Baumaßnahmen, Steuerung von Bauprozessen
Durch Messungen zur Qualitätssicherung von Baumaßnahmen lässt sich das Risiko von Abweichungen gegenüber dem genehmigten oder geplanten Zustand beherrschen. Gleiches gilt für Messungen zur Steuerung von Bauprozessen. Die Messungen sind ein direkter Beitrag zur Risikobeherrschung und somit von Schritt 5 des Georisikomanagementzyklus. Dabei handelt es sich stets um präventive Maßnahmen.

Beweissicherung
Messungen zur Beweissicherung können dem Risikomanagement im weiteren Sinne dienen, indem sie die Datengrundlage für Auseinandersetzungen mit Dritten bereitstellen und der Minimierung des wirtschaftlichen Risikos dienen. Zur Steuerung des eigentlichen geotechnischen Risikos tragen sie in der Regel wenig bei.

Literatur

DIN ISO 31000:2018-10 (2018). Risikomanagement – Leitlinien (ISO 31000:2018). Berlin: Beuth.

DIN EN 1997-1:2009-09 (2009). Eurocode 7: Entwurf, Berechnung und Bemessung in der Geotechnik – Teil 1: Allgemeine Regeln; Deutsche Fassung EN 1997-1:2004 + AC:2009. Berlin: Beuth.

DIN EN 1997-2:2010-10 (2010). Eurocode 7: Entwurf, Berechnung und Bemessung in der Geotechnik – Teil 2: Erkundung und Untersuchung des Baugrunds; Deutsche Fassung EN 1997-2:2007 + AC:2010. Berlin: Beuth.

DIN EN ISO 18674-1:2015-09 (2015). Geotechnische Erkundung und Untersuchung – Geotechnische Messungen – Teil 1: Allgemeine Regeln. Berlin: Beuth.

DIN EN ISO 9001:2015-11 (2015). Qualitätsmanagementsysteme – Anforderungen. Berlin: Beuth.

Dunnicliff, J. (1993). *Geotechnical Instrumentation for Monitoring Field Performance.* New York u. a.: Wiley Interscience, unveränderte Ausgabe von 1988, ISBN: 0-471-00546-0.

Handbuch Eurocode 7, Geotechnische Bemessung, Bd. 1: Allgemeine Regeln, 2. Aufl. 2015, Hrsg: DIN Deutsches Institut für Normung, Beuth Verlag, Berlin, ISBN 978-3-410-25835-3.

ISSMGE (2013). ISSMGE TC304-TF3. International State of the Art Report on Integration of Geotechnical Risk Management and Project Risk Management, Part1 – Report, Version 2, November 2013, Part 2 – Country Reports, Version 2, Oktober 2013.

ITIG (2006). Richtlinien zum Risikomanagement von Tunnelprojekten. International Tunnelling Insurance Group (ITIG).

Peck, R.B. (1969). Advantages und limitations of the obeservational method in applied soil mechanics. *Geotechnique* 19.2: 171–187.

van Staveren, M. (2016). *Geotechnik im Umbruch: Praxisführer für Geo-Risikomanagement*. Karlsruhe: Bundesanstalt für Wasserbau: Eigenverlag. ISBN: 978-3-939230-52-6, URL: https://hdl.handle.net/20.500.11970/105058 (abgerufen am 30.03.2021).

2
Zielsetzung geotechnischer Messungen

2.1 Grundsätzliches

Geotechnische Messungen können in allen Phasen eines Projekts von der Projektvorbereitung über die Bau- und Betriebszeit bis zur Nachbetriebsphase erforderlich werden. Allen nachfolgend beschriebenen, typischen Zielsetzungen ist gemeinsam, dass die auszuführenden Messungen immer der Beantwortung von konkret zu formulierenden Fragestellungen dienen und niemals Selbstzweck sind. Die Fragestellungen ergeben sich aus Informationsdefiziten über den Zustand oder das Verhalten von Bauwerken, des Untergrundes oder der Umgebung und variieren mit der jeweiligen Projektphase. Geotechnische Messungen haben das Ziel, die aus den Informationsdefiziten resultierenden Risiken auf ein gesellschaftlich und projektspezifisch verträgliches Maß zu minimieren.

Aufgrund der Ähnlichkeit von Projektzyklen lassen sich die meisten Zielsetzungen einer oder auch mehreren der nachfolgend beschriebenen Kategorien zuordnen. Diese Systematisierung ermöglicht es, typische Anforderungen zu erkennen und zu berücksichtigen und über formale Anforderungen an die jeweilige Phase hinaus aus den Erfahrungen anderer Projekte zu lernen.

Jede der in den nachfolgenden Kapiteln beschriebenen Zielsetzungen muss letztendlich in einem schriftlich fixierten Messprogramm münden. Dieses berücksichtigt die projektspezifischen Fragestellungen, aber auch gesetzliche, normative, behördliche oder gutachterliche Forderungen und beschreibt die Anforderungen an die Planung, Installation, Messung, Auswertung und Interpretation. Die Anforderungen an die Erstellung von Messprogrammen und typische Beispiele sind im Kap. 6 beschrieben.

2.2 Erkundungsphase

Unter der Erkundungsphase versteht man das Stadium der Erfassung und Interpretation aller Ergebnisse aus Untersuchungen, die zur Erkundung des Gebietes durchgeführt wurden, das von einem Vorhaben betroffen ist. Während der Erkundungsphase von Bauprojekten werden geologische und geophysikalische Untersuchungen zum Aufbau, der Eigenschaften und zur Struktur des Baugrunds sowie zu

Empfehlungen des Arbeitskreises Geomesstechnik, 1. Auflage. Arbeitskreis 2.10 „Geomesstechnik“.

den Grundwasserverhältnissen durchgeführt. Diese Untersuchungen werden durch Laborversuche an Probenmaterial ergänzt.

Je nach Komplexität des Baugrundes und des Bauvorhabens sind darüber hinaus weiterführende Untersuchungen durch geotechnische Messungen in Feld- und Laborversuchen notwendig. Die Erkenntnisse aus den Baugrunduntersuchungen dienen u. a. der Festlegung von charakteristischen Werten zur Bemessung der Bauwerke, der Beurteilung des Einflusses auf bestehende Objekte sowie der Klassifizierung des anstehenden Baugrundes als Grundlage für die Kalkulation der Baumaßnahmen.

Gemäß der aktuell bauaufsichtlich eingeführten Norm DIN EN 1997-1:2009-09 und der zugehörigen DIN 1054:2010-12 (Ergänzende Regelungen zu DIN EN 1997-1) werden zur Beurteilung von Art und Umfang der geotechnischen Untersuchungen des Baugrundes die geplanten Bauwerke in die Geotechnischen Kategorien GK1, GK2 und GK3 eingestuft. Der in der ergänzenden DIN 1054:2010-12 enthaltene Abschnitt „A Anhang AA" fasst rein informativ die Merkmale zur Einstufung der Baumaßnahmen in die zugehörigen Geotechnischen Kategorien in tabellarischer Form zusammen. Eine Einstufung der Baumaßnahme in einer der Kategorien dient dazu, die Mindestanforderungen an die Baugrunduntersuchungen festzulegen. Sie muss mit fortschreitenden Erkenntnissen aus den erfolgten Erkundungen laufend überprüft werden, da sich aufgrund der Ergebnisse eine andere (höhere) Einstufung der Kategorie ergeben kann. Erfolgt die Einstufung der geplanten Baumaßnahmen in den Kategorien GK2 oder GK3, ist ein Sachverständiger für Geotechnik nach DGGT (2016) hinzuzuziehen, welcher die Planung und Ausführung der geotechnischen Untersuchungen steuert, um alle nötigen Informationen (charakteristische Werte der Baugrundkenngrößen) zu ermitteln, welche die Nachweise der Grenzzustände für die Tragfähigkeit und die Gebrauchstauglichkeit ermöglichen.

Das umfassende Regelwerk DIN EN 1997-2:2010-10 und die zugehörige DIN 4020:2010-12 (Ergänzende Regelungen zu DIN EN 1997-2:2010-10) schreiben die Mindestanforderungen an die Erkundung und Untersuchung des Baugrundes vor. Die Aufschlussdichte und -tiefe bei der Baugrunderkundung wird innerhalb der DIN EN 1997-2:2010-10 unter Punkt 2.4.1.3 angegeben, in Anhang B.3 sind beispielhaft Abstände von Aufschlusspunkten und zugehörige Untersuchungstiefen des Baugrundes als Richtwerte für verschiedene Bauwerke zusammengefasst. Die hierbei angegebenen Untersuchungstiefen sind gemäß nationalem Anhang DIN EN 1997-2:2010-10/NA in Deutschland als normativ anzusehen, also keine Richtwerte, sondern als Mindestaufschlusstiefen vorgeschrieben.

Generell wird die Baugrunderkundung in die Etappen *Voruntersuchungen*, *Hauptuntersuchungen* und *Kontrolluntersuchungen* unterteilt. Gelangt man bei der Voruntersuchung des Baugrundes und der Einstufung der zugehörigen Baumaßnahme zu der Erkenntnis, dass die Geotechnische Kategorie GK1 vorliegt, entfallen die Etappen Hauptuntersuchung und Kontrolluntersuchungen. Innerhalb der Voruntersuchungen werden die generelle Eignung des Baugrundes für die geplante Baumaßnahme überprüft und abschließend eine oder mehrere Gründungsarten festgelegt, auf welche sich die Hauptuntersuchung des Baugrundes bezieht. Die Kontrolluntersuchungen während (und ggfs. auch nach) der Bauphase dienen zum Vergleich des Istzustandes mit den Vorhersagen aus den Berechnungen und sind Teil eines geotechnischen Messprogrammes, welches in den nachfolgenden Kapiteln dieser Empfehlungen ausführlich beschrieben wird.

Geotechnische Messungen in Form von Feldversuchen werden in der Regel im Rahmen der Hauptuntersuchungen zur Baugrunderkundung durchgeführt. DIN EN 1997-2:2010-10 (EC 7-2) führt im Kapitel 2.4 die Tabelle 2.1 auf, welche eine vereinfachte Übersicht zu gängigen Felduntersuchungen und deren Anwendbarkeit liefert. In Kapitel 4 vom EC 7-2 werden folgende Feldversuche behandelt, welche in diversen Teilen der DIN EN ISO 22476-1 genormt sind:

- Drucksondierung nach DIN EN ISO 22476-1:2013-10, CPT gemäß EC 7-2,
- Rammsondierung nach DIN EN ISO 22476-2:2012-03, DP gemäß EC 7-2,
- Standard Penetration Test nach DIN EN ISO 22476-3:2012-03, SPT gemäß EC 7-2,
- Pressiometer (Ménard) nach DIN EN ISO 22476-4:2013-03, MPM gemäß EC 7-2,
- Dilatometer (flexibel) DIN EN ISO 22476-5:2013-03, FDT (SDT, RDT) gemäß EC 7-2,
- Pressiometer (selbstbohrend) nach DIN EN ISO 22476-6:2018-12, SBP gemäß EC 7-2,
- Seitendruckversuch DIN EN ISO 22476-7:2013-03, BJT gemäß EC 7-2,
- Verdrängungspressiometer nach DIN EN ISO 22476-8:2019-03, FDP gemäß EC 7-2,
- Flügelscherversuch nach DIN EN ISO 22476-9:2021-01, FVT gemäß EC 7-2,
- Gewichtssondierung, nach DIN EN ISO 22476-10:2018-03, WST gemäß EC 7-2,
- Flach-Dilatometer nach DIN EN ISO 22476-11:2017-08, DMT gemäß EC 7-2.

Anzumerken ist, dass in Deutschland in der Regel traditionell Bohrlochrammsondierungen (BDP) gemäß DIN 4094-2:2003-05 ausgeführt werden und *nicht* der Standard Penetration Test (SPT) gemäß DIN EN ISO 22476-3:2012-03. Früher wurden in Deutschland Bohrlochrammsondierungen auch als Standard Penetration Test bezeichnet, obwohl es sich um unterschiedliche Erkundungsgeräte handelt.

Anhang A und B aus DIN EN 1997-2:2010-10 zeigen informativ in tabellarischer Form Versuchsergebnisse und Hilfen zur Auswahl von Baugrunduntersuchungsverfahren auf. In den weiteren Anhängen werden o. g. Verfahren vertieft betrachtet.

Einen Überblick zu geophysikalischen Messverfahren und Messprinzipien bei der Baugrunderkundung zeigt das Beiblatt 1 zu DIN 4020:2003-10. Tabellen 5 und 6 beschreiben hierbei Anwendungen für unterschiedliche Verfahren an der Erdoberfläche sowie Messverfahren in Bohrlöchern; in den Tabellen 9 und 10 finden sich unterteilt nach Boden oder Fels weitere Versuchsarten für Feldversuche und zugehörige Ausführungsrichtlinien

Anmerkung: Nicht für alle Arten von Feldversuchen liegen gültige Normen vor, zumindest wird auf nationale oder internationale Empfehlungen zum Aufbau, zur Durchführung und zur Auswertung dieser Sonderversuche verwiesen.

Feldversuche zur Ermittlung der Grundwasserverhältnisse werden im Abschn. 4.3.3 beschrieben.

Es ist nicht möglich, die Aufgaben von Feldversuchen zur Baugrunderkundung in diesen Empfehlungen umfassend abzuhandeln. Eine umfassendere Darstellung findet sich in Melzer et al. (2017). Dieses Unterkapitel zeigt aber auf, dass bei den angesprochenen Aufgaben von Feldversuchen ähnliche oder sich überschneidende Fragestellungen auftreten, wie bei anderen Aufgabenstellungen von geotechnischen Messungen.

2.3 Beobachtungsmethode

Die Beobachtungsmethode ist nach DIN 1054:2010-12 eine Kombination geotechnischer Untersuchungen und Berechnungen mit laufender messtechnischer Kontrolle von Baugrund und Bauwerk während dessen Herstellung und gegebenenfalls auch während dessen Nutzung. Dabei müssen kritische Situationen und Sicherheitsdefizite durch die Anwendung geeigneter technischer Maßnahmen beherrscht werden können. Dies stellt ein umfassendes Prognose-, Mess-, Auswerte- und Reaktionskonzept dar, welches bauwerkspezifisch interdisziplinär zu erstellen ist.

Zur Anwendung kommt die Beobachtungsmethode im Bereich der Geotechnik entweder im Fall einer zu unsicheren Vorhersagbarkeit des Baugrund- bzw. Bauwerksverhaltens oder aber, wenn sich bei der Entwurfsplanung deutliche Kostenunterschiede bzgl. verschiedener Baumethoden, z. B. in Form von Sondervorschlägen, ergeben. Sie ist Bestandteil des Risikomanagements wie im Abschn. 1.5 beschrieben. Die Beobachtungsmethode kommt in denjenigen Bauabschnitten und Baubereichen zum Einsatz, in denen die Tragfähigkeit und Gebrauchstauglichkeit während der Erstellung des Bauwerks zu überprüfen und permanent zu überwachen sind. Sie wird im Regelfall nach der endgültigen Fertigstellung und Freigabe nicht weitergeführt.

Anmerkung: Eventuell können im Einzelfall Messeinrichtungen weiter genutzt werden, um diese zur Kontrolle des Betriebszustandes einzusetzen.

Bei der Umsetzung der Beobachtungsmethode nach DIN EN 1997-1 müssen vor Baubeginn zulässige Grenzen des Bauwerkverhaltens in Form von numerischen Modellierungen definiert werden. Es ist dabei nachzuweisen, dass die ermittelte Bandbreite des Verhaltens unter realistischen Annahmen erfolgte. Im Weiteren ist ein Messkonzept zu erstellen, welches die Anforderungen einer sicheren Beurteilung des tatsächlichen Bauwerkverhaltens erfüllt. Die Messergebnisse müssen es ermöglichen, eine Analyse der Situation stets in entsprechender Reaktionszeit durchzuführen, um gegebenenfalls mit vorab geplanten Maßnahmen gegenwirken zu können.

Damit die Beobachtungsmethode für den Projektverantwortlichen als Werkzeug zur Risikosteuerung nutzbar ist und den Bauablauf nicht unnötig durch Installation, Messungsdurchführung oder gar Ausfälle behindert, ist eine frühzeitige Integration der Messtechnik in den Ablauf der bautechnischen Planung und der Bauausführung unabdingbar.

Bei der Planung eines entsprechenden Messkonzeptes ist es wichtig, folgende übergeordnete Fragestellungen zur Messtechnik einfließen zu lassen:

- ausreichende Redundanz auch bei Ausfall einzelner Messungen,
- ausreichende Messgenauigkeit,
- ausreichende Messbereiche,
- Dauer der Messaufgabe,
- robuste Messtechnik, wenn möglich austauschbar,
- Alternativstandorte für zusätzliche Messgeber,
- Zugänglichkeit der Messstandorte während des Baufortschritts,
- Kollisionspunkte der Messstandorte/Verkabelungen etc. während des Baufortschritts mit anderen Gewerken,
- Datentransfer.

Die eingesetzte Messtechnik dient dazu, mögliche Versagenszustände zu erkennen und Maßnahmen zur Verhinderung einzuleiten. Dies erfordert die ständige Kontrolle und Beurteilung der Messergebnisse durch die verantwortliche Bauleitung, Bauüberwachung und den Sachverständigen für Geotechnik. Ein möglicherweise zugehöriges Eingreif- und Alarmwertsystem mit automatischen Benachrichtigungen an die Projektverantwortlichen funktioniert nur, solange Benachrichtigungen weiterverfolgt werden und entsprechende Beurteilungen und gegebenenfalls Handlungen eingeleitet werden.

2.4 Beweissicherung

Die bautechnische Beweissicherung beinhaltet die Aufnahme und Dokumentation der Bausubstanz sowie aller vorhandenen Bauschäden im Bereich und im Umfeld der Baumaßnahme vor der Bauausführung (Erstbeweissicherung) zur Abwehr unberechtigter bzw. Durchsetzung berechtigter Schadensersatzansprüche. Sie wird ergänzt durch vergleichende Zwischen- und Schlussbeweissicherungen, um schädigende Veränderungen an der Bausubstanz erkennen und deren Ursache zuordnen zu können. Eine belastbare Beweissicherung vor, während und nach der Bauausführung und damit eine kontinuierliche Dokumentation von Veränderungen oder unverträglichen Einwirkungen sind durch geotechnische und geodätische Messungen möglich. Eine Kombination von geotechnischen und geodätischen Messungen im Baugrund, im zu erstellenden Bauwerk sowie angrenzenden Gebäuden ermöglicht die Ursache von Schäden zu ermitteln und in Beziehung zur jeweiligen Bauphase zu setzen.

Wichtige Beweissicherungsverfahren sind u. a.:

- Ermittlung von Veränderungen der Weite und Bewegungsrichtung von zugänglichen Rissen mit optischen und elektrischen Rissmonitoren (Fissurometer),
- Neigungsmessungen und räumliche Modellierung des zeitlichen Verlaufs von Schiefstellungen z. B. durch Präzisionsnivellement, mit Schlauchwaagen und mit elektronischen Neigungssensoren zur Früherkennung von Gefahren, wie z. B. Böschungs- bzw. Grundbruch, Gebäudeschäden, Versagen von Gebäudeteilen, Maschinen, Erdbauwerken usw., Funktionsstörungen an technischen Anlagen,

- Messung des Grundwasserstandes zur Früherkennung von Gefahren, wie z. B. Setzungen in der Nachbarschaft von Grundwasserabsenkungen, Durchfeuchtung erdbodennaher Gebäudeteile, Böschungs- bzw. Grundbruch infolge von Veränderungen der Grundwasserverhältnisse durch Baumaßnahmen,
- Überwachung von Erschütterungen nach DIN 4150 und Bewertung der Einwirkungen auf Menschen in Gebäuden (DIN 4150-2:1999-06) sowie baulichen Anlagen (DIN 4150-3:2016-12),
- Fotodokumentation.

Beweissicherungsverfahren sind im Sinne der LBO (Landesbauordnung) bei Bauvorhaben zu führen, bei denen die öffentliche Sicherheit oder Ordnung, insbesondere Leben, Gesundheit oder die natürlichen Lebensgrundlagen, gefährdet werden könnten.

Die geomesstechnische Beweissicherung beschränkt sich u. U. nicht auf bestehende Bausubstanz, sondern kann auch für die Erfassung von Veränderungen der natürlichen Lebensgrundlagen durch Baumaßnahmen erforderlich werden. Durch Verfahren der Geomesstechnik können insbesondere Veränderungen der Schutzgüter Wasser und teilweise Boden erfasst bzw. ausgeschlossen werden, indem z. B. Veränderungen der Grundwasserverhältnisse, aber auch Veränderungen von Immissionen durch beispielsweise Erschütterungen, Lärm oder Staub, messtechnisch erfasst werden.

2.5 Qualitätssicherung für Baumaßnahmen

Bei allen Baumaßnahmen werden in der Geotechnik hohe Anforderungen an die Eignung der Baustoffe Boden und Fels, an die Qualität der Bauverfahren, an die Bauausführung, an die Standsicherheit und an die Gebrauchstauglichkeit der Bauwerke gestellt. Regelwerke, Empfehlungen und gesetzliche Vorschriften beschreiben hierzu u. a. geomesstechnische Messverfahren und -methoden, mit denen ein einheitlicher Qualitätsmaßstab nach den anerkannten Regeln der Technik gewährleistet wird.

Nachfolgend werden hierzu einige typische Anwendungsgebiete und Prüfverfahren exemplarisch herausgestellt.

2.5.1 Qualitätssicherung im Erdbau

Grundlage für die Durchführung der Qualitätsüberwachung im Erdbau bildet ein Qualitätssicherungsplan (QSP). Dieser QSP legt sowohl die Prüfmethode als auch den Prüfumfang der durchzuführenden Kontrollprüfungen unter Berücksichtigung der Regelwerke fest. Die Qualitätssicherung bezieht sich dabei auf die bautechnische Eignung der eingesetzten Baustoffe und auf die Qualität der ausgeführten Arbeiten.

Für den Erdbau im Straßen- und Verkehrswegebau ist dafür die ZTV E-StB 17 (FGSV 2017) in ihrer gültigen Form maßgebend.

Die Deutsche Bahn AG hat zur Steuerung der Qualitätssicherung ihrer Erdbauvorhaben verschiedene Module entwickelt, die im Regelwerk der Richtlinie 836 (2013) zusammengefasst sind. Aus diesen Vorgaben werden für die Projekte der Deutschen Bahn, analog zum Erd- und Straßenbau, Prüfpläne entwickelt, welche die Prüfungsart und den Prüfungsumfang für die entsprechenden Konstruktionsschichten bzw. Bauweisen vorgeben. Die Prüfmethoden und der Prüfumfang sind ebenfalls in den o. g. Regelwerken festgelegt und nachzulesen.

Im Deponiebau regelt die Deponieverordnung (DepV) (DepV 2009) u. a. die Herstellung und Kontrolle der Abdichtungssysteme für die Basis- und Oberflächenabdichtung. Im Betrieb, bei der Stilllegung und der Nachsorge (Langzeitlager) von Deponien liefert ein umfangreiches Mess- und Kontrollprogramm Daten zur Meteorologie, zu Grund-, Oberflächen- und Sickerwasser, Setzungen und Verformungen im Deponiekörper und im Basisabdichtungssystem (s. hierzu Abschn. 6.1)

Die Durchführung der Qualitätsüberwachung im Erdbau erfolgt anhand von baubegleitenden Kontrollprüfungen, mit denen eine ausreichende Tragfähigkeit und Verdichtung gemäß den Anforderungen nachgewiesen wird. Die Kontrollprüfungen werden in Eigen- und Fremdüberwachung unterteilt und müssen von zwei voneinander unabhängigen Prüfstellen ausgeführt werden, welche z. B. im Straßenbau ihre fachliche Eignung durch eine entsprechende Zertifizierung nachweisen müssen.

Die Durchführung der *Eignungsuntersuchungen von Baustoffen* erfolgt unter Verwendung bodenmechanischer Laborversuche zur Klassifikation sowie zur Bestimmung der relevanten physikalischen Parameter auf der Grundlage der einschlägigen DIN-Normen.

Zum Nachweis der *Tragfähigkeit* einzelner Konstruktionsschichten werden als direkte Bestimmungsmethode statische Lastplattendruckversuche nach DIN 18134: 2012-04 verwendet. Dabei handelt es sich um ein direktes Prüfverfahren zur Ermittlung der Verformungsmoduli E_{v1} für die Erstbelastung und E_{v2} für die Wiederbelastung, welche im Zusammenhang mit dem Verlauf der Druck-Setzungslinie die Möglichkeit bieten, die Tragfähigkeit der zu prüfenden Fläche zu bewerten.

Der dynamische Plattendruckversuch nach TP BFD StB Teil 8.3 (FGSV 2012) ist als indirektes Schnellprüfverfahren in den Bauablauf integriert. Besonders bei beengten Verhältnissen oder auf den Sohlflächen von Leitungsgräben kommt dieses Verfahren zum Einsatz. Weiterhin kann auch die FDVK (*flächendeckende dynamische Qualitäts- und Verdichtungskontrolle*) als indirektes Verfahren verstanden werden. Dabei wird über ein an der Walze installiertes Messsystem ein dynamischer Messwert (M FDVK E) nach FGSV (2014) ermittelt, welcher mittels Kalibrierung an statischen Lastplattendruckversuchen nach DIN 18134:2012-04 auch Ableitungen zur Tragfähigkeit der geprüften Fläche ermöglicht.

2.5.2 Qualitätssicherung im Spezialtiefbau

Bei der Herstellung von Baugrubenwänden und während des Aushubes wird die Qualitätssicherung mithilfe der messtechnischen Überwachung von Bewegungen und Deformationen der Wände und der Messung der Spannungsentwicklung aus

Erd- und Wasserdruck auf den Ausbau durchgeführt. Mögliche Bewegungen der angrenzenden Bebauung sind in die Überwachung mit einzubeziehen. Mit zunehmender Baugrubentiefe werden u. U. zusätzlich Rückverankerungen der Baugrubenwände und Aussteifungen erforderlich. Die Messung der Ankerzugkräfte und der Steifenkräfte ist dann ebenso Teil der Qualitätssicherung (s. auch Abschn. 6.2).

Bei der Herstellung von Pfählen müssen die Integrität sowie das Traglastverhalten (axial und evtl. quer dazu) nachgewiesen werden. Hierzu wird auf die detaillierten Ausführungen in den Empfehlungen des Arbeitskreises „Pfähle" (EA-Pfähle 2012) verwiesen.

Anerkannte Verfahren zur Qualitätskontrolle der Pfahlintegrität an neu hergestellten bzw. bereits fertiggestellten Bohr- und Fertigpfählen sind die Prüfung mit der Hammerschlagmethode (Low-Strain-Verfahren), das Sonic-Logging-Verfahren (Cross-Hole-Messungen im Pfahl) und Temperaturmessungen (Beckhaus 2020). Mit diesen Methoden können Aussagen über die Integrität des Pfahles, die Pfahlstruktur und die Pfahllänge gewonnen werden. Die Prüfungen sind zerstörungsfrei und schnell ausführbar (Moormann 2020).

Die axiale statische Pfahlprobebelastung dient zur Ermittlung der Pfahlwiderstände über das Kraft-Setzungsverhalten und der Grenzlast der Pfähle. Hierbei wird ein einzelner Pfahl durch eine axiale statische Last auf Druck beansprucht. Die Krafteinleitung in den Pfahl erfolgt stufenweise über eine Presse mit Kraftkonstanthaltung. Parallel wird über eine Wegmessung das Setzungsverhalten am Kopf des Pfahles in jeder Laststufe aufgezeichnet. Bei detaillierten Untersuchungen und zur Langzeitmessung in der Bauphase kann der Pfahl zusätzlich im Innern instrumentiert werden, z. B. mit Messsystemen zur Dehnungsmessung, um die Lastabtragung über die Pfahllänge zu bestimmen. Zusätzlich kann auch am Pfahlfuß (vgl. Abb. 4.44) eine Kraftmessung vorgesehen werden. Auch der Einsatz einer Osterberg-Zelle ist möglich (Abschn. 4.3.2.3). Die Norm DIN EN ISO 22477:2019-12 legt die Anforderungen an die Ausführung einer statischen Pfahlprobebelastung fest.

Bei der dynamischen oder statnamischen Tragfähigkeitsprüfung (High-Strain-Verfahren) wird mithilfe einer Ramme oder eines Fallgewichtes ein Schlagimpuls in den Pfahl eingeleitet und der Stoßwellenverlauf mithilfe von Beschleunigungs- und Dehnungsaufnehmern aufgezeichnet. Die durch den Rammschlag aktivierten Widerstände, bestehend aus Mantelreibung und Spitzendruck, werden aus den Messwerten ermittelt und ermöglichen eine Bewertung der Tragfähigkeit des Pfahles (Stahlmann et al. 2012; Baeßler et al. 2013).

2.6 Steuerung von Bauprozessen

Unter der Steuerung von Bauprozessen auf Basis messtechnischer Informationen versteht man einen Regelkreis, bei dem nach der Durchführung und Auswertung von Messungen aktiv in einen oder mehrere Bauprozesse eingegriffen wird (messen – auswerten – entscheiden). Die Messungen dienen der Qualitätssicherung und sind allgemeine Praxis in nahezu allen Bauprojekten. Typische Beispiele sind die Schalungskontrolle im Betonbau oder die Fertigersteuerung im Straßenbau.

Diesen Prozessen ist Folgendes gemeinsam:

- Basierend auf den Anforderungen an das Bauwerk oder seine Umgebung sind Wertekorridore für Zielgrößen vorgegeben (Lage oder Höhe, Verdichtung usw.) bestehend aus Zielwerten (Sollwerten) und Toleranzen.
- Parallel zu den Bauprozessen werden Messungen durchgeführt, die in Echtzeit oder sehr zeitnah ausgewertet werden.
- Bereits vor Baubeginn müssen Regeln definiert werden, nach denen auf die Bauprozesse so eingewirkt werden kann, dass die Zielgrößen innerhalb der Toleranzen erreicht werden können.

Insbesondere der letztgenannte Punkt unterscheidet die Messungen zur Steuerung von Bauprozessen von solchen der reinen Qualitäts- oder Bestandserfassung. Es müssen bereits während des Baus Regeln und Methoden des Eingriffs in die Prozesse verfügbar sein.

Im Bereich der Geotechnik kommen Messungen zur Steuerung von Bauprozessen dann zum Einsatz, wenn die Anforderungen an die Qualität des Bauwerks oder die (Nicht-)Beeinflussung der Umwelt, bedingt durch Informationsdefizite über das Verhalten des Baugrunds, nur durch aktiven Einfluss während der Bauausführung erreicht werden können. Sie sind besonders dann notwendig, wenn schwierige und wechselnde Untergründe und Gebirgsverhältnisse zu erwarten sind.

Typische, durch geotechnische Messungen gesteuerte Bauprozesse sind:

- Hebungsinjektion bei Unterfahrungen,
- Bodenvereisungen,
- Tunnelvortrieb,
- Wasserhaltung auf Basis von Grundwassermessungen,
- Untergrundabdichtung (Dichtungsschleier).

Die Steuerung von Bauprozessen ähnelt der Beobachtungsmethode wie im Abschn. 2.3 beschrieben. Allerdings stehen hier nicht der Nachweis des erwartungsgemäßen Verhaltens bzw. die Reaktion im Falle unvorhergesehenen Verhaltens im Vordergrund, sondern die planmäßige, vorher festgelegte aktive Einflussnahme zum Erreichen eines definierten Ziels als Bestandteil des Bauprozesses. Darin eingeschlossen sind im Vorfeld fixierte Festlegungen zur Reaktion auf diejenigen Fälle, in denen die Einflussmöglichkeiten nicht mehr ausreichen und der Wertekorridor verlassen wird.

Typische Messgrößen bei der Steuerung von Bauprozessen sind geometrische Größen wie 3-D-Koordinaten (z. B. bei der Vortriebssteuerung im Tunnelbau) und Höhen (z. B. bei der Setzungs- bzw. Hebungssteuerung), aber auch Wasserdrücke (z. B. bei der Untergrundabdichtung mittels Injektionsschleier), Temperaturen (z. B. bei der Bodenvereisung) und Wasserstände (z. B. bei Wassererhaltungsmaßnahmen).

Damit die Steuerung von Bauprozessen auf der Grundlage geotechnischer Messungen überhaupt möglich ist, müssen mindestens folgende Voraussetzungen erfüllt sein:

- Das Messprogramm ist so zu implementieren, dass die Messergebnisse bzgl. räumlicher Verteilung, Messunsicherheit und Messintervall zuverlässige Informationen über die Ergebnisse/Auswirkungen des zu steuernden Prozesses bereitstellen.
- Die für die Durchführung und Auswertung der Messungen verfügbare Zeit ergibt sich aus der Dynamik des zu steuernden Bauprozesses bzw. der Reaktionszeit des Baugrundes. In der Regel kommen Echtzeitmessungen und -auswertungen zum Einsatz.
- Die Aufbereitung der Messergebnisse und deren Präsentation müssen so erfolgen, dass aus den Ergebnissen direkte Steuerbefehle abgeleitet werden können. Die Ergebnisse müssen mit der Zielgröße und deren Toleranz unmittelbar vergleichbar sein (z. B. gleiche Maßeinheit, gleiche Orientierung).
- Der Ausfall von Messsystemen kann direkt einen Baustillstand zur Folge haben und damit hohe Kosten verursachen. Es müssen daher zuverlässige Messsysteme ausgewählt werden. Ausreichende Redundanzen und Ersatzsysteme sind vorzusehen.
- Aus vorausgehenden Modellierungen des zu steuernden Bauprozesses kombiniert mit den Erfahrungen der bisherigen Bauausführung müssen Regeln definiert sein, wie die Prozesssteuerung bei Abweichungen vom Zielwert vorzunehmen ist.
- Zielwerte, Messergebnisse und Steuerbefehle sind zu dokumentieren.

Der Ablauf der Steuerung von Bauprozessen soll am Beispiel einer Tunnelbohrmaschine (TBM) beim Bau des AlpTransit-Tunnels erläutert werden (Messing 2010):

Eine genaue und zuverlässige Positionsbestimmung der TBM ist die wichtigste Information zur Steuerung. Die TBM kann vom geplanten Kurs abkommen und die geforderte Toleranz um die geplante Achse überschreiten. Dies kann nur durch eine sehr gute Abstimmung zwischen Vermessung und Maschinenführung vermieden werden. Sämtliche geodätischen Informationen müssen direkt an der Steuereinheit des Vortriebs verfügbar sein.

Das Steuerleitsystem gibt Informationen zur Einleitung der Steuerung bzw. Kurskorrektur. Unabdingbar ist dabei, dass die aktuelle Position der TBM in Bezug auf die geplante Tunnelachse ständig präsent ist und angezeigt wird. Bei einer Verfügbarkeit der Position von 98 % ist eine permanente Einmessung der TBM-Position erforderlich. Zusätzlich sind Längs- und Querneigungswerte ununterbrochen zu erfassen und darzustellen. Eine Statusanzeige aller Komponenten ist genauso gefordert wie eine automatisierte Richtungskontrolle. Die Positionsbestimmung erfolgt unter Zuhilfenahme motorisierter Tachymeter, elektronischer Inklinometer sowie softwaregesteuerter Klappprismen. Zusätzlich werden geometrische Maschinendaten der TBM kontinuierlich zur Berechnung der aktuellen Position herangezogen. Die Hardwarekomponenten werden durch auftretende Vibrationen infolge gleichzeitig durchgeführter Spritzbetonarbeiten, Netz- und Bogeneinbau und Ankerbohrungen besonders beansprucht.

Die Koordinaten und Orientierung der Maschinenstation sind nur kurzzeitstabil, d. h., sie verändern sich bei jedem Vorschub. Sind nach der Umsetzphase die

Gripper wieder verspannt, gibt die TBM ein Signal an den Steuerleitrechner, der daraufhin die Einmessung über die Wandstation veranlasst. Der Einmessungsvorgang dauert ca. 2 min. In der Bildschirmanzeige werden alle relevanten Daten zur Steuerung sichtbar gemacht. Dazu gehören die Abweichungen der TBM von der geplanten Achse (horizontal und vertikal), die Verrollung und Längsneigung sowie die Indikation der Betriebsbereitschaft der angeschlossenen Sensorik.

2.7 Beobachtung des Betriebszustandes von Bauwerken

Die Langzeitüberwachung von Bauwerken, z. B. Brücken, Endlagern, Talsperren, Tunnel, Schleusen sowie Unter- und Übertagedeponien und Bergbauböschungen kann über die z. T. Jahrzehnte währende Betriebsphase notwendig und gefordert sein. Auf Basis der Erfassung von repräsentativen Parametern ist das Verhalten des Bauwerks in Wechselwirkung mit dem Baugrund unter Berücksichtigung der einwirkenden Beanspruchungen zu beurteilen. Die Notwendigkeit ergibt sich in der Regel immer dann, wenn die den statischen Berechnungen zugrunde liegenden Parameter aufgrund schwieriger geotechnischer Verhältnisse mit zu großen Unsicherheiten behaftet sind. Unter Anwendung der Beobachtungsmethode sind in diesen Fällen statische Berechnungen zu validieren bzw. das Erfordernis der Nachkalibrierung von Prognosemodellen zur Dimensionierung abzuleiten. Die Einrichtung einer messtechnischen Überwachung kann sich aber auch aus entsprechenden Auflagen von Genehmigungsbehörden z. B. für Betriebsplanzulassungen von Untertagedeponien ergeben. Oftmals sind in diesen Fällen vom Betreiber oder der Genehmigungsbehörde Schwell-, Eingreif- und Alarmwerte vorzugeben, bei deren Erreichen ein entsprechendes Maßnahmenkonzept greift und die Genehmigungsbehörde davon in Kenntnis zu setzen ist.

Ziel einer Beobachtung des Betriebszustandes ist, die Aufrechterhaltung der Gebrauchstauglichkeit sowie Standsicherheit von Bauwerken nachzuweisen. Im Ergebnis wird der Bedarf an Instandhaltungs- und Sanierungsmaßnahmen oder die Notwendigkeit der Einleitung von Gefahrenabwehrmaßnahmen abgeleitet. Dafür geeignete Messsysteme und -verfahren sind im Kap. 4 sowie mögliche Messprogramme im Kap. 6 zusammengestellt.

2.8 Beobachtung des Stilllegungs- und Nachbetriebszustandes

Eine messtechnische Überwachung des Stilllegungszustandes erfolgt insbesondere bei untertägigen Deponien für toxische Abfälle und Endlagern für radioaktive Abfallstoffe. Die Beobachtung des Nachbetriebszustandes ist im Wesentlichen auf Deponien und Langzeitlager gemäß „Verordnung über Deponien und Langzeitlager (Deponieverordnung DepV (2009))“ sowie den Bergbau beschränkt.

2.8.1 Beobachtung des Stilllegungszustandes

Im Rahmen der Stilllegung erfolgt entweder der Rückbau des Bauwerks oder dessen langzeitsichere Verwahrung. Dabei werden in der Regel vorhandene Messsysteme weiterbetrieben und im Zuge des Stilllegungsfortschrittes sukzessive aufgegeben. Zur Überwachung und Qualitätssicherung von erforderlichen Baumaßnahmen kann sich aber auch der Bedarf der Neuinstallation von Messsystemen ergeben. Beispielhaft soll hier die messtechnische Überwachung der Errichtung von Abdichtbauwerken oder Schachtverschlüssen bei Untertagedeponien genannt werden. Die Notwendigkeit einer messtechnischen Überwachung ergibt sich dabei oftmals aus den Genehmigungsunterlagen zur Stilllegung, wie Planfeststellungsbeschlüssen oder Betriebsplänen. Die prinzipielle Vorgabe für eine messtechnische Überwachung in diesen Fällen ist, dass durch die installierte Messtechnik keine zusätzlichen Sicherheitsrisiken entstehen. Sicherheitsrisiken sind dabei z. B. Wegsamkeiten durch oder entlang von in Abdichtbauwerken oder Verschlüssen verlegten Messkabeln. Daher ist davon auszugehen, dass im Rahmen der Stilllegungsphase installierte Messtechnik entweder rückgewinnbar angeordnet wird oder nicht sicherheitsrelevante Insellösungen darstellt. Denkbar wäre hier insbesondere der Einsatz von Messsensoren mit integrierter Messwerterfassung und funkbasierter Datenübertragung.

2.8.2 Beobachtung des Nachbetriebszustandes

Eine Beobachtung des Nachbetriebszustandes ist bis auf wenige Ausnahmefälle nicht erforderlich oder meist zeitlich beschränkt. Ausnahmen sind beispielsweise der Steinkohlenbergbau im Ruhrgebiet oder Deponien für toxische Abfallstoffe. Im Ruhrgebiet haben mehr als 150 Jahre Steinkohlenbergbau zu großflächigen Absenkungen der Tagesoberfläche geführt. Ohne eine Regulierung des Oberflächenwassers würden große Teile des Ruhrgebietes vernässen. Zusätzlich muss zukünftig verhindert werden, dass sich das tiefe salzhaltige Grubenwasser mit dem oberflächennah gewonnenen Trinkwasser vermischt. Die Regulierung des Oberflächenwassers, die Grubenwasserhaltung und das Grundwassermanagement ehemaliger Bergwerksstandorte werden als Ewigkeitsaufgaben bezeichnet und erfordern eine geeignete zeitlich unbegrenzte Überwachung.

Für Deponien und Langzeitlager (außer Endlager für radioaktive Abfallstoffe) ist die Beobachtung des Nachbetriebszustandes in DepV (2009) geregelt. In dieser wird zwischen Altdeponien sowie Deponien und Langzeitlager der Klassen 1–4 unterschieden, wobei die Klasse 4 jeweils untertägige Einrichtungen bezeichnet. Aus der DepV lässt sich die Erfordernis der Nachsorge von Deponien der Klassen 1–3 ableiten. Dies betrifft insbesondere die Überwachung von entstehenden Emissionen, aber auch die Kontrolle der Intaktheit von Abdichtungsmaßnahmen wie Oberflächenabdichtungen. Die erforderliche Dauer hängt davon ab, wann auf Basis der Beobachtungsergebnisse nachgewiesen werden kann, dass von der Deponie keine Beeinträchtigung des Wohls der Allgemeinheit mehr ausgeht.

In Untertagedeponien und -langzeitlagern sowie Endlagern für radioaktive Abfallstoffe soll der dort eingelagerte Abfall dauerhaft und ohne die Notwendigkeit einer Nachsorge von der Biosphäre ferngehalten werden. Daher währt der Nachbetriebszustand einer Untertagedeponie de facto ewig bzw. bis die eingelagerten Abfälle ihre Toxizität verloren haben. Für ein Endlager für hochradioaktive, wärmeentwickelnde Abfallstoffe ist dabei von einem Zeitraum von einer Million Jahren auszugehen. Die Beobachtung des Nachbetriebszustandes über solche Zeiträume ist nicht möglich. Die Nachsorge- und damit Überwachungsfreiheit dieser untertägigen Einrichtungen wird über Langzeitsicherheitsnachweise sichergestellt. Diese sind zwingend notwendige Unterlagen für die Betriebsgenehmigung bzw. spätestens für die Stilllegung.

2.9 Beobachtung naturbedingter Gefährdungen und Frühwarnung

Geotechnische Messungen sind nicht nur, wie in den vorhergehenden Kapiteln beschrieben, unmittelbar im Zusammenhang mit Bauprojekten erforderlich.

Eine große Rolle spielen geotechnische Messungen verbunden mit Vorkehrungen zur Frühwarnung bei der Beobachtung naturbedingter Gefährdungen. Darunter werden solche Vorgänge verstanden, die unabhängig vom unmittelbaren menschlichen Handeln ausgelöst werden. Die Ursachen können die Überschreitung geologischer Grenzzustände der Stabilität oder extreme meteorologische Ereignisse sein. Bei solchen Ereignissen können große Energien freigesetzt und wirksam werden.

In Deutschland und den anderen alpinen Ländern sind dies beispielsweise gravitative Massenbewegungen wie Hangrutschungen, Muren, Lawinen und Felsstürze. Wenn solche Vorgänge in der Nähe von Siedlungen oder Infrastrukturanlagen stattfinden, können sie große wirtschaftliche Schäden verursachen oder Menschenleben gefährden.

Andere, weltweit bedeutsame natürliche Gefährdungen mit oft katastrophalen Auswirkungen sind z. B. Erdbeben, Vulkanausbrüche und Tsunamis, auf deren messtechnische Überwachung im Rahmen dieser Empfehlungen nicht eingegangen wird.

Geotechnische Messungen können neben anderen Methoden wie der Satellitenfernerkundung dazu beitragen, Bereiche mit dem Potenzial zu Hangrutschungen zu erkennen und räumlich einzugrenzen sowie die Prozesse selbst zu beobachten. Einmal identifiziert, müssen Bereiche mit bekanntem, hohem Gefährdungspotenzial grundsätzlich adäquat überwacht werden. Dazu werden auch geotechnische Messverfahren eingesetzt.

Die messtechnischen Herausforderungen ergeben sich aus der oft schlechten oder gefährlichen Zugänglichkeit und den gelegentlich großen Höhenunterschieden im Projektgebiet, dem relativ großen Dynamikumfang der Bewegungen, gekennzeichnet durch Phasen relativer Ruhe und sehr dynamischen Phasen und der schlechten Messungsinfrastruktur wegen fehlender Spannungsversorgung und Datenanbindung.

Die Anforderungen an Messungen, Auswertung und Alarmierung sind grundsätzlich die gleichen wie bei der im Abschn. 2.3 beschriebenen Beobachtungsmethode mit der Besonderheit, dass auch die Öffentlichkeit in die Warnung einbezogen werden muss. Dies erfordert entsprechende Vorkehrungen zur Gewährleistung der Transparenz und der Zuverlässigkeit der Entscheidungen und Meldewege.

Typische Messgrößen bei der Beobachtung von Hangrutschungen sind 3-D-Koordinaten diskreter Punkte oder flächenhafte Verformungen, Beschleunigungen, seismische Aktivitäten und Neigungen, außerdem als Einwirkungen z. B. der Bergwasserstand, der Niederschlag und die Schneehöhe. Bei der häufig großen Ausdehnung des zu beobachtenden Gebiets haben flächen- oder linienhaft erfassende Verfahren gegenüber der Messung diskreter Punkte oft Vorteile.

In der Überwachungspraxis werden bisher meist tachymetrische Messverfahren (automatisiert oder manuell), GNSS (global navigation satellite system)-Verfahren, Inklinometerketten und Extensometer eingesetzt. Messverfahren wie Laserscanning, Radarinterferometrie, verteilte faseroptische Sensoren und photogrammetrische Verfahren mit automatisierter Auswertung besitzen ein großes Anwendungspotenzial; sie werden zukünftig sicher in größerer Breite zum Einsatz kommen.

Literatur

Baeßler, M., Niederleithinger, E., Herten, M. und Georgi, S. (2013). Dynamische Pfahlprobebelastungen an Bohrpfählen in einem Testfeld: Ein Ringversuch. In *Mitteilung der Technischen Universität Graz, Gruppe Geotechnik Graz, 28. Christian Veder Kolloquium*, Heft 49, S. 229–244, Eigenverlag.

Beckhaus, K. (2020). Empfehlungen zur Bewertung von Integritätsprüfungen an tiefen Pfählen. In *Mitteilung des Instituts für Geomechanik und Geotechnik, Messen in der Geotechnik 2020*, Bd. 110. S. 147–162, Eigenverlag.

DepV (2009). Verordnung über Deponien und Langzeitlager (Deponieverordnung – DepV). Bundesministerium der Justiz und für Verbraucherschutz, S. 64. https://www.gesetze-im-internet.de/depv_2009/DepV.pdf (abgerufen am 07.04.2021).

DGGT (2016). EASV Sachverständige für Geotechnik – Anforderungen an Sachkunde und Erfahrung: Empfehlung des Arbeitskreises AK 2.11. https://www.dggt.de/images/PDF-Dokumente/Arbeitskreise/ak_2-11_empfehlung_2016.pdf (abgerufen am 07.04.2021).

DIN 1054:2010-12 (2010). Baugrund – Sicherheitsnachweise im Erd- und Grundbau – Ergänzende Regelungen zu DIN EN 1997-1. Berlin: Beuth.

DIN 18134:2012-04 (2012). Baugrund – Versuche und Versuchsgeräte – Plattendruckversuch. Berlin: Beuth.

DIN 4020:2010-12 (2010). Geotechnische Untersuchungen für bautechnische Zwecke – Ergänzende Regelungen zu DIN EN 1997-2. Berlin: Beuth.

DIN 4094-2:2003-05 (2003). Baugrund – Felduntersuchungen – Teil 2: Bohrlochrammsondierung. Berlin: Beuth.

DIN 4150-2:1999-06 (1999). Erschütterungen im Bauwesen – Teil 2: Einwirkungen auf Menschen in Gebäuden. Berlin: Beuth.

DIN 4150-3:2016-12 (2016). Erschütterungen im Bauwesen – Teil 3: Einwirkungen auf bauliche Anlagen. Berlin: Beuth.

DIN EN 1997-1:2009-09 (2009). Eurocode 7: Entwurf, Berechnung und Bemessung in der Geotechnik – Teil 1: Allgemeine Regeln; Deutsche Fassung EN 1997-1:2004 + AC:2009. Berlin: Beuth.

DIN EN 1997-2:2010-10 (2010). Eurocode 7: Entwurf, Berechnung und Bemessung in der Geotechnik – Teil 2: Erkundung und Untersuchung des Baugrunds; Deutsche Fassung EN 1997-2:2007 + AC:2010. Berlin: Beuth.

DIN EN ISO 22476-10:2018-03 (2018). Geotechnische Erkundung und Untersuchung – Felduntersuchungen – Teil 10: Gewichtssondierung. Berlin: Beuth.

DIN EN ISO 22476-11:2017-08 (2017). Geotechnische Erkundung und Untersuchung – Felduntersuchungen – Teil 10: Flachdilatometerversuch. Berlin: Beuth.

DIN EN ISO 22476-1:2013-10 (2013). Geotechnische Erkundung und Untersuchung – Felduntersuchungen – Teil 1: Drucksondierungen mit elektrischen Messwertaufnehmern und Messeinrichtungen für den Porenwasserdruck. Berlin: Beuth.

DIN EN ISO 22476-2:2012-03 (2012). Geotechnische Erkundung und Untersuchung – Felduntersuchungen – Teil 2: Rammsondierungen. Berlin: Beuth.

DIN EN ISO 22476-3:2012-03 (2012). Geotechnische Erkundung und Untersuchung – Felduntersuchungen – Teil 3: Standard Penetration Test. Berlin: Beuth.

DIN EN ISO 22476-4:2013-03 (2013). Geotechnische Erkundung und Untersuchung – Felduntersuchungen – Teil 4: Pressiometerversuch nach Ménard. Berlin: Beuth.

DIN EN ISO 22476-5:2013-03 (2013). Geotechnische Erkundung und Untersuchung – Felduntersuchungen – Teil 5: Versuch mit dem flexiblen Dilatometer. Berlin: Beuth.

DIN EN ISO 22476-6:2018-12 (2018). Geotechnische Erkundung und Untersuchung – Felduntersuchungen – Teil 6: Versuch mit selbstbohrendem Pressiometer. Berlin: Beuth.

DIN EN ISO 22476-7:2013-03 (2013). Geotechnische Erkundung und Untersuchung – Felduntersuchungen – Teil 7: Seitendruckversuch. Berlin: Beuth.

DIN EN ISO 22476-8:2019-03 (2019). Geotechnische Erkundung und Untersuchung – Felduntersuchungen – Teil 8: Verdrängungspressiometerversuch. Berlin: Beuth.

DIN EN ISO 22476-9:2021-01 (2021). Geotechnische Erkundung und Untersuchung – Felduntersuchungen – Teil 9: Flügelscherversuche (FVT und FVT-F). Berlin: Beuth.

DIN EN ISO 22477:2019-12 (2019). Geotechnische Erkundung und Untersuchung – Prüfung von geotechnischen Bauwerken und Bauwerksteilen – Teil 1: Statische axiale Pfahlprobebelastungen auf Druck. Berlin: Beuth.

EA-Pfähle (2012). *EA-Pfähle: Empfehlungen des Arbeitskreises „Pfähle"*, 2. erg. u. erw. Aufl. Ernst & Sohn, ISBN: 978-3-433-03005-9.

FGSV (2012). Dynamischer Plattendruckversuch mit Leichtem Fallgewichtsgerät, Bd. 591/B 8.3. FGSV. Köln: FGSV-Verlag, ISBN: 9783864460364.

FGSV (2014). Merkblatt über flächendeckende dynamische Verfahren zur Prüfung der Verdichtung im Erdbau: M FDVK E. FGSV R2 – Regelwerke. Köln: FGSV-Verlag, ISBN: 978-3-86446-095-1.

FGSV (2017). Zusätzliche technische Vertragsbedingungen und Richtlinien für Erdarbeiten im Straßenbau: ZTV E-StB 17, Bd. 599. FGSV. Köln: FGSV-Verlag, ISBN: 978-3-86446-188-1.

Melzer, K.-J., Fecker, E., und Westhaus, T. (2017). Baugrunduntersuchungen im Feld. In *Grundbau-Taschenbuch – Teil 1: Geotechnische Grundlagen*, (Hrsg. K.-J von Witt), S. 45–137. Ernst & Sohn, ISBN: 978-3-433-03151-3.

Messing, M. (2010). Steuerung der Tunnelbohrmaschine am Gotthard. *Geomatik Schweiz: Geoinformation und Landmanagement* 108.12: S. 571–574.

Moormann, C. (2020). Jahresbericht 2019 des Arbeitskreises „Pfähle" der Deutschen Gesellschaft für Geotechnik (DGGT). *Bautechnik*, 97: 133–149.

Richtlinie 836 (2013). Erdbauwerke und sonstige geotechnische Bauwerke planen, bauen und instand halten (Ril 836). Frankfurt/Main.

Stahlmann, J., Fischer, J. und Middendorp, P. (2012). Rapid-Load-Tests und dynamische Pfahlprobebelastungen – ein Vergleich. 32. Baugrundtagung 26.–29.09.2012 in Mainz, Tagungsband der DGGT (Eigenverlag). ISBN: 978-3-9813953-6-5.

3
Messgrößen

3.1 Allgemeines

Dieses Kapitel informiert über grundsätzlich in der Geomesstechnik betrachtete Messgrößen, mit deren Hilfe das Verhalten des Untergrunds sowie das Zusammenwirken von Boden, Bauverfahren und Baukonstruktionen beobachtet werden können.

Das Kapitel beginnt mit einer Erläuterung zum Raumbezug der geomesstechnischen Informationen auf Basis von Bezugssystemen. Je nach Komplexität der Aufgabe, Größe des Projektgebiets und Anforderungen an die Genauigkeit sind verschiedene Varianten des Raumbezugs möglich. Zur Entscheidung über die zweckmäßigste Variante ist ein grundlegendes Verständnis der Zusammenhänge unabdingbar.

Anschließend werden die wichtigsten, in der Geomesstechnik betrachteten geometrischen, mechanischen und geophysikalischen Messgrößen vorgestellt, ergänzt um umweltbezogene Messgrößen (Einwirkungen) und Volumenströme (Durchflüsse). Jede der betrachteten Messgrößen wird zunächst grundsätzlich beschrieben; anschließend werden häufige Anwendungsgebiete genannt.

Die zur Erfassung der Messgrößen geeigneten Messverfahren werden im unmittelbar anschließenden Kap. 4, die zugehörigen Messprogramme im Kap. 6 beschrieben.

3.2 Bezugssysteme (Raumbezug)

3.2.1 Definition von Bezugssystemen

Ein Bezugssystem ist erforderlich, um das Verhalten ortsabhängiger Größen eindeutig und vollständig zu beschreiben. Es wird definiert, indem man einen Bezugspunkt wählt und die Raumrichtungen festlegt. Zudem ermöglicht es, Koordinatensysteme einzuführen, mit denen Ereignisse durch Angabe ihrer raumzeitlichen Koordinaten mathematisch beschrieben werden können. Von einem Raumbezug spricht man, wenn die Lage (1-D, 2-D oder 3-D) diskreter Objekte in Bezug zur Erde angegeben werden soll. Grundlage für den Raumbezug sind sog. Raumbezugssysteme, wie z. B. globale, nationale oder lokale Koordinaten- und Höhenbezugssysteme.

Empfehlungen des Arbeitskreises Geomesstechnik, 1. Auflage. Arbeitskreis 2.10 „Geomesstechnik".

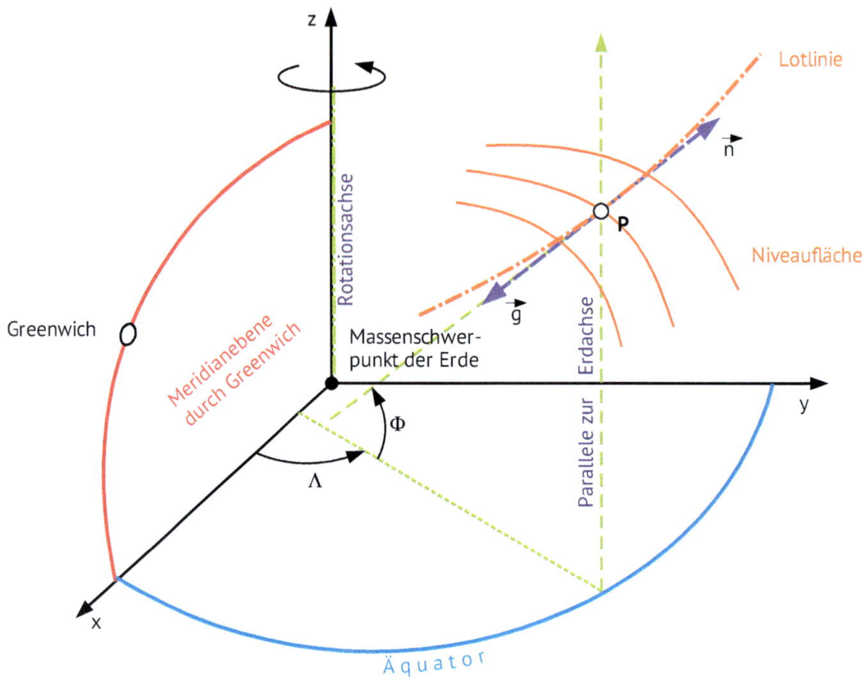

Abb. 3.1 Natürliches Bezugssystem.

Ein *natürliches Bezugssystem* für Positionen auf der Erdoberfläche wird durch das Schwerefeld der Erde gebildet (Abb. 3.1). Dieses Erdschwerefeld wird u. a. durch die Anziehungskraft der Erdmasse (Gravitation), durch die Zentrifugalkraft der rotierenden Erde und durch die Masseninhomogenitäten im Erdinnern mit ihren lokalen und zeitlich variierenden Anomalien bestimmt; es wird durch den örtlichen Lotvektor $\vec{g}$ repräsentiert. An verschiedenen Orten aufgehängte Schnurlote sind nicht parallel zueinander, da sie jeweils in Richtung zum Erdmittelpunkt weisen (man spricht von der *Konvergenz der Lotlinien*). Darüber hinaus verlaufen die Lotlinien nicht geradlinig; sie sind vielmehr gekrümmte Raumkurven (Abb. 3.1).

Der örtliche Lotvektor $\vec{g}$ spannt zusammen mit der Richtung der Erdachse eine Ebene auf. Der Winkel zwischen dieser Ebene und der Meridianebene durch Greenwich wird als *astronomische Länge* Λ bezeichnet. Die *astronomische Breite* Φ ist der Winkel des negativen Lotvektors $\vec{n}$ in Bezug zur Äquatorialebene (Abb. 3.1). Beide Größen (astronomische Koordinaten) werden zumeist in den Dimensionen Grad, Minute und Sekunde angegeben. Eine Angabe der dritten Dimension, der Höhe, ist hierbei direkt nicht vorgesehen.

Eine Fläche, die von den Lotlinien senkrecht durchdrungen wird, ist eine *Niveaufläche* (Abb. 3.2). Eine spezielle Niveaufläche, welche die unter den Kontinenten fortgesetzt gedachte, vorhandene Meeresoberfläche unter Ausschaltung äußerer Kräfte (z. B. Wind und Meeresströmungen) darstellt, wird als *Geoid* (Abb. 3.2) bezeichnet.

Da das Geoid keine Fläche ist, die sich mit verhältnismäßig einfachen mathematischen Formeln darstellen lässt, ist es als Bezugsfläche für Lagemessungen ungeeig-

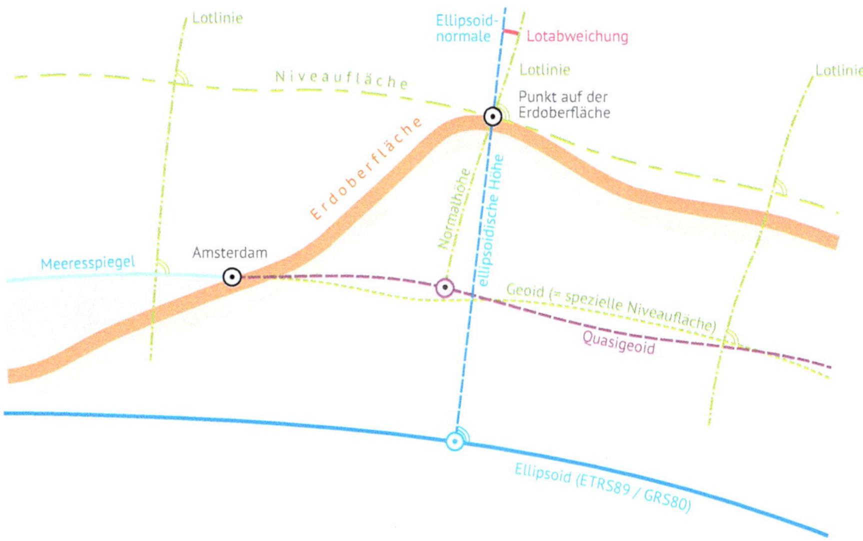

Abb. 3.2 Niveaufläche, Geoid, Quasigeoid, Lotlinie, Ellipsoid.

net. Man verwendet folglich für Lagemessungen und nur dafür sog. mathematisch-geometrische Ersatzflächen. So werden in der Landesvermessung als Ersatzflächen Rotationsellipsoide und bei kleineren Staaten Kugelflächen benutzt. Für Messgebiete mit Ausdehnungen von bis zu 10 km × 10 km werden für normale Vermessungen als Ersatzflächen Ebenen gewählt. Diese Ersatzflächen, z. B. die Rotationsellipsoide, können nun so in ihren Abmessungen und in ihrer Lagerung in Bezug zur Erde gewählt werden – man spricht hier von der Festlegung des *geodätischen Datums* –, dass sie entweder die Erde als Ganzes weltweit oder aber nur regional, z. B. für einen Staat, bestmöglich approximieren. Entsprechend werden die Bezugssysteme als global, national oder lokal bezeichnet. Bei der Lagerung des Ellipsoides wird darauf geachtet, dass die Achse des Rotationsellipsoides zum Zeitpunkt der Definition parallel zur realen Erdachse verläuft.

Die Abbildung der tatsächlichen Erdoberfläche auf die Oberfläche eines Rotationsellipsoids erfolgt derart, dass Punkte auf der Erdoberfläche entlang der Ellipsoidnormalen verschoben werden (Abb. 3.3). Der Lotfußpunkt auf der Oberfläche des Ellipsoides ist dann Träger der Lageinformation des Punktes mit den Koordinaten *geografische Länge L* und *geografische Breite B* (wieder in den Dimensionen Grad, Minute und Sekunde), die natürlich von den gewählten Abmessungen und von der Lagerung des Rotationsellipsoides (geodätisches Datum) abhängen. Der Abstand des Punktes von der Oberfläche des Ellipsoides ist seine *ellipsoidische Höhe*, die allerdings in den Bereichen der Geotechnik und des Bauingenieurwesens kaum eine Bedeutung hat. Der Winkel zwischen der Ellipsoidnormalen und dem örtlichen Lotvektor in einem Punkt wird als *Lotabweichung* (Abb. 3.2) bezeichnet.

Berechnungen mit den geografischen Koordinaten auf der Oberfläche eines Ellipsoides auszuführen, ist recht aufwendig. Aus diesem Grund werden die ellipsoidischen Koordinaten mit sog. Abbildungsgleichungen in ebene Koordinaten, wie z. B. die UTM-Koordinaten, überführt (siehe Abschn. 3.2.2).

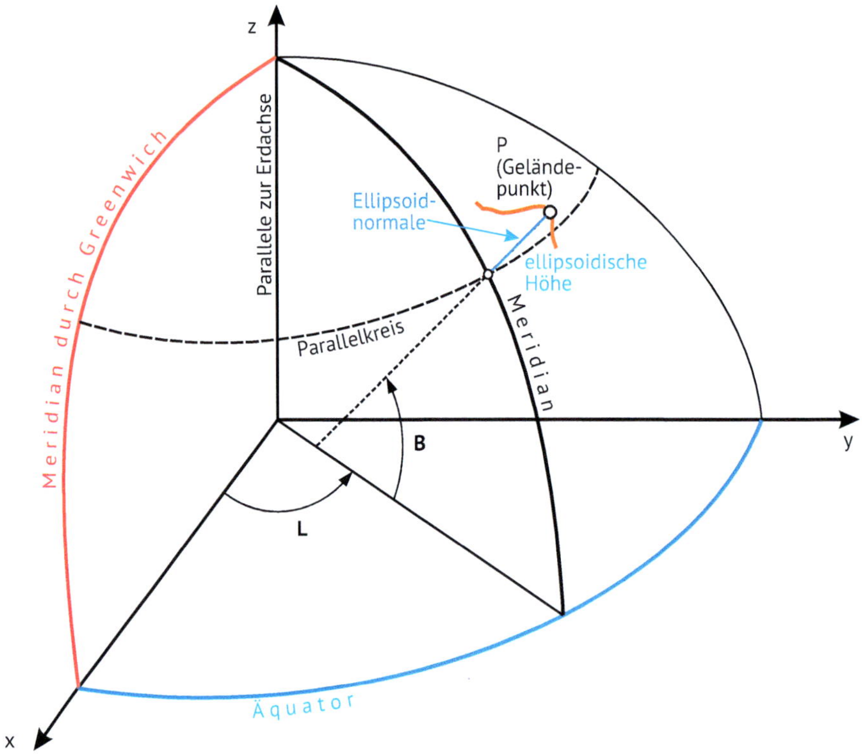

Abb. 3.3 Ellipsoidisches Bezugssystem.

Höhenmessungen hingegen beziehen sich in der Regel immer auf das Geoid, weil z. B. beim Nivellieren mit der horizontierten Zielachse (mit Libellen, Pendeln oder Flüssigkeitsoberflächen realisiert) die Niveauflächen partiell abgetastet werden.

Somit hat man für Lage- und für Höhenmessungen zwei völlig unterschiedliche Bezugsflächen.

3.2.2 Amtliche Bezugssysteme

Ein Beispiel für ein globales dreidimensionales Koordinatensystem mit den Koordinatenachsen x, y, und z ist das WGS 84, (World Geodetic System 1984) das weltweit als dreidimensionales Bezugssystem für Satellitenmessungen dient. Das von den Vermessungsverwaltungen der Bundesländer in Deutschland im Jahr 1991 eingeführte UTM-System (Universal Transverse Mercator) ist ebenfalls ein weltumspannendes *globales Koordinatensystem*, das sich auf das internationale Erdellipsoid GRS 80 (Geodätisches Referenzsystem 1980) bezieht. Das in zunehmendem Maße vom UTM-System verdrängte Gauß-Krüger-Koordinatensystem, ebenfalls ein zweidimensionales Lagesystem, hingegen ist ein *nationales System*, weil es sich auf das Bessel-Ellipsoid von 1841 bezieht, das *Friedrich Wilhelm Bessel (1784–1846)* damals speziell für Mitteleuropa aus den ihm zur Verfügung stehenden Ergebnissen von

Erdmessungen abgeleitet hat und welches die Erdoberfläche nur in diesem Bereich gut approximiert.

Globale Bezugssysteme haben den Nachteil, dass sich die Koordinaten der Objektpunkte hervorgerufen durch die gegenseitigen Bewegungen der Kontinentalplatten aufgrund von tektonischen Vorgängen im Erdinneren ständig verändern. Deshalb wurde 1989 das ETRS89 (Europäisches Terrestrisches Referenzsystem 1989) eingeführt, das sich nur auf Punkte der stabilen Teile der eurasischen Kontinentalplatte referenziert und somit nicht mehr von den Verschiebungen aller globalen Platten abhängt. Dieses System wurde dann 1991 zusammen mit dem bereits angesprochenen UTM-System von der AdV (Arbeitsgemeinschaft der Vermessungsverwaltungen der Länder der Bundesrepublik Deutschland) als einheitliches amtliches Lagebezugssystem für ganz Deutschland beschlossen. Das System ETRS89 wird heute in Deutschland durch den SAPOS (Satellitenpositionierungsdienst der deutschen Landesvermessung) flächendeckend und hochgenau für alle Bereiche des Vermessungswesens realisiert (Heckmann 2006, 2009; Heckmann et al. 2015).

Die Differenzen zwischen den ellipsoidischen Höhen des ETRS89-Systems und der amtlichen Höhenbezugsfläche DHHN2016 variieren in Deutschland zwischen 34 m in der Ostsee und 51 m im Schwarzwald sowie in den Alpen.

Ein gewisses Problem stellen die bei jedem Bezugssystem vorhandenen und unvermeidbaren sog. Projektionsverzerrungen dar. Die hier angesprochenen Bezugssysteme sind sog. *konforme Abbildungen*, d. h., dass die Abbildungsgleichungen, welche die ellipsoidischen Koordinaten *Länge L* und *Breite B* in die verebneten UTM-Koordinaten überführen, so gewählt worden sind, dass die auf der Erdoberfläche gemessenen Winkel mit den aus den verebneten Koordinaten der Bezugssysteme berechneten Winkeln im Prinzip gleich sind. Praktisch sind die Winkelverzerrungen so klein, dass sie vernachlässigt werden können. Anders sieht es mit den Strecken- und Flächenverzerrungen aus.

Waren bei der Gauß-Krüger-Abbildung beispielsweise die Streckenverzerrungen aufgrund der auf drei Längengrade begrenzten Meridianstreifen noch so klein, dass sie bei der praktischen Koordinatenanwendung in vielen Gebieten vernachlässigt werden konnten, betragen die Streckenverzerrungen bei der UTM-Abbildung mit sechs Längengrade umfassenden Meridianstreifen bis zu –40 cm für eine 1 km lange Distanz, bei einer 100 m langen Strecke sind es immerhin noch –4 cm! Dieser verhältnismäßig große Betrag darf bei der Projektierung von z. B. Bauwerken nicht vernachlässigt werden. Hinzu kommt, dass die gemessenen Strecken noch zusätzlich (mit den ellipsoidischen Höhen) auf die Bezugsfläche projiziert werden (Höhenreduktion) und sich damit aus den Koordinaten verkürzt ergeben. Für eine z. B. in einer Höhe von 500 m über dem Ellipsoid gemessene horizontale Strecke mit einer Länge von 100 m beträgt die Höhenreduktion –0,78 cm. Der Planer, der seine Planungsgrundlagen z. B. in Form von Lageplänen erhält, die auf Grundlage des amtlichen Raumbezugs – also mit dem UTM-System – erstellt worden sind, muss wissen, dass die aus diesen Daten berechneten Abstände aufgrund der Projektionsverzerrungen und der Höhenreduktionen nicht mit den tatsächlichen Abständen vor Ort exakt übereinstimmen.

Welche Lösungsmöglichkeiten bieten sich an? Als eine „vorläufige" Lösung kann der Auftraggeber das Vermessungsbüro, welches den Lageplan erstellen soll, bitten, die Grundlagenpläne nicht im ETRS-System vorzuhalten, sondern in ein lokales, maßstabsfreies Koordinatensystem zu transformieren. Diese Vorgehensweise kann nur bei verhältnismäßig kleinräumigen Projekten angewendet werden, nicht aber bei langgestreckten, wie z. B. bei Verkehrswegen und Wasserstraßen. Außerdem birgt diese Vorgehensweise immer die Gefahr, dass Daten aus anderen Quellen aus Unachtsamkeit nicht in das maßstabsfreie System transformiert werden. Die Vorteile, die ein einheitlicher Raumbezug mit sich bringt, gehen hierbei verloren. Letztlich kann eine zukunftsweisende Lösung nur darin bestehen, dass die Softwarehersteller von CAD- und GIS-Programmen beim Import und beim Export von Daten die Projektionsverzerrungen, z. B. des UTM-Systems, und die Höhenreduktionen automatisch berücksichtigen. Zum Zeitpunkt der Erstellung dieser Empfehlungen gibt es erst für einige CAD-Programme Erweiterungen bzw. Plug-ins, die diese Aufgabe erledigen. Wo dies noch nicht der Fall ist, sollten die Nutzer die Softwareentwickler drängen, ihre Programme entsprechend zu ergänzen.

Die Bezugssysteme für die Höhen sind in aller Regel nationale Systeme, da sie sich zumeist auf örtliche Meerespegel beziehen, so wie sich das in Deutschland zum 30. Juni 2017 eingeführte „Höhensystem DHHN2016" im Prinzip auf den Amsterdamer Pegel referenziert. Definiert wird das System aber durch den Normalhöhenpunkt von 1879 an der ehemaligen Sternwarte in Berlin bzw. durch die zu späterer Zeit geschaffenen 72 Datumspunkte in ganz Deutschland (Feldmann-Westendorff et al. 2016). Die Höhen in diesem System werden als *Normalhöhen* (abgekürzt mit NHN (= Normalhöhennull)) mit dem *Quasigeoid* (Abb. 3.2) als Bezugsfläche geführt. Das Quasigeoid erhält man, indem die für Punkte an der Erdoberfläche bestimmten Normalhöhen nach unten abgetragen werden. Das Höhensystem DHHN2016 löst das System DHHN92 ab, das im Jahre 1992 eingeführt worden ist.

Das Höhenbezugssystem Normalnull (NN) war das amtliche Höhenbezugssystem in Deutschland von 1879 bis 1992. Die Differenzen zwischen den NN- und NHN-Höhen sind ortsabhängig und betragen zwischen 0,06 und 0,16 m. Weiterhin wird den Höhensystemen ein bestimmter *Höhenstatus* zugeordnet, wenn nach einer größeren Zeitspanne (10–20 Jahre) die Höhennetze neu beobachtet werden müssen, weil sich die Höhen aufgrund tektonischer Vorgänge in der Erdkruste mit der Zeit verändert haben und weil in der Zwischenzeit verloren gegangene Höhenpunkte ersetzt werden müssen. Aus diesem Grund ist es unerlässlich, dass bei den Messungen die genaue Bezeichnung des für die Höhen verwendeten Höhenbezugssystems mit dem jeweiligen Höhenstatus dokumentiert wird. Nur dadurch können Missverständnisse und Fehlinterpretationen vermieden werden, die zu enormen Kosten für Nachbesserungen bei Bauvorhaben führen können.

3.2.3 Lokale Bezugssysteme

Bei speziellen Bauvorhaben, wie z. B. beim Bau von Talsperren, genügen oftmals die amtlichen Bezugssysteme hinsichtlich Genauigkeit, Richtigkeit, Zuverlässigkeit, Punktdichte und Lage der Punkte zum Bauwerk nicht den gestellten Anfor-

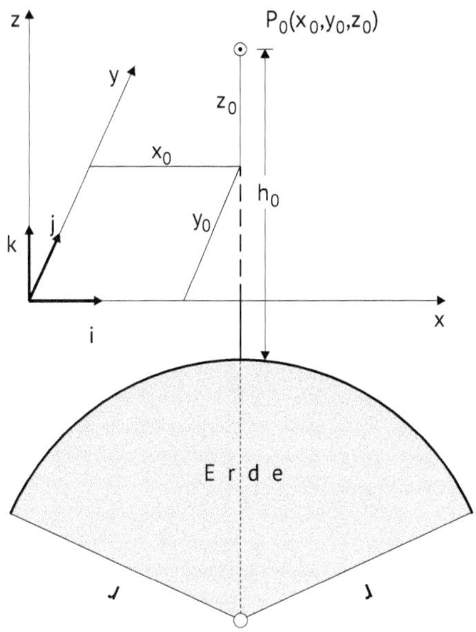

Abb. 3.4 Definition eines lokalen Bezugssystems.

derungen. In diesen Fällen werden lokale Bezugssysteme festgelegt (Abb. 3.4), die durch spezielle geodätische Netze realisiert werden. Diese Netze werden mit den klassischen geodätischen Methoden (z. B. Tachymetrie, GNSS) ausgemessen und spannungsfrei ausgeglichen, sodass sie eine hohe innere Genauigkeit in sich aufweisen. Mitunter werden sie zwangsfrei an das bestehende amtliche Bezugssystem (Abschn. 3.2.2) angeschlossen, um Sekundärdaten, z. B. aus dem Bereich des Leitungskatasters, ohne Mehraufwand nutzen zu können.

Wie kann nun ein lokales Bezugssystem definiert werden? Man wird für dieses Bezugssystem ein Koordinatensystem wählen, bei dem die drei Koordinatenachsen geradlinig sind und paarweise aufeinander senkrecht stehen, weil sich in diesem System Berechnungen leichter ausführen lassen als in einem andersartigen Koordinatensystem. Ein derartiges Koordinatensystem kann beispielhaft so festgelegt werden, dass in einem Bezugspunkt P_0 die durch diesen Punkt verlaufende physikalische Lotrichtung parallel zur z-Achse liegt (Abb. 3.4). Die azimutale Orientierung des Koordinatensystems kann beliebig festgelegt werden. Außerdem sollte die Höhe h_0 des Bezugspunktes über der als *Kugel* angenommenen Ersatzfigur der Erde bekannt sein. Dabei ist es nicht erforderlich, dass der Bezugspunkt P_0 ein tatsächlich angemessener Punkt ist.

Die Achsen der Messinstrumente werden aber mit Bezug zur örtlichen Lotrichtung auf den jeweiligen Standpunkten ausgerichtet, sodass sie aufgrund der bereits angesprochenen Konvergenz der Lotlinien (vgl. Abschn. 3.2.1) nicht parallel zur z-Achse des lokalen Bezugssystems stehen. Die Stehachsen, z. B. der Tachymeter, sind somit konvergent; die mit Tachymetern gemessenen Größen sind daher so umzurechnen, als ob sie mit einer zur z-Achse parallelen Stehachse gemessen worden wären. Für die Berechnung dieser Reduktionen sind von den angemessenen Punkten des geodätischen Netzes Näherungskoordinaten erforderlich. Sollten diese nicht aus anderweitigen Unterlagen vorliegen, lassen sie sich aus den ermittelten Messdaten berechnen, ohne dass dabei zunächst Reduktionen der Messgrößen berücksichtigt werden. Mit diesen Näherungskoordinaten lassen sich jetzt die Reduktionen ermitteln und die endgültigen Koordinaten der angemessenen Punkte in dem kartesischen Bezugskoordinatensystem berechnen. Entsprechende Formeln zur Berechnung der Reduktionen sind für Strecken, Horizontalrichtungen, Zenitwinkel, nivellitisch bestimmte Höhenunterschiede und mit Neigungssensoren gemessene Neigungen in Schwarz (1994) zusammengestellt. Auch wenn die Reduktionsbeträge für die Strecken und Horizontalrichtungen oftmals verhältnismäßig klein sind und somit vernachlässigt werden können, sind sie bei 3-D-Netzen für die gemessenen Zenitwinkel fast immer von Bedeutung. Die Reduktionen sind auch erforderlich, wenn z. B. nivellitisch bestimmte Höhen im lokalen Netz mit Höhen verglichen werden, die aus tachymetrischen Messungen abgeleitet worden sind.

Die Berücksichtigung der Reduktionen kann großzügig erfolgen, d. h., sie können eher vernachlässigt werden, wenn das örtliche Bezugssystem nur dazu dient, Verformungen der Messobjekte zu bestimmen (Deformationsmessung). Durch die Differenzbildung werden in solchen Fällen systematische Auswirkungen eliminiert, wenn sie in allen Messepochen gleich wirken. Dies trifft auch für nicht oder nicht vollständig angebrachte Reduktionen zu, deren Auswirkungen im Falle von Deformationsmessungen häufig ohne Bedeutung sind. Eine eindeutige Dokumentation aller Reduktionsschritte ist unumgänglich, um bei nachfolgenden Messungen in gleicher Weise vorzugehen.

3.2.4 Bezugssysteme in der Geotechnik

Geometrische Messungen in der Geomesstechnik wurden früher nahezu ausschließlich in lokalen, objektbezogenen Koordinatensystemen erfasst und ausgewertet. Beispiele dafür sind die Deformationen an Staumauern, Spundwänden und unterirdischen Hohlräumen, die direkt in Bezug auf die Hauptachsen des Bauwerks ermittelt worden sind. Ein großer Teil der klassischen Messgeräte trug diesem Umstand konstruktiv Rechnung, indem die bevorzugte Einbaurichtung mit einer der Bauwerksachsen übereinstimmt und damit gleichzeitig die Messachse festlegt. Der Vorteil dieser Herangehensweise liegt in der sofortigen Verfügbarkeit der gesuchten Information ohne aufwendige Transformationen. Über die Parallelität zu den Bauwerksachsen ließen sich auch die Deformationen an verschiedenen Messpunkten oder die Ergebnisse unterschiedlicher Messverfahren vergleichen, ohne einen übergeordneten Raumbezug in Betracht ziehen zu müssen. Lage- und Höheninformationen waren in der Vergangenheit immer getrennt.

In zunehmendem Maße werden aber heutzutage räumlich verteilte Sensoren oder absolut messende Verfahren zur Erfassung der Geometrie eingesetzt (GNSS-Empfänger, automatisierte Tachymeter, terrestrische Laserscanner usw.). Zudem besteht die Notwendigkeit, die Ergebnisse verschiedenartiger geotechnischer Messungen in einem projektübergreifenden geometrischen Zusammenhang zu modellieren bzw. zu interpretieren und in einem einheitlichen Raumbezug zu präsentieren. Dafür müssen alle Messergebnisse in einem einheitlichen Bezugssystem vorliegen.

Die Wahl des für die geotechnischen Messungen verwendeten Bezugssystems muss folgende Gesichtspunkte berücksichtigen:

- Um welche Aufgabenstellung handelt es sich? Geht es vordergründig um Deformationen oder gehen die Messergebnisse als Absolutwerte in die Baumaschinensteuerung bzw. ein großräumiges geometrisch-physikalisches Modell ein (z. B. eine ausgedehnte Grundwassermodellierung oder Gewässerhydraulik)?
- Welche Längenausdehnung hat das Projektgebiet? Handelt es sich um ein lokal begrenztes Objekt oder ein Linienbauwerk?
- Welche verschiedenen Messverfahren/Messgeräte sind aufgrund der Aufgabenstellung erforderlich? Sind absolut messende Verfahren oder Verfahren mit verschiedenen physikalischen Grundlagen (z. B. geometrisches Nivellement und GNSS-Messungen) beteiligt?
- Welche Anforderungen werden an die Messgenauigkeit gestellt?
- Ist es erforderlich, weitere Geoinformationen zu berücksichtigen oder die Ergebnisse der Messungen für Geoinformationssysteme bereitzustellen? Dies können z. B. Liegenschaftsinformationen (Grundstücksgrenzen) oder Achsen von Infrastrukturobjekten (Straßen, Bahnlinien, Medientrassen) sein. Solche Informationen liegen praktisch immer im amtlichen System oder damit vergleichbaren Bezugssystemen vor.

Die folgenden Grundsätze können bei der Wahl des verwendeten Bezugssystems hilfreich sein:

- In der Regel kommen bei geotechnischen Messungen lokal definierte, ebene Lagebezugssysteme nach Abschn. 3.2.3 zum Einsatz, wenn als Ergebnis der geotechnischen Messungen Deformationen bzw. Lageveränderungen gefragt sind und keine absoluten Koordinaten oder Höhen eingearbeitet oder weitergegeben werden müssen. Bei hohen Genauigkeitsanforderungen und Ausdehnungen von wenigen Hundert Metern müssen selbst in lokalen Systemen Reduktionen wegen der Konvergenz der Lotlinien berücksichtigt werden.
- Lokal definierte Lagebezugssysteme müssen durch eine ausreichend hohe Anzahl von vermarkten Stützpunkten gesichert werden. Man muss davon ausgehen, dass solche Referenzpunkte beschädigt werden können oder sich als beweglich herausstellen. Deshalb sind Reserven zwingend einzuplanen. Die Stützpunkte müssen sich außerhalb des Einflussbereichs des zu beobachtenden Objekts befinden und regelmäßig mittels Deformationsanalyse kontrolliert werden.
- Auch wenn es für die geotechnischen Messungen nicht erforderlich ist, sollten die Koordinaten der Stützpunkte im amtlichen Lage- und Höhenbezugssystem bestimmt werden. Zusätzlich kann eine Anbindung an ein Referenzsystem, z. B. das DB-REF der Deutschen Bahn, erforderlich sein.
- Ellipsoidische, also mathematisch definierte Höhen sind in der Geomesstechnik praktisch bedeutungslos, da nahezu alle Messgeräte außer GNSS mit der Richtung der Schwerkraft und damit auf physikalischer Grundlage mit dem Geoid bzw. Quasigeoid verknüpft sind. Schwereniveauflächen werden durch die Wasserspiegellage (Grundwasser, Oberflächenwasser) materialisiert, welche häufig Gegenstand geotechnischer Messungen ist.

- Soweit irgend möglich, ist immer dem aktuellen amtlichen Höhenbezugssystem, wie in Abschn. 3.2.2 beschrieben, der Vorzug zu geben, wenn der amtliche Höhenbezug für ein Projekt nicht sowieso vom Auftraggeber oder aufgrund von Verordnungen gefordert wird. Bei sehr hohen Genauigkeitsanforderungen wird ein an das amtliche System angelehntes, aber nur durch einen oder sehr wenige Punkte mit diesem verknüpftes lokales Höhensystem zur Anwendung kommen. Spannungen aufgrund der Genauigkeitsunterschiede können so nicht in das lokale System eingetragen werden, trotzdem sind aus der Geomesstechnik heraus immer sofort Höhen im amtlichen System verfügbar (z. B. für Bestandsunterlagen, Pegelhöhen, ...). Man spricht von einem spannungsfrei gelagerten Netz. In diesem Fall ist eine ausreichende Anzahl von vermarkten Stützpunkten erforderlich, da die amtlichen Höhenfestpunkte – wenn überhaupt vorhanden – keine ausreichende Genauigkeit gewährleisten.
- In Projekten mit einer langen Historie liegen die in Plänen und Zeichnungen verwendeten Bestandshöhen häufig in einem vom gültigen amtlichen System abweichenden Höhenbezugssystem vor (oft im NN-System). Um Verwechslungen zu vermeiden, werden die geotechnischen Messungen häufig in diesem historischen System weitergeführt. Dies ist in der Regel problemlos möglich, erfordert aber eine konsequente, eindeutige Benennung des verwendeten Höhenbezugssystems in ausnahmslos allen Dokumentationen. Die im Projektgebiet meist konstante Differenz zum aktuell gültigen amtlichen System ist zu ermitteln und mit anzugeben.

Das für ein Projekt gültige Bezugssystem und dessen Realisierung vor Ort (Lage- und Höhenstützpunkte) werden von der Projektleitung zu Beginn festgelegt, im Messprogramm fixiert und sämtlichen Beteiligen verbindlich vorgegeben.

3.3 Geometrie

Bei der Interaktion zwischen Boden und neu errichteten bzw. in ihrer Grundstruktur wesentlich veränderten Bauwerken treten zum einen Positionsveränderungen (z. B. Verschiebungen und Schiefstellungen) des gesamten Bauwerks (Starrkörperbewegungen), zum anderen Verformungen des Bauwerks selbst (Deformationen) ein.

Die geotechnische Bemessung ist darauf ausgerichtet, Gebrauchstauglichkeit und Standsicherheit anhand geotechnischer und konstruktiver Kenndaten nachzuweisen. Bei sensiblen Bauverfahren und Bauwerken, insbesondere der Geotechnischen Kategorie 3 (vgl. Abschn. 2.2), ist der messtechnische Nachweis durch die Beobachtung des tatsächlichen Verhaltens von Boden und Bauwerk mit dem rechnerischen Nachweis zu vergleichen. Sich dennoch einstellende Risiken aus den eingetretenen Positionsveränderungen (Verschiebungen und Neigungen) können damit im Zuge der Bauausführung gegebenenfalls durch ergänzende bautechnische und konstruktive Maßnahmen beherrscht werden.

In Fällen von Bauwerken mit hohem Sicherheitsbedarf (z. B. Talsperren) oder natürlichen Bodenbewegungen (z. B. bei Kriechhängen) wird im Zuge der Bauwerksnutzung oder Beobachtung des weiteren Verhaltens eine permanente messtechnische Begleitung notwendig. Aus den gemessenen Positionsveränderungen (Verschiebungen, Konvergenzen, Schiefstellungen und Verzerrungen) sowie den bestimmten Deformationen kann man abschätzen, ob sicherheitsrelevante Veränderungen am Bauwerk bzw. am Boden eingetreten sind und ob gegebenenfalls Gegenmaßnahmen einzuleiten sind.

Die Erfassung der geometrischen Messgrößen „Verschiebungen im Raum" und „Schiefstellungen" erfolgt bei vielen Messprojekten, insbesondere zur Überwachung von Bauwerken. Konvergenzmessungen werden neben den anderen Messgrößen vornehmlich im unterirdischen Hohlraumbau eingesetzt, wie z. B. im Tunnel-, Schacht- und Kavernenbau.

In den folgenden Abschnitten werden die wichtigsten geometrischen Messgrößen näher betrachtet.

3.3.1 Verschiebungen im Raum

Verschiebungen eines Bauwerks (oder geologischen Untergrunds) im Raum werden in der Regel mithilfe eines geodätischen Netzes, das als Raumbezug dient, erfasst. Als Stützpunkt wird nach DIN 18709-2:2020-03 ein Vermessungspunkt bezeichnet, welcher durch die Objektdeformation nicht beeinflusst wird. Deshalb werden die Stützpunkte des Netzes so angelegt, dass sie sich außerhalb des durch das Bauwerk vermutlich veränderten Bereichs befinden. Die Unveränderlichkeit dieser Festpunkte ist in regelmäßigen Zeitabständen durch entsprechende Messungen zu überprüfen. Ausgehend von den Punkten des Netzes werden die Verschiebungen der Objektpunkte sowie die Deformationen des Bauwerks mit geeigneten Messverfahren (siehe Kap. 4) messtechnisch bestimmt.

Vertikalverschiebungen (Setzungen, Hebungen, Senkungen usw.) des Baugrunds sowie des Bauwerks können an vorher installierten Messpunkten (Objektpunkte) relativ zu den Stützpunkten erfasst werden. Unterschiedliche Vertikalverschiebungen innerhalb eines Bauwerks werden als Schiefstellungen (Abschn. 3.3.3) bezeichnet.

3.3.2 Konvergenzen

Unter einer Konvergenzstrecke versteht man im Untertagebergbau und im Tunnelbau eine Messstrecke (in der Regel zwischen den Stößen oder der Firste und der Sohle) zur Messung der Abstandsänderung zwischen zwei im Gebirge verankerten Punkten. Die Konvergenz ist die Verkürzung des Abstandes zwischen zwei Messpunkten einer Konvergenzstrecke, berechnet aus der Differenz zweier Messwerte zu verschiedenen Zeitpunkten. Zur direkten Messung der Konvergenzen wurden spezielle Messgeräte auf der Basis von Messbändern entwickelt. Heutzutage werden zumeist in einer Querschnittsfläche vermarkte Messpunkte (Reflektoren) montiert, deren Koordinaten z. B. mit elektronischen Tachymetern in einem übergeordneten Bezugssystem direkt bestimmt werden. Aus diesen Daten können die Formänderungen der Querschnittsflächen abgeleitet werden, deren zeitlicher Verlauf Rückschlüsse auf die Stabilität der Querschnittsflächen erlaubt.

3.3.3 Neigungen

Als Neigung wird in der Geomesstechnik üblicherweise die auf die Horizontale bzw. auf die Senkrechte bezogene Schiefstellung eines Objekts bezeichnet. Zu jeder Neigung muss als Orientierung die azimutale Richtung angegeben werden (die Richtung, in der die Neigung gemessen wird). Neigungen beziehen sich stets auf die örtliche Lotrichtung (siehe Abb. 3.2) bzw. die dazu senkrechte Ebene. Diese Richtung ist nicht unbedingt parallel zur z-Koordinatenachse des übergeordneten Raumbezugssystems. Die Richtung des Lotvektors ändert sich aufgrund der Erdkrümmung mit der Position (Konvergenz der Lotlinien). So beträgt beispielsweise der hierdurch verursachte Richtungsunterschied der Lotlinien zwischen zwei 100 m voneinander entfernten Punkten 0,016 mm/m. Er ist damit verhältnismäßig klein und kann in den meisten praktischen Fällen vernachlässigt werden.

Neigungen haben immer einen absoluten Charakter, da sie sich über das Erdschwerefeld stets auf den örtlichen Lotvektor (Abschn. 3.2) beziehen. Es werden keine weiteren Bezugssysteme benötigt. Gebräuchliche Einheiten für Neigungen sind:

$$\begin{array}{ll} \text{rad} & \text{SI-Einheit} \ (1\,\text{rad} = 57{,}295\,78^\circ) \\ {}^\circ & \text{Grad} \ (1\,\text{Grad} = (\pi/180)\,\text{rad}),\ 1\,\text{Grad} = 3600'' \\ \text{gon} & \text{Gon} \ (1\,\text{gon} = (\pi/200)\,\text{rad}) \\ \text{mm/m} & 0{,}001\,\text{rad} = 1\,\text{mrad} = 1\,\text{mm/m} \end{array} \tag{3.1}$$

Es ist: $1\,\text{mrad} = 1\,\text{mm/m} = 0{,}0637\,\text{gon} = 63{,}7\,\text{mgon} = 0{,}0573^\circ = 206''$.

In der Geotechnik kommt es häufig nur auf Änderungen der Schiefstellung an. Diese Änderungen der Neigung können als Relativmessungen verhältnismäßig einfach ausgeführt werden.

3.3.4 Deformationen und Verzerrungen

Nach DIN 13316:1980-6 ist die *Verformung* (oder *Deformation*) die Gestalt- und Volumenänderung eines Körpers. *Verzerrung* ist das Verhältnis der Verformung zu der entsprechenden Ausgangsabmessung des Körpers. Eine Längsverzerrung, d. h. das Verhältnis der Verformung zur Ausgangslänge in einer Richtung, wird auch als *Dehnung* bezeichnet, wobei für negative Dehnungen meist das Wort *Stauchung* verwendet wird. Verzerrungsmaße im Boden oder im Einflussbereich von Boden und Bauwerk können aus Messdaten der Verschiebung und Verdrehung von Messpunkten interpretiert werden, die im Untersuchungsbereich verteilt angeordnet werden. Ergänzt werden können diese Messwerte an geeigneten Konstruktionselementen oder im Boden durch Dehnungs- und Verformungsmessungen.

Die systematische sinnvolle Kombination der im Abschn. 3.3 dargestellten geometrischen Messgrößen ermöglicht im Rahmen der Auswertung und Interpretation der Messwerte auf Verzerrungen des betrachteten Untersuchungsbereichs zu schließen.

Verschiedene Messsysteme ermöglichen es, durch Anordnung in oberflächigen Messlinien oder in Bohrungen die Messung von Verschiebungs- und Verformungsprofilen im Boden, Fels und in Bauwerken dreidimensional festzustellen (3-D-Verschiebungsprofile). Hiermit werden häufig numerische Modelle überprüft bzw. kalibriert.

3.3.5 Schwingungen

Eine Schwingung ist die zeitliche Änderung der Zustandsgröße eines Systems, bei der diese abwechselnd zu- oder abnimmt. Schwingungen werden nach ihrem zeitlichen Verlauf in stochastische und deterministische Schwingungen unterteilt, deterministische Schwingungen wiederum in periodisch und nicht periodische Schwingungen.

Lässt sich der Zeitverlauf einer periodischen Schwingung durch eine Kosinus- oder Sinusfunktion beschreiben, deren Argument eine lineare Funktion der Zeit ist, so heißt diese harmonische Schwingung. Eine harmonische Schwingung ist durch die Angabe der drei zeitunabhängigen Größen Maximalwert, Frequenz f und Phasenverschiebung vollständig beschrieben.

Jede periodische Schwingung kann als eine diskrete Summe harmonischer Schwingungen dargestellt werden (Fourier-Reihenentwicklung), (fast) jede beliebige Schwingung als Fourier-Transformation. Im Allgemeinen sind zur Beschreibung des Zeitverlaufes einer Schwingung unendlich viele Parameter (Koeffizienten) notwendig, häufig ist eine Charakterisierung aber bereits durch die Angabe einiger weniger Parameter möglich, wie beispielsweise der Maximalamplitude in einem Zeitintervall oder der dominierenden Frequenz im Spektrum.

Rechentechnisch können aus Zeitreihen Frequenz- und Phasenspektren bestimmt werden, die die Frequenz- und Phasenverteilung für den gesamten Zeitausschnitt angeben. Hierbei muss bei der Angabe von Spektren der verwendete mathematische Zusammenhang zur Bestimmung der Spektren (z. B. Amplitudenspektrum, spektrale Leistungsdichte) beachtet werden. Auch ist nicht notwendigerweise die Frequenz mit größter Amplitude im Spektrum der größten Amplitude in der Zeitreihe zugeordnet.

Grundbegriffe zu Schwingungen sind in DIN 1311-1:2000-02 zusammengestellt.

3.4 Mechanik

Als mechanische Messgrößen sind Kräfte und Spannungen wesentliche Kenngrößen zur Beurteilung der Belastungssituation in Bauwerken und Gründungen. Auf Basis von ermittelten Kräften und Spannungen (flächenbezogenen Kräften) kann eingeschätzt werden, ob noch genügend Tragreserven vorhanden sind bzw. im Umkehrschluss ein Versagen von Bauteilen bzw. ganzen Bauwerken und damit ein Verlust der Standsicherheit zu befürchten ist. Die Messungen dienen dabei zur Überprüfung und gegebenenfalls zur Kalibrierung von numerischen Modellen.

3.4.1 Kräfte

In der klassischen Physik versteht man unter dem Begriff *Kraft* eine Einwirkung, die einen Körper verformen oder beschleunigen kann. Gemäß DIN 1301-1:2010-10 ist die SI-Einheit der Kraft das Newton ($\mathrm{N} = \mathrm{kg\,m/s^2}$): 1 N ist gleich der Kraft, die einem Körper der Masse 1 kg die Beschleunigung $1\ \mathrm{m/s^2}$ erteilt. In der Geotechnik sind Kilonewton (kN) oder Meganewton (MN) gebräuchliche Einheiten.

Die Kraft ist eine gerichtete physikalische Größe, die durch einen Vektor beschrieben werden kann.

Befindet sich ein Körper im Zustand der Ruhe oder der gleichförmigen Bewegung, so sind die an ihm angreifenden Kräfte im Gleichgewicht, d. h., die resultierende Kraft ist null. Wirkt auf einen Körper der Masse m eine resultierende Kraft F, wird der Körper um $a = F/m$ beschleunigt. Umgekehrt gilt, dass auf jeden Körper der Masse m, der eine Beschleunigung a erfährt, eine Kraft der Größe $F = m \cdot a$ einwirkt.

Kraft ist sowohl Ursache für eine Bewegungszustandsänderung (dynamischer Kraftbegriff) als auch Ursache für die Deformation eines Körpers (statischer Kraftbegriff).

3.4.2 Spannungen (inkl. Porenwasserdruck)

Die mechanische Spannung σ_{ni} auf eine gedachte Schnittfläche durch einen Körper ist die Kraftkomponente F_i in i-Richtung bezogen auf die Fläche A (Normale n), auf der sie wirkt:

$$\sigma_{ni} = \lim_{\Delta A \to 0} \frac{\Delta F_i}{\Delta A} \tag{3.2}$$

Die Größe der Spannung hängt von der Orientierung $\vec{n}$ der Fläche und der Richtung von $\vec{F}$ ab. Die Spannung hat daher, als funktionale Verknüpfung zwischen den Vektoren $\vec{n}$ und $\vec{F}$, Tensoreigenschaften und wird auch als Spannungstensor bezeichnet. Bezogen auf die Orientierung $\vec{n}$ kann die auf die Fläche wirkende Kraft in eine Komponente parallel zur Fläche (Scherkraft) und eine Komponente senkrecht zur Fläche (Normalkraft) zerlegt werden. Hierbei existieren zu jedem Spannungszustand drei jeweils senkrecht zueinander liegende Flächen, auf denen nur Normalkräfte und keine Scherkräfte wirken. Die zugehörigen Spannungsbeträge heißen Hauptspannungen, die Richtungen der Normalkräfte bezeichnet man als Hauptspannungsrichtungen.

In einem Fluid (z. B. Gas oder Flüssigkeit), das für praktische Zwecke hinreichend genau als ideales Fluid aufgefasst wird, kann der herrschende Druck p mittels Spannungstensor beschrieben werden: In diesem ist lediglich die Tensordiagonale besetzt (hydrostatischer Spannungszustand), die Schubspannungen sind jeweils null, die Normalspannungen sind in allen drei Richtungen gleich groß und entsprechen dem herrschenden Druck p. In der klassischen Physik (z. B. Gesetz von Boyle-Mariotte) ist der Druck p als Absolutdruck definiert. Weiterführende Überlegungen finden sich in Perau (2001).

Bei Porenwasserdruckmessungen ist zu beachten, dass auf der Erde überall Erdatmosphärendruck herrscht, der sich aus der Wirkung der gasförmigen Hülle des Planeten (Atmosphäre) ergibt: Abhängig von der Höhenlage des jeweiligen Ortes und den jeweilig herrschenden Witterungsbedingungen fluktuiert der Atmosphärendruck mit der Zeit (zu Details siehe Abschn. 3.6.2).

In Übereinstimmung mit Gl. (3.2) wird gemäß DIN 1314:1977-02 der Druck p in Flüssigkeiten, Gasen und Dämpfen definiert als der Quotient aus der Normalkraft F_N, die auf eine Fläche wirkt und dieser Fläche A. Die SI-Einheit von Druck oder mechanischer Spannung ist N/m^2 oder *Pascal* (Pa). Zulässig ist auch die Verwendung von bar (1 bar $= 10^5$ Pa).

In Abb. 3.5a sind Bezeichnungen für Druck gemäß DIN 1314 hinsichtlich Porenwasserdruck und Atmosphärendruck (Luftdruck) dargestellt. Der absolute Druck (oder Absolutdruck) gegenüber dem Druck null im leeren Raum wird als p_{abs} bezeichnet. Die atmosphärische Druckdifferenz p_e ist definiert als Differenz aus Absolutdruck p_{abs} und dem jeweiligen (absoluten) Atmosphärendruck p_{amb}:

$$p_e = p_{abs} - p_{amb} \tag{3.3}$$

Bei einem Absolutdruck, der kleiner als der Atmosphärendruck ist, wird die atmosphärische Druckdifferenz p_e negativ, d. h., dieser Druckbereich ist durch negative Werte gekennzeichnet und wird gelegentlich als „Saugspannung" bezeichnet. Die Differenz zweier Drücke p_1 und p_2 wird Druckdifferenz $\Delta p = p_1 - p_2$ oder, wenn diese selbst Messgröße ist, Druckdifferenz $p_{1,2}$ genannt.

Unter bestimmten Voraussetzungen kann (reines) Wasser auch echte Zugspannungen σ_{Zug} übertragen. Dieser Fall fällt definitionsgemäß nicht in den Bereich Porenwasserdruck, denn dann ist $\sigma_{Zug} < p_{abs} = 0$.

Der Porenwasserdruck u wird in den Regelwerken leicht unterschiedlich definiert. Der Arbeitskreis empfiehlt die Verwendung der Definition aus DIN EN ISO 18674-4:2020-10 als „Druck des Wassers in den Hohlräumen im Baugrund oder in einer Aufschüttung, relativ zum atmosphärischen Luftdruck". Im Fels ist auch die Bezeichnung *Kluftwasserdruck* gebräuchlich. In DIN 4048-1:1987-01 lautet die Definition von Porenwasserdruck „in den Poren von Boden oder Baukörpern wirkender Wasserdruck".

Porenwasserdruck u im Sinne von DIN EN ISO 18674-4:2020-10 bezeichnet Porenwasserdruck als Druckdifferenz zum Atmosphärendruck, was p_e „atmosphärische Druckdifferenz" aus DIN 1314:1977-02 entspricht. Hinweise zur Kompensation der Messwerte hinsichtlich des Atmosphärendrucks zur weiteren Verwendung als Porenwasserdruck u finden sich u. a. in Abschn. 4.3.3. In Abb. 3.5b sind mittels Piezometer gemessene Fluiddrücke und damit zusammenhängende Begriffe am Beispiel eines vertikalen Schnitts durch einen Piezometer zusammengestellt. Grundwasseroberfläche (piezometrische Linie) und Grundwasserspiegel sind vereinfacht näherungsweise auf demselben Niveau liegend dargestellt. In einem offenen Piezometer ist dies nicht immer der Fall, insbesondere falls die piezometrische Linie gegenüber der Horizontalen geneigt ist.

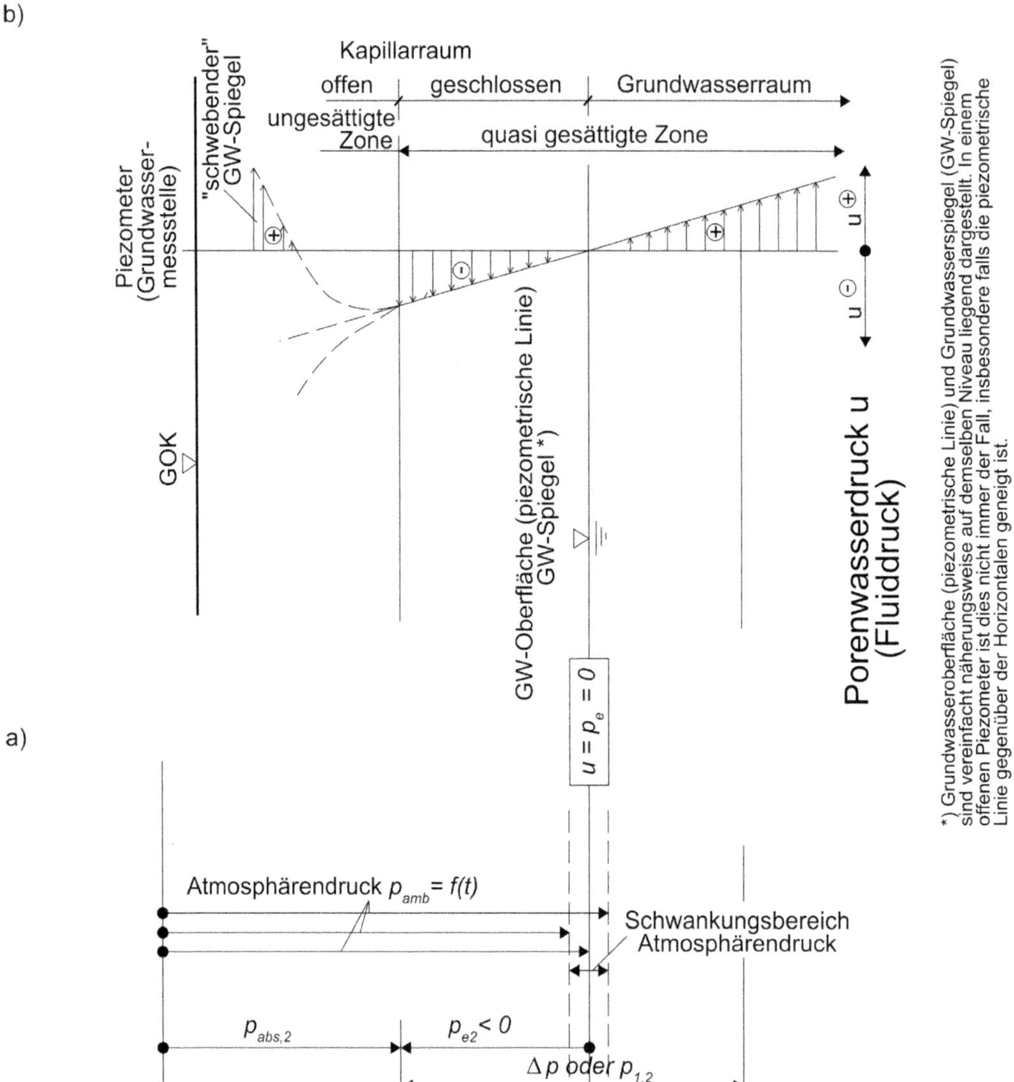

Abb. 3.5 Bezeichnungen im Zusammenhang mit Porenwasserdruck a) Grundbegriffe Druck in Anlehnung an DIN 1314. b) Fluiddrücke am Piezometer mit Bezeichnungen von Erscheinungsformen unterirdischen Wassers (in Anlehnung an DIN 4047-3 und DIN 4049-3).

3.5 Geophysikalische Messgrößen

Das Ziel der angewandten Geophysik ist die Vermessung der physikalischen Felder der Erde, um aus möglichen Feldanomalien Rückschlüsse auf den Untergrund zu ziehen. In der Geomesstechnik dienen geophysikalische Messungen meist zur Detektion von Objekten sowie zur Identifikation struktureller und materieller Unterschiede und der Erfassung ihrer Änderungen.

Die Messgrößen der Geophysik sind die Feldstärken, die je nach Messverfahren statisch oder dynamisch ermittelt werden. Hierbei werden aktive und passive Messverfahren unterschieden. Bei aktiven Verfahren werden die physikalischen Felder mit einem „Sender" erzeugt und mit einem „Empfänger" ausgemessen (z. B. in der Seismik ein Hammer als Sender und ein Geofon als Empfänger einer Bodenbewegung). Passive Verfahren nutzen natürlich existierende geophysikalische Felder (z. B. Erdmagnetfeld, Erdschwerefeld).

Die Messgrößen sind im Einzelnen:

- Schwerebeschleunigung (Schwerefeld),
- magnetische Flussdichte bzw. magnetische Feldstärke (Magnetfeld),
- elektrische Feldstärke bzw. elektrische Spannung (elektrisches Feld),
- Bodenbewegung bzw. Deformation (Verschiebungsfeld),
- radioaktive Strahlung.

3.6 Umwelt

Eine zuverlässige Bewertung geotechnischer Messungen erfordert die Erfassung relevanter Einflussgrößen. Diese können entweder auf das messtechnisch zu überwachende Objekt selbst oder auf die Messeinrichtung einwirken. Mit geeigneten Verfahren muss sichergestellt werden, dass zwischen diesen zwei grundsätzlich verschiedenen Einwirkungen unterschieden werden kann.

3.6.1 Temperatur

Die *Temperatur* wirkt bei einer Vielzahl physikalischer Prozesse direkt auf das zu betrachtende Objekt ein. Verschiedene geotechnisch relevante Materialparameter können direkt von der Temperatur abhängig sein (Dichte, Festigkeit, ...). Auch die Temperaturverteilung selbst kann das Ziel geotechnischer Messungen sein, nämlich dann, wenn die Änderung der geotechnischen Verhältnisse die Temperaturverteilung beeinflusst (z. B. Leckageortung durch längenverteilte Temperaturmessung mittels faseroptischer Verfahren). Die Erfassung von Luft-, Wasser-, Boden- oder Betontemperaturen ist demzufolge bei den meisten geotechnischen Messungen unumgänglich für eine umfassende Interpretation bzw. Bewertung der Ergebnisse. Die räumliche Verteilung der Messpunkte und die Messgenauigkeit müssen dabei auf das zu beobachtende Objekt und die Komplexität des verwendeten Modells abgestimmt sein.

Zusätzlich wirkt die Temperatur direkt auf viele in der Geomesstechnik verwendete Messgeräte ein und kann zu systematischen Messabweichungen bei der Messung (Dehnung von Messbändern, Nullpunktverschiebung bei Neigungssensoren) führen. Temperaturschwankungen wirken über die Veränderung des Brechungsindexes der Luft systematisch auf die elektrooptische Streckenmessung und auf die Richtungsmessung mit Tachymetern. Eine Temperaturänderung von 1 K bewirkt eine Messwertänderung einer elektrooptisch gemessenen Distanz von 1 ppm (= 1 mm/km). Bei Streckenlängen von mehreren Hundert Metern und zulässigen Messunsicherheiten von wenigen Millimetern oder besser ist die Berücksichtigung der Lufttemperatur erforderlich, um eine Vergleichbarkeit der Messergebnisse gewährleisten zu können.

3.6.2 Luftdruck

Bei Porenwasserdruckmessungen ist die Kenntnis des Atmosphärendrucks p_{amb} als äußere Einflussgröße in vielen Fällen erforderlich. Auf Höhe des Meeresspiegels beträgt der Atmosphärendruck (in der Meteorologie auch Luftdruck genannt) durchschnittlich 1013,25 hPa (physikalische Atmosphäre) und fluktuiert typischerweise. Laut dem Deutschen Wetterdienst beträgt der kleinste in Deutschland jemals gemessene Luftdruck 954,4 hPa und der größte 1060,8 hPa (jeweils reduziert auf Meereshöhe, Messzeitraum 1881–2019). Bei diesen Werten handelt es sich um sehr selten auftretende Extremwerte. Die Bandbreite des fluktuierenden Luftdrucks ist in der Regel deutlich kleiner und liegt bei etwa ±30 bis 35 hPa. Näherungsweise kann im Bereich der Erdoberfläche (zwischen Meeresspiegel und etwa 1000 mNHN) und Temperaturen um 10 °C von einer Abnahme des Atmosphärendrucks von etwa 0,12 hPa pro Meter Höhendifferenz ausgegangen werden. Mit diversen barometrischen Höhenformeln (z. B. Häckel, 2016) stehen auch genauere Approximationen zur Verfügung.

Luftdruckschwankungen wirken auch über die veränderte Luftdichte direkt auf die Streckenmessung in Tachymetern und führen zu systematischen Messabweichungen bei der Messung. Eine Veränderung des Luftdrucks um 3,4 hPa bewirkt eine scheinbare Streckenänderung von 1 ppm. Bei Streckenlängen von mehreren Hundert Metern und zulässigen Messunsicherheiten von wenigen Millimetern ist die Berücksichtigung des Luftdrucks erforderlich, um eine Vergleichbarkeit der Messergebnisse gewährleisten zu können.

3.6.3 Weitere Einflussgrößen

Für jedes geotechnische Messprojekt sollte die Ermittlung der relevanten Einflussgrößen vorgesehen werden, um deren Einfluss auf Messobjekt oder Messeinrichtung beurteilen zu können. Darüber hinaus kann es sinnvoll sein, bereits an den einzelnen Messstellen selbst Einflussgrößen zu kompensieren, z. B. mithilfe temperaturkompensierter Druck- und Wegaufnehmer oder luftdruckkompensierter Wasserdruckaufnehmer.

3.7 Volumenströme

Die Bestimmung von Volumenströmen (Durchflussmessung) dient im geotechnischen Kontext der Erfassung von Durchflüssen oder der Mengenerfassung von Flüssigkeiten (Wasser oder Suspensionen). Ist die Messung automatisiert, kann sie zur Warnung und Alarmierung bei Überschreitung von Alarmwerten eingesetzt werden.

Mittels der Volumenstrommessung wird der Durchfluss einer Flüssigkeit als Volumen pro Zeiteinheit erfasst. Typische Maßeinheiten sind l/s oder m^3/h. Die Integration über die Zeit liefert die gesamte Flüssigkeitsmenge in einem vorgegebenen Zeitraum (z. B. Sickerwasserzufluss in eine Baugrube pro Tag).

Werden Messwehre zur Durchflussmessung verwendet, ist der Wasserstand die eigentliche Messgröße.

Meist handelt es sich beim erfassten Medium um Wasser. Ein typisches Einsatzgebiet ist die Messung von Sickerwassermengen, mit deren Hilfe die Qualität und das Langzeitverhalten von Dichtungsmaßnahmen bewertet werden können. An Staudämmen ist die Durchsickerung eine der wichtigsten Messgrößen. Zur Bewertung der ermittelten Durchflussmengen muss das Einzugsgebiet der jeweiligen Messstelle räumlich genau beschrieben sein, da der Ort der Messung in der Regel nicht mit dem Ort der Durchsickerung übereinstimmt.

Daneben dienen Volumenstrommessungen z. B. der Erfassung des Kühlmitteldurchflusses bei Bodenvereisungen und damit direkt deren Steuerung. Volumenstrommessverfahren werden auch zur Erfassung der Suspensionsmenge bei Injektionen (Untergrundabdichtung, Hebungsinjektionen) eingesetzt.

Literatur

DIN 1301-1:2010-10 (2010). Einheiten – Teil 1: Einheitennamen, Einheitenzeichen. Berlin: Beuth.

DIN 1311-1:2000-02 (2000). Schwingungen und schwingungsfähige Systeme – Teil 1: Grundbegriffe, Einteilung. Berlin: Beuth.

DIN 1314:1977-02 (1977). Druck; Grundbegriffe, Einheiten. Berlin: Beuth.

DIN 13316:1980-6 (1980). Mechanik ideal elastischer Körper; Begriffe, Größen, Formelzeichen. Berlin: Beuth.

DIN 18709-2:2020-03 (2020). Begriffe, Kurzzeichen und Formelzeichen im Vermessungswesen; Ingenieurvermessung. Berlin: Beuth.

DIN 4047-3:2002-03 (2002). Landwirtschaftlicher Wasserbau – Begriffe – Teil 3: Bodenkunde, Bodensystematik und Bodenuntersuchung. Berlin: Beuth.

DIN 4049-3:1994-10 (1994). Hydrologie – Teil 3: Begriffe zur quantitativen Hydrologie. Berlin: Beuth.

DIN EN ISO 18674-4:2020-10 (2020). Geotechnische Erkundung und Untersuchung – Geotechnische Messungen – Teil 4: Porenwasserdruckmessungen: Piezometer. Berlin: Beuth.

Feldmann-Westendorff, U., Liebsch, G., Sacher, M., Müller, J., Jahn, C.-H., Klein, W., Liebig, A. und Westphal, K. (2016). Das Projekt zur Erneuerung des DHHN: Ein

Meilenstein zur Realisierung des integrierten Raumbezugs in Deutschland. *Zeitschrift für Vermessungswesen (ZfV)* 141.5: 354–367.

Häckel, H. (2016). *Meteorologie. UTB Geowissenschaften, Ökologie, Agrar- und Forstwissenschaften*, 8., vollständig überarbeitete und erweiterte Auflage. Stuttgart: Verlag Eugen Ulmer, ISBN: 978-3-8252-4603-7.

Heckmann, B. (2006). Einführung des Lagebezugssystems ETRS89/UTM beim Umstieg auf ALKIS. *DVW-Hessen-/DVW-Thüringen-Mitteilungen* 1: 17–25.

Heckmann, B. (2009). Realisierung des geodätischen Raumbezugs in Hessen – Stand und Perspektiven. *DVW-Hessen-/DVW-Thüringen-Mitteilungen* 1: 14–27.

Heckmann, B., Berg, G., Heitmann, S., Jahn, C.-H., Klauser, B., Liebsch, G. und Liebscher, R. (2015). Der bundeseinheitliche geodätische Raumbezug – integriert und qualitätsgesichert. *Zeitschrift für Vermessungswesen (ZfV)*: 140.3, S. 180–184.

Perau, E. (2001). Die Phasen des Bodens und ihre mechanischen Wechselwirkungen: Ein Konzept zur Mechanik teilgesättigter Böden: Zugl.: Essen, Univ., Habil.-Schr., 2001, Bd. 28. Mitteilungen aus dem Fachgebiet Grundbau und Bodenmechanik, Gesamthochschule, Essen. Essen: Verlag Glückauf. ISBN: 3-7739-1428-8.

Schwarz, W. (1994). Zur Reduktion der Messungen bei räumlichen Punktbestimmungen. *Allgemeine Vermessungs-Nachrichten (AVN)* 101.6: 207–218.

4
Messsysteme und -verfahren

In Kap. 3 werden die zur Beurteilung des Verhaltens des geologischen Untergrundes und des Zusammenwirkens von Boden, Bauverfahren und Baukonstruktionen erforderlichen Messgrößen vorgestellt. In diesem Abschnitt wird gezeigt, mit welchen Messsystemen diese Messgrößen erfasst werden können. Es werden die Messprinzipien und die Messverfahren, die zur Bestimmung dieser Messgrößen dienen, besprochen sowie deren Leistungsmerkmale und Besonderheiten vorgestellt. Diese Informationen bilden die Grundlage, um der jeweiligen Aufgabenstellung entsprechend die richtigen und effizienten Messsysteme auswählen zu können.

4.1 Begriffe und Methoden

Nach DIN 1319-1:1995-01 versteht man unter dem Begriff *Messeinrichtung* (engl. measuring system) die Gesamtheit aller Messgeräte, einschließlich von Hilfsgeräten, zur Erzielung eines Messergebnisses. Wesentliche Aufgaben der Messeinrichtung sind die Aufnahme der Messgröße, die Weiterleitung und Umformung des Messsignals und die Bereitstellung des Messwertes.

Messwerte sind die durch ein Messgerät oder eine Messkette erhaltenen Werte, die eindeutig jeweils einer Messgröße zuzuordnen sind (DIN 1319-1:1995-01). In der Regel sind diese Werte heute elektrische Größen, wie Spannungen, Widerstände, Leistungen, die mithilfe sensorspezifischer, gegebenenfalls vorkalibrierter Umformungen in geometrische oder physikalische Werte (z. B. Längen, Dehnungen, Drücke und Neigungen) umgerechnet wurden, siehe Abb. 4.1. Die Messwerte sind also die für das Projekt nutzbaren originären Daten. Sie werden auch Rohdaten oder Urdaten genannt.

Bei der Messgröße handelt es sich um die physikalische Größe, der die Messung gilt, das Messobjekt ist der Träger der Messgröße (DIN 1319-1:1995-01). Messergebnisse sind die für eine Datenanalyse nutzbaren, zuvor in einem Prozess der Datenaufbereitung bereinigten Messwerte.

Für fest installierte und umfangreiche Messeinrichtungen ist der Begriff *Messanlage* gebräuchlich. Unter dem Begriff *Messverfahren* (engl. measurement procedure) wird die praktische Anwendung eines Messprinzips und einer Messmethode verstanden, wobei das Messprinzip als physikalische Grundlage der Messung und die

Empfehlungen des Arbeitskreises Geomesstechnik, 1. Auflage. Arbeitskreis 2.10 „Geomesstechnik".

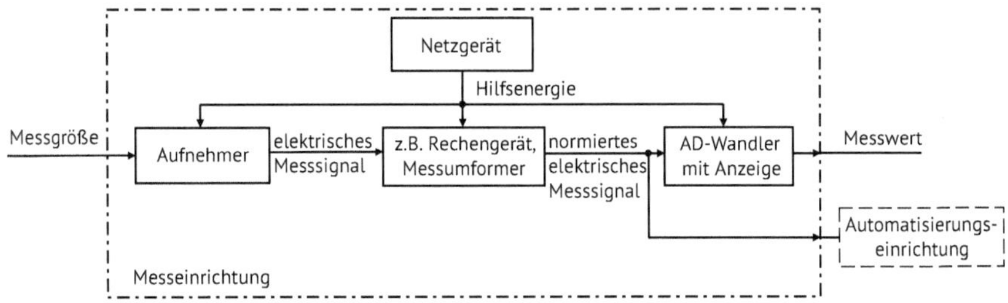

Abb. 4.1 Beziehung zwischen Messgröße und Messwert in einer Messkette (nach DIN 1319-1:1995-01).

Messmethode als die vom Messprinzip unabhängige Art des Vorgehens bei der Messung definiert sind.

Eine Messung wird als dynamisch bezeichnet, wenn die Messgröße (während des Messvorgangs) entweder zeitlich veränderlich ist oder sich ihr Wert in Abhängigkeit vom Messprinzip wesentlich aus den zeitlichen Änderungen anderer Größen ergibt. Die Messung heißt statisch, wenn die Messgröße zeitlich (während des Messvorgangs) unveränderlich ist und wenn das Messprinzip nicht auf der zeitlichen Änderung anderer Größen beruht.

Messgrößen können absolut oder relativ bestimmt werden. Bei einer relativen Messung wird der Wert der Messgröße nicht direkt bestimmt. Ermittelt wird die Differenz zwischen dem Wert der Messgröße an einem Messobjekt und dem Wert der Messgröße an einem Referenzmessobjekt. Ist die Differenz der Messgrößen klein, kann sie sehr genau bestimmt werden. Die Messung erfordert im Vergleich zur absoluten Messung meist einen deutlich geringeren Aufwand, benötigt aber ein Referenzmessobjekt. Wenn das Referenzmessobjekt ebenfalls Änderungen unterworfen ist, kann man zwar die Differenzgrößen bestimmen, weiß aber nicht, welches der beiden Objekte sich wie verändert hat. Dieser Fall tritt beispielsweise bei Fugenspaltmessstellen (Fissurometern) auf. Bei der absoluten Messung wird der Wert der Messgröße direkt aus Messungen ohne zusätzliches Anmessen von Referenzgrößen gewonnen. Bei dieser Methode ist im Allgemeinen die Bestimmung kleiner Änderungen der Messgröße ungenauer als bei relativen Messungen.

Dabei können die Messgrößen z. B. nach folgenden Messmethoden ermittelt werden:

1. Ausschlagmethode
   Bei der Ausschlagmethode wird direkt die Eingangsgröße in die Ausgangsgröße umgewandelt. Die zur Umwandlung benötigte Energie wird dem Messobjekt oder dem Umfeld entnommen, so wie z. B. beim klassischen Flüssigkeitsglasthermometer oder bei einer Federwaage. Vorteilhaft ist bei dieser Methode der geringe Messaufwand. Als nachteilig wird angesehen, dass z. B. bei der Erzeugung der Vergleichskraft bei der Federwaage durch die Feder der Zusammenhang zwischen Kraft und Ausschlag über größere Ausschlagwege nicht linear verläuft. Zudem verformen sich die Lager des Messgerätes mit der Größe der Kraft. Da die zur Umwandlung benötigte Energie dem Messobjekt selbst entzogen wird, kann u. U. eine Rückwirkung auf die Messgröße erfolgen.

2. Kompensationsmethode
   Die zu messende Größe wird im Messgerät einer gleichartigen Kompensationsgröße so entgegengesetzt gegenübergestellt, dass sie sich in ihrer Wirkung auf einer Anzeigeeinrichtung (Nullinstrument) im Gleichgewicht befindet. Die Kompensationsgröße wird damit zum Maß für die Messgröße. Bei dieser Methode ist eine Rückwirkung auf die Messgröße ausgeschlossen. Das Anzeigeinstrument muss nur in einem kleinen Bereich eine hohe Genauigkeit aufweisen. Die Durchführung der Messung nach der Kompensationsmethode ist aufwendiger als nach der Ausschlagmethode. Hierfür werden (sehr fein) veränderliche Normale hoher Güte benötigt.
3. Differenzmethode
   Bei dieser Methode wird die Messgröße während der Messung einer konstanten Vergleichsgröße gegenübergestellt. Gemessen wird die Differenz zwischen Mess- und Vergleichsprobe. Die Differenzmethode wird z. B. bei Verschiebungsmessungen, die mit Extensometern oder mit Inklinometern ausgeführt werden, eingesetzt.

Mit diesen Methoden können die Messgrößen je nach Aufwand mit unterschiedlichen Qualitäten unter den jeweils bestehenden Randbedingungen bestimmt werden.

4.2 Messprinzipien

Unter Messprinzip versteht man nach DIN 1319-1:1995-01 die physikalische Grundlage der Messung. Die Messprinzipien bilden die Grundlage für Sensoren, mit denen die Messgrößen bestimmt werden. Die Messgrößen stellen in der Regel physikalische Größen dar, die im Hinblick auf relevante geotechnische Fragestellungen in folgende Bereiche unterteilt werden können:

Geometrie mit den Größen Länge, Abstand, Höhe, Tiefe, Durchmesser, ebener Winkel, Neigung, Fläche, Volumen u. a.

Kinematik mit den Größen Zeit, Geschwindigkeit, Beschleunigung, Frequenz u. a.

Mechanik mit den Größen Masse, Kraft, Impuls, Energie, Dichte, Druck (mechanische Spannung), Dehnung, Schiebung, Scherung u. a.

Hydraulik mit den Größen Druck, Volumenstrom, Viskosität u. a.

Geophysik mit den Größen Schwerebeschleunigung, magnetische Flussdichte, elektrische Feldstärke, Bodenbewegung und radioaktive Strahlung u. a.

Thermodynamik mit den Größen Temperatur, Wärme, thermische Energie, Wärmekapazität u. a.

Umweltparameter mit den Größen Luftdruck, Temperatur, Niederschlag, Strahlung, Schall u. a.

Die in diesem Abschnitt aufgeführten Messprinzipien erheben keinen Anspruch auf Vollständigkeit. Sie geben einen Überblick, welche Messprinzipien sehr häufig in den Messsystemen der Geomesstechnik angewendet werden.

4.2.1 Geometrie

4.2.1.1 Abstand, Länge, Distanz, Koordinaten und deren Änderungen

Abstände im Bereich von wenigen Millimetern bis zu einigen Dezimetern können mit einfachen Messuhren, Messschiebern und Stahlmaßstäben gemessen werden, größere Abstände z. B. mit Maßbändern. Das Messprinzip besteht dabei z. B. bei einem Stahlmaßstab bzw. bei einem Maßband im manuellen Vergleichen der Maßstabsteilung mit dem Messobjekt.

Bei mechanischen Messuhren wird die Längsbewegung des Messtasters mittels Zahnstangen und Zahnrädern auf einen Zeiger übertragen, an dem dann die Ablesung des Abstandes bzw. der Abstandsänderung erfolgt.

Zur automatisierten Bestimmung von Abständen bzw. Abstandsänderungen bis zu einigen Zentimetern werden heutzutage in der Geomesstechnik vielfach Wegaufnehmer (Wegsensoren) eingesetzt, die nach unterschiedlichen elektrischen Prinzipien arbeiten.

Bei *resistiven Aufnehmern* wird der veränderliche ohmsche Widerstand durch eine lineare Schleiferbewegung auf einem Widerstandselement aus Leitplastik (Schichtpotenziometer) abgegriffen. Der Schleifer wirkt als Spannungsteiler, der den Gesamtwiderstand des Messelements in zwei unterschiedlich große Widerstände aufteilt. Nach dem ohmschen Gesetz verhalten sich Spannungen proportional zu den Widerständen. Eine Verschiebung des Schleifers erzeugt somit eine Spannungsänderung als Messsignal. Da das Widerstandselement sehr hochohmig ist (z. B. 4–5 kΩ), wird der Messwert bei Kabellängen von < 100 m praktisch nicht beeinflusst, da die zusätzlichen Widerstandsänderungen des Kabels im Verhältnis dazu sehr klein sind.

Bei *induktiven Aufnehmern* wird durch die Messgröße die Selbstinduktion einer Spule oder die Gegeninduktivität (Kopplung) zwischen zwei Spulen gesteuert. Die gemessene Induktivität hängt ab von der Länge und von der Fläche der Spule, von der Windungszahl sowie von der absoluten und relativen Permeabilität. Zur Wegmessung können diese Größen verändert werden (Schlemmer 1996). So lässt sich durch einen Abgriff (Schleifer) die wirksame Windungszahl variieren (Abb. 4.2a). Teilt man eine Spule in zwei Hälften und variiert deren Abstand, dann verändert sich die magnetische Kopplung und damit die resultierende Gesamtinduktivität (Abb. 4.2b). Die Verschiebung eines ferromagnetischen Kerns (Längsankers) in der Spule verändert die Permeabilität (Abb. 4.2c). In einer in der Nähe der Spule angebrachten leitenden Platte (Queranker) werden Wirbelströme induziert, deren Feld mit dem Magnetfeld der Spule in Wechselwirkung tritt und damit deren Induktivität verändert (Abb. 4.2d).

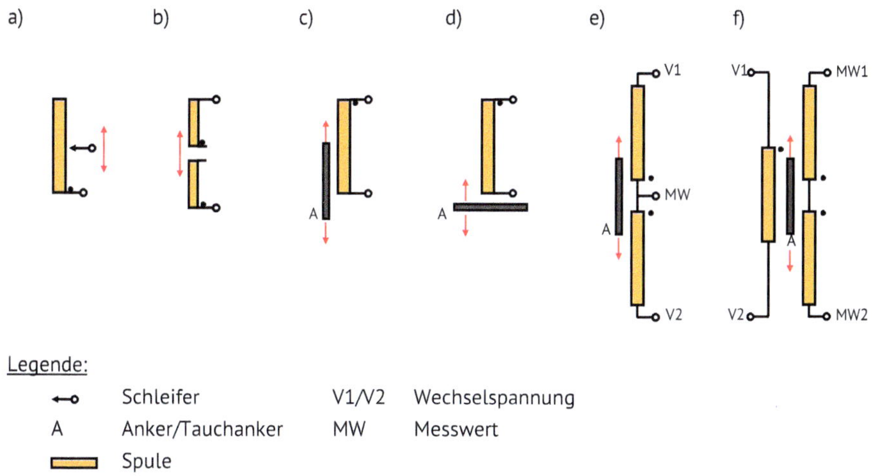

Abb. 4.2 (a–d) Bauarten induktiver Wegaufnehmer, (e) Messprinzip Differenzialdrossel, (f) Differenzialtransformator.

In der Praxis werden für induktive Wegaufnehmer im geomesstechnischen Bereich sehr häufig die Bauarten der Differenzialdrossel (Abb. 4.2e) bzw. des Differenzialtransformators, LVDT (linear variable differential transformer), (Abb. 4.2f) eingesetzt.

Bei der Differenzialdrossel bewirkt die Bewegung eines ferromagnetischen Kerns (Tauchanker) eine Änderung der Induktivität der beiden in Reihe geschalteten Spulenhälften. Differenzialtransformatoren bestehen aus einer Primärspule, die mit Wechselspannung gespeist wird, und den beiden (gegenläufig) geschalteten Sekundärspulen. Die Primärspule induziert in den Sekundärspulen jeweils eine Spannung, die sich in der Mittelstellung des Tauchankers gegeneinander aufheben. Bei der Bewegung des Tauchankers verändert sich die Messspannung proportional zum Weg.

Beide Bauarten arbeiten praktisch verschleißfrei und sind für schnelle Messungen geeignet, im Gegensatz zum resistiven Sensorprinzip. Sie sind wenig empfindlich gegenüber Temperaturunterschieden. Die benötigte Wechselspannung erfordert allerdings eine aufwendige Messverstärkertechnik. Kapazitive Änderungen der Messleitungen bewirken relativ große Messwertänderungen. Deshalb wird empfohlen, induktive Wegsensoren immer mit der vorgesehenen Messkabellänge zu kalibrieren.

Die Spulen im Sensorgehäuse der Differenzialdrossel oder des LVDT können verschweißt oder vergossen in druckwasserdichter Ausführung hergestellt werden. Der kontaktlos arbeitende Tauchanker benötigt keinen Schutz gegen Wasserdruck oder Feuchtigkeit. Damit sind diese Bauarten auch Unterwasser mit langer Lebensdauer einsetzbar.

Kapazitive Wegaufnehmer beruhen auf dem Prinzip, dass sich die elektrische Kapazität zwischen den Elektroden eines Kondensators oder eines Kondensatorsystems bei sich gegenseitig ändernden Abständen der Kondensatorplatten auch

Mechanischer Aufbau	Modell	Eingang
(1) Kondensator mit verschiebbarer Elektrode	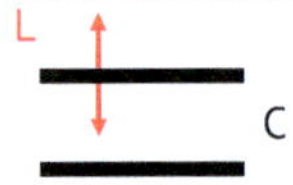	Länge L
(2) Differential-Kondensator		Länge L oder Winkel α
(3) Kondensator mit verschiebbarem Dielektrikum		Länge L oder Winkel α

Abb. 4.3 Bauarten kapazitiver Wegaufnehmer nach Schlemmer (1996).

verändert. Davon kann eine Elektrode die anzumessende Oberfläche selbst sein. Die gemessene Kapazität ist dann ein Maß für den Abstand bzw. für die Abstandsänderung. Kapazitive Wegsensoren gibt es in verschiedenen Bauarten, wie z. B. in Abb. 4.3 dargestellt.

Gegenüber kontinuierlich arbeitenden Messsystemen besitzen *inkrementelle Wegaufnehmer* im Innern eine Maßverkörperung mit einer sich wiederholenden, periodischen Zählspur. Die Messung beruht auf einer Richtungsbestimmung und einer Zählung. In Abb. 4.4 ist das Grundprinzip des Abtastsystems eines derartigen inkrementellen Wegaufnehmers dargestellt. Die Glasplatte mit dem Strichgitter ist mit dem Messtaster fest verbunden, sodass die Bewegungen des Tasters vom Abtastsystem erfasst werden.

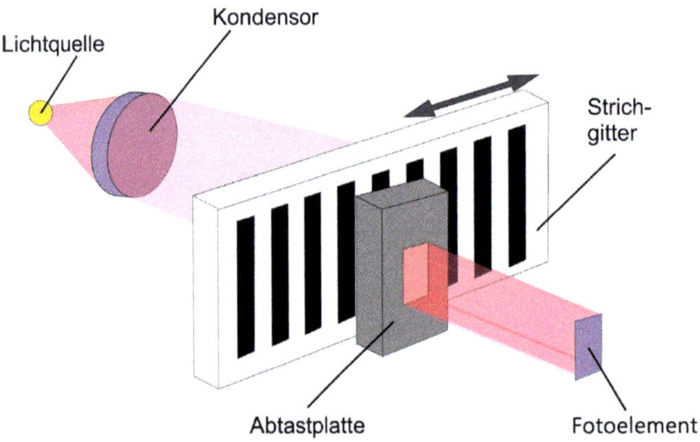

Abb. 4.4 Abtastsystem eines inkrementellen Wegaufnehmers (nach Fischer 1990).

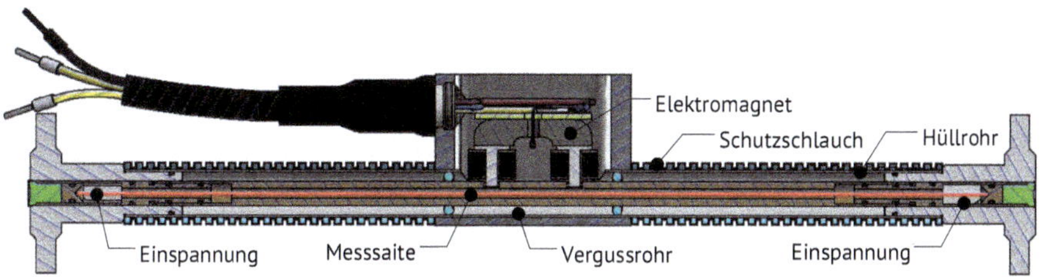

Abb. 4.5 Messprinzip eines Schwingsaitenaufnehmers (GLÖTZL 2020).

Bei einem *Schwingsaitenaufnehmer* wird eine gespannte, metallische Saite durch eine elektromagnetische Anregung in Transversalschwingungen versetzt (Abb. 4.5). Die Eigenfrequenz der Schwingsaite ist abhängig von der mechanischen Spannung, der Dichte des Saitenmaterials und der Länge der Saite. Spannungs- oder Temperaturänderungen bzw. die Durchbiegung einer Membran, mit der die Saite verbunden ist, führen zu einer Längenänderung der Saite und damit zu einer Änderung der Eigenfrequenz. Die Schwingungen der Saite induzieren in einem Magnetfeld eines Elektromagnetsystems eine Spannung gleicher Frequenz, über die dann die Eigenfrequenz und somit über eine entsprechende Kalibriergleichung die Längenänderung der Schwingsaite bestimmt werden kann. In Abb. 4.5 ist die aktive Messbasis des Sensors mit der gespannten Schwingsaite mechanisch durch die Fixpunkte festgelegt. Für Dehnungsaufnehmer beträgt die Messbasis typischerweise 150–250 mm. Damit können in der Regel Dehnungen bis 3000 μm/m ($\mu\epsilon$), bei einer Auflösung von ca $\pm 1\mu\epsilon$, gemessen werden.

Optional wird das Dehnungsverhalten des Basissensors z. B. unter Mitwirkung einer gespannten Feder auch zur Wegmessung mit einem größeren Messbereich ein-

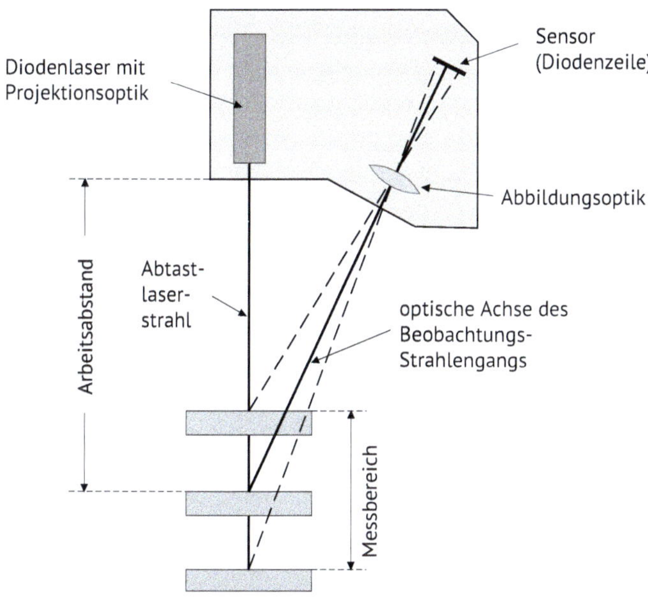

Abb. 4.6 Prinzip eines Triangulationssensors.

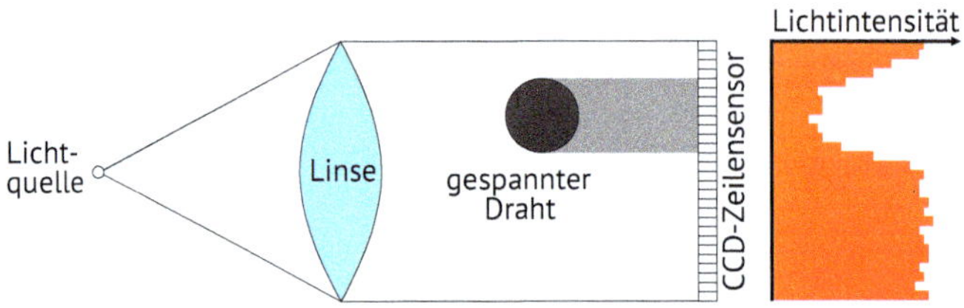

Abb. 4.7 Licht-Schatten-Verfahren.

gesetzt, der typischerweise 50–300 mm beträgt. Dieses Verfahren kommt z. B. für Extensometer bzw. 1-D-Fissurometer zur Anwendung.

Neben den bisher vorgestellten Prinzipien, bei denen berührend gemessen wird, können mit den *Triangulationssensoren* Abstände und deren Veränderungen berührungslos ermittelt werden (Abb. 4.6). Ein Laserstrahl wird entweder punktförmig zur 1-D-Abstandsmessung oder bei Lichtschnittsensoren als Lichtlinie für eine 2-D-Profilmessung projiziert. In der Praxis werden 2-D-Sensoren auch durch eine zusätzliche Scanbewegung relativ zum Messobjekt zur 3-D-Erfassung benutzt. Die Messung nach dem Triangulationsprinzip erfolgt durch einen vom Sensor projizierten Laserstrahl, dessen Rückstreuung von der Messobjektoberfläche über eine Optik in einem schrägen Betrachtungswinkel auf eine optoelektronische Empfängereinheit (Positionsdetektor) geleitet wird. Über die Position des empfangenen Laserstrahls auf dem Chip wird nach dem Triangulationsprinzip der Abstand des Sensors zum Messobjekt berechnet.

Drahtabtastungen nach dem Licht-Schatten-Prinzip werden z. B. eingesetzt, wenn die Position des Drahtes eines Pendellots berührungslos zu bestimmen ist. Bei diesem Verfahren erzeugt ein kollimiertes Lichtbündel von dem abzutastenden Draht, z. B. eines Lotdrahts, einen Schattenwurf auf einem lichtempfindlichen Sensor (z. B. CCD-Zeilensensor). Aus der Lichtintensität, die auf jedes einzelne Pixel fällt, lässt sich die Drahtposition in Bezug zur Abtasteinrichtung bestimmen (Abb. 4.7). In Schwarz (1995, S. 130ff) werden weitere Verfahren zur berührungslosen Drahtabtastung, z. B. mit telezentrischen Objektiven, besprochen.

Abstandsänderungen können hochgenau mit dem Verfahren der *Laserinterferometrie* bestimmt werden. Abbildung 4.8 zeigt den prinzipiellen Aufbau eines Michelson-Interferometers mit seinen Komponenten. Die im Strahlenteiler aufgespaltenen Laserstrahlen treffen sich, nachdem sie die Wege zu ihren jeweiligen Spiegeln

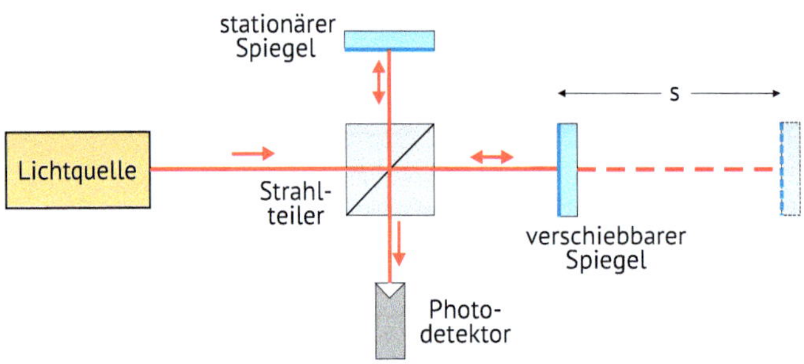

Abb. 4.8 Prinzipieller Aufbau eines Michelson-Interferometers.

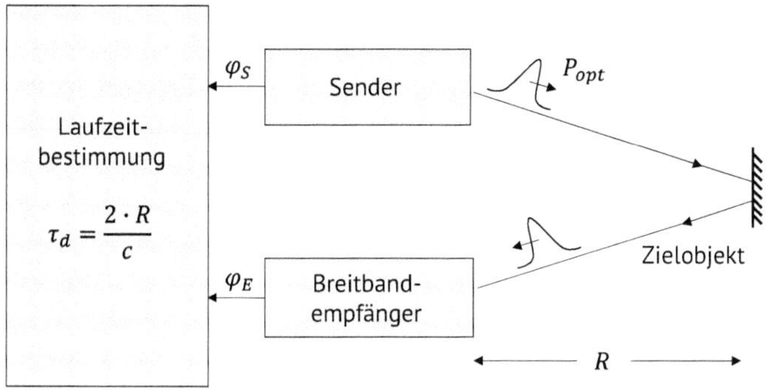

Abb. 4.9 Prinzip des Laufzeitverfahrens.

durchlaufen haben, wieder im Strahlteiler, wo sie sich überlagern. Bei einem Laserinterferometer werden anstelle der Spiegel Reflektoren verwendet, deren Ausrichtung durch ihre retroreflektierenden Eigenschaften verglichen mit Spiegeln weniger kritisch ist. Dadurch vereinfacht sich der Aufbau. Aus den dabei entstehenden Lichtverstärkungen und -abschwächungen (Interferenzen) kann der Fotodetektor den Verschiebebetrag des verschiebbaren Spiegels auf Bruchteile einer Lichtwellenlänge, also im Bereich von 0,01 μm, bestimmen.

Nach diesem Prinzip arbeitet auch das Verfahren der *Weißlichtinterferometrie*, nur dass hier anstelle eines Lasers mit quasi monochromatischen Eigenschaften weißes Licht eingesetzt wird. Bei dieser Anordnung kommt es aber aufgrund der sehr geringen Kohärenzlänge des weißen Lichts von wenigen μm nur dann zu Interferenzerscheinungen, wenn die (optischen) Wege der beiden Lichtstrahlen (Abb. 4.8) im Prinzip exakt gleich lang sind.

Zur Bestimmung der Länge größerer Strecken z. B. bis zu einigen Hundert Metern bzw. bis zu einigen Kilometern werden heutzutage elektrooptische Verfahren eingesetzt. Beim *Laufzeitverfahren* (Abb. 4.9) wird im Messgerät ein kurzer Lichtimpuls generiert und entweder von einem auf dem Endpunkt der Strecke aufgebauten Reflektor zum Messgerät umgelenkt oder aber direkt von der Oberfläche des Objekts reflektiert. Das Messgerät misst die Laufzeit des Impulses und berechnet daraus die Länge der Strecke.

Streckenmessungen im Nahbereich bis maximal zu einigen Metern können nach dem Laufzeitverfahren auch mit *Ultraschall* durchgeführt werden. Aus der gemessenen Laufzeit eines Ultraschallimpulses, der vom Objekt reflektiert wird, kann unter Kenntnis der Schallgeschwindigkeit der Abstand zum Objekt berechnet werden. Üblicherweise besteht ein Ultraschallentfernungsmesser aus einem Sender (Lautsprecher) und einem Empfänger (Mikrofon). Es gibt aber auch Wandler mit nur einem Messkopf. Hier wird der Messkopf, bevor das reflektierte Schallsignal den Messkopf wieder erreicht, von Senden auf Empfangen umgeschaltet. Je höher die Frequenz des Ultraschallsignals ist, desto stärker wird das Signal gebündelt. Mit zunehmender Frequenz nimmt aber aufgrund der Dissipationseffekte der Atmosphäre die Reichweite ab. Um die Dichte des Mediums, das ja für die Signallaufzeit des Ultraschallimpulses maßgeblich ist, zu erfassen, kann man im Medium eine Referenzstrecke mit bekannter Länge einbringen, sodass letztlich aus den drei Abstands-

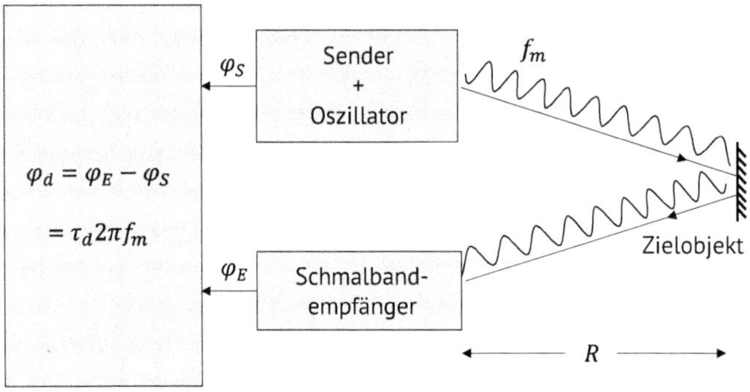

Abb. 4.10 Prinzip des Phasenvergleichsverfahrens.

werten (Anfang und Ende der Referenzstrecke und zum Objekt) die korrekte, dichtekompensierte Distanz bestimmt werden kann.

Beim *Phasenvergleichsverfahren* (Abb. 4.10) hingegen werden keine einzelnen Lichtblitze ausgesendet, sondern es wird eine Lichtwelle permanent abgestrahlt. Diese Lichtwelle wird nun in ihrer Amplitude nacheinander mit unterschiedlichen Frequenzen moduliert. Aus den im Messgerät gemessenen Phasenunterschieden zwischen der ausgesendeten und zurückkommenden Welle einer jeden Frequenz lässt sich wiederum der Abstand zwischen dem Messgerät und dem Zielobjekt berechnen.

Neben den beiden hier angesprochenen Verfahren gibt es noch das Verfahren der *Pseudo-Noise-Modulation* und das der *Polarisationsmodulation*. Das letzte Verfahren wird häufig in Präzisionsdistanzmessern bzw. in Lasertrackern verwendet, die besonders in industriellen Bereichen eingesetzt werden. In modernen Distanzmessern werden heutzutage die hier besprochenen Messverfahren nicht mehr ausschließlich verwendet, sondern es werden Mischformen dieser Prinzipien realisiert. Weitergehende Informationen zum Prinzip der elektrooptischen Distanzmessung sind in Deumlich und Staiger (2001) zu finden.

4.2.1.2 Höhenunterschiede

Höhenunterschiede werden nach den Verfahren des *geometrischen Nivellements* bzw. mittels *trigonometrischer Höhenbestimmung* gemessen. Weitere Hinweise zum geometrischen Nivellement sind im Abschn. 4.3.1.6 zu finden.

Daneben können Höhenunterschiede auch *hydrostatisch* bestimmt werden. Dieses Verfahren basiert auf dem physikalischen Prinzip der kommunizierenden Röhren, nach dem die Flüssigkeitsspiegel in untereinander verbundenen Standgefäßen auf einer Niveaufläche verlaufen. Durch Ablesungen der an den Gefäßen angebrachten Skalen bzw. durch direktes Antasten der Flüssigkeitsoberfläche in den Gefäßen können Höhenunterschiede der Standgefäße ermittelt werden (Schlauchwaage). Zur Abtastung der Flüssigkeitsoberfläche können die im Abschn. 4.2.1 erläuterten Prinzipien (berührend bzw. berührungslos) eingesetzt werden.

Höhenunterschiede bzw. deren Änderungen können zudem auch mit *Druckschlauchwaagen* gemessen werden. Druckschlauchwaagen unterscheiden sich gegenüber klassischen Schlauchwaagen dadurch, dass das Verbindungsrohr zwischen

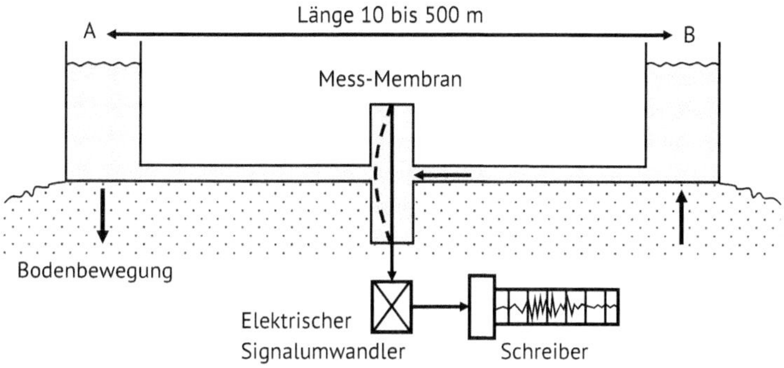

Abb. 4.11 Prinzip einer offenen Druckschlauchwaage (nach Meier und Ingensand 1996).

den Standgefäßen durch eine Membran unterbrochen ist (Abb. 4.11). Ist ein Höhenunterschied zwischen den Standgefäßen vorhanden, verlaufen die Flüssigkeitsoberflächen in den Standgefäßen nicht mehr auf einer Niveaufläche. Dies bewirkt, dass aufgrund der sich einstellenden Druckunterschiede die Membran ausgelenkt wird. Wird nun der Druckunterschied über die Auslenkung der Membran (= Drucksensor) gemessen, lässt sich mit ihm der Höhenunterschied zwischen den Standgefäßen berechnen.

4.2.1.3 Neigung

Neigungen nehmen immer Bezug zum örtlichen Lotvektor des Erdschwerefeldes. Deshalb sind zu ihrer Bestimmung Messprinzipien heranzuziehen, die sich ebenfalls am Erdschwerefeld orientieren. Folgende Prinzipien kommen hierbei zum Einsatz:

- Libellen
- Pendel
- Flüssigkeitshorizonte

In der Abb. 4.12 ist das Prinzip eines Neigungssensors dargestellt, der mit einem Pendel arbeitet. Eine seismische Masse ist am Sensorgehäuse pendelnd aufgehängt. Ihre Position wird von einem kapazitiven Abgriffsystem erfasst. Die Masse ist mit einer Litze umwickelt und befindet sich im Kraftfeld zweier Ringmagnete. Wird nun das Sensorgehäuse geneigt, so möchte die Masse der Schwerkraft folgend ihre Position verändern. Über eine integrierte Regelungselektronik wird aber der durch die Spule fließende Strom so erhöht, dass die seismische Masse in ihrer Nullposition verbleibt. Die Größe des dafür erforderlichen Stroms ist ein Maß für die Neigung des Sensorgehäuses.

Nach einem ähnlichen Prinzip arbeiten auch neuere Neigungssensoren, die nach der *MEMS (microelectromechanical systems)-Technologie* hergestellt werden. Diese Neigungssensoren sind in einem SMD (surface-mounted-devices)-Gehäuse hermetisch abgeschlossen und haben bei vergleichsweise sehr kleinen Abmessungen (z. B. 12 mm × 12 mm × 2 mm) trotzdem eine hohe Auflösung. Hinweise zur Temperaturabhängigkeit und zum Langzeitverhalten von MEMS-Sensoren siehe Abschn. 4.3.1.14.

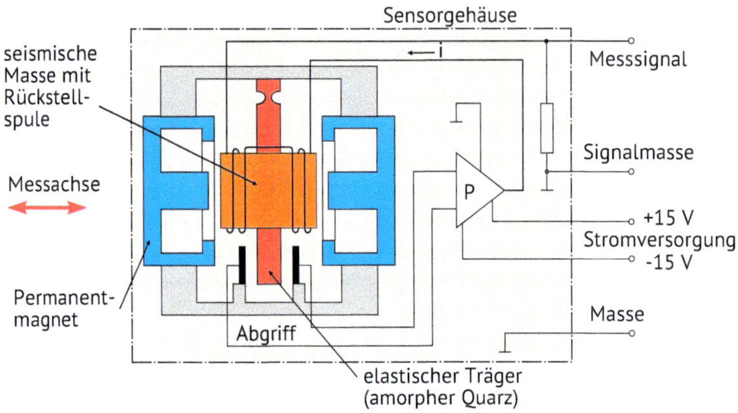

Abb. 4.12 Prinzip der Neigungsmessung mit einem Pendel.

Ein ähnliches Prinzip zur Neigungsmessung beruht ebenfalls auf einem Pendel, das an drei Archimedes-Spiralen aufgehängt ist und dessen Lage kapazitiv abgegriffen wird. Eine rotationssymmetrische Massescheibe ist das eigentliche Pendel. Es bildet mit zwei seitlichen Elektroden die Messzelle (Abb. 4.13). Je nach Lage des Sensors wird das Pendel aus seiner Grundstellung ausgelenkt und verändert dadurch die Kapazitäten zwischen dem Pendel einerseits und den beiden Elektroden andererseits. Diese Kapazitäten werden mit einem RC-Oszillator in Frequenzen umgeformt. Die Frequenzen bzw. der Quotient der beiden Frequenzen bildet das primäre Signal für den Neigungswinkel (Hinnen et al. 2013).

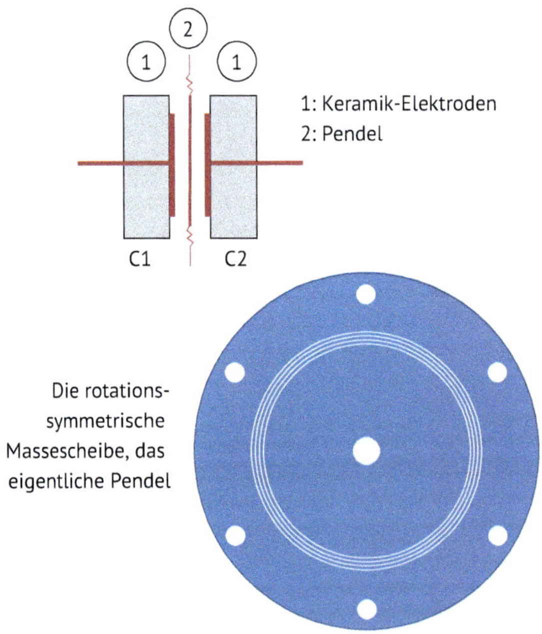

Abb. 4.13 Prinzip kapazitiver Neigungssensoren der Firma Wyler (nach Hinnen et al. 2013).

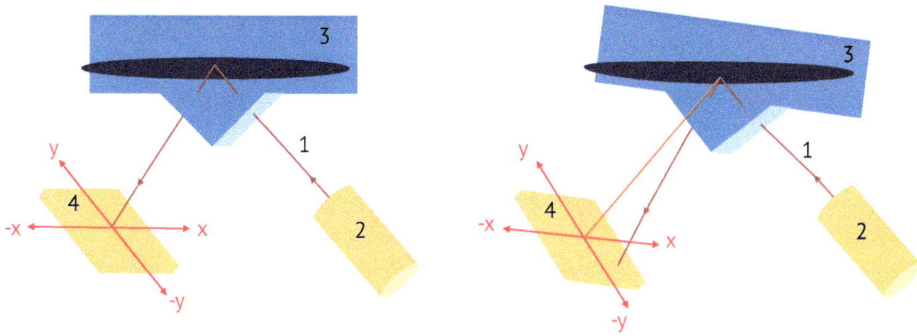

Abb. 4.14 Prinzip der Neigungsmessung mit Flüssigkeitshorizont.

Flüssigkeitshorizonte bieten den Vorteil, dass mit ihnen die Neigungen in beiden Achsrichtungen bestimmt werden können. Sie haben sich daher in der Praxis durchgesetzt. Das Prinzip der Neigungsmessung mit einem Flüssigkeitshorizont ist in Abb. 4.14 illustriert. Ein von der Sendediode (2) erzeugter Lichtstrahl (1) wird vom Flüssigkeitshorizont (3) reflektiert und trifft bei horizontiertem Sensorgehäuse auf das Zentrum einer positionsempfindlichen Diode (4). Wird nun das Sensorgehäuse geneigt – der Flüssigkeitshorizont bleibt dabei nach wie vor horizontal – so verändert sich der Auftreffpunkt des Lichtstrahls auf der Diode. Aus den Ablagen des Auftreffpunktes in Bezug zum Diodenzentrum lassen sich die Neigungen in beiden Achsrichtungen berechnen.

4.2.1.4 Globales Navigationssatellitensystem

Mit dem Verfahren des GNSS (globalen Navigationssatellitensystems) können ausgehend von den als bekannt vorausgesetzten Positionen der Satelliten mit einem Empfänger die dreidimensionalen Koordinaten der Empfangsantenne im WGS 84-Bezugssystem (siehe Abschn. 3.2.2) auf und oberhalb der Erdoberfläche bestimmt werden. Das Grundprinzip dieses Verfahrens beruht auf der simultanen Bestimmung der Strecken von der Antenne zu den einzelnen Satelliten. Durch einen räumlichen Bogenschnitt mit diesen Messgrößen können mit den gegebenen, aktuellen

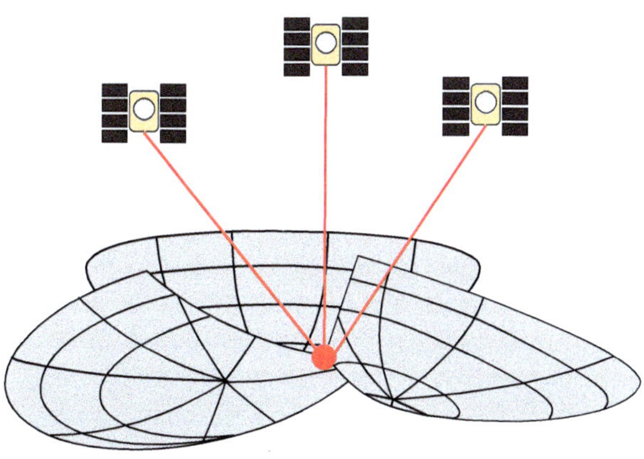

Abb. 4.15 Prinzip der Positionsbestimmung mit GNSS.

Satellitenpositionen die Koordinaten der Antenne ermittelt werden und zwar als Schnitt mindestens dreier Kugelschalen mit den Radien der gemessenen Strecken (Abb. 4.15).

Die Strecken werden aus der Laufzeit von Signalen zwischen den Satelliten und der Antenne abgeleitet. Dazu senden die Satelliten permanent Signale mit Trägerfrequenzen zwischen 1,2 und 1,5 GHz aus, die mit Codefrequenzen (10,23 MHz bei GPS (Global Positioning System)) zur Übermittlung von Daten moduliert werden. Die Empfänger sind passiv, können aber die Signale empfangen. Während die Satelliten mit hoch genauen Atomuhren ausgestattet sind, verfügen die Empfänger nur über Quarzuhren. Die Laufzeitbestimmung der Signale erfolgt im Empfänger über Kreuzkorrelation der empfangenen Codes mit den im Empfänger selbst generierten Codes. Da die Quarzuhr des Empfängers nur kurzzeitstabil ist, stellen sich langfristig Uhrenablagen ein, die die Laufzeitmessungen verfälschen. Eine durch die Uhrenablage verfälschte Strecke wird als *Pseudoentfernung* bezeichnet. Um den Empfängeruhrenfehler zu bestimmen, werden nicht nur Streckenmessungen zu drei, sondern stets zu vier Satelliten durchgeführt. Für die Bestimmung der Koordinaten mit der GNSS-Technik sind also mindestens vier Satelliten erforderlich. Mit mehr als vier Distanzmessungen werden die Koordinaten überbestimmt und kontrolliert.

In den GPS-Satelliten werden zwei Codes erzeugt und zwar der C/A-Code und der P-Code, wobei Letzterer nur für militärische Anwendungen freigegeben worden ist. Mit dem C/A-Code werden die Koordinaten mit einer Messunsicherheit zwischen ca. ±20 und ±40 m genau bestimmt, während mit dem P-Code eine Genauigkeit im Bereich weniger Meter möglich ist. Werden beim Codeverfahren Referenzstationen eingesetzt, sodass *Differenzial-GNSS* ermöglicht wird, so beträgt die Messunsicherheit der Koordinatenbestimmung mit dem C/A-Code ca. ±1 m und mit dem P-Code ca. ±0,5 m. Durch die Differenzbildung werden z. B. atmosphärische Einflüsse reduziert.

Beim Verfahren des *präzisen differenziellen GNSS* werden nach dem Phasenvergleichsverfahren (Abb. 4.10) die Reststrecken der an der Antenne ankommenden Trägerwellen gemessen. Zusammen mit anderen Informationen können nach diesem Verfahren die Koordinaten mit einer Messunsicherheit bei statischen Anwendungen von < 1 cm und bei kinematischen Anwendungen von < 5 cm bestimmt werden. Diese hohen Genauigkeiten werden besonders dadurch erreicht, dass im oder in der Nähe des Messgebietes Referenzstationen betrieben werden, deren Korrekturdaten z. B. bei Realtime-Anwendungen per Funk an den Empfänger übertragen werden.

Zu beachten ist, dass mit den GNSS-Verfahren die Koordinaten der Antennen in dem kartesischen Koordinatensystem WGS 84 (siehe Abschn. 3.2.2) bestimmt werden. Erst durch Transformationen unter Zugrundelegung eines Geoidmodells werden diese Koordinaten z. B. in amtliche Raumbezugsysteme überführt, die vom Anwender benutzt werden.

Weitere Informationen zum Prinzip globaler Navigationssatellitensysteme können aus Bauer (2011) entnommen werden.

4.2.2 Kinematik

Dominierende Messgrößen in der Kinematik sind u. a. die Geschwindigkeit und die Beschleunigung von Körpern. Diese Größen werden aus dem Weg-Zeit-Verlauf der Bewegung bestimmt, entweder direkt oder häufig auch mithilfe einer elastisch aufgehängten Masse.

Beim Weg-Zeit-Verlauf-Verfahren werden die Abstandsänderungen des Körpers bezogen zu einem Referenzpunkt einschließlich der Zeitpunkte, zu denen die Abstandsmessungen ausgeführt wurden, ermittelt. Für die Abstandsmessungen können die im Abschn. 4.2.1 aufgeführten Prinzipien eingesetzt werden. Durch die erste Ableitung des Weg-Zeit-Verlaufs nach der Zeit lässt sich die Geschwindigkeit und durch die zweite Ableitung die Beschleunigung berechnen.

Beim Verfahren mit einer elastisch aufgehängten Masse erfolgt die Messung der mechanischen Schwingungen aus den Relativbewegungen dieser Masse zum Gehäuse. Dieser sog. Einmassenschwinger kann über die Kenngrößen Verstärkung, Dämpfung und Eigenfrequenz mathematisch als Funktion der Frequenz beschrieben werden.

Ist die elastisch aufgehängte Masse eine Spule, die sich im Magnetfeld eines Permanentmagneten bewegt, so wird in der Spule eine Spannung induziert, die proportional zur Geschwindigkeit der Spule ist. Die mechanische Schwingung wird in eine Schwingung der elektrischen Spannung gewandelt, die über einen weiten Frequenzbereich proportional zur Schwinggeschwindigkeit des Aufhängepunktes der Masse ist. Schwingungsmesser, die nach diesem Messprinzip arbeiten, heißen *Geofone*. Im Geofon führt die Massenträgheit der an Federn aufgehängten Spule zu einer Spannungsinduktion durch die Relativverschiebung zwischen Spule und Magnet. Das Messprinzip von Geofonen ist in der Abb. 4.16 dargestellt. Die in der Geotechnik eingesetzten Geofone haben meist Eigenfrequenzen im Bereich von 4,5 bis 28 Hz. Da erst oberhalb des etwa 1,5-fachen der Eigenfrequenz die in der Spule induzierte Spannung proportional zur Schwinggeschwindigkeit ist, müssen die Messwerte des Geofons frequenzabhängig korrigiert werden, wenn die proportionale Messung eines breiteren Frequenzbandes gefordert ist.

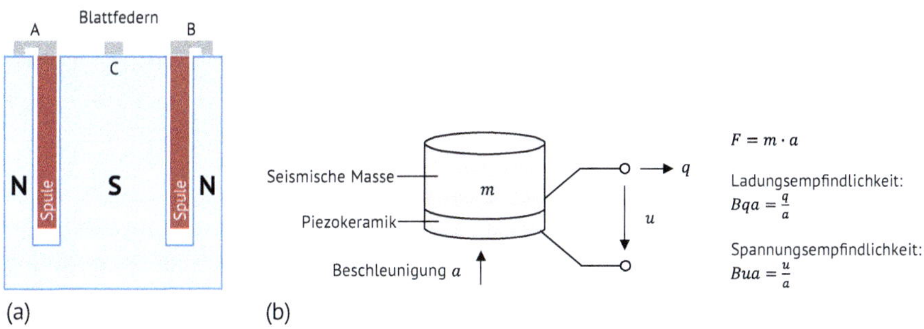

Abb. 4.16 (a) Messprinzip eines Geofons und (b) eines piezoelektrischen Beschleunigungssensors.

Geofone werden aufgrund ihrer hohen Empfindlichkeit, ihrer hohen Dynamik und ihrer Robustheit häufig zur Messung mechanischer Schwingungen eingesetzt. Für die Ermittlung der Schwingungen kleiner Bauteile, bei denen Masse und Abmessungen des Sensors möglichst klein sein müssen, oder für die Ermittlung von Schwingungen mit besonders hohen Frequenzen von mehreren Kilohertz, kommen hingegen piezoelektrische Beschleunigungssensoren zum Einsatz. Diese messen die Ladungsverschiebung in einem piezoelektrischen Material, auf das durch eine träge Masse eine Kraft ausgeübt wird.

Piezoelektrische Beschleunigungssensoren können mechanische Schwingungen über einen sehr weiten Frequenzbereich messen, haben dabei kleine Abmessungen und sind sehr robust. Sensoren, deren Empfindlichkeit und Dynamik mit der von Geofonen vergleichbar sind, sind jedoch vergleichsweise teuer.

Für besonders anspruchsvolle Messaufgaben, beispielsweise in der Seismologie, werden Sensoren verwendet, die die zeitabhängige Kraft ermitteln, die notwendig ist, um eine elastisch aufgehängte Masse mit dem Gehäuse mitzubewegen. Einen Überblick über verschiedene Messprinzipien zur Ermittlung mechanischer Schwingungen findet man in Kramer (2013) oder noch ausführlicher in Havskov und Alguacil (2010).

4.2.3 Mechanik

4.2.3.1 Dehnung

Unter der Dehnung ϵ versteht man die relative Längenänderung eines Körpers unter Belastung. Die Dehnung ist definiert als:

$$\epsilon = \frac{\Delta l}{l_0} \tag{4.1}$$

mit

ϵ Dehnung
Δl Längenänderung
l_0 ursprüngliche Länge

Die Dehnung kann also auf die Messung einer Längenänderung zurückgeführt werden. Insofern wird an dieser Stelle auf die im Abschn. 4.2.1 beschriebenen Prinzipien zur Bestimmung von Abständen bzw. deren Veränderungen verwiesen.

Darüber hinaus können Dehnungen aber auch direkt mit

- Dehnungsmessstreifen und
- faseroptischen Methoden

bestimmt werden.

Beim DMS (*Dehnungsmessstreifen*) verändert sich der elektrische Widerstand eines Drahtes unter dem Einfluss einer Dehnung aufgrund der dann eintretenden Längen- und Querschnittsänderungen. Letztlich ist die relative Widerstandsänderung im elastischen Bereich des Drahtes direkt proportional zur Dehnung. Es ist

$$\frac{\Delta R}{R} = k\,\epsilon \tag{4.2}$$

mit

ϵ Dehnung
ΔR Widerstandsänderung
R Widerstand
k k-Faktor oder Dehnungsempfindlichkeit

Wird ein DMS gedehnt, so nimmt sein Widerstand zu; wird er gestaucht, so nimmt sein Widerstand ab. Als Materialien für den Draht werden Konstantan, Nichrome V, Chromol C, Platin/Wolfram, Platin und Silizium verwendet . Die k-Faktoren liegen üblicherweise zwischen zwei und sechs, können aber auch Werte bis 200 annehmen. Die maximale Dehnbarkeit liegt bei einigen Tausend Mikrometer pro Meter. Es gibt die DMS in den unterschiedlichsten Bauarten; sie können sowohl einachsig (Abb. 4.17) als auch mehrachsig ausgeführt sein. Die Verbindung des DMS mit dem Messobjekt ist oftmals kritisch, z. B. bzgl. der Klebung (Kriechen). Die DMS zeigen zudem u. a. Abhängigkeiten von der Temperatur, der Feuchtigkeit und von elektromagnetischen Feldern.

Dehnungen oder Temperaturen können mit FBG (*Faser-Bragg-Gitter*)-Sensoren in optischen Fasern gemessen werden. Faser-Bragg-Gitter sind periodische Brechzahländerungen im lichtleitenden Kern von Einmodenfasern (Abb. 4.18). Sie werden durch seitliche Belichtung des Glasfaserkerns mit intensiver UV-Laserstrahlung erzeugt.

FBG-Sensoren wirken als schmalbandige spektraloptische Filter, die Licht einer bestimmten Wellenlänge in der Faser reflektieren. Ändert sich nun am Ort des FBG die Temperatur oder die Dehnung, so ändert sich ein wenig die reflektierte Wellenlänge. Die Wellenlängenverschiebung kann mit Spektrometern gemessen werden. Um eine relative Dehnung von 1 μm/m bzw. eine Temperaturänderung von 0,1 K messen zu können, sind im üblichen Arbeitswellenlängenbereich von 800 bis 1500 nm die Wellenlängenänderungen mit einer Auflösung von 1 pm zu bestimmen.

Da jedem FBG eine spezifische Wellenlänge zugeordnet werden kann, können in einer Faser bis zu 20 Sensoren gleichzeitig eingebracht werden (Wellenlängen-

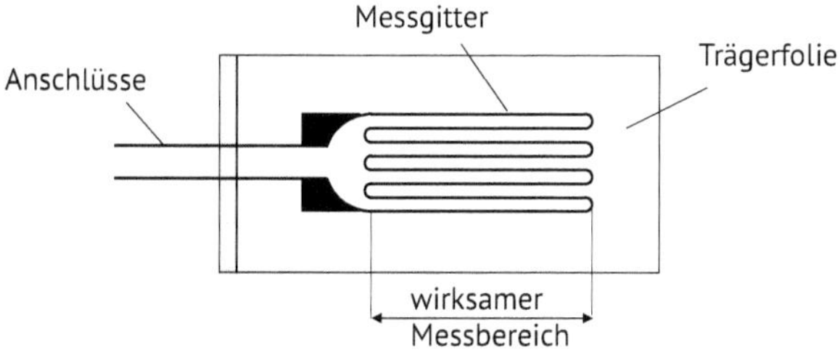

Abb. 4.17 Prinzipskizze eines einachsigen Dehnungsmessstreifens.

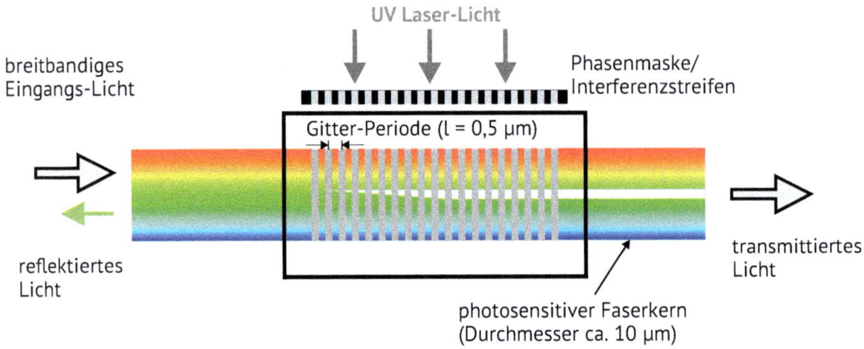

Abb. 4.18 Prinzipskizze eines Faser-Bragg-Gitter-Sensors.

multiplexverfahren). Außerdem können an einem Spektrometer mehrere Fasern (üblicherweise vier und mehr) angeschlossen werden. Bei Anwendung eines Zeitmultiplexverfahrens können bis zu 500 Sensoren in einer Faser integriert werden. Da FBG-Sensoren in ihrem Antwortsignal gleichzeitig sowohl Dehnungs- als auch Temperaturänderungen anzeigen, muss immer eine dieser beiden Größen anderweitig bestimmt werden oder, abhängig von der Messaufgabe, durch geeignete konstruktive Maßnahmen von der anderen Messinformation separiert werden. In eine optische Faser eingeleitetes Licht wird an den Molekülen des Fasermaterials gestreut. Somit gelangt ein Teil dieser gestreuten Lichtanteile wieder zurück zum Anfang der Faser und kann dort analysiert werden. Zur Verstärkung der Rückstreueffekte kann die Faser mit Fremdmolekülen dotiert werden. Das Rückstreuspektrum setzt sich zusammen aus dem *Raman-* und dem *Brillouin-Streulicht*. Die Brillouin-Streuung enthält, ähnlich wie beim FBG, Informationen über die Temperatur und über die Dehnung, wobei in diesem Fall aber die Temperatur aus der Raman-Streuung (siehe Abschn. 4.2.4) allein bestimmt und somit die Dehnung berechnet werden kann. Bei dieser Methode erhält man die Messinformationen in Abhängigkeit von der Breite des Integrationsbereichs in Abständen von 0,5 m bis zu einigen Metern bei Fasern, die bis zu mehrere Kilometer lang sein können. In der Faser ist also eine verhältnismäßig große Anzahl von „Einzelsensoren“ enthalten, ohne dass die Faser, bis auf die Dotierung, speziell behandelt werden muss. Man spricht daher auch von *verteilten Sensoren*.

Weitergehende Informationen zu faseroptischen Messprinzipien können Döring et al. (2017) entnommen werden.

4.2.3.2 Kraft

Eine auf einen Körper wirkende Kraft kann über die Gegenkraft gemessen werden, die zur Aufrechterhaltung des Gleichgewichtszustandes nötig ist (Niebuhr und Linder 1994, S. 417). Diese Gegenkraft kann durch die Rückstellkraft eines elastisch verformbaren Vergleichskörpers, durch die Wirkung eines Magnetfeldes auf einen stromdurchflossenen Leiter oder durch die Schwerkraft der Erde erzeugt werden.

Die Abb. 4.19 zeigt einige Formen unterschiedlicher Verformungskörper: (1) stabförmiger Verformungskörper mit R_1-, R_3-DMS in Kraftwirkungsrichtung und R_2-,

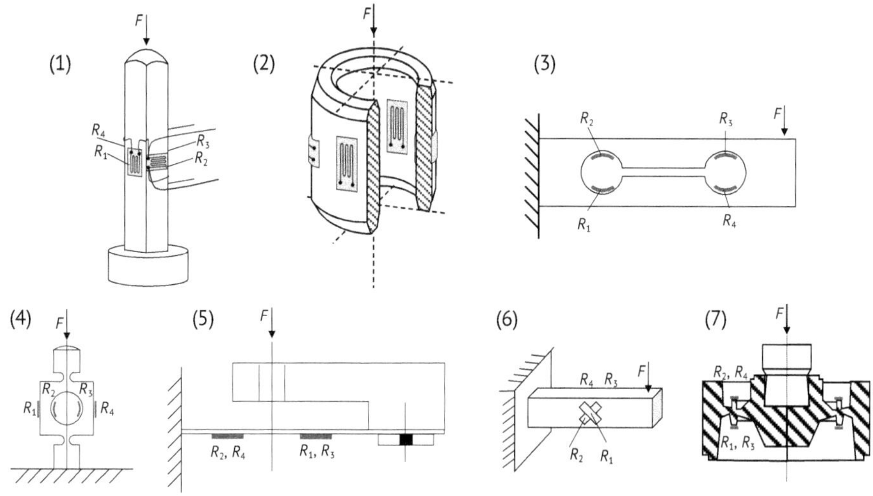

Abb. 4.19 Bauarten von Verformungskörper (nach Hottinger et al. 1992, S. 631ff).

R_4-DMS quer zur Kraftwirkungsrichtung; (2) rohrförmiger Verformungskörper, innen und außen in Kraftwirkungsrichtung und in Umfangsrichtung mit DMS bestückt; (3) Doppelbiegebalken als Verformungskörper mit DMS R_1 bis R_4; (4) radial belasteter Ring als Verformungskörper (an den Stellen maximaler Biegedehnung mit DMS bestückt); (5) Einfachbiegebalken mit Kraftrückführung mit DMS R_1 bis R_4; (6) Scherstab als Verformungskörper mit DMS R_1 bis R_4; (7) Kraftaufnehmer mit radial verformtem Biegering mit DMS R_1 bis R_4.

Für die Bestimmung der Verformungen eines elastischen Vergleichskörpers gibt es eine Reihe von Prinzipien, die dafür eingesetzt werden können und z. T. schon in den Abschn. 4.2.1–4.2.3 angesprochen wurden. Aus den gemessenen Verformungswerten kann dann über eine entsprechende Kalibrierung auf die wirksame Kraft geschlossen werden. An dieser Stelle soll die in Niebuhr und Linder (1994, S. 417ff) angegebene Aufzählung von Möglichkeiten zur Kraftmessung wiedergegeben werden:

- Dehnungsmessstreifen,
- magnetoelastisch,
- piezoresistiv,
- piezoelektrisch,
- kapazitiv,
- elektrodynamisch,
- mit Resonatoren,
- mit Schwingsaiten,
- optisch über die Verformung von optischen Fasern.

4.2.3.3 Spannung und Druck

Die *mechanische Spannung* σ ist definiert als Kraft F, die auf den Oberflächenteil A wirkt. Damit kann die messtechnische Bestimmung der Spannung σ auf die Messung der Kraft F (vgl. Abschn. 4.2.3.2) und auf die Bestimmung der Oberfläche zurückgeführt werden. Der *Druck p* ist ein Sonderfall der Spannung. Er ist das Ergebnis einer senkrecht auf eine Fläche A einwirkenden Kraft F. Die Messgröße *Druck* wird häufig bei Flüssigkeiten und bei Gasen verwendet. Für die messtechnische Bestimmung des Drucks in Flüssigkeiten und in Gasen werden, wie bei den Kraftmessungen, verformbare Vergleichskörper eingesetzt. Die Verformungen werden wiederum mit den im vorhergehenden Abschnitt „Kraft" aufgezählten Messprinzipien bestimmt.

Drucksensoren zur Messung eines Wasserdrucks bzw. zur Messung von Spannungen arbeiten in der Regel nach den folgenden Messprinzipien: Bei Drucksensoren nach dem Deformationsmessprinzip wirkt entweder der anstehende Wasserdruck oder die Hydraulikflüssigkeit aus einem Druckkissen direkt auf die Membran des Sensors. Durch den Druck verformt sich die elastische Membran. Die Verformung der Membran kann elektrisch nach den o. g. genannten Prinzipien gemessen und über Kalibrierung in eine physikalische Druckeinheit umgewandelt werden.

Beim piezoresistiven Verfahren z. B. werden die Verformungsänderungen in einer Brückenschaltung (Abb. 4.20) entweder mit konstanter Spannung oder mit konstantem Strom bestimmt. Während bei der Spannungsversorgung des Sensors die Länge des Messkabels in den Messwert eingeht und berücksichtigt werden muss, ist dies bei einer Konstantstromversorgung des Sensors (1 oder 4 mA) ohne Belang.

Bei Drucksensoren nach dem Kompensationsmessprinzip (Ventilgeberprinzip) wird die Messgröße aus Wasser- bzw. des inneren Hydraulikdrucks des Druckkissens ebenfalls auf eine Membran geleitet. Die Messung des Drucks an der Membran erfolgt hier aber durch Kompensation von außen. Auf der Außenseite der Membran wird entweder pneumatisch oder hydraulisch über eine Druckleitung so lange ein Gegendruck aufgebaut, bis die Membran von der Trennwand abhebt und sich über den drucklosen Rücklauf an der Membran ein stabiler Messdruck einstellt (Abb. 4.21). Der Abstand zwischen Membran und Trennwand im Messvorgang beträgt dabei je Gebertyp zwischen 2 und 40 µm (Paul und Walter 2004). Ein wichtiger Vorteil dieses Messprinzips gegenüber allen elektrischen Messprinzipien und Sensoren (ausgenommen sind faseroptische Sensoren) ist, dass die Sensorik/

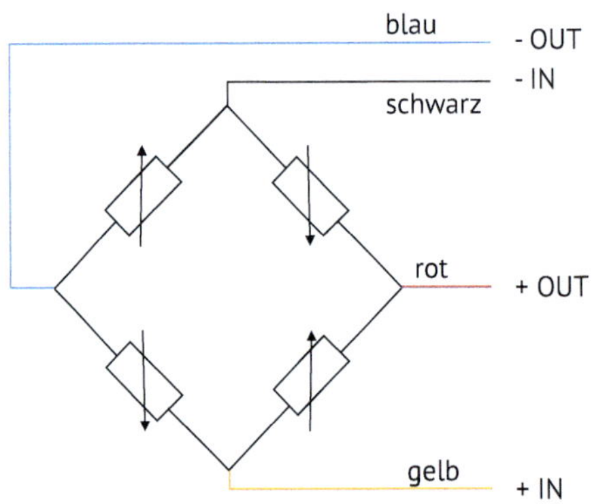

Abb. 4.20 Prinzip einer Brückenschaltung.

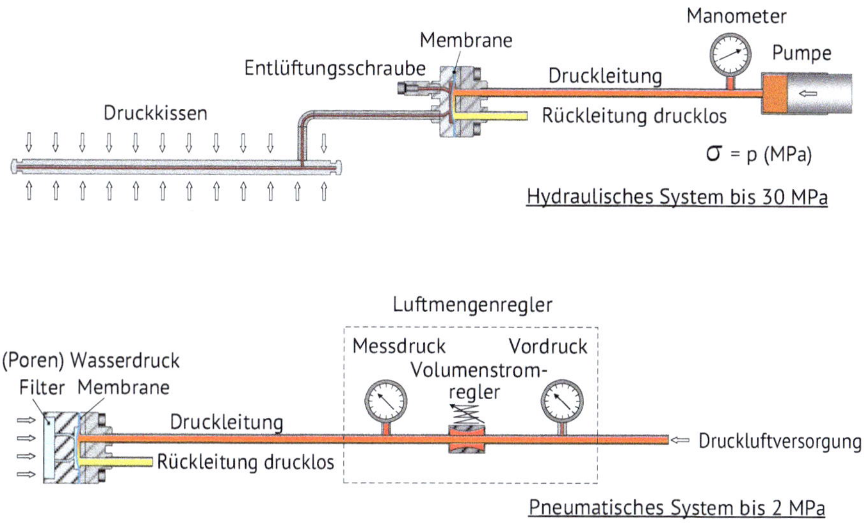

Abb. 4.21 Spannungsmessung nach dem Kompensationsmessprinzip (GLÖTZL GmbH, Rheinstetten).

Messmembran nicht durch elektromagnetische Überspannung (z. B. Blitzeinschlag, Starkstromkabel in enger Nachbarschaft der Sensorik und der Kabel/Messleitungen) dauerhaft beeinflusst und evtl. auch zerstört werden kann. Die Besonderheit des Ventilgeberprinzips ist, dass die Messzeit individuell vom Messdruck und der Leitungslänge des Sensors abhängt und nicht fest vorgegeben werden kann. Die Messzeiten reichen von wenigen Sekunden bis max. ca. 2 min. Dies kann bei manchen Anwendungen von Nachteil sein. Das Messprinzip ist deshalb nur für quasistatische Messungen geeignet.

4.2.3.4 Volumenstrom

Der *Volumenstrom* gibt an, wie viel Volumen eines Mediums (Flüssigkeit oder Gas) pro Zeitspanne durch einen festgelegten Querschnitt transportiert wird. Zur direkten Berechnung des Volumenstroms ist die Fließgeschwindigkeit von besonderer Bedeutung. Sie kann u. a. nach folgenden Prinzipien bestimmt werden:

- Pitotrohr,
- Prandtl-Staurohr,
- Drucksonde,
- Flügelrad-Anemometer,
- Laufzeit von Ultraschallsignalen,
- Doppler-Radar,
- Verfahren der LDA (Laser-Doppler-Anemometrie),
- Verfahren der MID (magnetisch-induktive Durchflussmessung).

In Bonfig (2002) sind zahlreiche, zur Volumenstrommessung eingesetzte Messprinzipien beschrieben, die im geotechnischen, hydrometrischen und verfahrenstechnischen Bereich Anwendung finden.

4.2.4 Temperatur

Die Prinzipien zur Messung von Temperaturen sind sehr vielseitig. Sie beruhen z. B. auf:

- der Ausdehnung von Flüssigkeiten, Gasen oder Festkörpern,
- der Änderung des elektrischen Widerstands von Materialien,
- der Erzeugung einer Spannung (Thermoelement) aufgrund des Seebeck-Effekts,
- der Messung der elektromagnetischen Eigenstrahlung des Objekts,
- der Änderung der Schwingfrequenz eines Quarzoszillators,
- der Änderung der Signallaufzeit von Ultraschallimpulsen,
- der Änderung der Wellenlänge des reflektierten Lichts bei FBG-Sensoren,
- der Änderung der Amplitude der Antistokes-Linie im Raman-Streulicht bei optischen Fasern.

Der Vertreter eines Thermometers nach dem *Ausdehnungsprinzip* ist das klassische *Glasthermometer*. Auf diesem Prinzip beruhen auch Präzisionsthermometer für unterschiedliche Temperaturbereiche mit einem Skalenwert von 0,01 K, die als *Kalorimeterthermometer* bezeichnet werden. Um die Qualität der Messungen zu verbessern und um insbesondere Effekte durch einseitige Strahlungswärme (z. B. durch die Sonne) auf das Thermometer zu reduzieren, wurde das Aspirationspsychrometer nach Aßmann entwickelt. Die eigentlichen Thermometer befinden sich in doppelwandigen hochglanzpolierten Röhrchen, in denen mit einem Ventilator ein Luftstrom mit konstanter Geschwindigkeit erzeugt wird.

Einem *Widerstandsthermometer* liegt das Prinzip zugrunde, dass der elektrische Widerstand spezieller Materialien, wie z. B. Platin oder Nickel, beträchtlich mit der Temperatur variiert. Die Ursache dieser Temperaturabhängigkeit liegt bei den metallischen Leitern in den freien Bindungselektronen im Metallgitter begründet. Nickel-Widerstandsthermometer sind zwar empfindlicher als Platin-Thermometer, aber die Nichtlinearitäten sind bei Nickel größer als bei Platin. Aus diesem Grunde haben sich in der Praxis Platin-Widerstandsthermometer in den genormten Größen PT 50, PT 100 und PT 1000 bewährt. Der Widerstand wird für Präzisionsmessungen in der Regel in einer Wheatstone- oder Thomson-Brückenschaltung gemessen (Weiler und Zwicky 1992, S. 381f). Daneben gibt es noch Widerstandsthermometer mit *Kaltleitern* (PTC-Widerstände) und *Heißleitern* (NTC-Widerstände), die aber wegen ihrer größeren Nichtlinearitäten in der Praxis nicht so häufig eingesetzt werden. Auch hier ist zu beachten, dass der Fehlereinfluss der Widerstandsänderung auf dem Kabelweg nur dann vermieden werden kann, wenn Drei- bzw. Vier-Leiter-Verdrahtungen benutzt werden.

Ein *Thermoelement* ist ein Bauteil aus zwei Drähten unterschiedlicher Metalle, die an einem Ende miteinander verbunden sind. An den freien Enden der beiden Leiter wird bei einer Temperaturdifferenz entlang der Leiter aufgrund des Seebeck-Effekts (Ruhm 1992, S. 852f) eine elektrische Spannung erzeugt. Die Verbindungsstelle und die freien Enden der Leiter haben somit unterschiedliche Temperaturen (Abb. 4.22). Ist die Temperatur an den freien Enden der Leiter (= Vergleichstemperatur) bekannt, so ist die Thermospannung ein Maß für die Differenz zwischen

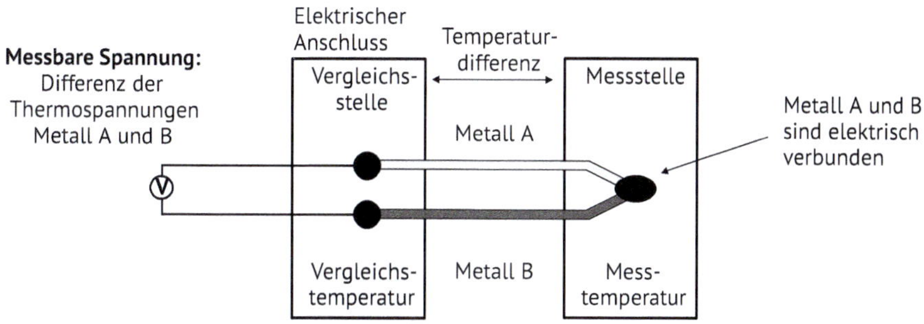

Abb. 4.22 Prinzip eines Thermoelements.

der Messstellentemperatur an der Verbindungsstelle der beiden Leiter und der Vergleichstemperatur.

Bei einem *Infrarotthermometer* wird aus der elektromagnetischen Eigenstrahlung, die jeder Körper abgibt, seine Oberflächentemperatur bestimmt. Die Eigenstrahlung wird von einer Infrarotkamera empfangen und in elektrische Energie umgewandelt. Der prinzipielle Aufbau eines Infrarotthermometers ist aus Abb. 4.23 ersichtlich.

Aus den Kamerasignalen wird aufgrund von Kalibrierungen und mit einem Emissionsgrad, der als bekannt vorausgesetzt wird, der Temperaturwert des Objekts berechnet. Der Emissionsgrad wird aufgrund der Beschaffenheit des Messobjekts, d. h. aufgrund seines Reflexions- und seines Transmissionsvermögens, in der Regel aus der Kamera beigegebenen Tabellen, bestimmt. Von seiner Güte hängt letztlich die Qualität der Temperaturmessung ab. Die Temperaturmessung wird berührungslos ausgeführt.

Schwingquarzkristalle zeigen eine Temperaturabhängigkeit ihrer Eigenfrequenz. Dieser physikalische Effekt wird bei einem *Quarzthermometer* zur Temperaturmessung ausgenutzt. Quarzthermometer haben eine sehr große Empfindlichkeit bis zu 10^{-5} K und eignen sich deshalb besonders als Präzisionsthermometer für Kalibrier- und Überprüfungsaufgaben.

Bei einem *Ultraschallthermometer* wird aus der Laufzeit, die ein Ultraschallimpuls zum Durchlaufen einer bekannten Distanz benötigt, die Temperatur berechnet. Bei diesem Prinzip wird die verhältnismäßig ausgeprägte Abhängigkeit der Schallgeschwindigkeit z. B. von der Lufttemperatur (ca. 0,6 m/(s K)) genutzt. Die Temperaturmessung wird auf eine Laufzeitmessung zurückgeführt. Ultraschallthermometer

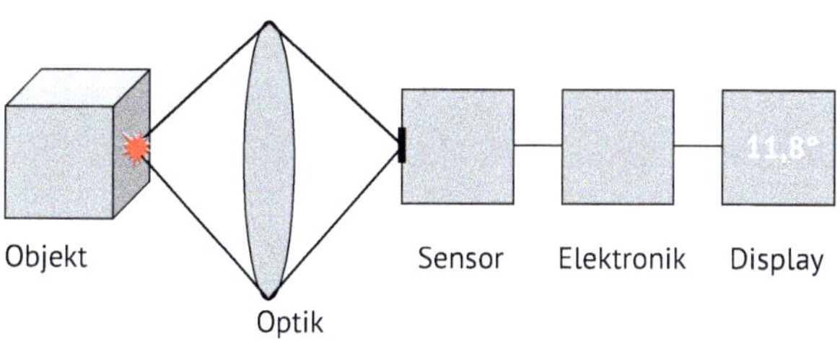

Abb. 4.23 Prinzip eines Infrarotthermometers.

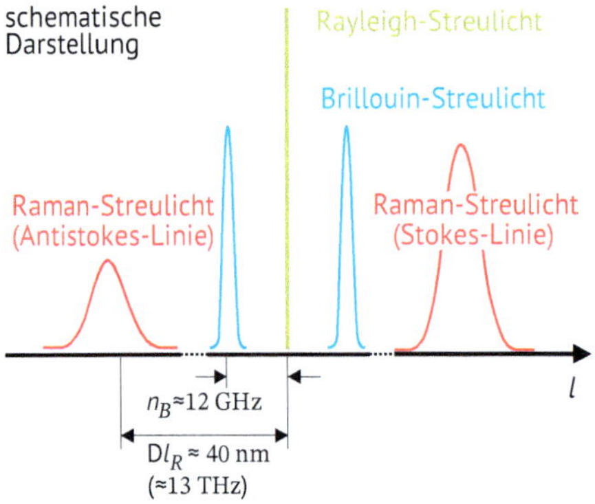

Abb. 4.24 Rückstreuspektrum einer dotierten Faser.

haben den Vorteil, dass sie den Messwert quasi verzögerungsfrei liefern. Dabei wird die integrale Temperatur über die gesamte Distanz bestimmt.

Wie bereits in Abschn. 4.2.3.1 dargestellt, können mit FBG-Sensoren aus der Wellenlängenänderung des reflektierten Signals Temperatur- und mechanische Spannungsänderungen, allerdings nur gemeinsam, detektiert werden. Unter Beachtung dieses Umstandes können also FBG-Sensoren zur Bestimmung von Temperaturen auch innerhalb der Struktur eingesetzt werden.

Eine weitere Möglichkeit, Temperaturen mittels optischer Fasern zu bestimmen, ist durch die *Raman-Streuung* gegeben. Wie bereits in Abschn. 4.2.3.1 ausgeführt, besteht ein Anteil des Rückstreuspektrums des in eine Faser eingeleiteten Lichts aus dem Raman-Streulicht. Das Raman-Streulicht setzt sich wiederum aus der Stokes- und der Antistokes-Linie zusammen (Abb. 4.24).

Während die Stokes-Linie von der Temperatur der Faser unabhängig ist, verändert sich die Amplitude der Antistokes-Linie mit der Temperatur. Durch Vergleich der Amplituden der beiden Spektren lässt sich die Temperatur am jeweiligen Ort der Faser bestimmen, wobei sich die Ortskoordinate aus der Laufzeit der rückgestreuten Lichtanteile ergibt. Die Temperatur kann in Abhängigkeit von der verwendeten Auswerteeinheit auf wenige 0,1 K und die Ortskoordinate auf wenige Meter genau ermittelt werden. Über die Breite des Integrationsfensters lässt sich bei der Auswertung die Präzision in der Temperaturbestimmung beeinflussen.

4.3 Messsysteme

4.3.1 Geometrie

In diesem Abschnitt werden Messsysteme beschrieben, mit denen geometrische Größen (1-D, 2-D oder 3-D) erfasst werden können. Neben den Systemen, mit denen durch absolute Messungen ein direkter Raumbezug zwischen Messobjekt und dem Messsystem hergestellt wird, werden auch Systeme diskutiert, mit denen nur die räumlichen Veränderungen des Messobjekts erfasst werden können.

4.3.1.1 Tachymeter

Ein häufig für die Bestimmung von Verschiebungen im Raum eingesetztes Messsystem ist das Tachymeter (Abb. 4.25). Dabei handelt es sich um ein geodätisches Instrument, mit dem Horizontalrichtungen, Zenitwinkel und Strecken, aber auch Koordinaten (absolute Messungen) bstimmt werden können. Durch Differenzbildung zwischen Koordinaten sind auch relative Messungen, wie z. B. Konvergenzmessungen, möglich. Tachymeter werden u. a. eingesetzt zur Überwachung von Gebäudefassaden, Brücken, Schleusen- und Baugrubenwänden, Talsperren, Felsböschungen.

Tachymeter bestehen aus einem Unter- und Oberbau und verfügen über eine Fernrohrkomponente. Während der Oberbau über eine lotrecht gestellte Stehachse in Bezug zum Unterbau beliebig verdreht werden kann, kann die Fernrohrkomponente um die Kippachse in einer vertikalen Ebene verschwenkt werden, sodass mit dem Fernrohr Punkte in fast beliebigen Richtungen anvisiert werden können. Die Verdrehungen des Oberbaus und der Fernrohrkomponente werden mit Winkelencodern mit codierten Glaskreisen bestimmt. Zudem können mit Tachymetern auch die Entfernungen zu den Zielpunkten gemessen werden und zwar mit Prismen (Abb. 4.25) bzw. mit Reflexzielmarken, die auf dem Zielpunkt montiert worden sind, oder ganz berührungslos. Die Entfernungen werden hauptsächlich nach dem Laufzeitverfahren (Abb. 4.9) oder nach dem Phasenvergleichsverfahren (Abb. 4.10) oder nach Mischformen beider Prinzipien bestimmt. Mit diesen insgesamt drei Messgrößen (Horizontalwinkel, Vertikalwinkel, Entfernung) werden die Zielpunkte im Raum nach dem Verfahren der *polaren Punktbestimmung* bereits mit *einer* Zielung eindeutig festgelegt.

(a)

(b)

Abb. 4.25 (a) Automatisiertes Tachymeter und (b) am Bauwerk montiertes Prisma.

Die Horizontalrichtungen und Vertikalwinkel können mit einer Standardabweichung (nach DIN ISO 17123-3:2019-01) von ca. 0,5″ (0,15 mgon) bei einer Auflösung von 0,01″ (0,003 mgon) gemessen werden. Die Standardabweichung einer Distanzmessung (nach DIN ISO 17123-4:2017-09) zu Prismen liegt im Bereich von 0,6 mm + 1 ppm bis zu 1 mm + 1 ppm, zu Reflexfolien bei ca. 1 mm + 1 ppm und reflektorlos bei ca. 2 mm + 2 ppm. Diese hohen Genauigkeiten setzen aber besondere Vorkehrungen voraus. Diese sind z. B. die Verwendung geeigneter Präzisionsprismen, eine sehr gut reproduzierbare Punktvermarkung, die genaue Erfassung der atmosphärischen Bedingungen und die Verwendung kalibrierter Instrumente (z. B. Bestimmung der zyklischen Phasenabweichungen). Die Prismen sollten stets auf die Tachymeter ausgerichtet werden. Es können aber auch sog. 360°-Prismen verwendet werden, die bei einer leicht reduzierten Genauigkeit auch Anzielungen aus beliebigen Richtungen erlauben. Die Richtungsmessungen sind bei erhöhten Genauigkeitsanforderungen in beiden Fernrohrlagen auszuführen, um die Einflüsse von Ziel- und Kippachsabweichungen zu reduzieren. Außerdem ist darauf zu achten, dass der Visurstrahl nicht durch Bereiche mit hohen Temperaturgradienten verläuft. Hohe Temperaturgradienten entstehen an z. B. durch die Sonne aufgeheizten Bauteilen, durch aufgewärmte Asphaltflächen oder entlang von wärmeabgebenden Maschinen, aber auch in Tunneln durch die dort installierten Lüftungssysteme. Sie haben zur Folge, dass der Visurstrahl des Tachymeters nicht mehr geradlinig zum Zielpunkt verläuft, sondern entsprechend abgelenkt wird (Horizontal- bzw. Vertikalrefraktion). Es entstehen somit systematische Messabweichungen in den Horizontalrichtungen und den Zenitwinkeln, die durch Wiederholungsmessungen nicht aufgedeckt werden können. Räumliche Punktfestlegungen sind im Bereich bis etwa einen Kilometer auf einen bis wenige Millimeter genau möglich. Wenn diese Messunsicherheit für die absolute Punktlage erreicht werden soll, muss auch das übergeordnete Stützpunktnetz diese Genauigkeiten ermöglichen. Für sehr hohe Anforderungen kann der geometrische Ort eines Punktes in Abhängigkeit vom Abstand durch eine Richtungsmessung im Bereich bis zu 100 m auf wenige Zehntelmillimeter (z. B. bei 50 m auf 0,12 mm) genau festgelegt werden, während bei Streckenmessungen die Genauigkeit des geometrischen Ortes, je nach gewählter Streckenmessmethode, quasi streckenunabhängig zwischen 0,6 und 2 mm liegen kann. Daraus ergibt sich, dass Punkte im direkten Umfeld des Tachymeters (bis zu ca. 50 m) durch reine Richtungsmessungen, z. B. nach dem Verfahren des *räumlichen Vorwärtsschnitts*, auf wenige Zehntelmillimeter bestimmt werden können.

Bei den modernen Tachymetern wird die Stehachse nicht mehr mit Libellen exakt lotrecht gestellt, sondern es werden deren Neigungsabweichungen von der Lotrichtung mit Neigungssensoren bestimmt, sodass die Messergebnisse der Richtungs- und Zenitwinkelmessungen so umgerechnet werden, als ob sie mit einer lotrechten Stehachse ausgeführt worden wären. Diese Sensoren können allerdings temperaturabhängige Nullpunktdriften aufweisen. Daher wird empfohlen, den Nullpunkt des Neigungssensors in regelmäßigen Abständen erneut zu bestimmen. Besonders bei Präzisionsvermessungen sollte die Stehachse trotz der Neigungsreduktionen aber streng lotrecht gestellt werden, um Exzentrizitäten zwischen dem Schnittpunkt von Ziel- und Kippachse in Bezug zur Zentrierung klein zu halten.

Aktuelle Tachymeter verfügen über motorisierte Antriebe für die Drehbewegungen und können mit entsprechenden Zielerfassungssystemen die Zielpunkte eigenständig anvisieren. Diese Eigenschaften ermöglichen es, automatisch arbeitende stationäre Monitoringsysteme zur quasikontinuierlichen Messpunkterfassung aufzubauen, die zu vom Nutzer festgelegten Zeitpunkten die Objektpunkte über Jahre selbstständig anmessen, die Daten speichern bzw. über Kommunikationskanäle (Abschn. 7.3) weiterleiten. Außerdem haben die Tachymeter elektronische Zieleinweishilfen, die besonders bei Absteckungen hilfreich sein können.

Bei der *Videotachymetrie* wird das vom Fernrohr des Tachymeters erfasste Gesichtsfeld mit mehreren Kameras unterschiedlicher Brennweiten, also mit unterschiedlichen Vergrößerungen, mit digitalen Bildsensoren aufgenommen. Neben den geometrischen Informationen können jetzt auch visuelle Informationen von den Messobjekten erfasst und gespeichert werden. Diese neuen Techniken eröffnen besonders für die Dokumentation der Messungen neue Möglichkeiten. Mit den Bildsensoren können auch Schwingungen des Messobjekts erfasst werden. Tachymeter eignen sich also nicht nur für statische Messungen, sondern auch für dynamische (Wagner et al. 2013). Neueste Entwicklungen zielen darauf ab, dass das Fernrohr eines Tachymeters gar kein Okular für manuelle Anzielungen mehr besitzt. Manuelle Anzielungen können dann, sofern sie benötigt werden, mit einem synthetischen Fadenkreuz auf dem Bildschirm eines Laptops oder Smartphones vorgenommen werden. Daneben können die Tachymeter auch vom Nutzer festgelegte Bereiche mit regelmäßig angeordneten Punkten flächenhaft überziehen und reflektorlos anmessen, d. h., sie können auch scannen. Diese neuen Features eröffnen vielfältige neue Einsatzmöglichkeiten der Tachymeter bei der Aufmessung, Dokumentation, Absteckung sowie beim Monitoring (Wiedemann et al. 2017).

Die Beschaffungskosten von Tachymetern sind im Vergleich zu anderen Einzelsensoren zwar verhältnismäßig hoch, aber mit ihnen können im Prinzip beliebig viele Punkte vom Instrumentenstandpunkt angemessen werden, sodass die Kosten bezogen auf eine einzelne Messinformation dann wieder günstig sind. Tachymeter können epochenweise über Jahrzehnte, aber auch permanent eingesetzt werden. Bei einem Quasidauerbetrieb ist die Einsatzdauer automatischer Tachymeter meist auf Monate bis wenige Jahre beschränkt. Weitere Hinweise zur Arbeitsweise, zum Betrieb sowie zur Überprüfung und Kalibrierung von Tachymetern finden sich in Deumlich und Staiger (2001).

4.3.1.2 Global Navigation Satellite System

Das Messprinzip, das dem GNSS (Global Navigation Satellite System) zugrunde liegt, wurde bereits im Abschn. 4.2.1.4 erläutert. Derzeit sind mit *GPS (Global Positioning System)* und *GLONASS* zwei GNSS voll operationsfähig. Zwei weitere GNSS, namentlich *Galileo* und *Beidou*, befinden sich derzeit im Aufbau. Bei einem GNSS-Sensor (Abb. 4.26) werden die Satellitensignale mittels einer Antenne erfasst und durch einen Empfänger in Positionen umgerechnet. Antenne und Empfänger können auch in einer Einheit verbaut sein. Nachteilig beim GNSS-Messverfahren wirkt sich aus, dass zu jeder Antenne stets eine separate Empfängereinheit benötigt wird. Es ist derzeit nicht möglich, einen Empfänger mit mehreren Antennen gleichzei-

(a) (b)

Abb. 4.26 (a) GNSS-Sensor zur Überwachung und (b) lokale GNSS-Referenzstation.

tig zu betreiben, wie es z. B. bei Überwachungsmessungen sinnvoll wäre. So erhöht sich der finanzielle Aufwand für den Einsatz von GNSS-Verfahren, wenn eine große Anzahl von Punkten im Projektgebiet mit GNSS kontinuierlich gemessen werden sollen.

Bei der Anwendung von GNSS-Sensoren für Überwachungsmessungen ist die Verarbeitung von Korrekturdaten zwingend erforderlich. Diese können entweder von lokalen Referenzstationen (Abb. 4.26) oder einem Referenzstationsnetz generiert werden und in Echtzeit (Datenübertragung mittels Funk oder Mobilfunknetz) oder im Postprocessing in die Datenverarbeitung einfließen.

Bei Echtzeitmessungen (RTK (real time kinematic)) beträgt die erreichbare Messunsicherheit von ± 1 bis ± 3 cm in der Lage und von ± 2 bis ± 5 cm in der Höhe. Im Postprocessing sind bei langen Beobachtungszeiten Messunsicherheiten von $< \pm 1$ cm möglich. Die Genauigkeit kann durch Signalverzerrungen (Abschattung durch Bäume, Reflexionen an Hauswänden) negativ beeinflusst werden. GNSS-Sensoren eignen sich wegen der Anforderungen an die Sichtbarkeit der Satelliten z. B. zur Überwachung der Krone einer Staumauer oder des exponierten Oberbeckens eines Pumpspeicherwerks, aber nicht zur Überwachung der Flanken einer Talsperre (Abschattungen durch die Mauer).

Durch die Korrekturdaten wird der Einfluss lokaler atmosphärischer Störungen reduziert. Im Falle einer einzelnen lokalen Referenzstation sollte diese ähnlichen atmosphärischen Einflüssen wie die Monitoringstationen ausgesetzt sein. Nur dann ist gewährleistet, dass die Korrekturen zuverlässig abgeleitet werden können. Dies kann aber nur erreicht werden, wenn die Abstände zwischen den GNSS-Empfängern und den lokalen Referenzstationen möglichst klein sind und sie sich alle auf ähnlichen Höhen befinden.

GNSS-Sensoren liefern direkt 3-D-Koordinaten x, y, z im WGS 84-System (vgl. Abschn. 3.2.2), die mit entsprechenden Transformationsparametern direkt online in den Empfängern in Lagekoordinaten und in Höhen entsprechender amtlicher Bezugssysteme umgerechnet werden. Dadurch ist es möglich, GNSS-Messsysteme mit anderen Messverfahren, wie z. B. der Tachymetrie, zu kombinieren und gemeinsam einzusetzen.

GNSS-Messsysteme werden häufig als mobile Geräte in entsprechenden, fest mit dem Bauwerk verbundenen Zentrierungen verwendet. Dann handelt es sich um diskontinuierliche Messungen. Es gibt aber auch erfolgreiche Anwendungen mit fest installierten Antennen für Langzeitbeobachtungen (z. B. kontinuierliche Beobachtung von Hangrutschungen und Langzeitmonitoring an Staudämmen).

4.3.1.3 Laserscanning

Das *Laserscanning* beruht auf der Methode des Polarpunktverfahrens mit reflektorloser, optischer Distanzmessung. Ein in einem Laserscanner erzeugter Laserstrahl wird z. B. über einen rotierenden Spiegel so abgelenkt, dass er eine vertikale Ebene beschreibt. Gleichzeitig rotiert diese Komponente um eine vertikale Stehachse, sodass der Laserstrahl im Prinzip die Objektoberflächen, auf die der Laserstrahl trifft, mäanderförmig mit hoher Geschwindigkeit abtastet (vgl. Abb. 4.27). Zu festgelegten Winkelinkrementen wird die Distanz zum Reflexionspunkt auf der Objektoberfläche berührungslos gemessen. Zusammen mit den ebenfalls ausgelesenen Winkelstellungen der Stehachse bzw. des Spiegels legen diese drei Messgrößen den Reflexionspunkt eindeutig im Raum (dreidimensional) in Bezug zum Standpunkt des Laserscanners fest. Neben diesen drei Messwerten zur räumlichen Einmessung der Punkte wird noch als vierte Größe die Reflektivität des Objektpunktes registriert; man spricht deshalb auch vom 4-D-Laserscanning.

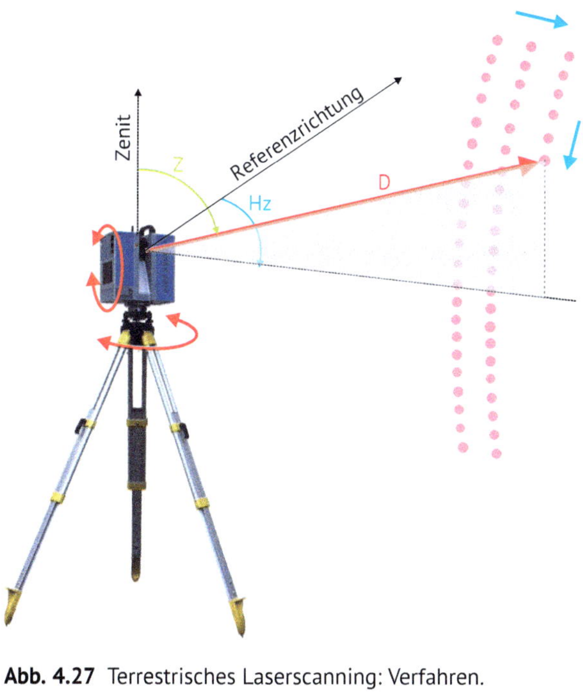

Abb. 4.27 Terrestrisches Laserscanning: Verfahren.

Laserscanning wird zum einen als *terrestrisches Laserscanning* (TLS) stationär oder von verfahrbaren Plattformen (PKW, schienengebundene Fahrzeuge) als kinematisches Laserscanning (Müller und Sochert 2006), zum anderen als ALS (*Airborne Laserscanning*) von Flugplattformen (Flugzeug, Hubschrauber, UAV) betrieben.

Beim terrestrischen Laserscanning werden wie bei der Tachymetrie vorzugsweise zwei Verfahren zur Distanzmessung eingesetzt, die Auswirkungen auf die Reichweite, auf die Messrate und auf die Größe des Laserspots haben:

1. Mit dem Phasenvergleichsverfahren (siehe Abschn. 4.10) kann eine vergleichsweise sehr hohe Messrate von z. T. mehr als einer Million Punkten pro Sekunde realisiert werden. Die Reichweite war früher bei diesem Verfahren limitiert, konnte aber inzwischen auf mehrere Hundert Meter erweitert werden. Mit dem Phasenvergleichsverfahren können vergleichsweise kleine Laserstrahldurchmesser erzeugt werden, sodass filigrane Objekte detailreicher erfasst werden können als z. B. mit dem Impulsverfahren. Weiterhin ist die Streckenmessgenauigkeit beim Phasenvergleichsverfahren etwas höher als beim Impulsverfahren.
2. Beim Impulsverfahren (siehe Abschn. 4.9) ist die Messrate im Vergleich zum Phasenvergleichsverfahren wesentlich niedriger und der Durchmesser des Laserstrahls kann aus physikalischen Gründen nicht so klein gehalten werden. Mit einem größeren Strahldurchmesser können dann aber Details, wie z. B. Ecken und Kanten bzw. filigrane Objekte, nicht so präzise erfasst werden wie beim Phasenvergleichsverfahren. Dafür hat diese Technik eine wesentlich größere Reichweite; es lassen sich kilometerlange Distanzen messen.

Die Laserscanner unterscheiden sich hinsichtlich der Genauigkeit, mit der die Winkel und Strecken gemessen werden. Die Streckenmessgenauigkeit hängt dabei von der Entfernung zum Messobjekt, der Farbe, der Struktur und vom Feuchtigkeitsgehalt der Objektoberfläche sowie vom Auftreffwinkel des Laserstrahls auf die Objektoberfläche ab. Weiterhin wird die Streckenmessgenauigkeit von der Länge des für die Streckenmessung zur Verfügung stehenden Zeitintervalls beeinflusst. Sollen z. B. eine Million Punkte pro Sekunde erfasst werden, muss das Zeitintervall für die Distanzmessung entsprechend verkleinert werden, was eine reduzierte Streckenmessgenauigkeit zur Folge hat. Die Messunsicherheiten bei der Distanzmessung liegen in einem Bereich von ±1 bis ±5 mm. Ebenso unterschiedlich sind die Messunsicherheiten, mit denen die Winkel bei den einzelnen Laserscannern bestimmt werden. Es werden Messunsicherheiten zwischen ±1 mgon (= 0,8 mm auf 50 m) und ±10 mgon (= 8 mm auf 50 m) erreicht.

Laserscanner sind z. T. mit integrierten hochauflösenden Farbkameras ausgestattet. Die Bilder können dann z. B. nach dem Verfahren der Fototachymetrie (Scherer 2007) für die realitätsnahe Ausgestaltung der 3-D-Modelle oder unter Anwendung fotogrammetrischer Auswertemethoden auch zur 3-D-Aufnahme verwendet werden. Laserscanner werden heutzutage im Prinzip wie Tachymeter verwendet; sie können über Bodenpunkte zentriert und mittels Neigungssensoren horizontiert werden.

Aufgabe der Auswertesoftware für Laserscanner ist es, die bei der Datenerfassung erforderliche Unterstützung zu gewähren sowie bei der Beseitigung der durch optische Störungen (z. B. Mehrfachspiegelungen, Totalreflexionen) verursachten Störpunkte („Schwarze Löcher", „virtuelle Punkte" und Punkte, die einen „Kometenschweif" bilden) und durch temporäre Objekte (z. B. Fußgänger, vorbeifahrende Fahrzeuge) erzeugten Punkte behilflich zu sein. Letztlich hat die Auswertesoftware die Aufgabe, die von verschiedenen Standpunkten aufgenommenen Einzelscans in einem 3-D-Modell zusammenzuführen.

Mit Laserscannern können heutzutage z. B. Bauwerksaufnahmen quasi flächenhaft und verhältnismäßig effizient erstellt werden. Letztlich erhält man als Ergebnis (aber nur) eine 3-D-Punktwolke, die in Abhängigkeit von der Punktanzahl eine erhebliche Datenmenge beinhalten kann und oft schwer zu handhaben ist. Die automatisierte Ableitung von strukturierten Objekten aus der 3-D-Punktwolke ist immer noch nicht zufriedenstellend gelöst. Viele Anwender arbeiten daher direkt mit der 3-D-Punktwolke und entnehmen ihr die gewünschten Informationen. Die Erstellung von Objektgeometrien wird derzeit nur ansatzweise von Algorithmen übernommen und kommt ohne Unterstützung durch entsprechend geschultes Fachpersonal nicht aus, sodass der zeitliche Aufwand ein gravierender Faktor ist. Man kann davon ausgehen, dass bei einfach strukturierten Objekten die Auswertezeit ca. zehnmal länger als die Messzeit vor Ort zur Aufnahme der Scans ist.

Laserscanner können auch zur Bestimmung von Deformationen bzw. Verformungen eingesetzt werden. Anders als bei der punktbasierten Deformationsanalyse sind hier die Deformationen bzw. Verformungsänderungen aus Epochenvergleichen mit quasi flächenhafter Erfassung der Objekte abzuleiten. Es können also die Koordinaten der Punkte aus den 3-D-Punktwolken der jeweiligen Epochen nicht direkt miteinander vergleichen werden. Die Deformationen sind vielmehr aus den Modellierungen der Oberflächen abzuleiten. Weitere Hinweise werden in Neuner et al. (2016); Holst et al. (2016) gegeben.

Die Eigenschaften der terrestrischen Laserscanner definieren auch ihre Einsatzgebiete. So werden Laserscanner, die nach dem Impulsverfahren die Distanzen messen, z. B. bei der Überwachung von Rutschhängen oder wenn das Objekt nur aus großer Entfernung beobachtet werden kann, eingesetzt. Laserscanner nach dem Phasenvergleichsverfahren hingegen haben ihre Einsatzbereiche bei erhöhten Genauigkeitsanforderungen oder wenn die Scans in möglichst kurzer Zeit aufgenommen werden sollen. Digitale Geländemodelle können beispielsweise sowohl mit dem Verfahren des TLS als auch mit dem Verfahren des ALS erstellt werden, wobei ALS als eine Methode der Fernerkundung sich besonders zur Erfassung der Bauwerksumgebung eignet. Beim TLS wäre eine kontinuierlich messende Langzeitinstallation zwar technisch möglich, derartige Installationen bringen aber aufgrund der hohen Gerätekosten, der anfallenden Datenmenge und des daraus resultierenden Auswerteaufwands bisher keine Vorteile gegenüber anderen Verfahren.

4.3.1.4 Radarinterferometrie InSAR (Interferometric Synthetic Aperture Radar)

Radarinterferometrie ist ein Messverfahren der Fernerkundung, das entweder stationär von der Erdoberfläche aus (GBInSAR, ground-based InSAR) oder von sich bewegenden Trägersystemen wie z. B. Flugzeug oder Satellit eingesetzt werden kann. Damit ist es möglich, relativ große Flächenareale hinsichtlich Veränderungen der Geländeoberkante zu überwachen und Verschiebungen von wenigen Millimetern

(z. B. Setzungen) zu erkennen. Die Beeinflussung durch atmosphärische Einwirkungen (z. B. Niederschlag, Wolken, Nebel) kann relativ gering gehalten werden; Tageslicht wird nicht benötigt. Begriffsdefinitionen finden sich in DIN 18716:2017-06. Bei Radarmessungen werden Verschiebungen stets in Richtung des Radarstrahls (line of sight) gemessen.

Mit hochaufgelösten Radardaten und entsprechenden Auswertealgorithmen existiert ein Werkzeug, das berührungslos aus dem Weltall flächendeckend Höhenveränderungen der Erdoberfläche im Millimeterbereich detektieren und quantifizieren kann (DMV 2013). Dieses Werkzeug ist inzwischen hinreichend entwickelt und validiert. Geodätische Verfahren werden damit nicht ersetzt, sondern können vielmehr gezielter und somit effizienter eingesetzt werden.

Im Gegensatz zu satellitengestützten Systemen erfordert ein stationär eingesetztes GBInSAR die physische Installation der Radarmesseinrichtung mit freiem Blick auf das zu beobachtende Objekt (z. B. Tagebauböschung, Talflanke, Brückenbauwerk). Mit GBInSAR kann das betreffende Objekt quasi kontinuierlich beobachtet werden, womit (in Abhängigkeit von den Zeitpunkten der Wiederholungsmessungen) auch sehr kurzzeitige oder periodisch auftretende Verschiebungen erfasst werden können. Ähnliches gilt bei Verwendung von satellitenbasierten Radardaten, jedoch können Radaraufnahmen nur beim jeweiligen Überflug aufgenommen werden, was in der Regel erst im Abstand von mehreren Tagen der Fall ist. Je nach Verfügbarkeit der aufgenommenen Radardaten aus Archiven sind auch zeitliche Rückblicke möglich. Eine detaillierte Darstellung dieses Messverfahrens steht mit „ESA TM-19“ (Ferretti et al. 2007) zur Verfügung; eine kurze Einführung in deutscher Sprache findet sich z. B. in Läufer et al. (2017). Das satellitengestützte Messverfahren wird wie folgt charakterisiert: Von einem an Bord eines Satelliten befindlichen Seitensichtradar werden Mikrowellen abgestrahlt und die von der Erdoberfläche reflektierten Signale von einer Antenne empfangen. Gemessen werden sowohl die Rückstreuintensität als auch die Phasenlage des zurückgestrahlten Signals. Durch Überlagerung von zwei zu unterschiedlichen Zeitpunkten aufgenommenen Radaraufnahmen werden Interferogramme erzeugt, die als Messgröße die Phasendifferenz der beiden Aufnahmen enthalten (Abb. 4.28).

Über die Wellenlänge λ des verwendeten Radars ist die zu messende Verschiebungsgröße punktweise mit der ermittelten Phasenverschiebung verknüpft. Aufgrund der Tatsache, dass Verschiebungen verfahrensbedingt nur in Blickrichtung des Radars (line of sight) identifiziert werden können, sollte stets geprüft werden, ob die zu erwartende Verschiebung vom Satelliten aus grundsätzlich erkennbar ist. Deshalb ist die Flugrichtung in der Umlaufbahn des Satelliten ein wichtiges Kriterium. Wie aus Abb. 4.29 ersichtlich, bewegen sich außerhalb von hohen geografischen Breiten (z. B. in Mitteleuropa) die nachfolgend erwähnten Satelliten auf ihrer sonnensynchronen Umlaufbahn näherungsweise in Richtung von Nord nach Süd (absteigend – descending) und von Süd nach Nord (aufsteigend – ascending). Dabei strahlt der Sensor in der Regel rechtwinklig zur Flugrichtung. Da die Mikrowellen bei allen hier betrachteten Satelliten (Tab. 4.1) in Flugrichtung gesehen nach rechts abstrahlen, ist die Blickrichtung bei aufsteigender Flugbahn näherungsweise nach Osten bzw. bei absteigender Flugbahn nach Westen (z. B. bei TerraSAR-X, Radarsat

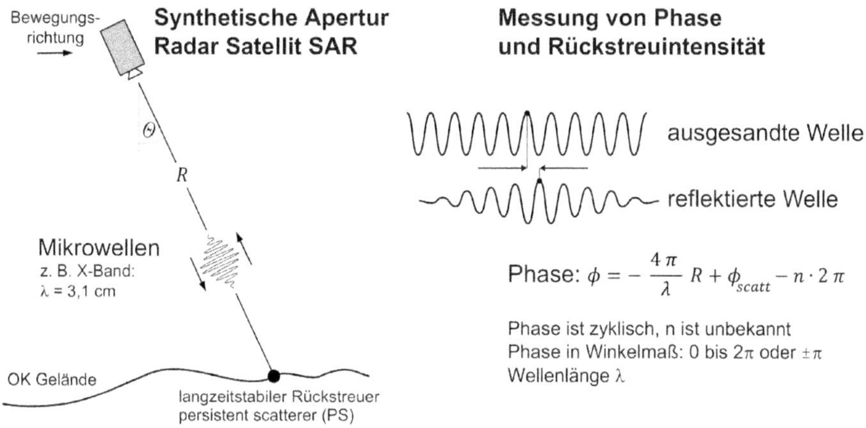

Abb. 4.28 Grundlagen der Radarinterferometrie.

und CosmoSkyMed können die Mikrowellen alternativ auch nach links abstrahlen). Daraus folgt, dass Verschiebungen in Ost-West- und West-Ost-Richtung relativ gut erkennbar sind (ganz im Gegensatz zu Verschiebungen von Nord nach Süd oder Süd nach Nord). Es ist vorgesehen, für zukünftige Erdbeobachtungssatelliten auch Umlaufbahnen zu wählen, die von sonnensynchronen Umlaufbahnen abweichen, was hinsichtlich der Erkennbarkeit bestimmter Verschiebungsrichtungen vorteilhaft wäre.

Um vertikale Verschiebungskomponenten möglichst gut zu erfassen, ist bei der Radaraufnahme ein möglichst steiler Blickwinkel anzustreben. Um keine Informationen hinsichtlich der Richtung der beobachteten Bodenverschiebung zu verlieren, ist es häufig ratsam, Aufnahmen sowohl aus aufsteigenden als auch absteigenden Flugbahnen zu nutzen und auszuwerten. In der Regel sind die Satelliten mit verschiedenen Messmodi ausgestattet, die sich z. B. in Auflösung bzw. Schwadbreite unterscheiden. Für die meisten bautechnischen Anwendungen wird die feinste verfügbare (oder finanzierbare) Auflösung maßgebend sein. Teilweise existieren archivierte Rohdaten, die bis Ende 1991 zurückreichen. Solche Datensätze stehen von Satelliten wie z. B. ERS-1 und ERS-2, Envisat oder Sentinel-1 kostenfrei zur Ver-

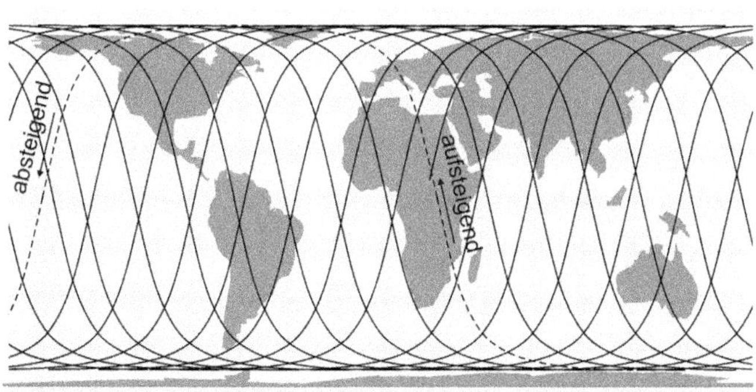

Abb. 4.29 Darstellung einer sonnensynchronen Umlaufbahn.

Tab. 4.1 Auswahl von SAR-Satelliten (C-Band und X-Band).

Satellit (Messmodus)	Betriebsjahr	Band	Wellenlänge λ (ca.) in cm	Bodenauflösung (ca.) in m × m
ERS-1	1991–1996 (2000)	C	6	4 × 20
ERS-2	1995–2011	C	6	4 × 20
Envisat	2002–2012	C	6	4 × 20
Radarsat-1	1995–2009 (2013)	C	6	8 × 8
Radarsat-2	2007 bis heute	C	6	1 × 3
RadarsatConstellation (3 Satelliten)	2019 bis heute	C	6	1 × 3
Sentinel-1A	2014 bis heute	C	6	in der Regel
Sentinel-1B	2016 bis heute	C	6	20 × 5
TerraSAR-X (Staring Spotlight)	2007 bis heute	X	3	bis 0,25 × 0,25
PAZ	2018 bis heute	X	3	bis 0,25 × 0,25
CosmoSkyMed1/2 (SpotLight2)	2007 bis heute	X	3	
CosmoSkyMed3	2008 bis heute	X	3	bis ca. 1 × 1
CosmoSkyMed4	2010 bis heute	X	3	
GaoFen-3	2017 bis heute	C	3	bis ca. 1 × 1
Stand: Januar 2020				

fügung. Deren Bodenauflösung liegt in etwa bei 4 m × 20 m, d. h., für ein derartig großes Flächenelement wird die durchschnittlich eingetretene Verschiebungsgröße ermittelt (in Vergleich zu früher entstandenen Aufnahmen).

Höher aufgelöste Daten werden in der Regel nur nach kostenpflichtiger Bestellung aufgenommen. Beispiel für eine Bodenauflösung von 3 m × 3 m ist der Stripmap-Modus oder bei 1 m × 1 m der Spotlight-Modus des Satelliten TerraSAR-X (oder des praktisch baugleichen PAZ-Satelliten). Eine höhere Auflösung bedingt eine kleinere Bildbreite, was zu kleineren abgebildeten Flächenausschnitten führt, die jedoch für die meisten bautechnischen Anwendungen ausreichen. Gegenwärtig aktive Satelliten dieser Kategorie sind z. B. TerraSAR-X oder COSMO-SkyMed. Zeitliche Rückblicke sind nur für jene Flächen möglich, zu denen entsprechende Radaraufnahmen existieren.

Zu Auswertungen von Radardaten hinsichtlich Veränderungen der Erdoberfläche (gelegentlich auch der Eisoberfläche bzw. von Gebäuden) werden hochentwickelte DInSAR-Verfahren (differential interferometric synthetic aperture radar) genutzt (Bozzano et al. 2017). Hierzu zählen z. B. SBAS (small baseline subset)- (Berardino et al. 2002) und PSI (persistent scatterer interferometry)-Auswertungen. Letztere wurde aus Anfängen, die in den späten 1980er-Jahren liegen, an der Universität von Mailand entwickelt (Ferretti 1997; Ferretti et al. 2001) und erlaubt die Detektion von Verschiebungen (z. B. Setzungen oder Hebungen) im Millimeterbereich. Durch Verwendung mehrerer Satellitenaufnahmen, von denen in der Regel ungefähr 20 Stück benötigt werden, können störende Einflüsse (Wasserdampf in der Atmosphäre etc.) mit statistischen Verfahren rechnerisch kompensiert werden. Von jedem identifizierbaren langzeitstabilen Rückstreuer (persistent scatterer) kann ein Zeit-Verschiebungsdiagramm erstellt werden, wodurch sich ein Bewegungstrend ergibt. Das Verfahren eignet sich am besten zur Detektion von kontinuierlich ablaufenden und hinreichend langsamen Bewegungen, da zwischen zwei Aufnahmen nur Verschiebungsdifferenzen in der Größe von maximal $\pm 1/4$ der Wellenlänge λ eindeutig gemessen werden können (Läufer et al. 2017; Kauther und Schulze 2015). Sind die Verschiebungsdifferenzen innerhalb der Wiederholungsrate (Zeitraum von einem Überflug zum nächsten) größer als ein Viertel der Wellenlänge, so können sie meist zwar detektiert werden, jedoch kann die dazugehörende Verschiebungsgröße evtl. nicht mehr eindeutig bestimmt werden. Aus diesem Grund kann die Wiederholungsrate ein Auswahlkriterium für potenziell geeignete SAR-Satelliten sein. InSAR-Messungen erfolgen unabhängig bei Tag und Nacht sowie weitgehend unabhängig von den jeweils herrschenden Wetterbedingungen. Im hier betrachteten Genauigkeitsbereich sind mit Vegetation bestandene oder schneebedeckte Flächen, Gewässersohlen oder Gewässeroberflächen wegen ihrer spezifischen Rückstreueigenschaften als langzeitstabile Rückstreuer nicht geeignet. In nicht verstädterten Arealen werden u. U. andere Auswerteverfahren wie z. B. SBAS eingesetzt, um ebenfalls Verschiebungen zu detektieren, dabei wird naturgemäß eine Auflösung im Millimeterbereich nicht erreicht. Vorteilhaft kann eine Kombination beider Verfahren sein (Yan et al. 2012) oder der Einsatz von Weiterentwicklungen, wie z. B. DS – distributed scatterer (Samiei Esfahany 2017). Die Auswertung (Prozessierung) der Radardaten erfolgt durch spezialisierte Ingenieurbüros oder Hochschulinstitute. Entsprechende Erfahrung kann sich auf die Qualität der Datenauswertung auswirken.

Generell wird empfohlen, Verdachtsflächen in der Örtlichkeit auf Plausibilität zu überprüfen, da anhand von Radardaten detektierte Verschiebungen auch eine Reihe relativ trivialer Ursachen haben können, wie z. B. thermische Ausdehnung von Metallobjekten oder erneuerte Asphaltdecken. Abhängig von der Qualität der Rückstreuer wird nicht nur im Bereich des Bergbaus, sondern zunehmend auch im bautechnischen Maßstab die Detektion von (Geo-)Gefahren möglich.

Unter Verwendung von entsprechend ausgewählten hoch aufgelösten Daten (Bamler und Eineder 2016; Kauther und Schulze 2015) können Setzungsschäden (infolge von Grundwasserabsenkung, unterirdischen Baumaßnahmen usw.) oder z. B. Dolinenbildung großräumig identifiziert und beurteilt werden. Dies gilt insbesondere für große Infrastrukturprojekte in stark besiedelten Regionen z. B. zur Ergänzung von Beweissicherungsmaßnahmen. Weitere Anwendungsgebiete im Bereich der Bautechnik sind die Identifikation von Massenbewegungen an instabilen (Fels-)Hängen (Moretto et al. 2017), Tagebauböschungen und zunehmend auch Bewegungsanalysen von Einzelbauwerken (Gernhardt et al. 2015; Milillo et al. 2019).

4.3.1.5 Fotogrammetrie

Unter *Fotogrammetrie* wird eine Gruppe von Messverfahren verstanden, mit denen aus Bildern eines Objekts seine räumliche Lage und dreidimensionale Form bestimmt werden kann. Die Fotogrammetrie arbeitet in der Regel berührungslos, wenn einmal von der z. T. erforderlichen Signalisierung von Messpunkten auf der Oberfläche der Objekte abgesehen wird. Den mit Kameras aufgenommenen Bildern (heutzutage fast ausnahmslos in digitaler Form) liegt das mathematische Modell der Zentralprojektion zugrunde. Aufgabe des fotogrammetrischen Auswerteprozesses ist es, aus den Bildinformationen die dreidimensionale Form der Objekte zu bestimmen bzw. daraus eine Parallelprojektion mit Grund- und Aufrissen der Objekte abzuleiten. Das Messobjekt braucht nur für den verhältnismäßig kurzen Zeitraum, der für die Aufnahme der Bilder benötigt wird, zur Verfügung zu stehen. Die Auswertung erfolgt im Nachgang ohne andere betrieblichen Abläufe, z. B. auf einer Baustelle, zu behindern.

Die Fotogrammetrie wird zumeist als *Mehrbildfotogrammetrie* eingesetzt. Von dem zu vermessenden Objekt werden mit einer Kamera – bei Bewegungsabläufen auch mit mehreren Kameras gleichzeitig – von unterschiedlichen Positionen und in verschiedenen Raumrichtungen Bilder aufgenommen (Abb. 4.30). Im Zuge des Auswerteprozesses werden die Bilder zunächst unter der Bedingung, dass sich korrespondierende (homologe) Strahlen in ihren Objektpunkten schneiden, relativ zueinander orientiert (*relative Orientierung*). Es folgt dann mithilfe der Passpunkte, deren Koordinaten in einem übergeordneten Bezugssystem gegeben sind, die *absolute Orientierung* des Modells, sodass damit die Koordinaten aller Objektpunkte ebenfalls im übergeordneten Bezugssystem berechnet werden können. Diese gesamten auswertetechnischen Prozesse, in denen auch weitere Modellparameter, wie z. B. die Parameter der Verzeichnung der Objektive bestimmt werden können, laufen in der Bündeltriangulation (Bündelblockausgleichung, Mehrbildtriangulation) ab.

In der Regel werden die Objektpunkte nicht speziell durch Messmarken gekennzeichnet. Vielmehr wird über die unterschiedlich ausgeprägte Struktur der Oberflächen der Objekte (Textur) versucht, eine automatische Punktzuordnung über Korrelationsverfahren zu erreichen. Mit den Korrelationsverfahren ist im Prinzip eine quasiflächenhafte Erfassung der Objektoberflächen möglich. Allerdings kann mit durch Messmarken signalisierten Objektpunkten eine ca. zehnfach höhere Genauigkeit im Vergleich zu den Korrelationsverfahren in der Punktbestimmung erreicht werden. Zur automatischen Identifizierung der durch Messmarken gekennzeichneten Punkte können sog. *codierte Messmarken* verwendet werden. Die fotogrammetrischen Systeme zur Messung der Bildkoordinaten können dann auch gleich die im Code enthaltene Punktnummern automatisch ermitteln und den Bildkoordinaten zuordnen.

Mitunter ist es schon möglich, die benötigten Informationen nur aus einem Bild (*Einbildfotogrammetrie*) zu gewinnen, besonders dann, wenn das zu vermessende Objekt in sich eben ist. In diesem Fall wird das gesamte Bild auf einige wenige Passpunkte, deren Koordinaten in der Objektebene mit klassischen geodätischen Verfahren bestimmt worden sind, entzerrt (*Einbildentzerrung*). Das gesamte zen-

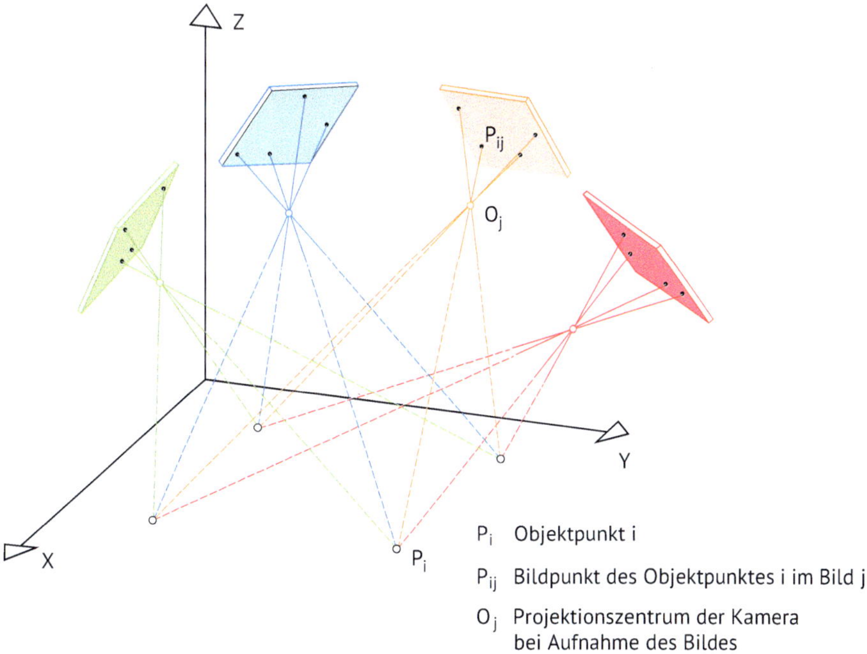

Abb. 4.30 Prinzip der Mehrbildfotogrammetrie.

tralprojektive Bild wird so in ein Messbild umgewandelt, in dem man direkt messen und geometrische Beziehungen bestimmen kann. Beispielhaft hierfür seien die Erfassung der Rissbreiten an Betonbauteilen, die Bestimmung von Biegelinien in der Versuchstechnik und die Bestimmung von Deformationen „auf Zeitbasis" angeführt.

Lageänderungen bzw. Verformungsänderungen von Objekten können fotogrammetrisch genauer erfasst werden, als die bisher besprochenen absoluten räumlichen Positionen und dreidimensionalen Formen der Objekte, weil eine Vielzahl von systematisch wirkenden Einflussfaktoren bei der Bildaufnahme durch die Differenzbildung reduziert bzw. gänzlich eliminiert werden.

Die Messunsicherheit, als relatives Maß ausgedrückt, liegt in Abhängigkeit von den jeweiligen Randbedingungen zwischen 1 : 50 000 und 1 : 200 000. Ausgehend von diesen Angaben ergeben sich unter Beachtung der Objektgröße die in der Tab. 4.2 angegebenen Messunsicherheiten. Diese Genauigkeitsangaben drücken nur die Größenordnung aus, in der sich die Messunsicherheiten bewegen. Für spezielle Projekte sind die Messunsicherheiten unter den jeweiligen relevanten Einflussfaktoren speziell abzuschätzen bzw. aus den ausgeführten Messungen abzuleiten.

Mit den Methoden der Fotogrammetrie können kinematische Abläufe messtechnisch erfasst werden. Die Fotogrammetrie dokumentiert die Objekte im Sinne einer Beweissicherung durch ihre Bilder und ermöglicht es, die Bilder für später sich ergebende Fragestellungen erneut auszuwerten.

Tab. 4.2 Größenordnung der Messunsicherheiten fotogrammetrischer Punktbestimmungen.

Arbeitsgebiet	Objektgröße	Messunsicherheit
Ingenieurfotogrammetrie	10 bis 100 m	±0,1 bis ±10 mm
Industriefotogrammetrie	1 bis 10 m	±0,01 bis ±1 mm

Weiterführende Hinweise zu den fotogrammetrischen Mess- und Auswerteverfahren mit enstprechenden beispielhaften Anwendungen finden sich in Luhmann (2018).

4.3.1.6 Nivelliersysteme

Nivelliergeräte werden eingesetzt, um vertikale Verschiebungen (vgl. Abschn. 3.3.1) mit hoher Genauigkeit zu ermitteln. Aus den Messergebnissen können bei entsprechenden Fragestellungen auch Neigungen (vgl. Abschn. 3.3.3) oder vertikale Konvergenzen (vgl. Abschn. 3.3.2) abgeleitet werden.

Mithilfe eines Nivelliergeräts ist es möglich, eine virtuelle, zur lokalen Lotrichtung rechtwinklige horizontale Bezugsebene zu erzeugen. Bezogen auf diese Ebene können Höhenunterschiede zwischen zwei Punkten ermittelt werden. Hierzu wird auf zwei Punkten gleichzeitig oder nacheinander eine Nivellierlatte vertikal aufgestellt und die Höhendifferenz der Punkte von dieser Ebene mit dem Nivelliergerät erfasst.

Beim Messverfahren des geometrischen Nivellements werden basierend auf mehreren einzelnen, nacheinander ermittelten Höhenunterschieden größere Entfernungen und Höhenunterschiede überbrückt. Wenn in diese Messung Stützpunkte einbezogen werden, können absolute Höhen aller einbezogenen Punkte errechnet werden. Andernfalls werden lediglich Höhenunterschiede ermittelt (Abb. 4.31).

Der Messbereich eines einzelnen Höhenunterschieds wird durch die Länge der Nivellierlatte begrenzt. Der mit einer einzelnen Aufstellung erfassbare Höhenunterschied beträgt bei Präzisionsmessungen etwas weniger als 3 m in jeweils nicht mehr als 30 m Punktentfernung. Bei Anforderungen an die Messunsicherheit im Bereich

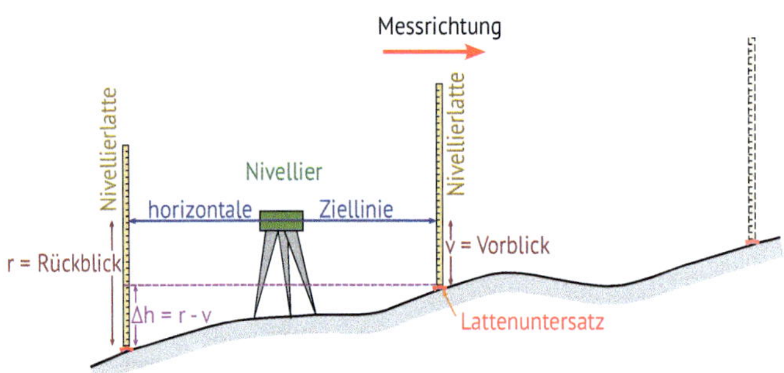

Abb. 4.31 Prinzip des geometrischen Nivellements.

von ±1 mm oder schlechter kann der vertikale Abstand zwischen beiden Punkten ca. 5 m betragen; die Punkte können in einer Entfernung bis etwa 50 m liegen. Die beiden Punkte müssen dazu stets vom Gerätestandpunkt aus sichtbar sein. Beim Messverfahren des geometrischen Nivellements über mehrere Punkte ist der Messbereich praktisch unbegrenzt (z. B. Nivellementslinien der Landesvermessung).

Bei einem einzelnen Höhenunterschied lässt sich eine Messunsicherheit von etwa ±0,02 mm erreichen, bei Nivellementslinien über mehrere Punkte ist die Messunsicherheit entfernungsabhängig und beginnt bei etwa ±0,3 mm/km oder schlechter.

Moderne digitale Nivelliergeräte bestehen stets aus einer Stehachse, der Optik, dem Kompensator und einer Ableseeinheit (CCD-Zeile oder Kamera) zur Erfassung des Lattenbilds. Der Kompensator hat die Aufgabe, die Ziellinie in gewissen Grenzen horizontal, d. h. rechtwinklig zur Lotachse, auszurichten. Beim Drehen um die Stehachse wird eine Horizontalebene aufgespannt.

Neben dem Messgerät sind für die Messung Nivellierlatten erforderlich, auf denen ein Maßstab den Abstand vom Lattenfußpunkt aus angibt. Während früher beim optischen Nivellieren der Abstand vom Fußpunkt direkt auf der Latte ablesbar war, besteht der Maßstab bei Digitalnivellieren aus einem herstellerspezifischen Barcode. Nivelliergerät und Nivellierlatten müssen sich auf den gleichen Code beziehen.

Bei Präzisionslatten dient ein vom eigentlichen Lattenkörper unabhängiger Streifen aus Invar-Material als Maßstabsträger. Diese Legierung zeichnet sich durch einen sehr geringen thermischen Ausdehnungskoeffizienten in der Größenordnung bis etwa $2 \cdot 10^{-6}\,K^{-1}$ aus, sodass sich Temperaturunterschiede während der Messung weniger auf das Messergebnis auswirken. Invar-Latten sind in der Regel 3 m lang. Für spezielle Anwendungen gibt es auch kürzere Ausführungen. Latten für das technische Nivellement bestehen aus Aluminiumlegierungen mit direkt aufgetragenem Code. Sie sind meist teleskopisch verlängerbar bis etwa 5 m. Damit sind Messunsicherheiten ab etwa ±1 mm erreichbar.

Da der Kompensator eines Nivelliergeräts thermischen Veränderungen unterliegt, ist es zur Gewährleistung hoher Genauigkeiten erforderlich, regelmäßig (z. B. am Beginn eines jeden Messtags oder bei größeren Temperaturänderungen) die Ziellinie des Nivelliergeräts rechnerisch mittels Feldverfahren zu justieren. Dieser Prozess wird durch die Gerätesoftware unterstützt.

Darüber hinaus ist es erforderlich, regelmäßig die (Dosen-)Libellen der verwendeten Geräte (Nivelliergerät und Nivellierlatten) zu prüfen und gegebenenfalls zu justieren. Vor hochgenauen Messungen oder in regelmäßigen Abständen (z. B. alle zwei Jahre) muss zusätzlich die Kalibrierung (vgl. Abschn. 4.4) der Präzisionsnivellierlatten in einem Prüflabor überprüft werden. Dabei werden die Nullpunkt- und Maßstabsabweichungen ermittelt.

Das geometrische Nivellement wird praktisch immer diskontinuierlich, also in einzelnen Messepochen ausgeführt. Das Verfahren zeichnet sich durch eine sehr hohe Flexibilität in der Anwendung aus. Die einbezogenen Punkte brauchen untereinander keine Sichtverbindung. Die Nivellementswege können meist leicht an sich ändernde Baustellenbedingungen angepasst werden. Somit können z. B. Hindernisse durch Baugeräte umgangen werden. Das Verfahren ist im Regelfall genauer als die Höhenbestimmung mittels elektronischem Tachymeter. Außerdem ist die

Messung durch die kürzeren Einzelzielweiten weniger wetterabhängig. So spielt bei höchsten Genauigkeitsanforderungen Sonnenschein eine geringere Rolle als beim Tachymeter. Außerdem kann auch bei moderatem Nebel noch gemessen werden.

Nachteile des geometrischen Nivellements sind der erforderlich zeitliche/personelle Aufwand für die Messung (es sind stets mindestens zwei Personen erforderlich) und die im Allgemeinen fehlende Möglichkeit der vollautomatischen Messung. Vollautomatische, also kontinuierlich messende Nivelliersysteme wurden im geomesstechnischen Kontext schon eingesetzt (Naterop und Keppler 1998), ihrer Anwendung sind aber enge Grenzen gesetzt.

4.3.1.7 Mobile Sonden zur Setzungsmessung in Messpegeln

Das *Magnetsetzungslot* arbeitet mit Magnetringen als Messmarken, die außen am Pegelrohr beim Einbau im Schüttmaterial angebracht werden. Bei Annäherung der Sonde an den Messring reagiert der Sensor auf das Magnetfeld und gibt beim maximalen Signal (Reed-Kontakt) eine Lichtanzeige oder ein Summersignal aus.

Bei einem anderen Gerät (Metallplattensetzungsmessgerät) wird in der Sonde als Messprinzip mit einem elektrischen Magnetfeld (vgl. Abb. 4.2d) gearbeitet, das aus zwei Spulen erzeugt wird. Die Messmarken bestehen hier aus Setzungsplatten aus Aluminium oder Edelstahl, die im Schüttmaterial eingebaut werden und durch die das Messrohr hindurchgeführt wird. Bei Annäherung der Sonde an die Setzungsplatte wird dem Magnetfeld in der Sonde zunehmend Energie entzogen. Über den maximalen Wert der Signaländerung, der optisch bzw. akustisch angezeigt wird, wird die Tiefenlage der Messplatte am Messband abgelesen.

In der Regel wird der Messpunkt von oben und auf dem Rückweg von unten mit der Sonde angefahren, sodass aus zwei Messergebnissen der Mittelwert gebildet wird. Die Ablesebänder beider Systeme haben eine Auflösung von 1 cm, mit Nonius kann auf 1 mm genau abgelesen werden. Die Messunsicherheit beträgt ca. ± 2 cm. Es handelt sich immer um diskontinuierliche Messungen.

Typischer Anwendungsbereich ist die manuelle Setzungsermittlung in vertikal eingebauten Messrohren in Dammschüttungen und im Untergrund.

4.3.1.8 Hydrostatische Setzungsmesssysteme

Das Verfahren einer *mobilen, geschlossenen Druckschlauchwaage* basiert auf einer Doppelleitung, von der eine mit Luft, die andere mit Wasser (entgast, mit Frostschutz) gefüllt ist (vgl. Abb. 4.32). An der Sonde stehen beide Schläuche über eine Membran in Verbindung. Auf der Messseite wird über einen Differenzdruckaufnehmer die Druckdifferenz zwischen Luft und Wasserseite gemessen. Das Luftsystem und damit der gesamte Messkreis wird unter einem konstanten Eigendruck von 2–3 bar gesetzt. Bei einer Höhenänderung der Sonde verändert sich auf der Wasserseite der Druck am Differenzdruckaufnehmer. Durch den internen Eigendruck können Höhenunterschiede von 10–20 m nach oben und unten gemessen werden. Die Auflösung beträgt 1 cm, die Messunsicherheit ca. ±2 cm und typische Messstrecken sind 50–100 m (max = 300 m).

Typische Anwendungsbereiche sind die Setzungsmessungen in horizontal eingebauten Messrohren in Dämmen und Aufschüttungen.

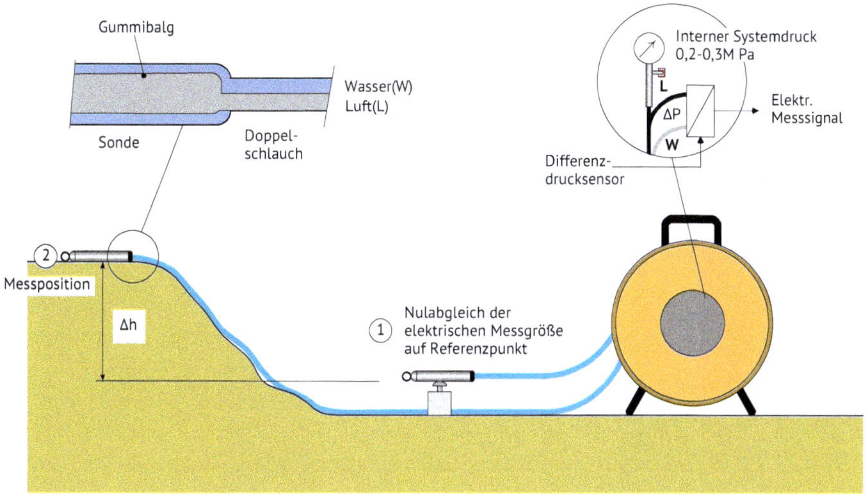

Abb. 4.32 Funktionsaufbau einer mobilen, geschlossenen Druckschlauchwaage (GLÖTZL GmbH, Rheinstetten).

Bei einer *offenen stationären Druckschlauchwaage* (vgl. Abb. 4.33) können mehrere Messpunkte in einem gemeinsamen Messkreis parallel erfasst werden. Der Messkreis benötigt zusätzlich einen Referenzpunkt, in dem das Belastungsniveau konstant gehalten wird. An allen Messpunkten wird der Wasserdruck zum Referenzniveau gemessen. Die Differenz zum Nullzustand ergibt die Setzung bzw. Hebung. Die Referenzhöhe wird über andere Verfahren (z. B. Nivellement) regelmäßig überprüft, sodass eine evtl. auftretende Eigensetzung der Referenz berücksichtigt werden kann. Die Messbereiche des Systems liegen in der Regel bei 100–200 mm, können aber auch 500–1000 mm betragen. Die Messunsicherheit beträgt je nach Messbereich zwischen ±0,2 und ±0,5 mm, also ±0,1 % vom Endwert. Das Messsystem arbeitet automatisiert und eignet sich nur für statische Messungen. Typische Anwendungsbereiche sind die Fundament- und Gebäudeüberwachung in Bereichen, in denen eine geodätische Messung technisch nicht möglich ist.

Basierend auf dem Prinzip der Druckschlauchwaage wurde von der Fa. Lhotzky und Partner (Lhotzky+Partner 2019) das Verfahren der hydrostatischen Linienvermessung entwickelt. Mit diesem Verfahren können direkt Höhenänderungen in einem ober- und unterirdisch verlegten Systemschlauch im Prinzip an beliebigen Positionen bestimmt werden. Der Systemschlauch kann wie ein Erdkabel als Messlinie in wechselnden Richtungen bis zu einer Gesamtlänge von max. 500 m und mit Höhenunterschieden von max. ±30 m zum Gerätestandort verlegt werden. Im Gegensatz zu anderen Messsystemen muss lediglich ein Ende der Messleitung zum Anschluss des Messgerätes zugänglich sein.

Das Messprinzip beruht auf der diskontinuierlichen Messung des hydrostatischen Drucks zwischen vordefinierten, äquidistanten Punkten und einem Referenzniveau. Die Messauflösung beträgt 1 mm, die Messunsicherheit max. ±2 cm bei großen Höhen- und Temperaturgradienten. Unter optimalen Bedingungen bei ho-

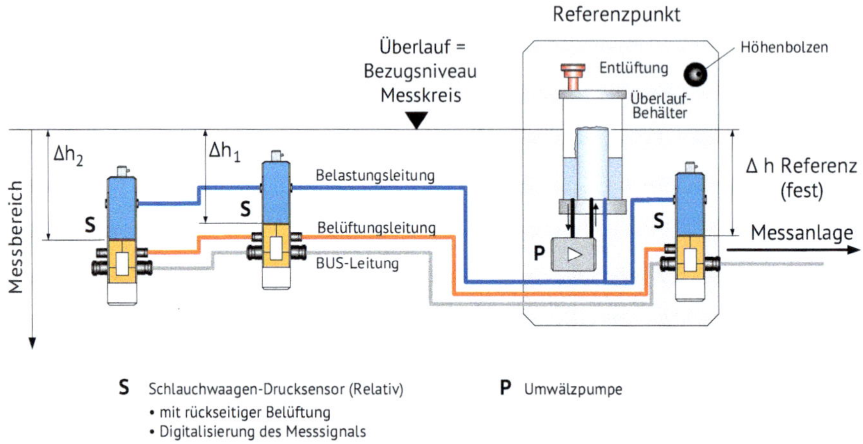

Abb. 4.33 Funktionsprinzip einer offenen stationären Druckschlauchwaage (GLÖTZL GmbH, Rheinstetten).

mogenen Temperaturverhältnissen und geringen Höhenunterschieden sind wenige Millimeter als Messunsicherheit erreichbar.

Entlang der Messlinie wird typischerweise ein Messwert pro 25 cm Schlauchlänge aufgenommen, der in besonderen Anwendungen bis auf minimal 1,6 cm (Inkrementlänge) reduzierbar ist.

Das Verfahren findet Anwendung bei Dammschüttungen auf setzungsempfindlichem Baugrund, unter Brückenwiderlagern und Fundamenten, in Tunneln, im Deponie-, Tage- und Deichbau sowie bei Unterwasserschüttungen und Rohrleitungen. Es bietet besondere Vorteile bei zu erwartenden starken sowie kleinräumigen, ungleichmäßigen Setzungen, die bei rohrgeführten Systemen häufig zum Versagen führen.

Weitere Informationen zu diesem Messsystem vermitteln Cudmani (2018); Stahlmann (2018).

Als offene, hydrostatische Schlauchwaagen, die nach dem Prinzip der kommunizierenden Röhren arbeiten, sind nachfolgende Systeme zu erwähnen:

Mit der mobilen *Präzisionsschlauchwaage* können mittels hydrostatischem Nivellement Differenzhöhenbestimmungen mit einer Messunsicherheit bis zu ±0,01 mm erzielt werden. Das Messsystem wird an zwei festen Aufhängepunkten mit Kugelkopf angebracht, die zum Erreichen dieser hohen Genauigkeit nicht mehr als etwa 20 m voreinander entfernt liegen sollten. In beiden Messgeräten wird die Höhendifferenz gegenüber dem Flüssigkeitspegel bestimmt, in dem über eine Längsskala (Höhenbereich 100 mm, Auflösung 1 mm) und über eine Teilungstrommel bis auf ±0,01 mm abgelesen werden kann (FPM 2019). Zur Überbrückung größerer Entfernungen werden mehrere Einzelstrecken aneinandergereiht. Der Vorteil gegenüber dem optischen Nivellement besteht in seiner hohen Präzision und darin, dass zwischen den Messpunkten keine direkte Sicht erforderlich ist. Typische Anwendungsbereiche sind die Erfassung von Differenzsetzungen und daraus abgeleitet Neigungen in Staumauern von Talsperren, bei Fundamenten, Brücken und Gebirgsbewe-

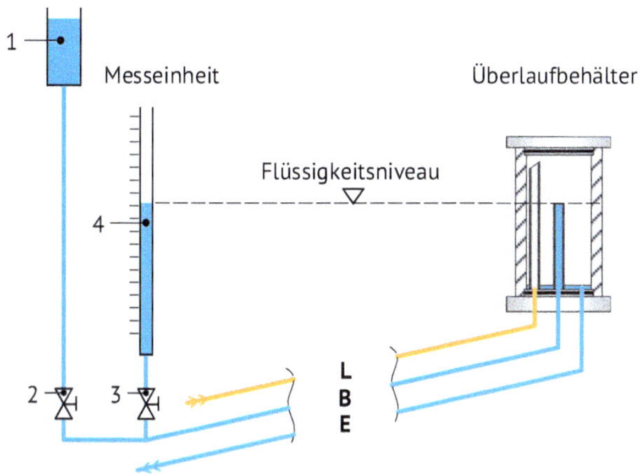

1 Flüssigkeitsbehälter
2 Zulaufventil
3 Ventil für Flüssigkeitsanzeige
4 Standrohr

L Belüftung
B Belastung Zulauf
E Entwässerung

Abb. 4.34 Messsystem einer Überlaufschlauchwaage (GLÖTZL 2019f).

gungen im Bergbau. Wird einer der Punkte durch das geometrische Nivellement absolut angeschlossen, lassen sich auch absolute Höhen der Objektpunkte bestimmen.

Die *stationäre Überlaufschlauchwaage* ist ein Messgerät zur Setzungsbestimmung an unzugänglichen Stellen, z. B. in einem Schüttdamm, mit Bezug auf ein horizontales Flüssigkeitsniveau. Der Überlaufbehälter wird im Schüttkörper, die Anzeige- und Messeinrichtung in einem meist luftseitig zugänglichen Bereich installiert, der auch geodätisch in seiner absoluten Höhe überwacht werden kann. Das Einpendeln des Flüssigkeitsniveaus zwischen Überlauf des Überlaufbehälters und der Ableseskala am Standrohr (Anzeigebereich 1–2 m Höhe) setzt voraus, dass das Leitungssystem mit Gefälle zur Messeinheit hin eingebaut wird (Abb. 4.34). Dabei sind vorausschauend spätere Setzungen zu berücksichtigen.

Für eine Messung wird das System zunächst von einem Flüssigkeitsbehälter aus über eine Befüll-/Belastungsleitung ((B) in Abb. 4.34) zum Überlauf gebracht. Dabei ist zu beachten, dass das System keine Luftblasen enthält. Das übergelaufene Wasser fließt über die Entwässerungsleitung zurück. Dann wird der weitere Zustrom des Wassers über das Zulaufventil (2) unterbrochen. Der Überlaufbehälter steht zusätzlich über eine Belüftungsleitung (L) mit dem Atmosphärendruck in Verbindung. Die Messunsicherheit bei der Ablesung beträgt ca. ±2 mm. Die Einsatzgrenzen liegen bei max. 200 m Entfernung. Die Geschwindigkeit des Druckausgleichs in der kommunizierenden Leitung ist von der Leitungslänge abhängig. Die Wartezeit bis zur Ablesung kann bis zu 20–30 min betragen. Das Messsystem ist nur manuell einsetzbar. An der Messeinheit können über Parallelschaltung der Ventile auch mehrere Überlaufbehälter mit ihrem individuellen Flüssigkeitsniveau zur Anzeige gebracht werden.

4.3.1.9 Extensometer

Extensometer werden in DIN EN ISO 18674-2:2017-03 behandelt. Das Bohrlochextensometer ist ein Messsystem zur Ermittlung von einaxialen Relativverschiebungen entlang einer Messlinie (z. B. Bohrlochachse) zwischen einem Messkopf und einem Ankerpunkt. Das Messgestänge des Extensometers, bestehend aus einer Glasfaserseele (Ø 7,11 mm) bzw. aus einem Edelstahlgestänge (Ø 10 mm), ist mit dem Ankerpunkt fest verbunden und mit seinem Messanschlag gegenüber dem Messkopf frei beweglich. Die Seele wird in einem Hüllrohr aus Kunststoff (PA, PVC) geführt. Zur Messung von Verschiebungsdifferenzen in unterschiedlichen Bodenschichten können auch Mehrfachgestänge, typischerweise max. vier- bis sechsfach, mit unterschiedlicher Länge in einem Messkopf zusammengeführt werden. Die Messlängen betragen in der Regel max. rd. 100 m. Der Ankerpunkt hat eine Länge von 25 bzw. 50 cm und besteht standardmäßig aus einem Stahlzementationsanker oder Spreizanker. Bei der Verfüllung des Bohrloches wird das gesamte Messsystem, d. h. Gestänge und Anker, meist mit Dämmer oder einer Zement-Bentonit-Mischung verfüllt. Optional kann der Anker auch separat mit einem Hochdruckschlauch verpresst und im Gebirge verspannt werden, wobei dann als Ankerelement Expansionsanker, bestehend aus Stahl/Kupfer bzw. aus einem Geotextilschlauch, eingesetzt werden.

Am Messkopf wird die Längenänderung am Messanschlag der Extensometerseele mit Bezug auf den Ankerpunkt manuell über eine Messuhr, heute aber meist automatisiert über einen Wegaufnehmer, erfasst, der häufig nach dem resistiven Messprinzip arbeitet. Alternativ werden auch Sensoren mit Schwingsaite bzw. induktive Wegaufnehmer eingesetzt. Der Messbereich der Sensoren beträgt typischerweise 100–250 mm. Bei Erreichung der Messgrenzen des Wegaufnehmers kann der Messbereich am Messanschlag noch mechanisch nachjustiert werden. Die Präzision der mechanischen Übertragung ist von der Messlänge des Extensometergestänges abhängig und beträgt ca. 0,02 mm (bis 20 m), 0,1 mm (bis 50 m) und 0,3 mm (bis 100 m), bei Glasfaserseele und PVC-Hüllrohr (GLÖTZL 2019e). Der Linearitätsfehler der resistiven Sensoren liegt je nach Produkt zwischen 0,2–1 % vom Endbereich. Die Auflösung beträgt 0,01 mm. Wegaufnehmer mit anderen Messprinzipien (s. Abschn. 4.3.1.10) kommen ebenfalls zur Anwendung.

Der Messkopf mit den Wegaufnehmern kann in einem Edelstahlgehäuse am Bohrlochmund versenkt eingebaut und zementiert werden. Auch der Messkopf kann wie der Anker optional, meist im untertägigen Bereich, mit einem Packer im Gebirge verspannt werden. Bei Extensometern mit Messkopf an der Geländeoberfläche ist auf ausreichenden Frostschutz durch Tieferlegung des Messkopfes zu achten, um evtl. Hebungseinflüsse auf das Messergebnis zu vermeiden. Die Messdatenerfassung ist entweder extern über ein Anzeigegerät oder automatisch mit einem Logger bzw. über einen im Messkopf direkt integrierten Datenlogger möglich. Das Messsystem ist nur für statische Messungen geeignet.

Eine besondere Variante des Bohrlochextensometers ist das Reverse-Head-Extensometer. Es kann z. B. an der Ortsbrust oder auch radial im Tunnel eingesetzt werden. Bei diesem System werden mehrere Einzelextensometer mit Wegaufnehmer in einer Kette hintereinander angeordnet, die Einzellängen sind wählbar. Die kontinuierliche Messung während des Vortriebs wird über einen Datenlogger gewährleistet, der im Bohrlochtiefsten vorlaufend untergebracht ist.

Ein typischer Anwendungsbereich des Bohrlochextensometers ist der Tunnelbau mit untertägigen Messungen im Tunnelquerschnitt zur Messung von Verformungen, ggf. auch Auflockerungen des Gebirges. Bei der obertägigen Instrumentierung von der Geländeoberfläche aus werden mit dem Messsystem Hebungen, Setzungen und Senkungen bei der oberflächennahen Unterfahrung von Gebäuden und Verkehrswegen bestimmt. Weitere Einsatzgebiete sind die Verformungsüberwachung von Stützbauwerken, Baugrubensohlen und Hangrutschungen.

Bei allen Arten von Bohrlochextensometern mit Stahlgestänge, für sehr genaue Messungen auch bei Systemen mit Glasfaserseele, muss die relative Distanzänderung durch eine Temperaturmessung ergänzt werden, um das Temperaturausdehnungsverhalten des Materials zu kompensieren. Die Notwendigkeit von ergänzenden Temperaturmessungen gilt gleichermaßen auch für 1-D-Fissurometer (Abschn. 4.3.1.10) bzw. für die relative Distanzmessung mit Draht- oder Seilzugsensoren (s. hierzu die beiden nächsten Absätze).

Bei einem *Drahtextensometer* wird die Messung der Distanzänderung zwischen zwei Festpunkten über einen unter Vorspannung gehaltenen Draht durchgeführt. Voraussetzung ist, dass der Draht frei zwischen den Fixpunkten gespannt werden kann und die Messungen nicht durch Bautätigkeit und Umwelteinfluss (z. B. starker Wind, umfallende Bäume usw.) gefährdet sind.

Auf dem Markt gibt es zu dieser Anwendung installationsfertige Seilzugsensoren bzw. individuelle Systeme, bei denen der Draht z. B. über ein Gewicht/Feder unter Spannung gehalten und die Längenänderung über einen Wegaufnehmer ermittelt wird. Typische Anwendungsbereiche sind Hangrutschungen, Rissbreitenüberwachung, Überwachung von Baugruben.

4.3.1.10 Fissurometer

Als Fissurometer werden Messsysteme bezeichnet, die relative punktuelle Teilkörperbewegungen an Bauteilfugen, Klüften oder Rissen erfassen. Im klassischen Fall eines 1-D-Fissurometers wird dabei die Veränderung der Rissbreite an einem Starrkörper überwacht, z. B. bei Felsstürzen im Gebirge. Eine vergleichbare Anwendung ist aber auch die Konvergenzmessung in einem Tunnelquerschnitt. In beiden Fällen wird zwischen zwei Fixpunkten mit Kugelgelenk ein festes, teleskopierbares Rohr aus Stahl bzw. anderen Materialien mit Innengestänge eingesetzt. Am Messkopf wird die Längenänderung zwischen den Fixpunkten am Innengestänge mit Wegaufnehmern gemessen. Mit diesen Systemen können mechanisch Distanzen von wenigen Dezimetern bis max. ca. 5 m überbrückt werden. Die Messbereiche der Wegaufnehmer (hier resistives Messprinzip) betragen, angepasst an die Messaufgabe, meist 100–250 mm. Bei kleinen Distanzänderungen sind auch hochpräzise induktive Wegaufnehmer mit Messbereichen ab 2 mm (bis typisch 400 mm) empfehlenswert, die einen geringeren Linearitätsfehler von < 0,1–0,3 % v. E. aufweisen. Diese Sensoren arbeiten entweder nach dem Funktionsprinzip der Differenzialdrossel bzw. als Differenzialtransformator (LVDT, vgl. Abschn. 4.2.1, Abb. 4.2e,f).

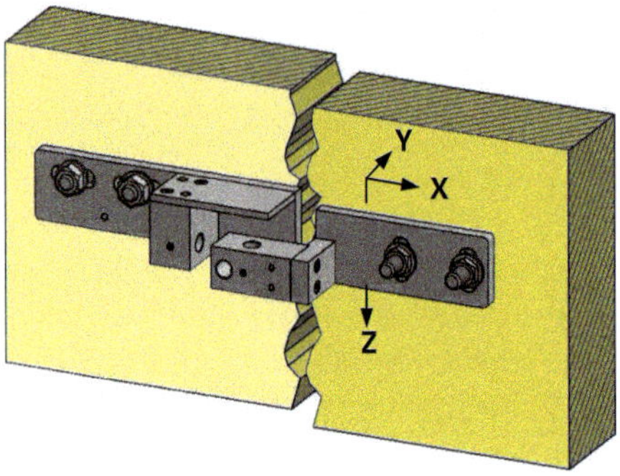

Abb. 4.35 Funktionsprinzip 3-D-Fissurometer (GLÖTZL GmbH, Rheinstetten).

Als weitere Wegaufnehmer werden für die Messung Sensoren mit dem Messprinzip *Schwingsaite* (vgl. Abschn. 4.2.1.1) eingesetzt (typische Messbereiche 50–300 mm, Linearität < 0,5 % v. E.).

Ein 3-D-Fissurometer kann Relativverschiebungen an Klüften in drei aufeinander orthogonal stehenden Richtungen erfassen (Abb. 4.35).

Die Risse werden mechanisch durch zwei unabhängige Geräteteile überbrückt, die an der Bruchzone im Bauteil links und rechts davon fixiert werden. Eine Seite der Mechanik bildet das Widerlager für die Taststifte der Wegaufnehmer, die auf der anderen Seite mit ihrem Gehäuse z. B. in Bohrungen fixiert sind. Der Messbereich je Richtung beträgt max. ±15 mm, kann aber je nach Gesamtmessbereich des eingesetzten Wegaufnehmers (in der Regel bis max. 50 mm) bei Bedarf nachjustiert werden.

Beim Einsatz von Fissurometern ist grundsätzlich zu beachten, dass damit lediglich die Distanzänderungen zwischen den fixierten Punkten gemessen werden. Es kann damit aber nicht ermittelt werden, welche Seite des Risskörpers sich absolut bei der Beobachtung verschiebt und welche Seite fest (unverschieblich) bleibt, oder aber, ob sich beide Seiten zusätzlich zu der Relativverschiebung auch absolut verschieben. Es handelt sich daher um ein relatives Messverfahren.

4.3.1.11 Sondenextensometer

Als *Sondenextensometer* (z. B. Gleitmikrometer) bezeichnet man portable Messinstrumente, welche zur Ermittlung von Längenänderungen zwischen zwei Messpunkten innerhalb eines Messrohres dienen. Hierfür werden vorab im Baugrund oder in Betonstrukturen Messrohre eingebaut, die mit Zement-Bentonit-Suspensionen im zu messenden Medium verankert werden. Die Messrohre sind in der Regel im Abstand von 1 m mit teleskopierbaren Messmarken ausgestattet. Beim Messvorgang wird das Sondenextensometer durch den Messtechniker jeweils zwischen zwei Messmarken verspannt und die Länge der aktuellen Messbasis ermittelt. Durch den Abgleich zu einer Nullmessung aus dem unbeeinflussten Zustand erhält man die differenzielle Längenänderung zwischen den Messmarken entlang eines Messrohres im Vergleich zur Nullmessung. Durch Integration der Verschiebungen über die Einzelabschnitte ergibt sich die Gesamtverschiebung entlang des Messrohres.

Tab. 4.3 Kennwerte und Merkmale für ausgewählte Sondenextensometer (Gattermann und Stahlmann 2006).

Kennwerte	Systeme verschiedener Hersteller, Messbasis der Sonde je 1 m		
und Merkmale	**Inkrex**	**Gleitmikrometer/TRIVEC**	**Gleitdeformeter**
Messrohre	ABS ∅ 70/60 mm	HPVC ∅ 63/51 mm	
Messmarke	Messingring ∅ 86/70,5 mm	Teleskopkupplung Messing $\varnothing_{\text{außen}}$ 68 mm	Teleskopkupplung Kunststoff $\varnothing_{\text{außen}}$ 67 mm
Sondendurchmesser bzw. Messkopf	46 mm	32/48 mm	47 mm
Messbereich Sonde	±20 mm	±10 mm	98 (±49) mm
Messauflösung	±0,01 mm	±0,001 mm	±0,01 mm
Messunsicherheit	±0,05 mm	±0,003 mm	±0,03 mm

Die Systeme sind besonders für hochpräzise mobile Messungen in Lockergesteinen, Fels und Beton, im Tunnelbau, in Pfählen, in Stützwänden und für Setzungsmessungen in Dämmen und Gründungen geeignet.

Mit dem System TRIVEC wird in vertikalen Messrohren die Messung der axialen Längenänderung zusätzlich mit einer biaxialen Neigungsmessung (Messbereich ±10° zur Vertikalen) kombiniert. In Tab. 4.3 sind die Eigenschaften einiger ausgewählter Sondenextensometer gegenübergestellt.

Gegenüber automatisierten Messungen (Bohrlochextensometer) sind die diskontinuierlichen Messungen mit Sondenextensometern aufwendiger. Für viele Anwendungen ergeben sich aber Vorteile durch die vergleichsweise hohe örtliche Auflösung (in der Regel 1 m) und die Langlebigkeit der Systeme. Während das Messrohr fest im Boden verbleibt, kann die Sonde regelmäßig kalibriert oder auch ersetzt werden. In Staumauern existieren Messserien, die seit mehr als 30 Jahren durchgeführt werden.

4.3.1.12 Konvergenzmessgeräte

Zur Bestimmung von relativen Distanzänderungen zwischen zwei Punkten kann ein Konvergenzmessgerät verwendet werden. Typische Anwendungsbereiche sind Verformungsmessungen in einem Tunnelquerschnitt und die Überwachung der Kopfverformungen bei Baugruben und Schächten.

Der Abstand zwischen den Messpunkten wird entweder über einen Invar-Draht mit fester Länge und Kupplungen an den Enden für jede einzelne Messstrecke bzw. mit einem gelochten Konvergenzmessband aus Stahl überbrückt. Die Messpunkte bestehen aus Konvergenzmessbolzen, an denen das Messgerät beidseitig über Kreuzgelenke beweglich eingehängt und eingespannt ist. Im Geräteteil wird über eine Präzisionsstahlfeder während der Messung eine definierte Zugspannung aufgebracht, die mithilfe einer Messuhr jeweils auf einen gewünschten Wert eingestellt werden kann. Die Messung selbst erfolgt über eine digitale (analoge) Messuhr. Die Qualität der Messung wird maßgebend von den Messuhren im Kraft- bzw. Messteil des Gerätes bestimmt. Zur Kalibrierung dient z. B. eine Kalibrierlehre. Weiter wird die Messung durch die Temperaturabhängigkeit des Messbandes bzw. des Invar-Drahtes beeinflusst. Mit zeitgleich ausgeführten Temperaturmessungen wird dieser Einfluss erfasst und das Messergebnis über das temperaturabhängige Materialdehnungsverhalten korrigiert.

Präzisionsmessgeräte (z. B. Distometer) arbeiten mit Invar-Drähten fester Länge, haben eine Auflösung von 0,01 mm, der Messbereich der Messuhr beträgt 20 mm (bzw. 100 mm). Die Messunsicherheit beträgt bis zu ±0,03 mm (bei Strecken bis zu 30 m). Die hohe Präzision ist durch die festen Streckenlängen aus Invar-Draht gewährleistet. Aufwendig dabei ist, dass für jede Messstrecke ein eigener Draht vorgehalten werden muss.

Konvergenzmessgeräte mit gelochtem Stahlmessband haben ebenfalls eine Auflösung von 0,01 mm, der Messbereich (der Messuhr) beträgt 50–100 mm. Durch die Lochung des Messbandes (z. B. 25 mm Abstand) ist das Gerät flexibel einsetzbar (Messstrecken bis 30 m). Die Messunsicherheit beträgt ca. ±0,1–0,3 mm bei Strecken bis 15 m und ca. ±0,3–1 mm bei Strecken von 15 bis 30 m. Die technische Angaben wurden aus Fecker (1997) entnommen.

Tachymetermessungen sind nicht so präzise wie Distometermessungen, können aber Messungen mit dem Konvergenzband ersetzen. Eine kontinuierliche Konvergenzmessung mit Tachymeter ist von Vorteil, weil der Baubetrieb nicht unterbrochen wird und die Datenerfassung automatisiert erfolgen kann. Das Distometer wird heutzutage noch für die Langzeitüberwachung von Tunnelinnenschalen eingesetzt, wenn druckhaftes oder quellfähiges Gebirgsverhalten vorliegt (Rückschluss auf die Belastung der Innenschale).

4.3.1.13 Lote

Bei Loten wird mithilfe eines gespannten Drahts unter Einwirkung des Erdschwerefelds eine vertikale Bezugslinie erzeugt. Zur Erzeugung der Drahtspannung werden entweder die Gewichtskraft des Lotgewichts (Pendellot) oder der Auftrieb des Schwimmers (Schwimmlot) benutzt. Mit Loten lassen sich relative Horizontalverschiebungen (vgl. Abschn. 3.3.1), unter bestimmten Bedingungen auch Neigungen (vgl. Abschn. 3.3.3) und Verzerrungen (vgl. Abschn. 3.3.4) bestimmen.

Lote werden fast ausschließlich für Überwachungsmessungen in Betonbauwerken eingesetzt, z. B. in Staumauern oder hohen Türmen. Die Überwachung von Dämmen mit Loten ist unüblich, aber in speziellen Fällen möglich.

Bei Pendelloten ist der Lotdraht im oberen Bereich eines Bauwerks befestigt (Mauerkrone bei Staumauern, Turmkopf); in diesen Fällen ist er größeren Bewegungen unterworfen als die tiefer im Bauwerk angeordnete Ablesestelle.

Der Anker eines Schwimmlots befindet sich oft im Fels unter dem überwachten Bauwerk, sodass von einem weitgehend stabilen Bezugspunkt ausgegangen werden kann. Der Lotdraht stellt in diesem Fall eine vertikale Bezugslinie dar. Abbildung 4.36 verdeutlicht das Schwimmlotprinzip.

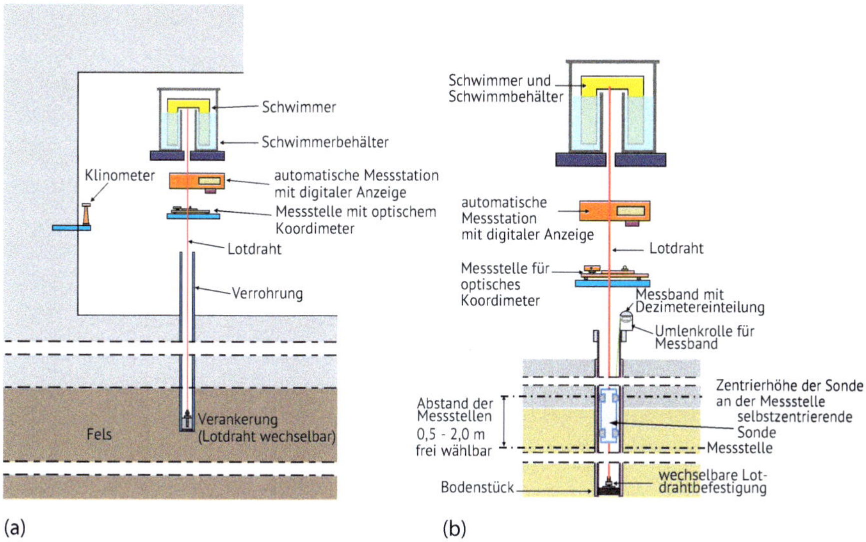

Abb. 4.36 (a) Prinzip des Schwimmlotes und (b) Prinzip des Schwimmlotes mit selbstzentrierender Sonde (nach Rosenkranz et al. 2002).

Stets ist ein Ende des Lotdrahts fest mit dem Bauwerk oder dem Untergrund verbunden und das andere Ende frei beweglich. Der Draht richtet sich vom Befestigungspunkt genau in Richtung der lokal wirksamen Gravitationskraft aus. Für die Anordnung von Loten werden ausreichend große vertikale Schächte oder streng vertikale Bohrungen benötigt, sodass ihr Einsatz eine planerische Berücksichtigung beim Bauentwurf voraussetzt. Beim Einsatz korrosionsfreier Materialien beträgt die Nutzungsdauer von Loten ohne Genauigkeitsverlust mehrere Jahrzehnte.

Misst man am frei beweglichen Ende des Lots (an der Ablesestelle) die relative Position des Bauwerks gegenüber dem Draht, können horizontale Verschiebungen zwischen der Lotbefestigung und dem Bauwerk am jeweiligen Beobachtungspunkt des Lotes erfasst werden. Die eigentliche Messgröße sind relative Verschiebungen zwischen zwei Punkten, in der Regel in zwei zueinander rechtwinkligen Achsen. Unter der Annahme, dass im Bauwerk oder im Fels zwischen den beiden Punkten ausschließlich Starrkörperbewegungen auftreten, kann die Relativbewegung in eine Neigung umgerechnet werden.

In der Praxis treten selten reine Neigungen auf; das Bauwerk ist meist auch Verzerrungen unterworfen oder es treten Relativbewegungen in Fugen oder Schwächezonen auf. Wenn mit dem jeweiligen Lot Biegungen ermittelt werden sollen oder die Überwachung von Fugen oder Störungszonen erforderlich ist, werden pro Lot mehr als zwei Bezugspunkte benötigt. Bei Pendelloten löst man dies meist durch mehrere Ablesestellen in verschiedenen Höhen am gleichen Lotdraht. Eine andere Möglichkeit ist die Anordnung von mehreren, in unterschiedlichen Höhen befestigten und nebeneinander angeordneten Lotdrähten, die an einer gemeinsamen Ablesestelle erfasst werden. Da Schwimmlote meist über ihre gesamte Länge in (engen) Bohrungen verlaufen, sind dort höhengestaffelte Ablesungen oder Lotanker nicht möglich.

Muss man mit dem Schwimmlot höhengestaffelte Relativverschiebungen ermitteln, kann die Methode der selbstzentrierenden Sonde angewandt werden (Rosenkranz et al. 2002). Dabei handelt es sich um ein konventionelles Schwimmlot, bei dem sich der Lotdraht mit einer in seiner Höhe veränderbaren Sonde in der verrohrten Bohrung im Prinzip an beliebigen Stellen in Bezug zur Achse der Verrohrung mechanisch fixieren lässt, sodass dann an der Ablesevorrichtung die Position der Bohrung in dieser Höhe erfasst wird. Somit können sequenziell längs des gesamten Lotdrahtes die lagemäßigen Abweichungen der Achse der Verrohrung und damit z. B. des Gründungsfelses festgestellt werden (Abb. 4.36). Je näher die Bezugspunkte beieinander liegen, umso feiner kann die gesuchte Biegelinie aufgelöst werden.

Konventionelle Lote können sowohl manuell als auch automatisiert abgelesen werden. Oft werden beide Messmethoden gleichzeitig angewandt. In diesem Fall dient die manuelle Messung mit einem optischen Koordimeter der Kontrolle des kontinuierlich messenden Positionssensors, der häufig nach den Messprinzip des Licht-Schatten-Verfahrens arbeitet (siehe Abschn. 4.2.1.1). Automatisierte Lote lassen sich leicht in ein Alarmierungssystem einbinden. An Schwimmloten mit selbstzentrierender Sonde muss die Zentriersonde manuell in die verschiedenen Höhen bewegt werden, auch wenn die Lotablesung automatisiert erfolgt.

Der Messbereich von Pendelloten wird durch den Messbereich des Ablesegeräts begrenzt, er liegt in der Größenordnung von 10 bis maximal 20 cm. Der Messbereich von Schwimmloten ist meist kleiner (bis etwa 5 cm); er wird in der Regel durch den verfügbaren vertikalen Freiraum der Schwimmlotbohrung und den Freiraum des Schwimmers begrenzt. Mit elektronischen oder manuell/optischen Ablesegeräten lassen sich mit wenig Aufwand Messunsicherheiten unter $\pm 1/10$ mm erreichen. Die Genauigkeit wird durch Pendelschwingungen in Folge von Luftströmung (oft thermisch bedingte Kaminwirkung), die mit der Länge des Pendels zunehmen, begrenzt. Deshalb ist es erforderlich, dass die Pendelbewegung gedämpft wird. Das Lotgewicht eines Pendellotes hängt frei in einer Dämpfungsflüssigkeit (meist Wasser, seltener Öl). Der Schwimmer eines Schwimmlots treibt ebenfalls frei beweglich in einem wassergefüllten Schwimmerbehälter. Es muss regelmäßig überprüft werden, dass Lotgewicht bzw. Schwimmer nicht die Wand des Dämpfungsgefäßes berühren. Öl als Dämpfungsflüssigkeit hat durch seine höhere Viskosität den Vorteil der besseren Dämpfung; beim Überlaufen der Dämpfungsbehälter (z. B. durch Tropfwasser) verursacht es aber Umweltschäden. Außerdem können sich seine Eigenschaften unter bestimmten Bedingungen langfristig verändern (z. B. verharzen).

4.3.1.14 Mobile und stationäre Inklinometer

Neigungssensoren messen die Neigung zum örtlichen Lotvektor des Erdschwerefeldes (vgl. Abschn. 4.2) und werden in der Geomesstechnik in verschiedenen Systemen zur mobilen und stationären Messung eingesetzt. Bei den Sensoren werden als typische Messprinzipien vorwiegend das Pendel, z. B. Servo-Akzelerometer, bzw. die neuere Technologie der MEMS-Sensoren oder auch kapazitive Sensoren (vgl. Abschn. 4.2.1.3 und Abb. 4.13) eingesetzt. *Stationäre Neigungssensoren* haben den Nachteil, dass sie ihre Neigungsinformationen in der Regel nur aus einer verhältnismäßig kurzen Messbasis von 0,1–0,2 m beziehen. Lokale, kleinräumige Veränderungen im Messobjekt an den Stellen, an denen die Neigungsmessungen erfolgen, führen zu Fehlinterpretationen. Die Ergebnisse dieser Neigungsmessungen repräsentieren dann womöglich nicht das neigungsmäßige Verhalten des gesamten Objekts. Bei den nachfolgend vorgestellten mobilen Systemen und auch den Ketteninklinometern wird dieser Nachteil durch eine feste mechanische Messbasis (Inklinometer-Führungsrohr) ausgeglichen, die gleichzeitig auch Basis der Sensorkalibrierung ist.

Mobile Inklinometer sind Messgeräte zur sequenziellen Verformungsermittlung entlang einer Messlinie. Eine typische Anwendung ist die Verformungsüberwachung in vertikal eingebauten Messrohren hinter Stützbauwerken, in Rutschhängen und Böschungen oder auch in Vierkantrohren an Stahlkonstruktionen im Wasserbau (Spundwände, Kaianlagen). Das System kann aber auch in horizontalen Messrohren als mobiles Horizontalinklinometer z. B. im Tunnelschalenausbau oder unter Dammbauwerken und Schüttungen zur Setzungsüberwachung eingesetzt werden. Nachfolgend wird auf das Vertikalinklinometer näher eingegangen.

Mit der *Vertikalinklinometersonde* wird eine diskontinuierliche Messung zu ausgewählten Bauphasen ausgeführt. Die Nullmessung erfasst den Ausgangszustand des Messrohres (Bohrlochverlauf) nach Einbau. Die Differenzbildungen von Folgemessungen zu der jeweiligen Null- bzw. Bezugsmessung zeigen den horizontalen Verformungsverlauf entlang einer vertikalen Messlinie zwischen den jeweils betrachteten Bauzuständen (vgl. Abb. 6.8). Für die Auswertung wird weiter zwischen einer „differenziellen Deformation“ = Auftragung der Einzeldeformationen je Messschritt, und der „summierten Deformation“ = Summe der Einzeldeformationen über alle Messchritte, bezogen auf einen Bezugspunkt, unterschieden. Als Bezugspunkt wird meist der Fußpunkt des Messrohres gewählt, der in diesem Ansatz als unverschieblich angenommen wird. In der Regel betragen die Ausbaulängen der Inklinometerpegel 20–50 m. In seltenen Anwendungen gibt es Pegel mit 150–200 m, z. B. bei der Staudammüberwachung im Hochgebirge bzw. sogar bis über 300 m im Braunkohlentagebau.

Die *mobile Vertikalneigungsmesssonde* besitzt zwei Neigungssensoren, deren Messachsen orthogonal aufeinander stehen (Neigungsrichtungen X und Y). Die Sonde wird im Messrohr durch ihre Wippenräder über Federkräfte in den Nuten des Rohres richtungsfest geführt (Abb. 4.37).

Über das längenmarkierte Messkabel wird das Messrohr händisch mit der Sonde in Abhängigkeit der Sondenlänge in festen Einzelschritten von 1 bzw. 0,5 m befahren und in jedem Tiefenschritt die Neigungen (X/Y) gemessen. Jede Messung wird zweifach, d. h. in der Ausgangslage (0°) und in der um 180° gedrehten Lage ausgeführt. Bei der Umschlagsermittlung (Mittelwertbildung) werden einerseits sofort grobe Messfehler (z. B. Setzfehler in der Tiefe) in der Messdurchführung erkennbar. Andererseits werden damit die Temperatureinflüsse auf den Messwert und mögliche elektrische Langzeitdriften des Nullpunktes kompensiert.

Der typische Messbereich der Sonden beträgt ±30° zur Vertikalen. Die Präzision der Messergebnisse einer 30 m langen Messlinie am Kopf kann mit ca. ±2 mm angegeben werden, z. B. beim Vergleich von zwei Nullmessungen, siehe Mindestanforderungen gemäß DIN EN ISO 18674-3:2020-06. Bei einer Werkskalibrierung im Kalibrierrahmen, die auch In-situ-Messungen in einem Alumessrohr einschließen,

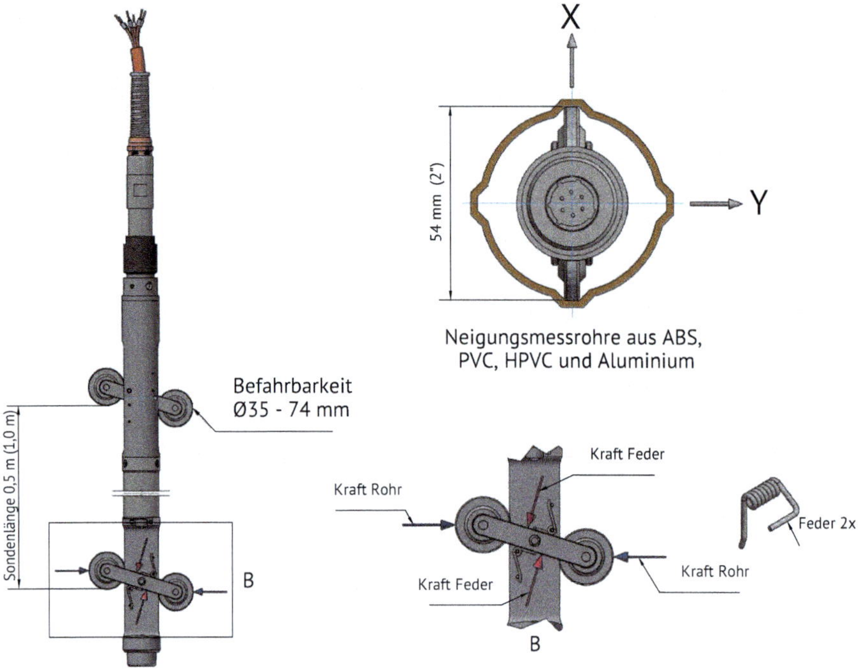

Abb. 4.37 Wippenführung der mobilen Inklinometersonde im Messrohr mit Nuten (GLÖTZL GmbH, Rheinstetten).

beträgt die erzielbare Messunsicherheit der mobilen Sonden ±0,1 mm/m (GLÖTZL 2019c).

In kritischen Bauphasen und bei der Anforderung einer Dauerüberwachung im Rahmen eines Risikomanagements kann das mobile Inklinometer durch ein kontinuierlich messendes, stationäres *Ketteninklinometer* ersetzt bzw. ergänzt werden. Das Ketteninklinometer besteht aus mehreren Einzelgliedern mit Neigungssensoren, die über kardanische Gelenke untereinander verbunden sind. Analog zur mobilen Sonde hat die Messbasis der Einzelglieder typischerweise eine Messlänge von 1 m. Mechanisch ist es aber auch möglich, die Länge der Glieder auf 2–5 m zu vergrößern. Optional kann das Ketteninklinometer als „aufgelöste" Kette betrieben werden. Hierbei wird die Verbindung bzw. der Abstand der Einzelsonden mit einer festen Basis von z. B. 1 m Länge über ein Stahlseil mit flexibler Länge hergestellt. Damit werden die „differenziellen" Neigungen lediglich an den Positionen der Neigungsmesssonden im Messrohr bestimmt.

In der Regel wird der analoge Messwert des Sensors bereits in der Sonde digitalisiert. Weitere Merkmale des Systems sind eine integrierte Temperaturmessung und optional eine Umschlagsmessung des Systems. Durch die Digitalisierung können die Messungen über ein Bussystem (z. B. RS485 mit Modbus) kontinuierlich und automatisch ausgeführt werden, die Messraten betragen technisch bedingt minimal 2 Hz. In der Regel sind aber Messzyklen von 1–5 min ausreichend, wenn eine zeitnahe Erfassung der Verformungsänderungen gefordert ist. Typische Messbereiche sind ±5° bis ±15° zur Vertikalen, die erreichbare Messunsicherheit liegt bei ca. ±0,1 mm/m. Insbesondere die MEMS-Sensoren haben eine sehr hohe Schockbeständigkeit (> 1000 g), sodass sie auch für einen Einsatz in einem Bauumfeld mit hohen äußeren dynamischen Einwirkungen geeignet sind. Nach den Datenblättern verschiedener Hersteller zeigen die MEMS-Sensoren jedoch als Nachteil im Vergleich z. B. gegenüber Servo-Akzelerometern und kapazitiven Sensoren eine stärkere Temperaturabhängigkeit und auch eine größere Langzeitdrift, die je nach Produkt mehr als 0,1 mm/m/K bzw. auch mehr als 0,1 mm/m/Monat betragen kann.

Im Hinblick auf das Verhalten unter großen Temperaturänderungen und bei langjährigen Überwachungen ist der Einsatz der Sensorik auf spezielle Fragestellungen zu begrenzen. Eine Redundanz mit mobilen Systemen ist zu empfehlen, z. B. durch doppelten Aufbau von Messrohren für stationäre Ketten und einer mobilen Neigungsmessung.

Neben der Anwendung in Messrohren kommen Neigungssensoren auch bei der punktuellen Dauerüberwachung zum Einsatz, wobei Rotationsbewegungen eines Starrkörpers erkannt werden. Ein typischer Anwendungsbereich dieser Systeme ist die kontinuierliche, statische Bauwerksüberwachung z. B. bei Brücken, Felsböschungen, Baugrubenwänden, Bauwerksfassaden, Fundamenten usw. Die Sensorik wird meist biaxial, d. h. senkrecht und parallel zur Wand, in einem Gehäuse an den Wänden des Überwachungsobjekts stationär mithilfe von Justierplatten angebracht. Das System besitzt optional eine manuelle Einrichtung zur Umschlagsmessung, um Einflüsse aus der Temperatur auszugleichen. In der Praxis sind diese Systeme unter den Namen *Gebäudeinklinometer* bzw. *Tiltmeter* geläufig. Typische Messbereiche sind ±2,5°, ±5°, ±10° und ±15°. Mehrere stationäre Einzelsensoren können, analog zu den Ketteninklinometern, über ein Bussystem miteinander gekoppelt und kontinuierlich und automatisch gemessen werden. Die Messunsicherheit/Linearitätsangaben gemäß verschiedener Hersteller betragen ca. ±0,1 mm/m.

Für hochpräzise, stationäre Langzeitüberwachungen an Bauwerken und technischen Anlagen wird z. B. auf das System Zeromatic der Firma Wyler (Hinnen et al. 2013) hingewiesen (Abb. 4.38), dessen Sensoren nach dem kapazitiven Messprinzip arbeiten (vgl. Abb. 4.13). In diesem Gerät wird durch Drehung der Sensorik auf einer zahnradgetriebenen Scheibe eine automatische Umschlagsmessung durchgeführt. Damit werden die Nullpunktabweichungen (Driften) der Sensorik ermittelt und kompensiert. Der Messbereich beträgt ±1°, die Nullpunktstabilität 1 arcsec ≈ ±0,005 mm/m.

In Schwarz und Fedan (2020) wird über den Einsatz unterschiedlicher Neigungssensoren bei der permanenten Überwachung von Wehrpfeilern einer Schleusenanlage berichtet. Es werden dort u. a. auch Hinweise zum Driftverhalten von Neigungssensoren und zur Notwendigkeit von Umschlagmessungen gegeben.

Bei den punktförmigen Neigungsmessungen gibt es optional auch eine hochpräzise, mobile Variante, die unter dem Namen *Setzinklinometer* in der Praxis bekannt ist. Hierbei wird eine mobile Sonde (typische Messbasis 200 mm, optional 1000 mm) auf einer Konsole aufgesetzt, die an Gebäuden oder an Felswänden montiert ist. Das System hat einen Messbereich von nur ±1°, eine Auflösung von ±0,001 mm und eine Messunsicherheit von ±0,003 mm/m.

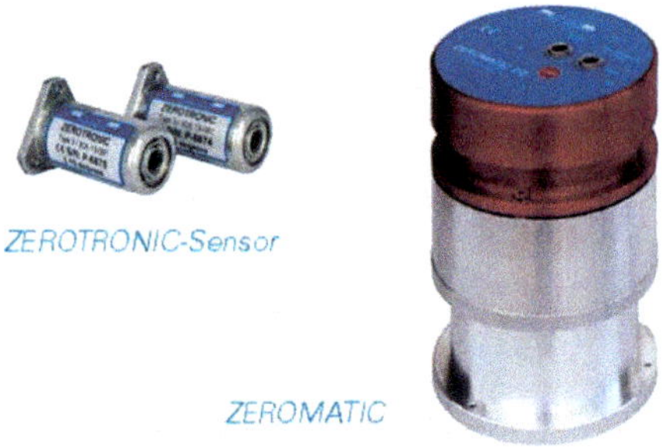

Abb. 4.38 Neigungssystem Zeromatic der Firma Wyler.

4.3.1.15 Dehnungen und Verzerrungen

Dehnungsmessstreifen

Dehnungsmessstreifen sind Messsensoren zur Erfassung von Dehnungen oder Stauchungen entlang der Applikationsstrecke. Infolge der Verformung des Bauteiles tritt eine Längenänderung (verbunden mit einer Querschnittsreduktion) des Dehnungsmessstreifens auf (vgl. Abschn. 4.2.3.1). Diese Querschnittsänderung zieht eine Änderung des elektrischen Widerstandes, welcher gemessen wird, mit sich. Aufgrund ihrer sehr einfachen Funktionsweise und der geringen Größe sind Dehnungsmessstreifen Grundlage für eine Vielzahl anderer Messeinrichtungen, bei denen die Bestimmung einer Verformung oder Wegänderung erforderlich ist. Bei der Verwendung von Dehnungsmessstreifen ist vor allem auf die sachgemäße und dauerhafte Ausführung der Klebe- oder Schweißverbindung zu achten.

Dehnungsmessungen mit dem Messprinzip Schwingsaite bestehen in der Regel aus einem Messrohr als Messbasis mit einer Länge von 150 bis 250 mm, das an seinen Enden z. B. durch Verankerungsscheiben begrenzt wird (s. Beispiel Schwingsaite in Abb. 4.5). Diese Anwendung ist besonders für den Einsatz in Betonstrukturen geeignet. Die Schwingsaite ist in diesem Messrohr zwischen den Endpunkten eingespannt und reagiert auf Anregung der Erregerspule in der Mitte mit einer Eigenschwingungsfrequenz, die distanzabhängig ist, sodass der sich ändernde Relativabstand zwischen den Fixpunkten als Dehnung ermittelt werden kann. Der Messbereich der Systeme liegt in der Regel bei ca. 2400–3000 $\mu\varepsilon$ (= 2,4–3 mm/m), maximal 5000–10 000 $\mu\epsilon$, die Auflösung beträgt ca. 0,4 $\mu\epsilon$, als Wiederholgenauigkeit unter Laborbedingungen wird seitens der Hersteller ca. 0,5 % v. E. angegeben.

Anstatt der Scheiben als Fixpunkte werden häufig auch Bewehrungseisen zwischen dem eigentlichen Messelement eingebunden, die dann z. B. mit einem Bewehrungskorb verbunden werden. Diese Systeme werden allgemein auch als „sister bar" bezeichnet. Ihre Messbasis beträgt je nach Ausführung ca. 1–2 m (vgl. hierzu das System IME der TU Darmstadt in Abschn. 4.3.2.4).

In Stahlkonstruktionen werden Dehnungsaufnehmer an den Enden in Fixpunkten fixiert, die auf der Trägerkonstruktion aufgeschweißt/verklebt sind. Im Gegensatz zu den vorgefertigten Sensoren für die Anwendung in Beton – bei denen der Nullpunkt des Systems werkseitig voreingestellt ist – können die Stahldehnungsaufnehmer vor Ort auf den gewünschten Messbereich (z. B. 70 % Dehnung/30 % Stauchung) voreingestellt werden.

4.3.1.16 Faseroptische Systeme

Faseroptische Systeme basieren auf optischen Messverfahren unter Verwendung von Lichtwellenleitern. Die zu bestimmenden Messgrößen werden dabei durch optische Parameter, wie z. B. die Intensität des Lichtstrahles, die Wellenlänge oder deren Schwingrichtung (Polarisation) sowie die Laufzeit von Signalen, repräsentiert. Aus den erfassten optischen Parametern können dann z. B. Temperaturen oder Dehnungen abgeleitet werden. Oftmals ist es aber nicht möglich zu erkennen, ob die Änderungen der optischen Parameter temperatur- oder dehnungsbedingt sind. Daher ist es erforderlich, eine dieser beiden Größen anderweitig zu bestimmen oder durch den Messaufbau dafür zu sorgen, dass sie sich nicht verändert (z. B. durch eine Temperaturkompensation). Weiter ist es unter Anwendung faseroptischer Sensoren möglich, Veränderungen der Lichtbrechungseigenschaften von Baustoff- oder Bauteiloberflächen zu erfassen. Hiermit lassen sich vor allem chemische und physikalische Messgrößen bestimmen, welche im Zusammenhang mit äußeren Einwirkungen und Schädigungen stehen. Allen faseroptischen Sensoren ist gemein, dass die Auswahl des richtigen Sensors und seine Kalibrierung maßgeblichen Einfluss auf die Richtigkeit und auf die Qualität der Messergebnisse haben.

Fasern sind sehr sensibel und dürfen z. B. nicht geknickt werden, da sie bei einem Bruch nicht mehr verwendbar sind. Mittlerweile stehen unterschiedliche Messgeräte zur Bestimmung der optischen Parameter zur Verfügung, die ständig weiterentwickelt werden. Typische Anwendungsbereiche sind Dehnungsmessungen in Betonstrukturen wie Staudämmen und Brücken sowie zur Schneelastbestimmung von Dächern. Darüber hinaus eignen sich optische Fasern aufgrund ihres Messbereichs auch für die Dehnungsüberwachung in hochfesten Geogittern.

Ein Beispiel für ein faseroptisches Deformationsmesssystem ist das SOFO-Messsystem (Abb. 4.39) der Fa. Smartec SA (Inaudi et al. 1994). Es basiert auf dem Verfahren der Weißlichtinterferometrie (vgl. Abschn. 4.2.1.1). Mit diesem System sind Abstandsänderungen standardmäßig mit Faserlängen von 0,25 bis 10 m über einen Messbereich von 2 % bezogen auf die Faserlänge messbar. Die Messunsicherheit ist mit $\pm 2\,\mu\varepsilon$ (μm/m) angegeben. Die Faser kann entweder statisch als Einzelmessung oder automatisiert als Dauermessung mit einer Messfrequenz von 0,1 Hz abgetastet werden.

Die Fa. Polytec vertreibt verschiedene Geräte auf Basis der Raman- und Rayleigh-Streuung (vgl. Abschn. 4.2.4). Diese Geräte können Dehnungen bei quasikontinuierlicher Messpunktfolge über Faserlängen von bis zu 80 m mit einer Ortsauflösung von 1 mm und einer Messunsicherheit von $\pm 1\,\mu\varepsilon$ erfassen. Die Messsysteme sind für statische sowie automatische Langzeitmessungen geeignet. Die Messfrequenzen liegen je nach Konfiguration zwischen 1 und 160 Hz.

Faser-Bragg-Gitter-Sensoren werden z. B. von der Fa. FBGS Technologies GmbH als in der Faser eingeprägte Einzelgitter mit konkreten Lichtwellenbereichen hergestellt (vgl. Abschn. 4.2.3). Je Faser können bis zu 20 Gitter eingebracht werden; die Länge der Faser ist dabei beliebig. Die Faser-Braggs können hochfrequent mit bis zu 200 Hz abgetastet werden. Sie sind für Einzelmessungen, aber auch Dauerüberwachungen verwendbar.

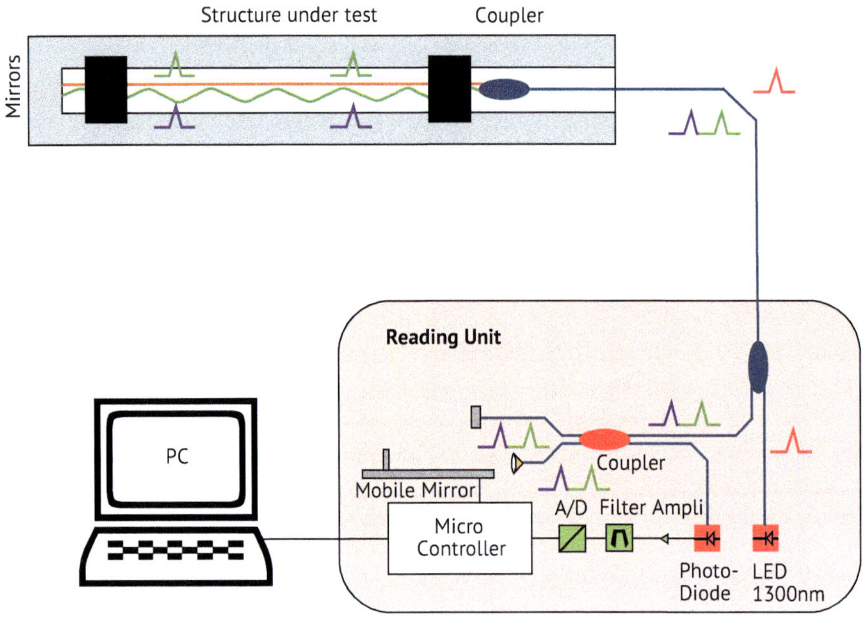

Abb. 4.39 Prinzipieller Aufbau zur Bestimmung von Abstandsänderungen durch Weißlichtinterferometrie mit dem SOFO-Messsystem (aus Inaudi et al. 1994).

Weiterführende Informationen zu faseroptischen Messsystemen geben Döring et al. (2017, ab S. 235).

4.3.1.17 Schwingungsmessungen

Ein Messgerät zur Erfassung von Schwingungen besteht zumindest aus einem Sensor (z. B. ein oder mehrere Geofone oder piezoelektrische Beschleunigungsaufnehmer), einem Digitalisierer und einem Zwischenspeicher für die anfallenden Messdaten, deren Speicherbedarf aufgrund der hohen Digitalisierungsraten bei Schwingungsmessungen im Vergleich zu anderen geotechnischen Messungen relativ groß ist. Falls die Messungen zur Beurteilung der Einwirkung von Schwingungen auf Gebäude nach DIN 4150-3:2016-12 oder auf Menschen in Gebäuden nach DIN 4150-2:1999-06 erfolgen sollen, ist ein Messgerät zu verwenden, das den Anforderungen der DIN 45669-1:2019-03 entspricht. DIN 45669-1:2019-03 stellt insbesondere Anforderungen an den Amplitudenfrequenzgang der Messgeräte (proportional zur Schwinggeschwindigkeit zwischen 1 und 80 Hz bzw. für besondere Anwendungen zwischen 1 und 315 Hz), an den Phasenfrequenzgang, an die Messrichtungen und an die regelmäßige Kalibrierung (mindestens alle drei Jahre). Erschütterungsmessgeräte verfügen üblicherweise über einen Ringspeicher, sodass die Überwachung der Erschütterungen zwar kontinuierlich, die Speicherung der Zeitreihe aber erst nach Überschreitung eines einstellbaren Schwellwertes (der Triggerschwelle) erfolgt. Der Ringspeicher wird dabei genutzt, um bei Überschreitung der Triggerschwelle auch Signalanteile vor dem Triggerzeitpunkt mit abzuspeichern. Schwing-

Abb. 4.40 Erschütterungsmessgerät SUMIT M VIPA mit abgesetztem 3-D-Sensor (rechts im Bild), GPS-Zeitsynchronisierung und integriertem Modem (DMT GmbH & Co. KG).

geschwindigkeitsmesser nach DIN 45669-1:2019-03 müssen maximale Schwinggeschwindigkeiten ab 0,05 mm/s nachweisen können. Es existiert eine Vielzahl kommerziell erhältlicher Messgeräte zur Erfassung von Schwingungen, von einfachen Geräten, die nur die maximal erfasste Schwingung auswerten, bis zu Erschütterungsmessstationen mit höchster Zeitpräzision (besser als 1 ms) und hoher Empfindlichkeit für Schwingungen von nur wenigen nm/s. Moderne Erschütterungsgeräte verfügen meist über einen Hintergrundkanal mit geringer Digitalisierungsrate (beispielsweise ein Maximalwert pro Minute), mit dem die Messbereitschaft kontinuierlich dokumentiert wird (Abb. 4.40).

Für die Erfassung und Dokumentation von Erdbeben werden spezielle Messstationen verwendet, die über eine hohe Dynamik von häufig mehr als 130 dB verfügen und die zur Registrierung seismologische Breitbandsensoren verwenden, die Schwingungen in einem breiten Frequenzbereich von weniger als 1/100 bis über 100 Hz geschwindigkeitsproportional messen können.

4.3.2 Mechanik

In diesem Abschnitt werden nachfolgend Systeme und Verfahren zur Kraft- bzw. Spannungsmessung in der Geomesstechnik vorgestellt. Gemäß den in Abschn. 4.2.3 beschriebenen Messprinzipien sind in der Mechanik dafür Dehnungsmessungen weit verbreitet, um Spannungen und Kräfte an und in Bauteilen zu ermitteln. Als Alternative werden hydraulische Verfahren eingesetzt, die entweder direkt die hydraulische Druckgröße (z. B. per Manometer) anzeigen bzw. diese über einen elektrischen Drucksensor messen.

4.3.2.1 Messsysteme zur Kraft- und Ankerkraftmessung

Bei Messeinrichtungen zur Kraft- bzw. Ankerkraftmessung wird zwischen direkten und indirekten Verfahren unterschieden.

Bei *direkten Verfahren* werden die Kräfte an einem *direkt außen am Bauteil* angebrachten Messsystem gemessen, entweder durch die Stauchung eines Stahlkörpers mittels Dehnungsmessstreifen bzw. Schwingsaite oder aber unmittelbar über ein hydraulisches Druckkissen (z. B. am Ankerkopf, Auflager).

Bei *indirekten Verfahren* werden die Kräfte mit Einbau des Messsystems *indirekt in einem Bauteil* (z. B. Ortbetonpfahl) über Dehnungsmessungen und unter Einbeziehung des E-Moduls und des wirksamen Querschnittes des Bauteils ermittelt.

4.3.2.2 Direkte Messverfahren

Eine *elektrische Kraft-* bzw. *Ankerkraftmessdose* besteht aus einem gedrungenen Stahlkörper, dessen Stauchung unter Belastung über am Rand bzw. im Innern angebrachte DMS (Dehnungsmessstreifen) oder eine applizierte Schwingsaite, VW (vibrating wire), gemessen wird. Mit Kenntnis des wirksamen Stahlquerschnittes und des E-Moduls wird die Kraft berechnet und in der Kalibrierfunktion bei der Ermittlung der physikalischen Messgröße (kN) berücksichtigt. In der Tab. 4.4 sind beispielhaft die technischen Daten dieser Systeme angegeben.

Bei einer *hydraulischen Kraftmessdose* bzw. *Ankerkraftmessdose* wird der Hydraulikdruck einer Flüssigkeit zwischen zwei biegesteifen Platten mit definierter wirksamer Querschnittsfläche gemessen. Die Ablesung erfolgt im einfachen Fall direkt über ein Manometer an der Kraftmessdose. Hierfür muss allerdings der Einbauort der Kraftmessdose für eine Messung erreichbar bzw. mindestens einsehbar sein. Die Messunsicherheit beträgt ca. ±1 % des Messbereiches, der Temperatureinfluss ca. 1,2 % bei 20 K Temperaturdifferenz.

Bei Messsystemen mit Datenfernübertragung und automatisierter Datenerfassung wird der Hydraulikdruck über einen Drucksensor (meist piezoresistiv, Schwingsaite) in ein elektrisches Signal gewandelt. Eine weitere Variante ist die Messung nach dem Kompensationsprinzip (vgl. Abschn. 4.2.3.3) mit hydraulischer Fernablesung. Die beschriebenen hydraulischen Systeme sind typisch für Messbereiche zwischen 250 und 5000 kN ausgelegt, in Sonderfällen auch bis 10 MN.

Tab. 4.4 Technische Daten elektrischer Ankerkraft- und Kraftmessdosen.

Messprinzip	Schwingsaite (VW) (vgl. Abb. 4.41)	Dehnungsmessstreifen (DMS)
Messbereich	100 kN bis 10 MN	1–10 MN
Bauhöhe	25–75 mm	80–120 mm
Bei Ausführung als Ankerkraftgeber mit Lochdurchgang	25–200 mm	
Linearität	< ±0,5 % v. E. (Labor)	< 1 % v. E.
Temperaturfehler		0,01 %/K

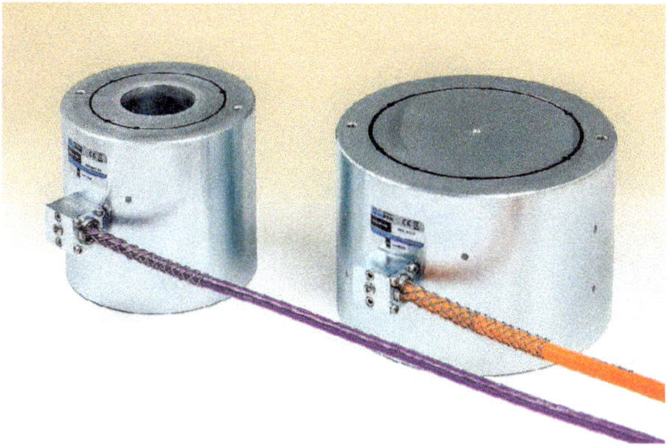

Abb. 4.41 Ankerkraft- und Kraftmessdose nach dem Prinzip Schwingsaite der Firma GEOKON, Modell 4900 (GEOKON 2019).

Ankerkraftmessdose (Ankerkraftmessgeber)

Im Gegensatz zu den Kraftmessdosen mit durchgehender Auflagerfläche (Abb. 4.41, rechte Seite) besitzen die Ankerkraftmessdosen einen Ankerdurchlass (Abb. 4.41, linke Seite), angepasst an das Ankersystem, sodass ein Messring als Auflagerfläche entsteht (Abb. 4.42).

Der *Einbau einer Ankerkraftmessdose* erfolgt zwischen einer am Bauteil aufliegenden Ankerplatte und einer auf dem Ankerkraftmessgeber aufliegenden Ausgleichsplatte. Im Ausführungsbeispiel in Abb. 4.43 ist die Ausgleichsplatte bereits in den Ankerkraftmessgeber integriert. Um Fehlmessungen durch eine Ausmittigkeit der Krafteinleitung (Fehlstellung) zu vermeiden, ist das Auflager für die Instrumentierung der Ankerkraftmessdose immer mit hoher Präzision orthogonal in den zwei Ebenen des Auflagers zur Richtung der Krafteinleitung (z. B. Anker, Auflagefläche) auszurichten. Die Ankerplatte muss in ihrer Größe die Auflagerfläche des Messsystems überragen, plan und biegesteif sein.

Eine Fehlstellung sollte 2° nicht überschreiten. Der Einfluss einer Fehlstellung auf das Messergebnis ist auch abhängig von der Bauhöhe des Systems. Da die Einleitung der Zugkraft des Ankers durch Ankermutter oder Verankerungsscheibe am oberen Auflager des Druckkissens erfolgt, wirkt sich der Abstand (Bauhöhe) zur unteren Ankerplatte (= Krafteinleitung in das Bauwerk) bei einer Ausmittigkeit zusätzlich

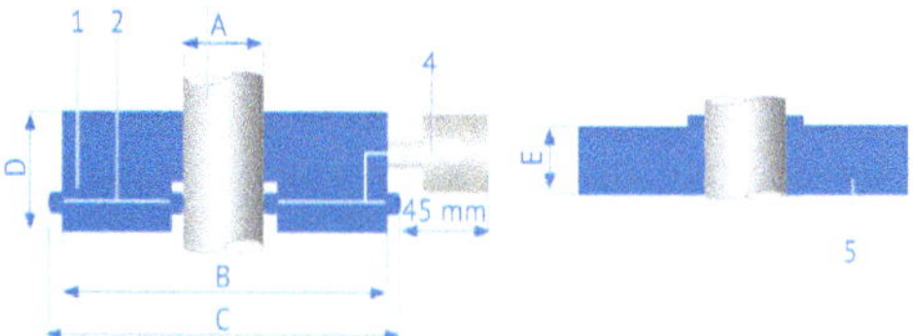

1 Kolbenkissen
2 Hydraulikflüssigkeit
3 Anker
4 Elektr. Druckumsetzer
5 optional zusätzliche Ausgleichsplatte

A Ankerdurchlass Ø 35 – 160 mm
B Kreis-Auflagerfläche Ø 123 – 380 mm
C Außenmaß mit Schweißring C = B + ca. 20 mm
D Bauhöhe inkl. Ausgleichsplatte 57 – 90 mm

Abb. 4.42 Hydraulisch/elektrische Ankerkraftmessgeber GLÖTZL, Modell KK mit Kenndaten für den Messbereich 250–5000 kN (GLÖTZL 2019a).

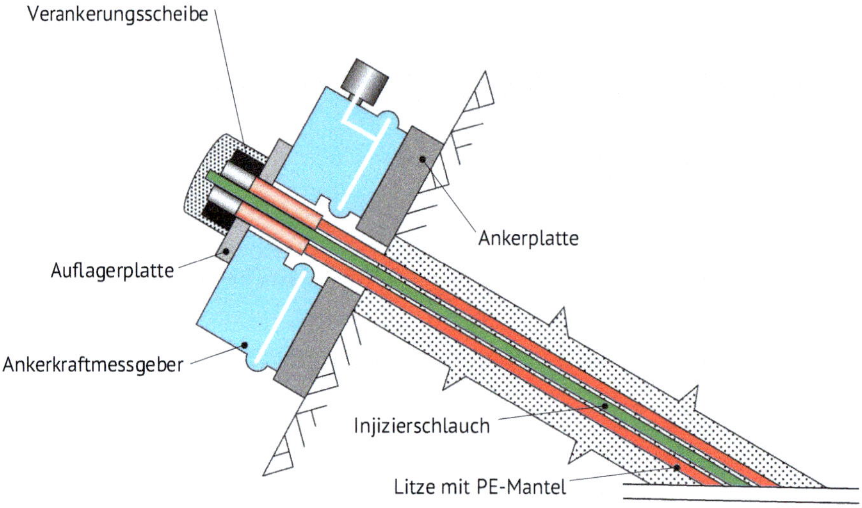

Abb. 4.43 Kopfausbildung eines Litzenankers mit Ankerkraftmessgeber (GLÖTZL GmbH, Rheinstetten).

verstärkend auf eine ungleichmäßige Lastverteilung aus. Elektrische Messsysteme mit größerer Bauhöhe nach Abb. 4.41 reagieren in dieser Hinsicht empfindlicher als hydraulische Systeme. Eine schiefe Lasteintragung bis 5° kann allgemein durch eine Ausgleichskalotte ausgeglichen werden. Bei *unsymmetrischer Belastung elektrischer Kraft- und Ankerkraftmessdosen* kann aus mehreren Dehnungssensoren (je nach Hersteller und Spezifikation je drei bis sechs Stück) am Stahlkörper des Druckkissens ein aussagekräftiger Mittelwert gebildet werden (Fecker 2018, S. 57).

Der *Temperatureinfluss auf das Messergebnis* ist je nach den Randbedingungen nicht unerheblich (z. B. große Tag/Nacht-Temperaturwechsel an einem Felshang in Südrichtung) und hängt nicht nur vom Temperaturverhalten des Messsystems allein, sondern auch vom Temperaturverhalten des gesamten Ankerkopfes/Bauteils ab. Deshalb wird empfohlen, immer zusätzlich Temperatursensoren in der Ankerkraftmessdose zu installieren. Die Messergebnisse nach einem Einbau zeigen bei konstanter Ankerkraft meist eine starke Korrelation zwischen gemessener Kraft und Temperatur. Unter Verwendung von Messreihen über mehrere Tage in enger Zeitfolge in der Anfangsphase eines Messprojektes kann ein repräsentativer Temperaturgradient bestimmt werden, mit dem der Temperaturgang der Messergebnisse zuverlässig kompensiert werden kann.

Kraftmessdose (Kraftmessgeber)

Typische Anwendungsbereiche für die Kraftmessdosen sind die Überprüfung der Auflagerkräfte an Stützkonstruktionen, allgemein die Messung einer Lastverteilung an Bauelementen, die Kraftmessung am Pfahlkopf bei Pfahlprobebelastungen, die Bestimmung der Steifenkraft in Baugruben und die Ermittlung der Kräfte am Kopf bzw. am Fuß von Ortbetonpfählen (Abb. 4.44).

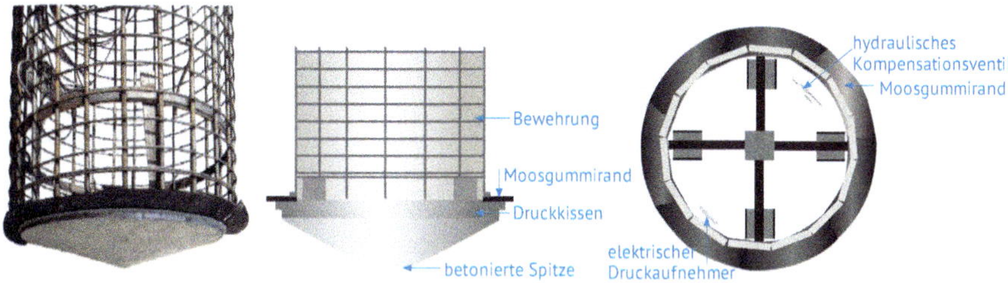

Abb. 4.44 Hydraulische Pfahlfußdose für Ortbetonpfähle am Bewehrungskorb montiert, Aufbau und Funktionselemente (GLÖTZL 2019d).

Die hydraulischen Kraftmessdosen für Ortbetonpfähle haben eine Bauhöhe von 16 bis 20 mm und einen Durchmesser, angepasst an den Pfahldurchmesser, von 500 bis 1350 mm. Typische Messbereiche sind 5–40 MN. Für die Messung des Hydraulikdruckes werden Sensoren und Verfahren analog den Kraft- und Ankerkraftmessdosen eingesetzt.

Die Wandstärke der Verrohrung für die Ortbetonpfähle beträgt in der Regel 50 mm. Folglich können die Pfahlfußdosen wegen des Einbaus immer nur kleiner als der eigentliche Pfahldurchmesser dimensioniert werden. Um die Lasteintragung aber am Fuß dennoch auf die Kraftmessdose zu konzentrieren, besitzt die Kraftmessdose eine Gummiumrandung, die den Lasteintrag im Randbereich des Pfahles nach Ziehen der Verrohrung umleiten soll. Die Pfahlfußdose hat weiter unterhalb eine vorbetonierte Betonspitze, die beim Einbau in einen vorab in die Pfahlbohrung eingefüllten Betonboden eingestellt wird. Damit wird die Bildung von Luftblasen (Messwertreduzierung durch Kompression der Lufteinschlüsse) unter der ansonsten ebenen Einbaufläche der Dose vermieden.

4.3.2.3 Osterberg-Zelle

Bei einer statischen Pfahlprobebelastung an einem Ortbetonpfahl kann mit dem Einbau einer *Osterberg-Zelle* in einer geotechnisch vorgegebenen Einbauebene eine zusätzliche „aktive" Kraft in den Pfahlkörper eingeleitet werden. In dieser Einbauebene wird eine Schnittstelle mittels Hydraulikpressen – eingebaut zwischen Stahlplatten – geschaffen, die den Pfahl messtechnisch in zwei getrennte Abschnitte aufteilt. Der Hub der Hydraulikpressen und die dazu benötigte Kraft an der Schnittstelle wird im Versuchsablauf über Wegaufnehmer bzw. eine Druckmessung aufgezeichnet. Die Hydraulikpressen übernehmen damit analog wie die Krafteinleitung am Pfahlkopf eine „aktive" Rolle im Ablauf einer Pfahlprobebelastung. Damit können in einzelnen Abschnitten des Pfahles detaillierte Aussagen, z. B. über das Mantelreibungsverhalten der Bodenschichten, gewonnen werden. Die Instrumentierung des Pfahles benötigt dabei wie im standardisierten Fall den Einbau von Kraftmessgebern am Pfahlkopf, Dehnungsmesssensoren am Bewehrungskorb in mehreren Ebenen, optional Extensometer oder Sondenextensometer und die Kraftmessung am Fuß des Ortbetonpfahles (s. hierzu Brunow und Woldt 2011; Fischer et al. 2011; Sychla et al. 2020).

Abb. 4.45 Im Bewehrungskorb eingebaute Osterbergzelle mit Wegaufnehmern (Sychla et al. 2020).

4.3.2.4 Indirekte Verfahren

Zu den indirekten Verfahren zählt die Anwendung von Dehnungsmesssensoren mit direktem Einbau in/an den zu untersuchenden Bauelementen. Geeignet hierfür sind Bauteile aus Stahl (z. B. Steifen und Stützen) oder Beton (z. B. Ortbetonpfähle). Diese Einbaumedien besitzen einen hohen Elastizitätsmodul, sodass im Anwendungsfall vergleichsweise kleine Stauchungen/Dehnungen entstehen, die messtechnisch dem Messbereich der verfügbaren Dehnungsmesssysteme entsprechen. Aus den gemessenen Dehnungen/Stauchungen und dem wirksamen Querschnitt (Stützenfläche, Pfahldurchmesser) wird die Kraft „indirekt" ermittelt.

Der Umweg der Kraftbestimmung über die Dehnungsmessung bei Beton muss mit großer Sorgfalt erfolgen, da der E-Modul des Betons von dessen Zusammensetzung abhängig und auch zeitlich veränderlich ist (Fecker 2018, S. 64).

Beim indirekten Verfahren werden *Präzisionswegaufnehmer, Schwingsaitenaufnehmer oder DMS* zur Dehnungsmessung eingesetzt. Eine Weiterführung des DMS-Prinzips ist die Messung über *integrierende Dehnungsmesssensoren* mit einer Systemlänge von 2 bis 3 m. An dieses Messelement aus Bewehrungsstahl, das z. B. bei Pfahlprobebelastungen in den Bewehrungskörben eingesetzt wird, werden lokal DMS angebracht. Die Entwicklung dieser *IME (Integralmesselemente)* geht auf die TU Darmstadt (Katzenbach et al. 1994) zurück.

Es ist allgemein zu empfehlen, jede Messebene im Bewehrungskorb mit drei Sensoren im Winkelabstand von 120° anzuordnen.

Als Beispiel für einen (Beton)-Dehnungsmesssensor mit Einsatz in einer Betonstruktur (z. B. Ortbetonpfahl) nach dem Messprinzip Schwingsaite wird auf Abb. 4.5 verwiesen. Zu den Systemen der Dehnungsmessung vgl. ansonsten Abschn. 4.3.1.15.

4.3.2.5 Messanker

Der Messanker ist eine Kombination aus Systemanker und Mehrfachextensometer. Systemanker dienen u. a. der Verhinderung einer Auflockerung und der Schaffung

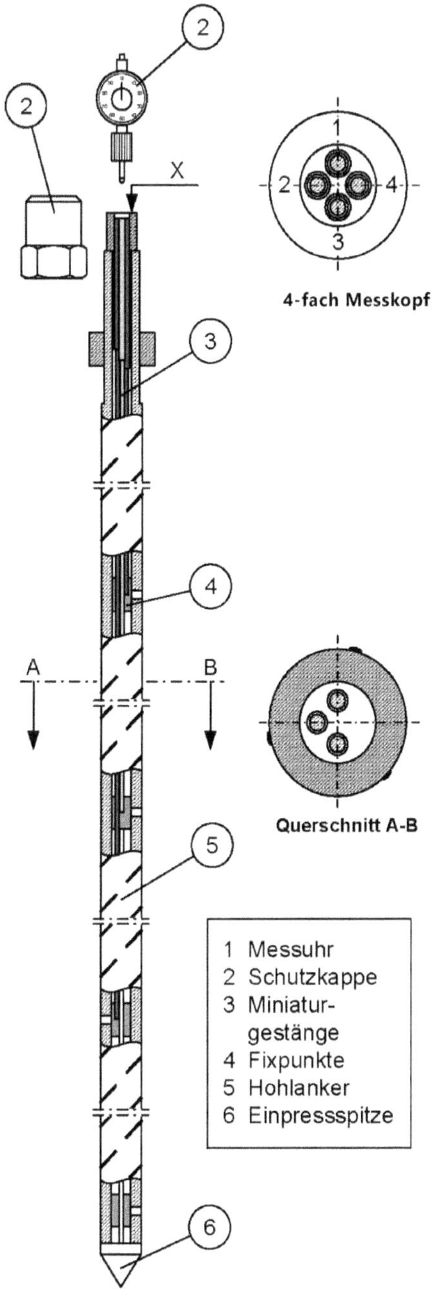

Abb. 4.46 Aufbau mechanischer Messanker gemäß Interfels MA (Müller und Habenicht 1979).

eines Gebirgstragringes in untertägigen Hohlraumbauten (Fecker 2018). Messanker werden im Bereich der Gebirgssicherung eingesetzt, vor allem, wenn die Vorhersagen über die Eignung und Wirksamkeit von Ankerungen über längere Zeit (z. B. bei Kriechen und fehlender Haftung) schwer einzuschätzen sind.

Der Messanker ist als Hohlraumanker ausgebildet, in dem im Innern an unterschiedlichen Punkten bis zu vier Miniaturgestänge mit der Ankerstange fest verbunden sind. Die Messgestänge führen zum Messkopf, an dem die Dehnungen bzw. Stauchungen infolge der Belastung des Ankers ermittelt werden. Über die Längenänderung des Ankers und den E-Modul des Ankerstahls können die Spannung und die Spannungsänderung in verschiedenen Ankerabschnitten errechnet werden. Mit diesem Verfahren ist eine Optimierung der Systemankerlänge möglich, weil durch die Messungen ersichtlich wird, in welchem Tiefenbereich des Gebirges die maßgebende Ankerkraft eingeleitet wird. Der Messanker benötigt keine gesonderte Bohrung, sondern dient gleichzeitig als Systemanker und kann über eine einfache mechanische Messuhr abgelesen werden (Abb. 4.46).

In der Regel werden heute Messanker mit einer Bruchlast von > 250 kN verwendet (Stahlgüte ST 52), der Hohlanker Ø 26 mm × 7 mm entspricht einem Systemanker mit Ø 22 mm. Die Baulängen variieren zwischen 2 und 9 m (Behensky 2019). Die mechanische Messuhr mit Messbereich 30 mm hat eine Ablesegenauigkeit von ±0,01 mm. Unter Berücksichtigung einer Messunsicherheit von fünf Skaleneinheiten entspricht dies einer Kraft von 10 kN.

4.3.2.6 Systeme und Verfahren zur Spannungsmessung

Unter Spannungsmessung wird im Folgenden die richtungsselektive Bestimmung von flächenbezogenen Kräften verstanden.

Dehnungsmesssysteme als Spannungssensoren

In der Mechanik ist die Dehnungsmessung ein häufig eingesetztes Verfahren, um Spannungen in Bauteilen zu ermitteln. Bei einem bekannten Elastizitätsmodul E des Mediums kann durch die hierdurch repräsentierte Proportionalität von Dehnung ϵ und Spannung σ ($\sigma = \epsilon \times E$) eine richtungsorientierte Spannung (vgl. Abschn. 3.4.2) indirekt über die Verformung gemessen werden.

Die hier eingesetzten Dehnungsmesssysteme entsprechen somit den indirekten Verfahren zur Kraftmessung, die bereits zuvor im Abschn. 4.3.2.4 behandelt werden. Auf eine weitergehende Darstellung wird deshalb an dieser Stelle verzichtet.

Hydraulische Spannungsgeber

Grundlage für eine hydraulische Spannungsmessung bildet ein Druckkissen mit zwei nur wenige Millimeter dicken Stahlplatten (typisch 3–6 mm, Bauhöhe damit ca. 6–12 mm), zwischen denen, nach einem Vakuumieren des Zwischenraumes, eine Hydraulikflüssigkeit unter einem Vordruck von ca. 0,1–0,3 MPa eingebracht wird. Der sich dabei einstellende Vordruck wird im unbelasteten Zustand auf eine Messmembran geführt und als Nulldruck definiert (vgl. Abschn. 4.2.3).

Ab dieser Schnittstelle kann der Hydraulikdruck über einen elektrischen Drucksensor (Abb. 4.47) oder über ein Kompensationsmessverfahren (Ventilgeber) ermit-

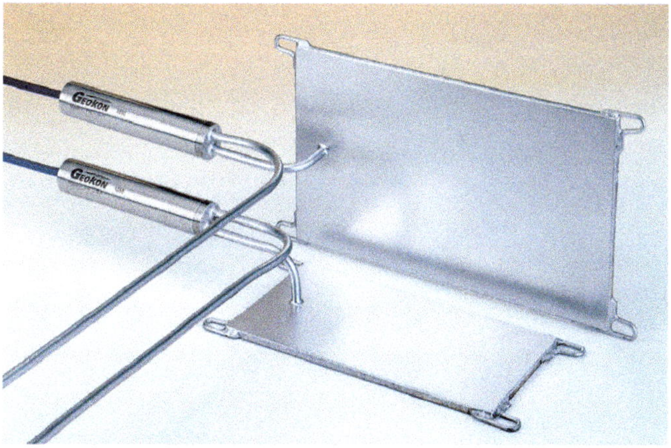

Abb. 4.47 Spannungsdruckgeber mit Nachspannrohr und Befestigungsösen, Messprinzip Schwingsaite, Abmessungen 100 mm × 200 mm × 6 mm bzw. 150 mm × 250 mm × 6 mm, Modell 4850-1/2 (GEOKON 2019).

telt werden. Die Messunsicherheit der eingesetzten elektrischen Druckaufnehmer beträgt in der Regel ±0,1–0,5 % v. E. (Linearität), die Regelgenauigkeit der Ventilgeber wird von GLÖTZL (2019g) mit ca. ±0,5–20 kPa (Messbereich 0,2–20 MPa) angegeben.

Der Spannungsgeber misst die Totalspannungen als Summe aus Boden-, Gebirgs- bzw. Betondruck und einem evtl. auch wirksamen Porenwasserdruck.

Wenn das Spannungsdruckkissen in einem Gebirge z. B. in ein Bohrloch eingebaut wird, lässt sich nicht vermeiden, dass die zu erfassenden In-situ-Spannungsverhältnisse und evtl. auch die Porendrücke durch den Einbau der Spannungsgeber in das Medium verändert und gestört werden. Es muss deshalb angestrebt werden, diese Störung durch die Anordnung der Sensoren, die Wahl der Konstruktion des Druckkissens und das zu wählende Einbauverfahren so gering wie möglich zu halten. Die Messergebnisse eines hydraulischen Spannungsgebers sind meist nicht maßgebend von der Messgenauigkeit der Einzelkomponente des Druckaufnehmers abhängig, sondern von der Qualität der Einbettung (Homogenität, Steifigkeit der Verfüllung und Injektion) der Druckdose in das Medium. Auf die Beachtung der Randbedingungen beim Einbau ist daher besonderen Wert zu legen.

Aus diesem Grunde erfassen die im Gebirge eingebauten Druckkissen nach Einbau und Konsolidierung der Einbauverhältnisse, nach Verfüllung des Bohrloches und der Verfestigung der Hohlraumverfüllung lediglich die Änderungen der Totalspannungen, die sich in der Folge z. B. durch Verformungen, Sättigungsvorgänge und Baumaßnahmen im umgebenden Gebirge einstellen.

Spannungsgeber können als einzelnes Druckkissen nur die Normalspannung auf das Druckkissen erfassen. Schubspannungen entlang der Fläche des Druckkissens können grundsätzlich nicht erfasst werden. Um diese Einschränkung auszugleichen, können konstruktiv in einer Spannungsmonitorstation mehrere Druckkissen (mindestens drei Kissen für den 2-D-Zustand und sechs Kissen für den 3-D-

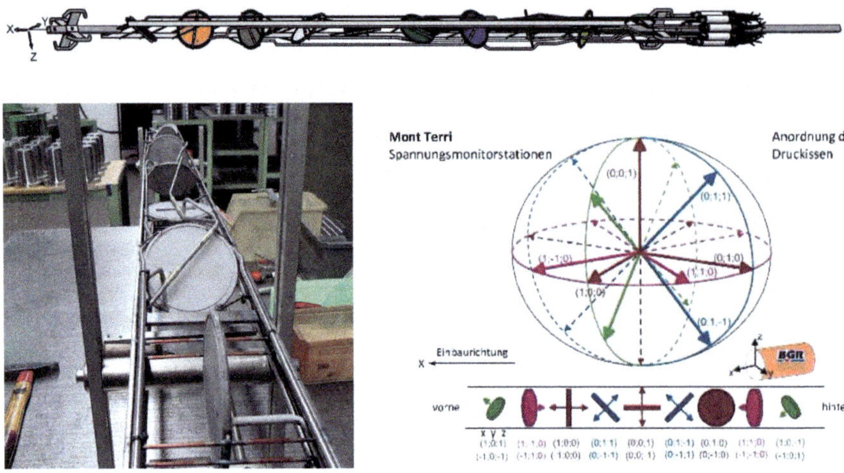

Abb. 4.48 Beispiel einer Spannungsmonitorstation: (Mont Terri-Projekt MB-A Experiment, Phase 23, BGR 2018), siehe Fallbeispiel „Untertägiger Hohlraumbau" im Abschn. 6.7.4.

Zustand) nach individuellen Spannungsebenen ausgerichtet werden (DIN EN ISO 18674-5:2020-02). Die Abb. 4.48 zeigt beispielhaft eine Spannungsmonitorstation mit neun unterschiedlich orientierten Druckkissen (Kissengröße jeweils Ø 120 mm) auf einem Stahlrahmen. Über die Druckkissenflächen sind Nachinjektionsleitungen mit punktuellen Austrittsöffnungen angeordnet.

Einflüsse auf die Spannungsmessung durch Form und Steifigkeit des Druckkissens

Der gemessene Spannungszustand im Boden, Gebirge oder Beton wird durch die spezifischen Eigenschaften des Druckkissens beeinflusst, z. B. durch die Bauart, hier insbesondere das Seitenverhältnis von Bauhöhe zum kleinsten Seitenmaß (bzw. Durchmesser) des Druckkissens. Das Druckkissen kann je nach Einbausituation eine rechteckige, quadratische, runde oder ovale Form haben. Typische Seitenlängen bzw. Durchmesser der Druckkissen sind 100–400 mm, das typische Seitenverhältnis beträgt 1 : 20 bis 1 : 40.

Ein weiterer Einfluss auf das Messergebnis geht von der Eigensteifigkeit des Druckkissens aus. Faktoren auf die Größe der Eigensteifigkeit sind die Höhe des flüssigkeitsgefüllten Hohlraumes zwischen den Platten des Druckkissens, das Volumen und die Kompressibilität der Füllflüssigkeit im Inneren des geschlossenen Systems, die Elastizität und die Ausbildung der Druckkissenränder (Paul und Walter 2004).

Einflüsse durch die Gebirgseigenschaften und den Einbau

Das Messverhalten eines Spannungsdruckkissens wird wesentlich vom Verhältnis des Elastizitätsmoduls des Spannungsgebers E_S zum Verformungsmodul des Gebirges E_G beeinflusst (Abb. 4.49). Ist das Druckkissen in großer Länge steifer als das umgebende Medium ($E_S > E_G$), so konzentrieren sich die Drücke in einer größeren Fläche auf das Druckkissen. Die Folge ist, dass größere Spannungen gemessen wer-

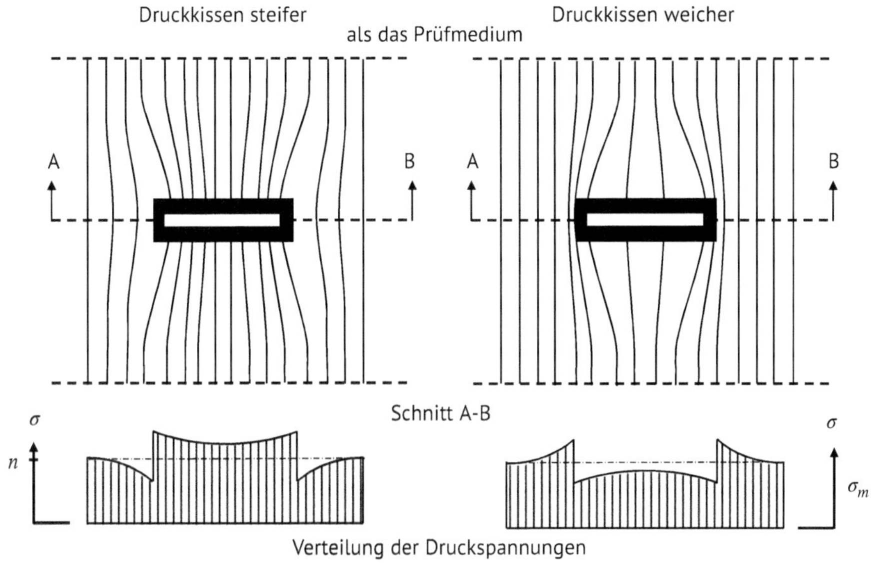

Abb. 4.49 Verteilung der Druckspannungen im Bereich eingebauter Spannungsmessdosen (Franz 1958), (Fecker 2018, S. 54).

den, als sie im Medium vorhanden sind (steifer Einschluss). Ist das Druckkissen aber weicher als die Umgebung, so werden die Drücke auf dem Druckkissen abgemindert, weil die Linien des Spannungsfeldes mit gleichem Spannungspotenzial zu den Rändern des Kissens und in dessen Umgebung abwandern (weicher Einschluss).

Bohrlöcher mit eingebauten Spannungsdruckgebern müssen daher mit einem Material verfüllt werden, das der Steifigkeit des Baugrundes entspricht, um einen weichen bzw. harten Einschluss zu vermeiden.

Die Qualität der Messung wird maßgebend durch die Herstellung eines optimalen Kontakts zwischen der Druckkissenfläche und dem Einbaumedium bestimmt. Beispielsweise führt die Hydrationswärme eines Spritzbetons (Abb. 4.50) oder das Kriechverhalten des Verfüllmaterials einer Bohrlochverfüllung (z. B. Dämmer oder ein zementbasierter Mörtel) nach der Verfestigung des umgebenden Mediums zu einem Kontaktverlust und folglich zu einem Spannungsverlust bei der Messung.

Um den Kontakt des Druckkissens zum Medium wieder herzustellen, werden technisch je nach Einbausituation zwei unterschiedliche Verfahren eingesetzt.

Das innere hydraulische System des Druckkissens kann beim oberflächennahen Einbau über ein Nachspannrohr durch Quetschungen des Rohres zusätzlich mit Flüssigkeitsvolumen versorgt und aufgepresst werden (Abb. 4.50). Dies ist das typische Verfahren, um z. B. hydraulische Tangentialspannungsgeber beim Tunnelbau in einer Spritzbetonschale in ihrem Kontaktverhalten zu optimieren.

Beim Einbau von Spannungsmonitorstationen in Bohrlöchern (Abb. 4.48) werden bei Bedarf Nachinjektionen von außen an den Druckkissen vorgenommen, um Hohlräume auf den Kontaktflächen zu schließen. Nachinjektionsleitungen führen dabei vom Bohrlochmund aus über die Ränder und Flächen der in der Tiefe einge-

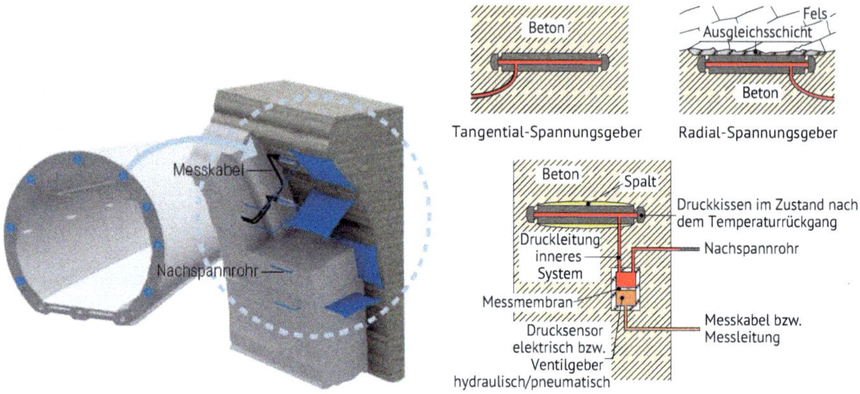

Abb. 4.50 Einbau von Betonspannungs- und Radialspannungsgebern im Tunnelbau mit Nachspannung über das innere System des Druckkissens mittels Nachspannrohr (GLÖTZL GmbH) und (nach Paul und Walter 2004).

bauten Druckkissen. Im Bereich des Druckkissens sind Austrittsöffnungen für das Nachinjektionsmedium (z. B. Zwei-Komponenten-Kunstharz) angeordnet. Der zulässige Nachinjektionsdruck ist dabei am E-Modul des Injektionsgutes und auch nach dem Verhältnis von der bisher nach Einbau gemessenen Spannung und der errechneten Primärspannung aus der Modellrechnung auszurichten.

Es ist dabei zu beachten, dass mit beiden Verfahren meist keine vollständige Anpassung an den vorliegenden Primärspannungszustand erreicht wird, sondern dabei zunächst nur die Spannungsübertragung über die Kontaktfläche verbessert und optimiert wird. Wird dem Gesamtsystem Gebirge/Spannungsgeber in der Folge eine ausreichende Konsolidierungszeit zum Ausgleich der Spannungsverhältnisse eingeräumt, so kann sich der Messwert des Spannungsgebers bei einem ausgeprägten zeitabhängigen Verformungsverhalten des Gebirges an den primären Gebirgsspannungszustand angleichen. Wenn diese Randbedingungen (Zeit, andauernde Verformung) nicht gegeben sind, können bei spannungsrelevanten Ereignissen (z. B. Quellverformungen, Entlastung durch Hohlraumbildungen im benachbarten Gebirge) nur die Spannungsänderungen gegenüber einem temporären Ausgangszustand gemessen werden.

Spannungsdruckgeber für Tangential-, Kontakt- und Radialspannungen

In Abb. 4.50 wurde bereits auf die typische Einbaumethode von Spannungsdruckgebern in der Spritzbetonschale von Tunnelbaumaßnahmen eingegangen.

Die Abmessungen der Druckkissen für die Tangentialdruckspannungen betragen im Tunnelbau in der Regel 10 cm × 20 cm, für die Radial- bzw. Kontaktspannungsgeber 15 cm × 25 cm. Die Druckkissen werden beim Einbau an der zuvor eingestellten Bewehrung mit Draht befestigt bzw. über Dübel und Bewehrungsstangen, die in das Gebirge eingeschlagen werden, fixiert und ausgerichtet. Die Radialspannungsgeber sind über eine Ausgleichschicht möglichst kraftschlüssig beim Einbau an das Gebirge anzudrücken und zu fixieren.

Abb. 4.51 Beispiel: Messung von Kontakt (Tangential)-Spannungen an den Grenzflächen von Tübbing-Segmenten (Projekt Stuttgart 21, 2015, Fotoarchiv GLÖTZL).

Tunnel werden – insbesondere bei minimaler Überdeckung im städtischen Bereich – zunehmend mithilfe von Tunnelvortriebsmaschinen (TBM) aufgefahren und mit Tübbingen ausgebaut. Die Tübbinge bestehen aus mehreren vorgefertigten Segmenten und werden innerhalb des Schildes der TBM eingebracht. Die Maschine stützt sich im weiteren Vortrieb als Widerlager auf den eingesetzten Elementen ab. In diesen Elementen können zur Überwachung der Kontaktspannungen, zwischen den Tunnelsegmenten (tangential im Ring) und neben benachbarten Ringen in der Tunnellängsrichtung, Spannungsmessungen ausgeführt werden (Abb. 4.51). Die Instrumentierung erfordert eine detaillierte konstruktive Planung (auch bzgl. der Kabelwege und Datenerfassung), da die Kontaktspannungsgeber in die Aussparungen der Segmente exakt im Millimeterbereich eingefügt und verklebt werden müssen, damit die Kontaktspannungen zutreffend erfasst werden. Im vorgestellten Beispiel der Abb. 4.51 wurden Sensoren mit einer Druckkissengröße von 15 cm × 20 cm und mit einem Messbereich von 50 bzw. 75 MPa eingesetzt (Messprinzip Schwingsaite). Zum Abstandsausgleich wurden 3 mm starke Bleiplatten zusätzlich auf dem Druckkissen verklebt, die sich wegen ihrer guten Plastizität an die Einbausituation anpassen und spannungsausgleichend wirken.

Ein weiterer Anwendungsfall als Kontaktflächengeber oder Sohldruckgeber ist der Einsatz unter der Bodenplatte einer KPP (kombinierte Pfahl-Plattengründung). In der Sauberkeitsschicht unter der Bodenplatte wird für den Einbau eine ca. 40 cm × 40 cm große Aussparung freigehalten, in der ein Kontaktspannungsgeber (typische Größe 20 cm × 30 cm) auf einer Ausgleichsschicht aus Sand auf die vorhandene Baugrundsohle aufgesetzt wird (Abb. 4.52). Meist ist dieser Einbaupunkt zusätzlich mit einem Porenwasserdrucksensor bestückt. Es hat sich bewährt, die Messkabel der Sensoren auch in der Sauberkeitsschicht bis zur Datenerfassung zu führen, um eine Beschädigung bei den nachfolgenden Bewehrungsarbeiten zu vermeiden.

Nach Einbau der Messsysteme werden die Öffnungen und Kabelwege mit dem Beton der Sauberkeitsschicht verfüllt.

Zu weiteren typischen Anwendungsfällen gehören die Spannungsmessungen bei Bodendruck gegen eine Spundwand oder die Erddrücke aus der Bodenverfüllung gegen das Widerlager einer Brückenkonstruktion.

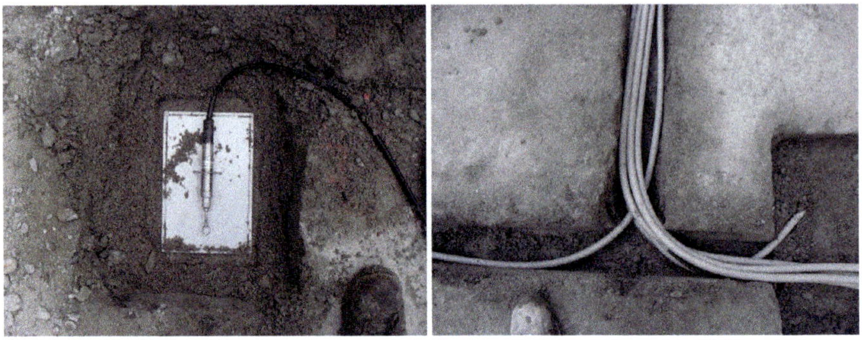

(a) (b)

Abb. 4.52 (a) Einbaubeispiel eines piezoresistiven Sohldruckgebers in der Aussparung der Sauberkeitsschicht der Bodenplatte einer KPP-Gründung und (b) Kabelführung innerhalb der Sauberkeitsschicht (Hochhausgründung La Roche, Basel, 2012, Fotoarchiv GLÖTZL).

Spannungsmessgeber für Erddruck

In Auffüllungen und Schüttungen sollte vor dem Einbau eines Erddruckgebers das erste Planum über der Gründungssohle entsprechend den Anforderungen großflächig verdichtet werden. In das Planum hinein wird dann eine Vertiefung bzw. eine Schürfgrube bis in Höhe der Gründungssohle ausgehoben. Bei weichen Böden kann der Erddruck (Auflast)-Geber sogar abweichend vorab in die oberste Bodenschicht des Baugrunds eingesetzt werden.

Die Einbaugrube für einen einzelnen Spannungsmessgeber sollte je nach den Verhältnissen mindestens 30–50 cm tief, in der Einbauebene mindestens eine Fläche von ca. 40 cm × 40 cm und eine Böschungsneigung von 1 : 1 bis 1 : 2 besitzen. Dies gilt für schluffig-sandige bis überwiegend kiesige Schüttungen bis zu einer Korngröße mit Ø 32 mm. Die gewählte Kissengröße des Erddruckmessgebers ist an das Einbaumedium anzupassen. Bei Schluffen und Sanden sind Kissengrößen mit einer größten Kantenlänge bzw. einem Durchmesser von max. 150–200 mm ausreichend. Darüber hinaus haben sich bei Kiesen und Schotterschichten eine Kissengröße von 20 cm × 30 cm bzw. 40 cm × 40 cm oder kreisförmige Druckkissen bis Ø 40 mm bewährt.

Bei Anschüttungen mit großen Steinen liegen besondere Randbedingungen vor. In DIN EN ISO 18674-5:2020-02 wird hierzu im Beispiel C2 bei einem großen Steinschüttdamm und in Abschn. 6.1.2 eine Einbautiefe der Spannungsgeber von mindestens 80 cm unter Planum, eine Baugrubenfläche von 4 m × 4 m (bei Einbau von drei Drucksensoren) und eine seitliche Böschungsneigung < 1 : 3 empfohlen.

Beim Einbau des Druckkissens wird als ausgleichende Zwischenschicht zwischen Druckkissen und der Einbaufläche des Baugrundes eine dünne Schicht aus Sand bzw. eine Sand-Zement-Mischung aufgetragen.

Die Wiederverfüllung der Einbaugrube ist immer mit dem anstehenden Dammmaterial, die Verdichtung des Verfüllmaterials zunächst nur händisch mithilfe eines Verdichtungsstampfers bzw. einer Vibrationsplatte durchzuführen. Erst nach Auftrag einer weiteren Schüttlage, die den Abstand zum Einbauhorizont des Erddruck-

(a) (b)

Abb. 4.53 Erddruckmessungen in der Gründungssohle eines Dammes, SGP-Bauweise (Projekt DB-ABS Augsburg-Olching, 2006, Fotoarchiv GLÖTZL).

kissens auf mindestens ca. 0,8–1,0 m erhöht, können Walzenzüge für großflächige Verdichtungsarbeiten eingesetzt werden. Es wird empfohlen, die Verdichtungsarbeiten durch Kontrollmessungen der Sensoren zu begleiten, um mögliche Ausfälle frühzeitig zu erkennen und beheben zu können.

Abbildung 4.53 zeigt ein spezielles Einbaubeispiel von Erddruckgebern in der Gründungssohle einer Dammgründung auf weichem Baugrund mithilfe der SGP (Säulen-Geogitter-Polster)-Bauweise. Bei diesem Bauverfahren wird über einem Raster aus Betonsäulen nach Auftrag einer Schottertragschicht (h = ca. 30 cm) in der Gründungssohle ein Polster aus hoch zugfesten Geogittern zur Stabilisierung und Erhöhung der Standsicherheit des Dammes verlegt. Im Beispiel der Abb. 4.53 wurden Erddruckkissen mit Ø 60 cm auf den Kopf der Betonsäulen (Abb. 4.53a) aufgelegt. In den Zwischenräumen wurden Erddruckgeber mit Druckkissen 20 cm × 30 cm eingebaut (Abb. 4.53b), dahinter ein dreiaxiales Geofon. Die Erddruckgeber sind redundant mit piezoresistiven Drucksensoren und Ventilgebern nach dem Kompensationsmessverfahren (pneumatisch) ausgelegt.

Die Messunsicherheit kann am besten durch Feldmessungen am Beginn des Projekts abgeschätzt werden, indem die Plausibilität der Messergebnisse mithilfe anderer Kenndaten im Zuge der laufenden Aufschüttungen bewertet wird.

In weichen Böden können Erddruckgeber auch mithilfe der Drucksonde bzw. mit Einpressgestänge und Baggerhilfe direkt von der Oberfläche aus bzw. in eine vorab hergestellte Bohrung in den Untergrund eingedrückt werden (Abb. 4.54). Die typischen Abmessungen der Rechteckkissen betragen 7 cm × 14 cm bzw. 10 cm × 20 cm; sie besitzen eine zusätzliche Einpressspitze. In der Regel hat der Einpressgeber weiter einen Filter und einen Drucksensor zur Porenwasserdruckmessung. In der Abb. 4.54 ist der Einpressgeber in der Ausführung als Ventilgeber (pneumatisch/hydraulisch) dargestellt.

Diese Anwendung ist einschränkend lediglich für den vertikalen Einbau geeignet, sodass folglich damit nur horizontale Erddrücke gemessen werden können.

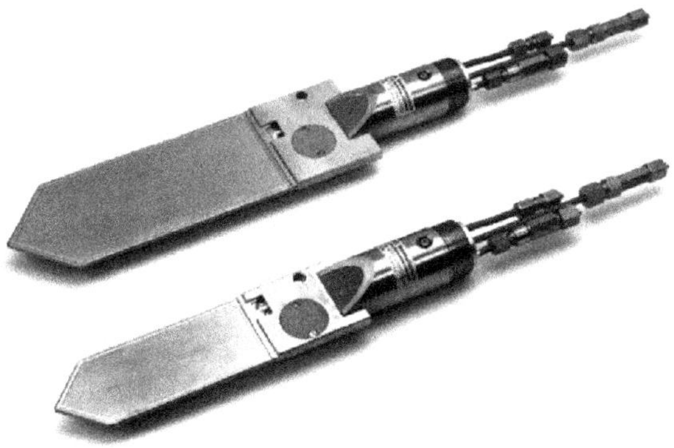

Abb. 4.54 Einpressgeber für Erddruck Typ PE/P (GLÖTZL 2019b).

4.3.2.7 Methoden zur Messung von Gebirgsspannungen

Der Spannungszustand des unverritzten Gebirges wird als primärer Spannungszustand bezeichnet (Paul und Walter 2004). Er kann nicht direkt gemessen werden, weil jeder messtechnische bzw. verfahrenstechnischer Eingriff in die Struktur des Gebirges den ursprünglichen Spannungszustand verändert. Durch den Eingriff kommt es lokal z. B. zur Entlastung des Gebirges und damit zu Verformungen. Wenn die Verformungen beim Eingriff nicht durch geeignete Verfahren quantifiziert erfasst und in einem Messvorgang bei gleichzeitiger Spannungsmessung ausgeglichen werden, können nach Einbau der Messtechnik nur Sekundärspannungen, d. h. Spannungsänderungen, ermittelt werden. Dies gilt z. B. für den Einsatz von hydraulischen Druckkissen (siehe Abschn. 4.3.2.6).

Die Messverfahren zur Ermittlung der Primärspannung in sehr steifen Böden und Fels können in verschiedene Gruppen eingeteilt werden. Die typischen Verfahren werden nachfolgend nur in aller Kürze beschrieben und stützen sich auf die Ausführungen von Fecker (2018, S. 117). Dort finden sich detaillierte Beschreibungen der Verfahren und auch weiterführende Literaturhinweise.

Die *Methode nach der Theorie des steifen Einschlusses* mithilfe von Spannungsmonitorstationen in Bohrlöchern wurde bereits in der Abb. 4.48 dargestellt.

Verfahren nach der Entlastungsmethode nutzen das elastische Verhalten des Mediums, das sich bei einem primären Ausgangsspannungszustand durch Entlastung (z. B. durch eine Bohrung) verformt. Aus den gemessenen Verformungen kann mithilfe von E-Modul und Querdehnungszahl auf die Ausgangsspannung zurückgerechnet werden.

Zu den aktuellen Verfahren gehört hier u. a. die BGR-Überbohrmethode (Heusermann und Kiehl 2021) oder die Messung mit einer Triaxialzelle (Kiehl und Heusermann 2021) durch Überbohren eines Pilotbohrloches. Als weitere Methode ist die Spannungsmessung mit der Bohrlochschlitzsonde zu nennen. Während des Fräsens eines Schlitzes wird hierbei über einen Kontaktdehnungsaufnehmer die tangentiale Dehnung der Bohrlochwandung gemessen. Drei um 120° versetzte Schlitze am gleichen Messort ermöglichen die Bestimmung des zweidimensionalen Spannungszustands.

Die *Spannungsmessung nach der Kompensationsmethode* (Entwicklung und Ursprung des Verfahrens siehe bei (Mayer et al. 1951) und (Rocha et al. 1969)) arbeitet mit einem kreissegmentförmigen Druckkissen, das in einem hergestellten Sägeschnitt (z. B. Kreis Ø 40 cm, Tiefe 5 cm) eingesetzt wird. Vor Beginn der Schlitzarbeiten werden ober- und unterhalb des Schnittes Messstifte eingesetzt, deren Abstand über einen hochpräzisen Setzdehnungsgeber (Ablesegenauigkeit $\pm 1\,\mu m$) gemessen wird. Mit dem Sägeschnitt wird dann eine Entlastung im Medium erzeugt, die zu einer Verformung führt. Durch Druckbeaufschlagung des eingesetzten Druckkissens mithilfe einer Hydraulikpumpe wird die Spannung im Medium soweit erhöht, bis die Entlastungsverformungen kompensiert sind. Die ursprüngliche Spannung wird in der Auswertung über den gemessenen Öldruck und weiteren Formkonstanten (Rossi 1987) bestimmt.

Eine weitere Methode beinhaltet das *Hydraulic Fracturing*, welches bis in Tiefen von mehreren Tausend Metern eingesetzt werden kann. Bei dem Verfahren wird in einer Bohrung ein Testabschnitt mit hydraulischen Packern isoliert und anschließend der Flüssigkeitsdruck im Messintervall bis zur Erzeugung eines künstlichen Risses bzw. dem Öffnen vorhandener Risse gesteigert. Nach Druckentlastung wird der Riss in mehreren Injektionszyklen wieder geöffnet bzw. erweitert, jeweils verbunden mit dem Schließen des hydraulischen Systems. Der sich dabei einstellende Ruhedruckwert entspricht der Normalspannung auf der hydraulisch aktivierten Rissfläche. Aus bruchmechanischen Gesetzmäßigkeiten erfolgen die Rissinitiierung und das anschließende Risswachstum unter bestimmten und geomechanisch häufig gegebenen Bedingungen in Richtung der größeren horizontalen Hauptspannungskomponente des Primärspannungsfeldes. Aus den charakteristischen Druckwerten sowie der Lage der Risse an der Bohrlochwand lassen sich mithilfe von Inversionsverfahren die Beträge der Hauptspannungen und deren räumliche Orientierung ermitteln. Die Ermittlung der Richtungen der Rissspuren erfolgt sowohl mit orientierten Abdruckpackern (Packer mit spezieller Oberflächenbeschichtung) als auch mit bildgebenden geophysikalischen Bohrloch-Logs (Televiewer, Formation Microscanner).

4.3.3 Grundwasserstand und Porenwasserdruck

Grundwassermessungen werden durchgeführt, um Veränderungen der Grundwasserverhältnisse abzuschätzen bzw. zu dokumentieren, z. B. im Zusammenhang mit baulichen Maßnahmen. Hierzu zählen die Ermittlung der Einwirkung auf Beton- und Erdbauwerke oder Baugruben bzw. Grundwasserbeweissicherung und Grundwasserüberwachung an Bauwerken.

Nachfolgend werden Grundwassermessungen im Sinne von DIN EN 1997-2:2010-10 zur Bestimmung des Grundwasserspiegels oder des Porenwasserdrucks behandelt, nähere Hinweise zur Planung und Ausführung dieser Messungen sind im Abschn. 3.6 der o. g. Norm enthalten. Geohydraulische Versuche, wie z. B. Wasserdruckversuche im Fels oder Pumpversuche werden in DIN EN ISO 22282-1:2012-09 bis DIN EN ISO 22282-6:2012-09 beschrieben.

Bis etwa 2019 wurden in DIN EN ISO 22475-1:2007-01 Grundwassermessungen und Piezometer behandelt. Speziell hinsichtlich der Messung von Porenwasserdruck im Bereich der Geotechnik wurde 2019 der Entwurf einer neuen Norm vorgelegt (DIN EN ISO 18674-4:2020-10). Um Doppelungen zu vermeiden, entfallen nunmehr diesbezügliche Hinweise in zukünftigen Ausgaben von DIN EN ISO 22475-1.

Ein Piezometer ist ein Messsystem, mit dem das Potenzial des Grundwassers punktuell festgestellt werden kann, indem örtlich der Fluiddruck gemessen wird. Mit Piezometern gemäß DIN EN ISO 18674-4:2020-10 wird in der Regel der Porenwasserdruck gemessen, der größer als der Atmosphärendruck ist. Darüber hinaus können unter bestimmten Umständen auch Porenwasserdrücke gemessen werden, die (bei einem Atmosphärendruck von etwa 100 kPa) bis zu etwa 85 kPa kleiner sind als der Atmosphärendruck (Saugspannungen), entsprechend einem absoluten (Porenwasser-)Druck von $p_{abs} = 15\,\text{kPa}$. Die gemessenen Druckwerte können im Sinne der o. g. Norm dann als repräsentativ für den Porenwasserdruck angesehen werden, wenn das Porenvolumen (nahezu) vollständig mit einem Fluid gefüllt ist (quasigesättigt).

Vom Normenausschuss Wasserwesen wurde die Norm DIN EN ISO 11276:2014-07 erarbeitet. Sie

> *„legt Tensiometerverfahren zur Bestimmung des Porenwasserdrucks sowohl in ungesättigtem als auch in gesättigtem Boden fest. Die Verfahren sind auf In-situ-Messungen des Porenwasserdrucks im Freiland sowie für die Bestimmung des Porenwasserdrucks z. B. in Pflanzenbehältern […] anwendbar.“*

Porenwasserdruckmessungen in teilgesättigten oder zeitweilig teilgesättigten Böden stellen eine besondere Herausforderung dar: Zunächst ist sicherzustellen, dass die hydraulische Verbindung des Porenfluids zum Sensor mit der Zeit nicht verloren geht, z. B. durch Austrocknung. Weiter sind insbesondere Messwerte bei äußerst geringer Sättigung mit vielen Unzulänglichkeiten und Unsicherheiten behaftet (Perau und Potthoff 2002), sodass bei der bodenmechanischen Interpretation solcher Messwerte Vorsicht geboten ist. Weitere Informationen zu Tensiometermessungen finden sich in Becker et al. (2017).

Weil die Messung von Porenwasserdrücken unterhalb des Druckniveaus von etwa $p_{abs} = 15\,\text{kPa}$ in der Geotechnik im Feld bislang praktisch kaum durchgeführt wird und hierfür der Einsatz besonderer Verfahren erforderlich ist, wird auf solche Messungen nicht weiter eingegangen. Details werden in Guan (1998) behandelt.

4.3.3.1 Allgemeines und Definitionen

In der Grundwasserhydraulik wird das Grundwasserpotenzial z_w in Anlehnung an die Bernoulli-Gleichung definiert. Weil die Fließgeschwindigkeit des Grundwassers in der Regel relativ gering ist, wird der Einfluss der Fließgeschwindigkeit vernachlässigt:

$$z_w = \psi + z \tag{4.3}$$

mit $\psi = u/\gamma_w$ folgt

$$z_w = \frac{u}{\gamma_w} + z \tag{4.4}$$

und mit $\gamma_w = \rho_w \cdot g$ ergibt sich

$$z_w = \frac{u}{\rho_w \cdot g} + z \tag{4.5}$$

mit

z_w (Grundwasser-)Potenzial in m; auch: piezometrische Höhe
ψ (Grundwasser-)Druckhöhe in m
z geodätische Höhe in m; auch: geometrische Höhe
u Porenwasserdruck (Wasserdruck in fluidgefüllten porösen Medien) in N/m^2, (positive Werte falls $p_{abs} > p_{amb}$ und negative Werte, falls $p_{abs} < p_{amb}$)
γ_w Wichte des Grundwassers in N/m^3
ρ_w Dichte des Grundwassers in kg/m^3
g örtliche Fallbeschleunigung (Erdbeschleunigung) in m/s^2

In der Grundwasserhydraulik wird die Dichte des Grundwassers in der Regel näherungsweise mit $\rho_w = 1000\,kg/m^3$ angenommen, die örtliche Fallbeschleunigung als Normfallbeschleunigung (9,806 65 m/s^2 gemäß DIN 1304-1:1994-03) näherungsweise mit $g = 9{,}81\,m/s^2$ (Odenwald et al. 2018). Damit ergibt sich die Wichte des Grundwassers zu $\gamma_w = \rho_w \cdot g = 9810\,N/m^3$.

In der klassischen Bodenmechanik wird näherungsweise angenommen, dass (spätestens) unterhalb des Grundwasserspiegels das Porenvolumen vollständig wassergesättigt ist, weiter wird das Porenwasser als inkompressibel angesehen. Natürlich anstehendes Porenwasser enthält jedoch in der Regel geringe Gasanteile von bis zu einigen Prozent (Vaughan 2003). Weil selbst geringe Gasanteile die Kompressibilität des Porenfluids stark beeinflussen (Fredlund und Rahardjo 1993; Schulze und Stelzer 2015), kann dies Auswirkungen auf die Auswahl und Durchführung von Porenwasserdruckmessungen haben. Deshalb werden in diesem Zusammenhang zunehmend die Begriffe „quasigesättigt" (Laloui 2013) und „Porenfluid" anstatt „vollständig gesättigt" und „Porenwasser" verwendet.

4.3.3.2 Offene und geschlossene Systeme

Porenwasserdruckmessungen können in offenen oder geschlossenen Systemen durchgeführt werden. Für den jeweiligen Anwendungszweck ist ein hinreichend schnell reagierendes Messsystem erforderlich (hydrodynamische Zeitverzögerung bzw. (hydraulic) time lag oder response time), denn je nach Messsystem ist der Zufluss hinreichend großer Fluidvolumina erforderlich, bevor ein Messwert abgelesen werden kann, der dem umgebenden Fluiddruck entspricht. Entsprechende Untersuchungen finden sich in Hvorslev (1951) und Penman (1961) bzw. Gibson (1963) und Premchitt und Brand (1981).

Bei der Auswahl des erforderlichen Systems ist auch entscheidend, ob die Geschwindigkeit der betrachteten Belastungsänderung zu einer zeitlich verzögerten Porenwasserdruckänderung führt, d. h. (vorübergehend) Porenwasserüberdruck bzw. Porenwasserunterdruck zu erwarten ist. Hierbei sind z. B. die hydraulische Durchlässigkeit sowie die Steifigkeit des Baugrundes maßgebend, da diese über die Fließgeschwindigkeit des Porenfluids und (Poren-) Volumenänderungen die zeitliche Verzögerung des Druckausgleichs beeinflussen. Bei drainierten Verhältnissen genügt häufig die Verwendung eines offenen Systems, dies wird bei relativ hoher Durchlässigkeit des Baugrundes der Fall sein. Falls die zu erwartende Belastungsänderung (bzw. die zu erwartende Geschwindigkeit der Porenwasserdruckänderung) zu undrainierten Verhältnissen führen kann, was bei relativ niedriger Durchlässigkeit des Baugrunds zu erwarten ist, wird ein geschlossenes Systems erforderlich.

Offene Grundwassermessstellen können eingesetzt werden, wenn der Druckausgleich hinreichend schnell eintritt, d. h. in Böden oder Fels in der Regel bei relativ hoher Durchlässigkeit. Sie bestehen aus Filter und Standrohr, das bis zur Geländeoberfläche reicht und eine direkte Verbindung zum Atmosphärendruck p_{amb} herstellt. In offenen Grundwassermessstellen kann der Wasserstand im Standrohr durch manuelle Messung mittels Lichtlot oder (automatisiert) z. B. mittels Drucksensor gemessen werden, ähnlich wie in einem Pegel an einem offenen Gewässer. Bau und Ausbau offener Grundwassermessstellen sind im DVGW Arbeitsblatt W121 (DWA 2003), Sanierung und Rückbau im Arbeitsblatt DVGW W 135 (2018) geregelt. Im DVW-Merkblatt 2 finden sich Hinweise zur Einmessung von Grundwassermessstellen.

Bei relativ gering durchlässigem Boden oder Fels bzw. bei relativ schnellen Belastungsänderungen können in offenen Grundwassermessstellen Porenwasserdruckänderungen nicht hinreichend erfasst werden. In solchen Fällen wird es in der Regel erforderlich, aufwendiger gestaltete geschlossene Systeme einzusetzen, bestehend aus einem Filterbereich, der nicht in direktem Kontakt zum Atmosphärendruck steht, sowie einem Druckaufnehmer, der mittel- oder unmittelbar in den Untergrund eingebaut wird. Hierbei ist zu gewährleisten, dass der Sensor stets in unmittelbarem Kontakt mit dem Porenfluid steht, ohne dass durch eingedrungenes Bodenmaterial Kräfte auf die Membran des Sensors übertragen werden. Deshalb wird zwischen der Membran und dem Boden üblicherweise ein Filter angeordnet. Dieser Filter soll die Membran einerseits sicher vor eindringendem Bodenmaterial schützen, andererseits muss die Durchlässigkeit des Filters hinreichend angepasst sein, um negative Effekte auf die Messung wie z. B. überlange Reaktionszeit möglichst auszuschließen. Bei längerfristigen Messungen ist als Filtermaterial Sinterglas oder Keramik zu bevorzugen.

In der quasigesättigten Zone (Abb. 3.5b) wird die Verwendung von Low-Air-Entry-Filtern mit einer Porengröße von 20 bis 80 μm empfohlen – mit einer hydraulischen Durchlässigkeit von etwa $3 \cdot 10^{-4}$ m/s (Dunnicliff 1993). Diese Porengröße entspricht gemäß ISO 4793:1980-10 in etwa den Klassen P 40 (16 – 40 μm) und P 100 (40 – 100 μm). In Böden oberhalb der piezometrischen Linie kann die Verwendung von High-Air-Entry-Filtern mit einer Porengröße von etwa 1 μm angebracht sein – mit einer hydraulischen Durchlässigkeit von etwa $3 \cdot 10^{-8}$ m/s (Dunnicliff 1993).

Diese Porengröße entspricht gemäß ISO 4793 der Klasse P 1,6 (bis 1,6 μm). Filter sind vor dem Einbau stets zu sättigen und im gesättigten Zustand einzubauen.

Piezometer können als geschlossenes System gemäß DIN EN ISO 18674-4:2020-10 auch durch „vollständiges Verpressen" (engl. fully grouted method, gemäß BS 5930 (2015)) realisiert werden. Diese Art der Installation wurde zwar bereits 1969 von Vaughan beschrieben, setzte sich zu dieser Zeit in der Praxis jedoch zunächst nicht durch. Ab etwa 2002 wurde die Methode „wiederentdeckt" und nachfolgend unter Nennung von Einbaudetails veröffentlicht (Mikkelsen 2002; Mikkelsen und Green 2003; Contreras et al. 2012; Simeoni 2012; Priesack et al. 2016). „Vollständiges Verpressen" kann in vielen Fällen ökonomisch interessant sein und bietet häufig auch Vorteile hinsichtlich der Reaktionszeit des Messsystems. Allerdings ist der Sensor nach dem Einbau nicht mehr rückholbar, sodass aus Gründen der Redundanz der parallele Einbau von jeweils mindestens zwei Sensoren erwogen werden sollte.

Vorschläge zur Zusammensetzung des verwendeten Injektionsgutes finden sich in DIN EN ISO 18674-4:2020-10. Wichtige Eigenschaften sind die Pumpbarkeit der frischen Suspension sowie die hydraulische Durchlässigkeit der ausgehärteten Suspension. Bei Herstellung der Injektionsmischung ist nach Contreras et al. (2008) zu beachten, dass zunächst Zement langsam in das Anmachwasser gegeben wird, bis das Mischungsverhältnis erreicht ist, und erst danach Bentonit in einer Weise hinzugegeben werden soll, dass keine Klumpen entstehen. Ein Mischungsverhältnis von Wasser/Zement/Bentonit von etwa 2,5 : 1 : 0,3 bis ca. 0,7 wird häufig verwendet (Marefat et al. 2019; Simeoni 2012; BS 5930 2015). Um die Reaktionszeit des Messsystems zu minimieren, sollte insbesondere bei der Messung von veränderlichen Porenwasserdrücken in gering durchlässigem Boden darauf geachtet werden, dass das Verhältnis der hydraulischen Durchlässigkeit des (erhärteten) Injektionsgutes zur Durchlässigkeit des umgebenden Baugrunds zwischen 1 : 1000 und etwa 1 : 1 liegt. Ein solches Verhältnis gewährleistet auch, dass über die Tiefe des Bohrlochs kein hydraulischer Kurzschluss entsteht. Zwar darf nach Literaturangaben in durchlässigerem Baugrund dieses Verhältnis durchaus auch bei 10 : 1 (oder 100 : 1 und mehr) liegen – aus konstruktiven Gründen wird jedoch sicherheitshalber empfohlen, den Quotienten ebenfalls zwischen 1 : 1000 und etwa 1 : 1 zu wählen (und keinesfalls größer als 10 : 1 einzustellen). Eine gute Zusammenfassung des aktuellen Wissensstandes findet sich in Marefat et al. (2019).

Sowohl offene als auch geschlossene Grundwassermessstellen können mit Absolut- oder Relativdruckaufnehmern bestückt werden. Weil der Porenwasserdruck als Druckdifferenz zum Atmosphärendruck definiert ist, ergeben sich Konsequenzen hinsichtlich der Kompensation des Messwertes zur weiteren Verwendung als Porenwasserdruck (Abschn. 4.3.3.4). Abhängigkeiten bestehen sowohl von der Art des verwendeten Druckaufnehmers (Absolut- bzw. Relativdruckaufnehmer) als auch von der Durchlässigkeit des Baugrundes (genauer: von der Geschwindigkeit der Veränderung des Porenwasserdrucks relativ zur Durchlässigkeit des Baugrunds).

Drucksensoren für Porenwasserdruck arbeiten, analog zu Sensoren der Spannungsmessung, entweder nach dem Deformationsmessprinzip (vgl. Abschn. 4.2.3.3) bzw. nach dem Kompensationsmessprinzip (Ventilgeberprinzip). In Abb. 4.21 werden am Beispiel des Ventilgeberprinzips die Unterschiede zwischen einer Spannungsmessung und einer Poren(wasser)-Druckmessung aufgezeigt. Anstelle eines Druckkissens ist hier zur Membran des Sensors lediglich ein Filter zum Flüssigkeitsmedium vorgeschaltet.

4.3.3.3 Elektrische Druckaufnehmer

Falls die Ablesung der Messwerte automatisiert erfolgen soll, können prinzipiell beide Systeme (offen und geschlossen) mit elektrischen Druckaufnehmern ausgestattet werden. Der Fluiddruck wird stets gegen einen Referenzdruck gemessen. Ist dieser Referenzdruck der jeweils aktuelle Atmosphärendruck, spricht man von einem Relativdrucksensor. Wird als Referenzdruck Vakuum gewählt, handelt es sich um einen Absolutdrucksensor, gemessen wird der Absolutdruck p_{abs}. Weiter kann als Referenzdruck auch ein beliebiger anderer konstanter Druck gewählt werden, dann spricht man von einem Differenzdrucksensor.

Piezoresistive Sensoren können optional als Absolutdrucksensoren (gegen Nulldruck bzw. gegen Atmosphärendruck) oder aber als Relativdrucksensoren eingesetzt werden. Relativdrucksensoren benötigen ein Messkabel, das auf der Sensorrückseite ein Luftleitungsröhrchen besitzt. Damit wird eine Verbindung zur Außenluft hergestellt, um bei der Messung den wirksamen Atmosphärenluftdruck auszugleichen. Diese Variante ermöglicht vordergründig eine vereinfachte Handhabung bei der Auswertung der Messdaten, die bei offenen Grundwasserpegeln ihre Berechtigung haben kann. Jedoch ist insbesondere bei Langzeitmessungen in gering durchlässigen Böden die Gefahr der Kondensation von Wasserdampf in der Belüftungszuleitung nicht zu unterschätzen, die zu Verfälschungen der Messwerte führen kann.

4.3.3.4 Kompensation des Atmosphärendrucks

Wie bereits im Abschn. 3.6.2 und Abb. 3.5 beschrieben, wirkt auf das Grundwasser stets Atmosphärendruck p_{amb}. Weil der Porenwasserdruck u als Druckdifferenz zum Atmosphärendruck definiert ist, ergeben sich Konsequenzen hinsichtlich der Kompensation des Messwertes zur weiteren Verwendung als Porenwasserdruck. Abhängigkeiten bestehen von der Art des verwendeten Druckaufnehmers (Absolut- bzw. Relativdruckaufnehmer) als auch von der Durchlässigkeit des Baugrundes (genauer: von der Geschwindigkeit der Veränderung des Porenwasserdrucks relativ zur Durchlässigkeit des Baugrunds), wovon das geeignete Messsystem (offen oder geschlossen) abhängt.

Um aus dem Messwert des Druckaufnehmers den Porenwasserdruck u (Fluiddruck) zu erhalten, ist je nach Messsystem (offen oder geschlossen) und Art des gewählten Druckaufnehmers (Absolutdruck- oder Relativdrucksensor) der Messwert gegebenenfalls zu kompensieren. In Tab. 4.5 ist dargestellt, wie diese Aufgabe im konkreten Fall bei Absolut- und Relativdrucksensoren gelöst werden kann (nach Schulze 2016).

- Für Messungen in einem Baugrund mit relativ geringer Durchlässigkeit ist bei der Verwendung eines Absolutdrucksensors in einem geschlossenen System vom Messwert der langfristig durchschnittlich wirkende Atmosphärendruck (Mittel-

Tab. 4.5 Kompensation des gemessenen Drucks p hinsichtlich des Atmosphärendrucks p_{amb} zur Bestimmung des Porenwasserdrucks u (Fluiddruck).

a) Bei Absolutdrucksensoren

System	Geschlossen	Offen (oder geschlossen)
Durchlässigkeit des Baugrundes (relativ zur Veränderung)	„Niedrig“	„Hoch“
Maßgebende Verhältnisse	Undrainiert	Drainiert
Kompensation des gemessenen Drucks p	$-\overline{p}_{amb} = const.$ (Mittelwert)	$-p_{amb}(t)$
Zur Bestimmung des Porenwasserdrucks u (Fluiddruck)	$u = p - \overline{p}_{amb}$	$u = p - p_{amb}(t)$

b) Bei Relativdrucksensoren

System	Geschlossen	Offen
Durchlässigkeit des Baugrundes (relativ zur Veränderung)	„Niedrig“	„Hoch“
Maßgebende Verhältnisse	Undrainiert	Drainiert
Kompensation des gemessenen Drucks p	$+\epsilon(p_{amb}(t) - \overline{p}_{amb})$	Nicht erforderlich
Zur Bestimmung des Porenwasserdrucks u (Fluiddruck)	$u = p + \epsilon(p_{amb}(t) - \overline{p}_{amb})$	$u = p$

Korrekturfaktor ϵ, als Approximation festzulegen für jeden Messpunkt ($0 \leq \epsilon \leq 1$).

wert) zu subtrahieren. Dies gilt für Sensoren, die in einer hinreichenden Tiefe eingebaut sind. Hier ist die Fluktuation des Atmosphärendrucks abgebaut (z. B. Dämpfung); daher kann nur noch dessen Mittelwert wirken.

- Für Messungen in einem Baugrund mit relativ hoher Durchlässigkeit ist bei der Verwendung eines Absolutdrucksensors, unabhängig vom gewählten System (offen oder geschlossen), zeitabhängig vom jeweiligen Messwert der jeweils aktuell wirkende Atmosphärendruck zu subtrahieren.
- Für Messungen in einem Baugrund mit relativ geringer Durchlässigkeit wird von der Verwendung eines Relativdrucksensors in einem geschlossenen System abgeraten, stattdessen sollte eher ein Absolutdrucksensor Verwendung finden. Sollte trotzdem diese Variante gewählt werden, wird folgende Kompensation vorgeschlagen: Addition eines Anteils ϵ der Differenz aus dem jeweils aktuell wirkenden Atmosphärendruck und dem langfristig durchschnittlich wirkenden Atmosphärendruck (Mittelwert). Der Korrekturfaktor ϵ ist als Approximation für jeden Messpunkt einzeln zu ermitteln ($0 \leq \epsilon \leq 1$).

- Relativdrucksensoren erfassen den Fluiddruck stets in Relation zum aktuell herrschenden Atmosphärendruck, sodass bei relativ durchlässigem Baugrund eine Korrektur des Messwertes hinsichtlich des atmosphärischen Luftdrucks nicht erforderlich ist. Dasselbe gilt für Messungen in offenen Pegelrohren. Allerdings ist in gering durchlässigen Böden bei längerfristigen Messungen sicherzustellen, dass die Belüftungszuleitung des Sensors in ihrer Funktion nicht beeinträchtigt wird, z. B. durch Kondenswasser oder Einlagerungen tierischen Ursprungs.

Beim Kompensationsmessprinzip wird am Messpunkt der Absolutdruck gemessen. Dieser Druck wird im Luftmengenregler (vgl. Abb. 4.21) über einen Drucksensor für die Datenerfassung digitalisiert. Bezüglich der korrekten Kompensation sind entsprechend dem gewählten Sensor, der bestimmt ob der Ausgangsmesswert gegen des Atmosphärendruck kompensiert ist oder nicht, gegebenenfalls zusätzliche Überlegungen erforderlich.

4.3.3.5 Sonstiges

Hinsichtlich der Langzeitstabilität gelten als erste Wahl Sensoren auf Basis des Prinzips der Schwingsaite (VW, vibrating wire) sowie das Kompensationsmessprinzip. Bei elektrischen Sensoren ist die jahrzehntelange zuverlässige Funktion von VW-Sensoren nachweisbar (DiBiagio 2003). VW-Sensoren sind immer Absolutdrucksensoren.

Gelegentlich kommt es im Bereich der Sensoren zu Gasblasenbildung (z. B. wegen elektrochemischer Effekte). Sowohl die Bildung der Gasblasen als auch deren Kollaps können sich auf den gemessenen Fluiddruck auswirken. Deshalb ist besonders bei längerfristig angelegten Messungen in gering durchlässigem Baugrund darauf zu achten, dass Gasblasenbildung am Messsystem systematisch vermieden wird. Dabei sollte insbesondere das elektrochemische Potenzial der mit dem Messvolumen in Kontakt stehenden Materialien minimiert werden. Filtermaterial aus Sintermetall kann u. U. durch nicht metallische Filter wie Sinterglas, Kunststoff oder Keramik ersetzt werden.

Insbesondere in gering durchlässigem Baugrund ist eine möglichst gute Anbindung des Sensors an den Porenwasserdruck der Umgebung anzustreben. Hierfür muss während der gesamten Messung der Filter nach Möglichkeit gesättigt sein und die Membran des Sensors über ein möglichst steifes Fluid über den Filter mit dem umgebenden Porenfluid verbunden sein. Dies wird durch blasenfreie Füllung des Messvolumens mit entgastem (entlüftetem) Wasser erreicht. Die Entgasung von Wasser erfolgt in der Praxis durch mehrstündiges Kochen oder durch Vakuumentgasung. Entgastes Wasser sollte möglichst bald verwendet werden, denn bei Kontakt mit freier Atmosphäre ist eine Wiederaufnahme von Luft unvermeidbar. Ungünstig sind auch direkte Umschütt- und Einfüllvorgänge. Unvermeidliche Umfüllvorgänge sollten unter Einsatz von Schlauchverbindungen erfolgen. Ist eine Lagerung unumgänglich, sind vollständig gefüllte, gasdichte Behälter zu verwenden, die hermetisch verschlossen werden.

4.3.4 Meteorologie

Messsysteme zur Erfassung von meteorologischen Größen sind so vielfältig, dass im Rahmen dieser Empfehlungen nur auf einige Schwerpunkte eingegangen werden kann.

Grundsätzliche Regeln zur Errichtung und zum Betrieb von meteorologischen Stationen sind in VDI 3786 Blatt 13:2019-11 enthalten. Abhängig von den im Messprogramm beschriebenen Anforderungen muss entschieden werden, ob alle diese Anforderungen für konkrete geomesstechnische Projekte erfüllt sein müssen. Häufig wird diese Entscheidung davon abhängen, für welchen Zeitraum die Messungen durchzuführen sind. Gerade bei sehr lang andauernden Messungen wie bei der Talsperrenüberwachung werden höhere Anforderungen gestellt als bei Baustellenprojekten von einigen Monaten Dauer.

Einfache Wetterstationen bestehen meist aus einem aktiv oder passiv belüfteten Temperatursensor in einem Strahlungs- und Wetterschutzgehäuse, Sensoren für Windrichtung und -stärke und einem Niederschlagsmesser. Die Sensoren sind meist an einem geerdeten Mast befestigt, werden von einem Datenlogger ausgelesen und sind mit Blitzschutz versehen.

Im einfachsten Fall werden Luft-, Boden- oder Wassertemperaturen auch ohne Wetterstation mit Thermometern oder Temperatursensoren erfasst. Oft sind derartige Temperatursensoren in andere Messgeräte integriert bzw. mit diesen kombiniert. Dies ist z. B. bei manchen Wasserdrucksensoren oder Neigungssensoren der Fall.

Systeme zur Erfassung der Lufttemperatur dürfen niemals direkter Sonnenstrahlung und der Beeinflussung durch naheliegende Gebäude oder andere Objekte ausgesetzt sein.

Die Spannweite der jeweiligen Messgrößen kann zur Auswahl des Messbereichs meist gut im Voraus abgeschätzt werden. Die Messunsicherheit der Sensoren spielt gegenüber den Störeinflüssen aus der unmittelbaren Umgebung der Messstation (Abschattung, Vegetation, lokale Thermik) oft eine vernachlässigbare Rolle. Immer muss aber darauf geachtet werden, dass sich die Anordnung der Messgeräte während der Beobachtungszeit nicht ändert. Wetterstationen sollten nicht in der Nähe von steilen Hügeln und Kuppen, Klippen oder in Senken errichtet werden; sie sollten mindestens 10 m von Hauswänden entfernt sein (DWD 2017).

4.3.5 Temperaturen und Temperaturverteilung

Neben Systemen zur Temperaturmessung im meteorologischen Kontext sind vielfältige Messsysteme zur punkt- und linienhaften Erfassung von Wasser-, Boden- oder Bauwerkstemperaturen verfügbar.

Zur Temperaturmessung an diskreten Punkten können Temperatursensoren eingesetzt werden, die häufig auf dem Messprinzip der PT100-Widerstandsthermometer (siehe Abschn. 4.2.4) beruhen. Zur Vermeidung von Messfehlern durch Leitungs- und Übergangswiderstände werden Vier-Draht-Brückenschaltungen empfohlen. Die Sensorelemente selbst sind sehr klein und preisgünstig, jedoch ist auf eine der Nutzungsdauer und den Einsatzbedingungen angepasste Einhausung zur Sicherstellung der erforderlichen Robustheit und Wasserdichtigkeit zu achten. Derartige Temperatursensoren können entweder stationär eingebaut sein (z. B. im Boden, im Beton oder im Wasserkörper) oder mobil verwendet werden (z. B. Sonden zur Erfassung von Temperaturprofilen in Bohrungen). Häufig sind mobile Temperatursensoren mit anderen Sensorarten wie Wasserdrucksensoren, Sensoren zur Erfassung der Leitfähigkeit oder von Wassergüteparametern (Multiparametersonden) kombiniert.

Eine Möglichkeit zur Ermittlung linienhafter Temperaturprofile in Böden ist die Verwendung von gerammten Hohlgestängen, in welche nachträglich Sensorketten eingehängt werden. Durch entsprechende Wartezeiten muss sichergestellt werden, dass Beeinflussungen des primären Temperaturverlaufs durch das Messgerät minimiert werden. Der Anwendung dieser Messmethode sind durch die Art des Bodens (Rammbarkeit) enge Grenzen gesetzt. Zur Erfassung von Temperaturprofilen in Fels oder Beton werden die Sensorketten in Bohrlöchern angeordnet, wobei auf gute Wärmeübertragung zur Umgebung geachtet werden muss. In allen Fällen ist eine ausreichende Isolation zur Verhinderung des Wärmeaustauschs zwischen den einzelnen Sensoren notwendig.

Durch den Einsatz fest installierter, linienhaft messender Temperaturmesssysteme, z. B. in Bohrungen im Fels, Beton oder Boden, können auch zeitlich veränderliche Temperaturverläufe erfasst werden. Dazu werden entweder Sensorketten (bestehend aus mehreren hintereinander in einem Kabel verbauten Einzelsensoren) oder faseroptische Messsysteme verwendet.

Sensorketten aus analog verschalteten Einzelsensoren benötigen pro Sensor mindestens ein, bei Vier-Draht-Technik zwei Leitungspaare, sodass schon bei wenigen Sensoren nennenswerte Kabeldurchmesser erforderlich sind. Deshalb werden auch Sensoren mit integrierten A/D-Wandlern verwendet, die mittels Busverbindung eine hohe Anzahl an individuell adressierten Sensoren in einem Kabelstrang erlauben.

Das Messprinzip der faseroptischen Temperaturmessung ist im Abschn. 4.2.4 kurz beschrieben. Es basiert auf der OTDR-Methode (Optical-Time-Domain-Reflectometry-Methode). Im Falle der Temperaturmessung wird der Anteil der Raman-Streuung im Rückstreuspektrum von Laserpulsen erfasst, die in eine optische Faser eingeleitet werden. Damit sind entlang der optischen Faser Temperaturmessungen mit einer Messunsicherheit von deutlich unter 0,5 K und einer Ortsauflösung von etwa 1 m über eine Strecke von mehreren Kilometern möglich. Ein solches Messsystem entspricht praktisch einer Kette von Einzelsensoren. Es muss auf dauerhaft spannungsfreien Einbau geachtet werden, da im Messsignal Einflüsse von Temperatur- und Dehnungsänderungen nicht oder nur schwer getrennt werden können.

Bei allen Arten von Temperatursensoren hängen die Reaktionszeit und letztlich die Messunsicherheit von der Wärmekapazität des Messgeräts und der Wärmeleitfähigkeit des umgebenden Mediums (Sensorgehäuse, Ringraumverfüllung) ab. Je schneller der Sensor reagieren soll, umso kleiner müssen das Sensorgehäuse und umso besser die Wärmeleitung zur Umgebung sein.

Neben der Erfassung der Temperatur zur Interpretation geotechnischer Prozesse oder zur Korrektur von Einflüssen auf Messgeräte kann die Temperaturmessung zur Erfassung von Materialströmungen (z. B. Wasserströmungen) eingesetzt werden. Materialtransport ist immer auch mit einem Wärmetransport verbunden. Im Wasserbau wird dieses Messverfahren unter bestimmten Bedingungen zur Leckageortung verwendet. Allgemeine Voraussetzungen zum Erkennen von Leckagen sind z. B. in Armbruster-Veneti (1997, S. 35 ff.) genannt:

- Der Leckagezustand besitzt mindestens eine messbare Größe, die ihn vom Sollzustand unterscheidet (hier: Temperatur).
- Das Messgerät befindet sich am Ort der messbaren Auswirkung.
- Die Messung findet zum Zeitpunkt der Auswirkung statt.
- Die gemessenen Daten können interpretiert werden.

Wenn der Wärmetransport von Leckagewasser dazu führt, dass sich die Temperatur des durchströmten Mediums verändert, ist die messbare Größe die Temperatur oder die Temperaturdifferenz zu einem Referenzzustand. Dann kann der betreffende Ort durch passive Temperaturmessungen eingegrenzt werden. Notwendig dafür ist eine aussagefähige Temperaturdifferenz innerhalb der Medien von warm zu kalt oder umgekehrt. Dies ist z. B. dann der Fall, wenn im Sommer vergleichsweise warmes Kanalwasser durch eine Dammfußdrainage strömt. Wenn entlang deren Achse ein faseroptisches Messsystem installiert ist und zum Zeitpunkt der Durchströmung Messungen stattfinden, kann bei Einhaltung der o. g. Bedingungen der Ort der Ein- oder Ausströmung meist durch einen abweichenden Temperaturverlauf detektiert werden.

Ein Beispiel dazu zeigt Abb. 4.55. Die Dichtigkeit einer ca. 210 m langen Stoßfuge zwischen einer Schlitzwand und Unterwasserbetonsohle sollte im Schutze einer Vereisung temporär bis zum Einbau der Innenschale abgedichtet werden. Weitere Hintergründe sind in Bruns et al. (2019) beschrieben. Die Dichtigkeit der Fuge wurde durch einen Pumpversuch am 24.10.2018 geprüft und mögliche Leckagestellen durch eine Temperaturmessung mittels Glasfaser innerhalb der Fuge detektiert. Die Temperaturen vor Beginn des Pumpversuchs sind in Schwarz dargestellt. Deutlich erkennbar sind drei Bereiche, in denen die Temperatur nach dem Pumpversuch (rote und blaue Linie) aufgrund von nachfließendem Wasser ansteigt. Somit ist die Ausdehnung der undichten Bereiche sehr gut lokalisier- und eingrenzbar. Auf diese Weise war es möglich, die Stoßfuge mithilfe von Tauchern zielgenau an den Leckagestellen durch Injektionen zu schließen und den Ausbau fortzusetzen.

Weitere Prinzipien und Anwendungen der faseroptischen Leckageortung sind z. B. in Aufleger (2000) beschrieben.

Die passive Messmethode setzt einen Temperaturunterschied zwischen Leckagewasser und Umgebung voraus. Ist diese Voraussetzung nicht gegeben, kann die Aufheizmethode (heat pulse method) angewendet werden. Diese nutzt den Effekt des konvektiven Wärmetransports durch das strömende Medium. Bei der Aufheizmethode wird im Hybridkabel neben der optischen Faser auch ein elektrischer Leiter mitgeführt, der vor der Messung elektrisch aufgeheizt wird. Der Wärmetransport des strömenden Leckagewassers führt zu Temperaturänderungen entlang des optischen Kabels, deren Lage entlang des Kabels detektiert werden kann (Aufleger 2000).

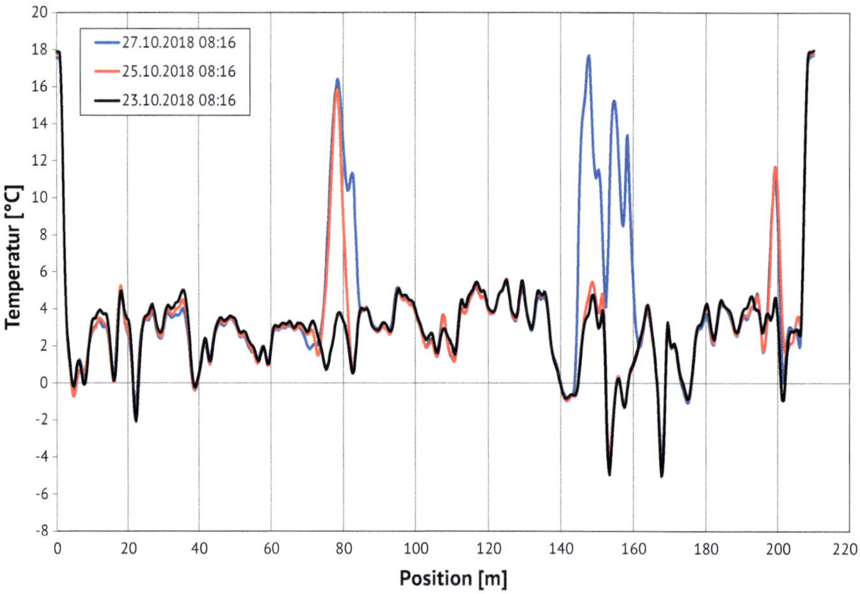

Abb. 4.55 Temperaturverlauf entlang einer Glasfaser an ausgewählten Messzeitpunkten vor und nach einem Pumpversuch am 24.10.2018 (Bruns et al. 2019).

4.3.6 Volumenströme

Messsysteme zur Erfassung des Volumenstroms werden auch als Durchflussmesssysteme bezeichnet. Ihre Aufgabe besteht darin, den Durchfluss Q einer Flüssigkeit, oft Wasser, durch einen Kontrollquerschnitt zu erfassen. Durch Integration über die Zeit lassen sich Volumina ermitteln. Umgekehrt lässt sich bei gleichmäßigen Durchflüssen aus einem gemessenen Volumen V durch Division durch die Zeit der Durchfluss Q ermitteln. Grundsätzliche Angaben zu Messsystemen der Durchflussmessung sind in DWA (2011b) zu finden. Obwohl sich dieses Merkblatt vordergründig mit Messungen in Entwässerungssystemen befasst, sind viele der Aussagen auch im geomesstechnischen Kontext gültig. Weitere Informationen zu Durchflussmesssystemen sind in Bonfig (2002) zu finden.

4.3.6.1 Messwehre und Venturigerinne

Bei Messwehren und Venturigerinnen handelt es sich um Messsysteme zur Durchflussmessung in offenen Gerinnen basierend auf der hydraulischen Methode. Bei dieser Methode werden aufgrund von Energiehöhenbetrachtungen eindeutige Beziehungen zwischen den Wasserständen im Oberwasser und den Durchflüssen im Kontrollquerschnitt abgeleitet. Theoretische Grundlagen dazu sind in Bollrich (2013, ab S. 394) dargelegt. Bei hydraulischen Methoden zur Volumenstrommessung ist stets der Wasserstand die eigentliche Messgröße. Mit der Wasserstand-Abfluss-Beziehung (W/Q-Beziehung) wird daraus der Durchfluss Q berechnet. Da sich diese Kennlinie nicht analytisch ableiten lässt, muss die W/Q-Beziehung für genaue Anwendungen stets experimentell ermittelt werden. Diese Kalibrierung kann in situ oder in einem Hydrauliklabor erfolgen. Nur für enge Anwendungsgrenzen sind in ISO 1438:2017-04 experimentell ermittelte Überfallbeiwerte angegeben.

Als Messprinzip zur Erfassung des Wasserstands wird häufig die Laufzeitmessung mit Ultraschall (vgl. Abschn. 4.2.1.1) eingesetzt, bei der das Messgerät zur Erfassung des Wasserstands über dem Messwehr befestigt wird, nicht mit dem zu messenden Medium in Kontakt kommt und damit weniger verschmutzt bzw. korrodiert. Es wird dann der Abstand zwischen dem festen Ultraschallsensor und der veränderlichen Wasseroberfläche bestimmt.

Alternativ können auch auf der Wehr- oder Gerinnesohle verbaute Wasserdrucksensoren mit kleinem Messbereich zur Anwendung kommen. Diese messen den Wasserdruck und damit den Wasserstand. Sie haben den Nachteil, dass sie stets mit dem fließenden Wasser in Kontakt stehen und leicht verschmutzen können. Dies ist besonders unter Baustellenbedingungen oft ein Ausschlusskriterium.

Messwehre und Venturigerinne müssen so geplant und eingebaut werden, dass eine gleichmäßige Anströmung aus Richtung Oberwasser erreicht wird. Vorrichtungen zum Sedimentrückhalt (Sand, Schlamm, ...), zum Rückhalt von schwimmfähigen Stoffen (Schaum, Holz, ...) und zur vollständigen Entleerung für die Reinigung sind stets vorzusehen.

Die Durchflussmessung nach der hydraulischen Methode ist für die Messung sehr kleiner Durchflüsse ungeeignet. Der Mindestabfluss von Messwehren liegt bei Messblenden mit Dreiecküberfall bei etwa 0,1 l/s, maximal können etwa 100 l/s gemessen werden, bei großen Ausführungen auch mehr. Die Geometrien und Einsatzbedingungen von Messwehren sind in ISO 1438:2017-04 definiert. Es lassen sich Messunsicherheiten von etwa ±5 % des Durchflusses am unteren Ende des Messbereichs erreichen, maximal etwa ±2–3 % des Durchflusses. Venturigerinne können erst ab etwa $Q > 0{,}5\,\mathrm{l/s}$ eingesetzt werden, der Maximaldurchfluss beträgt etwa das 20-fache (DWA 2011b). Der Messbereich ist verglichen mit Messwehren relativ klein.

Der Einsatz von Messwehren erfordert einen Höhenunterschied von mindestens 50 cm zwischen Zu- und Abflussgerinne, bei großen Durchflüssen auch mehr. Dies kann für ihre Anwendung bei sehr geringem Gefälle ein Ausschlusskriterium darstellen. Auf der hydraulischen Methode basierende Durchflussmesssysteme dürfen von der Unterwasserseite nicht rückgestaut werden.

Sowohl Messwehre als auch Venturigerinne sind gut für den Dauereinsatz über viele Jahre bei kontinuierlicher Messung geeignet. Sie sind sehr einfach automatisierbar, Messwehre auch mittels manueller Füllzeitmessung überprüfbar. Die Messrate kann etwa 1 Hz betragen, üblich sind aber längere Intervalle. Durch Mittelbildung lassen sich die verbleibenden Einflüsse von Oberflächenwellen reduzieren.

4.3.6.2 Methoden mit Geschwindigkeitsmessung im gesamten Querschnitt

Während im vorherigen Abschnitt der Durchfluss in offenen Gerinnen betrachtet wurde, werden hier Volumenstrommessungen in Rohren vorgestellt. In vollgefüllten Rohren (Druckrohren oder gedükerten Freispiegelrohren) kann der Durchfluss Q als Produkt aus der mittleren Fließgeschwindigkeit v_m und dem Rohrquerschnitt A ermittelt werden. Als Messprinzip wird oft die magnetisch-induktive

Durchflussmessung eingesetzt, für die sich der Begriff MID fest etabliert hat. Bei dieser Methode werden in zeitlich enger Folge Messungen der Fließgeschwindigkeit an einer Vielzahl von Punkten praktisch im gesamten Fließquerschnitt durchgeführt und daraus die mittlere Fließgeschwindigkeit integriert.

Die Anwendung von MID ist an die Einhaltung baulicher Randbedingungen gekoppelt, die garantieren sollen, dass die Vollfüllung der Rohre gewährleistet ist (keine Gasansammlung) und sich ein streng rotationssymmetrisches Strömungsbild einstellt. Es müssen Mindestabstände zu vor- und nachgeordneten Armaturen und Fittings eingehalten werden (DIN EN ISO 20456:2020-09, Kap. 8). Die zu erfassende Flüssigkeit muss eine Mindestleitfähigkeit besitzen, die in der Regel bei natürlichen Flüssigkeiten gegeben ist.

Zur Gewährleistung einer optimalen Messunsicherheit sind Fließgeschwindigkeiten zwischen 0,25–10 m/s einzuhalten (DWA 2011b, S. 36). Es kann mit Messunsicherheiten von ±0,3 bis ±0,5 % vom Messwert ab einer Strömungsgeschwindigkeit von 0,5 m/s gerechnet werden (Krohne 2018).

In teilgefüllten Rohren (Freispiegelabfluss) kann nicht der gesamte Rohrquerschnitt zur Berechnung herangezogen werden. Vielmehr muss neben der mittleren Fließgeschwindigkeit stets auch die durchströmte Querschnittsfläche über eine Wasserstandsmessung mit bestimmt werden. Es ist eine Rohrfüllung von mindestens 10 % der Querschnittsfläche erforderlich (DWA 2011b, S. 37). Die rohrtechnischen Randbedingungen für eine genaue, fachgerechte Messung sind strenger als bei Vollfüllungs-MID, da zusätzlich noch Oberflächenwellen und Fließwechsel (Wechsel zwischen schießendem und strömendem Abfluss) vermieden werden müssen. MID für die Anwendung in teilgefüllten Rohren erreichen eine Messunsicherheit von etwa ±1 % vom Messbereichsendwert (Krohne 2018), sie sind also ungenauer als solche Geräte für vollgefüllte Rohre.

Das MID-Messsystem eignet sich sehr gut für kontinuierliche Messungen mit einem hohen Messtakt, meist für dauerhafte Anwendungen unter Nutzung fest eingebauter Sensoren. MID müssen, anders als z. B. Ultraschallsensoren, in das zu beobachtende Rohr integriert sein. Für mobile Anwendungen muss ein Teil des durchflossenen Rohrs durch ein Messrohr ersetzt werden. Dies ist ein recht hoher Aufwand.

4.3.6.3 Methoden mit Geschwindigkeitsmessung in Teilen des Fließquerschnittes

Für Durchflussmessungen nach der Methode der Geschwindigkeitsmessung in Teilen des Fließquerschnittes werden häufig Ultraschalldurchflussmesssysteme eingesetzt. Hierbei wird die mittlere Fließgeschwindigkeit entlang des Schallpfades ermittelt. Bei Kenntnis der Geometrie kann auf den Durchfluss geschlossen werden. Durch eine Vielzahl kommerziell verfügbarer Gerätevarianten können diese sowohl in geschlossenen Rohrleitungen als auch in Gerinnen angewendet werden. Oft besteht ein Messsystem aus zwei Sender-Empfänger-Einheiten (Einstrahlverfahren), die Schallimpulse schräg durch das strömende Medium senden. Die mit dem Durchflussstrom laufende Schallwelle bewegt sich schneller als die gegen die Strömung laufende. Aus der Laufzeitdifferenz wird die Strömungsgeschwindigkeit entlang des Signalpfades berechnet. Beim Einsatz von mehr als einem Ultraschallpfad (mehr als zwei Geräte) lassen sich hydraulische Störungen minimieren, verschiedene Varianten sind in (DIN EN ISO 6416:2019-03) beschrieben. Für spezielle Anwendungen können zwei gegeneinander verschwenkte Sender-Empfänger-Einheiten in einem einzelnen Gehäuse verbaut sein, von denen eine Strecke mit und eine Strecke gegen die Strömung abstrahlt.

Ultraschalldurchflussmessgeräte sind sowohl für den kontinuierlichen Einsatz als auch für mobile Anwendungen verfügbar. Letztere werden für die Dauer der Messungen außen an der Rohrleitung befestigt oder im Gerinne versenkt. Ihr großer Vorteil besteht darin, dass anders als bei MID nicht in die Rohrtechnik eingegriffen werden muss.

Eine allgemeine Angabe zur Messunsicherheit kann nicht gemacht werden, da diese stark von den Einsatzbedingungen und der Art der Anwendung abhängt. Als Richtwert kann etwa ± 1 % vom Geschwindigkeitswert angenommen werden (Krohne 2018). Die Messunsicherheit des Durchflusses vergrößert sich in Abhängigkeit von der Geometrie des durchströmten Querschnitts und der Einheitlichkeit der Geschwindigkeitsverteilung. Die höchste Genauigkeit wird in vollgefüllten Rohren erreicht.

4.3.6.4 Methoden mit punktueller Geschwindigkeitsmessung

Während die Fließgeschwindigkeit bei den bisher beschriebenen Methoden entweder flächig oder linienhaft ermittelt wird, gibt es zahlreiche verschiedenartige Messsysteme zur punktweisen Geschwindigkeitsmessung. Als Messprinzipien kommen Flügelradmesssysteme, das Prandtl-Staurohr, MID- oder Ultraschalleintauchsonden infrage. In der geomesstechnischen Praxis spielen diese Verfahren selten eine Rolle. Für Details wird auf (DWA 2011b, ab S. 46) verwiesen.

4.3.6.5 Volumetrische Methoden

Volumetrische Methoden spielen hauptsächlich bei der manuellen, diskontinuierlichen Durchflussmessung eine Rolle. Meist wird die Zeit zur Füllung eines bestimmten Volumens mit der Stoppuhr ermittelt und daraus der Durchfluss berechnet. Selbst kleinste Durchflüsse lassen sich so sehr genau bestimmen, der Messbereich endet bei etwa 2 l/s. Die Größe des Messgefäßes ist dem Durchfluss anzupassen, sodass die Füllzeit mindestens 10 s beträgt (DWA 2011a). Diese Messung ist sehr einfach durchzuführen, die Methode ist flexibel anwendbar und wird häufig für Kontrollmessungen eingesetzt. Das Verfahren lässt sich automatisieren, indem die Füllzeit eines definierten Volumens (z. B. eines Pumpensumpfs nach dem Abpumpen) mittels Abstands- oder Wasserdruckmessung erfasst wird.

4.3.7 Geophysik

In der Geophysik variieren die Details der angewandten Mess- und Auswertungsverfahren stark je nach der untersuchten Messgröße, dem beobachteten Frequenzbereich und der dabei auftretenden grundlegenden Feldcharakteristik (Potenzialfeld, Diffusionsfeld oder Wellenfeld). Insbesondere die Feldcharakteristik hat großen Einfluss auf die verwendbaren Auswerteverfahren. Notwendige Voraussetzung für den sinnvollen Einsatz geophysikalischer Methoden ist das Vorhandensein von Kontrasten (oder Veränderungen) der petrophysikalischen Materialparameter (z. B. Magnetisierung, Dichte, spezifischer elektrischer Widerstand, Dielektrizitätszahl, elektrische Aufladbarkeit, Geschwindigkeit seismischer Wellen usw.) im Untergrund. Orte an denen sich physikalische Parameter ändern, also an denen keine „normalen Verhältnisse“ vorliegen, werden als geophysikalische Anomalien bezeichnet. Dazu ist es wichtig, eine Definition der Parameterverteilung für die „normalen Verhältnisse“ zu finden, um dann Orte als Anomalien von diesen abgrenzen zu können. Hierbei muss berücksichtigt werden, dass ein einzelner Messwert die integrale Wirkung eines oftmals ausgedehnten Volumenelementes des Untergrundes beinhaltet. In Abhängigkeit von Messdurchführung und Datenauswertung kann die Verteilung der untersuchten Parameter im Untergrund eindimensional in Abhängigkeit von der Tiefe, auf zweidimensionalen Profilen oder dreidimensional im Raum ermittelt werden.

Im Folgenden wird nur eine Auswahl der geophysikalischen Messverfahren genannt. Eine gute Übersicht über die Anwendung geophysikalischer Messmethoden in der Geotechnik findet man beispielsweise in Kathage et al. (2011); Knödel et al. (2005).

4.3.7.1 Seismik

Beim Messverfahren *Seismik* werden seismische Wellen meist kontrolliert durch Hammerschläge, Fallgewichte, seismische Vibratoren oder kleine Sprengungen erzeugt. Die Wellen dringen in den Untergrund ein, breiten sich dort je nach Material mit unterschiedlichen Geschwindigkeiten aus und werden an Schichtgrenzen im Untergrund gebrochen, reflektiert oder an Störkörpern und Hohlräumen gestreut. Die wichtigsten Verfahren der Seismik sind die Reflexionsseismik und die Refraktionsseismik.

Bei der Reflexionsseismik wird das Prinzip der Reflexion seismischer Wellen an Medien mit unterschiedlichen Dichten und Geschwindigkeiten genutzt. Messgröße ist die Bodenbewegung bzw. insbesondere die Ankunftszeit der erzeugten elastischen Wellen an den Sensoren. Hierbei erhält man durch eine Linienauslage der Sensoren (meist Geofone) an der Oberfläche einen Profilschnitt durch den Untergrund, durch eine 2-D-Auslage ein räumliches Bild des Untergrundes. Bei der Refraktionsseismik werden seismische Wellen ausgewertet, die unter dem kritischen Winkel auf eine tieferliegende Schichtgrenze treffen und sich dort als Kopfwelle ausbreiten (Abb. 4.56).

Neben der Lage von Schichtgrenzen liefert die Seismik vor allem die seismischen Geschwindigkeiten des Untergrundes und darüber hinaus verschiedene Festigkeitsparameter, wie dynamischer Schermodul oder Kompressionsmodul. In der Geotechnik dient die Seismik vor allem zur Aufklärung von Lagerungsverhältnissen im Baugrund, zur Ortung tiefliegender Strukturen, zur Grundwassersuche und zur Erkundung von Schwächezonen.

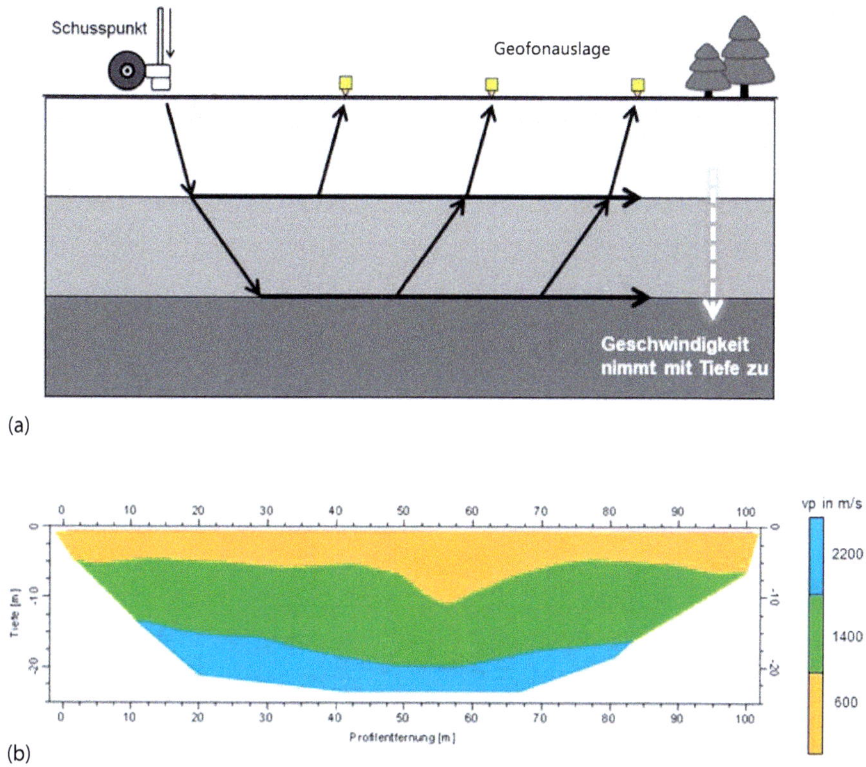

Abb. 4.56 (a) Prinzip der Refraktionsseismik und (b) daraus ermittelter Schichtverlauf (DMT GmbH & Co. KG).

4.3.7.2 Geoelektrik

Beim Messverfahren *Geoelektrik* wird ein Strom in den Untergrund eingespeist. Erfasst wird dann die Spannung zwischen zwei Messpunkten (Elektroden). Durch die Kombination einer Vielzahl von Strom- und Spannungsmessungen kann hieraus die räumliche Verteilung des spezifischen elektrischen Widerstands im Untergrund ermittelt werden (Abb. 4.57), der sich mit Art, Zusammensetzung und Struktur des Bodenmaterials ändert. Daher können aus den gemessenen elektrischen Spannungen Rückschlüsse auf die Bodenbeschaffenheit gezogen werden. Insbesondere ist der hieraus berechnete elektrische Widerstand eine Funktion der Boden- und Gesteinsmatrix, des Anteils von fluiden Bestandteilen sowie der Leitfähigkeit der Porenfüllungen. Das Verfahren wird in der Geotechnik u. a. zur Lokalisierung von Fundamenten, zur Ermittlung des Grundwasserhorizontes oder zur Ermittlung des Schichtaufbaus im Untergrund angewendet.

4.3.7.3 Elektromagnetik

Beim Messverfahren Elektromagnetik wird dem Untergrund über eine Sendespule ein elektromagnetisches primäres Wechselfeld induziert. Im Untergrund wird ein Sekundärfeld generiert. Die Überlagerung aus Primär- und Sekundärfeld wird

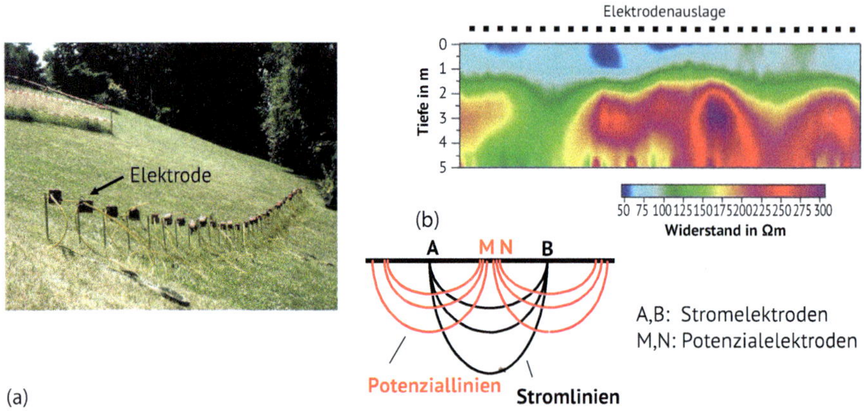

Abb. 4.57 (a) Geoelektrische Auslage zur Detektion von Hohlräumen und (b) hiermit ermittelte Widerstandsverteilung (DMT GmbH & Co. KG).

an einer Empfangsspule (magnetisches Wechselfeld) oder einem Empfangsdipol (elektrisches Wechselfeld) aufgezeichnet (Abb. 4.58). Die Messgrößen sind das zeitlich variierende elektrische und magnetische Feld, aus deren räumlicher Verteilung Rückschlüsse auf die elektrische Leitfähigkeitsverteilung des Untergrundes gezogen werden können. Die aus den Messungen ermittelte elektrische Leitfähigkeit ist eine Funktion der elektrischen Eigenschaften der Boden- und Gesteinsmatrix, der Wassersättigung, der im Untergrund eingelagerten Objekte sowie der Leitfähigkeit der Porenflüssigkeiten. Das Verfahren dient insbesondere zur Ortung metallischer Körper sowie zur Detektion von Baugrundveränderungen.

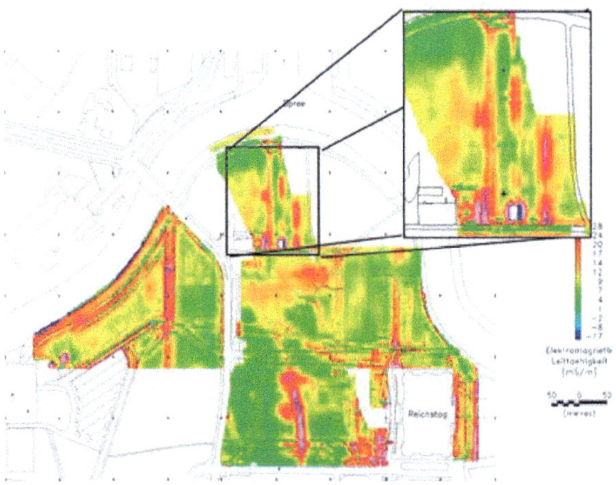

Abb. 4.58 Ergebnis einer Elektromagnetik zur Detektion alter Fundamente (DMT GmbH & Co. KG).

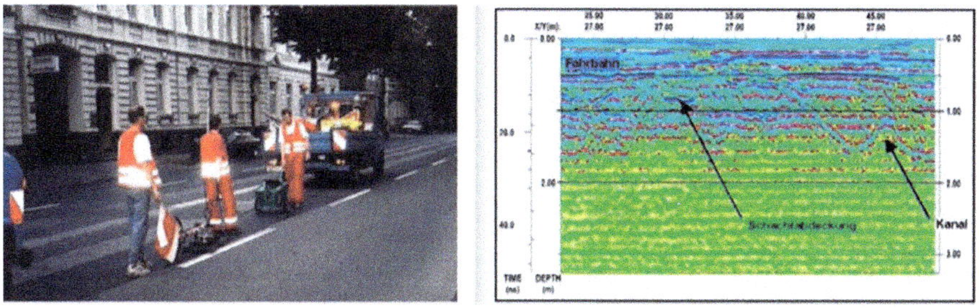

(a) (b)

Abb. 4.59 (a) Georadarmessungen und (b) Auswertung der Reflexionen (DMT GmbH & Co. KG).

4.3.7.4 Georadar

Das Messverfahren Georadar findet bei der hochauflösenden Erkundung des Untergrundes bis zu einigen Metern Tiefe Anwendung. Hierzu werden elektromagnetische Impulse von wenigen Nanosekunden über eine Antenne in den Untergrund abgegeben. Gemessen werden die an Materialgrenzen (Änderung der Dielektrizität) reflektierten und refraktierten elektromagnetischen Wellen (Abb. 4.59).

Das Verfahren dient u. a. zur Erkundung von Grundwasserspiegeln, zur Kabel- und Rohrleitungssuche, zur Detektion von Hohlräumen und zur Untersuchung der Bodenstruktur.

4.3.7.5 Gravimetrie

Erfasst wird die Schwere in einer Vielzahl von Messpunkten. Hieraus wird die Dichteverteilung im Untergrund berechnet, sodass Objekte und Strukturen lokalisiert werden können, die sich in ihrer Dichte von der Umgebung unterscheiden (Abb. 4.60).

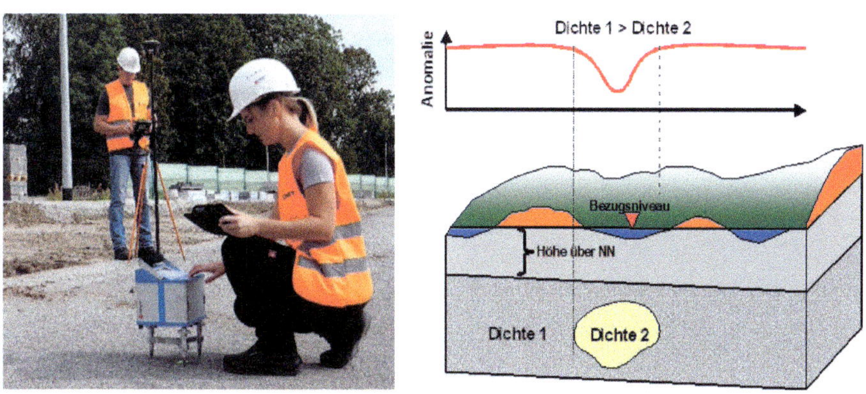

(a) (b)

Abb. 4.60 (a) Gravimetrische Messungen zur Ermittlung von (b) Dichteunterschieden (DMT GmbH & Co. KG).

(a) (b)

Abb. 4.61 (a) Magnetikmessungen und (b) flächenhafte Verteilung des Erdmagnetfeldes (DMT GmbH & Co. KG).

Das Verfahren wird in der Geotechnik insbesondere zur Detektion von Hohlräumen und Auflockerungszonen angewendet.

4.3.7.6 Magnetik

Das irdische Magnetfeld induziert in magnetisierbaren Objekten ein sekundäres Magnetfeld. Dieses überlagert sich mit dem induzierenden Feld. Das Gesamtfeld kann mit Magnetometern gemessen werden und enthält Informationen über die Magnetisierbarkeit (magnetische Suszeptibilität) des Untergrundes. Das zugehörige Mess- und Auswerteverfahren heißt Magnetik. Die Magnetik dient insbesondere zur Lokalisierung metallischer Objekte (Abb. 4.61).

4.3.7.7 Geotechnisches Monitoring mit geophysikalischen Verfahren

Wird eine geophysikalische Messung an einem Ort mehrfach zu verschiedenen Zeiten durchgeführt, können Veränderungen im Untergrund detektiert werden. Daher kann jedes Messverfahren auch zum geotechnischen Monitoring eingesetzt werden. Als Beispiel zeigt die Abb. 4.62 die Überwachung einer Sanierungsmaßnahme vor und nach dem Einpressen von Injektionsgut. Der Rückgang der Klüftigkeit ist hier durch die Zunahme der seismischen Geschwindigkeiten deutlich erkennbar.

(a) (b)

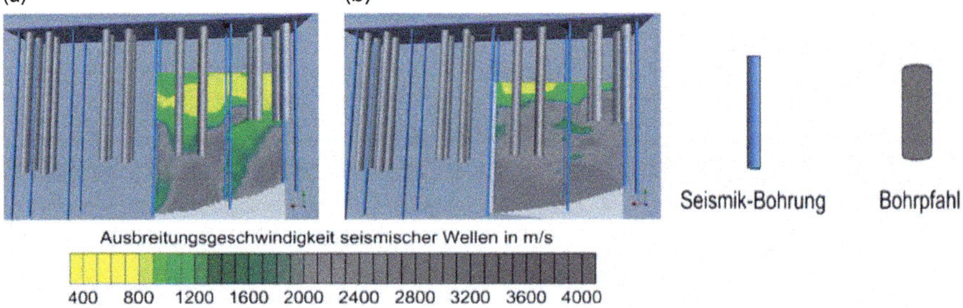

Abb. 4.62 Überwachung einer Sanierungsmaßnahme (a) vor und (b) nach dem Einpressen von Injektionsgut (DMT GmbH & Co. KG).

4.4 Kalibrierung von Messsystemen

4.4.1 Definition der Kalibrierung

Die Kalibrierung eines Messsystems ist ein unter spezifizierten Bedingungen ablaufender Prozess zur Bestimmung der Beziehung zwischen dem wahren bzw. richtigen Wert der Messgröße und dem mit dem Messsystem ermittelten Messwert (Woschitz und Heister 2017, S. 407) und (JCGM 200:2008, S. 28). Diese Beziehung kann als Kalibrierfunktion, -diagramm oder -tabelle bereitgestellt werden. Sie dient letztendlich dazu, aus den eigentlichen Messwerten (Ablesungen, Sensorwerten) die bestmöglichen Messergebnisse zu ermitteln. Die Kalibrierung wird immer für den gesamten oder einen wesentlichen Teil des Messbereichs durchgeführt.

Die Kalibrierung erfüllt damit zwei wesentliche Aufgaben:

- Bestimmung des funktionalen Zusammenhangs zwischen Messwerten (Ablesungen) und Messergebnissen,
- Genauigkeitsnachweis.

Deshalb muss die Kalibrierung immer auch Angaben zur erreichten Messunsicherheit bei der Kalibrierung selbst und zu den verbleibenden Messabweichungen nach der Kalibrierung bereitstellen. In der Tab. 4.6 sind einige Beispiele für Kalibrierangaben zusammengestellt.

Eine Kalibrierung kann auch als die reproduzierbare Ermittlung und Dokumentation der Abweichung eines Messgerätes oder Messsensors zu einem anderen Messgerät verstanden werden, welches als Kalibrierquelle bzw. als Normal bezeichnet wird.

Wenn das Normal selbst eine Kalibrierung besitzt, somit ein eigenes Normal als Grundlage hat, wird die Kalibrierung rückführbar. Über eine mehrfache Kette von Kalibrierungen entsteht letztendlich eine Beziehung zur Definition der grundlegen-

Tab. 4.6 Beispiele für Kalibrierangaben.

	Wasserdrucksensor, Messprinzip Schwingsaite	**Streckenmessteil eines Tachymeters**
Messergebnis	Wasserdruck in hPa	(Ausgegebene) Strecke in m
Messwert	Schwingungsdauer bzw. Frequenz	(Gemessene) Strecke in m
Typische Kalibrierfunktion	$p = a \cdot L^2 + b \cdot L + c$	$SD_{korr} = a \cdot SD_{mess} + b$
	p = gesuchter Wasserdruck in hPa	SD = Schrägstrecke in m
	L = Ablesewert in Hz bzw. Hz^2	a = Maßstabskorrektur mit Angabe der Unsicherheit in ppm
	a, b, c = Koeffizienten der Kalibrierfunktion	b = Additionskonstante mit Angabe der Unsicherheit in m
Angabe der Messabweichung	Differenz zwischen berechnetem Wasserdruck und Sollwert	Verbleibende Streckenabweichung trotz Anwendung der Kalibrierfunktion

den SI-Einheit. Entlang dieser Rückführungskette nimmt die Messunsicherheit zu, da die kalibrierten Geräte im dokumentierten Messergebnis immer niederwertiger sind als der verwendete Messbezug, die Normale. Mit jeder Stufe in der Kette vergrößert sich in Summe die Messunsicherheit zur wahren Messgröße.

Im Regelwerk DIN EN ISO 9001:2015 Qualitätsmanagementsysteme wird gefordert, dass die Messmittel in bestimmten Abständen kalibriert und auf internationale oder nationale Normale zurückgeführt werden müssen, wenn die messtechnische Rückführbarkeit „als wesentlicher Beitrag zur Schaffung von Vertrauen in die Gültigkeit der Messergebnisse angesehen wird" (DIN EN ISO 9001:2015-11, Abschn. 7.1.5.2). Dies wird in vielen geomesstechnischen Projekten der Fall sein. Fest eingebaute (verlorene) Sensoren können in ihrer Betriebszeit nicht kalibriert werden. Hier sind andere Wege zu finden, die Zuverlässigkeit zu gewährleisten. Dazu wird auf Abschn. 4.5.2 verwiesen.

Außerdem sind die Auflagen zur Prüfmittelüberwachung und für die rückführbare Kalibrierung von Messmitteln auf das SI (Internationales Einheitensystem) gemäß DIN EN ISO/IEC 17025:2018-03, Abschn. 6.5 zu beachten.

Die Kalibrierung muss gegenüber folgenden Prozessen abgegrenzt werden:

- Prüfung (von Messgeräten/Sensoren):
  Bei einer Prüfung wird lt. DIN 1319-1:1995-01 geprüft, inwieweit das Prüfobjekt bestimmte Forderungen erfüllt. Somit werden stets bestimmte Eigenschaften eines Messgeräts überprüft. Mit ihrer Hilfe kann man sich einen Überblick über die Funktionsfähigkeit eines Messgeräts oder Sensors verschaffen. Bezogen auf den gesamten Messbereich wird die Prüfung meist nur an einem oder wenigen Punkten stichprobenhaft vorgenommen. Insbesondere vor dem physischen Einbau von Sensoren sollte immer eine letzte Funktionsprüfung (Plausibilitätsprüfung, Kontrollmessung) erfolgen.
- Justierung:
  Darunter ist ein physischer Eingriff am Instrument zu verstehen, durch den systematische Messabweichungen beseitigt oder minimiert werden sollen. Justierungen können im Anschluss an eine Kalibrierung durchgeführt werden, um festgestellte Abweichungen zu beseitigen. Im Anschluss an eine Justierung ist immer eine erneute Kalibrierung erforderlich.
- Eichung:
  Darunter ist eine Konformitätsbescheinigung nach gesetzlichen Vorschriften für eichpflichtige Messgeräte zu verstehen. In der Mess- und Eichverordnung (MessEV 2015) sind diejenigen Einsatzgebiete genannt, in denen eine Eichung der verwendeten Messgeräte vorgeschrieben ist. Gesetzliche Anforderungen an die Voraussetzungen, Durchführung und Dokumentation der Eichung sind im Mess- und Eichgesetz (MessEG 2015) fixiert.

4.4.2 Werkskalibrierung

Die Werkskalibrierung wird von den Geräteherstellern vorgenommen, um die in der Gerätespezifikation zugesicherten Messunsicherheiten gewährleisten zu können.

Bei vielen Sensortypen ist bedingt durch das Messprinzip eine individuelle Kalibrierung jedes einzelnen Sensors unumgänglich, beispielsweise bei Schwingsaitensensoren (vgl. Abschn. 4.2.1.1). Als Ergebnis werden zusammen mit dem Sensor individuell bestimmte Koeffizienten für die Berechnung des Messergebnisses ausgeliefert, die nur für einen Sensor mit der angegebenen Seriennummer gelten. Unmittelbar vor dem Einbau ist unbedingt die Seriennummer auf dem Sensor mit der auf dem Kalibrierblatt angegebenen zu vergleichen, um Verwechslungen auszuschließen.

Bei anderen Messgeräten, beispielsweise Vermessungsgeräten, werden nur einzelne Geräte oder Prototypen stichprobenhaft einer Werkskalibrierung unterzogen. Die Produktionsprozesse sind oft so gestaltet, dass die angegebenen, zugesicherten Spezifikationen auch ohne individuelle Kalibrierung eingehalten werden. Dies wird in der Regel durch werksinterne Prüfungen verifiziert. Auf Anforderung des Kunden und meist gegen Extragebühr sind jedoch oft individuell kalibrierte Geräte lieferbar (z. B. Tachymeter mit kalibriertem Streckenmesser, kalibrierte Präzisionsnivellierlatten, Neigungssensoren).

4.4.3 Kalibrierkonzepte

Bei der *Komponentenkalibrierung* werden die Fehleranteile der einzelnen Komponenten des zu untersuchenden Messsystems getrennt ermittelt. Bei Kenntnis der funktionalen Zusammenhänge zwischen den Komponenten kann auf das gesamte Messsystem geschlossen werden. Sie wird angewendet, um gezielt einzelne Einflüsse auf das Ergebnis ermitteln zu können. Sie wird meist bei der Geräteentwicklung und Verbesserung von Messgeräten bei den Herstellern und an Universitäten vorgenommen.

Bei der *Systemkalibrierung* wird das Messsystem als Ganzes betrachtet, wobei die unter realitätsnahen Bedingungen gewonnenen Messwerte mit Sollwerten verglichen werden (Woschitz und Heister 2017, S. 412). Die funktionalen Zusammenhänge der Fehleranteile der einzelnen Komponenten, in einem gewissen Rahmen auch äußerer Einflüsse, müssen in diesem Fall nicht bekannt sein.

Die Untersuchung des Neigungssensors einer mobilen Inklinometersonde in einem Kalibrierrahmen wäre ein Beispiel für eine Komponentenkalibrierung. Wird hingegen die komplette Inklinometersonde mit eingebautem Sensor im Sondenrohr und mit Führungswippen kalibriert, so entspricht dies einer Systemkalibrierung. Eine zusätzliche Messung in einem werkseitig ausgebauten Neigungspegel prüft das Verhalten unter gleichbleibenden Einsatzbedingungen (Rohrzustand, Temperatur). Hiermit können Aussagen zur Reproduzierbarkeit der Messung im Bereich des Nullpunktes (vertikales Messrohr) und über das Langzeitverhalten (Sensordriften) einer Sonde zwischen zwei Wartungs- und Kalibrierterminen gewonnen werden. Neben der Sensorcharakteristik gehen auch Einflüsse durch das Gehäuse, die Wippen und deren Lager, durch das Nutrohr und dessen Befestigung in das Ergebnis ein. So können die Ergebnisse einer In-situ-Messung je nach Zustand und Qualität der Führungsrohre u. U. signifikant schlechter sein, als es die Sensorkalibrierung im Kalibrierrahmen ausweist. Die Aussagekraft des Ergebnisses für den praktischen

Einsatz ist aber höher, da die Kalibrierbedingungen dem realen Einsatz näher kommen.

Der Unterschied zwischen einer Komponenten- und einer Systemkalibrierung lässt sich auch an der Ausrüstung für geometrische Nivellements erläutern. Wurde beim Einsatz klassischer Nivellierinstrumente mit manueller Ablesung lediglich die Nivellierlatte im Zuge einer Komponentenkalibrierung kalibriert, so bilden bei den modernen Digitalnivellierern die Nivellierlatte mit ihrem Code, dem optischen Abbildungssystem und der bildbasierten Erfassung des Codes mit einem CCD-Sensor einschließlich des sich anschließenden Auswerteprozesses ein komplexes Messsystem, das sich nur über eine Systemkalibrierung hinreichend kalibrieren lässt.

4.4.4 Vorgehensweise bei der Kalibrierung

Im Kalibrierprozess eines Sensors oder Messgeräts werden in mehreren Messschritten über den vorgegebenen Messbereich Messwerte aufgenommen und die Abweichung bzw. die Differenz zum Sollwert (z. B. Anzeige der Normalen) ermittelt. Der kalibrierte Messbereich sollte den gesamten Messbereich des Prüflings überdecken, andernfalls ist der tatsächlich kalibrierte Bereich in der Dokumentation anzugeben.

Die Kalibriermesswerte sind durch zufällige Messabweichungen und evtl. auch durch Nichtberücksichtigung systematischer Einflüsse mit einer Messunsicherheit behaftet (siehe Abschn. 4.6). Deshalb ist diese Unsicherheit bei der Korrektur der Ablesewerte zu berücksichtigen. Vor einer Kalibrierung sind folgende Randbedingungen und Abläufe festzulegen, die bei Wiederholungen (entweder bei mehreren kalibrierten Geräten oder der Wiederholungskalibrierung des gleichen Geräts zu einem anderen Zeitpunkt) eingehalten werden sollen:

- Festlegung und Beschreibung des Messprozesses:
  - Umgebungsbedingungen, z. B. Temperatur, Luftdruck, Feuchtigkeit, Erschütterungen bzw. deren maximal zulässige Schwankungsbreite während der Kalibrierung,
  - Angaben zu verwendeten Normalen, zum Messaufbau, zum Prüfmittel,
  - Detailangaben zum kalibrierenden Sensor bzw. Messgerät, z. B. Sensorversorgung, Kabelbelegung, Definition positiver/negativer Messrichtungen,
  - Beschreibung des Kalibrierablaufes,
  - Festlegung des Kalibrierbereiches, der Messintervalle, der Anzahl der Wiederholungsmessungen, zum Umfang und Wiederholung von Messzyklen.
- Festlegung und Anwendung eines mathematischen Modells zur Auswertung der Kalibrierung und zur Angabe der ermittelten Messunsicherheit.

Die Umgebungsbedingungen sind während des Kalibrierprozesses möglichst konstant zu halten und mit ihren Abweichungen zu dokumentieren. Deshalb werden Herstellerkalibrierungen oft in Prüflaboren mit definierten atmosphärischen Bedingungen (Klimakammer) und erschütterungsarmen Bereichen (z. B. speziell gegründete und vom übrigen Gebäude entkoppelte Pfeiler) ausgeführt.

Eine mögliche (Langzeit-)Drift der Messwerte wird bei einer Rekalibrierung automatisch erfasst und durch einen elektrischen Abgleich korrigiert, im einfachen Fall meist durch die Korrektur des Nullpunktes. Im Normalfall wird eine Kalibrierung bei Raumtemperatur (z. B. 20 °C) ausgeführt. Aussagen über das (Langzeit-)Temperaturverhalten bei unterschiedlichen Temperaturen sind nur mit erheblichem zeitlichen Aufwand zu gewinnen. Der Messwert kann innerhalb des Messbereichs durch Temperaturwechsel unterschiedlich beeinflusst sein. Daher geben Hersteller teilweise mehrere Temperaturkoeffizienten an, z. B. eine Abweichung im Nullpunkt bzw. eine Abweichung über den Messbereich oder eingegrenzt für unterschiedliche Temperaturbereiche. Wenn genaue Angaben für ein Messprojekt mit stark schwankenden Temperaturen benötigt werden, sind die Kalibrierergebnisse durch Regressionsanalysen zu ergänzen.

Zur Dokumentation der Kalibrierung wird ein Kalibrierprotokoll mit folgenden Angaben erstellt:

- Typ und Seriennummer des kalibrierten Sensors bzw. Messgeräts,
- Angaben zur Kalibrierquelle, insbesondere Informationen zur „messtechnischen Rückführbarkeit“ und „Rückverfolgbarkeit“ (DIN EN ISO 9001:2015-11),
- wenn erforderlich Angaben zu Bauteilen des Kalibriergerätes (z. B. Sensor, Verstärker, Erfassungseinheit), die den Kalibrierwert beeinflussen können,
- Beschreibung des Messprozesses und der Randbedingungen,
- Dokumentation der Messwerte mit Angaben zur ermittelten Messunsicherheit,
- Angabe der Ergebnisfunktion und der ermittelten Parameter (eigentliches Kalibrierergebnis), Angaben zu den verbleibenden Abweichungen,
- Datum, Beobachter, Unterschrift.

Mobile Geräte werden nach erfolgreicher Kalibrierung häufig mit einem Aufkleber versehen, aus dem der Termin der Durchführung eindeutig hervorgeht. Wenn die messtechnische Rückführbarkeit gefordert ist, ist die Kennzeichnung des Messmittels vorgeschrieben (DIN EN ISO 9001:2015-11, Abschn. 7.1.5.2 b). Gelegentlich ist eine Empfehlung zum Zeitpunkt der Wiederholung der Kalibrierung angegeben. Für Sensoren ist dies nicht üblich. Die Eindeutigkeit zwischen Kalibrierprotokoll und kalibrierter Einheit wird in der Regel über die Seriennummer/Gerätenummer hergestellt.

Sind die gemessenen Abweichungen unzulässig hoch, muss, wenn möglich eine Justierung durchgeführt werden. Danach ist eine erneute Kalibrierung erforderlich.

Ist eine Justierung nicht möglich oder nicht erfolgreich, erfüllt das untersuchte Gerät nicht die spezifizierten Anforderungen und ist zu reparieren oder auszusondern.

4.4.5 Bewertung der Kalibrierergebnisse

Eine Kalibrierung ist nur eine Momentaufnahme. Streng genommen gilt eine Kalibrierung nur für den Zeitpunkt der Prüfung bzw. Kalibrierung (Woschitz und Heister 2017, S. 409) und für den kalibrierten Messbereich. Erst durch wiederkehrende Kalibrierungen über einen entsprechenden Zeitraum können Aussagen über die zeitlich abhängigen Messunsicherheiten gemacht werden.

Das Kalibrierergebnis hat nur Gültigkeit für die bei der Kalibrierung vorhandenen Umgebungsbedingungen.

Die zeitliche Stabilität der Kalibrierparameter hängt neben der Gerätequalität auch ganz besonders von der sorgsamen Behandlung bei Transport, Lagerung und Einsatz sowie den Umgebungsbedingungen ab und liegt somit zu einem großen Teil im Verantwortungsbereich der Nutzer selbst.

4.5 Langzeitstabilität von Messsystemen

4.5.1 Vorbemerkungen

Die Anforderungen an die Langzeitstabilität von Messsystemen ergeben sich aus der Messaufgabe. Diese Anforderungen sind in der Regel im Messprogramm beschrieben bzw. sie ergeben sich aus der Dauer des Messeinsatzes, den Anforderungen an die Verfügbarkeit der Messergebnisse, der geforderten Messunsicherheit und der Möglichkeit der Nachkalibrierung bzw. des Austauschs der Messsysteme.

Für Beweissicherungsmessungen mit einigen Monaten Dauer bestehen bzgl. der Langzeitstabilität andere, geringere Anforderungen als für jahrzehntelange Überwachungsmessungen beispielsweise an Talsperren. Gleiches gilt für austauschbare und prüfbare Wasserdrucksensoren in offenen Pegelrohren verglichen mit verlorenen, in der Dichtung von Dämmen eingesetzten Porenwasserdrucksensoren, obwohl in beiden Fällen die gleiche Messgröße ermittelt wird. Hohe Anforderungen ergeben sich auch bei zeitlich begrenzten Messprojekten, wenn z. B. im Rahmen der Beobachtungsmethode keine Messpausen bzw. -lücken zugelassen werden können.

Generell muss die Stabilität der Messsysteme zur Gewährleistung der notwendigen Qualität mindestens für die Dauer der Messaufgabe gewährleistet sein.

Bei allen, auch bei zeitlich begrenzten oder weniger anspruchsvollen Messaufgaben müssen Kosten und Aufwand für qualitativ hochwertige Messsysteme gegenüber den möglicherweise geringeren Gerätekosten, jedoch umfangreicheren Kalibrier-, Wartungs- und Prüfarbeiten einfacherer Systeme abgewogen werden. Nicht immer sind die höchsten Qualitätsstandards erforderlich, die gegebenenfalls das Budget belasten und dann aus Kostengründen sogar zur Reduktion des Messumfangs führen können.

Bei der Auswahl geeigneter Messsysteme für Langzeitmessungen muss die Wirkung aller relevanten Einflussgrößen am Messstandort berücksichtigt werden. Dies kann gegebenenfalls auch dazu führen, automatische Messungen durch manuelle Messungen zu ersetzen, wenn nur damit eine langzeitstabile Messung gewährleistet werden kann.

In den nachfolgenden Abschnitten wird bewusst auf die höchsten Anforderungen bzgl. Langzeitstabilität eingegangen, wie sie u. a. bei der Bauwerksüberwachung oder in der Endlagerung erforderlich sind.

4.5.2 Empfehlungen zur Gewährleistung einer langjährigen Betriebsdauer und Stabilität von Messsystemen

Grundsätzliche Empfehlungen zur Gewährleistung einer langjährigen Betriebsdauer sind:

- Einsatz korrosionsfreier Materialien (Edelstahl, Keramik, gegebenenfalls Kunststoff), Beachtung der Materialverträglichkeit an Kontaktstellen (elektrochemische Spannungsreihe),
- robuster mechanischer Schutz während der Bauzeit und im Betrieb unter Berücksichtigung mechanischer Beanspruchungen durch z. B. Verkehrslasten, Baugrundbewegungen etc.,
- robuste, gekapselte und gedichtete Behälter und Gehäuse,
- Vandalismus- und Diebstahlschutz (verschließbare Behälter, Schutzgitter),
- Witterungsschutz, Frostschutz, Schutz vor UV-Strahlung, radioaktiver Strahlung und chemischem Angriff,
- Überspannungsschutz für Daten- und Versorgungsleitungen, besser noch nichtelektrische Datenübertragungsverfahren,
- bauzeitlicher Schutz von Kabeln, dauerhafte Kabelmarkierung,
- ausreichend stabil dimensionierte Befestigungen und Konsolen,
- angepasste Bohrlochdurchmesser,
- Beleuchtung, Belüftung, arbeitsschutzgerechter Zugang und Messplatz.

Beispiele zur Langzeitstabilität des Messsignals von elektrischen Sensoren bezogen auf ihre Messprinzipien sind in DIN EN ISO 18674-1:2015-09 angegeben.

Langzeitstabilität der Messergebnisse kann am besten gewährleistet werden, wenn die Messungen mit mobilen Messgeräten ausgeführt werden können. Die Messungen sollten in der Regel immer mit dem gleichen Gerät, mindestens mit dem gleichen Gerätetyp ausgeführt werden. Wenn die Messgeräte fachgerecht und zeitlich lückenlos kalibriert sind, wird die Wahrscheinlichkeit minimiert, dass nach einem unvermeidlichen Gerätewechsel (z. B. Beschädigung, Verlust) fatale Messwertsprünge auftreten. Die Geräte selbst können unter sicheren Bedingungen gelagert werden und erreichen meist eine hohe Lebensdauer.

Falls dies nicht möglich ist und fest installierte Sensoren für die Erfüllung der Messaufgabe erforderlich sind, sollten sie unter definierten Bedingungen rückholbar eingebaut werden. Damit ist gewährleistet, dass sie nachkalibriert bzw. im Bedarfsfall ausgetauscht werden können. Dabei muss sichergestellt sein, dass die Messsysteme/Sensoren gleichwertig ersetzt und an vorherige Messreihen angekoppelt werden können.

Es muss vor solchen Installationen gewarnt werden, in denen die Sensoren zwar theoretisch rückholbar sind, nach deren Wechsel aber der Bezug zur vorherigen Messreihe nicht wiederhergestellt werden kann. In solchen Fällen dient die Auswechselbarkeit oft als Alibi für einfachere und damit kostengünstigere Sensoren. In der Geomesstechnik tritt sehr häufig der Fall ein, dass Komponenten durch Bergwasser korrodieren oder versintern. Ein zum Einbauzeitpunkt einfach auswechselbares stationäres Inklinometer in einem Nutrohr kann u. U. schon nach wenigen

Monaten oder Jahren nicht mehr definiert gewechselt werden. Nach dem Ausbau (so er überhaupt möglich ist) muss gegebenenfalls das gesamte System außer Betrieb genommen werden.

Oft lässt es sich nicht vermeiden, dass Sensoren ohne eine Möglichkeit zum späteren Austausch eingebaut werden müssen (verloren eingebaute Sensoren). Für diese gelten bzgl. Langzeitstabilität die höchsten Anforderungen. Es dürfen nur solche Systeme eingesetzt werden, bei denen ihre Eignung zum Langzeiteinsatz durch Referenzen oder Laborversuche nachgewiesen ist. Werden bei solchen Systemen langzeitstabile Messergebnisse über Jahrzehnte erwartet, soll die Instrumentierung mit ausreichender Redundanz und möglichst auch mit alternativen Sensorsystemen erfolgen.

In besonders sicherheitsrelevanten Fällen ist zu empfehlen, zusätzliche Referenzmessstellen zu schaffen. Hierbei werden Muster der eingesetzten Sensorik zusätzlich im unbelasteten Zustand, aber unter den gleichen Umweltbedingungen eingebaut. Diese speziellen Messpunkte müssen zugänglich sein oder die Sensoren rückholbar installiert werden, um noch nach Jahren eine Kalibrierung zu ermöglichen und über Analogiebetrachtungen Informationen über das Langzeitverhalten der Sensorik gewinnen zu können.

Ist der Langzeitbetrieb eines Bauwerks und damit seine Überwachung bei der Planung abzusehen bzw. vorgeschrieben, sind regelmäßige Wartungszyklen einzuplanen sowie Art, Umfang und Häufigkeit der Wartung zu beschreiben.

Neben der Qualität der Messtechnik spielt für die Langzeitstabilität die Erfahrung des Installationsteams eine entscheidende, oft die entscheidende Rolle. Einbaufehler, vergessene oder fehlerhafte Bezugsmessungen, falsche Einbaumaterialien, Kabel- oder Sensorverwechslungen lassen sich später nicht mehr korrigieren, so sie überhaupt erkannt werden. Demzufolge lautet die wichtigste Empfehlung für zuverlässige, langzeitstabile Messsysteme, nur wirklich erfahrene Techniker unter lückenloser Kontrolle erprobte Sensoren einbauen zu lassen.

4.5.3 Überprüfung der Messsysteme

Die Funktionsfähigkeit und die Verfügbarkeit der Messsysteme entsprechend den Anforderungen des Messprogramms sind jederzeit sicherzustellen und regelmäßig nachzuweisen. Die Art und Intervalle der Nachweise können sich aus der Spezifik der Messaufgabe ergeben; sie können darüber hinaus auf vertraglichen Festlegungen (z. B. Bauvertrag) beruhen oder sich aus behördlichen Anordnungen (z. B. als Nebenbestimmung in einem Planfeststellungsbeschluss) oder aus Verordnungen (z. B. MessEV 2015) ergeben.

Je größer das Vertrauen in die Zuverlässigkeit der Messeinrichtung ist, umso leichter fallen die auf Basis der Messergebnisse zu fällenden Entscheidungen.

Zur Überprüfung der Messsysteme kann ein mehrstufiges Konzept aufgebaut werden.

4.5.3.1 Schritt 1: Test auf Verfügbarkeit der Messergebnisse entsprechend der Vorgaben des Messprogramms

Hierbei wird die Einhaltung der im Messprogramm geforderten Messrhythmen kontrolliert. Fehlende Messungen können ein Hinweis auf Defekte an den Messstellen selbst oder auf dem Übertragungsweg sein. Die Ursache für fehlende Messungen muss unverzüglich gesucht und wenn möglich abgestellt werden. Dieser Testschritt sollte bei jeder Datenauswertung ausgeführt und dokumentiert werden.

4.5.3.2 Schritt 2: Plausibilitätsprüfung der Messergebnisse

Die Plausibilitätskontrolle beinhaltet die Kontrolle auf Abweichung der Messwerte vom erwarteten Verlauf (Vergleich mit Vormessungen, Vergleich mit Modellannahmen) und im Vergleich verschiedener Messstellen untereinander. Redundante oder bivalente Messsysteme erleichtern die Plausibilitätsprüfung. Ohne Redundanzen ist es oft schwer möglich, allein aus den Messdaten zwischen fehlerhaften Messergebnissen und tatsächlichen Veränderungen zu unterscheiden. Dieser Prüfschritt sollte in regelmäßigen, ausreichend kurzen Abständen ausgeführt und dokumentiert werden. Die Festlegungen dazu sollten im Messprogramm fixiert sein.

Das Vorgehen zur Plausibilitätsprüfung ist im Abschn. 8.1.1 ausführlich beschrieben.

4.5.3.3 Schritt 3: Durchführung von Geräteprüfungen

Auf Geräteprüfungen wird im Abschn. 4.4.1 eingegangen. Es handelt sich dabei um die stichprobenhafte Prüfung bestimmter Funktionen. Diese setzt die Zugänglichkeit zu den Messpunkten voraus. Im eingebauten Zustand kann die Prüfung als Vergleichsmessung oft nur bei einem bestimmten Zustand (Messwert) durchgeführt werden. Die Aussage ist dann auch nur für diesen Zustand gültig. Ein typisches Beispiel ist der Vergleich zwischen dem manuell gemessenen Wasserstand in einem Pegelrohr und der Sensorablesung zum gleichen Zeitpunkt. Wenn die Linearität des Sensors nicht gegeben ist, kann die Abweichung bei anderen Wasserständen größer sein.

Dieser Prüfschritt sollte mindestens bei jeder Wartung und bei jeglichen Auffälligkeiten ausgeführt und dokumentiert werden. Wenn Geräteprüfungen technisch möglich sind, sollten sie mindestens halbjährlich bis jährlich vorgenommen werden. Die Festlegungen dazu sollten im Messprogramm fixiert sein.

Beim Langzeitmonitoring z. B. mit Neigungsmesssystemen sollte am Installationsort der Neigungssensoren über mechanisch definierte Referenzflächen bzw. -punkte die Möglichkeit geschaffen werden, manuelle Neigungsmessungen vornehmen zu können. Dadurch ist es dann möglich, zum einen die Richtigkeit der elektronischen Neigungsmessungen in regelmäßigen Zeitabständen zu überprüfen und zum anderen die Zeitreihe der Neigungsmessungen ohne Unterbrechung fortzusetzen, wenn z. B. ein Neigungssensor defekt geworden ist und ausgetauscht werden muss.

4.5.3.4 Schritt 4: Kalibrierung des Messsystems

Die Kalibrierung während des Betriebs eines Messsystems ist in der Regel nur bei mobilen Messgeräten oder auswechselbaren Sensoren möglich. Wie in Abschn. 4.4 beschrieben, muss die Kalibrierung über den gesamten oder einen großen Teil des Messbereichs durchgeführt werden.

4.5.4 Wartung

Die regelmäßige Wartung ist eine Grundvoraussetzung für einen sicheren und störungsfreien Betrieb eines Messsystems. Die Bedeutung der Wartung steigt mit der Nutzungs-/Lebensdauer des überwachten Bauwerks, aber auch mit der geforderten Zuverlässigkeit.

Die Wartungsintervalle sind im Messprogramm festzulegen. Zu einer Wartung gehören im Allgemeinen folgende allgemeine Arbeits- und Dokumentationsvorgänge:

- Kontrollmessung vor und nach erfolgter Wartung, Vergleich der Messergebnisse,
- visuelle Sichtkontrolle der zugänglichen Anlagenteile, Prüfung auf Funktionsfähigkeit, Beschädigung, Korrosion, inkl. Fotodokumentation,
- Prüfung der mechanischen und elektrischen Anlagenteile auf Funktionsfähigkeit, z. B. Ventile, Manometer, Module des Überspannungsschutzes usw.,
- Überprüfung der Funktionsfähigkeit von elektronischen Modulen, z. B. Multiplexer, Controller, Analog-digital-Wandler, anlageninterne Übertragungseinheiten (Hard- und Software, z. B. Datenleitungen, LWL, diverse Funksysteme usw.),
- Kalibrierung zugänglicher Sensoren einschließlich der A/D-Wandlung,
- Überprüfung der externen Übertragungseinheiten (Funkmodem, Festnetz),
- Prüfung aller zentralen Funktionen der zentralen Messdatenerfassung mit Protokollierung in einem Anlagenprotokoll,
- Systemkomponenten, z. B. elektronische Bauteile, Messkabel, LWL-Leiter, Schläuche, Messöle usw., die altersbedingte Veränderungen zeigen und dadurch die dauerhafte Funktionsfähigkeit gefährden, sind präventiv zu ersetzen,
- Test der Alarmierungsfunktion.

Sämtliche durchgeführten Maßnahmen sind zu dokumentieren und die Ergebnisse in Wartungsprotokollen zu erfassen. Dazu gehören Kurzkommentare und -bewertungen der einzelnen Messabläufe, Auffälligkeiten, Aufzeichnung der Messwerte vor und nach der Wartung, Angaben zur Stabilität bei Wiederholungsmessungen, Kontrollmessungen als zusätzliche Handmessungen mit systemunabhängigen Messgeräten.

Der abschließende Gesamtbericht beschreibt den Zustand der Anlage und des gesamten Messsystems einschließlich Empfehlungen für zukünftige Erhaltungsmaßnahmen.

Die Wartung kann als „Eigenüberwachung“ von geeignetem Personal des Betreibers durchgeführt werden oder als „Fremdüberwachung“, z. B. durch Vergabe an die Liefer- und Einbaufirma.

4.6 Qualitätsbewertungen der Messungen und der direkt daraus abgeleiteten Ergebnisse

4.6.1 Motivation und Herangehensweise

Ein vollständiges Messergebnis nach DIN 1319-1:1995-01 besteht aus dem eigentlichen Messergebnis und quantitativen Angaben zu seiner Genauigkeit. Liegen diese Angaben nicht vor, kann die Zuverlässigkeit des Messergebnisses nicht eingeschätzt werden. Ohne solche Qualitätsangaben ist es schwer bzw. unmöglich, das Messergebnis mit Referenzergebnissen oder dem Ergebnis anderer Messungen zu vergleichen.

Die Genauigkeit von Messungen ist kein Selbstzweck. Messungen mit zu geringer Genauigkeit sind möglicherweise für den vorgesehenen Zweck nicht nutzbar, schlimmer noch, die Ergebnisse können zu falschen Schlussfolgerungen führen. Um diesem Dilemma zu entgehen, werden Messungen häufig mit der höchstmöglichen Genauigkeit und damit u. U. unwirtschaftlich ausgeführt. Eine dem Zweck der Aufgabenstellung entsprechende Messgenauigkeit zu wählen, erfordert aber hohen planerischen, logistischen und gerätetechnischen Aufwand. Andererseits kann eine nicht angepasste Messgenauigkeit eine Verschwendung von Ressourcen bedeuten. Das Ziel ist demzufolge, eine auf die Aufgabenstellung optimal abgestimmte Messgenauigkeit zu realisieren.

Im Rahmen der Planung von Messungen sind zunächst ausgehend von den Messzielen *Genauigkeitsanforderungen* an die Messergebnisse (und nicht an die Messwerte) zu definieren. Hier geht – zunächst völlig unabhängig von der messtechnischen Realisierung – hauptsächlich die geotechnische Fragestellung (Abschn. 5.3) ein. Dies kann z. B. durch die Benennung der erforderlichen Trennschärfe erfolgen, die eine weitere Verwendung der Messergebnisse im Sinne der Aufgabenstellung ermöglicht.

Darauf aufbauend erfolgt die Auswahl der *Messverfahren und -methoden*. Dabei werden die geräte- und verfahrenseigenen Genauigkeitspotenziale sowie die funktionalen Zusammenhänge zwischen den Messgrößen bei der Berechnung des Ergebnisses berücksichtigt. Das Ergebnis dieser Betrachtungen ist ein detailliertes Messprogramm (Kap. 6) mit Vorgaben zur Durchführung der Messungen und Angaben zu deren Auswertung.

Vor der eigentlichen Ausführung der Messungen ist im Vorfeld im Rahmen einer Genauigkeitssimulation, also a priori, zu prüfen, ob die ausgewählten Messverfahren einschließlich der geplant einzusetzenden Geräte unter den örtlichen Bedingungen auch tatsächlich die Einhaltung der Genauigkeitsvorgaben erwarten lassen.

Während bzw. nach der Durchführung der Messungen schließt sich der *Genauigkeitsnachweis*, also a posteriori, an. Damit wird es möglich, auf Basis der Messdaten die tatsächlich erreichten Genauigkeiten zu quantifizieren und mit den Genauigkeitsanforderungen zu vergleichen. Idealerweise erfolgt dieser Nachweis so zeitnah, dass auf die Messungsdurchführung weiterer Messungen noch Einfluss genommen werden kann.

Die Aussagekraft der aus Messungen direkt oder indirekt abgeleiteten Ergebnisse wird zum einen durch die Qualität der ausgeführten Messungen und zum anderen durch das Umfeld, unter dem die Messungen vorgenommen worden sind, bestimmt. Entscheidend ist aber, dass die für die Ergebnisse bestimmten Genauigkeitsmaße zutreffend sind und als realistisch angenommen werden können. Für den Begriff *Qualität* werden synonym auch die Begriffe *Unsicherheit* und *Genauigkeit* verwendet. In den folgenden Abschnitten werden diese Begriffe, soweit es erforderlich ist, in ihrer gegenseitigen Abgrenzung eingehender erläutert.

4.6.2 Grundzüge der statistischen Qualitätsbewertung

In diesem Abschnitt werden nur einige wichtige Grundlagen der statistischen Qualitätsbewertung von Messungen angesprochen. Weiterführende und vertiefte Ausführungen zu dieser Thematik finden sich in den Lehrbüchern wie z. B. Höpcke (1980); Niemeier (2008); Pelzer (1995).

4.6.2.1 Messprozess und Messabweichungen

Die *Messgröße* ist eine physikalische Größe, deren Wert durch eine Messung bestimmt werden soll. Das Ergebnis einer Messung – der Wert einer Messgröße – besteht aus dem Messwert einschließlich seiner *Dimension* und einem *Genauigkeitsmaß*, das die Güte des Messergebnisses charakterisiert. Das Genauigkeitsmaß ist Voraussetzung zum einen für die Vergleichbarkeit und Akzeptanz von Messergebnissen als auch für Entscheidungen, die auf der Grundlage von Messergebnissen zu treffen sind. Jedes Messergebnis wird durch die Unvollkommenheit des Messverfahrens, die Einflüsse der Umwelt, persönliche Einflüsse usw. verfälscht. Es lassen sich folgende Gruppen bilden:

1. **Fehlerhafte Messungen** bzw. **grobe Fehler** können durch eine fehlerhafte Bedienung, eine falsche Ablesung (z. B. 20-m-Fehler bei Messbandmessungen), einen Gerätefehler, die fehlerhafte Zuordnung zu Messlokationen oder eine falsche Punktbezeichnung entstehen. Grobe Fehler betragen ein Mehr- oder Vielfaches der zu erwartenden Messabweichungen (z. B. Ablesefehler bei Instrumenten und Geräten, Zahlendreher beim Protokollieren). Grobe Fehler können auch Ausreißer sein. Diese Daten sind im Einzelfall erklärungsbedürftig, bevor sie z. B. von einer weiteren Datenbearbeitung des Rohdatensatzes ausgeschlossen werden. Das Messkonzept ist so anzulegen, dass fehlerhafte Messungen und grobe Fehler auf jeden Fall erkannt und vor der Weiterverwendung der Messwerte eliminiert werden.
2. **Zufällige Messabweichungen** sind hingegen keine Fehler. Sie sind vielmehr unvermeidbare, *ungleichsinnig* wirkende Abweichungen und treten in Bezug zum *wahren Wert* positiv und negativ in etwa gleicher Häufung auf. Die Ursachen für diese Abweichungen liegen in der Unvollkommenheit der Messinstrumente und -geräte und der menschlichen Sinne sowie in den Bedingungen des Messobjekts und des Messraums. Ihre Einflüsse lassen sich durch Wiederholungsmessungen und anschließende Mittelwertbildung sowie durch eine

Überstimmung der Messelemente reduzieren! Genauigkeitsmaße, wie z. B. die Standardabweichung, werden in der Regel (nur) aus zufälligen Messabweichungen berechnet.

3. **Systematische Messabweichungen** sind *gleichsinnig* wirkende Einflüsse auf den Messprozess (z. B. Verwendung von nicht justierten Nivellierinstrumenten, Zielstrahlkrümmung (Refraktion) bei Richtungsmessungen, nicht geeichte Waage, Verletzung des abbeschen Komparatorprinzips, Auswirkung von Elektrosmog auf die Messgeräte, Temperatureinwirkungen auf das Messobjekt). Sie sind nur sehr schwer zu quantifizieren und können daher auch nur unzureichend im Genauigkeitsmaß berücksichtigt werden. Systematische Messabweichungen können nur dadurch erkannt werden, dass die Messgeräte eingehend kalibriert werden, unabhängige Messverfahren eingesetzt und die Messungen bei anderen äußeren Bedingungen ausgeführt werden. Zur Beurteilung systematischer Messabweichungen bedarf es eines fundierten ingenieurmäßigen Sachverstandes, um sie wenigstens halbwegs zutreffend abzuschätzen. Systematische Messabweichungen lassen sich durch Wiederholungsmessungen *nicht* reduzieren!

Der Begriff „Fehler“ wird heutzutage nur noch für „fehlerhafte Messungen“ und „grobe Fehler“ verwendet. Überholt sind die Begriffe „zufälliger Fehler“ für „zufällige Messabweichung“ und „systematischer Fehler“ für „systematische Messabweichung“. Sie sollten nicht mehr verwendet werden.

4.6.2.2 Informationsquellen zur Bestimmung von Qualitätsmaßen

Die Angabe eines Messwertes einer physikalischen Größe ist ohne Angabe der zugehörigen Unsicherheit wertlos. Die Qualität von Messergebnissen ist direkt nicht messbar. Sie kann vielmehr nur indirekt aus den „unvermeidbaren (Mess-)Abweichungen“ abgeleitet werden. In der Praxis gibt es nun eine Reihe von „Informationsquellen“ für derartige Messabweichungen. Diese Quellen bestimmen die Zuverlässigkeit und die Richtigkeit der daraus abgeleiteten Genauigkeitsmaße. Deshalb ist es für einen Messingenieur äußerst wichtig, diese Quellen zu kennen und sie hinsichtlich ihrer Leistungsfähigkeit zur Angabe möglichst realistischer Genauigkeitsmaße richtig beurteilen zu können. Im Folgenden wird auf einige derartige Quellen kurz eingegangen.

Nur in sehr seltenen Fällen liegen für die Messgröße *wahre Werte* (DIN 1319-1:1995-01) vor, sodass direkt jeder Messwert einer Messreihe mit dem wahren Wert verglichen werden kann. Aus diesen Abweichungen lässt sich erkennen, ob *nicht erfasste systematische Messabweichungen* wirksam waren. Dadurch ist es möglich, den Messprozess so zu verändern, bis derartige Systematiken in den Abweichungen nicht mehr erkennbar sind; die Summe der Abweichungen sollte null ergeben. Die dann berechnete sog. *Standardabweichung*, auf die an anderer Stelle vertieft eingegangen wird (siehe Abschn. 4.6.2.4), ist als Genauigkeitsmaß sehr zuverlässig. Aufwendig gestaltet sich jedoch die Beschaffung des sog. *wahren Wertes* der Messgröße und dies macht das Verfahren deshalb ineffizient. Den Aufwand, den „wahren Wert“ einer Messgröße zu bestimmen, wird man sich nur bei der Entwicklung neuer Messgeräte leisten, um Prototypen damit eingehend zu überprüfen und um Unzulänglichkeiten zu lokalisieren. Etwas kostengünstiger ist die Bestimmung sog. „quasiwahrer Werte“. Es wird von *quasiwahren Werten* gesprochen, wenn sie im Vergleich zur Genauigkeit des zu prüfenden Messgerätes ungefähr um den Faktor zehn genauer sind. Quasiwahre Werte werden genauso wie wahre Werte verwendet, da ihre Unsicherheiten sich im Prinzip nicht auf das Genauigkeitsmaß des zu prüfenden Gerätes auswirken. Als ein einfaches Beispiel in der Verwendung von wahren Werten wäre die Multiplikation zweier Faktoren mit einem Rechenschieber zu nennen. Die Einstellungen der Faktoren und das Ablesen des Ergebnisses am Rechenschieber erfolgen nur mit begrenzter Auflösung, während aber das Ergebnis z. B. durch manuelle Ausmultiplikation als wahrer Wert erhalten wird. Ein weiteres Beispiel wäre die Kalibrierung von Distanzmessern auf Prüfstrecken, bei denen die Punktabstände mit besonderen Präzisionsdistanzmessern im Vergleich zum zu prüfenden Distanzmesser um den Faktor zehn – als quasiwahre Werte – genauer bestimmt worden sind.

Eine andere Informationsquelle zur Bestimmung von Messabweichungen stellen *Wiederholungsmessungen* dar. Wird die Messgröße wiederholt (z. B. 10–20 Mal) ermittelt, so werden die Messwerte leicht voneinander abweichen, insbesondere bei Präzisionsmessungen. Die z. B. aus den Abweichungen eines jeden Messwertes zum arithmetischen Mittelwert aller Messungen berechnete Standardabweichung kennzeichnet die Messgenauigkeit aber in diesem Fall mitunter nur sehr unzureichend. Dies findet seine Ursache darin, dass z. B. systematische Messabweichungen alle Messwerte und damit auch den Mittelwert in gleicher Weise beeinflussen, in den Abweichungen zum Mittelwert also nicht in Erscheinung treten. In der Praxis wird aber dieses Verfahren sehr häufig eingesetzt, um Genauigkeitsmaße zu bestimmen. Ähnliche Verhältnisse sind gegeben, wenn z. B. verschiedene, gleichartige Messgrößen stets zweimal gemessen werden (Doppelmessungen) oder wenn z. B. im Rahmen von Untersuchungen und Kalibrierungen Messreihen durch Regressionsfunktionen approximiert werden.

Messabweichungen entstehen weiterhin aus *redundanten Messungen*, wenn z. B. mehr Messungen ausgeführt werden, als zur eindeutigen Lösung der Aufgabenstellung erforderlich sind. Das folgende Beispiel verdeutlicht das Prinzip: Zur Bestimmung der Lagekoordinaten (y- und x-Wert) eines Punktes werden von den umgebenden Stützpunkten jeweils horizontale Streckenmessungen durchgeführt. Zur Berechnung der beiden Unbekannten sind lediglich zwei Streckenmessungen erforderlich (Minimallösung). Sind mehr als zwei Streckenmessungen ausgeführt worden, können die beiden Unbekannten im Rahmen einer Ausgleichung berechnet werden. Dabei erhalten die Messwerte Verbesserungen, damit die Unbekannten eindeutig ermittelt werden können. Anhand dieser Verbesserungen kann auf die Standardabweichung der Messungen geschlossen werden. Dieses Genauigkeitsmaß ist auch nur bedingt geeignet, die realistische Messgenauigkeit zutreffend anzugeben. Es kommt dabei auf den Einzelfall und die dort gegebenen Verhältnisse an. Ein Beispiel verdeutlicht die Situation: In einem geodätischen Deformationsnetz werden mit *einem* Tachymeter Strecken- und Richtungsmessungen in redundanter Weise ausgeführt. Da dieses Netz in der Regel einer „freien Ausgleichung“, ohne

Anschluss an Stützpunkte, unterzogen wird, wirken sich z. B. systematische Maßstabsabweichungen in den Streckenmessungen nicht auf die in der Ausgleichung berechneten Streckenverbesserungen aus. Folglich ist dann die aus den Verbesserungen berechnete Standardabweichung der Streckenmessungen entsprechend fehlerhaft.

Messabweichungen lassen sich auch aus *Widersprüchen* zu vorgegebenen Bedingungen ableiten. So sollte z. B. die Summe aller in einem Dreieck gemessenen Winkel bis auf den sphärischen Exzess 180° oder bei Nivellementsnetzen die Summe aller Höhenunterschiede in den einzelnen Schleifen null betragen. Aus den Widersprüchen zu diesen Bedingungen kann man wiederum auf Messabweichungen schließen und daraus entsprechende Standardabweichungen ableiten. Auch bei diesen Genauigkeitsmaßen ist im Einzelfall zu beurteilen, welche Aussagekraft ihnen beigemessen werden kann.

Bei fest eingebauten Messeinrichtungen, wie z. B. in der Geotechnik bei Wasserdrucksensoren, Extensometern oder Spannungssensoren (Druckkissen), lassen sich allein aus den Messreihen nur sehr eingeschränkt realistische Genauigkeitsmaße ableiten. Die Einzelmessungen sind in hohem Maße korreliert (siehe Abschn. 4.6.2.5), sodass die zufälligen Messabweichungen oft nur einen kleinen Teil des gesamten Genauigkeitsbudgets ausmachen.

Anhand dieser Ausführungen kann zusammenfassend festgestellt werden, dass die Bestimmung von zutreffenden Genauigkeitsmaßen ein sensibler Vorgang ist, der seitens des Messingenieurs umfassende Kenntnisse und Erfahrungen voraussetzt. Wie im Abschn. 4.6.3 gezeigt wird, versucht der „Guide to the Expression of Uncertainty in Measurement (GUM)" – „Leitfaden zur Angabe der Unsicherheit beim Messen" DIN V ENV 13005:1999-06 – durch Verwertung weiterer Informationen, insbesondere über *nicht erfasste systematische Messabweichungen*, zutreffendere Genauigkeitsmaße abzuleiten.

4.6.2.3 Auflösung, Genauigkeit, Präzision und Richtigkeit

Die Begriffe *Genauigkeit*, *Richtigkeit* und *Präzision* sind in der DIN 55350-13:1987-07 definiert. Diese Begriffe lassen sich exemplarisch an einer Zielscheibe (Abb. 4.63) verdeutlichen. Unter der *Auflösung* wird die kleinste Zähleinheit, hier der Abstand der Ringe der Zielscheibe, verstanden. Sie entspricht dem kleinsten Digitalisierungsschritt bei der A/D-Wandlung und ist bei digitalen Anzeigen identisch mit der letzten angezeigten Stelle. Die Streuung der Einschusslöcher gibt die *Präzision* an; sie ist ein Maß für die Reproduzierbarkeit der Treffer unter den gegebenen Bedingungen (zufällige Streuung). Liegen also mehrere Messwerte dicht beieinander, so hat die Messmethode eine hohe Präzision. Das bedeutet aber noch nicht, dass die gemessenen Werte auch richtig sind. Sie könnten z. B. durch nicht erkannte systematische Messabweichungen präzise falsch sein, weil systematische Einflüsse in diesem Genauigkeitsmaß *nicht* berücksichtigt werden.

Die Streuung der Einschusslöcher zum Zentrum der Zielscheibe, das dem *wahren Wert* entsprechen soll, wird durch die *Genauigkeit* ausgedrückt. Der Begriff *Genauigkeit* macht deutlich, dass nun alle auf das Messergebnis wirkenden Einflüsse zu berücksichtigen sind, und zwar auch die der Messumgebung und des Messob-

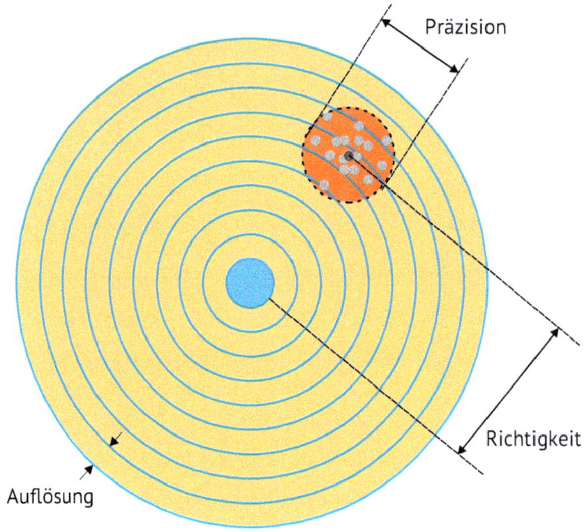

Abb. 4.63 Verdeutlichung der Begriffe Richtigkeit, Präzision und Auflösung an einer Zielscheibe.

jekts. Im deutschsprachigen Raum wird der Begriff *Genauigkeit* (fälschlicherweise) häufig mit *Präzision* gleichgesetzt. Eine hohe Genauigkeit kann man also nur erreichen, wenn sowohl die Präzision als auch die Richtigkeit gut sind. In der Abb. 4.64 werden unterschiedliche Qualitätsstufen der Präzision und der Richtigkeit gegenübergestellt. Aus den Darstellungen können folgende Schlussfolgerungen abgeleitet werden: „Eine hochpräzise Messung kann äußerst ungenau sein!" und „Man kann sehr präzise sehr falsch messen!".

Als *Richtigkeit* wird das Maß für die Übereinstimmung zwischen dem aus dem großen Datensatz erhaltenen Mittelwert und dem Referenzwert bezeichnet. Wenn also der Mittelwert aus vielen Messungen gut mit dem *wahren Wert* übereinstimmt, dann ist die Richtigkeit hoch. Dies sagt nichts darüber aus, wie stark die einzelnen Werte streuen. In der Richtigkeit spiegeln sich die Einflüsse systematischer Messabweichungen wider.

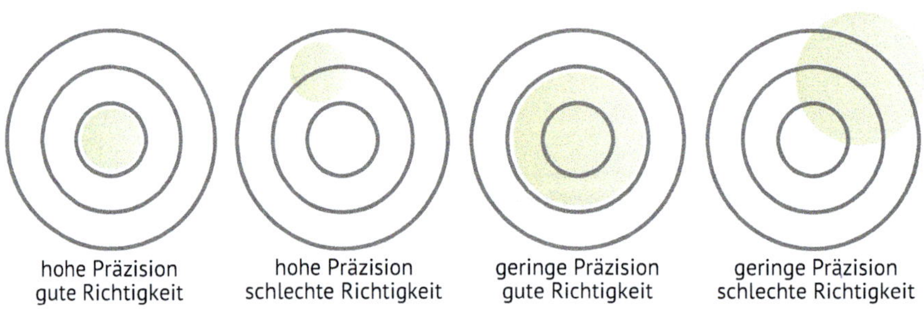

Abb. 4.64 Unterschiedliche Qualitätsstufen der Präzision und der Richtigkeit (nach Köhne und Wößner 2009).

4.6.2.4 Genauigkeitsmaße

Empirische Standardabweichung

Wie bereits ausgeführt, ist die Standardabweichung ein vielfach verwendetes Maß zur Beurteilung der Genauigkeit z. B. von Messungen. Als empirische Standardabweichung wird die positive Wurzel aus der empirischen Varianz bezeichnet. Im Gegensatz zur empirischen Varianz besitzt die empirische Standardabweichung dieselbe Einheit wie der arithmetische Mittelwert und wie die Messwerte selbst und ist damit einfacher zu interpretieren als die Varianz. Die empirische Varianz bzw. die empirische Standardabweichung wird aus den Abweichungen eines jeden Messwertes zum arithmetischen Mittelwert berechnet. Für gleich genaue, unkorrelierte Messungen gilt (Niemeier 2008, S. 6):

$$s^2 = \frac{1}{n-1}\sum_{i=1}^{n}\left(x_i - \overline{x}\right)^2 = \frac{\sum_{i=1}^{n} v_i \cdot v_i}{n-1} \tag{4.6}$$

mit

s^2 empirische Varianz
n Anzahl der Messungen
x_i Messwert Nr. i
$\overline{x}$ arithmetischer Mittelwert
v_i $x_i - \overline{x}$ = Verbesserung Nr. i

und für die empirische Standardabweichung

$$s = +\sqrt{s^2} \tag{4.7}$$

mit

s empirische Standardabweichung

Die Standardabweichung des arithmetischen Mittelwertes berechnet sich nach

$$s\left(\overline{x}\right) = \frac{s}{\sqrt{n}} \tag{4.8}$$

mit

$s(\overline{x})$ Standardabweichung des arithmetischen Mittels.

Betrachtet man Gl. (4.8), so könnte man auf die Idee kommen, die Anzahl der Messungen, was besonders leicht bei elektronischen Geräten vorgenommen werden kann, wesentlich zu erhöhen, um dann für den Mittelwert eine höhere Genauigkeit zu erhalten. Bei 10 000 ausgeführten Messungen könnte demnach die Genauigkeit für das Mittel gegenüber derjenigen einer Einzelmessung um den Faktor 100 gesteigert werden. Dieser Gedanke ist aber nur bedingt geeignet, die Genauigkeit des arithmetischen Mittelwertes „beliebig“ zu erhöhen. Verhindert wird dies durch die in der Gl. (4.8) vernachlässigten Korrelationen zwischen den einzelnen Messwerten. Aus diesem Grunde sind maximal nur 10–20 Wiederholungsmessungen sinnvoll. Im Abschn. 4.6.2.5 wird diese Thematik vertieft.

Da die Verbesserungen v_i als Differenzen eines jeden Messwertes x_i zum arithmetischen Mittelwert $\overline{x}$ berechnet werden, fallen durch die Differenzbildung u. U. vorhandene systematische Messabweichungen in den Messwerten bei den Verbesserungen heraus. Dadurch ist die Standardabweichung als Genauigkeitsmaß nur mit gewissen Vorbehalten zu verwenden, da oft zu klein geschätzt.

Wiederholstandardabweichung

Die Wiederholstandardabweichung oder besser gesagt, die Präzision, gibt (nur) an, mit welcher Genauigkeit die Messungen wiederholt werden können. Systematische Abweichungen werden nicht berücksichtigt. Die Präzision wird daher vornehmlich bei der Beurteilung der Güte von Deformationen, die als Differenz der Ergebnisse zweier Messepochen gebildet werden, eingesetzt. Diese Deformationen sollen mit einer hohen Genauigkeit bestimmt werden. Systematische Messabweichungen, sofern sie bei den Folgemessungen und bei der Nullmessung in gleicher Weise gewirkt haben, fallen durch die Differenzbildung heraus. Um den Messprozess in dieser Richtung effizient zu gestalten, werden die Messungen stets vom gleichen Beobachter, mit demselben Instrumentarium, nach Möglichkeit unter gleichen äußeren Bedingungen usw. ausgeführt. In DWA (2011a, S. 17) wird dafür der Begriff „Ritualisierung von Messungen" verwendet. Durch diese Systematisierung des Messprozesses sollen sich etwaige systematische Messabweichungen bei allen Messungen in gleicher Weise auswirken. Die Messungen werden damit hoch präzise, können aber bezogen auf den Messwert sehr ungenau sein. In der Geodäsie wird mitunter die Präzision als „innere Genauigkeit" bezeichnet.

Vergleichsstandardabweichung

Ganz anders liegen die Verhältnisse bei der Vergleichsstandardabweichung. Sie möchte nach Möglichkeit die Genauigkeit des Messwertes in Bezug zu seinem wahren Wert beschreiben. Deshalb wird sie aus Messungen von unterschiedlichen Beobachtern, nach unterschiedlichen Messverfahren, mit unterschiedlichen Instrumenten, zu verschiedenen Zeitpunkten, unter unterschiedlichen äußeren Bedingungen usw. ermittelt. Systematische Messabweichungen versucht man, soweit möglich, z. B. durch Kalibrierung, im Vorhinein zu bestimmen, um damit die Messwerte zu korrigieren. Trotzdem gelingt es nicht, die systematischen Messabweichungen restlos zu erfassen bzw. sie im Genauigkeitsmaß hinreichend zu berücksichtigen. Bei fest eingebauten Messeinrichtungen ist die Ermittlung einer Vergleichsstandardabweichung oft direkt nicht möglich. In der Geodäsie wird die Vergleichsstandardabweichung als „äußere Genauigkeit" bezeichnet.

Messunsicherheit

Die *Messunsicherheit* bzw. die *erweiterte Messunsicherheit* sind Genauigkeitsmaße des GUM. Wie bereits erwähnt, werden diese Genauigkeitsmaße nicht nur aus *zufälligen* Messabweichungen berechnet, sondern es wird versucht, zusätzlich *nicht erfasste systematische* Messabweichungen zu berücksichtigen. Damit bildet das Genauigkeitsmaß *„(erweiterte) Messunsicherheit"* derzeit die tatsächlichen Genauigkeitsverhältnisse am realistischsten ab. Wegen der besonderen Bedeutung wird dieses Genauigkeitsmaß in einem besonderen Abschnitt (siehe Abschn. 4.6.3) besprochen.

4.6.2.5 Korrelationen

Korrelationen beschreiben Wechselbeziehungen zwischen Zufallsvariablen, wie z. B. Messgrößen, ohne die eine als abhängig und die andere als unabhängig anzusehen (Kreyszig 1974, S. 257). Korrelationen können aufgrund physikalischer oder mathematischer Effekte entstehen. Ausgeführte Messungen werden z. B. durch unbekannte systematische Messabweichungen verfälscht. Verursacht werden diese Messabweichungen z. B. durch das Umfeld, in dem die Messungen ausgeführt werden, durch das Messobjekt selbst, durch unzureichend bestimmte Korrektionen der eingesetzten Gerätschaften und durch das gewählte Messverfahren. Zwischen den unter diesen Bedingungen ausgeführten Messungen besteht eine Wechselwirkung; sie sind *physikalisch* korreliert. Werden die Messergebnisse von Messgrößen bei der Berechnung von unterschiedlichen Parametern verwendet, so besteht zwischen den berechneten Parametern ebenfalls eine Wechselbeziehung aufgrund der Messgenauigkeit dieser Messgrößen. Die Parameter sind *mathematisch* korreliert. Physikalische und mathematische Korrelationen werden zur *gemischten* Korrelation (Wolf 1975, S. 69) zusammengefasst.

Als Maßzahl der Wechselbeziehung zweier Zufallsvariablen wird der *empirische Korrelationskoeffizient* r verwendet. Er ist definiert durch (Höpcke 1980, S. 48)

$$r = \frac{s_{xy}}{s_x \cdot s_y} = \frac{\boldsymbol{v}_x^{\mathrm{T}} \boldsymbol{v}_y}{\sqrt{\boldsymbol{v}_x^{\mathrm{T}} \boldsymbol{v}_x \cdot \boldsymbol{v}_y^{\mathrm{T}} \boldsymbol{v}_y}} \tag{4.9}$$

mit

r	empirischer Korrelationskoeffizient der Zufallsvariablen x und y
s_{xy}	empirische Kovarianz
s_x, s_y	empirische Standardabweichungen der Zufallsvariablen x und y
$\boldsymbol{v}_x$	Vektor der Verbesserungen der Zufallsvariablen x
$\boldsymbol{v}_y$	Vektor der Verbesserungen der Zufallsvariablen y

Die rechte Seite der Gl. (4.9) lässt erkennen, wie der empirische Korrelationskoeffizient aus den Einzelverbesserungen der beiden Zufallsvariablen x und y berechnet wird; er kann Werte zwischen $-1 \leq r \leq +1$ annehmen. Die Korrelationen zwischen den beiden Zufallsvariablen x und y werden auch als *Kreuzkorrelationen* bezeichnet. In Abhängigkeit von der Größe des empirischen Korrelationskoeffizienten r wird nach Witte und Sparla (2015, S. 626) unterteilt in

$$\begin{aligned} &\text{schwache Korrelation} && |r| \leq 0{,}25 \\ &\text{mittlere Korrelation} && 0{,}25 < |r| \leq 0{,}75 \\ &\text{starke Korrelation} && 0{,}75 < |r| \leq 1 \end{aligned} \tag{4.10}$$

Als Beispiel soll im folgenden betrachtet werden, wie sich Korrelationen auf die Standardabweichung zum einen der Summe und zum anderen der Differenz zweier Zufallsvariablen auswirken. Besonders der zweite Fall mit der Differenzbildung ist für die Beurteilung von Deformationen, die ja als Differenz zweier Messungen gebildet werden, interessant. Hierzu sei auch auf die Ausführungen von Geiger (2015) verwiesen.

Die Summe *sum* zweier Zufallsvariablen x und y, z. B. von zwei Streckenmessungen, ergibt sich zu

$$sum = x + y = \boldsymbol{F} \cdot \boldsymbol{u} = \begin{pmatrix} 1 & 1 \end{pmatrix} \begin{pmatrix} x \\ y \end{pmatrix} \tag{4.11}$$

Die zugehörige Varianzmatrix $\boldsymbol{V}$ lautet

$$\boldsymbol{V} = \begin{pmatrix} s_x^2 & r\, s_x s_y \\ r\, s_x s_y & s_y^2 \end{pmatrix} \tag{4.12}$$

mit den Standardabweichungen s_x und s_y sowie dem Korrelationskoeffizienten r zwischen den beiden Zufallsvariablen.

Nach dem Varianzfortpflanzungsgesetz (Niemeier 2008, S. 56)

$$\boldsymbol{V}_{sum,sum} = \boldsymbol{F} \cdot \boldsymbol{V} \cdot \boldsymbol{F}^{\boldsymbol{T}} \tag{4.13}$$

ergibt sich die Varianz s_{sum}^2 für die Summe *sum*

$$s_{sum}^2 = \begin{pmatrix} 1 & 1 \end{pmatrix} \begin{pmatrix} s_x^2 & r\, s_x s_y \\ r\, s_x s_y & s_y^2 \end{pmatrix} \begin{pmatrix} 1 \\ 1 \end{pmatrix} \tag{4.14}$$

Mit der Annahme, dass die Standardabweichungen $s_x = s_y = s$ gleich sind, folgt die Varianz der Summe

$$s_{sum}^2 = 2 \cdot s^2 \cdot (1 + r) \tag{4.15}$$

Für $r = 0$ (unkorreliert) folgt $s_{sum} = \sqrt{2} \cdot s$, für $r = +1$ (voll positiv korreliert) folgt $s_{sum} = 2 \cdot s$ und für $r = -1$ (voll negativ korreliert) folgt $s_{sum} = 0$. Diese drei Extremfälle verdeutlichen die Auswirkungen von Korrelationen auf die Genauigkeitsmaße. Bei einer beispielhaft angenommenen Standardabweichung von $s = 1\,\text{mm}$ ergeben sich als Standardabweichung für die Summe zweier Strecken im Falle $r = 0$ (unkorreliert) $s_{sum} = 1{,}4\,\text{mm}$, im Falle $r = +1$ (voll positiv korreliert) $s_{sum} = 2{,}0\,\text{mm}$, im Falle $r = -1$ (voll negativ korreliert) $s_{sum} = 0\,\text{mm}$. Die Standardabweichungen streuen also zwischen 0 und 2 mm!

Um die Summe der beiden Strecken mit einer möglichst kleinen Standardabweichung zu bestimmen, sollte versucht werden, eine hochgradig negative Korrelation zu erzeugen. Man könnte diese negative Korrelation z. B. dadurch erreichen, dass eine Teilstrecke mit einem Maßband gemessen wird, das einen positiven Längenausdehnungskoeffizienten besitzt (z. B. ein Maßband aus Stahl), während bei der anderen Teilstrecke ein Maßband mit einem negativen Ausdehnungskoeffizienten (z. B. ein Maßband aus einer kohlefaserverstärkten Epoxydharzverbindung) eingesetzt wird. Diese Betrachtung ist sicherlich nur von theoretischer Bedeutung, verdeutlicht aber, wie man im Prinzip Korrelationen nutzen kann, um die Messgenauigkeit, hier für die Summe zweier Strecken, zu steigern.

Beim Beispiel mit der Differenz *dif* der beiden Zufallsvariablen x und y, z. B. von zwei Streckenmessungen, ergibt sich

$$dif = x - y = \boldsymbol{F} \cdot \boldsymbol{u} = \begin{pmatrix} 1 & -1 \end{pmatrix} \begin{pmatrix} x \\ y \end{pmatrix} \tag{4.16}$$

und nach dem gleichen Ableitungsverfahren folgt für die Varianz der Differenz der beiden Strecken

$$s_{dif}^2 = 2 \cdot s^2 \cdot (1 - r) \tag{4.17}$$

Für $r = 0$ (unkorreliert) folgt wieder $s_{dif} = \sqrt{2} \cdot s$, für $r = +1$ (voll positiv korreliert) ergibt sich diesmal $s_{dif} = 0$ und für $r = -1$ (voll negativ korreliert) folgt $s_{dif} = 2 \cdot s$. Die Verhältnisse bei den „voll korrelierten“ Fällen kehren sich hier im Vergleich zum ersten Fall um. Je hochgradig korrelierter die Messungen sind, desto präziser kann die Differenz der Messungen bestimmt werden. Dieser Umstand wird gern bei Deformationsmessungen ausgenutzt, siehe dazu Abschn. 4.6.2.4.

Wie bereits im Abschn. 4.6.2.4 ausgeführt, ist es aufgrund von nicht erkennbaren, aber trotzdem wirkenden Korrelationen nicht möglich, durch eine Erhöhung der Anzahl der Messungen die Messgenauigkeit für den Mittelwert extrem zu steigern. Mehr Messungen steigern zwar die Genauigkeit des Mittelwertes, aber der durch die Korrelationen bestimmte Sockelbetrag (Abb. 4.65) kann nicht unterschritten werden (Wolf 1965, S. 114).

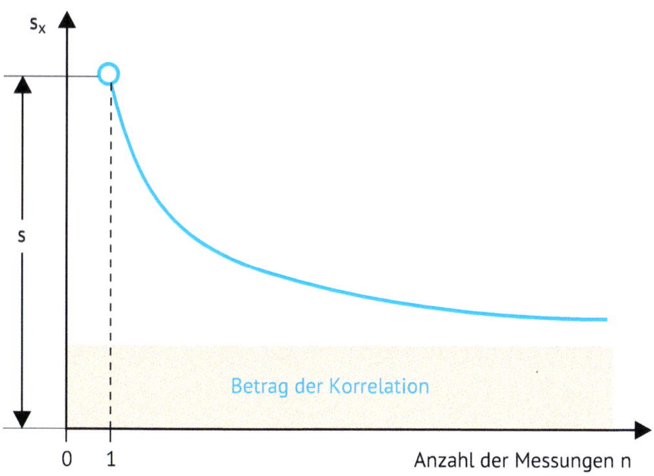

Abb. 4.65 Betrag der Korrelationen (nach Wolf 1965, S. 114).

Diese Betrachtungen zeigen, in welcher Bandbreite Korrelationen die berechneten Genauigkeitsmaße verändern. In der Praxis ist es in der Regel aber verhältnismäßig schwierig, etwaig wirkende Korrelationen zu erkennen und realistisch abzuschätzen. Deshalb wird häufig angenommen, dass die Messungen unkorreliert sind, man muss aber dann beachten, dass die ermittelten Genauigkeitsmaße recht unzuverlässig sind.

4.6.2.6 Dichtefunktionen und Verteilungen

Unterschiedliche Dichtefunktionen und Verteilungen werden für die Berechnung der *Messunsicherheit* nach GUM benötigt. Aus diesem Grund wird hier kurz diese Thematik gestreift. Dichtefunktionen sind nur für stetige Zufallsvariablen definiert. Sie zeigen an, in welchen Bereichen sich die Messwerte der Zufallsvariablen häufen. Aus der Dichtefunktion lassen sich direkt keine Wahrscheinlichkeiten ablesen. Sie ergeben sich erst aus der Fläche unterhalb der Dichtefunktion in den zu betrachtenden Grenzen. Aus diesem Grund gibt es für einen konkreten Messwert keine Wahrscheinlichkeit, sondern immer nur für ein Intervall zweier Messwertgrenzen. Die Gesamtfläche unter der Dichtefunktion ist definitionsgemäß gleich eins. Dichtefunktionen bilden die Grundlage zur Berechnung der Verteilungsfunktionen, auf die aber hier nicht weiter eingegangen wird.

In der Abb. 4.66 ist eine Dichtefunktion $y = f(x)$, in diesem Fall beispielhaft die der Normalverteilung, dargestellt. Für drei Fallbeispiele werden die Wahrscheinlichkeiten $P(x)$, dass der Messwert innerhalb der angegebenen Grenzen liegt, durch die in der Abbildung ersichtlichen Integralausdrücke angegeben.

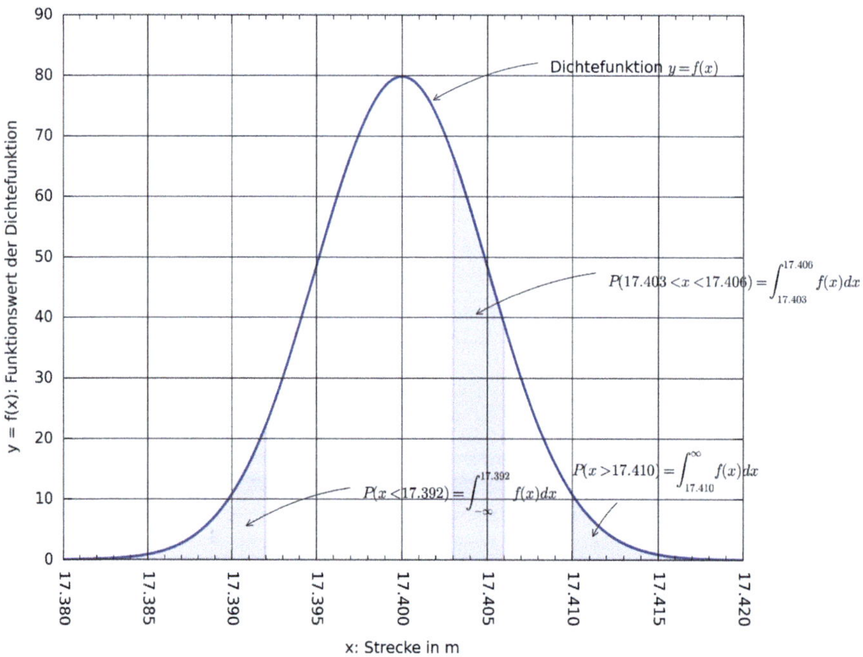

Abb. 4.66 Berechnung von Wahrscheinlichkeiten aus Dichtefunktionen.

Normal-Verteilung

Die Dichtefunktion der Normalverteilung (auch als Gauß-Verteilung bezeichnet) basiert auf dem zentralen Grenzwertsatz, wonach die Summe einer großen Anzahl von unabhängigen Zufallsvariablen asymptotisch einer stabilen Verteilung folgt (Niemeier 2002, S. 34), hier der Normalverteilung. Die Formel für die Dichtefunktion der Normalverteilung lautet

$$f(x) = \frac{1}{\sigma\sqrt{2\pi}} \cdot e^{-\frac{1}{2}\left(\frac{x-\mu}{\sigma}\right)^2} \tag{4.18}$$

mit

$f(x)$ Funktionswert der Dichtefunktion an der Stelle x
σ theoretische Standardabweichung
μ Erwartungswert (näherungsweise gleich dem Mittelwert)

Die Kennzahlen der Dichtefunktion sind die theoretische Standardabweichung σ und der Erwartungswert μ. Die Abb. 4.67 zeigt für unterschiedliche Standardabweichungen σ die zugehörigen Dichtefunktionen. Je schlanker die Dichtefunktion verläuft, desto kleiner ist die zugehörige Standardabweichung σ. Das Intervall $\pm\sigma$ entspricht exakt dem Intervall zwischen den beiden Wendepunkten der Dichtefunktion. Da zur Berechnung der Wahrscheinlichkeit zwischen den Grenzen a und b die Gl. (4.18) zu integrieren ist, das Integral aber nicht auf eine elementare Stammfunk-

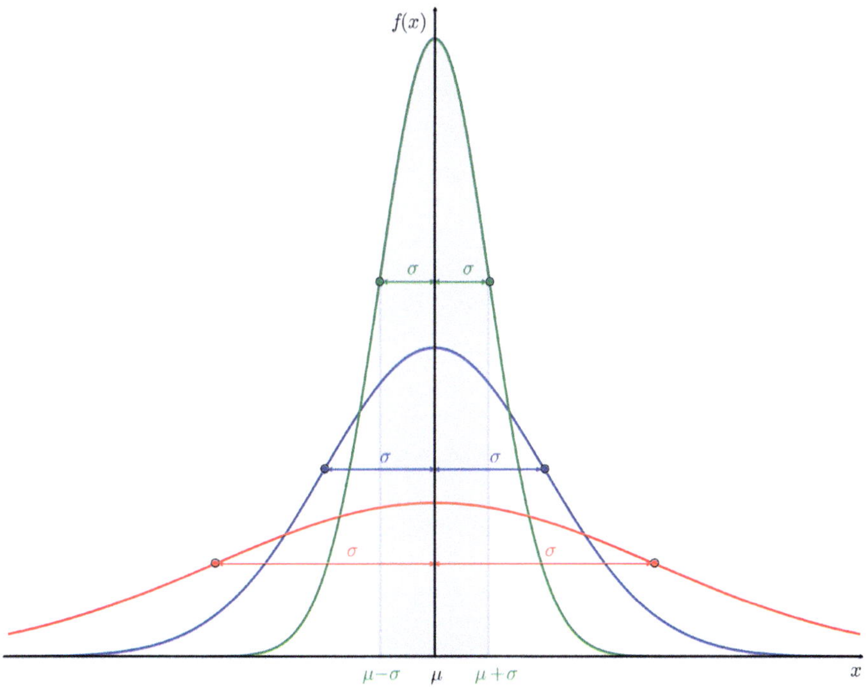

Abb. 4.67 Dichtefunktionen der Normalverteilung.

tion zurückgeführt werden kann, wurde die normierte Normalverteilung mit $\mu = 0$ und $\sigma = 1$ eingeführt, und es wurden dafür Tafelwerke erstellt. Zur Handhabung der Tafelwerke sei auf die entsprechende Fachliteratur verwiesen, z. B. Höpcke (1980, S. 66), Niemeier (2008, S. 39ff). Neben den hier angesprochenen eindimensionalen Verteilungen gibt es auch mehrdimensionale Verteilungen, auf die aber hier nicht weiter eingegangen wird.

Die Normalverteilung wird bei beobachteten Größen mit einer großen Anzahl von Wiederholungsmessungen (>20–50) angewendet. Sind diese Bedingungen nicht erfüllt, wird die Student-Verteilung verwendet. Bei der Berechnung der Messunsicherheit nach GUM, soviel sei vorweggenommen, werden die Einflussgrößen von Typ A durch die Normalverteilung charakterisiert. Die Standardabweichung erhält dabei den Gewichtsfaktor $G = 1$ im Messunsicherheitsbudget (Abschn. 4.6.3.1) und wird als Halbbreite in die Messunsicherheitsbewertung eingeführt.

Student-Verteilung

Bei beobachteten Größen mit geringer Datenmenge (< 20–50) wird die Student-Verteilung (auch als t-Verteilung bezeichnet) verwendet. Sie hängt u. a. von der Anzahl der Freiheitsgrade f ab. Für $f \to \infty$ geht die Student-Verteilung in die Normalverteilung über. In der Abb. 4.68 sind für die Freiheitsgrade $f = 1, 2, 10$ und 50 die entsprechenden Kurvenverläufe der Dichtefunktion der Student-Verteilung und zusätzlich zum Vergleich der Kurvenverlauf der Dichtefunktion der Normalverteilung eingetragen. Für die praktische Handhabung sei auch hier auf die Fachliteratur verwiesen, wie z. B. in Höpcke (1980, S. 182f), Niemeier (2008, S. 86ff).

Mit der Student-Verteilung werden ebenfalls bei der Berechnung der Messunsicherheit nach GUM Einflussgrößen vom Typ A bewertet. Der Gewichtsfaktor beträgt, wie bei der Normalverteilung, ebenfalls $G = 1$.

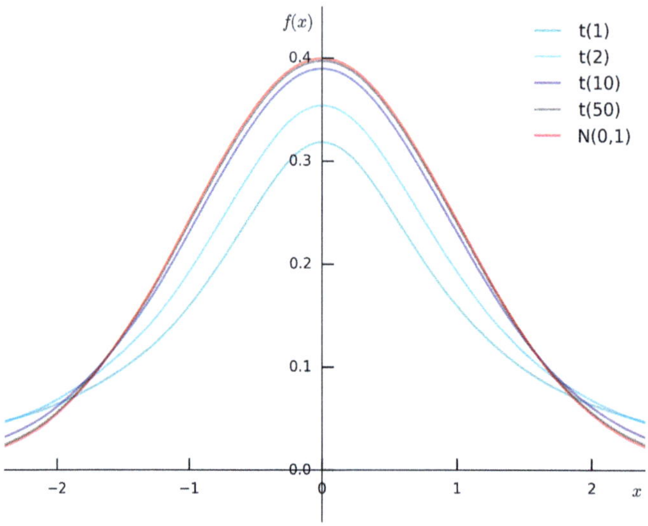

Abb. 4.68 Dichtefunktionsverläufe der Student-Verteilung.

Rechteckverteilung

Die Rechteckverteilung (auch als Universalverteilung bezeichnet) geht davon aus, dass in einem Intervall $\pm a$ die Dichtefunktion eine Konstante ist, also die Wahrscheinlichkeit bei einer konstanten Messintervallbreite immer gleich ist. Außerhalb der Intervallgrenzen sind alle Werte der Dichtefunktion gleich null. Für die Dichtefunktion gilt also:

$$\begin{aligned} f(x)|_{-\infty}^{a_-} &= 0 \\ f(x)|_{a_-}^{a_+} &= \frac{1}{2a} \\ f(x)|_{a_+}^{+\infty} &= 0 \end{aligned} \tag{4.19}$$

Die Varianz σ^2 der Rechteckverteilung ergibt sich dann nach Pesch (2010, S. 26) zu

$$\sigma^2 = \frac{1}{3}a^2 \tag{4.20}$$

Die Fläche unter der Dichtefunktion ist wieder gleich eins. Die Abb. 4.69 zeigt die Rechteckverteilung.

Die Rechteckverteilung wird bei der Berechnung der Messunsicherheit nach GUM verwendet und zwar für Einflussgrößen (Einflussgrößen vom Typ B), von denen keine näheren Informationen vorliegen, wie z. B. bei den Ablesewerten an Digitalanzeigen, bei Herstellerinformationen usw. Im Messunsicherheitsbudget erhalten diese Einflussgrößen den Gewichtsfaktor $G = 1/3$.

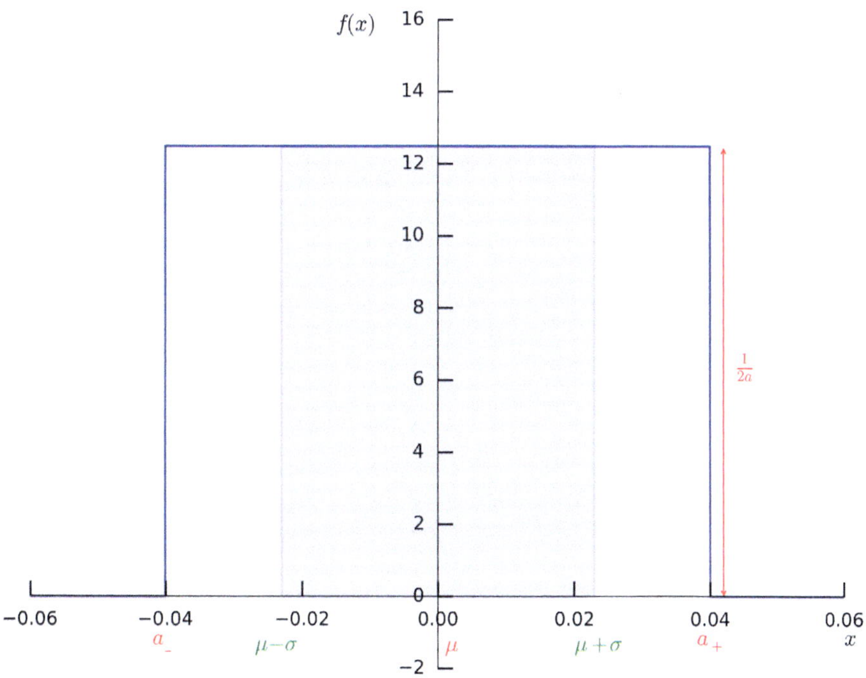

Abb. 4.69 Rechteckverteilung.

Neben den hier angesprochenen Verteilungen gibt es noch eine Reihe weiterer Verteilungen, wie z. B. die Dreiecksverteilung, die Trapezverteilung und die U-Verteilung, die in der Regel für die hier gezeigten Anwendungen nicht weiter von Interesse sind, aber in der Literatur, z. B. Pesch (2010), vertieft werden können.

4.6.3 Messunsicherheitsbewertung nach GUM

Der „Leitfaden zur Angabe der Unsicherheit beim Messen“ (Guide to the Expression of Uncertainty in Measurement (GUM)) wurde 1993 veröffentlicht und zuletzt 2008 als ISO/BIPM-Leitfaden überarbeitet. Die als maßgebliche deutsche Fassung bezeichnete DIN V ENV 13005:1999-06 ist zurückgenommen worden (GUM 2009). Es wird aber die Anwendung der „Technischen Regel ISO/IEC Guide 98-3:2008-09 Messunsicherheit – Teil 3: Leitfaden zur Angabe der Unsicherheit beim Messen“ empfohlen (GUM 2009).

Der Leitfaden hat das Ziel, eine international einheitliche Vorgehensweise zur Bestimmung von Messunsicherheiten zu ermöglichen und somit die Messergebnisse weltweit vergleichbar zu machen. Das Genauigkeitsmaß des GUM ist die *Messunsicherheit* und sie sollte auch nur in diesem Zusammenhang verwendet werden. Die Messunsicherheit wird wie folgt definiert:

> *„Messunsicherheit ist ein Parameter, der dem Messergebnis beigeordnet ist und der die Streuung derjenigen Schätzwerte kennzeichnet, die der Messgröße auf der Basis vorliegender Information vernünftiger Weise zugewiesen werden können.“*
>
> *(GUM 2009)*

Die Bewertungen der Einflussgrößen auf die Messungen erfolgen mit zwei Methoden und zwar

Typ A: Berechnung der Messunsicherheit mit statistischer Analyse der Messungen,
Typ B: Berechnung der Messunsicherheit mit anderen Mitteln als der statistischen Analyse.

Beide Methoden können kombiniert werden. Mit der Methode vom Typ A werden also *zufällige Messabweichungen* berücksichtigt, während die Methode vom Typ B darauf abzielt, *nicht erfasste systematische Messabweichungen* im Genauigkeitsmaß mit einzubeziehen. Bei der Methode vom Typ A werden die klassischen Verfahren aus der Statistik eingesetzt, womit z. B. Standardabweichungen berechnet werden. Derartige Berechnungsverfahren gibt es für die Einflussgrößen bei der Methode vom Typ B nicht. Hier kann man nur mit zusätzlichen Informationen über den Messprozess, mit Herstellerangaben und mit den Erfahrungen und Kenntnissen des Messingenieurs versuchen, die dominierenden „nicht erfassten systematischen Messabweichungen“ abzuschätzen. Aber der besondere Vorteil des GUM ist eben, dass diese nicht erfassten systematischen Messabweichungen in das Genauigkeitsmaß „Messunsicherheit“ mit einfließen. Jeder Anteil der verschiedenen Einflussgrößen, die letztlich zur Messunsicherheit zusammengefasst werden, wird als *Standardunsicherheit* bezeichnet.

4.6.3.1 Ablauf einer Messunsicherheitsanalyse

Im Gegensatz zu den klassischen Genauigkeitanalysen, bei denen nur die Angabe eines Genauigkeitswertes im Vordergrund steht, müssen bei der Genauigkeitsanalyse nach GUM eine Vielzahl von Fakten, die die Messwerte, das Messobjekt und den Messprozess kennzeichnen und beschreiben, ermittelt und protokollmäßig festgehalten werden. Die Adressaten der Messunsicherheitsanalyse nach GUM werden so in die Lage versetzt, die den Messprozess beeinflussenden Größen durch textliche Beschreibungen verdeutlicht zu bekommen. Ein wesentlicher Vorteil im Vergleich zur bisherigen Vorgehensweise! Die Messunsicherheitsanalyse nach GUM vollzieht sich in insgesamt sechs Arbeitsschritten.

1. Analyse der Aufgabenstellung
   Zuallererst sind die Messgrößen zu recherchieren, die zur Lösung der Aufgabenstellung erforderlich sind und die gemessen werden müssen. Es sind weiterhin die Rahmenbedingungen zu protokollieren, unter denen die Messungen ausgeführt werden sollen. Ebenso kann es gegebenenfalls erforderlich sein, eine Messunsicherheitsanalyse vorweg mit typischen, zu erwartenden Werten vorzunehmen. Diese Analyse zeigt dann auf, welche Einflussgrößen von besonderer Relevanz sind, d. h., welche mit besonderer Sorgfalt, sprich mit besonderer Qualität, zu bestimmen sind.
2. Definition der Messgröße
   Unter der Definition der Messgröße wird die Darstellung der mathematischen und physikalischen Grundlagen auf Basis der Aufgabenstellung verstanden. Dieser Zusammenhang wird durch das Aufstellen einer *Prozessgleichung*, die das physikalische Modell der Messung abbildet, hergestellt. Die Prozessgleichung entspricht der mathematischen Beschreibung einer idealisierten – sprich messunsicherheitsfreien – Messung:

   $$y = f(x_1, x_2, \dots, x_n) \tag{4.21}$$

   mit

   y = zu bestimmende Größe
   x_i = Einflussgrößen mit $i = 1, \dots, n$

   Die abhängig Veränderliche der Prozessgleichung y kann eine Messgröße sein, die selbst gemessen werden soll. Sie kann aber auch eine Größe sein, die indirekt aus den Messungen als Funktion der Messungen abgeleitet werden soll. Aus der Prozessgleichung wird später die Modellgleichung entwickelt.
3. Aufbereitung der verfügbaren Daten
   In diesem Arbeitsschritt findet die eigentliche *Messwertaufnahme* mit allen für erforderlich gehaltenen *Dokumentationen* statt, z. B. den Messwerten selbst, den Beobachtern und anderen an den Messungen Beteiligten, den Beobachtungszei-

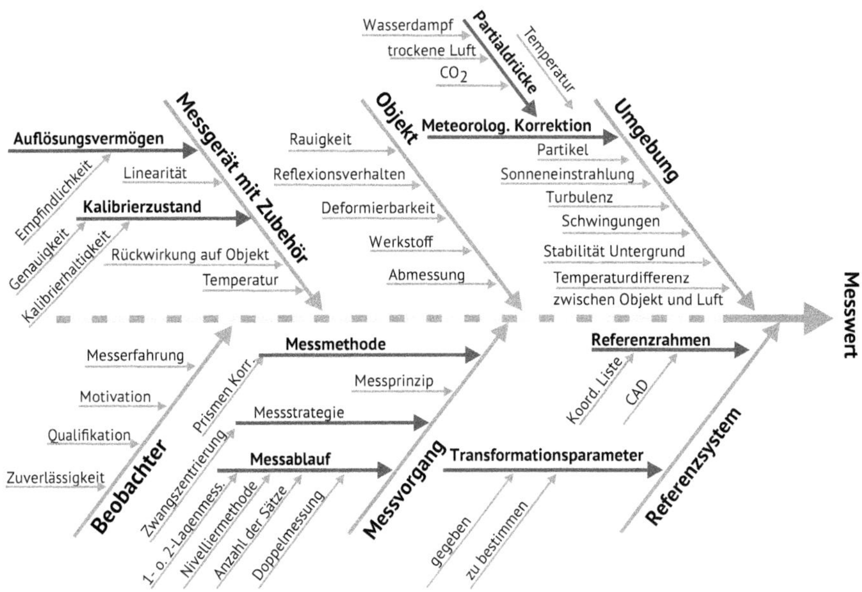

Abb. 4.70 Ishikawa-Diagramm für ein Tachymeter (nach Hennes 2007).

ten, den begründet ausgewählten Messmethoden, den eingesetzten Gerätschaften, den Kalibrierzuständen der Gerätschaften, den Witterungsbedingungen, der Labortemperatur, besonderen Einflussgrößen, die sich auf die Messwerte und auf das Messobjekt auswirken können und damit die Qualität der Messwerte bzw. der Messergebnisse in irgendeiner Art und Weise beeinträchtigen könnten. Das Ishikawa-Diagramm (Abb. 4.70) kann behilflich sein, Ursache-Wirkungs-Beziehungen im Messprozess nicht zu übersehen.

Die Abb. 4.71 zeigt als weiteres Beispiel ein Ishikawa-Diagramm für eine geotechnische Anwendung mit einem Wasserdrucksensor zur Bestimmung des Porenwasserdrucks oder des Grundwasserstands.

4. Berechnung der Ergebnisse
   Die aufgenommenen Messwerte sind auszuwerten und auf Plausibilität zu prüfen, d. h., es sind z. B. Mittelwerte zu bilden, es sind Minimal-maximal-Bestimmungen vorzunehmen, die Messwerte sind auf grobe Messfehler zu überprüfen und gegebenenfalls durch Nachmessungen zu korrigieren, Varianzen und Standardabweichungen sind zu berechnen, es werden die für erforderlich gehaltenen Korrekturen eingerechnet. Letztendlich wird die gesuchte (Mess-) Größe y entsprechend der *Prozessgleichung* (vgl. Gl. (4.21)) mit den gemessenen bzw. anderweitig gegebenen Größen bestimmt.
5. Bestimmung der Messunsicherheit
   In diesem Arbeitsschritt findet die eigentliche *Messunsicherheitsanalyse* statt. Es werden die Einflussgrößen benannt, erfasst und in ihren Charakteristika beschrieben. Es wird jede Einflussgröße einem der beiden Typen A oder B zugeord-

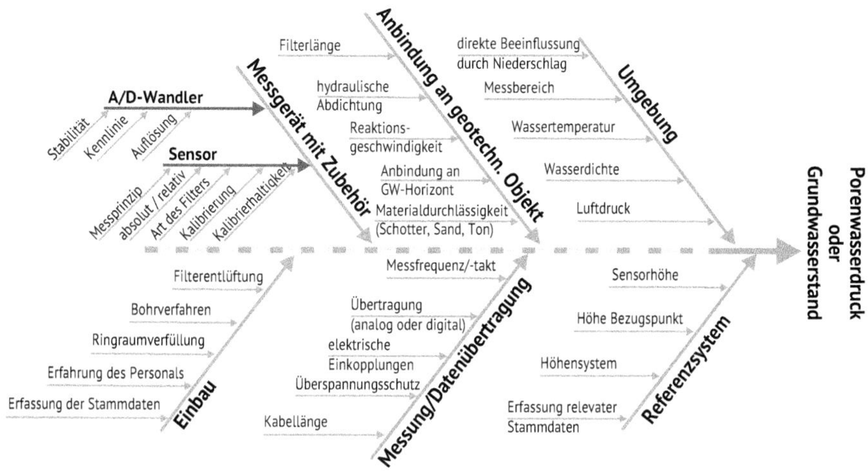

Abb. 4.71 Ishikawa-Diagramm für einen Wasserdrucksensor.

net. Für jede Einflussgröße werden die *Standardunsicherheiten* ermittelt; bei den Größen vom Typ A sind es in der Regel die berechneten Standardabweichungen nach den bekannten Verfahren aus der Statistik, wobei eine Normal- bzw. Student-Verteilung angenommen wird. Bei den Einflussgrößen vom Typ B werden die Standardunsicherheiten in Ermangelung präziser Informationen mit den für den Sachverhalt als gerechtfertigt und als zutreffend angenommenen Wahrscheinlichkeitsverteilungen bzw. -dichtefunktionen, z. B. Rechteckverteilungen, berechnet. Die nicht erfassten systematischen Messabweichungen werden also unter der Annahme einer passenden Verteilung in Standardunsicherheiten umgerechnet und auf diese Weise im Genauigkeitsmaß berücksichtigt. Diese Standardunsicherheiten werden als Halbbreitewerte bezeichnet (Pesch 2010, S. 52).

Die z. B. in Kalibrierscheinen ausgewiesenen Messunsicherheiten werden übernommen und es wird auf Angaben der Hersteller und auf Literaturangaben zurückgegriffen. Die Berechnungen nach der Methode Typ B setzen ausreichende Erfahrungen und allgemeine Kenntnisse des Messingenieurs voraus, die in der Regel in der messtechnischen Praxis erlernt werden.

Nach diesen vorbereitenden Arbeiten wird die *Modellgleichung* aufgestellt. Sie wird aus der Prozessgleichung (siehe Gl. (4.21)) entwickelt und gegebenenfalls noch um weitere wichtige Einflussgrößen erweitert. Es werden die Differenzialquotienten der abhängigen Variablen nach den einzelnen Einflussgrößen gebildet, um damit die Standardunsicherheiten der Einflussgrößen x_i auf die zu bestimmende Messunsicherheit der abhängigen Variablen y der Prozessgleichung (= zu bestimmende Messgröße bzw. zu bestimmendes Messergebnis) zu übertragen. Diese Differenzialquotienten werden hier als *Sensitivitätskoeffizienten* bezeichnet.

Die einzelnen Standardunsicherheiten ergeben sich für *unkorrelierte* Beobachtungen nach Pesch (2010, S. 22)

$$u_i = \sqrt{G_i} \cdot c_i \cdot a_i \tag{4.22}$$

mit

u_i	Standardunsicherheit der Größe x_i
G_i	Gewichtsfaktor der Größe i
	$G = 1$ bei Normal- und bei Student-Verteilung
	$G = 1/3$ bei Rechteckverteilung
	$G = 1/6$ bei Dreiecksverteilung
$c_i = \frac{\partial f}{\partial x_i}$	Sensitivitätskoeffizient (entspricht der partiellen Ableitung der Prozessgleichung nach der Einflussgröße x_i)
a_i	Halbbreite der Einflussgröße x_i

Die Gl. (4.22) wird als „Goldene Gleichung" der Messunsicherheitsbestimmung bezeichnet (Pesch 2010, S. 22). Auf die „Goldene Gleichung" für korrelierte Beobachtungen wird hier nicht weiter eingegangen; es wird auf die Literatur verwiesen (Pesch 2010, S. 46).
Zu guter Letzt werden die Standardunsicherheiten aller Einflussgrößen quadratisch zusammengefasst. Die Wurzel aus der Summe ist dann unter Berücksichtigung eines *Erweiterungsfaktors* k die *Messunsicherheit* nach GUM.
Es ist

$$U_k = k \cdot \sqrt{\sum_{i=1}^{n} u_i^2} \tag{4.23}$$

mit

U_k	Messunsicherheit mit dem Erweiterungsfaktor k
u_i	Standardunsicherheit der Größe x_i
k	Erweiterungsfaktor (zumeist $k = 1, 2$ oder 3)
n	Anzahl aller Einflussgrößen

Der Erweiterungsfaktor hängt von der gewünschten Überdeckungswahrscheinlichkeit ab (Tab. 4.7).
Die mit einem Erweiterungsfaktor von $k > 1$ berechneten Messunsicherheiten werden als „erweiterte Messunsicherheiten" bezeichnet.

Tab. 4.7 Erweiterungsfaktor k in Abhängigkeit von der Überdeckungswahrscheinlichkeit.

Wahrscheinlichkeit in %	Erweiterungsfaktor k
68,3	1
95,4	2
99,7	3

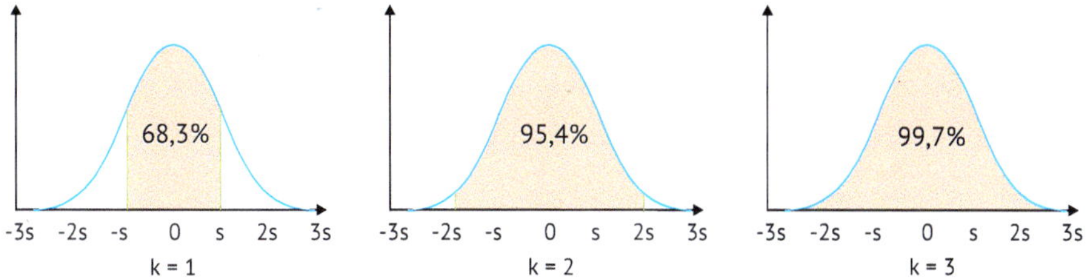

Abb. 4.72 Vertrauensintervalle für unterschiedliche Erweiterungsfaktoren.

In der Messtechnik wird in der Regel der Erweiterungsfaktor $k = 2$ mit einen Vertrauensintervall von 95 % gewählt. In besonderen Fällen, wie z. B. im Eichwesen, bei Konformitätsaussagen, in der Sicherheitstechnik, in der Medizin, werden aber auch Erweiterungsfaktoren mit $k = 3\,(99\,\%)$ bzw. $k = 4\,(99{,}9\,\%)$ angewendet. Die Abb. 4.72 verdeutlicht die Vertrauensintervalle in Abhängigkeit vom gewählten Erweiterungsfaktor grafisch.

Alle bei der Messunsicherheitsanalyse anfallenden Daten bzw. Zwischenergebnisse werden im Messunsicherheitsbudget, z. B. in Tabellenform, übersichtlich zusammengestellt (siehe Zahlenbeispiel).

Die quadratische Zusammenfassung der Standardunsicherheiten ist eine Festlegung des GUM. Sie hat nichts mit dem Varianzfortpflanzungsgesetz, bei dem ja letztlich auch eine quadratische Aufsummierung der Einzeleinflüsse stattfindet, zu tun. Werden die einzelnen Standardunsicherheiten einfach addiert, so erhält man definitionsgemäß die *maximale Messunsicherheit* (Pesch 2010, S. 20). Es hat sich herausgestellt, dass die *maximale Messunsicherheit* zu große Genauigkeitswerte liefert, die nicht der Realität entsprechen. Deshalb bevorzugt der GUM derzeit die quadratische Zusammenfassung der Standardunsicherheiten zur Messunsicherheit.

6. Angabe des vollständigen Messergebnisses

   Das vollständige Messergebnis bildet den Abschluss der Messunsicherheitsanalyse. Im vollständigen Messergebnis wird die im Arbeitsschritt 4 nach der Prozessgleichung berechnete Messgröße angegeben, ergänzt um die Messunsicherheit bzw. um die erweiterte Messunsicherheit nach Arbeitsschritt 5.

4.6.3.2 Zahlenbeispiel für eine Messunsicherheitsanalyse

Das Zahlenbeispiel für eine Messunsicherheitsanalyse bezieht sich auf die automatische Messung eines Wasserdrucksensors in einem Grundwasserpegel gemäß Abb. 4.71.

Das Beispiel wird anhand der Messsituation geführt, wie sie in der Regel in einem offenen Piezometerrohr vorliegt (Abb. 4.73). Der Wasserstand im Pegelrohr wird automatisch über einen Wasserstandsensor gemessen. Dabei wird angenommen, dass mit dem Sensor absolute Drücke gemessen werden, wie z. B. bei Anwendung des Messprinzips Schwingsaite. Der Messwert ist in diesem Fall durch die Messwertänderung des Luftdrucks bezogen auf die Messung im Einbauzustand zu korrigieren.

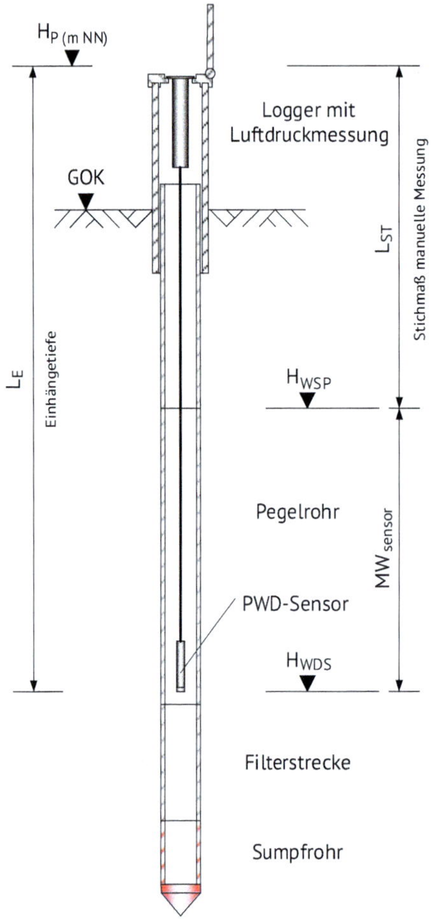

Abb. 4.73 Aufbau des Grundwasserpegels mit den Einzelgrößen der Messung (GLÖTZL GmbH, Rheinstetten).

Die Bestimmung des Wasserstandes ergibt sich aus nachfolgender Gleichung mit den Einflussgrößen δ_i:

$$H_{WSP} = (H_P + \delta_1) - (L_E + \delta_2) + (MW_{Sensor} + \delta_3) + (delLD_{t-t_e} + \delta_4) \quad (4.24)$$

mit

H_{WSP}	Höhe des Wasserspiegels im Pegelrohr (mNHN)
H_P	geodätische Höhe des Pegelrohres (mNHN)
L_E	Einhängetiefe des Wasserstandsensors (m)
MW_{Sensor}	Messwert des Wasserstandsensors (mWS)
$delLD_{t-t_e}$	Luftdruckänderung des Atmosphärendrucks bezogen auf den Einbauzustand (mWS)
δ_1	Einflussgröße der geodätischen Höhenmessung mit der Halbbreite a_1

δ_2 Einflussgröße der Einbautiefe mit der Halbbreite a_2
δ_3 Einflussgröße des Messwertes des Wasserstandsensors mit der Halbbreite a_3
δ_4 Einflussgröße des Messwertes des Luftdrucksensors mit der Halbbreite a_4

Über eine Handmessung mit dem Kabellichtlot kann händisch eine Plausibilitätskontrolle mit folgender Gleichung geführt werden:

$$H_{WSP} = (H_P + \delta_1) - (L_{St} + \delta_5) \tag{4.25}$$

mit

L_{St} Stichmaß, Wasserstandstiefe, gemessen mit Lichtlot (m)
δ_5 Einflussgröße der Lichtlotmessung mit der Halbbreite a_5

Die Bewertung der Einflussgrößen erfolgt hier überwiegend nach Typ B, Rechteck- bzw. Universalverteilung nach GUM (vgl. Abschn. 4.6.2.6), d. h., die Berechnung der Messunsicherheit erfolgt mit anderen Mitteln als der statistischen Analyse.

Da im Grundwasser in der Regel kaum Temperaturschwankungen auftreten, werden im Beispiel mögliche Einflüsse aus der Temperatur auf das Material- und Sensorverhalten bei der Messung nicht berücksichtigt.

Diskussion und Festlegung der Einflussfaktoren:

1. Geodätische Höhe H_p des Pegelrohres, (Einflussgröße δ_1)
   Die Höhe des Pegelrohres wird in der Regel über ein Nivellement bestimmt. Als Standardunsicherheit u_1 wird ein Wert von ± 1 mm angesetzt (vgl. Abschn. 4.3.1.6).
2. Einhänge-, Einbautiefe L_E, (Einflussgröße δ_2)
   Die Präzision des Einbaus des Sensors hängt von der genauen Längenbestimmung des Einhängekabels und der Einbauerfahrung des Personals ab.
   Ansatz:
   Rechteckverteilung mit Halbbreite $\alpha_2 = 2$ cm (bis 25 m Messlänge), $\alpha_2 = 3$ cm (bis 50 m Messlänge)
   Gewichtung $\sqrt{G}$, mit $G = \frac{1}{3}$
   Als Standardunsicherheit wird angesetzt: $u_2 = \alpha_2 \cdot \frac{1}{\sqrt{3}} = 0{,}012$ m
3. Messung des Wasserdrucks über den Sensor MW_{Sensor} (Einflussgröße δ_3)
   Ansatz:
   Genauigkeit des Sensors = $\pm 0{,}1$ % v. E.
   Bei einem angenommenen Messbereich von 170 kPa = 17,34 mWS
   0,1 % von 17,34 m = $\pm 0{,}017\,34$ m
   Rechteckverteilung mit Halbbreite $\alpha_3 = 0{,}017\,34$ m.
   Gewichtung $\sqrt{G}$, mit $G = \frac{1}{3}$
   Als Standardunsicherheit wird angesetzt: $u_3 = \alpha_3 \cdot \frac{1}{\sqrt{3}} = 0{,}01$ m
4. Berücksichtigung der barometrischen Luftdruckänderung $delLD_{t-t_e}$ bezogen auf den Einbauzustand (Einflussgröße δ_4)
   Ansatz:
   Genauigkeit des Sensors = $\pm 0{,}1$ % v. E.

Luftdrucksensor mit Messbereich 900–1100 hPa = 2,022 mWS
0,1 % von 2,022 = ±0,002 m
Rechteckverteilung mit Halbbreite $\alpha_4 = 0{,}002\,\text{m}$
Gewichtung $\sqrt{G}$, mit $G = \frac{1}{3}$
Als Standardunsicherheit wird angesetzt: $u_4 = \alpha_4 \cdot \frac{1}{\sqrt{3}} = 0{,}0012\,\text{m}$

5. Messung des Stichmaßes L_{st} mit Kabellichtlot (Einflussgröße δ_5)
Ansatz:
Komponente 1: Messband
Maßbandgenauigkeit 0,1 % vom Messwert
Bei Annahme einer mittleren Messtiefe von 15 m folgt 0,1 % von 15 m = 0,015 m
Rechteckverteilung mit der Halbbreite $\alpha_{5.1} = 0{,}015\,\text{m}$
Gewichtung $\sqrt{G}$, mit $G = \frac{1}{3}$
Komponente 2: Messunsicherheit bei Ablesung am Messband
Ansatz: empirische Standardabweichung bei fünf Ablesungen ($n = 5$), Student-Verteilung, siehe Abschn. 4.6.2.6 bzw.
empirische Standardabweichung aus fünf Messungen, Ansatz: s = 0,005 m (Standardabweichung einer Einzelmessung)
Standardabweichung des arithmetischen Mittels bei fünf Messungen ist dann
$\alpha_{5.2} = \frac{0{,}005\,\text{m}}{\sqrt{5}} = 0{,}0022\,\text{m}$
Freiheitsgrad $f = n - 1 = 4$
daher Verbreiterung des Intervalls durch Faktor 1,14
bei Freiheitsgrad $f < 20$ (Pesch 2010, S. 35).
Gewichtung $G = 1, F = 1{,}14$
Als gesamte Standardunsicherheit wird angesetzt:
$u_5 = \frac{1}{3} \cdot \alpha_{5.1} + 1{,}14 \cdot \alpha_{5.2} = 0{,}0075\,\text{m}$

Ergebnis für Messungen in Pegeln bis ca. 25 m Tiefe:
Die Messunsicherheit U_k mit dem Erweiterungsfaktor k berechnet sich dann aus den einzelnen Standardunsicherheiten nach Gl. (4.23).
Automatische Messung:

$$\begin{aligned} U_k = 1 \cdot \sqrt{0{,}001^2 + 0{,}012^2 + 0{,}01^2 + 0{,}0012^2} &= 0{,}0197\,\text{m}, U_{68\,\%}, k = 1 \\ &= 0{,}0394\,\text{m}, U_{95\,\%}, k = 2 \end{aligned} \quad (4.26)$$

Händische Messung:

$$\begin{aligned} U_k = 1 \cdot \sqrt{0{,}001^2 + 0{,}0075^2} &= 0{,}0076\,\text{m}, U_{68\,\%}, k = 1 \\ &= 0{,}015\,\text{m}, U_{95\,\%}, k = 2 \end{aligned} \quad (4.27)$$

Aus dem Beispiel wird ersichtlich, dass große Unterschiede in den einzelnen Standardunsicherheiten vorliegen können. Dabei wird die Messunsicherheit U_k durch die Komponenten mit der größten Einzelstandardunsicherheit bestimmt. Die Betrachtung bietet damit auch die Möglichkeit, den Messprozess zu optimieren.

Weitere Zahlenbeispiele sind in Pesch (2010) und für geodätische Anwendungen in Heister (2005) und Lang (2001) zu finden.

4.6.3.3 GUM: Pro & Kontra

Auf der Pro-Seite wäre aufzuführen:

- Auf einer einheitlichen Basis werden Messungen und daraus abgeleitete Größen quantitativ bewertet.
- Genauigkeitsbewertungen sind somit auch international vergleichbar, transparent und interpretierbar. Genauigkeitsbewertungen werden objektiver.
- Die Bewertung der Genauigkeit nach GUM ist der rein statistisch basierten Genauigkeitsbewertung insbesondere bei solchen Messungen weit überlegen, bei denen die Einzelmessungen untereinander durch nicht erfasste systematische Messabweichungen stark korreliert sind, wie z. B. bei fest installierten Sensoren.
- GUM stellt eine Schnittstelle zwischen den Disziplinen her und reduziert die Gefahr von Fehlinterpretationen.

Gegen GUM spricht:

- Der wahre Wert wird durch GUM nicht lokalisiert.
- Die Grundprinzipien des GUM entsprechen nicht der Theorie der mathematischen Statistik, vor allem nicht bei der Behandlung systematischer Messabweichungen (Schmidt 2003).
- Kritisch gesehen wird die Anwendung des Bayes-Theorems.
- Informationen über die Verteilungen der Eingangsgrößen und damit auch über die resultierenden Ausgangsgrößen gehen verloren. Abhilfe soll die mit „GUM Supplement 1" eingeführte numerische Simulation mithilfe der Monte-Carlo-Methode (MC-Methode) schaffen.

Durch die Bestimmung der Messunsicherheit nach GUM wird die ermittelte Messgröße in Bezug zum „wahren Wert" *nicht* genauer. Die Bewertung der Qualität der Messung wird aber realistischer, transparenter und für Dritte nachvollziehbar und somit vergleichbar. Dies sind gravierende Vorteile im Vergleich zu Bewertungsmethoden der reinen Statistik.

4.6.4 Weitere Methoden zur Bestimmung der Messunsicherheit

Im Abschn. 4.6.3 wird die klassische Bestimmung der Messunsicherheit nach GUM beschrieben. Bei diesem Verfahren treten aber Probleme auf, wenn z. B. die Eingangsgrößen nicht normal-, sondern beliebig verteilt sind oder ihr Einfluss auf die Ausgangsgröße durch eine hochgradig nichtlineare Funktion beschrieben wird. In diesen Fällen kann die MC-Methode Abhilfe schaffen. Bei der MC-Methode werden für die Eingangsgrößen Verteilungen (z. B. Normal- oder Rechteckverteilung) angenommen bzw. es werden weitere vorhandene Informationen über deren Verteilung verwendet, um unter Beachtung dieser Informationen durch simuliertes, zufälliges Ziehen eine große Anzahl von konkreten Werten für die Eingangsgrößen zu erzeugen. Mit der MC-Methode wird also auf Grundlage einer großen Anzahl von durchgeführten Zufallsexperimenten, die am Rechner simuliert werden, die empirische Verteilungsfunktion der Zielgröße ermittelt, um dann daraus die Kenngrößen, wie

z. B. den Wert der Zielgröße und deren Varianz bzw. Standardunsicherheit, zu berechnen.

Die MC-Methode ist auch geeignet (z. B. bei Ausgleichungen von geodätischen Netzen), die Informationen über die Verteilungen der Eingangsgrößen (Beobachtungen) auf die Zielgrößen (die Koordinaten der Neupunkte) zu übertragen. Dazu sind, einem Vorschlag von Niemeier und Tengen (2017) entsprechend, für jede Beobachtung, die in die Ausgleichung zumeist nach dem Gauß-Markov-Modell eingeführt werden, Teilbudgets aufzustellen.

Diese beiden weiteren Methoden zur Bestimmung der Messunsicherheit werden neben dem klassischen Verfahren in Schwarz (2020a,b) dargestellt und an Zahlenbeispielen verdeutlicht.

4.6.5 Toleranz und Messgenauigkeit

4.6.5.1 Toleranzbegriffe

Die geometrische Gestalt von Bauteilen und Bauwerken einschließlich der bei ihrer Herstellung einzuhaltenden Toleranzen werden durch den Planer vorgegeben und in den Konstruktions- und Bauzeichnungen niedergelegt. Die grundlegenden Toleranzbegriffe werden in der DIN 18202:2019-07 festgelegt (Abb. 4.74). Es werden folgende Begriffe verwendet:

- Nennmaß:
  Maß, auf das sich die Abmaße beziehen; es wird in der Abb. 4.74 als Nulllinie bezeichnet. Wenn keine weiteren Festlegungen getroffen werden, wird das Nennmaß auch als Sollmaß verwendet.
- Höchstmaß:
  Das Höchstmaß ist das größte zugelassene Werkstückmaß.
- Mindestmaß:
  Das Mindestmaß ist das kleinste zugelassene Werkstückmaß.
- Oberes Abmaß:
  Das ist die Differenz zwischen Höchstmaß und Nennmaß.
- Unteres Abmaß:
  Das ist die Differenz zwischen Mindestmaß und Nennmaß.

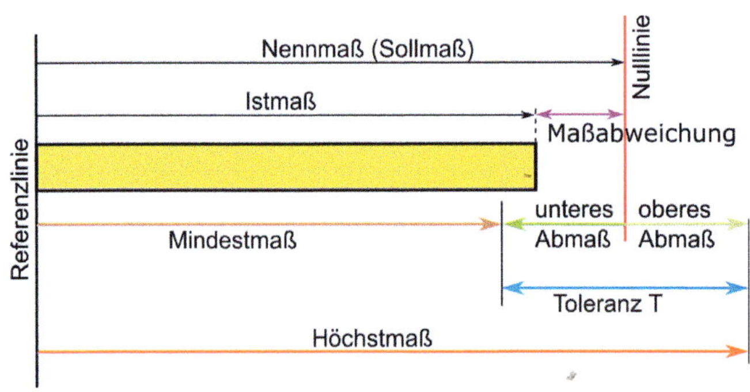

Abb. 4.74 Toleranzbegriffe (nach DIN18202:2019-07).

- Toleranz:
  Die Toleranz ist die Differenz zwischen Höchstmaß und Mindestmaß bzw. zwischen oberem und unterem Abmaß.
- Istmaß:
  Das Istmaß ist die tatsächliche Abmessung des Werkstücks.
- Maßabweichung:
  Dies ist die Differenz zwischen dem Istmaß und dem Sollmaß (= Nennmaß).

4.6.5.2 Festlegung der Einzeltoleranzen, Vermessungstoleranz

Im Planungsprozess wird in der Regel die Gesamttoleranz T für die einzelnen Bauelemente bzw. konstruktiven Bauteile festgelegt. Diese Größe darf bei der Herstellung nicht überschritten werden. Beim Geomonitoring (z. B. bei der Beobachtungsmethode) kann der Schwellenwert nach Abschn. 5.7.1 als Wert für die Gesamttoleranz angesehen werden, sofern die Messungen der Warnung/Alarmierung dienen. Alle beteiligten Gewerke müssen ihre gewerkspezifischen Toleranzen so festlegen, dass die Gesamttoleranz T eingehalten wird. Die Einzeltoleranzen können dabei als Toleranzkette entweder so festgelegt werden, dass die Summe der Einzeltoleranzen T_i mit $i = 1, n$ (n = Anzahl der Einzeltoleranzen) die Gesamttoleranz T (arithmetische Toleranzrechnung)

$$T = T_1 + T_2 + \cdots + T_n \qquad \text{(arithmetische Toleranzrechnung)} \tag{4.28}$$

oder dass die Summe der Quadrate der Einzeltoleranzen T_i^2 das Quadrat der Gesamttoleranz T^2 (statistische Toleranzrechnung)

$$\begin{aligned} T^2 &= T_1^2 + T_2^2 + \cdots + T_n^2 \qquad \text{(statistische Toleranzrechnung)} \\ T &= \sqrt{T_1^2 + T_2^2 + \cdots + T_n^2} \end{aligned} \tag{4.29}$$

nicht überschreitet.

Bei der *arithmetischen Toleranzrechnung* wird angenommen, dass die Einzeltoleranzen gleichverteilt sind. Dieser Ansatz führt letztlich zu verhältnismäßig kleinen Einzeltoleranzen, sodass diese Toleranzen nur durch den Einsatz von aufwendigen Herstellungsverfahren eingehalten werden können. Aufgrund der damit verbundenen hohen Realisierungskosten und des erhöhten messtechnischen Aufwands wird diese Art der Toleranzrechnung nur für besonders funktionskritische oder sicherheitsrelevante Merkmale eingesetzt bzw. dann, wenn sich die Gesamttoleranz T nur aus einigen wenigen Einzeltoleranzen zusammensetzt. Andererseits ist man mit dieser Toleranzrechnung stets auf der sicheren Seite (worst case); es besteht eine vollständige Austauschbarkeit zwischen den Einzeltoleranzen.

Bei der *statistischen Toleranzrechnung* geht man davon aus, dass sich die Herstellungsabweichungen der einzelnen Gewerke statistisch, also normalverteilt, verhalten. Statistische Abweichungen werden mit gleicher Wahrscheinlichkeit eine Herstellungsgröße verkleinern oder vergrößern, d. h., dass sich verschiedene in das Ergebnis eingehende statistische Herstellungsabweichungen einander teilweise kompensieren werden. Diese Annahme gilt jedoch nur, wenn sich die Gesamttoleranz aus einer Vielzahl von Einzeltoleranzen ($n > 10$) zusammensetzt. Die statistische Toleranzrechnung beschreibt die Toleranzübertragung dann praxisnäher als die arithmetische Methode und ist in der Regel zu bevorzugen. Die sich ergebenden Einzeltoleranzen sind größer als die sich nach der arithmetischen Toleranzrechnung ergebenden und führen deshalb zu geringeren Realisierungskosten.

Wie gelangt man jetzt zu den Einzeltoleranzen? Im ersten Fall werden die Einzeltoleranzen zwischen den am Projekt Beteiligten individuell festgelegt, und es wird auch das Verfahren der Toleranzrechnung (arithmetisch oder statistisch) definiert und zwar so, dass die Gesamttoleranz T nicht überschritten wird. Im zweiten Fall wird die Gesamttoleranz T gleichmäßig auf die Einzeltoleranzen aufgeteilt. Auch hierbei ist festzulegen, nach welchem Verfahren die Toleranzrechnung (arithmetisch oder statistisch) vorzunehmen ist. In einem dritten Fall wird eine spezielle Einzeltoleranz, nämlich die Vermessungstoleranz T_V, als ein bestimmter Prozentsatz p_V der Gesamttoleranz T (Witte und Sparla 2015, S. 701) festgelegt, wobei eine statistische Toleranzrechnung unterstellt wird.

Die Gesamttoleranz T wird also wie folgt aufgeteilt

$$T = T_1 + T_2 + \cdots + T_{n-1} + T_V \tag{4.30}$$

und mit

$$\begin{aligned} &T_R = T_1 + T_2 + \cdots + T_{n-1} \quad \text{folgt} \\ &T = T_R + T_V \quad \text{und mit} \\ &T_V = p_V \cdot T \quad \text{folgt} \\ &T_R = (1 - p_V) \cdot T \end{aligned} \tag{4.31}$$

Unter der Annahme, dass sich die Einzeltoleranzen statisch verhalten, ergibt sich mit der statischen Vermessungstoleranz T_{Vs}

$$T^2 = T_{Vs}^2 + T_R^2 \tag{4.32}$$

Hierbei ist kritisch zu sehen, dass die Einzeltoleranzen T_i mit $i = 1, n-1$ im Gegensatz zur Definition nicht einzeln quadriert werden, sondern es wird die Summe T_R der Einzeltoleranzen quadriert. Es folgt schließlich

$$T_{Vs} = T \cdot \sqrt{1 - (1 - p_V)^2} \tag{4.33}$$

In der Tab. 4.8 sind für einige in der Praxis gebräuchliche p_V-Werte die Vermessungstoleranzen T_V sowohl für die arithmetische ($= T_{Va}$) als auch für die statistische Toleranzrechnung ($= T_{Vs}$) gegenübergestellt. Welcher p_V-Wert letztlich beim Projekt verwendet wird, ist mit den Beteiligten zu vereinbaren.

Die Unterschiede zwischen beiden Verfahren der Toleranzrechnungen sind erheblich. Beträgt z. B. die einzuhaltende Toleranz $T = 10\,\text{mm}$, so ergeben sich bei einem p_V-Wert von 10 % als arithmetische Vermessungstoleranz $T_{Va} = 1{,}0\,\text{mm}$ und als statistische Vermessungstoleranz $T_{Vs} = 4{,}4\,\text{mm}$. Gibt der Planer eine $\pm$-Toleranz vor, also z. B. bei symmetrischen Abmaßen, so beträgt die Toleranz T das Doppelte

Tab. 4.8 Vermessungstoleranzen, berechnet nach der arithmetischen und der statistischen Methode.

p_V-Wert in %	Vermessungstoleranz T_{Va} bei arithmetischer Toleranzrechnung	Vermessungstoleranz T_{Vs} bei statistischer Toleranzrechnung
10	$T_{Va} = 0{,}10 \cdot T$	$T_{Vs} = 0{,}44 \cdot T$
20	$T_{Va} = 0{,}20 \cdot T$	$T_{Vs} = 0{,}60 \cdot T$
30	$T_{Va} = 0{,}30 \cdot T$	$T_{Vs} = 0{,}71 \cdot T$

des angegebenen ±-Zahlenwertes. Da die Anzahl der Einzeltoleranzen im Bauwesen in der Regel gering ist, sollte – im Gegensatz zu der in der Literatur (Witte und Sparla 2015; Kuhlmann et al. 2017) vertretenen Ansicht – dem Verfahren mit der arithmetischen Toleranzübertragung der Vorzug gegeben werden.

Die Vermessungstoleranz T_V stellt letztlich die *Trennschärfe* dar, mit der die Zielgröße auf der Grundlage des konstruktionsbedingt zugelassenen „Spielraums" des Messobjekts oder zum Erkennen des für die Warnung/Alarmierung festgelegten Schwellenwerts zu bestimmen ist. In den verschiedenen Anwendungsfeldern werden für den Begriff der Trennschärfe folgende synonyme Bezeichnungen verwendet:

- *Vermessungstoleranz* bei der Bauabsteckung gemäß DIN 18710-1:2010-09,
- *erforderliche Aufnahmetrennschärfen* bei der Dokumentation der Bauwerksbeschaffenheit im Rahmen der Bauaufnahme,
- *Trendindikatoren* als Ankündigungsschwellenwert für interessierende Zielgrößen im Tragwerksverhalten, für die keine Prognose vorliegt,
- *Prognose-Eingrenzungsbereiche* bei geschätztem bzw. berechnetem Tragwerksverhalten.

4.6.5.3 Von der Vermessungstoleranz zur Messunsicherheit

Die im vorigen Abschnitt besprochene Vermessungstoleranz darf nicht mit der Standardabweichung bzw. mit der Messunsicherheit, mit der die Messelemente zu bestimmen sind, gleichgesetzt werden. Denn um zu gewährleisten, dass aus den unvermeidbaren Unsicherheitsfaktoren einer Messung die erforderliche Trennschärfe signifikant eingehalten werden kann, muss die Standardabweichung bzw. die Messunsicherheit um ein Vielfaches genauer angesetzt werden.

In Anlehnung an Witte und Sparla (2015, S. 699) lässt sich der Zusammenhang zwischen der Toleranz, hier der Vermessungstoleranz T_V, und der Messunsicherheit U_k (vgl. Gl. (4.23)) des Messergebnisses mithilfe der Irrtumswahrscheinlichkeit α (Fehler erster Art) und der Wahrscheinlichkeit β (Fehler zweiter Art) definieren. Im Gegensatz zu Witte und Sparla (2015, S. 699), wo vorgeschlagen wird, die Toleranz vorweg um etwaige systematische Messabweichungen zu reduzieren, wird anstelle der Standardabweichung hier die Messunsicherheit nach GUM verwendet. Diese Messunsicherheit setzt sich, wie im Abschn. 4.6.3 dargelegt, aus zufälligen und auch bereits aus nicht erfassten, systematischen Messabweichungen zusammen. Danach ergibt sich in Anlehnung an Witte und Sparla (2015, S. 700) die minimale symmetrische Vermessungstoleranz T_V, die bei einer vorgegebenen

Messunsicherheit $U_{k=1}$ eingehalten werden kann, zu:

$$T_V = 2 \cdot \left(z_{1-\beta} + z_{1-\frac{\alpha}{2}} \right) \cdot U_{k=1} \tag{4.34}$$

Die Quantilwerte $z_{1-\frac{\alpha}{2}}$ und $z_{1-\beta}$ der hier unterstellten Standardnormalverteilung betragen für die in der Regel gewählte Irrtumswahrscheinlichkeit $\alpha = 5\,\%$ und für die Wahrscheinlichkeit $\beta = 30\,\%$

$$\begin{aligned} z_{1-\frac{\alpha}{2}} &= 1{,}96 \\ z_{1-\beta} &= 0{,}52 \end{aligned} \tag{4.35}$$

Mit diesen Werten ergibt sich

$$\begin{aligned} T_V &= 2 \cdot (0{,}52 + 1{,}96) \cdot U_{k=1} \\ T_V &= 4{,}96 \cdot U_{k=1} \end{aligned} \tag{4.36}$$

Und damit

$$U_{k=1} \leq \frac{T_V}{5} \tag{4.37}$$

Für Kontroll- und Überwachungsmessungen schlagen Witte und Sparla (2015, S. 702 f) vor

$$U_{k=1} \leq \frac{T_V}{15} \tag{4.38}$$

zu wählen. Der Faktor, durch den die Vermessungstoleranz T_V zu dividieren ist, um zur Messunsicherheit $U_{k=1}$ zu kommen, liegt zwischen fünf und 15. Letztlich hängt die Wahl des Faktors von den besonderen Umständen des jeweiligen Projekts ab und liegt im Ermessen der Beteiligten. Vergleichbare Vorstellungen werden auch im DVW-Merkblatt 12-2017 (Kuhlmann et al. 2017) entwickelt. Allerdings werden in diesem Merkblatt nicht erfasste systematische Messabweichungen, deren Beachtung das GUM-Konzept in der Messunsicherheit ausdrücklich vorsieht, nur unzureichend berücksichtigt bzw. es wird das GUM-Konzept überhaupt nicht erwähnt. In Witte und Sparla (2015, S. 700 f) gibt es weitere Hinweise zu zweiseitigen unsymmetrischen und zu einseitigen Toleranzen.

4.6.5.4 Prüfung auf Toleranzüberschreitung

Bei der Prüfung, ob die vorgegebenen Toleranzen bei der Realisierung eines Projektes eingehalten worden sind, können im Prinzip drei Fälle unterschieden werden, die in der Abb. 4.75 grafisch dargestellt sind.

Im ersten Fall liegt der Bereich vom „Istmaß 1 $\pm U$“ vollständig innerhalb des Toleranzfeldes T_V. Die Toleranz wird eingehalten; es ist keine Toleranzüberschreitung vorhanden. Im zweiten Fall liegt der Bereich vom „Istmaß 2 $\pm U$“ vollständig außerhalb des Toleranzfeldes T_V. Somit liegt eindeutig eine Toleranzüberschreitung vor und das Bauteil muss nachgebessert oder gar vollständig neu produziert werden. Beim dritten Fall liegt zwar das Istmaß 3 innerhalb, aber ein anderer Teil des

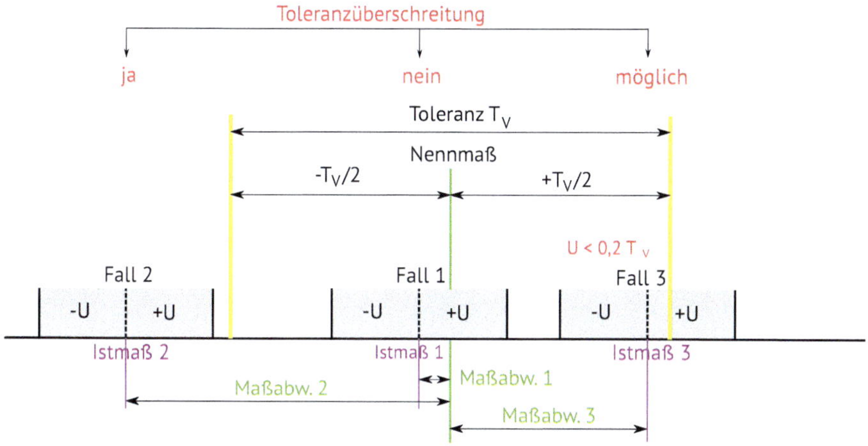

Abb. 4.75 Prüfung auf Toleranzüberschreitung.

Bereichs vom „Istmaß 3 $\pm U$" außerhalb des Toleranzfeldes. Eine eindeutige Entscheidung, ob hier eine Toleranzüberschreitung vorliegt, kann nicht getroffen werden. Entweder wird hier nachgebessert bzw. das Bauteil neu produziert, oder es wird durch den Einsatz präziserer Messtechniken die Messunsicherheit U verbessert (verkleinert), sodass dann womöglich eine eindeutige Entscheidung zu einer Toleranzüberschreitung getroffen werden kann.

Literatur

Arbeitsblatt DVGW W 135 (2018). Sanierung und Rückbau von Brunnen, Grundwassermessstellen und Bohrungen. Deutscher Verein des Gas- und Wasserfachs e. V. (DVGW).

Armbruster-Veneti, H. (1997). Leckageortung an Bauwerken der WSV mittels thermischer Messungen. Mitteilungsblatt der Bundesanstalt für Wasserbau, Nr. 76, Karlsruhe. https://hdl.handle.net/20.500.11970/102746 (abgerufen am 30.03.2021).

Aufleger, M. (2000). Verteilte faseroptische Temperaturmessungen im Wasserbau. Berichte des Lehrstuhls und der Versuchsanstalt für Wasserbau und Wasserwirtschaft der TU München, Nr. 89, München.

Bamler, R. und Eineder, M. (2016). Grenzen der Vermessung der Erde aus dem All mit Synthetischem Apertur Radar. In: *Handbuch der Geodäsie*, (Hrsg. W. von Freeden und R. Rummel), Springer Reference Naturwissenschaften, S. 1–42. Berlin: Springer Spektrum, ISBN: 978-3-662-47187-6.

Bauer, M. (2011). Vermessung und Ortung mit Satelliten: Globales Navigationssatellitensystem (GNSS) und andere satellitengestützte Navigationssysteme. Heidelberg: Wichmann.

Becker, H.J., Hubrig, M., Stolz, M., Thut, A. und Wörsching, H. (2017). Instrumentierung und Monitoring in der Geotechnik. In: *Grundbau-Taschenbuch*, (Hrsg. K.J. von Witt), S. 867–967. Berlin: Ernst & Sohn, ISBN: 978-3-433-03151-3.

Behensky, E. (Hrsg.) (2019). Mechanische Messanker. https://www.behensky.at/preise_2021/20MA2021.pdf (abgerufen am 30.03.2021).

Berardino, P., Fornaro, G., Lanari, R. und Sansosti, E. (2002). A new algorithm for surface deformation monitoring based on small baseline differential SAR interferograms. IEEE Transactions on Geoscience and Remote Sensing, 40.11, S. 2375–2383. ISSN: 0196-2892, https://doi.org/10.1109/TGRS.2002.803792 (abgerufen am 30.03.2021).

Bollrich, G. (2013). *Technische Hydromechanik 1, Grundlagen*. Berlin: Beuth.

Bonfig, K.-W. (2002). *Technische Durchflussmessung unter besonderer Berücksichtigung neuartiger Durchflussmessverfahren*. Essen: Vulkan.

Bozzano, F., Mazzanti, P., Perissin, D., Rocca, A., de Pari, P. und Discenza, M. (2017). Basin scale assessment of landslides geomorphological setting by advanced InSAR analysis. *Remote Sensing* 9.3: 267, ISSN: 2072-4292, https://doi.org/10.3390/rs9030267 (abgerufen am 30.03.2021).

Brunow, K. und Woldt, J. (2011). Pfahlprobebelastungen an Bohrpfählen im Hamburger Hafen mit der Osterbergmethode. *Mitteilungen des Instituts für Grundbau und Bodenmechanik der TU Braunschweig* 94: 397–419, Braunschweig.

Bruns, B., Kuhn, C. und Perl, C. (2019). Messtechnische Begleitung bei der Durchführung von Vereisungsmassnahmen. Mitteilungen der Geotechnik Schweiz 178, Vereisungsmassnahmen in der Geotechnik, Frühjahrstagung am 16. Mai 2019, S. 75–81.

BS 5930 (2015). Code of practice for site investigations. London: British Standards Institution (BSI).

Contreras, I.A., Grosser, A.T. und ver Strate, R.H. (2008). The Use of the Fully-Grouted Method for Piezometer Installation: Part 1 and 2. In *Geotechnical Instrumentation News (GIN)*, S. 30–37, https://cgs.ca/pdf/GeoTechNews/2008/GIN_June08.pdf (abgerufen am 30.03.2021).

Contreras, I.A., Grosser, A.T. und ver Strate, R.H. (2012). Update of the fully-grouted method for piezometer installation. *Geotechnical Instrumentation News (GIN)*, S. 20–25, https://cgs.ca/pdf/GeoTechNews/2012/GIN%203002.pdf (abgerufen am 30.03.2021).

Cudmani, R. (Hrsg.) (2018). Geotechnik – Zusammenwirken von Forschung und Praxis: Beiträge zum 17. Geotechnik-Tag in München: 06.04.2018, Heft 64. Schriftenreihe/Lehrstuhl und Prüfamt für Grundbau, Bodenmechanik und Tunnelbau der Technischen Universität München. München: Technische Universität München – Zentrum Geotechnik Lehrstuhl und Prüfamt für Grundbau Bodenmechanik Felsmechanik und Tunnelbau. ISBN: 9783943683479.

Deumlich, F. und Staiger, R. (2001). *Instrumentenkunde der Vermessungstechnik*, 9. Aufl. Heidelberg: Wichmann.

DiBiagio, E. (2003). A case study of vibrating-wire sensors that have vibrated continuously for 27 years. In: *Field Measurements in Geomechanics*, (Hrsg. Frank von Myrvoll), S. 445–458. Lisse: Balkema, ISBN: 9058096025.

DIN 1304-1:1994-03 (1994). Formelzeichen; Allgemeine Formelzeichen. Berlin: Beuth.

DIN 1319-1:1995-01 (1995). Grundlagen der Messtechnik – Teil 1: Grundbegriffe. Berlin: Beuth.

DIN 18202:2019-07 (2019). Toleranzen im Hochbau – Bauwerke. Berlin: Beuth.

DIN 18710-1:2010-09 (2010). Ingenieurvermessung – Teil 1: Allgemeine Anforderungen mit Berichtigung 1 (2011-01). Berlin: Beuth.

DIN 18716:2017-06 (2017). Photogrammetrie und Fernerkundung – Begriffe. Berlin: Beuth.

DIN 4150-2:1999-06 (1999). Erschütterungen im Bauwesen – Teil 2: Einwirkungen auf Menschen in Gebäuden. Berlin: Beuth.

DIN 4150-3:2016-12 (2016). Erschütterungen im Bauwesen – Teil 3: Einwirkungen auf bauliche Anlagen. Berlin: Beuth.

DIN 45669-1:2019-03 (2019). Messung von Schwingungsimmissionen – Teil 1: Schwingungsmesser – Anforderungen und Prüfungen. Berlin: Beuth.

DIN 55350-13:1987-07 (1987). Begriffe der Qualitätssicherung und Statistik; Begriffe zur Genauigkeit von Ermittlungsverfahren und Ermittlungsergebnissen. Berlin: Beuth.

DIN EN 1997-2:2010-10 (2010). Eurocode 7: Entwurf, Berechnung und Bemessung in der Geotechnik – Teil 2: Erkundung und Untersuchung des Baugrunds; Deutsche Fassung EN 1997-2:2007 + AC:2010. Berlin: Beuth.

DIN EN ISO 10012:2004-03 (2004). Messmanagementsysteme – Anforderungen an Messprozesse und Messmittel. Berlin: Beuth.

DIN EN ISO 11276:2014-07 (2014). Bodenbeschaffenheit – Bestimmung des Porenwasserdrucks – Tensiometerverfahren. Berlin: Beuth.

DIN EN ISO 18674-1:2015-09 (2015). Geotechnische Erkundung und Untersuchung – Geotechnische Messungen – Teil 1: Allgemeine Regeln. Berlin: Beuth.

DIN EN ISO 18674-2:2017-03 (2017). Geotechnische Erkundung und Untersuchung – Geotechnische Messungen – Teil 2: Verschiebungsmessungen entlang einer Messlinie: Extensometer. Berlin: Beuth.

DIN EN ISO 18674-3:2020-06 (2020). Geotechnische Erkundung und Untersuchung – Geotechnische Messungen – Teil 3: Verschiebungsmessungen quer zu einer Messlinie: Inklinometer. Berlin: Beuth.

DIN EN ISO 18674-4:2020-10 (2020). Geotechnische Erkundung und Untersuchung – Geotechnische Messungen – Teil 4: Porenwasserdruckmessungen: Piezometer. Berlin: Beuth.

DIN EN ISO 18674-5:2020-02 (2020). Geotechnische Erkundung und Untersuchung – Geotechnische Messungen – Teil 5: Spannungsänderungsmessungen mittels Druckmessdosen. Berlin: Beuth.

DIN EN ISO 22282-1:2012-09 (2012). Geotechnische Erkundung und Untersuchung – Geohydraulische Versuche – Teil 1: Allgemeine Regeln. Berlin: Beuth.

DIN EN ISO 22282-6:2012-09 (2012). Geotechnische Erkundung und Untersuchung – Geohydraulische Versuche – Teil 6: Wasserdurchlässigkeitsversuche im Bohrloch unter Anwendung geschlossener Systeme. Berlin: Beuth.

DIN EN ISO 22475-1:2007-01 (2007). Geotechnische Erkundung und Untersuchung – Probenentnahmeverfahren und Grundwassermessungen – Teil 1: Technische Grundlagen der Ausführung. Berlin: Beuth.

DIN EN ISO 6416:2019-03 (2019). Hydrometrie – Messung des Durchflusses mit dem Ultraschall-Laufzeitverfahren. Berlin: Beuth.

DIN EN ISO 20456:2020-09 (2020). Messung des Durchflusses in geschlossenen Leitungen – Richtlinie für den Einsatz von elektromagnetischen Durchflussmessgeräten für konduktive Fluide. Berlin: Beuth.

DIN EN ISO 9001:2015-11 (2015). Qualitätsmanagementsysteme – Anforderungen. Berlin: Beuth.

DIN EN ISO/IEC 17025:2018-03 (2018). Allgemeine Anforderungen an die Kompetenz von Prüf- und Kalibrierlaboratorien. Berlin: Beuth.

DIN ISO 17123-3:2019-01 (2019). Optik und optische Instrumente – Feldprüfverfahren geodätischer Instrumente – Teil 3: Theodolite. Berlin: Beuth.

DIN ISO 17123-4:2017-09 (2017). Optik und optische Instrumente – Feldprüfverfahren geodätischer Instrumente – Teil 4: Elektrooptische Distanzmesser (EDM-Messungen mit Reflektoren). Berlin: Beuth.

DIN V ENV 13005:1999-06 (1999). Leitfaden zur Angabe der Unsicherheit beim Messen; Deutsche Fassung ENV 13005:1999 (zurückgezogen). Berlin: Beuth.

DMV (2013). Grundsätze zum Einsatz von satellitengestützten Verfahren der Radarinterferometrie zur Erfasssung von Höhenänderungen. Herne. https://www.dmv-ev.de/images/stories/uploads/DMV_Radarinterferometrie_Grundsaetze_2013_09_16.pdf (abgerufen am 30.03.2021).

Döring, H., Habel, W., Lienhart, W. und Schwarz, W. (2017). Faseroptische Messverfahren. In: *Ingenieurgeodäsie*, (Hrsg. W. von Schwarz), S. 235–282 Berlin: Springer.

Dunnicliff, J. (1993). *Geotechnical instrumentation for monitoring field performance*. New York u. a.: Wiley Interscience, 1993 ist eine unveränderte Ausgabe von 1988, ISBN: 0-471-00546-0.

DVW-Merkblatt 2 (o. D.). Einmessung und Überprüfung von Grundwassermessstellen. Gesellschaft für Geodäsie, Geoinformation und Landmanagement: Deutscher Verein für Vermessungswesen e. V. (DVW).

DWA (2003). Technische Regel, Arbeitsblatt W 121, Bau- und Ausbau von Grundwassermessstellen. Bonn: DWA Deutsche Vereinigung des Gas- und Wasserfachs e. V.

DWA (2011a). Bauwerksüberwachung an Talsperren: Merkblatt DWA-M 514, Bd. M 514. DWA-Regelwerk. Hennef: DWA, September 2011. ISBN: 3941897810.

DWA (2011b). Messung von Wasserstand und Durchfluss in Entwässerungssystemen: Merkblatt DWA-M 181, Bd. M 181. DWA-Regelwerk. Hennef: DWA, September 2011.

DWD (2017). Richtlinie Automatische nebenamtliche Wetterstationen im DWD, Leistungsprozess DG_1110, Bodenbeobachtung. Offenbach: Deutscher Wetterdienst.

Fecker, E. (1997). *Geotechnische Meßgeräte und Feldversuche im Fels*. Stuttgart: Enke, ISBN: 3-432-29911-7.

Fecker, E. (2018). *Geotechnische Meßgeräte und Feldversuche im Fels*, Bd. 2. Berlin: Springer Spektrum, ISBN: 978-3662-57824-0.

Ferretti, A. (1997). Generazione di mappe altimetriche da osservazioni SAR multiple. PhD thesis. Politecnico di Milano.

Ferretti, A., Monti-Guarnieri, A., Prati, C., Rocca, F. und Massonet, D. (2007). InSAR Principles: Guidelines for SAR Interferometry Processing and Interpretation. ESA TM-19. http://www.esa.int/About_Us/ESA_Publications/InSAR_Principles_Guidelines_for_SAR_Interferometry_Processing_and_Interpretation_br_ESA_TM-19 (abgerufen am 30.03.2021).

Ferretti, A., Prati, C. und Rocca, F. (2001). Permanent Scatterers in SAR Interferometry. IEEE Trans. Geosci. Remote Sens., 39.1, S. 8–20. http://sismologia.ist.utl.pt/~sismologia.daemon/files/Ferretti_2001.pdf (abgerufen am 30.03.2021).

Fischer, C., England, M. und Bathes, R. (2011). Nearshore-Anwendungen für Pfahlgründungen mit der Osterberg-Zelle am Beispiel der Golden Horn Brücke. *Mitteilungen des Instituts für Grundbau und Bodenmechanik der TU Braunschweig* 94: 385–393, Braunschweig.

Fischer, U. (1990). *Fachkunde Metall.* Haan-Gruiten: Europa-Lehrmittel, 50, ISBN: 3-8085-1029-3.

FPM (Hrsg.) (2019). Schlauchwaage. https://www.fpm.de/index.php?option=com_virtuemart&view=category&virtuemart_category_id=21&Itemid=116&lang=de (abgerufen am 07.04.2021).

Franz, G. (1958). Unmittelbare Spannungsmessung in Beton und Bohrloch. *Bauingenieur* 33: 190–195.

Fredlund, D.G. und Rahardjo, H. (1993). Soil Mechanics for Unsaturated Soils. Hoboken: Wiley, ISBN: 9780470172759, https://doi.org/10.1002/9780470172759 (abgerufen am 07.04.2021).

Gattermann, J. und Stahlmann, J. (Hrsg.) (2006). Messen in der Geotechnik 2006: Fachseminar: 23./24. Februar 2006, Bd. 82. Mitteilung des Instituts für Grundbau und Bodenmechanik, Technische Universität Braunschweig. ISBN: 3927610739.

Geiger, A. (2015). Auch der Weg der geodätischen Erkenntnis ist mit Unsicherheit gepflastert. *Geomatik* 11: 484–487.

GEOKON (Hrsg.) (2019). Load Cells (VW). https://www.geokon.com/4900 (abgerufen am 07.04.2021).

Gernhardt, S., Auer, S. und Eder, K. (2015). Persistent scatterers at building facades – Evaluation of appearance and localization accuracy. *ISPRS Journal of Photogrammetry and Remote Sensing* 100: 92–105, ISSN: 09242716, https://doi.org/10.1016/j.isprsjprs.2014.05.014 (abgerufen am 30.03.2021).

Gibson, R.E. (1963). An analysis of system flexibility and its effect on time-lag in pore-water pressure measurements. *Géotechnique* 13.1: 1–11, ISSN: 0016-8505, https://doi.org/10.1680/geot.1963.13.1.1 (abgerufen am 30.03.2021).

GLÖTZL (Hrsg.) (2019a). Ankerkraftmessgeber KK. http://www.gloetzl.de/fileadmin/produkte/1%20Messwertaufnehmer/2%20Kraft%20und%20Ankerkraft/P_42.00_KK_Ankerkraftmessgeber_de.pdf (abgerufen am 11.08.2020).

GLÖTZL, Hrsg. (2019b). Einpressventilgeber für Erddruck und kombiniert mit Porenwasserdruck. http://www.gloetzl.de/fileadmin/produkte/1%20Messwertaufnehmer/1%20Druck%20und%20Spannung/P%20016.00%20Erd-%20und%20Porenwasserdruck%20PEP%20de.pdf (abgerufen am 11.08.2020).

GLÖTZL (Hrsg.) (2019c). Horizontal-Neigungsmesser. http://www.gloetzl.de/fileadmin/produkte/2%20Mobile%20Messsysteme/P_075.03_Neigungsmesser_NMGH_de.pdf (abgerufen am 11.08.2020).

GLÖTZL (Hrsg.) (2019d). Kraftmessgeber für Pfahlinstrumentierung. http://www.gloetzl.de/fileadmin/produkte/1%20Messwertaufnehmer/2%20Kraft%20und%20Ankerkraft/P_43.50_Kraftmessgeber_Pfahlinstrumentierung_KLP_de.pdf (abgerufen am 11.08.2020).

GLÖTZL (Hrsg.) (2019e). Kunststoff-Stangenextensometer. http://www.gloetzl.de/fileadmin/produkte/1%20Messwertaufnehmer/5%20Weg%20und%20Dehnung/P%20060.10%20Extensometer%20GKTE%20de.pdf (abgerufen am 11.08.2020).

GLÖTZL (Hrsg.) (2019f). Überlaufschlauchwaage. http://www.gloetzl.de/fileadmin/produkte/1%20Messwertaufnehmer/3%20Setzung%20und%20Hebung/P%20027.01%20Setzungsmesser%20SB10%20de.pdf (abgerufen am 11.04.2021).

GLÖTZL (Hrsg.) (2019g). Ventilgeber für Betonspannung und Fugendruck. http://www.gloetzl.de/fileadmin/produkte/1%20Messwertaufnehmer/1%20Druck%20und%20Spannung/B_001.00_Betonspannungsgeber_de.pdf (abgerufen am 11.08.2020).

GLÖTZL (Hrsg.) (2020). http://www.gloetzl.de/fileadmin/produkte/1%20Messwertaufnehmer/5%20Weg%20und%20Dehnung/P_66.80_Dehnungsaufnehmer_Beton_DBA_de.pdf (abgerufen am 11.08.2020).

Guan, Y. (1998). The measurement of soil suction. Canadian theses = Thèses canadiennes. Ottawa: National Library of Canada = Bibliothèque nationale du Canada. ISBN: 0-612-23989-6, https://harvest.usask.ca/bitstream/handle/10388/etd-10212004-000415/nq23989.pdf?sequence=1&isAllowed=y (abgerufen am 30.03.2021).

GUM (2009). GUM (Norm): Guide to the Expression of Uncertainty in Measurement. https://www.ptb.de/cms/fileadmin/internet/fachabteilungen/abteilung_8/8.4_mathematische_modellierung/8.40/JCGM_104_2009_DE_2011-03-30.pdf (abgerufen am 30.03.2021).

Havskov, J. und Alguacil, G. (2010). *Instrumentation in Earthquake Seismology*. Berlin: Springer.

Heister, H. (2005). Zur Messunsicherheit im Vermessungswesen (Teil II). *Geomatik* 670–673.

Hennes, M. (2007). Konkurrierende Genauigkeitsmaße – Potential und Schwächen aus der Sicht des Anwenders. *Allgemeine Vermessungs-Nachrichten (AVN)*, 115.4: 136–146.

Heusermann, S. und Kiehl, J.R. (2021). Bestimmung von Gebirgsspannungen mit dem Überbohrverfahren, Teil 2: Weggebersonden. Neufassung der Empfehlung Nr. 14 des Arbeitskreises 3.3 „Versuchstechnik Fels" der DGGT. Geotechnik (https://doi.org/10.1002/gete.202100014).

Hinnen, H., Gassner, M., Jaray, M. und Müller, E. (2013). *Kompendium: Die Geheimnisse der Neigungsmesstechnik*. Winterthur: Wyler AG. https://www.wylerag.com/fileadmin/pdf/catalogue/Kompendium%20deutsch%202013.pdf (abgerufen am 30.03.2021).

Holst, C., Schmitz, B. und Kuhlmann, H. (2016). TLS-basierte Deformationsanalyse unter Nutzung von Standardsoftware. In: *DVW-Schriftenreihe*, Bd. 85, S. 39–58. Wißner-Verlag.

Höpcke, W. (1980). *Fehlerlehre und Ausgleichsrechnung*. Berlin: Walter de Gruyter.

Hottinger, K., Hoffmann, K. und Paetow, J. (1992). Messung von Kräften und daraus abgeleiteten Größen. In: *Handbuch der industriellen Meßtechnik*, (Hrsg. Profos, Pfeifer), 5. Aufl. München, Wien: Oldenbourg.

Hvorslev, M.J. (1951). Time lag and soil permeability in ground-water observations. Hrsg. von USACE, Nr. 36 in Bulletin, Vicksburg, Mississippi.

Inaudi, D., Elamari, A., Pflug, L., Gisin, N., Breguet, J. und Vurpillot, S. (1994). Low-coherence deformation sensors for the monitoring of civilengineering structures. *Sensor and Actuators A* 44: 125–130.

ISO 1438:2017-04 (2017). Hydrometrie – Durchflussmessung in offenen Gerinnen mittels Dünnplatten-Wehren. Berlin: Beuth.

ISO 4793:1980-10 (1980). Laboratoriumsfilter, gesintert (gefrittet); Gradation nach Porosität, Klassifikation und Bezeichnung. Berlin: Beuth.

JCGM 200:2008 (2008). International Vocabulary of Metrology – Basic and general concepts and associated terms, 3. Aufl. https://www.bipm.org/utils/common/documents/jcgm/JCGM_200_r2008.pdf (abgerufen am 11.08.2020).

Kathage, A., Kramp, J., Langer, U., Lehmann, B., Lenz, J., Miegel, W., Räkers, E. und Reinhard, M. (2011). Der gläserne Untergrund – So nutzt der Bauingenieur die Geophysik, In: *Schriftenreihe aus dem Institut für Rohrleitungsbau Oldenburg*, Bd. 14, S. 328. Essen: Vulkan.

Katzenbach, R., Reul, O. und Quick, H. (1994). Hochhausgründungen – Messungen und Qualitätssicherung. *Mitteilungen des Instituts für Grundbau und Bodenmechanik der TU Braunschweig* 44: 247–258, Braunschweig.

Kauther, R. und Schulze, R. (2015). Detection of subsidence affecting civil engineering structures by using satellite InSAR. In: Proceedings of the Ninth International Symposium on Field Measurements in Geomechanics, 9–11 September 2015, Sydney, Australia. Hrsg. von Dight, Phil. Nedlands: ACG. ISBN: 978-0-9924810-2-5, https://papers.acg.uwa.edu.au/d/1508_11_Kauther/11_Kauther.pdf (abgerufen am 07.04.2021).

Kiehl, J.R. und Heusermann, S. (2021): Bestimmung von Gebirgsspannungen mit dem Überbohrverfahren, Teil 1: Triaxialmesssonden. Neufassung der Empfehlung Nr. 14 des Arbeitskreises 3.3 „Versuchstechnik Fels" der DGGT. Geotechnik (https://doi.org/10.1002/gete.202100011).

Knödel, K., Krummel, H. und Lange, G. (2005). *Geophysik*. Berlin: Springer.

Köhne, A. und Wößner, M. (2009). Präzision, Richtigkeit und Genauigkeit, (Hrsg. Kowoma). http://www.kowoma.de/gps/zusatzerklaerungen/Praezision.htm (abgerufen am 07.04.2021).

Kramer, H. (2013). *Angewandte Baudynamik*, 2. Aufl. Berlin: Ernst & Sohn, ISBN: 978-3-433-03028-8.

Kreyszig, E. (1974). *Statistische Methoden und ihre Anwendungen*. Göttingen: Vandenhoeck & Ruprecht.

Krohne (2018). *Produktübersicht Durchflussmesstechnik*. Duisburg: Krohe Messtechnik GmbH.

Kuhlmann, H., Hesse, C. und Holst, C. (2017). Standardabweichung vs. Toleranz. DVW-Merkblatt 12-2017. Vogtsburg: DVW – Gesellschaft für Geodäsie, Geoinformation und Landmanagement e. V. https://www.dvw.de/sites/default/files/merkblatt/daten/2017/12_DVW-Merkblatt_Stdabw_Toleranz.pdf (abgerufen am 07.04.2021).

Laloui, L. (2013). *Mechanics of Unsaturated Geomaterials. ISTE*. London: Wiley, https://doi.org/10.1002/9781118616871 (abgerufen am 07.04.2021).

Lang, M. (2001). Die Bestimmung von Messunsicherheiten an praktischen Beispielen. In: Qualitätsmanagement in der geodätischen Messtechnik. In: *Schriftenreihe des DVW e. V. – Gesellschaft für Geodäsie, Geoinformation und Landmanagement*, (Hrsg. H. Heister und R. Staiger), Bd. 42, S. 138–150. Stuttgart: Wittwer.

Läufer, G., Lehmann, M. und Rödelsperger, S. (2017). Terrestrische Mikrowelleninterferometrie. In: *Ingenieurgeodäsie*. Hrsg. von Schwarz, W., S. 213–233 Berlin, Heidelberg: Springer Spektrum, ISBN: 978-3-662-47188-3, https://doi.org/10.1007/978-3-662-47188-3.

Lhotzky+Partner (2019). Hydrostatische Linienvermessung – auf setzungsempfindlichen Baugründen. https://lhotzky-partner.de/baumesstechnik/hydrostatische-linienvermessung (abgerufen am 11.08.2020).

Luhmann, T. (2018). *Nahbereichsphotogrammetrie – Grundlagen – Methoden – Beispiele*, 4. Aufl. Offenbach: Wichmann.

Marefat, V., Duhaime, F., Chapuis, R.P. und Le Borgne, V. (2019). Performance of fully grouted piezometers under transient flow conditions: Field study and numerical results. *Geotechnical Testing Journal* 42.2, 24 Seiten, ISSN: 01496115, https://doi.org/10.1520/GTJ20170290 (abgerufen am 30.03.2021).

Mayer, A., Habib, P. und Marchand, R. (1951). Underground rock pressure testing. Proc. Int. Conf. on Rock Pressure and Support in Workings, Le Liège, France, S. 217–221.

Meier, E. und Ingensand, H. (1996). Ein neuartiges hydrostatisches Messsystem für permanente Deformationsmessungen. In: *Beiträge zum XII. Internationaler Kurs für Ingenieurvermessung 96*, (Hrsg. Brandstätter, Brunner, Schelling), Graz, Beitrag A8. Bonn: Dümmler.

MessEG 2015 (2015). Gesetz über das Inverkehrbringen und die Bereitstellung von Messgeräten auf dem Markt, ihre Verwendung und Eichung sowie über Fertigpackungen (Mess- und Eichgesetz – MessEG). https://www.gesetze-im-internet.de/messeg/MessEG.pdf (abgerufen am 30.03.2021).

MessEV 2015 (2015). Verordnung über das Inverkehrbringen und die Bereitstellung von Messgeräten auf dem Markt sowie über ihre Verwendung und Eichung (Mess- und Eichverordnung – MessEV). https://www.gesetze-im-internet.de/messev/MessEV.pdf (abgerufen am 30.03.2021).

Mikkelsen, P.E. (2002). Cement-bentonite grout backfill for borehole instruments. In: *Geotechnical Instrumentation News (GIN)*, (Hrsg. J. Dunnicliff), S. 38–42. https://cgs.ca/pdf/GeoTechNews/GIN-Scans%201994-2019/GIN%20no.%2033_Vol.%2020_No.%204-Dec%202002.pdf (abgerufen am 30.03.2021).

Mikkelsen, P.E. und Green, G.E. (2003). Piezometers in fully grouted boreholes. In: *Field Measurements in Geomechanics*, (Hrsg. F. Myrvoll). Lisse: Balkema, ISBN: 9058096025.

Milillo, P., Giardina, G., Perissin, D., Milillo, G., Coletta, A. und Terranova, C. (2019). Pre-collapse space geodetic observations of critical infrastructure: The Morandi bridge, Genoa, Italy. *Remote Sensing* 11.12: 1403. ISSN: 2072-4292, https://doi.org/10.3390/rs11121403 (abgerufen am 26.07.2019).

Moretto, S., Bozzano, F., Esposito, C., Mazzanti, P. und Rocca, A. (2017). Assessment of landslide pre-failure monitoring and forecasting using satellite SAR interferometry. *Geosciences* 7.2: 36. ISSN: 2076-3263, https://doi.org/10.3390/geosciences7020036 (abgerufen am 05.04.2021).

Müller, U. und Sochert, T. (2006). Kinematisches Laserscanning in einem absoluten Koordinatensystem. *Geomatik – Schweiz – Geoinformation und Landmanagement* 104.6: 40–43.

Müller, G. und Habenicht, H. (1979). Entwicklungen der geotechnischen Messungen für den Hohlraumbau. *Rock Mech. Suppl.*, 8: 113–124.

Naterop, D. und Keppler, A. (1998). *Der Einsatz von automatisierten geodätischen Messinstrumenten in der Geotechnik – Beispiele aus der Praxis. Messen in der Geodtechnik, Mitteilung des Instituts für Grundbau und Bodenmechanik, Technische Universität Braunschweig*. Braunschweig: Institut für Grundbau und Bodentechnik Technische Universität Braunschweig.

Neuner, H., Holst, C. und Kuhlmann, H. (2016). Overview on current modelling strategies of point clouds for deformation analysis. *Allgemeine Vermessungs-Nachrichten (AVN)*, 123.11–12: 328–339, https://bonndoc.ulb.uni-bonn.de/xmlui/bitstream/handle/20.500.11811/8766/2016_Neuner_DefoModelTLS_AVN.pdf (abgerufen am 05.04.2021).

Niebuhr, J. und Linder, G. (1994). *Physikalische Meßtechnik mit Sensoren*, 3. Aufl. München, Wien: Oldenbourg.

Niemeier, W. (2002). *Ausgleichungsrechnung: Statistische Auswertemethoden*. Berlin: de Gruyter.

Niemeier, W. (2008). *Ausgleichungsrechnung: Statistische Auswertemethoden*, 2. Aufl. Berlin: de Gruyter.

Niemeier, W. und Tengen, D. (2017). Uncertainty assessment in geodetic network adjustment by combining GUM and Monte-Carlo-simulations. *Journal of Applied Geodesy* 11.2: 67–76.

Odenwald, B., Hekel, U. und Thormann, H. (2018). Grundwasserströmung – Grundwasserhaltung. In: *Grundbau-Taschenbuch*, Teil 2, (Hrsg. K.J. Witt), Grundbau-Taschenbuch Ser, S. 635–819. Newark: Ernst & Sohn, ISBN: 978-3-433-03152-0.

Paul, F. und Walter, A. (2004). Empfehlung Nr. 19 des Arbeitskreises 3.3 – Versuchstechnik Fels – der Deutschen Gesellschaft für Geotechnik e. V.: Messung der Spannungsänderung im Fels und an Felsbauwerken mit Druckkissen. *Bautechnik* 81.8: 639–647.

Pelzer, H. (1995). Auswertung und Interpretation. In: *Vermessungsverfahren im Maschinen- und Anlagenbau*, (Hrsg. W. Schwarz). Stuttgart: Wittwer.

Penman, A.D. (1961). A study of the response time of various types of piezometer. In: *Pore Pressure and Suction in Soils*, (Hrsg. British National Society of the International Society of Soil Mechanics and Foundation Engineering), S. 53–58. London. Butterworths.

Perau, E. und Potthoff, S. (2002). Das Messen von Fluiddrücken in gesättigten und teilgesättigten Böden. In: *Mitteilung des Instituts für Grundbau und Bodenmechanik, Messen in der Geotechnik 2002*, Bd. 68, S. 383–398, Eigenverlag.

Pesch, B. (2010). *Messunsicherheit: Basiswissen für Einsteiger und Anwender*, 1. Aufl. Zülpich: Books On Demand.

Premchitt, J. und Brand, E.W. (1981). Pore pressure equalization of piezometers in compressible soils. *Géotechnique* 31.1: 105–123. ISSN: 0016-8505, https://www.icevirtuallibrary.com/doi/10.1680/geot.1981.31.1.105 (abgerufen am 30.03.2021).

Priesack, T., Plinninger, R., Alber, M. und Salcher, B. (2016). Systematische Analyse innovativer Installationsverfahren für Porenwasserdruckgeber. TAE Esslingen.

Rocha, M., Lopes, J.B. und Da Silva, J.N. (1969). A new technique for applying in the method of the flat jack in the determination of stresses inside rock masses. Laboratorio Nacional De Engenharia Civil (LNEC), Lisboa, Memoria No. 324.

Rosenkranz, H., Wachsmann, G. und Mehl, J. (2002). Erste Erfahrungen bei der Planung und beim Bau von Schwimmloten mit selbstzentrierender Sonde (AVD-Verfahren) sowie der Messduchführung. Mittweidaer Talsperrentage 2002, Mittweida.

Rossi, P.P. (1987). Recent developments of the flat-jack test on masonry structures. Bergamo, ISMES publication Band 231: 1–29.

Ruhm, K. (1992). Thermometrie. In: *Handbuch der industriellen Meßtechnik*, (Hrsg. Profos, Pfeifer), 5. Aufl. München, Wien: Oldenbourg.

Samiei Esfahany, S. (2017). Exploitation of distributed scatterers in synthetic aperture radar interferometry. PhD thesis. Delft University of Technology. https://repository.tudelft.nl/islandora/object/uuid:22d46f1e-9061-46b0-9726-760c41404b6f/datastream/OBJ/download (abgerufen am 30.03.2021).

Scherer, M. (2007). Phototachymetrie: Eine Methode zur Bauaufnahme und zur Erstellung eines virtuellen Modells. *Allgemeine Vermessungs-Nachrichten (AVN)* 114.8–9: 307–313.

Schlemmer, H. (1996). *Grundlagen der Sensorik. Eine Instrumentenkunde für Vermessungsingenieure.* Heidelberg: Wichmann.

Schmidt, H. (2003). Warum GUM? Kritische Anmerkungen zur Normdefinition der Messunsicherheit und zu verzerrten Elementarfehlermodellen. *Zeitschrift für Vermessungswesen (ZfV)*, 128.5: 303–312.

Schulze, R. (2016). Bruch- und Verformungsverhalten von rutschgefährdeten Böschungen unter Berücksichtigung des Dreiphasensystems: FuE-Abschlussbericht: BAW-Nr. A39520210001. Karlsruhe. https://hdl.handle.net/20.500.11970/105108 (abgerufen am 30.03.2021).

Schulze, R. und Stelzer, O. (2015). Soil modelling considering the influence of gas inclusions in pore water below the piezometric line – A short introduction. In: *Aktuelle Forschung in der Bodenmechanik 2015*, (Hrsg. T. Schanz und A. Hettler), S. 121–140. Berlin, Heidelberg: Springer, ISBN: 978-3-662-45990-4, https://link.springer.com/chapter/10.1007/978-3-662-45991-1_7 (abgerufen am 30.03.2021).

Schwarz, W. (Hrsg.) (1995). *Vermessungsverfahren im Maschinen- und Anlagenbau.* Stuttgart: Wittwer.

Schwarz, W. (2020a). Methoden zur Bestimmung der Messunsicherheit nach GUM – Teil 1. *Allgemeine Vermessungs-Nachrichten (AVN)* 127.2: 69–86, https://www.gik.kit.edu/downloads/%5bSCHW20%5dGUM_AVN_Teil1.pdf (abgerufen am 05.04.2021).

Schwarz, W. (2020b). Methoden zur Bestimmung der Messunsicherheit nach GUM – Teil 2. *Allgemeine Vermessungs-Nachrichten (AVN)* 127.4: 211–219, https://www.gik.kit.edu/downloads/%5bSCHW20%5dGUM_AVN_Teil2.pdf (abgerufen am 05.04.2021).

Schwarz, W. und Fedan, M. (2020). Effiziente Neigungsmessungen, ein Verfahren der permanenten Bauwerksüberwachung. *Allgemeine Vermessungs-Nachrichten (AVN)* 127.3: 125–146.

Simeoni, L. (2012). Laboratory tests for measuring the time-lag of fully grouted piezometers. *Journal of Hydrology* 438-439: 215–222, ISSN: 00221694, https://doi.org/10.1016/j.jhydrol.2012.03.025 (abgerufen am 30.03.2021).

Stahlmann, J. (Hrsg.) (2018). Messen in der Geotechnik 2018: Fachseminar: 22./23. Februar 2018, Heft Nr. 104. Mitteilung des Instituts für Grundbau und Bodenmechanik, Technische Universität Braunschweig. ISBN: 3927610968.

Sychla, H., Tieleman, E. und Quaas, R. (2020). Messen in der Geotechnik 2020, Fachseminar: 20./21. Februar 2020, Bd. 110. Mitteilung des Instituts für Geomechanik und Geotechnik, Technische Universität Braunschweig. S. 121–146, https://doi.org/10.24355/dbbs.084-201912181435-0 (abgerufen am 11.04.2021)

Vaughan, P.R. (2003). Observations on the behaviour of clay fill containing occluded air bubbles. *Géotechnique* 53.2: 265–272, ISSN: 0016-8505, https://doi.org/10.1680/geot.2003.53.2.265 (abgerufen am 30.03.2021).

VDI 3786 Blatt 13:2019-11 (2019). Umweltmeteorologie; Meteorologische Messungen; Messstation. Berlin: Beuth.

Wagner, A., Wasmeier, P., Reith, C. und Wunderlich, T. (2013). Überwachung von Brücken mit Video-Tachymetern – eine Fallstudie. *Allgemeine Vermessungs-Nachrichten (AVN)* 120.8–9: 283–292.

Weiler, J. und Zwicky, R. (1992). Messung elektrischer Größen. In: *Handbuch der industriellen Meßtechnik*, (Hrsg. Profos, Pfeifer), 5. Aufl. München, Wien: Oldenbourg.

Wiedemann, W., Wagner, A., Wasmeier, P. und Wunderlich, T. (2017). Monitoring mit scannenden bildgebenden Tachymetern. In: *DVW-Schriftenreihe*, Bd. 88, S. 31–44. Wißner-Verlag.

Witte, B. und Sparla, P. (2015). *Vermessungskunde und Grundlagen der Statistik für das Bauwesen*, 8. Aufl. Berlin: Wichmann.

Wolf, H. (1965). *Ausgleichungsrechnung nach der Methode der kleinsten Quadrate.* Bonn: Dümmler.

Wolf, H. (1975). *Ausgleichungsrechnung: Formeln zur praktischen Anwendung*. Bonn: Dümmler.

Woschitz, H. und Heister, H. (2017). Überprüfung und Kalibrierung der Messmittel in der Geodäsie. In: *Ingenieurgeodäsie*, (Hrsg. W. Schwarz), S. 403–461. Heidelberg: Springer Nature.

Yan, Y., Doin, M.-P., Lopez-Quiroz, P., Tupin, F., Fruneau, B., Pinel, V. und Trouve, E. (2012). Mexico City Subsidence Measured by InSAR Time Series: Joint Analysis Using PS and SBAS Approaches. IEEE Journal of Selected Topics in Applied Earth Observations and Remote Sensing, 5.4, S. 1312–1326, ISSN: 1939-1404, https://doi.org/10.1109/JSTARS.2012.2191146 (abgerufen am 30.03.2021).

5
Grundsätze bei der Erstellung von Messprogrammen

Die Erstellung von Messprogrammen ist ein konzeptioneller Prozess, der einem allgemein gültigen Ablauf folgt, jedoch auf das speziell zu betrachtende Projekt abgestimmt werden muss. Die einzelnen Entwicklungsschritte von Messprogrammen laufen in der Praxis nicht streng nacheinander ab. Vielmehr handelt es sich um einen iterativen Gestaltungsprozess auf Basis von vorangegangenen Projekterfahrungen. Trotzdem sind alle nachfolgend genannten Schritte erforderlich, da diese systematisch aufeinander aufbauen. Grundlegende Anforderungen an geotechnische Messprogramme sind in DIN EN ISO 18674-1:2015-09 formuliert.

5.1 Bestandteile des Messprogramms

Messprogramme müssen schriftlich fixiert werden. Häufig ist eine Bestätigung/Freigabe durch den Projektverantwortlichen, den Prüfingenieur oder die Aufsichtsbehörde erforderlich. Folgende Bestandteile sollten enthalten sein:

- Beschreibung der Projektbedingungen und geotechnische Fragestellungen,
- Verantwortlichkeiten und Verteilerkreis,
- Rhythmus der Informationsteilung,
- Angaben zum Informationsaustausch,
- Liste der Messpunkte mit eindeutiger Bezeichnung,
- einzusetzende Messverfahren und Messinstrumente bzw. -systeme,
- zulässige Messunsicherheit, Angaben zu deren Nachweis,
- Anforderungen an Überprüfung/Justierung/Kalibrierung der Messinstrumente,
- Festlegungen zur Durchführung der Messungen (z. B. Messanweisung),
- Messbeginn, Messzeitpunkte, Messintervalle, Festlegungen zu gegebenenfalls erforderlichen Sondermessungen,
- Schwellen-, Eingreif- und Alarmwerte (siehe Abschn. 5.7.2),
- Anforderungen an die Datenübertragung,
- Anforderungen an Auswertung, Dokumentation, Berichtswesen und Archivierung,
- Festlegungen zur Alarmierung der Projektverantwortlichen (wer, wann, wie),
- Skizzen/Übersichtspläne mit der Lage der Messpunkte.

Empfehlungen des Arbeitskreises Geomesstechnik, 1. Auflage. Arbeitskreis 2.10 „Geomesstechnik“.

Wertvolle Hinweise zur Herangehensweise bei der Erstellung geotechnischer Messprogramme sind in Dunnicliff et al. (2012, Kap. 94) gegeben. Wesentliche Anforderungen an geodätische Messprogramme werden in DIN 18710-1:2010-09, Abschn. 4.3, an Messprogramme im Bereich der Wasserstraßen- und Schifffahrtsverwaltungen in VV-WSV 2602 (2012), benannt.

5.2 Definition der allgemeinen Projektbedingungen und Messziele

Bevor die konkreten geotechnischen Fragestellungen herausgearbeitet werden, müssen die übergeordneten Projektziele und -bedingungen im Messprogramm benannt werden. Zudem ist es erforderlich, in dieser frühen Entwurfsphase von Messprogrammen diejenigen Mechanismen zu identifizieren, die Einfluss auf das Verhalten des zu beobachtenden Objektes haben. Im Rahmen des Risikomanagements nach Abschn. 1.5 müssen die mit dem Projekt verbundenen (geotechnisch relevanten) Risiken identifiziert, analysiert und bewertet werden. Diese Betrachtungen sind zunächst unabhängig von der späteren messtechnischen Realisierung durchzuführen.

Folgende Projektbedingungen sollten beispielsweise bei Bauprojekten beschrieben werden:

- Projektgebiet (Baugrund, Bauwerk):
  - Kennwerte,
  - Besonderheiten (Trennflächen etc.),
  - Ausdehnung des beeinflussten Bereiches, Bezugssysteme,
- existierende Modellierungen und statische Nachweise:
  - Beschreibung erforderlicher bzw. existierender Modelle (z. B. Spannungs-Verformungs-Modelle, Grundwasserströmungsmodelle),
  - Benennung der räumlichen Modellgrenzen,
  - modellierte Einwirkungen/Lastfälle/Tragwiderstände,
- Formulierung der erwarteten Erkenntnisse aus den Messungen (bzw. Bezug auf die Zielsetzung laut Kap. 2), beispielsweise:
  - Rückwirkung auf Konstruktion und Tragwirkung des Bauwerks,
  - potenzielle Ursachen für Spannungsänderungen und Deformationen,
  - voraussichtliche zeitliche Entwicklung der Spannungen und Deformationen in Größe und Richtung,
  - potenzielle Folgen der Spannungsänderungen und Deformationen,
  - Validierung/Kalibrierung der Modellierung,
  - Alarmierung, Warnung,
- geotechnisch relevante Risiken durch das/für das Projekt:
  - Wahrscheinlichkeit,
  - Konsequenzen,

- Festlegung des Betrachtungszeitraumes:
  - Vorlaufphase, Bau-, Betriebs-, Stilllegungs-, Nachbetriebsphase,
  - kurz- oder langfristige Reaktionen, daraus abgeleitet Beginn und Ende des Messprogramms,
- verfügbares Budget:
  - Investitions- und Unterhaltungsaufwand der Baumaßnahme bzw. des Bauwerks,
  - Bedeutung des Bauwerks,
  - erwarteter Aufwand für potenzielle Schäden bzw. Störfälle (betriebswirtschaftlich, volkswirtschaftlich),
  - finanzieller Aufwand/Budget für den geomesstechnischen Prozess (einschließlich Installation, Messung, Auswertung, Berichtswesen, Wartung und Archivierung).

5.3 Herausarbeiten der geotechnisch relevanten Fragestellungen

Aus den definierten Projektzielen unter Beachtung der mit dem Projekt verbundenen Risiken ergeben sich in der Regel Informationsdefizite, die u. a. in geotechnischen Fragestellungen münden. Geotechnische Messungen sind niemals Selbstzweck, sondern haben das Ziel, diese z. B. im Rahmen des Risikomanagements herausgearbeiteten Informationsdefizite zu verringern und die Veränderungen der geotechnischen Risiken zu überwachen. Es gilt der Grundsatz: „Keine Messung ohne Fragestellung". Art und Umfang der Instrumentierung ergeben sich also niemals allein aus den messtechnischen Möglichkeiten.

Beispiele für solche Fragestellungen sind:

- Welche Einwirkungen beeinflussen mit welcher zeitabhängigen Variation das Verhalten eines Objekts (Bau- oder Umweltobjekts)?
- Wie ist die Interaktion zwischen Baugrund und Bauwerk oder zwischen einzelnen Tragwerkselementen in verschiedenen Lastfällen (Einwirkungen)?
- Bilden die verwendeten Berechnungsverfahren und Prognosemodelle das tatsächliche Bauwerksverhalten ausreichend zuverlässig ab (Validierung)?
- Werden projektierte Kennwertbereiche oder Objekteigenschaften eingehalten?
- Muss die Bauwerksdimensionierung (Anordnung, Größe, Ausbaumittel usw.) im Verlauf der Baumaßnahme angepasst werden?

Aus den Versagensmodi für bestimmte Bauteile sind die geotechnischen Fragestellungen so konkret und differenziert wie möglich zu formulieren, denn daraus werden die zu erfassenden Messgrößen abgeleitet.

Im Laufe des Projektablaufs müssen die Fragestellungen gegebenenfalls angepasst werden, in verschiedenen Projektphasen (z. B. Planung, Bau, Betrieb) können sich die Schwerpunkte ändern.

5.4 Messgrößen

5.4.1 Definition der zu erfassenden Messgrößen

Die zu erfassenden Messgrößen ergeben sich unmittelbar aus den geotechnischen Fragestellungen. Typische Messgrößen an geotechnischen Objekten sind im Kap. 3 dieser Empfehlungen zusammengestellt. Sehr häufig sind dies Verschiebungen in Kombination mit Neigungen, Verzerrungen, Spannungen und Wasserständen.

Häufig ist das erwartete Verhalten des betrachteten Bauwerks oder geotechnischen Objekts durch mehr oder weniger komplexe Prognosemodelle abgebildet. Es hat sich bewährt, mindestens die Messgrößen der maßgeblichen Einwirkungen und der modellierten Reaktionen zu ermitteln. Die Erfassung redundanter Messgrößen steigert die Zuverlässigkeit der Information.

5.4.2 Anforderungen an Messbereich und Messunsicherheit

Der Messbereich und die Anforderungen an Messunsicherheit und Messintervall der eingesetzten Messeinrichtungen werden maßgeblich durch die zu erwartenden Messgrößenänderungen bestimmt.

Die *Messbereiche* der zu planenden Instrumentierung müssen so festgelegt werden, dass die zu erfassenden Veränderungen in allen Lastfällen und auch bei ungünstigen Kombinationen von Einwirkungen messbar sind. Zu deren Bemessung ist idealerweise eine Vorstellung zu den zu erwartenden Prozessen und Veränderungen, möglichst auf Basis von Modellberechnungen, heranzuziehen. In bestimmten Fällen kann auch auf Erfahrungswerte zurückgegriffen werden. Im Zweifelsfall sollte der Messbereich auf der sicheren Seite liegend größer gewählt werden, solange die Genauigkeit darunter nicht leidet. Details zur Ermittlung des erwartungsgemäßen Verhaltens werden im Abschn. 5.7.1 erläutert.

Die Anforderungen an die *Messunsicherheit* müssen so formuliert werden, dass alle relevanten Messgrößenänderungen sicher erfasst werden können. Deshalb ist zunächst die erforderliche Trennschärfe aus Sicht der geotechnischen Fragestellungen zu definieren. Darunter ist derjenige Wert einer Ergebnisgröße zu verstehen, ab dem auf Grundlage der Messergebnisse mit einer vorgegebenen Wahrscheinlichkeit signifikant zwischen zwei Zuständen unterschieden (abgegrenzt) werden kann. Diese „Zustände" können beispielsweise Trendindikatoren, Prognose- oder Schwellenwerte aus vorangegangenen Modellierungen sein.

Mit den in Abschn. 4.6.5.3 erläuterten Betrachtungen können aus der Trennschärfe (Vermessungstoleranz) die Anforderungen an die zulässigen Messunsicherheiten abgeleitet werden.

Erst diese Herangehensweise ermöglicht eine weitere Verwendung der Messergebnisse im Sinne der Aufgabenstellung. In manchen Fällen ist es erforderlich, einen Kompromiss zwischen Messunsicherheit und Messbereich zu finden. Es kann hilfreich sein, solche Messsysteme auszuwählen, deren Messbereich nachjustierbar oder nachträglich skalierbar ist.

5.4.3 Anforderungen an die räumliche Auflösung der Information

Die (Mindest-)Anforderungen an die Messpunktabstände (räumliche Auflösung der gewünschten Information) leiten sich wiederum aus den geotechnischen Fragestellungen ab. Ist eines der Messziele die Alarmierung bei Grenzwertüberschreitungen, sind die Messpunkte mindestens so dicht anzuordnen, dass Veränderungen auch zwischen den diskreten Punkten noch erkannt werden können. Soll mit den Messdaten ein prognostiziertes Objektverhalten überprüft oder kalibriert werden, so sollten die Messpunkte mit modellierten Punkten übereinstimmen und sich an sensitiven Lokationen befinden.

Bei punktweise angeordneten Messsystemen wirkt sich die Anzahl der Messpunkte häufig direkt auf den Preis aus. Hier muss ein Kompromiss zwischen Budget und messtechnischen Anforderungen gesucht werden. Einsparungen zu Lasten der Punktdichte können dazu führen, dass die Messergebnisse in ihrer Gesamtheit an Aussagekraft einbüßen.

Linien- oder flächenhaft arbeitende Messverfahren (z. B. Laserscanner, einige faseroptische Systeme, fotogrammetrische Verfahren) haben den Vorteil, dass quasi lückenlose Messdaten vorliegen. Damit ist es möglich, sich auch im Nachhinein Informationen an den interessierenden Stellen zu beschaffen. Sie haben allerdings häufig den Nachteil, dass sehr große Datenmengen behandelt werden müssen.

5.5 Messkonzept

5.5.1 Messtechnische Instrumentierung

Erst nach Definition der im vorherigen Abschnitt benannten Anforderungen ist eine qualifizierte Grundlage für die Auswahl der einzusetzenden Messsysteme bzw. Messverfahren gegeben. Es wird empfohlen, die folgenden Anforderungen bei der Auswahl der verwendeten Messsysteme zu beachten:

- Gewährleistung von Messbereich, Messunsicherheit und Auflösung entsprechend den Anforderungen,
- Gewährleistung von räumlicher Auflösung (Messpunktdichte) und zeitlicher Auflösung (Messintervall),
- Zuverlässigkeit, Robustheit und Langlebigkeit des Messsystems und aller seiner Bestandteile,
- einfache Handhabung/Unkompliziertheit,
- Überprüfbarkeit/Reproduzierbarkeit der Messwerte,
- geringe Beeinflussung der Messung durch äußere Faktoren,
- Möglichkeiten zur Kalibrierung,
- geringer Wartungsaufwand der Messgeräte,
- Gewährleistung von Redundanzen,
- Austauschbarkeit der Sensoren,
- bivalente Messungen (Erfassung von Messgrößen mit zwei voneinander unabhängigen Messverfahren),

- angepasst an die äußeren Randbedingungen (z. B. Zugänglichkeit, Schutzmaßnahmen, Einbautechnik, korrosive Bedingungen, Frost, Hitze, Feuchtigkeit, Explosionsdruck, (Energie-)Versorgung),
- Lieferzeiten verträglich mit dem Projektablauf,
- geringer Einfluss auf das Baugeschehen, Vermeidung von Baubehinderungen.

Gesamtaufwand und Nutzen sollten im angemessenen Verhältnis stehen. Gerade die Auswahl der Instrumentierung ist in der Regel ein iterativer Prozess, der häufig Kompromisse zwischen Anforderungen und möglichen Realisierungen erfordert.

5.5.2 Räumliche Verteilung der Messpunkte

Die vorgesehene räumliche Verteilung der Messpunkte orientiert sich an den im Vorfeld herausgearbeiteten Anforderungen an die räumliche Informationsdichte (vgl. Abschn. 5.5.1) und ist abhängig von den ausgewählten Messsystemen. Für die verschiedenen, im Kap. 6 beschriebenen Aufgabenbereiche gibt es häufig Erfahrungswerte oder Richtlinien zur Verteilung der Messpunkte. Ungeachtet dessen ist gerade die Platzierung der Messpunkte ein auf die individuellen Besonderheiten des Projekts abzustimmender Prozess. Folgende Grundprinzipien sollten generell beachtet werden:

- Die vorab definierten Anforderungen an die räumliche Informationsdichte müssen eingehalten werden.
- Mehrere Messpunkte sind an geologisch/geotechnisch relevanten Positionen (Kluft, Auflockerung) zu konzentrieren, relevante Einwirkungen z. B. jahresgangbedingte Einflüsse wie Temperatur, Sonneneinstrahlung müssen erfasst werden.
- An manuell zu messenden Punkten ist die Zugänglichkeit für das Messpersonal für die gesamte Laufzeit des Messprogramms unter Beachtung des Baustellenbetriebs und der Belange des Arbeitsschutzes unabdingbar.
- Auch an automatisierten Sensoren muss der Zugang für Wartung und Kontrolle gewährleistet sein.
- Es hat sich bewährt, Messeinrichtungen in Messquerschnitten zu konzentrieren. Wichtige Messquerschnitte sind redundant zu bestücken.
- Bei der Auswahl der Lage der Messpunkte ist der Schutz der Punkte vor Baustellenverkehr, Niederschlag, Überspannung/Blitzschlag, Steinschlag, Beeinflussung durch nachfolgende Arbeiten zu berücksichtigen.

Die Funkdatenübertragung ermöglicht es, viele Sensorarten direkt an den geotechnisch relevanten Messpunkten anzuordnen, da die Ortswahl nicht durch die Anforderungen der Kabelverlegung limitiert ist.

Die räumliche Anordnung wird in der Regel in Übersichtsplänen dargestellt. Von Projektbeginn an sind eindeutige Messpunktbezeichnungen zu verwenden, die sich in der Punktbeschriftung vor Ort, der Messdatenarchivierung und der Dokumentation wiederfinden.

5.5.3 Zeitplan der Messungen

Die Messungen sollen so früh wie möglich beginnen, um schon frühzeitig Informationen zum Normalverhalten der untersuchten Objekte (ohne Einwirkungen aus dem Bauprozess), z. B. infolge Temperatur und Grundwasserschwankungen/hydrogeologischen Einflüssen) und zum Einlaufverhalten der Messeinrichtungen (Messwertschwankungen oder -drift unmittelbar nach dem Einbau) zu erfassen. Dies erleichtert später die Interpretation der Ergebnisse. Falls saisonale Einflüsse relevant sind, kann eine Vorlaufzeit von ein bis zwei Jahren gerechtfertigt sein.

Das Messintervall (bzw. die Messfrequenz) wird durch das Messziel bestimmt. Dienen die Messungen der Warnung oder Alarmierung bei außergewöhnlichem Objektverhalten, muss quasi kontinuierlich gemessen werden. Für diesen Zweck kommen zumeist nur automatisierte Messsysteme infrage.

Bei anderen Messzielen/Fragestellungen ist das Messintervall freier wählbar. In der geomesstechnischen Praxis sind kontinuierliche, periodische oder ereignisinduzierte Messungen anzutreffen. Die Anforderungen an das Messintervall bzw. die Messzeitpunkte sind im Messprogramm festzuschreiben.

Folgende Grundsätze sollten beachtet werden:

- Bei Messungen mit langen Messintervallen sollten die Termine so gelegt werden, dass mindestens die Extremzustände im Objektverhalten erfasst werden.
- Bei periodischen Messungen mit unterschiedlichen Messverfahren sollten die Messzeitpunkte untereinander synchronisiert werden. Dies gilt besonders auch für die Messung der Einflussgrößen.
- Kontinuierliche Messungen haben stets den Vorteil, dass in den Messdaten auch nachträglich unerwartete Ereignisse erkannt und bewertet werden können.
- Bei ereignisorientierten Messungen (z. B. bei Hochwasser, nach Erdbeben) muss berücksichtigt werden, dass diese unerwartet und auch außerhalb der normalen Arbeitszeit erforderlich werden können. Die Meldekette bis zur Aktivierung des Messpersonals muss jederzeit sichergestellt sein und stets fortgeschrieben werden.
- Bei automatisch durchgeführten Messungen mit autonomer Datenerfassung (z. B. durch dezentrale Datenlogger) ist im Messprogramm festzulegen, wann die Daten abgerufen/ausgelesen und ausgewertet werden.

Bei automatisiert von Messanlagen oder Loggern gesteuerten Messverfahren besteht oft die Möglichkeit, ereignisinduziert das Messintervall anzupassen. So können z. B. nach Erreichen von Schwellenwerten automatisch die Messintervalle verkürzt werden.

Unabhängig vom eigentlichen Messintervall bestehen gelegentlich sehr hohe Anforderungen an die Genauigkeit der Zeitreferenz (Zeitstempel). Dies ist immer dann der Fall, wenn der Zeitpunkt von Ereignissen selbst eine der Messgrößen ist. Ein Beispiel dafür sind seismologische Messungen zur Ortung von Bruchvorgängen. Dann müssen solche Messverfahren ausgewählt werden, die sich synchronisieren lassen.

Aber auch bei weniger zeitkritischen Messverfahren muss darauf Wert gelegt werden, dass zu jedem Messwert ein zuverlässiger Zeitstempel vorhanden ist (z. B. Besonderheiten während der Sommerzeitumstellung).

5.6 Auswertekonzept

5.6.1 Auswertung der Messdaten, Reaktionszeit

Messergebnisse sollten unmittelbar nach der Messung einer Datensichtung/Plausibilitätsprüfung, wie im Abschn. 8.1.1 beschrieben, unterzogen und aus messtechnischer Sicht bewertet werden. Dies ist schon deshalb erforderlich, damit Messfehler und Unregelmäßigkeiten sofort erkannt und durch Nachmessungen ausgeräumt oder bestätigt werden können, selbst wenn die eigentliche geotechnische Bewertung der Messergebnisse nicht zeitkritisch ist (z. B. während der Erkundungsphase).

Die Anforderungen an die Messwertaufbereitung und geotechnische Messdatenauswertung sind in Kap. 7 und 8 dieser Empfehlungen allgemein beschrieben. Die konkreten Anforderungen ergeben sich aus den Zielen der Messung und den Spezifikationen des Projekts. Ist im betreffenden Projekt ein Risikomanagement nach Abschn. 1.5 etabliert, müssen die dort definierten Notwendigkeiten berücksichtigt werden. Mindestens sind folgende Anforderungen im Messprogramm zu fixieren:

- Verantwortlichkeit für die Bearbeitung der Messdaten,
- Art und Umfang der Aufbereitung bzw. Präsentation der Messergebnisse,
- geotechnische Bewertung in Bezug zu den Fragestellungen, einzubeziehende Fachdisziplinen,
- Turnus und Inhalt der messtechnischen Berichte.

Bei lang andauernden Messprojekten wie bei der Talsperrenüberwachung hat es sich bewährt, alle wesentlichen Schritte der Aufbereitung der Originalmesswerte zu Ergebniswerten einschließlich der erforderlichen Formeln und Stammdaten in der Messanweisung schriftlich festzuhalten, um den Auswerteprozess nachträglich nachvollziehen zu können.

Unter Stammdaten werden die einer Messstelle zugeordneten (numerischen) Grundinformationen verstanden, die für die Berechnung der endgültigen Messergebnisse aus den Messwerten und zur Interpretation der Messergebnisse erforderlich sind (z. B. Koeffizienten der Kalibrierfunktion, Koordinaten, Einbauhöhe).

Dienen die Messergebnisse der Alarmierung bei unvorhergesehenen Zuständen, müssen die Ergebnisse den jeweiligen Experten permanent zur Verfügung stehen. Die dafür erforderlichen Voraussetzungen (z. B. über Webserver, automatischer SMS-Versand) sind technisch sicherzustellen und im Messprogramm umfassend zu beschreiben.

5.6.2 Archivierung

Im Messprogramm sind Festlegungen zur Datensicherung und Archivierung der Messergebnisse zu treffen. Dies betrifft z. B.:

- Intervalle der Datensicherung (bei automatisierten Messverfahren),
- Zeitdauer der Archivierung,

- Umfang der Archivierung (Rohdaten, aufbereitete Messdaten, Ergebniswerte, Stammdaten),
- Art der Archivierung, Speichermedien.

Die Zeitdauer der Archivierung wird durch die Projektanforderungen und gegebenenfalls durch privatrechtliche Vereinbarungen oder behördliche/gesetzliche Vorgaben bestimmt. Es hat sich bewährt, neben den Ergebniswerten auch die Rohdaten und die zugehörigen Stammdaten zu sichern und die verwendeten Berechnungen zu dokumentieren, sodass Berechnungen später nachvollzogen werden können.

5.7 Erwartungsgemäßes Verhalten und Reaktionsstufen

5.7.1 Erwartungsgemäßes Verhalten

Zur Beschreibung des erwartungsgemäßen Verhaltens eines Bauwerks oder einer Situation wird häufig der Erwartungsbereich der Messergebnisse einzelner oder aller Messstellen festgelegt. Darunter wird in diesem Zusammenhang die Spannweite von Mess- und Ergebniswerten verstanden, die als Normalverhalten des Messobjektes interpretiert werden kann. Der Erwartungsbereich wird durch den oberen und unteren Erwartungswert begrenzt.

Hinweis: Der Begriff „Erwartungswert" wird hier in einem anderen Sinne verstanden als der gleichlautende Begriff der Statistik, welcher angibt, welchen Wert eine Zufallsvariable bei einer großen Anzahl an Versuchen annehmen sollte (DIN 18709-4:2010-09).

Für alle wichtigen Messstellen sollten – unabhängig von der Notwendigkeit einer Meldung oder Alarmierung – Erwartungsbereiche ermittelt und im Messprogramm dokumentiert werden, da sie eine Sofortbewertung der Messergebnisse ermöglichen.

Zur Ermittlung der Erwartungswerte gibt es mehrere Möglichkeiten, die im Folgenden beschrieben werden.

5.7.1.1 Numerische Modellierung

Numerische Modellierungen, meist auf Basis der FEM (Finite-Elemente-Methode), gehören zum Standardwerkzeug eines geotechnischen Ingenieurs. Typische Anwendungen sind die Bemessung von Objekten bzw. Nachweise von Gebrauchstauglichkeit und Standsicherheit für verschiedene Bau- oder Belastungszustände. Voraussetzungen, Durchführung und Ergebnisse von Modellierungen werden in diesen „Empfehlungen des Arbeitskreises Geomesstechnik" nicht vertiefend betrachtet, es wird auf weiterführende Literatur, insbesondere auf EANG (2014), verwiesen.

Bestandteile einer jeden Modellierung mit der FEM sind die Erfassung des Initialzustands und die numerische Nachverfolgung der relevanten Lastfälle. Entscheidend für eine erfolgreiche Anwendung sind zuverlässige Materialparameter, eine ausreichend detaillierte Abbildung der Geometrie, eine exakte Definition der Belastungen sowie die Wahl geeigneter Stoffmodelle.

Numerische Modellierungen erlauben in vielen Fällen die rechnerische Bestimmung und damit Vorhersage von Bauwerksreaktionen unter gegebenen Belastungsansätzen. Damit können theoretisch Erwartungswerte für beliebig viele interessierende Zustände bzw. Lastfälle (z. B. Bauzustände, Grundwasserstände, Temperaturverteilungen und deren Kombination) ermittelt werden. Berechnungsmodelle ermöglichen es, auch außergewöhnliche Lastfälle abzubilden und Sicherheiten gegenüber Grenzzuständen zu berechnen.

Reale Messergebnisse sind nicht zwingend erforderlich, sie sollten jedoch zur Kalibrierung und Validierung des gewählten numerischen Modells (z. B. durch Vergleich der Messergebnisse mit Berechnungsergebnissen) und damit zur Verbesserung der Aussagekraft herangezogen werden.

5.7.1.2 Statistische Verfahren

Darunter wird die Ermittlung der Wertebereiche auf der Basis vorhandener (historischer) Messreihen unter Anwendung der im Kap. 8 beschriebenen Auswerteverfahren verstanden. Diese Methode ist nur bei Bestandsbauwerken und nicht bei Neubauten einsetzbar. Eine Variation der Einwirkungen ist nur in dem Maße möglich, in dem sie in der Vergangenheit eingetreten sind und durch Messungen erfasst wurden. Die Auswertung außergewöhnlicher Lastfälle ist oft aufgrund fehlender Messdaten in diesen Belastungssituationen nicht möglich. Für diese Situationen sind dann Extrapolationen erforderlich, welche mit entsprechenden Unsicherheiten behaftet sind. In solchen Fällen muss auch ein nichtlineares Bauwerksverhalten in Betracht gezogen werden.

5.7.1.3 Vergleichende Betrachtung

Zur ersten Schätzung von Erwartungsbereichen können auch Erfahrungen aus vergleichbaren Projekten herangezogen werden. Die Vergleichbarkeit darf nicht nur das eigentliche, zu betrachtende Objekt umfassen. Vielmehr sind auch die Umgebungsbedingungen (Geologie, Geohydrologie) und Einwirkungen (Belastungen) zu berücksichtigen. Unmittelbar nach dem Vorliegen zuverlässiger Messreihen sind die mit dieser Methode ermittelten Erwartungsbereiche ingenieurtechnisch zu bewerten.

5.7.2 Schwellen-, Eingreif- und Alarmwerte

Bezogen auf die erforderlichen Reaktionen der Verantwortlichen sollten Wertebereiche für wichtige oder alle Messstellen vorab definiert werden. Handelt es sich bei den Messungen um ein risikogesteuertes geotechnisches Monitoring im Rahmen eines Risikomanagements nach Abschn. 1.5, sind praktisch immer ein oder mehrere gestaffelte Reaktionsstufen zu ermitteln und zu dokumentieren. Im Rahmen dieser Empfehlungen werden für diese Reaktionsstufen folgende Begriffe verwendet (siehe auch EA-Baugruben (2012, S. 287 f)):

Schwellenwert: Messwert oder Messwertbereich, bei dessen Erreichen besondere Aufmerksamkeit erforderlich ist. Die Schwellenwerte sind erreicht, wenn die Messwerte einen vorher bestimmten Abstand zu den Eingreifwerten unterschreiten. Notwendige Reaktionen können sein: Wiederholungsmessung, Ortsbegehung, Information des Vorgesetzten, verdichtete Messungen, Veranlassung einer ingenieurtechnischen Bewertung. Der Einsatz von möglichen Zusatzmaßnahmen ist vorzubereiten; alternative Bezeichnung: Aufmerksamkeitswert.

Eingreifwert: Individuell festgelegter Wert bezogen auf eine Messstelle oder für eine aus mehreren Messstellen berechnete Ergebnisgröße, bei dessen Über- oder Unterschreitung sofortige Zusatzmaßnahmen erforderlich werden und eine Sofortmeldung zu erfolgen hat (z. B. Einbeziehung des geotechnischen Sachverständigen, Information der Prüfbehörde oder der obersten Leitung); alternative Bezeichnungen: Interventionswert, Warnwert, Meldewert.

Alarmwert: Individuell festgelegter Wert bezogen auf eine Messstelle oder für eine aus mehreren Messstellen berechnete Ergebnisgröße, bei dessen Über- oder Unterschreitung ohne Verzug eine Alarmierung zu erfolgen hat und unverzüglich Sicherungsmaßnahmen zum Schutz von Personen und Sachen einzuleiten sind; alternative Bezeichnung: Soforteingriffswert.

Man spricht von Schwellen-, Eingreif- oder Alarmwerten (vgl. Abb. 5.1), wenn eine einseitige Prüfung ausreichend ist (Beispiel: maximale Sickerwassermenge, maximale Setzung). Wenn die untere und die obere Grenze überwacht werden müssen (Beispiel: Ankerkraft in einem Bereich zwischen Minimum und Maximum), handelt es sich um Schwellen-, Eingreif- oder Alarmbereiche.

In der Praxis existieren noch zahlreiche andere Bezeichnungen wie Signalwert, Limit 1 und 2, Warnschwelle usw., die meist einem der o. g. Wertebereiche zugeordnet werden können oder eine Vorstufe zu einem Eingreif- oder Alarmwert darstel-

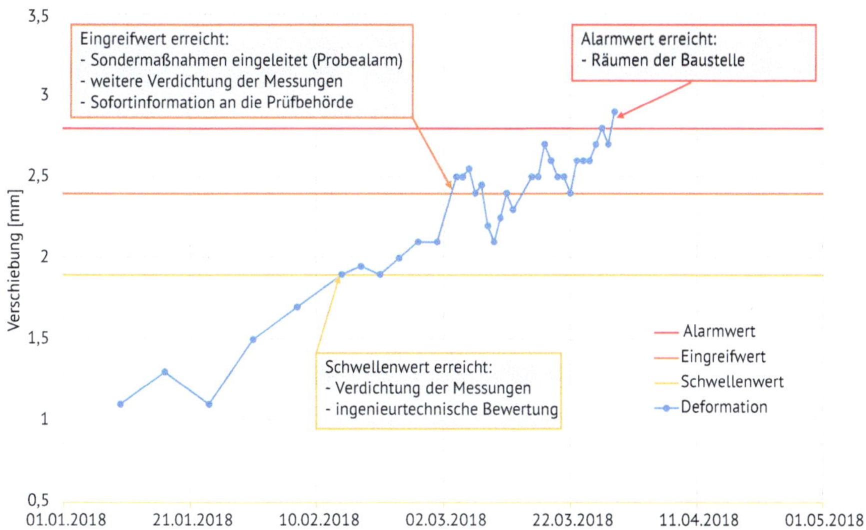

Abb. 5.1 Beispiel für Schwellen-, Eingreif- und Alarmwert bei kontinuierlichen Messgrößen.

len. Angaben dazu sind beispielsweise in EA-Baugruben (2012) und in DWA (2011a, S. 13) enthalten.

Unabhängig von der Bezeichnung ist es für eine fachgerechte Überwachung, Bewertung und Behandlung der Risiken wichtig, dass ermittelte Messwerte oder berechnete Ergebnisgrößen auf Einhaltung der Wertebereiche geprüft werden und die notwendigen Reaktionen beim Erreichen oder Über- bzw. Unterschreiten im Messprogramm oder in einem Havarieplan eindeutig beschrieben sind und vorgehalten werden.

Reaktionsstufen können sich nicht nur auf diskrete Messwerte, sondern auch auf Messwertänderungen beziehen (z. B. Zunahme des Sickerwasserdurchflusses innerhalb von 6 h um mehr als das Doppelte).

5.7.3 Ermittlung von Schwellen-, Eingreif- und Alarmwerten

Die Notwendigkeit der Festlegung sowie die Art und Weise der Bestimmung von Schwellen-, Eingreif- und Alarmwerten hängen maßgeblich von der jeweiligen geomesstechnischen Aufgabenstellung und den sich aus dem Risikomanagement ergebenden Anforderungen an eine wirkungsvolle Risikobehandlung und -überwachung ab, sodass keine einheitlichen, allgemein gültigen Empfehlungen gegeben werden können. Dies gilt insbesondere dann, wenn die nachfolgend genannten Messaufgaben innerhalb eines Messprojekts kombiniert sind.

Bei der *Beobachtungsmethode* (Abschn. 2.3), der *Beobachtung des Betriebszustandes* (Abschn. 2.7), der *Beobachtung des Stilllegungs- und Nachbetriebszustandes* (Abschn. 2.8) und der *Beobachtung naturbedingter Gefährdungen und Frühwarnung* (Abschn. 2.9) ist die Beobachtung der Zuverlässigkeit (Standsicherheit, Gebrauchstauglichkeit, Dauerhaftigkeit) des beobachteten Objekts selbst Ziel der Messungen. Diesen Monitoringaufgaben ist es immanent, dass zumindest für maßgebliche Messstellen Schwellen-, Eingreif- und Alarmwerte definiert und abgeprüft werden.

Schwellenwerte werden häufig aus den Erwartungsbereichen abgeleitet, welche das erwartungsgemäße Bauwerksverhalten unter den gegebenen Einwirkungen beschreiben.

Liegen Standsicherheitsberechnungen vor, können Eingreifwerte so definiert werden, dass bei ihrer Über- oder Unterschreitung Belastungsannahmen aus Standsicherheitsberechnungen überschritten und die errechneten Sicherheiten unterschritten wurden. Wenn in den jeweiligen Standsicherheitsberechnungen die normativ erforderlichen Sicherheiten nicht ausgeschöpft werden, bedeutet eine Über- oder Unterschreitung nicht zwingend eine Verletzung der normativen Sicherheitsanforderungen.

Alarmwerte können auf Basis von Grenzwerten (z. B. hinsichtlich Gebrauchstauglichkeit oder Standsicherheit) festgelegt werden. Deren Über- oder Unterschreitung zeigt an, dass das Verhalten des betrachteten Systems nicht mehr innerhalb des festgelegten, tolerierbaren Rahmens liegt.

Weitere Kriterien zur Festlegung von Schwellen-, Eingreif- und Alarmwerten können sein:

- Anforderungen an die (Nicht-)Beeinflussung benachbarter Objekte oder natürlicher Ressourcen,
- durch Komponentenhersteller vorgegebene maximale Verformungen (z. B. zulässige Dehnung von Fugenbändern),
- gutachterliche, gesetzliche oder normative Anforderungen.

Bei der *Beweissicherung* (Abschn. 2.4) im engeren Sinne ist die Vorgabe von Schwellen-, Eingreif- und Alarmwerten meist nicht üblich, da hierbei Zustände lediglich festgestellt und dokumentiert werden.

Bei Messprojekten zur *Qualitätssicherung von Baumaßnahmen* (Abschn. 2.5) und der *Steuerung von Bauprozessen* (Abschn. 2.6) sind Schwellen-, Eingreif- und Alarmwerte üblich, aber oft völlig anders definiert als z. B. bei der oben beschriebenen Beobachtungsmethode. Sie orientieren sich häufig entweder an vertraglich vereinbarten Vorgaben aus Qualitätssicherungsplänen bzw. zusätzlichen technischen Vertragsbedingungen z. B. einzuhaltende Trockenrohdichte, maximal zulässige Setzung, Höchsttemperatur des Vereisungskörpers oder den technischen Anforderungen aus dem Bauprozess (z. B. Einhaltung der vorgegebenen Vortriebsachse). Die Grenzen werden in diesen Fällen oft als Bruchteile der zulässigen bzw. geforderten Eigenschaften so definiert, dass rechtzeitig in den Bauablauf eingegriffen und reagiert werden kann.

Literatur

DIN 18709-4:2010-09 (2010). Begriffe, Kurzzeichen und Formelzeichen in der Geodäsie – Teil 4: Ausgleichungsrechnung und Statistik. Berlin: Beuth.

DIN 18710-1:2010-09 (2010). Ingenieurvermessung – Teil 1: Allgemeine Anforderungen. Berlin: Beuth.

DIN EN ISO 18674-1:2015-09 (2015). Geotechnische Erkundung und Untersuchung – Geotechnische Messungen – Teil 1: Allgemeine Regeln. Berlin: Beuth.

Dunnicliff, J., Marr, W.A. und Standing, J. (2012). Principles of Geotechnical Monitoring. *ICE Manuel of Geotechnical Engineering*: (Hrsg. J. Burland, T. Chapman, H.D. Skinner und M. Brown). London: ICE Publishing.

DWA (2011a). Bauwerksüberwachung an Talsperren. Merkblatt DWA-M 514. Hennef: Deutsche Vereinigung für Wasserwirtschaft, Abwasser und Abfall. ISBN: 3941897810.

EA-Baugruben (2012). *EA-Baugruben: Empfehlungen des Arbeitskreises „Baugruben“*, 5. erg. u. erw. Aufl. Ernst & Sohn, ISBN: 978-3-433-02970-1.

EANG (2014). *Empfehlungen des Arbeitskreises „Numerik in der Geotechnik“ – EANG.* Berlin: Ernst & Sohn. ISBN: 978-3-433-03080-6.

VV-WSV 2602 (2012). Ingenieurvermessung im Bauwesen. Verwaltungsvorschrift der Wasser- und Schifffahrtsverwaltung des Bundes. Herausgegeben vom Bundesministerium für Verkehr, Bau und Stadtentwicklung.

6
Entwurf von Messprogrammen

6.1 Auffüllungen und Schüttungen

6.1.1 Ziel des Messprogramms

Auffüllungen und Schüttungen sind Erdkörper aus natürlichen Erdbaustoffen oder Mineralgemischen. Je nach Geometrie der Geländeoberfläche werden sie erhöhend auf Ebenen, auf geneigten Flächen oder auffüllend in Mulden hergestellt. In Abhängigkeit vom Zweck des Bauwerks erfolgt der Aufbau mit Schüttdichte oder einem für den Zweck notwendigen Verdichtungsgrad. Für die Qualitätssicherung bei der Herstellung der Erdschichten im Straßen-, Eisenbahn- und Deponiebau sind eigene Regelwerke zu beachten (Abschn. 2.5.1) in denen Prüf- und Messverfahren zur Qualität des Einbaues aber auch die Messziele und -anforderungen für eine Langzeitbeobachtung des Gesamtobjektes, insbesondere im Deponiebau, beschrieben sind.

Ziel eines Messprogramms ist es, mithilfe einer bau- und betriebsbegleitenden Überwachung die Nutzung der Auffüllung oder Schüttung als dauerhaft stabiler Erdkörper mit gegebenenfalls vorgesehenen An-, Ein- oder Aufbauten sicherzustellen. Die Größe der bautechnisch zugelassenen Toleranzen entscheidet über Bedarf und Umfang einer messtechnischen Überwachung.

6.1.2 Aufgabenstellung

Durch Erkundungsbohrungen mit Gewinnung von Boden- und Wasserproben sind im Vorfeld der Baumaßnahme die Grundlagen für eine bodenmechanische und erdstatische Bewertung zu ermitteln.

Die ermittelten Eigenschaften des Baugrundes sowie die gegebenenfalls vorgesehenen Auf-, An- oder Einbauten sind gleichzeitig Ausgangspunkt für die Notwendigkeit, die Art sowie Umfang und Dauer geotechnischer Messungen.

Mit den Messeinrichtungen wird das Verformungsverhalten der Aufschüttung des Erdkörpers und des Baugrundes überwacht. Je nach Untergrund sind auch Messungen der Porenwasserdruckentwicklung der belasteten Bodenschichten und des äußeren Grundwasserstandes bzw. auch Klimadaten von Bedeutung.

Durch eine geotechnische Instrumentierung können der Aufbau einer Schüttung in der Bauzeit überwacht und die Schüttphasen gesteuert werden.

Empfehlungen des Arbeitskreises Geomesstechnik, 1. Auflage. Arbeitskreis 2.10 „Geomesstechnik".

In der Betriebsphase dokumentieren die Messungen den Setzungs- und Verformungsverlauf von Bauwerk und Untergrund. Sie geben damit wichtige Basisdaten für die Beurteilung der Langzeitstabilität des Gesamtbauwerks.

6.1.3 Messungen

6.1.3.1 Zu erfassende Messgrößen

Für die Bewertung der Standsicherheit der Böschungen im Bau- und Betriebszustand von Schüttungen und Auffüllungen werden vorwiegend Messgrößen zur Verformung des Baukörpers, wie z. B. die Eigensetzungen des Schüttkörpers und die vertikalen und horizontalen Verformungen im Untergrund benötigt. Weiter ist die Messung des Porenwasserdrucks in wassergesättigten, setzungsempfindlichen Böden von Bedeutung, um hieraus Aussagen zum Konsolidierungsverhalten der Bodenschichten ableiten zu können. In Tab. 6.1 werden typische Messgrößen für eine geomesstechnische Überwachung aufgeführt.

6.1.3.2 Zu erwartende Messgrößenänderungen

Eine Aussage über die Erwartungswerte für die Verformungen ist abhängig vom Baugrund, der statischen Belastung aus den Baustoffen sowie dem Verdichtungsgrad des Verfüll- und Schüttkörpers.

Je nach den Randbedingungen und der Aufgabenstellung kann die Messwertänderung über die Beobachtungszeit nur wenige Millimeter, bei sehr weichen Böden oder Deponiematerial auch mehrere Meter erreichen. Das zu wählende Messverfahren ist daher auf die zu erwartende Verformungsgröße abzustimmen.

Tab. 6.1 Typische Messgrößen.

Bereich	Messgrößen
Schüttkörper und Oberfläche	Horizontal- und Vertikalverformungen Eigensetzungen Wasserstand im Schüttkörper
Untergrund/Baugrund	Horizontal- und Vertikalverformungen Spannungsaufbau an der Grenzfläche Schüttkörper/Untergrund in der Bauphase Porenwasserdruckentwicklung im Untergrund (Konsolidierungsverhalten, Abklingen der Setzungen) Wassermengen bei der Durchsickerung von evtl. Dichtungselementen zwischen Auffüllung und Untergrund
Umgebung	Wetterdaten: Luftdruck, Temperatur, Niederschlagsmenge Grundwasserstände im Randbereich der Bauwerke

6.1.3.3 Gewählte Messverfahren

Die Wahl der Messverfahren (Tab. 6.2) wird durch die projektabhängigen, geotechnischen Fragestellungen sowie die zu erwartenden Größenordnungen, die bei den einzelnen Messgrößen prognostiziert wurden, bestimmt (Dunnicliff et al. 2012; Boley und Adam 2012).

Tab. 6.2 Häufig eingesetzte Messverfahren.

Messziel	Messverfahren bzw. -systeme
Messung der Oberflächenkontur und Setzungen an der Oberfläche	Geodätische Messverfahren (Präzisionsnivellement, Tachymetrie, GNSS-Verfahren, Laserscanning ...), Radarinterferometrie, Fotogrammetrie
Setzungsmessungen im Schüttkörper, in der Dammaufstandsfläche und im Untergrund	Setzungspegel (geodätische Einmessung), Magnetsetzungslot, Extensometer/Sondenextensometer, Horizontalinklinometer/hydrostatische Setzungsmessverfahren (z. B. Schlauchwaage)
Horizontalverformungen im Böschungsbereich und am Dammfuß	Vertikalinklinometer, Setzungsaufnehmer
Spannungsentwicklung in der Dammaufstandsfläche	Spannungsaufnehmer zur Messung des Erddrucks
Porenwasserdruck in bindigen, setzungsempfindlichen Böden des Untergrundes und der Auffüllung	Porenwasserdrucksensor
Wasserstandsmessungen zur Erfassung des Einflusses aus Strömungsdruck/Grundwasserstand auf die Standsicherheit des Bauwerks	Grundwasserpegel/Lichtlot, Wasserdrucksensor
Dehnungsmessungen an Geotextilien zur Bewertung der Wirksamkeit einer zusätzlichen konstruktiven Bewehrung des Erdkörpers	Faseroptische Dehnungsmessung, DMS (Dehnungsmessstreifen), Wegaufnehmer
Ortung von Leckagen an Dichtungselementen	Drainagen/Sickerwasser-Messwehr/Gefäßmessung, faseroptische Temperaturmessung
Messungen zur Bewertung indirekter, jahreszeitlicher Einflüsse auf die Messergebnisse und das Verhalten des Baugrundes	Wetterstation (u. a. Luftdruck), Niederschlag, Temperaturen

6.1.3.4 Anordnung der Messinstrumente

Nachfolgend werden beispielhaft in zwei Messquerschnitten die Anwendung und die mögliche Anordnung mit einer Auswahl der in Abschn. 4.3 beschriebenen Messsysteme dargestellt. Die Darstellungen erheben keinen Anspruch auf Vollständigkeit und Regelcharakter (Abb. 6.1 und 6.2).

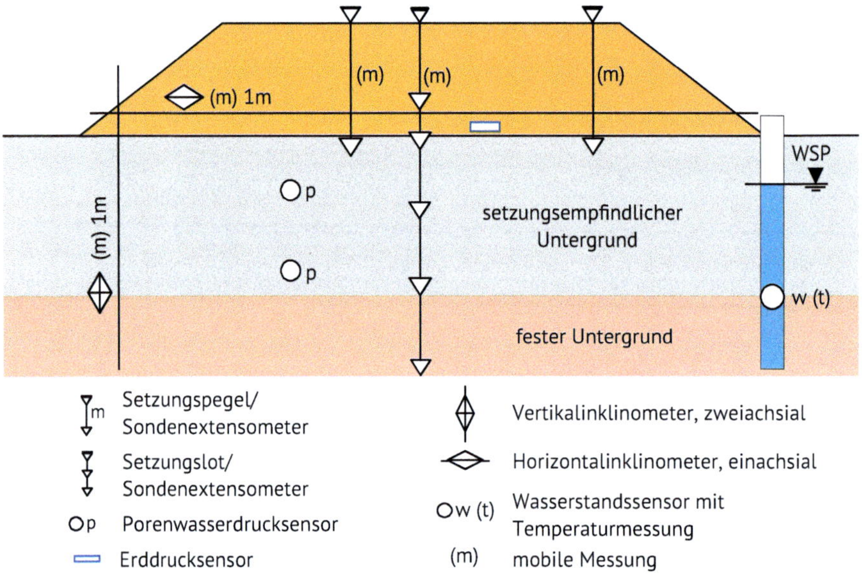

Abb. 6.1 Instrumentierung in Aufschüttungen (z. B. Dammschüttung auf weichem Untergrund).

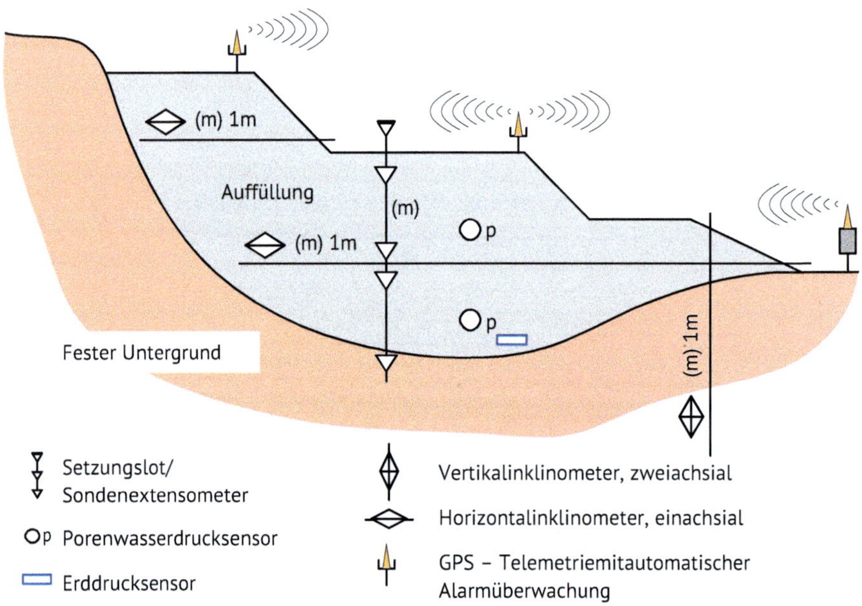

Abb. 6.2 Instrumentierung in Auffüllungen (Deponie).

6.1.3.5 Installation der Messsysteme und zeitlicher Ablauf der Messungen

Um den Ausgangszustand vor der Belastung durch die Schüttung zu erfassen, sind vor Beginn der Erd- und Schüttarbeiten im natürlichen Untergrund alle in Bohrungen zu installierende Messsysteme einzurichten und es ist mit den Messungen zu beginnen (z. B. Magnetsetzungspegel, Vertikalinklinometer, Grundwasser- und Porenwasserdrucksensoren). In der Aufstandsfläche sind in der ersten Einbaulage die Setzungspegel oder optional die Rohre/Schläuche der Linienmesssysteme zur Setzungsmessung (z. B. Horizontalinklinometer, hydrostatische Setzungsmesssysteme, Extensometer) einzubauen, evtl. ergänzt durch Erddruckgeber als Indikatoren zur aktuell vorhandenen Auflast.

Im Zuge des Schüttvorgangs sind die Pegel zur Setzungsmessung zu verlängern und zu nivellieren. In der Bauphase sollten, angepasst an das prognostizierte Verhalten des Untergrundes, jeweils nach jeder Lasterhöhung bzw. mindestens einmal wöchentlich Handmessungen bzw. eine Messfolge der installierten Linienmesssysteme ausgeführt werden.

In längeren Liegezeiten verlangsamt sich in der Regel die Verformungszunahme, sodass dann die Messintervalle je nach den Ergebnissen der Messwertanalyse auf 2–4 Wochen Abstand vergrößert werden können.

Alternativ zu den Handmessungen, die zeitgleich mit den Linienmessungen auszuführen sind, können die Messwerte der Einzelsensoren auch über eine dezentrale Datenerfassungseinheit automatisiert erfasst und gespeichert werden. Eine Automatisierung ist bei dem heutigen Stand der Technik fast immer zu empfehlen, da mit den Messungen dann der Bauablauf und mögliche Laständerungen unmittelbar verfolgt werden können. Beispielsweise können Porenwasserdruckspitzen aus einer plötzlichen Lasterhöhung zuverlässig dokumentiert werden. Bei einem Messintervall von 4–6 Messungen pro Tag werden in der Regel alle Änderungen im Bauablauf ausreichend zeitnah erfasst.

In Anwendung der Beobachtungsmethode kann durch eine kontinuierliche Erfassung des Porenwasserdrucks das Konsolidierungsverhalten des Untergrunds über die Zeit ermittelt werden. Damit wird eine dynamische, zeitliche Steuerung der Schüttphasen möglich, sodass fest vorgeplante Liegezeiten bei rascher Konsolidierung verkürzt, in kritischen Phasen aber auch verlängert werden können. Die Messungen tragen damit einerseits wesentlich zu einer Sicherheitserhöhung, andererseits zu einer Optimierung des Bauprozesses bei.

Sollten bei der messtechnischen Überwachung der Baumaßnahme sicherheitsrelevante Aspekte im Vordergrund stehen, ist eine Automatisierung der Sensorik zwingend erforderlich, kombiniert mit einer Datenfernübertragung und einer automatischen Alarmweitergabe bei Überschreitung definierter Grenzwerte (Abschn. 7.1.1).

6.1.4 Auswertung und Interpretation der Ergebnisse

In der Bauphase müssen die Messdaten in zeitlich enger Abstimmung mit dem Bauablauf erfasst und danach zeitnah für eine Bewertung aufbereitet und dargestellt werden. Dem Prinzip der Beobachtungsmethode folgend, ergibt sich aus der Datenanalyse, insbesondere in den Aufschüttphasen, im Vergleich mit Modellrechnungen fortwährend Entscheidungsbedarf. Der geotechnische Sachverständige muss in die Lage versetzt werden zu entscheiden, inwieweit die planmäßigen Erdarbeiten fortgesetzt, evtl. zeitlich oder von der Erdlasterhöhung her modifiziert, bzw. aus Sicherheitsgründen bei Überschreitung von Erwartungswerten sogar temporär ganz ausgesetzt werden müssen. Dieser Bewertungsprozess hat auch Rückkopplungseffekte auf die notwendige Dichte der durchzuführenden Messzyklen zur Folge. Werden die installierten Einzelsensoren automatisiert gemessen, kann auf die wechselnden Anforderungen des Messbetriebs in der Regel immer sehr flexibel und schnell reagiert werden (z. B. durch Fernwartung der Logger). Damit ist von Anfang an eine sehr dichte, kontinuierliche Datenerhebung gewährleistet.

In der Betriebsphase ist je nach dem zu beobachtenden geotechnischen Langzeittragverhalten des Bauwerks zu entscheiden, inwieweit das installierte Messprogramm im vollen Umfang fortgesetzt werden muss bzw. zeitlich und qualitativ reduziert werden kann.

Zur Archivierung der Daten und Einbaudokumentationen wird auf Abschn. 5.6 und 7.4 verwiesen.

6.1.5 Hinweise zur Verarbeitung der Messdaten

Bei den genannten Erdbauwerken ist zumeist eine manuelle Messung der Einzelsensoren in Kombination mit den mobilen Linienmessverfahren üblich und ausreichend.

Die optionale Wahl einer automatisierten Datenerfassung erhöht besonders bei sicherheitsrelevanten Messungen im Rahmen der Datenerhebung deutlich die Flexibilität, Kontinuität und Datendichte, sie verbessert damit qualitativ die Grundlagen für eine Messwertanalyse. Durch die Automatisierung der Messungen in Verbund mit z. B. webgestützten Onlinedarstellungen ist beim heutigen technischen IT- Standard die Grundlage geschaffen, die Messdaten allen Beteiligten transparent und unmittelbar zur Verfügung zu stellen.

6.1.6 Fallbeispiel

Das Fallbeispiel „Auffüllungen und Schüttungen“ wird am Beispiel der Brückenanrampungen auf geokunststoffummantelten Sandsäulen an der BAB A26 Stade–Hamburg erläutert. Teile des folgenden Textes und die Abbildungen wurden auszugsweise Taetz et al. (2018) entnommen.

6.1.6.1 Wichtige Projektdaten

Im Rahmen des Neubaus der Bundesautobahn A26 zwischen Stade und Hamburg, östlich der Este bis zur AS Neu Wulmstorf wurden ab 2016 auf ca. 5 km Länge im Auftrag der Niedersächsischen Landesbehörde für Straßenbau und Verkehr (Geschäftsbereich Stade) ein Vorbelastungsdamm und mehrere Brückenbauwerke erstellt. Im Bereich der Trasse stehen holozäne, wenig tragfähige Weichschichten aus organischem Klei und Torf mit Mächtigkeiten von bis zu ca. 7 m über pleistozänen, tragfähigen Sanden an (Abb. 6.3):

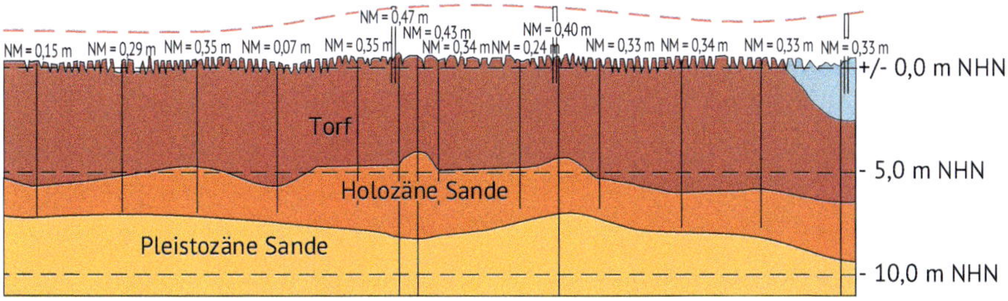

Abb. 6.3 Bodenprofil im Bereich der Ausbaustrecke BAB A26, Stade–Hamburg, östlich der Este bis zur AS Neu Wulmstorf.

6.1.6.2 Geotechnische Fragestellung

Aufgrund der geringen Steifigkeiten und Scherfestigkeiten dieser Böden in Verbindung mit der vorgezogenen Herstellung der Brückenbauwerke sind im Übergangsbereich der Anrampungen zu den tiefgegründeten Brückenbauwerken besondere Gründungsmaßnahmen erforderlich. Zur Standsicherheitserhöhung, Setzungsreduktion und Konsolidationsbeschleunigung kommt das Bauverfahren AGP (aufgeständerte Gründungspolster) zum Einsatz. Bei diesem Gründungsverfahren werden GEC® (geotextilummantelte Sandsäulen) als Gründungselemente unter einem mit horizontaler Geokunststoffbewehrung verstärkten Bodenpolster angeordnet (Abb. 6.4).

Die Bemessung der GEC® erfolgt nach den EBGEO (2010), wobei zusätzliche Nachweise zur Vermeidung von Seitendruckbeanspruchungen auf die Pfahlgründungen der Brückenbauwerke gemäß EA-Pfähle erforderlich sind. Die Kontrolle der erforderlichen Konsolidierungsgrade für die maßgebenden Bauzwischenzustände/Schüttstufen, die Freigabe der weiteren Dammschüttungen und die Festlegung des Zeitpunktes für den Abtrag der temporären Überschüttung erfolgt durch ein geotechnisches, baubegleitendes Messprogramm.

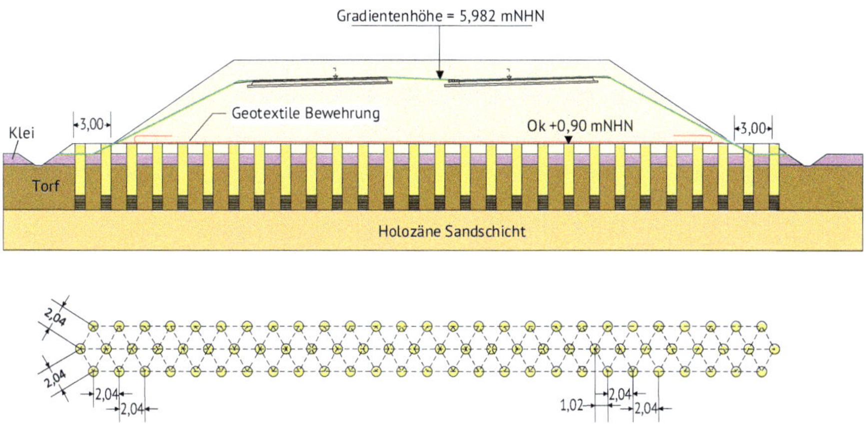

Abb. 6.4 Gründungsbereich der Anrampungen mit geotextilummantelten Sandsäulen unter einer horizontalen Geokunststoffbewehrung.

6.1.6.3 Geotechnisches Messprogramm

Die wesentlichen Aufgaben und Ziele der geotechnischen Messungen bei dieser Baumaßnahme sind:

- Erfassung und Beurteilung des Konsolidierungs- und Verformungsverhaltens des Untergrundes als Grundlage für die Koordinierung und Steuerung der Dammschüttarbeiten,
- Sicherung vorhandener baulicher Anlagen für Beweissicherungsmaßnahmen,
- Bestimmung der optimalen Liegezeitdauer für die Überschüttdämme und Bauwerksrampen,
- Bestimmung des Zeitpunktes für den Abtrag der Überschüttung und für den Beginn der Bauarbeiten für die Brückenbauwerke,
- Überwachung des Konsolidierungs- und Verformungsverhaltens im Hinblick auf eine gleichmäßige Verformung in den Übergangsbereichen der Überführungsrampen mit den Brückenbauwerken, in denen das Bauverfahren AGP zum Einsatz kommt,
- Beweissicherung einer möglichen Beeinflussung der Grundwasserverhältnisse durch die vorgesehenen Bauverfahren.

Die geotechnischen Messungen sind geeignet, die vertikalen und horizontalen Baugrundverformungen, die Wirksamkeit von Vertikaldrains zur Konsolidierungsbeschleunigung sowie Änderungen des Porenwasserüberdruckes während der Dammschüttung und in der Liegezeit sowie während und nach Herstellung der GEC® für das Bauverfahren AGP zu bestimmen. Dabei ist im Hinblick auf eine ausreichende Standsicherheit der Erdbauwerke und baulicher Anlagen sowie den zeitlichen Verlauf der Konsolidierung eine laufende Auswertung und Beurteilung der Messungen als Voraussetzung für die Anwendung der Beobachtungsmethode nach DIN 1054 erforderlich.

Zur Erfassung des Verformungs- und Konsolidierungsverhaltens der holozänen, stark setzungsempfindlichen Weichschichten, zur Beurteilung der Standsicherheiten, zur Sicherheit baulicher Anlagen und zur Beweissicherung möglicher Beeinflussung der Grundwasserverhältnisse durch die Neubaumaßnahme werden Porenwasserüberdrücke, Auflast- bzw. Erddrücke und Änderungen der Grundwasserstände gemessen. Im Weiteren werden Setzungs- und Neigungsmessungen durchgeführt (s. Tab. 6.3). In den AGP-Bereichen des Bauwerkes 8091 wurden nach dem Einbau der etwa 0,8 m dicken Arbeitsebene vor der Herstellung der Säulen Porenwasserdrucksensoren zwischen den Säulen in verschiedenen Tiefen installiert. Je ein Setzungs- und ein Totalspannungsgeber wurden zwischen den Säulen und auf einer Säule angeordnet (s. Abb. 6.5).

Tab. 6.3 Messgrößen und eingesetzte Messverfahren.

Typische Messgröße	Messverfahren		Typische Messintervalle	Messunsicherheit
Porenwasserdruck im Baugrund (PW)	Ventilgeber Kompensationsmessprinzip, pneumatisch	A	Mehrfach täglich, variabel	±0,5 kPa
Auflast, Erddruck (AS)				±5 kPa
Setzung (SO) auf und zwischen den Säulen				±2 cm
Grundwasserstand				±2 cm
Setzung	Nivellement	M	Variabel	±1 mm
Horizontal-Verschiebung	Vertikal-inklinometer	M	Variabel	±0,1 mm/m

M: manuelle Messung, A: automatisierte Messdatenerfassung

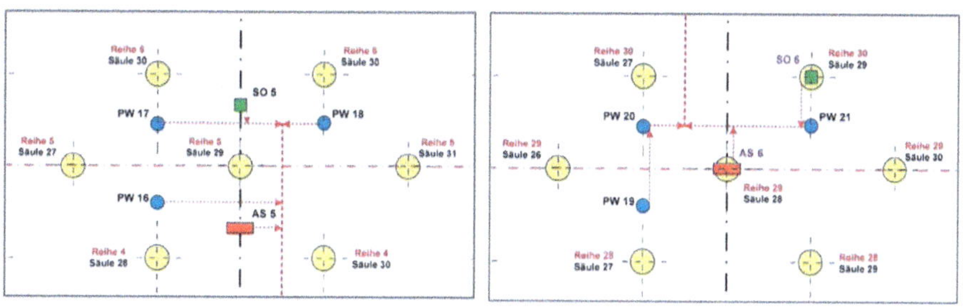

Abb. 6.5 Anordnung der Messtechnik zwischen und auf den Säulen der geotextilummantelten Sandsäulen.

6.2 Baugruben

Soweit es die örtlichen Verhältnisse zulassen, werden flache Baugruben mit Böschungen bevorzugt. Mit steigender Tiefe nehmen die Aushubmassen und die Kosten für den Mehraushub und das Wiederverfüllen erheblich zu, sodass es schließlich wirtschaftlicher wird, nur die vorgesehene Gründungsfläche mit dem erforderlichen Arbeitsraum auszuheben und senkrechte, gestützte Baugrubenwände vorzusehen. Bei innerstädtischen Baugruben ist dies aufgrund der beengten Platzverhältnisse gar nicht anders möglich.

Das anhand der Ergebnisse einer engmaschigen Erkundung des Untergrunds vom geotechnischen Gutachter vorgeschlagene Bauverfahren zielt darauf ab, den Aushub der Baugrube im Schutz stabiler Baugrubenwände schonend für den Baugrund und der angrenzenden Bebauung vorzunehmen, damit die Arbeitssicherheit der

Bauausführenden gewährleistet ist und weder an der temporären Sicherung, dem späteren Bauwerk noch an der angrenzenden Bebauung Schäden entstehen.

6.2.1 Ziel des Messprogramms

Die Planung und die Ausführung eines Messprogramms zur Überwachung einer Baugrube hat das Ziel, die Qualitätskontrolle und damit auch den Nachweis einer technisch einwandfreien Planung und Bauausführung zu erbringen. Bei Baugruben der GK3 ist generell ein geeignetes Messkonzept zu erarbeiten und umzusetzen. Näheres ist den Empfehlungen des Arbeitskreises „Baugruben" (EA-Baugruben 2012, Kap. 14) zu entnehmen.

6.2.2 Aufgabenstellung

6.2.2.1 Messprogramm während der Erkundung

Erkundungsbohrungen mit Gewinnung von Boden- bzw. Fels- und Wasserproben werden im Bereich des Baufeldes und in der Umgebung niedergebracht, um durch qualifizierte Schichtenansprache und ergänzende Laborversuche an den gewonnenen Proben die bodenmechanischen bzw. felsmechanischen Eigenschaften des Baugrundes zu ermitteln und die Grundwassersituation zu bestimmen. Erkundungsbohrungen können zu Grundwassermessstellen ausgebaut und darüber hinaus für den Einbau und Einsatz von Pumpen verwendet werden.

Die Umgebung einer Baugrube im innerstädtischen Bereich wird vor Beginn der Maßnahme einer erschöpfenden Aufnahme unterzogen. Dies beinhaltet im Rahmen der Beweissicherung die fotografische Dokumentation und Beweissicherungsmessungen nach Lage und/oder Höhe der Nachbarbebauung sowie die Dokumentation evtl. vorhandener Schäden.

Zu überwachende Objekte können durch Temperatureffekte jahreszeitliche Eigenbewegungen aufweisen, die vor Beginn der Maßnahme registriert werden müssen, damit sie von späteren, durch die Baugrube induzierten Bewegungen/Verformungen unterschieden werden können.

6.2.2.2 Messprogramm während der Bauzeit

Die messtechnische Überwachung während der Bauzeit beginnt in der Regel mit der Qualitätssicherung während der Herstellung der zur Einfassung der Baugrube vorgesehenen Wände. Ergänzt wird dies durch die messtechnische Überwachung der angrenzenden Strukturen.

Bei tieferen Baugruben werden mit fortschreitendem Aushub die Baugrubenwände durch Rückverankerungen im Boden oder im Inneren der Baugrube durch den Einbau von Steifen gesichert. Gemessen werden die Bewegungen der Wände, die sich an den Sicherungselementen entwickelnden Kräfte, die Bewegungen des Erdreichs, die auf den Ausbau einwirkenden Erddrücke und die Bewegungen der angrenzenden Bebauung. Die Bewegungen der Wände sind in den Wandmitten größer als in den steiferen Ecken. Im Fall einer Grundwasserabsenkung müssen die Grundwasserstände auch innerhalb der Baugrube überwacht werden.

Zu den ausgeführten Messungen der Baugrubenwand gehört auch die Bestimmung evtl. Hebungen und Setzungen des Erdreichs innerhalb und außerhalb der Baugrube. Die geodätische Vermessung der Baugrubenwände wird durch die Vermessung der in der Beweissicherung erfassten Strukturen der Umgebung ergänzt.

6.2.3 Messungen

6.2.3.1 Zu erfassende Messgrößen

Als Messgrößen sind die Spannungen und Wasserdrücke im Boden, die Setzungen und Horizontalbewegungen des Bodens, die Verformungen des Baugrubenverbaus sowie sämtliche Spannungen in rückhaltenden oder aussteifenden Bauteilen von Bedeutung, bei Baugruben im Grundwasser darüber hinaus die Dichtheit der Wände und Sohle. Wenn die Sohle rückverankert ist, sind weiter die Zugkräfte der Anker zu überwachen (Tab. 6.4).

6.2.3.2 Anordnung der Messinstrumente

Die Messstellen sollen vorrangig in Bereichen bzw. Bauteilen der Baugrubenkonstruktion mit besonderem Gefährdungspotenzial, z. B. neben einer empfindlichen Nachbarbebauung, angeordnet werden. Weiterhin muss zuerst die Entscheidung über kontinuierliche Messungen oder über händisch auszuführende oder abzulesende Messungen getroffen werden. Jede kontinuierliche Messung bedingt Kabel vom Sensor (in besonderen Fällen auch per Funkübertragung) zum Erfassungsgerät, da diese Messungen mit wenigen Ausnahmen elektronisch erfolgen. Die Sicherung der Kabel während der Bau- und Betriebszeit ist Grundvoraussetzung für die Durchführung der Messungen.

Tab. 6.4 Übersicht der zu messenden Parameter bei Baugruben.

Bereich	Messgröße
Untergrund/Baugrund	• Vertikal- und Horizontalverformungen im Baugrund • Totale Spannungen im Untergrund • Porenwasserdrücke im Untergrund (Konsolidierungsverhalten, Porenwasserdrücke auf Gründung/Bauwerk)
Baugrubenwand	• Horizontalverschiebungen über die Höhe der Baugrubenwand • Vertikalverschiebungen vernachlässigbar • Integrität – speziell bei Bohrpfahlwänden • Dichtigkeit von Fugen beim Bau im Grundwasser • Schwingungsausbreitung beim Rammen oder Vibrieren
Rückverankerung	• Lagegenauigkeit der Bohrungen (Lage, Azimut und Neigung) • Kraft am Ankerkopf
Aussteifung	• Kraft in den Steifen
Baugrubensohle	• Kraft der Rückverankerung • Hebungsmessungen • Messung von Undichtigkeiten beim Lenzen der Baugrube

Grundwasserstand

Die Grundwasserstände werden in den Pumpenbohrungen über tiefer liegende Drucksensoren automatisch erfasst oder mithilfe eines Lichtlotes händisch gemessen. Zur Auswertung von Daten aus Wasserdrucksensoren sind je nach gewählter Sensorart Informationen zum Luftdruck erforderlich (vgl. Abschn. 4.3.3.4).

Verformung der Baugrubenwände

Die Verformung wird meistens in den Mitten der Wände gemessen, da sie dort größer als in den steiferen Ecken ist. Die Bewegung der sichtbaren Oberflächen kann geodätisch erfolgen. Zur Ermittlung der Wandverformung über ihre gesamte vertikale Länge wird der Einsatz von Inklinometermesssonden empfohlen. Hierfür müssen die Inklinometerführungsrohre vor oder nach der Herstellung der Wand mit dieser verbunden werden. Bei gerammten oder vibrierten Bauteilen wird empfohlen, an diesen Bauteilen ein Vierkantprofil aus Stahl mit einem Rammschuh am Fuß anzuschweißen. Ein Vierkantprofil ist für die Inklinometersonden mit Wippen genauso gut geeignet wie die Führungsrohre aus PE oder Aluminium. Die Größe der Diagonale sollte jedoch so gewählt werden, dass sie mit den üblichen Sondenwippen gut befahrbar ist. Die verringerte Messgenauigkeit infolge von Abrostungen im Inneren des Vierkantprofils ist aus Vergleichsmessungen im Hafenbau vernachlässigbar (Gattermann et al. 2010).

Auf eine ordnungsgemäße Durchführung der Nullmessung muss geachtet werden. Die Inklinometermessungen werden zu bestimmten Bauzuständen mit der mobilen Inklinometersonde durchgeführt, können aber auch durch kontinuierlich messende Ketteninklinometer ersetzt werden.

Ankerkraft

Hydraulische oder DMS-Ankerkraftmessdosen werden am Kopf des Ankers installiert. Mit ihrer Hilfe kann auch die Vorspannkraft des Ankers mitbestimmt werden. Die Kraft wird kabelgebunden oder über Funk fernübertragen. Es gibt auch Ankerkraftmessdosen mit kalibrierten Manometern zur visuellen Ablesung.

Steifenkraft

Die Kraft in den Steifen kann am sichersten über Druckmessdosen, die beim Einbau der Steifen mit verbaut werden und ausreichend dimensioniert sein müssen, gemessen werden. Hier gilt für die Erfassung der Daten das Gleiche wie bei der Ankerkraft. Alternativ sind Dehnungssensoren, die am Stahlprofil angeschweißt werden, einsetzbar.

6.2.3.3 Zeitlicher Ablauf der Messungen

Bei geotechnisch eher unkritischen Baugruben sind Messungen zu den sich ändernden Baugrubenverhältnissen (z. B. Aushub des Bodens) nötig. Dann können diese auch wirtschaftlich händisch ausgeführt werden.

Bei anspruchsvollen Baugruben, also Baugruben, die der Regel der höchsten Geotechnischen Kategorie 3 nach DIN EN 1997-1:2009-09 zugeordnet sind, sollten alle Messungen kontinuierlich ausgeführt werden, um das Risiko einer nicht rechtzeitig erkannten unerwarteten Verformung zu mindern. An dieser Stelle sei nochmals auf eine frühzeitige und vollständige Planung, Beauftragung und einen rechtzeitigen Beginn der jeweiligen Messkampagne hingewiesen.

6.2.4 Auswertung und Interpretation der Ergebnisse

Alle Messwerte müssen quasi online oder zeitnah nach der Messung aufbereitet und bewertet werden, um jederzeit Aussagen über den Belastungszustand der maßgebenden Bauteile treffen zu können.

Plötzlich auftretende Abweichungen vom planmäßigen oder prognostizierten Verhalten, als auch absehbare tendenzielle Überschreitungen von Grenzwerten müssen rechtzeitig erkannt und gemäß der gewählten Informationskette automatisch an den Bauleiter o. a. gemeldet werden. Dies setzt voraus, dass der anhand der Messungen festgestellte aktuelle Zustand mit dem prognostizierten Zustand verglichen wird. Dementsprechend ist die Festlegung von Erwartungsbereichen für die Mess- oder Ergebniswerte, wie im Abschn. 5.7 beschrieben, erforderlich. Liegen Ergebniswerte außerhalb des Erwartungsbereiches, ist dies nicht zwangsläufig gleichzusetzen mit unzureichenden sicherheitsrelevanten Eigenschaften des Bauwerks. In diesem Fall sind die Auswirkungen auf die Sicherheit des Bauwerks durch einen sachkundigen Ingenieur zu beurteilen und über erforderliche Maßnahmen zu entscheiden.

So ist z. B. auf eine Bewegung der Wand bei gleichzeitiger unveränderter Ankerkraft zu achten. Hier kann der Anker zu kurz gewählt sein und innerhalb des sich verschiebenden Erddruckkörpers liegen.

6.2.5 Hinweise zur Verarbeitung der Messdaten

Kontinuierlich erfasste Messdaten werden automatisch gespeichert. Die Ergebnisse händischer Messungen müssen nachgetragen werden. Für Details der Datenverarbeitung wird auf Abschn. 5.6 und 7.4 verwiesen.

6.2.6 Fallbeispiel

In der Innenstadt von Lübeck wurde 1994–1995 ein neues Gebäude für ein großes Warenhaus mit zwei Kellergeschossen und fünf Obergeschossen gebaut. Die Nähe zu sehr alten und denkmalgeschützten Gebäuden forderte ein erhöhtes Maß an Setzungs- und Verformungsminimierung der Baugrube.

6.2.6.1 Wichtige technische Daten der Baugrube

Da die Geländeoberfläche nach Osten hin stark abfällt und die als gefährdet angesehenen historischen Bauwerke Kanzleigebäude und Marienkirche westlich an die Baufläche des letzten Bauteils angrenzen, wurde der Baugrubenverbau über den Umfang der gesamten Baugrube unterschiedlich gewählt. Den wesentlichen Teil der Umschließung stellt ein verankerter Spundwand- und Trägerbohlwandverbau dar. Für den mit einer Aushubtiefe bis ca. 9,60 m unter Geländeoberfläche tiefsten Be-

Abb. 6.6 Ausgesteifte Baugrube (obere Lage) mit dahinterliegenden denkmalgeschützten Kanzleigebäude und Marienkirche (Gattermann et al. 1996).

reich der Baugrube an der westlich zur Baufläche gelegenen „Breiten Straße" wurde ein verformungsarmer Verbau mit einer überschnittenen Bohrpfahlwand (Durchmesser 88 cm, Länge der Pfähle ca. 16 m, Länge der Wand ca. 81 m) hergestellt. In Abb. 6.6 ist die Baugrube und die dahinterliegende schützenswerte Bebauung (Kanzleigebäude und Marienkirche) zu sehen. Zum Zeitpunkt des Bildes wird gerade die obere Steifenlage eingebaut.

Die Stützung der Wand erfolgte über Eck durch Steifen, deren Kräfte über die Gurtung und zusätzliche Hilfssteifen in das rückwärtig hergestellte Kellergeschoss eingeleitet wurden. Die Baugrubenwand wurde zweilagig ausgesteift. Die Kraftübertragung der aus paarweise angeordneten IPB-Trägern bestehenden Steifen war hydraulisch regelbar. Die Steifen wurden auf 50 % der rechnerisch erwarteten Last vorgespannt, um die zur Weckung der Reaktionskräfte erforderlichen Verformungen gering zu halten.

Nach Herstellung der überschnittenen Bohrpfahlwand erfolgte der anschließende sukzessive Bodenaushub im Bereich der Bohrpfahlwand in drei Stufen, jeweils eine für den Einbau der ersten und zweiten Steifenlage und der Vollaushubstufe. Die beiden Untergeschosse im östlichen Bereich des Bauwerks wurden vorlaufend erstellt und dienten als Widerlager für die Aussteifungen.

In Abb. 6.7 ist das Baugrubensystem im Schnitt (Abb. 6.7a) und im Grundriss (Abb. 6.7b) grafisch dargestellt. Die Inklinometermessstellen sind mit 01–05 gekennzeichnet und liegen jeweils an den Angriffspunkten der Steifen. Der Schnittdarstellung ist neben der Anordnung der Steifen auch zu entnehmen, dass der Bereich bis 1,5 m unter Geländeoberfläche mit einem später wieder rückbaubaren Trägerbohlverbau ausgeführt worden ist. Im Grundriss ist der Bereich der Baugrube, der von der Bohrpfahlwand umschlossen wird, in der Aufsicht auf die erste

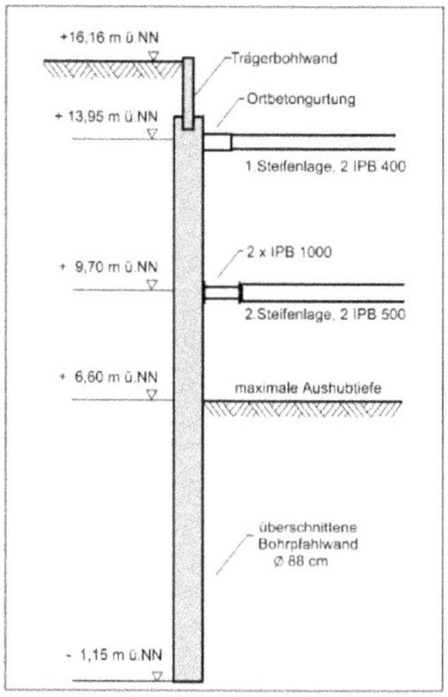

(a)

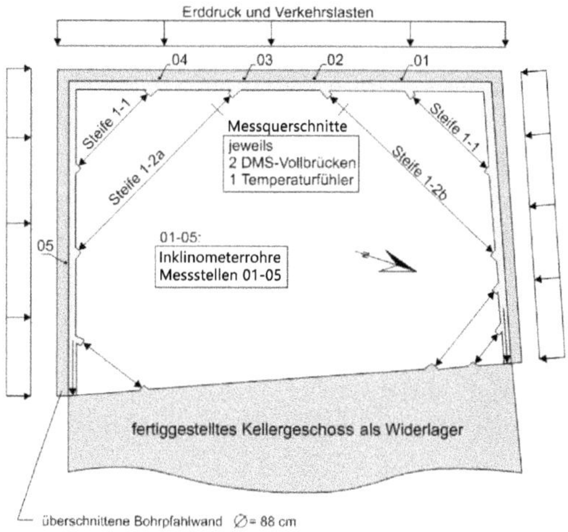

(b)

Abb. 6.7 (a) Schnitt durch die Baugrubenwand und (b) Draufsicht (Gattermann et al. 1996).

Steifenlage mit allen installierten Messsystemen dargestellt. In der zweiten Steifenlage sind nicht je zwei, sondern je drei Steifen über die Ecken der Bohrpfahlwand angeordnet.

6.2.6.2 Geotechnische Fragestellung und Interpretation der Messergebnisse

Inklinometermessungen

Die Überwachung der Verformung der Baugrubenwand und damit einhergehender Setzungen des Bodens und damit evtl. Schädigungen an den denkmalgeschützten Bauten war das oberste Ziel der Messkampagne. Es wurden fünf Pfähle mit je einem Inklinometerrohr aus ABS ausgestattet, die jeweils an der Längsbewehrung im Inneren auf der gesamten Länge des Bewehrungskorbes befestigt waren. Die Orientierung der Inklinometermessachsen muss für eine Messung ohne Umrechnung senkrecht und parallel zur Baugrubenwand sein. Dafür muss das Führungsrohr im Scheitel der Bohrung zur Baugrube liegen. Beim Einführen des Bewehrungskorbes in die Bohrung verdreht sich dieser jedoch aufgrund der Wendelbewehrung. Er muss entweder gehalten werden (Verletzungsgefahr!) oder durch entgegengesetztes Vorverdrehen in die richtige Lage gebracht werden. Direkt nach dem Einbau wurden die Rohre mit Wasser befüllt, um einen Druckausgleich zum Betondruck zu erzielen, damit die Gängigkeit sichergestellt ist. Durch die Befahrung mit einer Blindsonde wird vor der ersten Messung die Integrität geprüft.

Die Baugrubenwand wurde ab Geländehöhe bis ca. 1,5 m unter Geländeoberkante als Trägerbohlwand (Steckträger) ausgeführt. Um die oberen Abschnitte der Inklinometerrohre möglichst unverschieblich zu halten, wurden diese in Betonfundamente eingegossen. Nach dem Abbinden des Betons wurden die Nullmessungen durchgeführt. Die Bewertung jeder Messung erfolgte vor Ort, um gegebenenfalls weitere Messungen durchführen zu können. Bei den Folgemessungen wurden die horizontalen Verschiebungen der jeweiligen Tiefenlage auf den als unverschieblich angenommenen Fußpunkt oder bei Vorliegen geodätischer Kopfpunkteinmessungen als Absolutverschiebung des Rohres auf die Baugrubenmessachsen bezogen. Die Kopfpunkteinmessungen wurden von dem mit den Vermessungsarbeiten der Baumaßnahme beauftragten Büro zu den gleichen Zeitpunkten wie die Inklinometermessungen durchgeführt.

Im Verlauf der Baugrubenherstellung sind jeweils nach Erreichen eines durch den Bauablauf definierten Aushubniveaus sowie vor und nach dem Anspannen einer Steifenlage Inklinometermessungen durchgeführt worden. In Abb. 6.8 sind die Ergebnisse der Verformungsmessungen der Messstelle 02 für die Bauzustände Steifenein- und -ausbau dargestellt.

Interessanterweise ist Wochen nach dem Ausbau der oberen Steifenlage und nach Fertigstellung des Rohbaus eine fast 50 %ige Zusatzverformung zu verzeichnen gewesen. Dieses kann nur durch die ungeplante Überbeanspruchung der Verfüllung des Arbeitsraumes der Kellergeschosse erklärt werden.

Steifenkraftmessungen

Die DMS-Messungen dienten zur kontinuierlichen Überwachung des Baugrubentragsystems. Es wurden jeweils die inneren (langen) Steifen der oberen und unteren Steifenlage doppelt mit Dehnungsmessstreifen und Temperaturaufnehmern bestückt. Jeder der beiden IPB-Träger dieser Steifen wurde mit zwei, in den Mitten des oberen und unteren Flansches angeordneten Halbbrücken bestückt, die zu einer wheatstoneschen Vollbrücke zusammengeschaltet wurden. Die in Längsrichtung angeordneten DMS liegen in gegenüberliegenden Brückenzweigen. Diese Doppelbestückung wurde aus Gründen der Plausibilitätskontrolle der Messwerte und zur Kompensation eines evtl. Messwertgeberausfalls angeordnet.

Um die periodischen Zwangsspannungen in den Steifen und damit evtl. verbundenen Wandverformungen infolge der täglichen Temperaturgangkurve und der Wirkung direkter Sonneneinstrahlung zu minimieren, wurden die längeren Steifen beider Steifenlagen mit einer Wärmeisolierung versehen. Mit einer ca. 5 cm starken Polystyrolisolierung mit Spanplattenabdeckung wurden die Steifen auf ihrem gesamten Umfang eingehaust.

6.3 Gründungen und Baugrundverbesserungen

6.3.1 Ziel des Messprogramms

Gründungen von baulichen Einrichtungen können als Flachgründungen (Einzel- und Streifenfundamente, Sohlplatten), als Pfahlgründungen oder als kombinierte Pfahl-Platten-Gründungen ausgebildet werden.

Flachgründungen leiten äußere Lasten ausschließlich über annähernd horizontale Sohlflächen in den Baugrund ein und können ohne (Regelfall) und mit Baugrundverbesserungen ausgeführt werden. Baugrundverbesserungen können in flächig wirkende Verbesserungsmaßnahmen und in Baugrundverbesserungsmaßnahmen

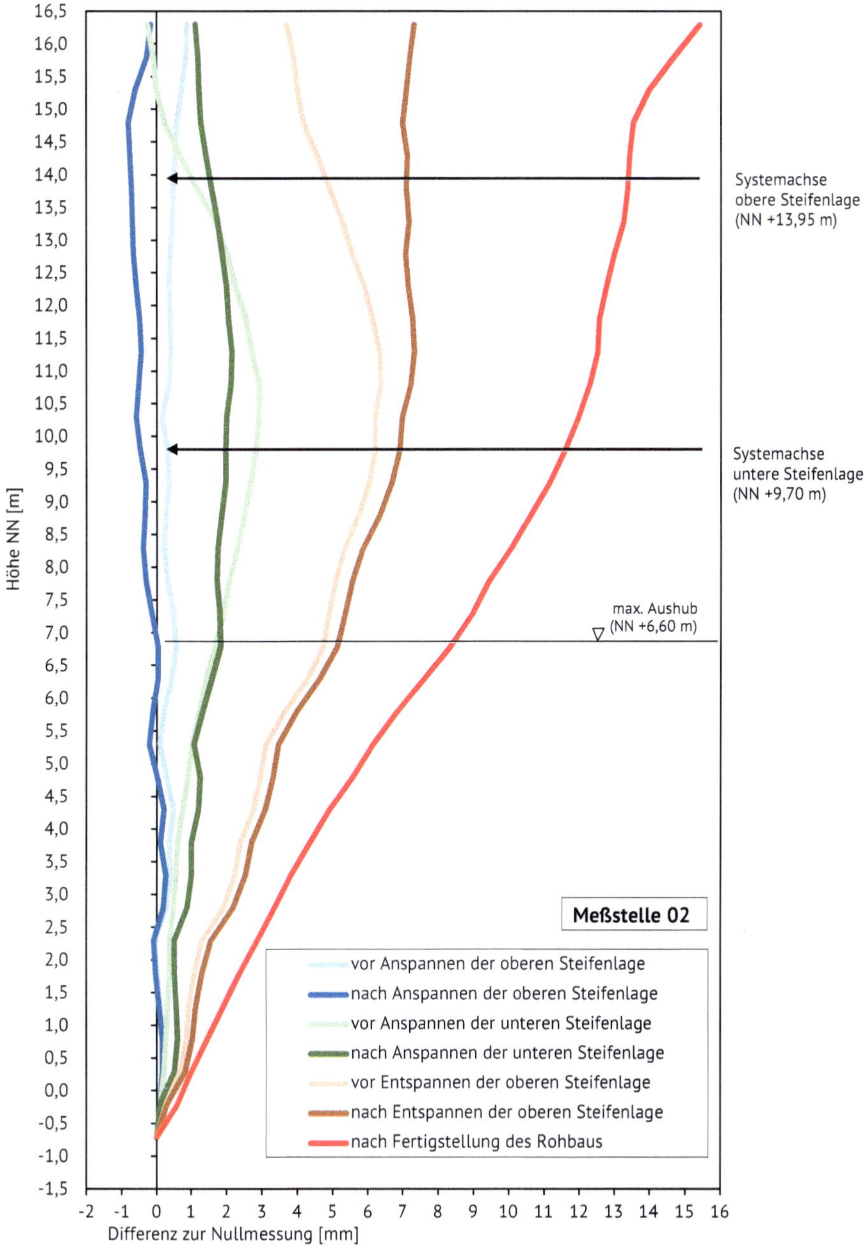

Abb. 6.8 Ergebnisse der Inklinometermessungen Messstelle 02, „Breite Straße" (Gattermann et al. 1996).

mit säulen- bzw. pfahlartigen Tragelementen unterschieden werden (siehe Fallbeispiel Abschn. 6.1.6). Für die Ausführung von Baugrundverbesserungen steht eine Vielzahl unterschiedlicher Verfahren zur Verfügung.

Die Baugrund-Tragwerk-Wechselwirkung und damit das Tragverhalten der unterschiedlichen Gründungsformen können sich deutlich voneinander unterscheiden. Ziel des Messprogramms ist die messtechnische Überprüfung des in der Planungsphase rechnerisch prognostizierten Trag- und Setzungsverhaltens der Gründung.

6.3.2 Aufgabenstellung

Die über die Flachgründung hinausgehenden anspruchsvolleren Tiefgründungen bedürfen neben der Qualitätssicherung während der Herstellung auch der messtechnischen Überprüfung des prognostizierten Trag- und Setzungsverhaltens, der Auswirkungen auf bauliche Anlagen im Umfeld (Nachbarbebauung, unterirdische Infrastruktureinrichtungen etc.) sowie insbesondere bei Baugrundverbesserungen auch der messtechnischen Überwachung des Beanspruchungs- und Verformungszustandes im Baugrund und damit der Standsicherheit der Gründung. Alarmwerte für Setzungen und Horizontalverschiebungen dürfen nicht überschritten werden.

6.3.3 Messungen

6.3.3.1 Zu erfassende Messgrößen

Der Umfang der messtechnischen Überwachung richtet sich nach der Gründungsform, den Anforderungen der zu gründenden Struktur sowie den geotechnischen Randbedingungen und kann in Umfang und Wahl der Messgrößen stark variieren. Allgemeingültige Festlegungen sind daher nicht möglich. Für einfache Randbedingungen ist oft eine Setzungsmessung über Setzungsmessbolzen, die auf der Bodenplatte bzw. den aufgehenden Wänden installiert sind, ausreichend. Für Pfahlgründungen sind die Parameter ihrer Integrität und der Lastabtragung über Spitzendruck und Mantelreibung entscheidend. In Tab. 6.5 sind für einige Anwendungsbereiche die zu bestimmenden Messgrößen beispielhaft aufgeführt.

6.3.3.2 Zu erwartende Messgrößenänderungen

Wesentliche Messgrößenänderungen ergeben sich hauptsächlich in der Bauphase. In der Betriebsphase von Gründung und baulicher Struktur können sich zeitvariante Änderungen ergeben, die, sofern sie auf Konsolidations- und Kriechvorgänge im Baugrund zurückzuführen sind, mit der Zeit in der Regel abklingen.

Messgrößenänderungen können sich aus einer Veränderung der von der Gründung aufzunehmenden ständigen und veränderlichen Einwirkungen ergeben. Ferner können sich Messgrößenänderungen aus baulichen Maßnahmen im Umfeld oder auch aus Grundwasserabsenkungen etc. ergeben. Eine Aussage über die Erwartungswerte der Messgrößenänderungen muss projektspezifisch getroffen werden.

Tab. 6.5 Typische Messgrößen.

Bereich	Messgröße
Fundamentkörper, Bodenplatte	• Vertikalverformungen (Setzungen, Setzungsdifferenzen) • Verkantungen
Gründung	• Pfahlkräfte am Pfahlkopf und -fuß (bei Pfahlgründungen/KPP) • Normalkräfte/Dehnungen in Pfählen (bei Pfahlgründungen/KPP) und säulenartigen Baugrundverbesserungselementen • Spannungen und Dehnungen in Elementen der Gründung (Bodenplatte, Pfahlkopfplatte etc.)
Untergrund/Baugrund	• Vertikal- und Horizontalverformungen im Baugrund • Sohl- und Wasserdrücke unter Fundamentkörpern/Bodenplatten • Totale Spannungen im Untergrund • Porenwasserdrücke im Untergrund (Konsolidierungsverhalten, Porenwasserdrücke auf Gründung/Bauwerk)
Umgebung	• Setzungen, Setzungsdifferenzen (Mitnahmesetzungen von baulichen Einrichtungen im Umfeld) • Verkantungen, Schiefstellungen von baulichen Einrichtungen im Umfeld • Grundwasserstände im Randbereich der Bauwerke

6.3.3.3 Gewählte Messverfahren

Die Wahl der Messverfahren (siehe Tab. 6.6) wird durch die projektabhängigen, geotechnischen Fragestellungen sowie die zu erwartende Größenordnung, die bei den einzelnen Messgrößen prognostiziert wurde, bestimmt.

6.3.3.4 Anordnung der Messinstrumente

Für die Bestimmung der Vertikalverformungen, also der Messung von Setzungen und Setzungsdifferenzen an der Fundament- oder Bodenplatte bzw. des Bauwerks und deren Verkantungen können geodätische Messverfahren (Präzisionsnivellement, Tachymetrie, GNSS-Verfahren, Laserscanning), Schlauchwaagen und Neigungsmessgeber eingesetzt werden.

Sohl- und Wasserdrücke der Fundament- oder Bodenplatte können über Druckkissen (Spannungsgeber) sowie Porenwasserdruckgeber direkt an der Sohle gemessen werden. Verformungen der Platte können durch Dehnungsmessungen an der Bewehrung in der Platte überwacht werden.

Vertikal- und Horizontalverformungen im Baugrund sind durch Setzungspegel (geodätische Einmessung), Extensometer/Sondenextensometer, Vertikal- und Horizontalinklinometer sowie durch ein Magnetsetzungslot bestimmbar. Auch hydrostatische Setzungsmessverfahren, z. B. das Schlauchwaagensystem, sind eine weitere Möglichkeit.

Tab. 6.6 Häufig genutzte Messverfahren.

Messziel	Messverfahren bzw.-systeme
Vertikalverformungen: Setzungen und Setzungsdifferenzen an Fundamentplatte, Bodenplatte bzw. Bauwerk, Verkantungen	• Geodätische Messverfahren (Präzisionsnivellement, Tachymetrie, GNSS-Verfahren, Laserscanning ...) • Schlauchwaagen • Neigungsmessgeber
Lastverteilung und Beanspruchungszustand in Gründung	• Kraftmessdosen an Pfahlkopf oder Pfahlfuß • Dehnungsmesssensor, DMS, Extensometer oder faseroptische Dehnungsmessung im Pfahlschaft oder in säulenartigen Baugrundverbesserungselementen • Druckkissen (Spannungen) und Dehnungen in Bodenplatte/Pfahlkopfplatte o. ä.
Vertikal- und Horizontalverformungen im Baugrund	• Setzungspegel (geodätische Einmessung) • Extensometer/Sondenextensometer • Vertikal- und Horizontalinklinometer • Magnetsetzungslot • Hydrostatische Setzungsmessverfahren, z. B. Schlauchwaage
Sohl- und Wasserdrücke unter Fundamentkörpern/Bodenplatten	• Druckkissen (Erddruckgeber) • Porenwasserdruckgeber
Totale Spannungen im Untergrund	• Druckkissen
Porenwasserdruck insbesondere in bindigen Böden (Konsolidationsverhalten, Entwicklung Porenwasserüberdrücke etc.)	• Porenwasserdrucksensor
Wasserstandsmessungen zur Erfassung des Einflusses aus Strömungsdruck/Grundwasserstand auf die Standsicherheit des Bauwerks	• Offene Grundwassermessstellen • Wasserdrucksensor
Messungen zur Bewertung indirekter, jahreszeitlicher Einflüsse auf die Messergebnisse und das Verhalten des Baugrundes	• Wetterstation, u. a. Luftdruck, Niederschlag, Temperaturen

Porenwasserdrücke, insbesondere in bindigen Böden (Konsolidationsverhalten, Entwicklung von Porenwasserüberdrücken etc.) können durch vor Beginn der Baumaßnahme eingebaute Porenwasserdruckgeber ermittelt werden.

Die Erfassung des Einflusses des Grundwasserstandes auf die Standsicherheit des Bauwerks kann durch offene Grundwassermessstellen und Drucksensoren im Wasser erfolgen.

Messungen zur Bewertung indirekter, jahreszeitlicher Einflüsse auf die Messergebnisse oder des Verhaltens des Baugrundes sind durch den Einsatz einer Wetterstation, mit der Bestimmung des Luftdrucks, Niederschlag und der Temperaturen wichtig.

Die Lastverteilung und der Beanspruchungszustand in der Gründung können mittels Kraftmessdosen am Pfahlkopf oder Pfahlfuß, über Dehnungsmesssensoren, DMS, Extensometer oder faseroptische Dehnungsmessung im Pfahlschaft oder in säulenartigen Baugrundverbesserungselementen bestimmt werden.

6.3.3.5 Installation der Messsysteme und zeitlicher Ablauf der Messungen

Im Regelfall erfolgt die Installation der Messsysteme im Zuge der Herstellung der Gründung. Um den Ausgangszustand vor der Herstellung der Gründung zu erfassen, können vor Beginn der Gründungsarbeiten bereits Messungen (z. B. für hydraulische Situationen, Primärspannungszustände etc.) durchgeführt werden.

Bei einer Pfahl- oder kombinierten Pfahl-Platten-Gründung sind bei einer Instrumentierung der Pfähle die Messgeber bereits bei der Pfahlherstellung einzubauen (z. B. an der Bewehrung der Bohrpfähle). Werden Pfähle oder Säulen im (Teil-)Verdrängungsverfahren hergestellt, müssen, soweit die Auswirkungen der Pfahlherstellung auf den Spannungszustand erfasst werden sollen, Messgeber mit ausreichendem zeitlichen Abstand vor den Pfahlarbeiten im Boden installiert werden.

Grundsätzliche Anforderungen zu Pfahlprobebelastungen sind im Handbuch Eurocode 7, in DIN EN 1536:2015-10, DIN EN 12699:2015-07 und in DIN EN 14199:2015-07 enthalten. Sie sollen an den Stellen ausgeführt werden, an denen repräsentative Baugrundverhältnisse für das Baugelände vorliegen und charakteristische Versuchsergebnisse zu erwarten sind. Bei der Durchführung einer einzigen Beprobung soll der Pfahl ausgewählt werden, bei dem die ungünstigsten Baugrundverhältnisse vermutet werden.

Für die Messung von Sohldrücken werden Druckkissen unter der Bodenplatte vor Aufnahme der Bewehrungsarbeiten installiert. Beim Einsatz von Sauberkeitsschichten aus unbewehrtem Beton müssen Aussparungen für die Sohldruckgeber vorgesehen werden. Binden Sohlplatten in das Grundwasser ein, ist auf eine druckwasserdichte Durchführung der Kabel durch die Platte zu achten.

Zur Überwachung des Setzungsverhaltens werden in der Regel Setzungsmessbolzen installiert. Sollen die Gesamtsetzungen erfasst werden (z. B. bei Bodenplatten mit hohem Eigengewicht) wird es erforderlich, bereits auf der Sauberkeitsschicht Setzungsmessbolzen zu installieren und diese entweder durch Stangen oder Übertragsmessungen auf die betonierte Bodenplatte zu übertragen. Häufig werden Setzungsmessbolzen dann ein weiteres Mal von der Bodenplatte auf die aufgehenden Wände übertragen.

Der zeitliche Ablauf der Messungen sollte am Baufortschritt orientiert sein. Im Regelfall werden händische Messungen zu an dem Baufortschritt orientierten definierten Zeitpunkten ausgeführt. Alternativ können die Einzelsensoren auch über zentrale Logger automatisiert gemessen und deren Daten gespeichert werden.

Sollten bei der messtechnischen Überwachung der Baumaßnahme sicherheitsrelevante Aspekte im Vordergrund stehen, ist eine Automatisierung der Sensorik erforderlich, kombiniert mit einer Datenfernübertragung und einer automatischen Alarmierung bei Überschreitung definierter Schwellen-, Grenz- und Alarmwerte.

6.3.4 Auswertung und Interpretation der Ergebnisse

In der Bauphase müssen die Messdaten in zeitlich enger Abstimmung mit dem Bauablauf erfasst und danach zeitnah für eine Bewertung aufbereitet und dargestellt werden. Dem Prinzip der Beobachtungsmethode folgend ergibt sich, insbesondere in der Bauphase, die Notwendigkeit, die fortlaufende zeitnahe Bewertung der Messergebnisse durchzuführen.

In der Betriebsphase ist je nach dem zu beobachtenden geotechnischen Langzeittragverhalten des Bauwerks zu entscheiden, inwieweit das installierte Messprogramm im vollen Umfang fortgesetzt bzw. zeitlich und qualitativ gegenüber der Bauphase auf die wichtigsten Messverfahren reduziert werden kann.

6.3.5 Hinweise zur Verarbeitung der Messdaten

Es wird empfohlen, alle erhobenen Messdaten aus der Bau- und Betriebsphase langfristig aufzubewahren und zu archivieren, einschließlich aller begleitenden Dokumentationsunterlagen (Spezifikation der eingesetzten Messsysteme, Sensorkalibrierblätter, Fotoeinbaudokumentation, Kabelverlegepläne etc.). In der Gesamtheit bilden sie im Bedarfsfall eine wichtige Grundlage und Hilfe für den Ingenieur, um in der Zukunft erforderliche Sanierungs-, Ertüchtigungs- und Erweiterungsmaßnahmen des Bauwerks einleiten zu können.

6.3.6 Fallbeispiel 1

Nachfolgend wird beispielhaft die messtechnische Instrumentierung einer KPP (kombinierte Pfahl-Platten-Gründung) vorgestellt. Die Darstellungen erheben keinen Anspruch auf Vollständigkeit und Regelcharakter.

6.3.6.1 Wichtige technische Daten

Die KPP des Fallbeispiels besteht aus einer über die gesamte Gründungsfläche von rd. 1 960 m^2 fugenlos ausgeführten, 1,0–2,5 m dicken Fundamentplatte, unter der 25 Gründungspfähle angeordnet sind, die unter dem exzentrisch positionierten, im Grundriss quadratischen (Kantenlänge 24 m), 31-geschossigen Hochhausturm konzentriert wurden. Die als unbewehrte Großbohrpfähle ausgeführten Gründungspfähle besitzen bei einem Durchmesser von 1,5 m zwischen 25 und 30 m gestaffelte Pfahllängen (siehe Legende in Abb. 6.9).

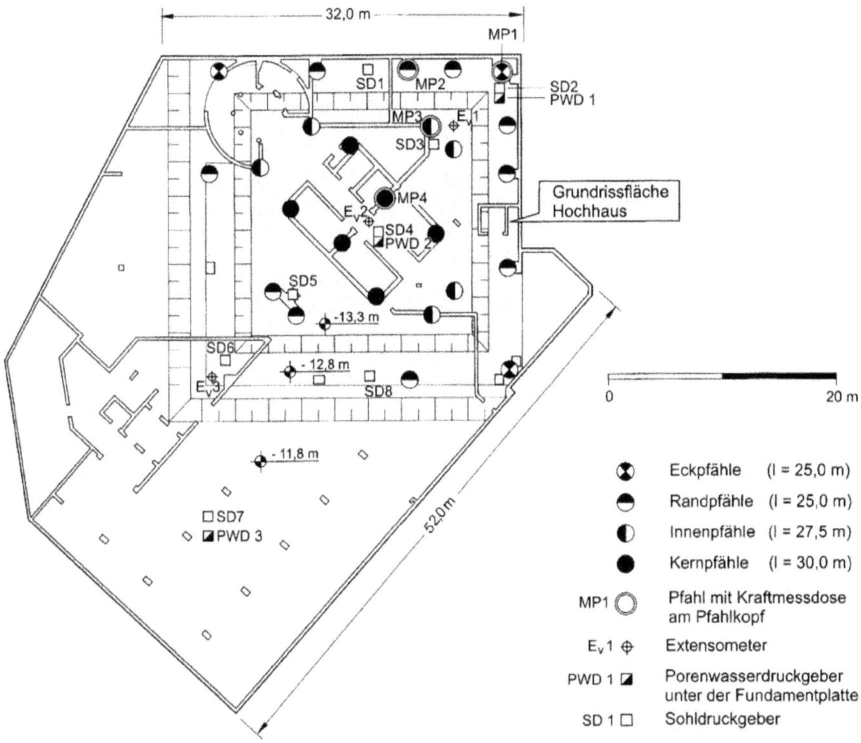

Abb. 6.9 Beispielhafte Anordnung von Messgebern zur messtechnischen Überwachung einer KPP (kombinierte Pfahl-Platten-Gründung) (Moormann 2002).

6.3.6.2 Geotechnische Fragestellung

Hauptaugenmerk lag bei dieser auf vier Jahre ausgelegten Langzeitmessung auf der Bestimmung des Einflusses durch die Wasserhaltungen benachbarter Bauprojekte auf das Langzeitverhalten dieser Gründung. Die Überwachung der Setzungsentwicklung sowie die Kraftentwicklung in den Pfählen und in der Auflagefläche der Sohlplatte, also das Zusammenspiel der KPP sollte kontinuierlich bestimmt werden.

6.3.6.3 Messprogramm

Das Messprogramm zur Überwachung des Tragverhaltens der KPP beinhaltete den Einbau von acht Sohldruckgebern zur Messung der totalen Sohlnormalspannungen und drei Porenwasserdruckgeber zur Messung der neutralen Spannungen in der Gründungssohle. Ferner wurden vier Pfähle mit einer Kraftmessdose am Pfahlkopf ausgestattet. Die Messdaten der Sensoren wurden über den gesamten Beobachtungszeitraum von drei Jahren in einem Messintervall von 30 min erfasst. Hierzu wurde im Keller des Gebäudes eine automatische Messwerterfassungsanlage installiert, die mit einem akkugepufferten Mehrkanaldatenlogger versehen war.

6.3.6.4 Interpretation der Messergebnisse

Nach Abschluss der Rohbauarbeiten und der Beendigung der Grundwassertiefenentspannung für eine benachbarte Baugrube wirkt auf die Fundamentplatte ein Porenwasserdruck von 40 bis 50 kN/m^2. Während der Grundwassertiefenentspannung für eine weitere nahe gelegene Baugrube reduziert sich der unter der Fundamentplatte gemessene Auftrieb um rd. 20 kN/m^2, im Verlaufe der Tiefenentspannung für eine dritte Baugrube sogar um über 30 kN/m^2 (–85 %). Die effektiven Sohlnormalspannungen unter der Fundamentplatte werden durch den Auftriebsverlust kaum beeinflusst; hingegen nehmen die gemessenen Pfahlkopfkräfte während der Grundwassertiefenentspannung um bis zu 3,0 MN zu; dies ist ein signifikanter Anstieg um bis zu 58 % gegenüber den zuvor gemessenen mittleren Pfahlkopfkräften.

Die Auswirkungen von benachbarten Grundwasserabsenkungen oder -entspannungen können einen großen Einfluss auf das Tragverhalten einer KPP haben und sollten sorgfältig bedacht werden.

6.3.7 Fallbeispiel 2

Nachfolgend wird beispielhaft eine Probebelastung an einer Baugrundverbesserung mittels Rüttelstopfsäulen vorgestellt. Die Darstellungen erheben keinen Anspruch auf Vollständigkeit und Regelcharakter.

6.3.7.1 Wichtige technische Daten

Auf einem rd. 8 km^2 großen Baufeld, einem Schwemmland in der Bucht von Sepetiba, 60 km südlich von Rio de Janeiro, wurde ein Stahlwerk mit zwei Hochöfen und zugehörigen Lagerflächen errichtet. Die tief reichenden bindigen Sedimentböden breiiger bis weicher Konsistenz und ein in Höhe der Geländeoberfläche liegender Grundwasserspiegel sind für Anforderungen der Schwerindustrie denkbar ungünstig. Für das „Stock Yard“ genannte Rohstofflager, ausgedehnte Lagerflächen (380 000 m^2) für Kohle und Erz, bei denen hohe Flächenlasten von bis zu 340 kN/m^2 direkt neben verformungssensiblen Kranbahnen auftreten, wurden daher umfangreiche Baugrundverbesserungsmaßnahmen mittels Vertikaldrains, Rüttelstopfverdichtung und geotextilummantelten Sand- und Schottersäulen konzipiert und durch gekoppelte numerische Berechnungen optimiert, die durch instrumentierte Testfelder verifiziert und fortgeschrieben wurden.

6.3.7.2 Geotechnische Fragestellung

Es galt, die Aufhaldungsprozesse so zu steuern, dass die im Oberen Ton induzierten Konsolidierungsvorgänge und die zeitvariante Scherfestigkeitserhöhung genutzt werden können, ohne dass die durch die Einlagerung erzeugten Porenwasserüberdrücke die Standsicherheit von Haldenböschungen und Runways gefährden. Diese Anforderungen setzen – bedingt durch die kleinräumigen Auf- und Abhaldungsvorgänge – eine flächendeckende und zeitnahe Kenntnis über die Verformungen und die Porenwasserdrücke im Oberen Ton voraus.

6.3.7.3 Messprogramm

Das unter Berücksichtigung dieser ungewöhnlichen Anforderungen entwickelte und realisierte Konzept ist in Abb. 6.10 und 6.11 visualisiert. Danach wurden entlang der Runways etwa alle 50 m instrumentiere Messquerschnitte angelegt, die durch die Halde bis zum benachbarten Runway geführt werden. Jeder Messquerschnitt bestand mindestens aus folgender Instrumentierung:

- einer offenen Druckschlauchwaage, in diesem Projekt „Settlement Profiler“ genannt, einem händischen, hydraulischem Messverfahren, mit dem die Setzungsmulde unter den Halden im Profil von Runway zu Runway gemessen werden konnte und
- geodätischen Messpunkten am Anfangs- und Endpunkt der Settlement Profiler am Rand der Runways.

Mindestens in jedem zweiten Messquerschnitt, d. h. alle 100 m, wurde diese Instrumentierung ergänzt durch:

- Porenwasserdruckgeber, mit denen die Entwicklung der relativen Porenwasserüberdrücke im Oberen Ton, die in den vorlaufenden Probebelastungen als Leitparameter für die geotechnische Steuerung identifiziert wurden, automatisiert überwacht werden konnte,
- Inklinometer auf beiden Seiten der Runways, oft ausgestattet mit Inklinometermessketten, die eine automatisierte Messung der für die Gebrauchstauglichkeit der Runways maßgebenden horizontalen Verschiebungen im Baugrund ermöglichten,

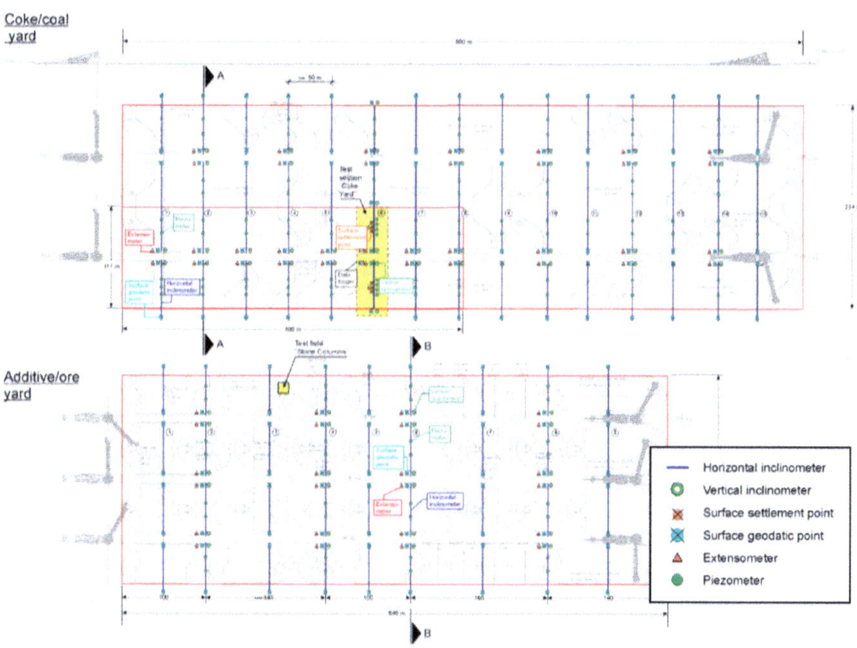

Abb. 6.10 Messprogramm Stock Yard im Grundriss (Moormann et al. 2010).

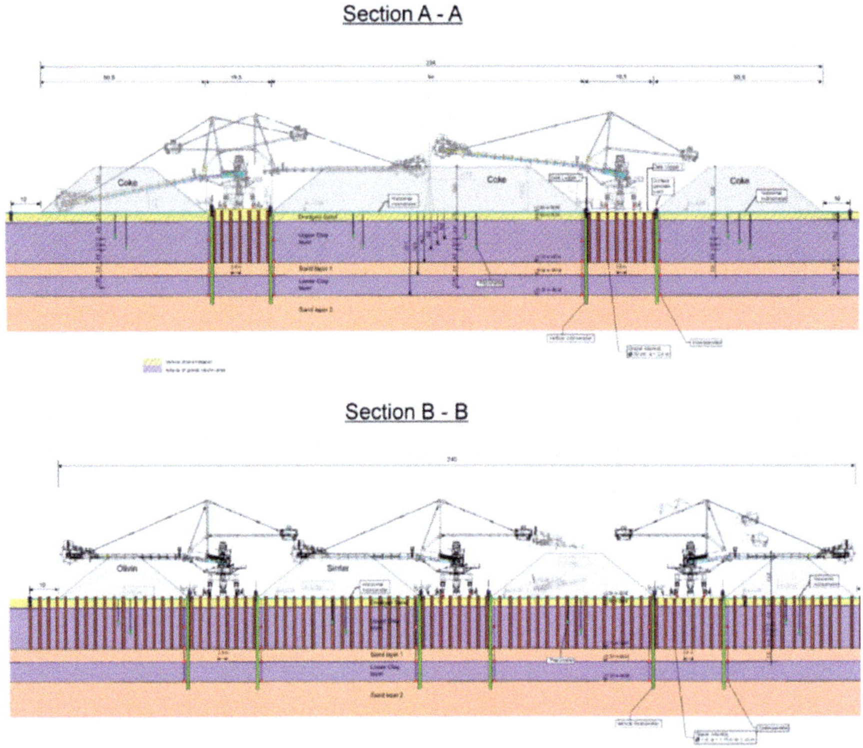

Abb. 6.11 Messprogramm Stock Yard in Querschnitten (Moormann et al. 2010).

- Extensometer am Rande der Runways, mit denen die Entwicklung der Setzungen bis in 25 m Tiefe unter Arbeitsebene ermittelt werden konnte sowie
- automatischen Setzungsmesszellen, d. h. nach dem hydraulischen Verfahren arbeitende Geber, die über eine Druckmessung die hochpräzise, punktuelle Ermittlung der Geländesetzungen in den Haldenaufstandsflächen ermöglichten.

Insgesamt wurden

154 Porenwasserdruckgeber,
44 Settlement Profiler (offene Druckschlauchwaage),
120 hydraulische Setzungsmesszellen,
58 Inklinometer, davon 46 Messstellen ausgestattet mit elffach-Inklinometermessketten,
26 Extensometer

installiert.

Hinsichtlich der Messgeberwahl und der Instrumentierungen im Feld mussten die äußerst ungünstigen Randbedingungen berücksichtigt werden: neben tropischen Niederschlagsereignissen und extrem hohen Lufttemperaturen ergaben sich aus der Lagerhaldung durch Kohle- und Erzstäube sowie durch Beregnungsanlagen extreme Umwelteinwirkungen. Die Messeinrichtungen mussten auf die großen Verformungen von bis zu 1,5 m ausgelegt werden. Und letztlich mussten alle Maßnahmen in einem engen Zeitrahmen unter Berücksichtigung der besonderen Anforderungen des brasilianischen Marktes realisiert werden.

An dieser Stelle soll beispielhaft die offene Druckschlauchwaage, hier genannt der Settlement Profiler, etwas näher beschrieben werden, da er ein nicht alltägliches, aber für Setzungsmessungen in großer Fläche ein sehr wirtschaftliches und effektives Messsystem darstellt.

Um einerseits eine automatische Erfassung der unter den Halden eintretenden Setzungen zu ermöglichen und andererseits die Setzungsmulden im gesamtem Profil erfassen zu können, wurden in regelmäßigen Abständen manuell abzulesende Settlement Profiler, ein mit einer Druckmesszelle zu befahrendes Rohr zur Erfassung der Setzungen im Querschnitt und einzelne, automatische Setzungsmesspunkte installiert.

Der Settlement Profiler besteht aus einem in einem „Torpedo" installierten Piezometer, der über einen entsprechend langen, wassergefüllten Schlauch mit einem Reservoir am Anfang der Messstrecke, d. h. am Rande der Runways, verbunden ist (Abb. 6.12). Der Torpedo wird in Messschritten von hier 1 m durch ein in der Tragschicht unter den Halden verlegtes PVC-Rohr gezogen und misst die Potenzialdifferenz zwischen seiner Position im Rohr und dem bekannten Ausgangspotenzial im Reservoir. Im Vergleich zu einem Horizontalinklinometer besitzt dieses Messverfahren den Vorteil, dass auch große Setzungen und Setzungsdifferenzen gemessen werden können, da das Rohr nur mit einem relativ kleinen Torpedo, nicht aber mit einer 0,5 oder 1,0 m langen Inklinometersonde befahren werden muss. Zudem kann die Messschrittlänge von 1 auf 2, 5 m oder größere Intervalle beliebig vergrößert werden. Der Messvorgang stellt geringere Anforderungen an das Personal und zudem können anstelle von speziellen Inklinometerrohren mit Führung Standard-PVC-Rohre zum Einsatz kommen, was erhebliche wirtschaftliche Vorteile birgt. Alternativ sei an dieser Stelle auch auf die Funktion der mobilen, geschlossenen Druckschlauchwaage hingewiesen (Abschn. 4.3.1.8).

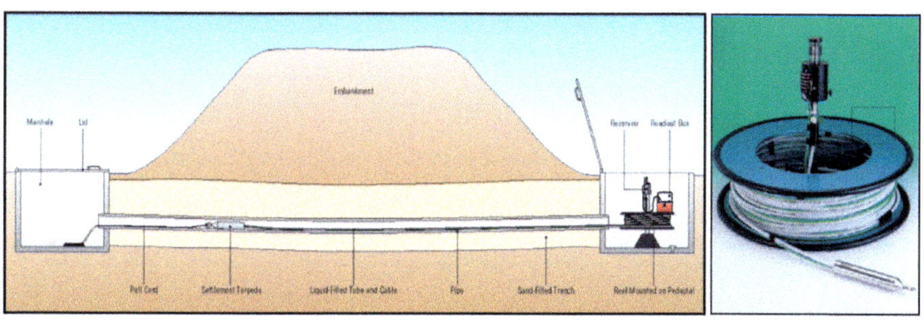

Abb. 6.12 Offene Druckschlauchwaage zur händischen Messung von Setzungsmulden unter Halden (System Geokon).

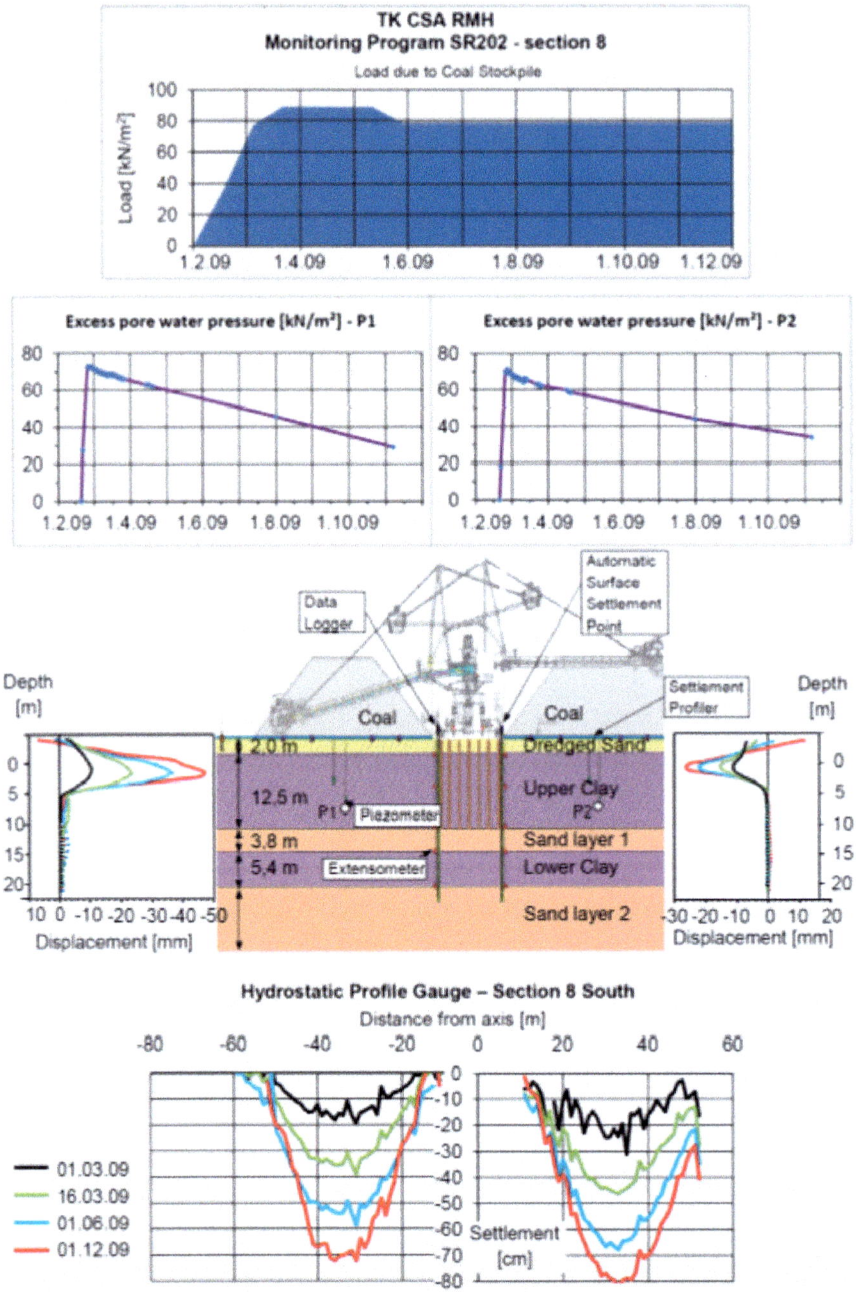

Abb. 6.13 Beispielhafte Messergebnisse des Kohlelagers (Moormann et al. 2010).

6.3.7.4 Interpretation der Messergebnisse

Aus den aufgetragenen zeitlichen Verläufen der automatischen und händischen Messungen in Abb. 6.13 ergeben sich folgende Erkenntnisse:

- Bei der Erstbelastung entstanden im Oberen Ton in einer Tiefe von 6 bis 10 m unter Lagerfläche trotz der eingebrachten Vertikaldrains relative Porenwasserüberdrücke ($\Delta u = 70-75\,\text{kN/m}^2$) in einer Größenordnung von rd. 90 % der aufgebrachten Oberflächenlast, die sich innerhalb eines Zeitraums von sechs Monaten um rd. 50 % auf $\Delta u = 30-35\,\text{kN/m}^2$ abbauten.
- Bei einer Wiederbelastung reduzierten sich die induzierten maximalen relativen Porenwasserüberdrücke ($\Delta u = 55-60\,\text{kN/m}^2$) auf rd. 75 % der aufgebrachten Oberflächenlast. Die Porenwasserüberdrücke bauten sich innerhalb von sechs Monaten ebenfalls auf die Hälfte ihres initialen Wertes ab.
- Die Ergebnisse der Messungen mit den Settlement Profilern zeigten, dass sich unter den Halden im sechsmonatigen Beobachtungszeitraum Setzungsmulden mit Setzungsbeträgen von rd. 70–80 cm in Haldenmitte und rd. 10 cm im Haldenfußbereich ausbildeten.
- Die am Rand der Runways vor dem Haldenfuß mit den Inklinometern über die Tiefe gemessenen horizontalen Verschiebungen im Baugrund konzentrierten sich ausschließlich auf die ersten Meter im Oberen Ton und erreichten hier Größtwerte von rd. 2,5–4,5 cm, lagen also in einer für die Gebrauchstauglichkeit der Runways unkritischen Größenordnung.

6.4 Hänge und Böschungen

6.4.1 Ziel des Messprogramms

Nachfolgend werden Empfehlungen zur Überwachung von potenziellen Rutschungen in Hängen und Böschungen formuliert. Eine Rutschung ist definiert als eine schwerkraftbedingte, hangabwärts gerichtete Bewegung von Locker- und Festgesteinsmassen.

Ein Hang ist eine geneigte Geländefläche, die auf natürliche Weise durch endogene und exogene geodynamische Prozesse entstanden ist. Eine Böschung ist eine geneigte Geländefläche, die durch technische Eingriffe (z. B. Aufschüttung oder Aushub) hergestellt wird (AK 4.2 Böschungen 1997).

(Baugruben-)Wände oder Stützkonstruktionen werden in Abschn. 6.2, Talsperren, Dämme und Deiche in Abschn. 6.5 behandelt. Bergbauliche Anlagen wie z. B. Tagebauböschungen werden im Rahmen dieses Kapitels nicht berücksichtigt.

An Hängen und Böschungen können bei unzureichender Standsicherheit Rutschungen auftreten, die in vielen Fällen nicht nur Sachwerte gefährden, sondern auch Leib und Leben von Menschen. Daher müssen Gefahren rechtzeitig erkannt werden, um Sicherungsmaßnahmen hinsichtlich der Standsicherheit oder Gebrauchstauglichkeit zu veranlassen. Dies gilt in besonderem Maße bei Verkehrswegen, Siedlungsgebieten oder auch Stauanlagen (z. B. Versagen der Talflanke in Richtung Stauraum). In dieser Hinsicht dient das Messprogramm der Beschaffung von verlässlichen Informationen zur Beurteilung der Stabilität von Hängen oder (Einschnitts-)Böschungen, um Rutschungen zu verhindern, zu sanieren oder bei Annäherung an den Grenzzustand zumindest hinreichend zu beherrschen bzw. Schäden zu minimieren. Gegebenenfalls kann die Anwendung der Beobachtungsmethode im Sinne von DIN EN 1997-1 (auch: Eurocode EC 7-1) sinnvoll sein.

6.4.2 Aufgabenstellung

Die Gefahren- und Risikoabschätzung bezüglich der Stabilität von Hängen ist eine der schwierigsten Aufgaben der Geotechnik (Krauter 2004).

Geotechnische Messungen an Böschungen und Hängen können u. a. erforderlich werden

1. im Rahmen von Erkundungsmaßnahmen (z. B. bauliche Veränderungen im bestehenden Geländesprung oder (Einschnitts-)Böschungen),
2. zur Beweissicherung,
3. zur Anwendung der Beobachtungsmethode,
4. bei unvorhergesehener Bewegung des Geländesprungs (Einschränkung der Gebrauchstauglichkeit),
5. bei Instabilität (Bruchversagen),
6. zur Prognose von absehbaren Bewegungen (gegebenenfalls Warnung der Anlieger, Sperrung von Verkehrswegen),
7. zur Auswahl und Optimierung von Sanierungsvarianten.

In allen genannten Fällen gilt es Gefährdungszonen zu detektieren und zu identifizieren. Für eine fundierte geotechnische Analyse ist es erforderlich, die Geometrie der Massenbewegung (z. B. Tiefenlage und räumlicher Verlauf von vorhandenen/entstehenden/gefährdeten Scherfugen oder Trennflächen, der Kinematik, Rutschungsgeschwindigkeit (gegebenenfalls saisonal variabel)) sowie hydraulische Randbedingungen festzustellen, zur

1. Ermittlung von maßgebenden Bruchmechanismen,
2. Rückrechnung bei realistischer Einschätzung der Festigkeit (Scherparameter in situ),
3. Definition geeigneter Alarmwerte bei Einsatz von Alarmsystemen zur Absicherung gefährdeter Infrastruktur (Verkehrswege u. a.),
4. Beurteilung der (Langzeit-)Stabilität von Geländesprüngen.

Je nach Projekterfordernis ergeben sich Hinweise aus der

1. Dokumentation und Auswertung von Anzeichen auf früher aufgetretene Instabilitäten wie z. B. Säbelwuchs (auch: Sichelwuchs) an Bäumen oder (prä)historische Massenbewegungen,
2. Dokumentation von Wasseraustritten (Vernässungen, Besonderheiten in der lokalen Vegetation),
3. gegebenenfalls Auswertung historischer Daten,
4. Erfassung von Verschiebungen

- der Geländeoberkante (durch Methoden der Fernerkundung oder der Geodäsie),
- unterhalb der Geländeoberkante (zur Ermittlung des maßgebenden Bruchmechanismus),

5. Erfassung der piezometrischen Linie und Abschätzung (gegebenenfalls Messung) der Porenwasserdruckverteilung in ihrem zeitlichen Verlauf.

Zur Aufgabenstellung gehört auch die Zuordnung in eine Geotechnische Kategorie im Sinne von EC 7-1. Beschreibungen und Klassifizierungen können z. B. nach Krauter (1997, 2001); Highland und Bobrowsky (2008) erfolgen.

6.4.3 Messungen

Messprogramme für Hänge und Böschungen sind oft langfristig (z. B. auf viele Jahre) angelegt und befinden sich häufig abseits gewohnter Infrastruktur. Diese Besonderheit ist beim Entwurf gegebenenfalls besonders hinsichtlich Auswahl der Sensoren, Energieversorgung, Datenerfassung und -übertragung sowie Blitzschutz zu berücksichtigen (Abschn. 4.5.2).

Erfolgt die Energieversorgung unabhängig vom allgemeinen Stromnetz, ist bei Einsatz von Photovoltaik die Messanlage auch hinsichtlich des zu erwartenden Schattenwurfs zu berücksichtigen und zu bemessen. Bei der jahreszeitlichen Veränderung des Sonnenstandes kann beispielsweise die lokale Vegetation oder auch die Geländemorphologie maßgebend sein.

Ist eine Fernübertragung von Daten vorgesehen, sollte möglichst frühzeitig vor Ort die Qualität der Anbindung an das vorgesehene lokale Funknetz (gegebenenfalls zu Satelliten) überprüft werden, denn z. B. enge Tallagen oder Geländeeinschnitte erfordern evtl. Zusatzmaßnahmen. Dasselbe gilt, falls relative Verschiebungen per Satellit (z. B. GNSS) erfasst werden sollen.

Messprogramme in Hängen und Böschungen werden unter geotechnischen Aspekten detailliert diskutiert in Dunnicliff (1993); Kuntsche (1996); Wieczorek und Snyder (2009) sowie Niemeier und Riedel (2017).

6.4.3.1 Zu erfassende Messgrößen

Bei Hängen oder bereits länger bestehenden Böschungen können besondere Wuchsformen von Bäumen (Säbelwuchs, schrägstehende Gehölze) Indizien für eine bereits bestehende Instabilität des Baugrunds sein. Schon aus diesem Grund ist mindestens eine Ortsbegehung erforderlich, wobei darauf geachtet werden sollte, dass maßgebende Einflüsse auch außerhalb der unmittelbaren Rutschung liegen können.

Neben der Beobachtung des zeitlichen Verlaufs von Verschiebungen (gegebenenfalls auch Dehnungen, Verdrehungen, Zug- und Druckkräfte und Schwingungen) sowie der hydraulischen Verhältnisse sollten auch grundlegende meteorologische Messgrößen (z. B. Temperatur, Niederschlag, Atmosphärendruck) erfasst werden. Falls sich in der Nähe eine Wetterstation befindet, kann auch geprüft werden, ob die dort erhobenen Daten genutzt werden können.

In besonderen Fällen kann es sinnvoll sein, auch Parameter wie Frosteindringtiefe oder Schneehöhe zu erfassen.

Aus der Analyse von möglichen oder wahrscheinlichen Versagensmechanismen (Genske (2017), z. B. Abschn. 2.1) ergeben sich wertvolle Hinweise hinsichtlich einer optimierten Auswahl und Anordnung der Messinstrumente. Hinsichtlich der Anordnung der ausgewählten Sensoren sind die Beträge der zu erfassenden Messgrößen sowie deren Änderung beim Entwurf des Messprogramms sinnvoll abzuschätzen. Hierzu können auch exemplarisch durchgeführte Geländebruchberechnungen (Orientierung an DIN 4084:2009-01) herangezogen werden. Alle potenziell relevanten Versagensmechanismen sollten bereits im Vorfeld erkannt und analysiert werden. Gegebenenfalls müssen auch Sekundärereignisse (wie z. B. Wellenausbreitung durch hereinrutschende Verbruchmassen in ein Staubecken) berücksichtigt werden.

6.4.3.2 Zu erwartende Messgrößenänderungen

Messgrößenänderungen können pauschal nicht angegeben werden, weil Böschungen und Hänge in völlig unterschiedlichen Größenordnungen vorkommen. So kann z. B. das Volumen eines Rutschkörpers zwischen wenigen bis vielen Milliarden Kubikmeter liegen. Ähnliches gilt auch für beobachtete Rutschungsgeschwindigkeiten, die zwischen weniger als 1 mm pro Jahr vor dem Bruch, und nach dem Versagen bei weit mehr als 100 km pro Stunde liegen können.

6.4.3.3 Gewählte Messverfahren

Zur Messung von absoluten Verschiebungen der Erdoberfläche werden die üblichen Verfahren der Ingenieurgeodäsie eingesetzt. Hierzu gehören auch (automatische) Tachymeter, (Präzisions-)Nivellement usw. Während der Messungen ist besonders auf stabile Sichtverbindung zwischen Messgerät und den Messpunkten zu achten. Gegebenenfalls muss eine geeignete Auswahl von Aufstellorten der Messgeräte erfolgen. Falls keine hinreichend lagestabilen Orte gefunden werden können, sind entsprechende Kompensationsverfahren vorzusehen.

Zur kontinuierlichen Messung stehen weitere Messgeräte zur Verfügung, wie z. B. Abstandsmessung an Spalten oder Rissen (Fissurometer), punktweise Neigungsmesser (Tiltmeter), Lichtwellenleiter (LWL) oder satellitengestützte GNSS-Sensoren (Lage und Höhe).

Bei der Beobachtung von Hängen und Böschungen kommen bei der Bestimmung von relativen Verschiebungen zunehmend Methoden der Fernerkundung zum Einsatz. Dazu gehören Fotogrammetrie (Licht im sichtbaren Wellenlängenbereich) oder Messverfahren, die auf Laser- oder Mikrowellen basieren. All diese Verfahren können entweder terrestrisch stationär oder auf sich bewegenden Trägern (Flugzeug, Satellit) montiert sein, in den letzten Jahren auch mit UAV (Unmanned Aerial Vehicle).

Radar (InSAR, interferometric synthetic aperture radar) ermöglicht unter Einsatz von langzeitstabilen Rückstreuern (PSI, persistent scatterer interferometry) die Detektion von Relativverschiebungen ab ca. 2 mm per Satellit in Blickrichtung (Ciampalini et al. 2014; DMV 2013). Voraussetzung ist die Existenz von langzeitstabilen

Rückstreuern (PS, persistent scatterers), deren Anzahl und Verteilung vorab jedoch kaum hinreichend sicher prognostiziert werden kann. Vorhandene Vegetation wirkt sich in dieser Hinsicht sehr ungünstig aus. Bei Nutzung anderer Auswerteverfahren (z. B. SBAS, distributed scatterer) behindert die Vegetation weniger, dies geht jedoch gelegentlich zu Lasten der detektierbaren Relativverschiebung, die dann eher im Zentimeterbereich liegen wird. Um Fehlschläge zu vermeiden, sollte vorab ausgeschlossen werden, dass die zu erwartenden Verschiebungen mehr oder weniger rechtwinklig zur Blickrichtung des Radars verlaufen.

Laserscanning (LiDAR, light detection and ranging) kann auch durch Vegetation hindurch zur Detektion von Relativverschiebungen ab wenigen Zentimetern zur Eingrenzung von Verdachtsflächen und zur Beurteilung der zeitlichen Entwicklung von Rutschungen bzw. Erosionsprozessen eingesetzt werden. Abhängig von der verwendeten Frequenz können Nebel oder Regen Schwierigkeiten bereiten. Konkrete Beispiele mit kritischer Würdigung finden sich in Bock et al. (2013) sowie Kuhn und Prüfer (2014).

Verschiebungen unter der Geländeoberkante können z. B. mittels Inklinometer beobachtet werden. Insbesondere bei Scherfugen im Lockergestein können im Laufe der Zeit relativ große Verschiebungsbeträge auftreten. Deshalb wird empfohlen, das Nutrohr aus widerstandsfähigem Kunststoff mit relativ großem Durchmesser auszulegen, sodass das Rohr noch mit Inklinometersonden befahren werden kann, die mit Standardwippen ausgestattet sind.

In Tiefenbereichen mit größeren Verformungen kann das Nutrohr im Ringraum zusätzlich mit flexiblem Material, z. B. Moosgummi, ummantelt werden, um auch zukünftig auftretende größere Verformungen zu erfassen. In manchen Fällen können damit Lebensdauer und Messbarkeit der Messstelle verlängert werden. Ersatzbohrungen lassen sich aber mitunter nicht vermeiden, wenn Verformungen in ausgeprägten Scherfugen über lange Zeiträume hinweg immer wieder aktiviert werden (z. B. bei jahreszeitlich bedingter Wirkung von Niederschlägen).

In Fels kann unter Umständen die Messgenauigkeit von Inklinometern unzureichend sein. Dies gilt auch für den Einsatz stationärer (in place) Inklinometer oder SAA (shape acceleration array). Zu bevorzugen wären in diesem Fall z. B. Extensometer.

Die Auswahl von Grundwassermessstellen oder Piezometern sollte entsprechend der erforderlichen Reaktionszeit des gewählten Messsystems erfolgen (Dunnicliff 1993). Dieser Aspekt wird insbesondere bei wenig durchlässigen Böden oder relativ schnellen Belastungsänderungen maßgebend. Eine hinreichende Anzahl von Messstellen ist einzuplanen, insbesondere falls mehrere Grundwasserstockwerke oder in gering durchlässigem Baugrund maßgebende Saugspannungen zu erwarten sind.

Bei der Planung von Niederschlagsmessstellen sollten im Interesse einer zuverlässigen Messung auch z. B. Einflüsse der umgebenden Vegetation (z. B. Verstopfung durch Laubfall) berücksichtigt werden.

Zur Auswertung von Porenwasserdruckmessungen (Absolutdrucksensoren) sind Informationen zum Luftdruck erforderlich. Falls verankerte Stützkonstruktionen existieren, können gegebenenfalls auch Ankerkraftmessungen erforderlich sein.

6.4.3.4 Anordnung der Messinstrumente

Bezüglich Redundanz wird auf Abschn. 6.1 verwiesen.

Verschiebungen

Bei der Anordnung von Messstellen (z. B. Inklinometer) sollte angestrebt werden, den geometrischen Verlauf der Scherfuge möglichst eindeutig zu erfassen. Bei Versagen vom Typ Rotationsgleiten (und Messquerschnitt in Richtung der Falllinie) sollten mindestens drei Positionen pro Messquerschnitt bestückt werden. Falls Rotationsgleiten nicht unbedingt vorausgesetzt werden kann, kann erwogen werden, zusätzlich weitere Messstellen außerhalb des Messquerschnitts einzurichten. Damit können u. U. sowohl gekrümmte als auch ebene Scherfugen in ihrer räumlichen Lage detektiert werden.

Bei Böschungen und Hängen können im Bereich der Böschungskrone zunächst Zugrisse auftreten, die als Indiz für ein Böschungsversagen gelten. Insbesondere mit Wasser gefüllte Zugrisse, die auch in Form von Vernässungsflächen, Wasserlachen oder kleinen Wasserflächen auftreten, können die Stabilität des Geländesprungs deutlich vermindern. Einerseits kann eingedrungenes Oberflächenwasser als treibende Kraft zu zusätzlichen Verschiebungen führen, andererseits wirkt sich versickertes Oberflächenwasser auch auf die Porenwasserdruckverteilung im Untergrund aus.

Im Bereich der Böschungskrone sind in einer späten Bruchphase (insbesondere post failure) aus geometrischen Gründen hauptsächlich vertikale Verschiebungskomponenten zu erwarten.

Bei Einschnittsböschungen in überkonsolidierten Tonböden treten zunächst horizontale Verschiebungen im Bereich des Böschungsfußes auf, die ein Hinweis für die lokale Ausbildung einer Scherfuge sein können. Im Laufe der Zeit (gegebenenfalls Jahre, Jahrzehnte) kann sich die Scherfuge in Richtung Böschungskrone fortentwickeln und schließlich zu einem globalen Böschungsversagen führen (Potts et al. 1997; Cooper et al. 1998). Aus diesem Bruchmechanismus folgt, dass bereits in einem frühen Stadium des Böschungsbruches

- im Bereich des Böschungsfußes horizontale Verschiebungen erkennbar sind und
- im unteren Böschungsbereich die Ausbildung einer Scherfuge detektiert werden kann.

Deshalb sollten sich Messungen bei Böschungen mit dieser Charakteristik in einem frühen Stadium des Böschungsversagens auf den unteren Teil der Böschung konzentrieren. Zur weiteren Beurteilung der Stabilität der Böschung werden auch Verschiebungsmessungen (z. B. Inklinometermessstellen) im mittleren und oberen Teil der Böschung empfohlen. Weil die geodätische Erfassung relativ kleiner horizontaler Verschiebungskomponenten aufwendiger ist als das Nivellement von vertikalen Verschiebungen, kann u. U. auch der nachfolgend beschriebene Effekt von Porenwasserdruckänderungen als qualitativer Nachweis kleiner horizontaler Verschiebungen genutzt werden.

Hydraulische Randbedingungen

Um Veränderungen in der Porenwasserdruckverteilung hinreichend zu erfassen sowie aus Gründen der Redundanz, ist eine hinreichende Anzahl von Porenwasserdruckmessstellen einzuplanen.

Bei Geländebruchproblemen wird eine wirtschaftlich sinnvolle Sanierungsvariante oft eine Entwässerungsmaßnahme sein, die zu einer (Poren-)Wasserdruckentlastung führt. Zum Nachweis der dauerhaften Wirksamkeit von Druckentlastungsmaßnahmen können bereits vorhandene Porenwasserdruckmessstellen weiterverwendet werden, falls diese entsprechend positioniert wurden und zur langfristigen Nutzung ausgelegt sind.

Die nachfolgenden Anmerkungen gelten insbesondere bei Fragestellungen in relativ gering durchlässigen Böden. Hierbei ist näherungsweise das Verhältnis von Belastungsgeschwindigkeit zur hydraulischen Durchlässigkeit wesentlich: Ist dieses Verhältnis deutlich größer als eins, können Porenwasserüber- oder -unterdrücke auftreten. Bei genauerer Betrachtung sind auch die Steifigkeit des Baugrunds sowie die Länge der Drainagewege in die Betrachtung einzubeziehen. Bereits infolge von relativ geringen Gaseinschlüssen erhöht sich die Kompressibilität des Porenwassers deutlich. In baupraktischen Fällen sind solche Gaseinschlüsse in der Regel auch in einem Bereich unterhalb der piezometrischen Linie (auch: Sickerlinie) vorhanden. Insbesondere bei hohen Bodensteifigkeiten kann die erhöhte Kompressibilität die zeitliche Entwicklung des Porenwasserdrucks zwischen dem Anfangs- und Endzustand deutlich beeinflussen (Köhler 1997; Schulze und Stelzer 2015; Montenegro 2016; Schulze 2016). Um die hydraulischen Verhältnisse im Bereich der potenziellen Rutschung möglichst zutreffend zu erfassen, sollte angestrebt werden, hinreichend schnell reagierende Porenwasserdruckmessstellen Abschn. 4.3.3.2 zu installieren und die Porenwasserdruckverhältnisse im Bereich der (zu erwartenden) Scherfuge zu messen. Dabei kann es vorteilhaft sein, die Position so auszuwählen, dass

- sich der Messpunkt auch bei saisonalen Schwankungen möglichst immer unter der piezometrischen Linie befindet
- bevorzugt in jenem Bereich der Scherfuge gemessen wird, der einen wesentlichen Anteil der haltenden Kräfte überträgt.

Gelegentlich kann es sinnvoll sein, sowohl oberhalb als auch unterhalb der Scherfuge zusätzliche Porenwasserdruckmessstellen einzurichten, um die örtliche und zeitliche Variabilität der Porenwasserdruckverteilung in der Umgebung der Scherfuge abzuschätzen.

Insbesondere in gering durchlässigen Böden kann der Einfluss der lokalen Volumenänderung infolge des Schervorgangs erfasst werden. In der Regel fällt dort der Porenwasserdruck infolge Dilatanz zeitweilig ab. Dieser Effekt kann als relativ empfindliches „Frühwarnsystem" genutzt werden, weil in der Scherfuge ein zeitweilig abfallender Porenwasserdruck messtechnisch einfacher erfasst werden kann, als die dazugehörige (Horizontal-)Verschiebung.

Installation der Messsysteme und zeitlicher Ablauf der Messungen

In der Regel wird ein Messintervall von 1–6 Messungen pro 24 h ausreichend sein. Messintervalle ab einer Dauer von wenigen Sekunden können von den meisten üblichen Loggern problemlos verarbeitet werden. Unter speziellen Bedingungen (z. B. Erschütterungen oder Erfassung von Details des Bruchvorganges) können auch wesentlich kürzere Messintervalle erforderlich werden.

Zur Porenwasserdruckmessung wird empfohlen, Absolutdrucksensoren im geschlossenen System gemäß DIN EN ISO 18674-4:2020-10 einzusetzen. Besonders in gering durchlässigem Baugrund ist es erforderlich, die Porenwasserdrucksensoren rechtzeitig zu installieren (Vorlauf mindestens ca. 3–6 Monate). Nicht nur im Bergbau kann ein Vorlauf von zwei Jahren sinnvoll sein, um in vorlaufenden Referenzmessungen saisonale Einflüsse zu erfassen.

Insbesondere bei der Herstellung von Einschnittsböschungen in gering durchlässigem Baugrund (Ton) kann die Installation der Messsysteme in mehreren Phasen sinnvoll sein. Beispiel:

Phase 1: Vor Baubeginn: Erfassung der ursprünglichen Lage der piezometrischen Linie.

Phase 2: Bei der Herstellung des Einschnitts können im Böschungsbereich zusätzliche Grundwassermessstellen eingerichtet werden, um die zeitliche Entwicklung der Porenwasserdruckverteilung zu dokumentieren.

6.4.4 Auswertung und Interpretation der Ergebnisse

Baugrundaufschlüsse, bei denen Bohrkerne mit nur geringem Mehraufwand als Nebenprodukt bei der Installation von Messsystemen anfallen (z. B. Inklinometer, Grundwassermessstelle), sollten planmäßig dokumentiert werden, um später bei der Auswertung der Messdaten zur Verfügung zu stehen.

Eine grafische Darstellung der Messdaten in Form von Diagrammen ist anzustreben. Dabei sollten bei der Projektbearbeitung möglichst einheitliche Achsenskalen Verwendung finden. Um Zusammenhänge zu erkennen, kann die Darstellung der zeitlichen Entwicklung verschiedener Messgrößen in einem Diagramm von Nutzen sein.

Zur Auswertung der geotechnischen Messungen sollte ein Fachplaner der Geotechnik (Sachverständiger für Geotechnik) im Sinne von DIN 1054:2010-12 herangezogen werden.

Zur konservativen Bestimmung von Scherparametern mittels Rückrechnung zur Verwendung bei Standsicherheitsnachweisen ist für eine auf der sicheren Seite liegende Abschätzung zu beachten:

- Ansatz einer relativ niedrig liegenden piezometrischen Linie (Sickerlinie),
- u. U. (teilweise) Vernachlässigung von Verkehrslasten.

6.4.5 Hinweise zur Verarbeitung der Messdaten

Beim Einsatz zur Absicherung von gefährdeter Infrastruktur (z. B. Verkehrswege, Siedlungsgebiete, Stauanlagen) ist hinsichtlich des Risikomanagements (Abschn. 1.5) in der Regel eine vollautomatisierte Datenübermittlung und -verarbeitung anzustreben (near real time). Hierzu sind im Vorfeld je nach Erfordernis Schwellen-, Eingreif- bzw. Alarmwerte (Abschn. 5.7.2) festzulegen und gegebenenfalls während der Laufzeit des Projektes anzupassen.

Um Speicherplatz zu sparen, kann der jeweilige Messwert mit dem vorangegangenen verglichen werden. Der aktuelle Messwert wird nur im Falle einer entsprechenden Veränderung endgültig abgespeichert. Ein solcher Ansatz minimiert Datenübertragungszeiten, kann aber bei der Datenauswertung zusätzlichen Aufwand erfordern.

Die Möglichkeit, allen Projektbeteiligten einen direkten Datenzugriff zu erlauben (z. B. über ein entsprechendes elektronisches Portal), ist als Stand der Technik anzusehen.

6.4.6 Fallbeispiel: Einschnittsböschung

Exemplarisch wird als Fallbeispiel zu „Hänge und Böschungen" eine an einer Wasserstraße gelegene Einschnittsböschung beschrieben.

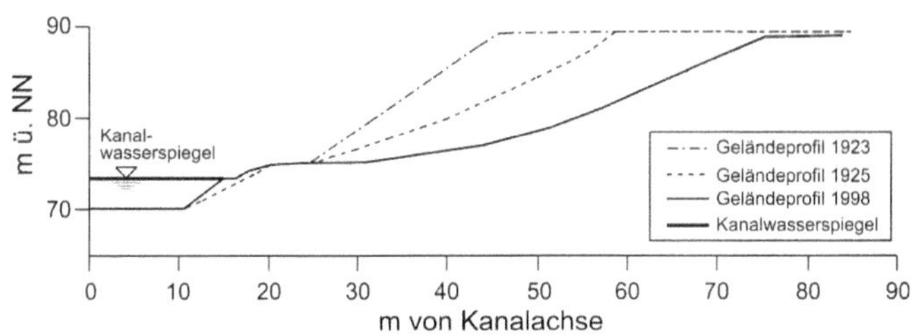

Abb. 6.14 Einschnittsböschung: zeitliche Entwicklung der Böschungsneigung.

6.4.6.1 Wichtige technische Daten des Einschnitts

Bauzeit:	ca. 1923,
Einbauten:	in der Böschung gelegentlich Steinrigolen und Steinflüsse, landseitig der Böschungskrone Flächendrainage zur Erfassung von Oberflächenwasser,
Lage:	Stichkanal Hildesheim (SKH), der den Hafen Hildesheim mit dem Mittellandkanal verbindet, SKH-km 2,95 (Westufer) bei Lühnde,
Tiefe des Einschnitts:	maximal ca. 19 m,
Länge des Einschnitts:	ca. 2 km (tiefer Einschnittsbereich bei Lühnde),
Neigung der Einschnittsböschung:	ursprünglich 1 : 1,5 (ca. 1923) nach diversen Rutschungen (Abb. 6.14): Abflachung in 1950er-Jahren auf ca. 1 : 3,5 (im Mittel) in den 1990er-Jahren erneut Instabilitäten beobachtet.
Untergrund:	Unter einer wenige Dezimeter mächtigen Deckschicht steht Grundgebirge des Unteren Jura (Pliensbachium) an. Der dem Grundgebirge zugeordnete Ton ist meist von halbfester Konsistenz, gelegentlich auch weich-steif. Insbesondere in tieferen Lagen (ab etwa 10–12 m unter GOK) steht der Ton in der Regel in halbfest-fester bzw. fester Konsistenz an, gelegentlich auch übergehend in Tonstein. Im Bereich von Scherfugen bzw. Kalksteinlagen kann die Konsistenz (unabhängig von der Tiefenlage) lokal auch sehr weich bzw. breiig sein. Hinter der Böschungskrone liegt die piezometrische Linie teilweise mehr als 10 m über dem Kanalwasserspiegel.

6.4.6.2 Geotechnische Fragestellung

Zur Beurteilung der Standsicherheit der Einschnittsböschung:

- Erfassung von Bewegungen (sowohl an der Geländeoberkante der Böschung als auch in vertikalen Messprofilen u. a. zur Ermittlung der Position der Scherfuge),
- Erfassung der Porenwasserdruckverteilung (zeitlich und räumlich),
- Erfassung des Niederschlags und des Luftdrucks

sowie Vorschlag geeigneter Sanierungsvarianten.

6.4.6.3 Messprogramm

Nachdem die Lage der Scherfuge mittels vorlaufender Ausrüstung des Messquerschnitts mit vier Inklinometermessstellen identifiziert wurde (Abb. 6.15), konnten an ausgewählten Orten 13 Porenwasserdruckmessstellen (separate Erfassung des Kanalwasserstands) positioniert werden: Im unmittelbaren Bereich der Scherfuge wurden die Porenwasserdruckmessstellen aus Gründen der Redundanz jeweils doppelt eingerichtet, im Bereich landseitig der Böschungskrone wurden in einem gewissen Abstand zwei zusätzliche Porenwasserdruckmessstellen installiert, um auch dort die Lage der piezometrischen Linie zu erfassen. Zudem wurde eine Wetterstation zur Erfassung von Niederschlag, Lufttemperatur und atmosphärischem Luftdruck betrieben (siehe auch Übersicht in Tab. 6.7).

6.4.6.4 Interpretation der Messergebnisse

Die Messergebnisse wurden wie folgt ausgewertet:

- unmittelbar mit den halbjährlich durchgeführten manuellen Messungen,
- zusätzlich nach Bedarf: Übermittlung der automatisiert aufgezeichneten Messdaten,
- Plausibilitätskontrolle durch das Messpersonal nach Übernahme der Daten.

In den ersten Jahren erfolgte die Übermittlung der Messdaten bei Bedarf per Funk. Später wurden bei den halbjährlichen Wartungsterminen die Daten direkt ausgelesen. Eine ausführliche Projektbeschreibung sowie zusätzliche Informationen finden sich in Schulze (2016).

Tab. 6.7 Einschnittsböschung: Messgrößen und eingesetzte Messverfahren.

Typische Messgröße	Messverfahren		Typische Messintervalle	Messunsicherheit
Temperatur	Wetterstation	A	Halbstündlich	±0,2 K
Niederschlag				±0,1 mm
Luftdruck		A	Halbstündlich	±2 hPa
Porenwasserdruck (piezometrische Höhe)	Absolutdruckgeber (geschlossenes System)	A	Halbstündlich	±5 hPa
Kanalwasserspiegel (offenes System)	Relativdruckgeber	A	Halbstündlich	±3 hPa
Horizontalverschiebung	Inklinometer	M	Halbjährlich	≤ ±5 mm
	Inklinometerkette	A	Halbstündlich	≤ ±10 mm
	Geodäsie/Trigonometrie	M	Halbjährlich	≤ ±5 cm
Vertikalverschiebung	Nivellement	M	Halbjährlich	±1–2 mm

M: manuelle Messung, A: automatisierte Messdatenerfassung

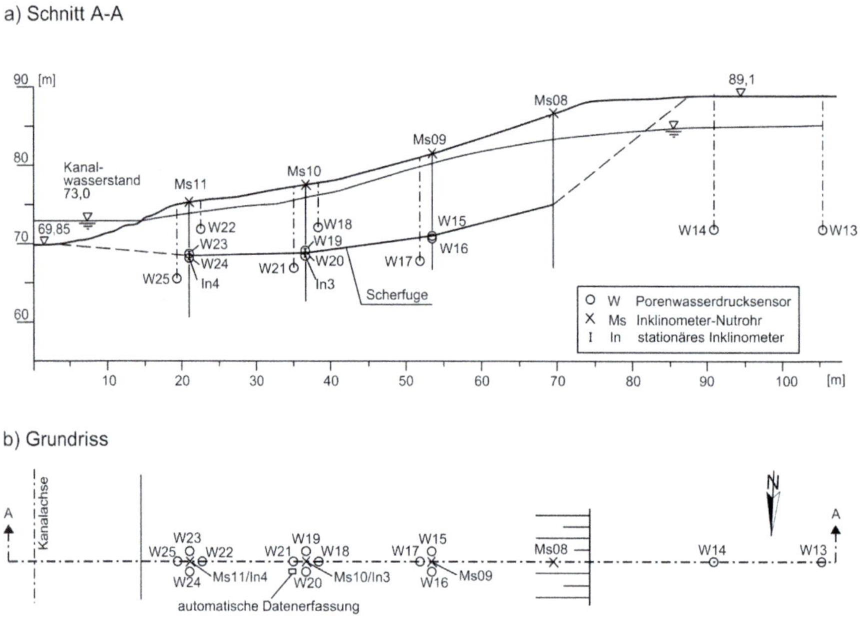

Abb. 6.15 Einschnittsböschung: Schnitt und Grundriss.

6.4.7 Fallbeispiel: Rutschhang (Hangrutschung)

Das Fallbeispiel „Rutschhang" wird am Beispiel der Massenbewegung Gradenbach erläutert. Abbildung 6.16 zeigt den Blick auf den Rutschhang von der Referenzstation R2.

Abb. 6.16 Massenbewegung Gradenbach, Blick auf den Rutschhang von der Referenzstation R2.

6.4.7.1 Wichtige Daten der Massenbewegung Gradenbach

Beobachtungszeitraum:	mit unterschiedlichen Messverfahren seit 1962,
Lage:	Großkirchheim, Kärnten, Österreich
Flächenausdehnung:	$\sim 2\,\text{km}^2$,
Tiefe:	Lage der Rutschfläche $\sim$ 130 m,
Höhe der GPS-Stationen:	1300–2300 m,
beteiligte Institutionen:	TU Graz, TU Wien, BFW (Bundesforschungszentrum für Wald).

6.4.7.2 Geotechnische Fragestellung

- Beurteilung der Zusammenhänge einzelner Messgrößen am Hang und dadurch das Erkennen von Anzeichen bevorstehender Rutschungen sowie die Verifikation der Effektivität von durchgeführten Schutzmaßnahmen (baulich und forsttechnisch),
- Vorschlag geeigneter Sanierungsvarianten,
- Beurteilung der Gefahr eines kompletten Abrutschens des Hanges.

Schwerpunkte der geotechnischen Messungen:

- Erfassung der Hangbewegung mittels GPS, Faseroptik und Totalstationen,
- Erfassung des Talzuschubes mittels Drahtextensometer.

Ergänzend dazu:

- Erfassung des Bergwasserstandes,
- Erfassung meteorologischer Daten (Temperatur, Niederschlag und Schneewasseräquivalente).

6.4.7.3 Messprogramm

Die Überwachung der Massenbewegung Gradenbach läuft seit den späten 1960er-Jahren. Die Messgrößen sind in Tab. 6.8 aufgeführt. Einen Überblick der Instrumentierung im Untersuchungsgebiet liefert Abb. 6.17.

Tab. 6.8 Messgrößen und eingesetzte Messverfahren.

Typische Messgröße	Messverfahren		Typische Messintervalle	Messunsicherheit
Gauß-Krüger-Koordinaten	GPS-Messungen	A	Permanent	±1 cm
Dehnung/Stauchung	Faseroptik	M	Jährlich für ~ 5 Tage	±2 μm
Länge	Drahtextensometer	M A	3–6 Tage 1 h	Variabel Variabel
Temperatur	Wetterstation	A	1 h	±0,2 °C[a)]
Niederschlag	Wetterstation	A	1 min	±0,1 mm[a)]
Grundwasserspiegel	Bohrlochpegel	A	1 h	±1 mm[a)]
Schneewasseräquivalente	Indirekte Messung über Schneehöhe und Gewicht	M	Wöchentlich im Winter	Variabel
Gauß-Krüger-Koordinaten	Terrestrische Messungen	M	Sporadisch im Zeitraum 1965–1991	
Geologische Strukturen	Seismik	M	Sporadisch im Zeitraum 2006–2012	

M: manuelle Messung, A: automatisierte Messdatenerfassung

a) bei optimalen Wetterbedingungen (kein Wind, kein Schnee bzw. Eis)

6.4.7.4 Interpretation der Messergebnisse

Der Hang weist eine permanente Rutschbewegung von ~ 10 cm pro Jahr, mit beschleunigten Phasen, auf. Die beschleunigten Phasen treten meist von Frühling – speziell bei starkem Hangwassereintrag aus Schneeschmelze und Niederschlag – bis in den Sommer auf. In manchen Jahren rutscht der Hang um bis zu 0,5 m mit einer maximalen täglichen Verschiebung von 1,2 cm. Der obere Teil beginnt zu rutschen, der untere folgt später, dafür länger.

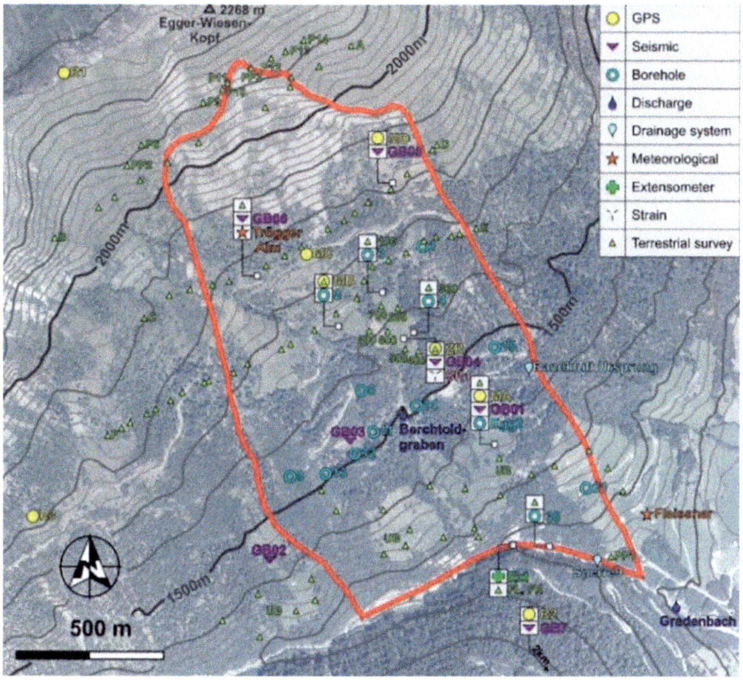

Abb. 6.17 Massenbewegung Gradenbach, Überblick über die Instrumentierung.

6.5 Talsperren, Dämme und Deiche

6.5.1 Ziel des Messprogramms

Talsperren speichern Wasser und damit große Energiemengen. Dämme und Deiche halten Wasser an Flüssen, schiffbaren Kanälen und Hochwasserrückhaltebecken zurück. Die Gebrauchstauglichkeit bzw. Standsicherheit solcher Anlagen hat insbesondere für An- und Unterlieger vor dem Hintergrund möglicher Auswirkungen bei Mängeln eine besondere Bedeutung. Deshalb werden solche Bauwerke in der Regel der höchsten Geotechnischen Kategorie 3 nach DIN EN 1997-1 zugeordnet. Ihre Zuverlässigkeit muss jederzeit gewährleistet sein.

Schäden an derartigen Bauwerken können insbesondere entstehen durch:

- außergewöhnlichen Sickerwasserdurchfluss durch das Absperrbauwerk oder den angrenzenden Baugrund, z. B. durch Nachlassen der Wirkung der Untergrundabdichtung oder Schäden am Dichtungssystem,
- Setzungsunterschiede oder Relativverschiebungen zwischen verschiedenen Bereichen der Konstruktion,
- erhöhten Sohlwasserdruck,
- Beeinträchtigung der Funktion des Drainsystems,
- unplanmäßige Überströmung des Kronenbereichs.

Ziel der Überwachung ist der praktische Nachweis der Zuverlässigkeit, d. h., sicherheitsrelevante Eigenschaften wie Festigkeit, Standsicherheit, Gebrauchstauglichkeit und Dauerhaftigkeit müssen in allen Bau- und Betriebsphasen jederzeit gewährleistet sein (DWA 2011a). Mithilfe des Messprogramms muss jede Veränderung des Sicherheitszustandes während des Baus und Betriebs rechtzeitig erkannt werden. Dazu ist ein Mess- und Kontrollsystem schrittweise mit dem Baubeginn einzurichten und für die gesamte Lebensdauer zu unterhalten. Dies umfasst den Betrieb der Messgeräte, die Wartung sowie die regelmäßige Durchführung von Messungen und Auswertungen.

Im Gegensatz zu einigen anderen Aufgabengebieten geotechnischer Messungen endet das Messprogramm an Talsperren, Dämmen und Deichen nicht mit dem Ende der Baumaßnahme, sondern wird – in angepasster Form – während der gesamten Betriebszeit von mehreren Jahrzehnten, gegebenenfalls auch über 100 Jahre weitergeführt. Ergänzende Hinweise zur Überwachung und Instrumentierung von Talsperren sind u. a. in DWA (2011a), ICOLD (2014), ICOLD (2009), ACSE (2000) und Schweizerisches Talsperrenkomitee (2006) zu finden. Normative Festlegungen zu Stauanlagen sind in DIN 19700-10:2004-07 (gemeinsame Festlegungen), DIN 19700-11:2004-07 (Talsperren), DIN 19700-12:2004-07 (Hochwasserrückhaltebecken), DIN 19700-13:2019-06 (Staustufen), DIN 19700-14:2004-07 (Pumpspeicherbecken) und DIN 19700-15:2004-07 (Sedimentationsbecken) enthalten.

6.5.2 Aufgaben- bzw. Problemstellung

Im vorliegenden Kapitel gelten die folgenden, im Wasserbau üblichen Definitionen: Staumauern bestehen aus Beton oder Mauerwerk, Dämme und Deiche sind aus Lockergestein hergestellte Bauwerke. Ein (Stau-)Damm muss der Einwirkung aus permanentem Einstau widerstehen. Ein Deich dient dem Schutz des Hinterlandes gegen Hochwasser oder Sturmfluten und wird demnach nur zeitweilig eingestaut (siehe auch DIN 4047-2:1988-11).

6.5.2.1 Messprogramm allgemein

Der Umfang des Messprogramms wird u. a. vom Aufbau und der Beanspruchung des jeweiligen Bauwerks bestimmt:

- Bei Talsperren (Staumauern, Staudämme oder kombinierte Bauformen) ist in der Regel ein umfangreiches Mess- und Kontrollprogramm vorzusehen. Empfehlungen dazu sind im Merkblatt DWA-M 514 (DWA 2011a), für kleine Talsperren und Hochwasserrückhaltebecken im Merkblatt DWA-M 522 (DWA 2015) gegeben.
- Bei kleineren Dämmen, die auf volle stationäre Durchströmung bemessen sind (z. B. homogener Damm, Deich), wird sich die Kontrolle hauptsächlich auf visuelle Dammbeobachtung stützen und nur ein relativ geringer messtechnischer Aufwand erforderlich sein.
- Bei komplexeren Konstruktionen (z. B. Verwendung von Dichtungselementen im Dammaufbau, Zonendamm, Außendichtung, massive Bauteile im Dammkörper) und erhöhtem Schadenspotenzial ist deren Funktionstüchtigkeit fortlaufend zu

kontrollieren, was den messtechnischen Aufwand erhöhen kann. Bei Unregelmäßigkeiten sind Sanierungsmaßnahmen rechtzeitig zu veranlassen.

Bei Stauhaltungsdämmen im Sinne der DIN 19700-13:2019-06 handelt es sich um eine Umschließung des aufgestauten Flusses vom Wehr bis zur Stauwurzel. Die nachfolgenden Anmerkungen gelten für diese Dämme nur eingeschränkt, weil Stauhaltungsdämme wegen ihrer geografischen Lage, Bauweise und -höhe in der Regel ein geringeres Schadenspotenzial aufweisen. Für die Konzeption von Kontrollprogrammen für Stauhaltungsdämme und Dammstrecken, die einen schiffbaren Kanal über Geländesenken führen, wird zusätzlich auf das BAW-Merkblatt MSV (BAW 2018) verwiesen. Darin werden für solche Dämme geomesstechnische Beobachtungssysteme gefordert, um Veränderungen bei der Dammdurchströmung zu erkennen, wie sie beispielsweise infolge einer Dichtungsleckage auftreten können. Ein Kontrollsystem ist auch bei in Dämmen angeordneten Bauwerken notwendig, da aufgrund bevorzugter Sickerwege an den Grenzflächen zwischen Bauwerk und Dammschüttung ein erhöhtes Gefährdungspotenzial besteht.

6.5.2.2 Messprogramm während der Erkundung und der Bauzeit

Die geotechnischen Messungen zur Erkundung des Baugrundes und zur Überwachung während des Einbaus unterscheiden sich nicht grundsätzlich von denen an anderen vergleichbaren Bauwerken. Hier sei auch auf die anderen Abschnitte in diesem Dokument verwiesen. Als Besonderheiten sind jedoch zu nennen:

- Im Hinblick auf das Gefährdungspotenzial von Talsperren, Dämmen und Deichen sind geotechnische Messungen zur Erkundung des Baugrundes und zur Überwachung während des Baus immer in einem angemessenen Umfang einzuplanen und auszuführen.
- Bei Staudämmen besteht das Baumaterial fast ausschließlich aus Lockergestein und ist damit – neben dem Baugrund – selbst unmittelbar Gegenstand geotechnischer Betrachtungen.
- Messeinrichtungen zur Überwachung während der Betriebszeit (wie im nachfolgenden Abschnitt beschrieben) sind bezüglich ihrer Dauerhaftigkeit auf die Lebensdauer des jeweiligen Bauwerks anzupassen. Messungen zur Erkundung der Baugrundverhältnisse oder zur Erfassung der Einbauparameter haben häufig nur zeitweiligen Charakter. Sollen derartige Messeinrichtungen in das dauerhafte Überwachungssystem eingefügt werden, so müssen sie – über die Anforderungen der Erkundung hinaus – entsprechend dauerhaft und leistungsfähig konzipiert werden und auch auf die Erfassung von Wechselwirkungen zwischen Bauwerk und Baugrund ausgelegt sein. Dies schließt einen entsprechenden Messbereich mit ein, der auch zukünftige Veränderungen abdeckt.
- Während der Erkundungsphase und der Bauzeit gewonnene Messdaten sind als Referenz- oder Vergleichswerte die Grundlage für die späteren Überwachungsmessungen. In diesem Fall sind die Anforderungen an die Qualität der Messungen auch durch die spätere Verwendung und nicht allein durch die Fragestellungen der geotechnischen Erkundung/Bauüberwachung definiert.

6.5.2.3 Messprogramm während des Probestaus und der Betriebszeit

Die messtechnische Überwachung ist ein wesentlicher, wenn auch nicht der einzige Bestandteil der Sicherheitsüberwachung von Talsperren, Dämmen und Deichen mit dem Ziel, das mit ihrem Betrieb verbundene Restrisiko zu minimieren. Neben der messtechnischen Überwachung kommt der visuellen Kontrolle eine zentrale Bedeutung zu. Messungen und Kontrollen ergänzen sich gegenseitig und geben zusammen ein Gesamtbild der Zuverlässigkeit der Anlage.

Die Überwachung der Bauwerke muss den örtlichen und konstruktiven Gegebenheiten sowie dem Gefährdungspotenzial angepasst sein. Sowohl das Kurzzeitverhalten als auch das Langzeitverhalten müssen erfasst werden. Das Verhalten der Bauwerke und des Untergrundes muss hinsichtlich sicherheitsrelevanter Eigenschaften ausreichend differenziert, vollständig erfasst und interpretiert werden können. Der Ausfall von Sicherungselementen muss rechtzeitig erkannt werden können. Grundsätzlich muss sichergestellt sein, dass mit den Ergebnissen der messtechnischen Überwachung eine Entscheidung darüber möglich ist, ob sich das Bauwerk samt Untergrund und Umgebung unter den gegebenen Einwirkungen erwartungsgemäß verhält und der sichere Betrieb gewährleistet werden kann.

Die Überwachungssysteme an Talsperren, Dämmen und Deichen müssen so angelegt sein, dass sie ihre Aufgaben für die gesamte Lebensdauer der Anlagen erfüllen können. Entsprechend langlebig und robust sind die Komponenten auszuwählen. In der Regel werden nur langfristig bewährte Messverfahren zum Einsatz kommen. Die Zugänglichkeit zum Zwecke der Nachrüstung bzw. zum einfachen Austausch muss bereits in der Planung berücksichtigt werden. Wenn Messeinrichtungen später nicht mehr zugänglich sind, sollten redundante Sensoren vorgesehen werden.

Das Mess- und Kontrollprogramm ist Bestandteil der Betriebsvorschrift bzw. des Talsperrenbuchs. Es ist individuell an die Bauwerke anzupassen, ständig zu aktualisieren, und es hat den Veränderungen, denen die Bauwerke unterworfen sind, Rechnung zu tragen.

6.5.3 Messungen

6.5.3.1 Zu erfassende Messgrößen

Bei der Überwachung von Talsperren und Dämmen ist es nicht sinnvoll, die rein geotechnischen Messziele/Fragestellungen von den sonstigen Messaufgaben (z. B. Verformungen von Massivbauwerken) und den visuellen Kontrollen zu trennen. Absperrbauwerk, Massivbauwerke, Untergrund und Umgebung sind als Einheit zu betrachten, ebenso sind zusätzliche betriebliche Fragestellungen (z. B. zum Nachweis der Gebrauchstauglichkeit) bei den Messungen zu berücksichtigen. Typische Messgrößen an Talsperren sind in Tab. 6.9 getrennt für Staudämme und Staumauern zusammengefasst.

6.5.3.2 Zu erwartende Messgrößenänderungen

Eine allgemeine Angabe der zu erwartenden Messgrößenänderungen für die verschiedenen Messverfahren ist nicht möglich. Verformungsbeträge reichen von Beträgen kleiner als 1/10 mm Verschiebungen im Felsuntergrund von Staumauern bis

Tab. 6.9 Typische Messgrößen an Dämmen und Staumauern.

Bereich	Damm, Staudamm	Staumauer, massive Dichtungselemente in Dämmen
Absperrbauwerk	• Horizontal- und Vertikalverformungen im Stützkörper des Dammes und an dessen Oberfläche • Setzungsunterschiede zwischen verschiedenen Bereichen der Dammkonstruktion oder innerhalb des Dichtungskerns • Porenwasserdruckverteilung (Dichtungskern, gegebenenfalls auch im Stützkörper) • Wasserstand im Stützkörper des Dammes (Verlauf der Sickerlinie) • Durchfluss von Sickerwasser (z. B. zum Nachweis der Wirksamkeit der Dichtungselemente)	• Horizontal- und Vertikalverschiebungen der Staumauer, insbesondere relativ zur Gründung • Neigungen/Durchbiegung der Staumauer oder des Dichtungselements in Dämmen (z. B. Schmalwand) • Relativbewegung an Feldfugen • Dichtheit der Fugendichtungen • Wirksamkeit der Drainage • Temperaturverlauf im Mauerkörper
Untergrund/ Baugrund	• Horizontal- und Vertikalverformungen im Untergrund • Setzungsunterschiede zwischen verschiedenen Bereichen • Potenzialabbau im Untergrund (Wirksamkeit der Untergrundabdichtung bzw. -drainage) • Durchsickerung des Untergrundes	Wie Staudamm, zusätzlich: • Spannungen, besonders am wasserseitigen Mauerfuß oder am Fuß des Dichtungselements • Sohlwasserdruck
Umgebung	• Ober- und Unterwasserstand, Luft- und Wassertemperatur, Niederschlagsmenge, Beschleunigung • Berg-/Grundwasserstand, gegebenenfalls Porenwasserdruck, vor allem an den Hängen und luftseitig des Absperrbauwerks, Luftdruck • Verformung der Stauraumhänge (insbesondere bei erstmaligem Einstau und im Lastfall „schnelle Spiegelsenkung“) zum Nachweis hinreichender Geländebruchsicherheit	

zu Verschiebungen im Dezimeterbereich im Stützkörper von Dämmen. Der Wasserstand in homogenen Dämmen und Deichen verhält sich völlig anders als derjenige von Dämmen/Deichen mit inneren Dichtungszonen oder Schüttkörpern mit Oberflächendichtung.

6.5.3.3 Gewählte Messverfahren

Die Auswahl der Messverfahren wird durch die vorgenannten Messziele (im Sinne von geotechnischen Fragestellungen) bestimmt. Die Messziele sind für die möglichen Betriebs- und Extremzustände (z. B. Hochwasser) zu formulieren. Danach ist zu entscheiden, mit welchem Messverfahren und Messsystem diese Ziele am besten erreicht werden können. Die am häufigsten angewendeten Messverfahren sind für Talsperren allgemein in Tab. 6.10, für Staudämme in Tab. 6.11 und für Staumauern in Tab. 6.12 aufgelistet.

Tab. 6.10 Häufig an Talsperren und Dämmen eingesetzte Messverfahren (unabhängig von der Bauweise).

Messziel	**Häufig genutzte Messverfahren an Talsperren und Dämmen**
Horizontal- und Vertikalverschiebungen an der Oberfläche	Geodätische Messverfahren (Präzisionsnivellement, trigonometrische Netzmessung, Alignement, GNSS-Verfahren)
Potenzialabbau im Untergrund	Manometer/Grundwasserpegel/Wasserdrucksensor (offenes oder geschlossenes System)
Durchsickerung der Dichtungselemente oder des Untergrunds	Sickerwasser-Messwehr, Gefäßmessung
Ortung von Leckagen	Längenverteilte faseroptische Temperaturmessung
Erfassung von Beschleunigungen	Beschleunigungssensor, Seismometer

Tab. 6.11 Zusätzlich an Dämmen eingesetzte Messverfahren.

Messziel	**Häufig genutzte Messverfahren an Talsperren und Dämmen**
Horizontal- und Vertikalverformungen im Stützkörper	Hydrostatisches Setzungsmesssystem, Inklinometer, Sonden- oder Stangenextensometer
Horizontal- und Vertikalverformungen im gründungsnahen Bereich und im Untergrund	Setzungsmessung in Messpegeln, Inklinometer
Porenwasserdruck in bindigem Material	Wasserdrucksensor (geschlossenes System)
Wasserstand im Stützkörper (Verlauf der Sickerlinie)	Offene Wasserdruckmessstelle, gegebenenfalls mit Wasserdrucksensor, an homogenen Dämmen oder bei sehr dichtem Stützkörpermaterial auch geschlossenes System

Zur großräumigen Erfassung von Verformungen von z. B. Stauraumhängen werden zunehmend auch Verfahren der Fernerkundung eingesetzt, wie z. B. satellitengestützte oder terrestrische Radarinterferometrie (InSAR) oder Laserscans (LiDAR) aus der Luft oder vom Boden.

Tab. 6.12 Zusätzlich an Staumauern eingesetzte Messverfahren.

Messziel	Häufig genutzte Messverfahren an Talsperren und Dämmen
Horizontal- und Vertikalverformungen im gründungsnahen Bereich und im Untergrund	Schwimmlot, gegebenenfalls mit selbstzentrierender Sonde, Sondenextensometer/Deflektometer
Neigungen/Durchbiegung	Pendellot, Inklinometer
Relativbewegung an Feldfugen	Fissurometer
Spannungsentwicklung im Untergrund	Spannungsmessgeber
Sohlwasserdruck	Manometer/Wasserdrucksensor (geschlossenes System) Offene Wasserdruckmessstelle, gegebenenfalls mit Wasserdrucksensor

6.5.3.4 Anordnung der Messinstrumente

Grundsätzliche Empfehlungen für die Ausstattung von Staumauern und -dämmen und Messhäufigkeiten sind in DWA (2011a) gegeben. Dort wird zwischen den verschiedenen Bauarten und -formen sowie Sanierungsvarianten unterschieden. Bestehende Anlagen sollten anhand dieser Empfehlungen überprüft werden. Dabei sind die an der jeweiligen Anlage bereits vorliegenden Kenntnisse und Erfahrungen auf angemessene Weise zu berücksichtigen.

Der Schwerpunkt der Überwachung am Bauwerk liegt häufig im gründungsnahen Bereich, während die Deformationen in Kronenhöhe durch äußere Einflüsse überlagert und meist weniger aussagekräftig sind.

Staumauern

Eine Empfehlung zur Anzahl von Messpunkten an Staumauern enthält Tab. 6.13. Ein Beispiel für die Anordnung der Messstellen an Staumauern gibt Abb. 6.18 wieder.

Dämme, Staudämme

Anhand der Durchlässigkeit des Stützkörpermaterials muss unter Beachtung der Hinweise im Abschn. 4.3.3.2 entschieden werden, ob die Wasserdruckmessstellen im Stützkörper von Staudämmen als offene oder geschlossene Systeme errichtet werden. Bei sehr dichtem Stützkörpermaterial (häufig an homogenen Dämmen anzutreffen) wird von offenen Systemen zur Erfassung der Sickerlinie abgeraten, da sie zu langsam reagieren und durch Niederschläge beeinflusst werden können.

Von übergeordneter Bedeutung ist die Erfassung der Einfluss- bzw. Wirkgrößen (Klima, Wasserstand, gegebenenfalls Beschleunigungen/Erdbeben). Neben dem Bauwerk und dessen Untergrund müssen auch der Stau- bzw. Retentionsraum und die Stauraumhänge in das Messprogramm einbezogen werden.

Tab. 6.13 Empfohlene Messpunktanzahl an Staumauern.

Messverfahren	Empfohlene Anzahl
Lotmessung	Je zwei Pendel- und Schwimmlote
Temperatursensor	Ein Messprofil
Präzisionsnivellement	Alle 2–3 Blöcke
Trigonometrische Messung	
Sickerwassermessstelle	Alle Drainagen, abschnittsweise im Kontrollgang und Sammelmessstelle
Geschlossene Wasserdruckmessstelle	3–5 Messquerschnitte mit jeweils 2–5 Messstellen, zusätzlich jeder zweite Block eine Messstelle

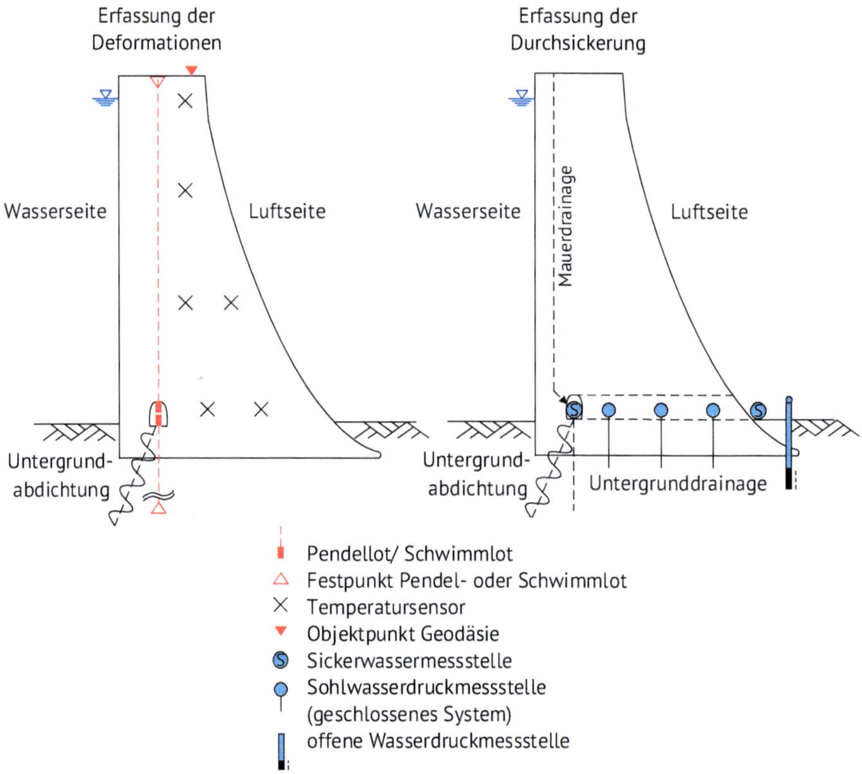

Abb. 6.18 Anordnung der Messstellen an Staumauern (Beispiel).

Empfehlungen zur Messpunktzahl und ein Beispiel für die Anordnung von Messstellen an Staudämmen enthalten Tab. 6.14 und Abb. 6.19.

6.5.3.5 Zeitlicher Ablauf der Messungen

Für die Beweissicherung und Erkundung müssen die Messungen bereits vor der Bauzeit beginnen. Um das saisonale Verhalten z. B. der Grundwasserstände zu verstehen, kann eine Vorlaufzeit von einigen Jahren erforderlich sein. Die Messungen des eigentlichen Bauwerksmonitorings starten so früh wie möglich in der Bauzeit.

Tab. 6.14 Empfohlene Messpunktanzahl an Staudämmen.

Messverfahren	Empfohlene Anzahl
Präzisionsnivellement	Mindestens drei Stück bzw. alle 50 m
Trigonometrische Messung	Mindestens drei Stück bzw. alle 50 m
Sickerwassermessstelle	Je eine Messstelle links und rechts des Vorfluters
Offene oder geschlossene Wasserdruckmessstelle	Mindestens drei Messprofile mit je mehreren Standrohren
Porenwasserdrucksensor, geschlossenes System	Mindestens drei Messprofile mit Sensoren in verschiedenen Höhen

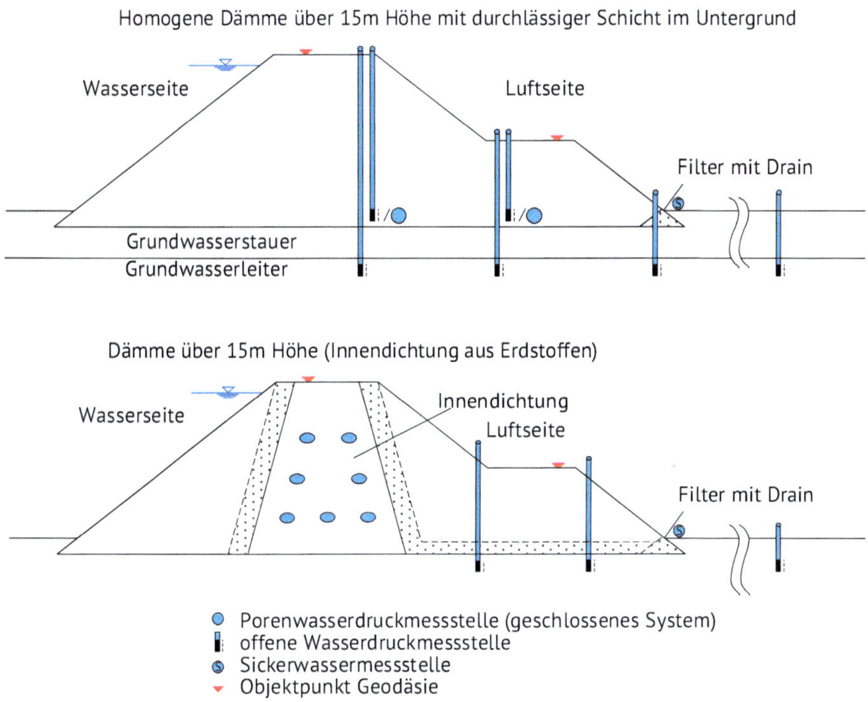

Abb. 6.19 Anordnung der Messstellen an Staudämmen (Beispiel).

Sie sind während des Probestaus (Ersteinstau oder Wiedereinstau nach Sanierungen) zu intensivieren und während der gesamten Betriebszeit der Anlage in angemessenem Umfang fortzuführen.

Nach einer Betriebszeit von einigen Jahren sollte überprüft werden, ob alle Messstellen nach Ende der Bauzeit bzw. der ersten Konsolidierungszeit zu einem weiteren Erkenntnisgewinn beitragen. Wo dies nicht der Fall ist, können Messungen zeitlich ausgedünnt oder teilweise eingestellt werden. Möglicherweise ist es sinnvoll, Messungen lediglich an Schlüsselpositionen langfristig weiterzuführen.

Messverfahren, die als Indikatormessverfahren direkt auf sicherheitsrelevante Veränderungen reagieren, sind täglich oder kontinuierlich zu messen. Ein Beispiel dafür ist die Messung der Sickerwassermenge an Staudämmen über 15 m Höhe mit Innendichtung aus Erdstoffen (siehe (DWA 2011a, S. 52ff)).

Bei Messergebnissen außerhalb des Erwartungsbereiches und bei außergewöhnlichen Ereignissen können auch zusätzlich angeordnete Messungen erforderlich werden. Dies sind Messungen, die über den Umfang des Mess- und Kontrollprogramms hinausgehen. Kriterien für zeitlich befristete Sondermessungen sind:

- abnorme Messergebnisse oder Beobachtungen (im Vergleich zu den prognostizierten Werten oder zum vorherigen Verhalten),
- Unsicherheit bei der bautechnischen Interpretation von Ergebniswerten,
- Hochwasser, ungewöhnliche Stauhöhen, Beckenentleerung,
- Erdbeben.

6.5.4 Auswertung und Interpretation der Ergebnisse

Alle Messwerte müssen zeitnah nach der Messung aufbereitet und bewertet werden, um jederzeit Aussagen über die Zuverlässigkeit der maßgebenden Bauwerke treffen zu können. Dies trifft auch auf automatisch erfasste Messwerte zu.

Alle Ergebniswerte des Messprogramms müssen während der Bau- und Betriebszeit der Bauwerke aufbewahrt werden.

Durch eine Messwertanalyse müssen sowohl plötzlich auftretende Abweichungen vom Normalverhalten als auch tendenzielle Abweichungen erkannt werden. Dies setzt voraus, dass der anhand der Messungen und visuellen Kontrollen festgestellte aktuelle Zustand mit dem zu erwartenden Zustand verglichen werden kann. Dementsprechend ist die Festlegung von Erwartungsbereichen für die Mess- oder Ergebniswerte, wie im Abschn. 5.7 beschrieben, erforderlich. Liegen Ergebniswerte außerhalb des Erwartungsbereiches, ist dies nicht zwangsläufig gleichzusetzen mit unzureichenden sicherheitsrelevanten Eigenschaften des Bauwerks. In diesem Fall sind die Auswirkungen auf die Sicherheit des Bauwerks durch einen sachkundigen Ingenieur zu beurteilen und über erforderliche Maßnahmen ist zu entscheiden. An Talsperren wird in Deutschland in der Regel jährlich ein Sicherheitsbericht Teil B nach DIN 19700-12:2004-07, Abschn. 10.4 bzw. DVWK (1995, S. 1) erstellt. Eine vertiefte Überprüfung wird in der Regel nach DVWK (1995, S. 4) alle zehn Jahre bzw. nach außergewöhnlichen Ereignissen durchgeführt.

6.5.5 Hinweise zur Verarbeitung der Messdaten

An Talsperren, Dämmen und Deichen sind sowohl manuelle, teilautomatisierte als auch automatisiert ausgeführte Messungen anzutreffen. Für Details der Datenverarbeitung wird auf Kap. 7 verwiesen.

Wichtige Messverfahren mit Indikatorcharakter (z. B. Sickerwasserabflussmessungen) erfolgen zumindest an Talsperren zumeist automatisiert und sind als Realtime-Daten in der Steuerzentrale einsehbar. Anhand vorgegebener Erwartungsbereiche in Form von Schwellen-, Eingreif- und Alarmwerten können diese im Online-Processing direkt zur Signalisierung außergewöhnlicher Zustände genutzt werden.

6.5.6 Fallbeispiel

Das Fallbeispiel „Talsperren (Staudämme)" wird am Beispiel der Hauptsperre des PSW Goldisthal erläutert (Abb. 6.20):

Abb. 6.20 PSW Goldisthal, Blick auf den Damm der Hauptsperre (Unterbecken).

6.5.6.1 Wichtige technische Daten der Hauptsperre des PSW Goldisthal

Bauzeit:	1998–2002,
Bauart:	Staudamm als Steinschüttdamm, Oberflächendichtung aus Asphaltbeton mit kontrollierter Drainschicht, Drainausmündungen in den Kontrollgang,
Hauptnutzung:	Unterbecken des Pumpspeicherwerks,
Höhe über Gründung:	67 m,
Kronenlänge:	220 m,
Material des Stützkörpers:	Steinschüttmaterial (Phycodenschiefer, Quarzit- und Porphyroidmaterial),
Untergrund:	Quarzite und quarzitstreifige Schluffschiefer.

6.5.6.2 Geotechnische Fragestellung

Beurteilung der Zuverlässigkeit (Standsicherheit, Gebrauchstauglichkeit, Dauerhaftigkeit) im Rahmen der Sicherheitsüberwachung von Talsperren. Dazu muss sowohl das Kurzzeit- als auch das Langzeitverhalten der Talsperre ausreichend differenziert erfasst werden.

Schwerpunkte der geotechnischen Messungen:

- Durchsickerung der Dichtung,
- Wirksamkeit der Untergrundabdichtung,
- Verformungen des Stützkörpers allgemein und als Relativbewegungen im Anschluss an Massivbauwerke (Kontrollgang),
- Potenzialabbau im Untergrund.

Die Überwachung der Hauptsperre des PSW Goldisthal umfasst den Zeitraum seit dem Bau, den Probestau und die gesamte bisherige Betriebszeit. Die Instrumentierung der Hauptsperre des PSW Goldisthal ist in Abb. 6.21 skizziert. Sie erfolgt nach einem durch die Thüringer Stauanlagenaufsicht bestätigten Mess- und Kontrollprogramm. Mit Blick auf diese Fragestellungen wurde ein Messprogramm entworfen, das in der nachfolgenden Tab. 6.15 zusammengefasst ist.

Tab. 6.15 Übersicht über das Messprogramm der Hauptsperre des PSW Goldisthal.

Typische Messgröße	Messverfahren		Typische Messintervalle	Messunsicherheit
Temperatur, Niederschlag	Wetterstation	A	Permanent	0,5 K 0,5 mm
Stauhöhe	Autom. Beckenpegel, Pegellatte	A, M	Täglich/permanent	1–2 cm
Horizontalverschiebung der Dammkrone	Geometr. Alignement	M	Vierteljährlich	2 mm
	Trigonometrie	M	Halbjährlich	2 mm
Vertikalverschiebung	Präzisionsnivellement	M	Vierteljährlich	0,8 mm
	Magnetsetzungslot	M	Vierteljährlich	4 mm
	Offene Überlaufschlauchwaage	M	Vierteljährlich	10 mm
Wasserdruck im Untergrund (Potenzialabminderung)	Geschlossene Systeme:			
	Manometer	M	Monatlich	2 kPa
	Wasserdrucksensor	A	Täglich	2 kPa
Grundwasserstand	Offener Grundwasserpegel	M	Monatlich	10 mm
Sickerwasserabfluss Dichtung	Füllzeitmessung	M	Monatlich	Variabel
Sickerwasserabfluss gesamt	Messwehr	A	Permanent	Variabel

M: manuelle Messung, A: automatisierte Messdatenerfassung

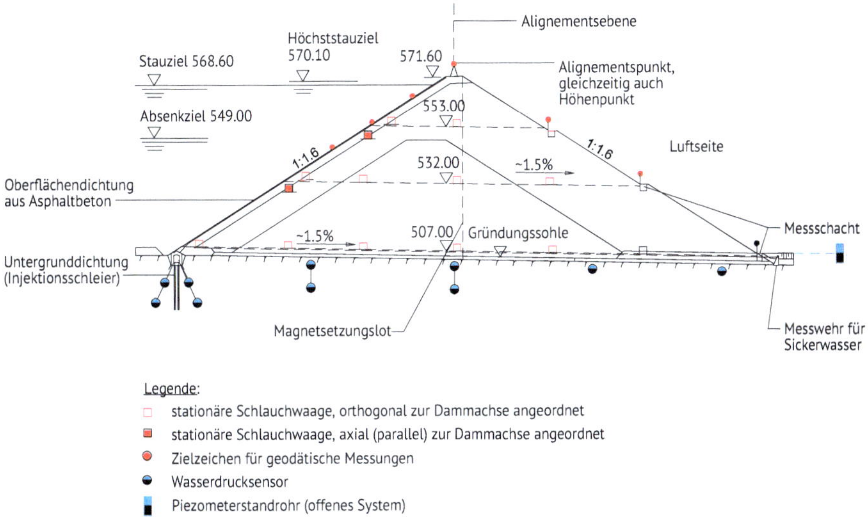

Abb. 6.21 Instrumentierung der Hauptsperre des PSW Goldisthal.

6.5.6.3 Interpretation der Messergebnisse

Die Grundsätze der Auswertung und Interpretation der Messergebnisse am PSW Goldisthal sind im Mess- und Kontrollprogramm festgelegt. Folgende schrittweise aufeinander aufbauende Auswerteschritte werden durchgeführt:

- unmittelbar nach der Messung bzw. in regelmäßigen Intervallen (z. B. wöchentlich): Aufbereitung, grafische Aufbereitung und messtechnische Bewertung, Vergleich mit Erwartungs- oder Signalwerten, Plausibilitätskontrolle durch das Messpersonal,
- regelmäßige verantwortliche Interpretation unter Einbeziehung der Wirkgrößen durch den Verantwortlichen für Bauwerksüberwachung (monatlich),
- jährliche bautechnische Beurteilung im Rahmen eines Sicherheitsberichts,
- vertiefte Überprüfung der Messergebnisse in ihrer Gesamtheit etwa alle zehn Jahre.

6.6 Tunnel

6.6.1 Ziel des Messprogramms

Geotechnische Messungen im Tunnelbau erfüllen in der Regel mehrere Ziele. Während der Bauphase muss durch Messungen fortlaufend die Standsicherheit der Bereiche nahe der Ortsbrust und rücklaufend im teilfertiggestellten Tunnel kontrolliert werden. Weiterhin geben die Messungen Aufschluss darüber, ob das angestrebte Lichtraumprofil des fertiggestellten Tunnels eingehalten wird. Insbesondere im konventionellen Tunnelbau sind untertägige Messungen häufig unabdingbar, um die geotechnischen Planungsparameter fortlaufend zu überprüfen und gegebenenfalls schnell mit geeigneten Maßnahmen beim laufenden Vortrieb eingreifen zu können. Dies gilt sowohl für tiefliegende als auch für innerstädtische Tunnelbauten.

Bei tiefliegenden, langen Tunneln wird durch untertägige Messungen direkt die Beobachtungsmethode angewandt, da aufgrund nicht exakt vorhersehbarer Änderungen von geologischen und hydrogeologischen Eigenschaften des Baugrundes auf Vortriebsmethodik und Ausbaucharakteristik reagiert werden muss.

Obertägige Messungen verfolgen z. B. das Ziel, den Einfluss der Drainagewirkung des Tunnelbaus auf das hydrogeologische Gesamtsystem des durchörterten Gebirges nachzuweisen. In seltenen Fällen liegen auch sensible bestehende Bauwerke, wie z. B. Wasserkraftanlagen, im Einflussbereich des Vortriebes, welche dann verstärkt überwacht werden müssen.

Beim innerstädtischen Tunnelbau nehmen neben den untertägigen Messungen, wie z. B. auch der Beobachtung von benachbarten untertägigen Hohlraumbauten, die baubegleitenden obertägigen Messungen an der bestehenden Infrastruktur eine zentrale Rolle ein, um potenzielle Schäden und Gefährdungen frühzeitig zu erkennen.

Im maschinellen Tunnelbau ist die Durchführung von untertägigen geotechnischen Messungen häufig eingeschränkt oder schlecht möglich. Gerade beim Vortrieb mit geschlossenen Schildmaschinen erfolgt der einschalige Ausbau des Tunnels direkt im Schutz des Schildes, wodurch Messungen im Baugrund nahezu ausgeschlossen sind. Der Ortsbrust vorauseilend können gegebenenfalls Sondierbohrungen erstellt werden, um geologische und hydrogeologische Annahmen zu überprüfen. Weiterhin wurden in jüngster Zeit seismische Verfahren entwickelt, um z. B. Karsträume vorab detektieren zu können (Bruns et al. 2008).

In einigen Fällen ist eine verstärkte messtechnische Beobachtung von Tunnelbauwerken auch nach der Fertigstellung erforderlich, z. B. wenn quellfähige oder druckhafte Gebirgsformationen durchörtert wurden, oder ein erhöhter Wasserdruck auf die Tunnelschale entstehen kann, falls Drainagesysteme ihre Wirksamkeit im Laufe der Zeit verlieren.

6.6.2 Untertägige Messungen

Mit untertägigen Messungen werden im Weiteren Messungen beschrieben, welche direkt im Portalbereich und innerhalb eines Tunnels erfolgen. Messungen in Bohrungen von der Geländeoberfläche werden nachfolgend den obertägigen Messungen zugeordnet.

6.6.2.1 Aufgaben- bzw. Problemstellung für untertägige Messungen

Eine zentrale Aufgabe des verantwortlichen Personals im Tunnelbau besteht darin, die Sicherheit der Arbeiten unter Tage beim Tunnelvortrieb sowohl im direkten Bereich der Ortsbrust als auch nachlaufend im teilfertigen Zustand zu gewährleisten. Untertägige Messungen bieten neben visueller Beurteilung des Gebirges und des Ausbaus die Möglichkeit, die Standsicherheit fortlaufend zu beurteilen. Durch das

Festlegen von Schwellen- und Alarmwerten auf entsprechende Messwerte kann ein Gefährdungspotenzial schnell erkannt werden.

Beim Erreichen von Schwellenwerten müssen geeignete Maßnahmen ergriffen werden, um die temporäre Tragsicherheit in der Bauphase gewährleisten zu können (z. B. Verstärkung der Ankerung, Verringerung des Bogenabstands etc.). Gerade im innerstädtischen Tunnelbau sind Deformationen generell auf ein Minimum zu reduzieren.

Beim Tunnelbau mit hoher Überlagerung und großen Deformationen ist es durch den Vergleich der Messergebnisse mit den tunnelstatischen Berechnungen möglich, die Ausbauklassen frühzeitig so anzupassen, dass aufwendiges Nachprofilieren zum Erhalt des nötigen Lichtraumprofiles verhindert werden kann. Durch die Beobachtung der abklingenden Verformungen kann schlussendlich beurteilt werden, wann der früheste Zeitpunkt zum Einbau der Innenschale erreicht ist und diese nicht überlastet wird.

Zusammengefasst erfüllen untertägige Messungen folgende Aufgaben:

- Überwachung von benachbarten unterirdischen Sparten/Bauwerken,
- Überprüfung der Prognosen durch Vorauserkundung vorab der Ortsbrust,
- Hilfsmittel zur Optimierung/Anpassung der Ausbauklassen während der Bauzeit,
- Beobachtung des Langzeitverhaltens nach der Fertigstellung,
- Kontrolle vorgegebener Grenzwerte.

6.6.2.2 Zu erfassende untertägige Messgrößen

Eine Wahl der zu erfassenden untertägigen Messgrößen muss für jedes Tunnelbauvorhaben gesondert getroffen werden und kann nicht pauschal vorgegeben werden. Je nach Projekt spielen hierbei geologische und hydrogeologische Gegebenheiten mit den zugehörigen Überlagerungshöhen ebenso eine entscheidende Rolle wie die gewählte Vortriebsmethode, die gewählte Ausbaumethode und eine mögliche Gefährdung angrenzender Bebauungen bzw. Infrastrukturen. Die Tab. 6.16 zeigt typische Messgrößen auf, welche im Vortriebsbereich erfasst werden sollten. Einflüsse auf die Umwelt durch die Baumaßnahme werden in der Regel durch obertägige Messungen erfasst.

Zu erwartende Messgrößenänderungen unter Tage

Eine Berechnung für die zu erwartenden Messgrößenänderungen ist auf Basis der Prognosemodelle bezüglich des Baugrunds und der Ausbaumethode in der Planungsphase zwingend erforderlich. Aufgrund dieser Berechnungen ist es möglich, geeignete Messsysteme entsprechend der Messaufgabe auszuwählen. Die Festlegung von Grenzwerten zu den Messgrößen ermöglicht zielgerichtete Reaktionen im Bedarfsfall.

Gewählte untertägige Messverfahren

Die Wahl der Messverfahren wird durch die projektabhängigen, geotechnischen Fragestellungen sowie die zu erwartenden Größenordnungen, die bei den einzelnen Messgrößen prognostiziert werden, bestimmt.

Tab. 6.16 Typische Messgrößen.

Bereich	**Messgrößen**
Oberfläche/Kontur	• Radialverformungen • Konvergenzen • Verformungen der Ortsbrust
Fels/Baugrund	• Tiefenabhängige Radialverformungen • Tiefenabhängige Verformungen vorab der Ortsbrust • Grundwasserverhältnisse in radialen Bohrungen (Fluss, Druck) • Grundwasserverhältnisse in Bohrungen vorab der Ortsbrust (Fluss, Druck)
Ausbaukomponenten	• Ankerkräfte • Rohrschirmverformung
Ausbau	• Radialspannung auf die Tunnelschale • Tangentialspannung in der Tunnelschale
Bauhilfsmaßnahme	• Temperaturüberwachung Vereisungs- bzw. Frostkörper • Überwachung Baugrundverbesserungsmaßnahmen
Vorauserkundung	• Ermittlung von Primärspannungen im Fels • Ermittlung von Verformungs- und Elastizitätsmodul • Hydraulische Versuche (Durchlässigkeit, Druck, Wasserandrang) • Seismische Vorauserkundung

Anordnung der untertägigen Messinstrumente

Nachfolgend werden beispielhaft die Anwendung und die mögliche Anordnung einer Auswahl zuvor genannter Messsysteme dargestellt. Die Darstellungen erheben keinen Anspruch auf Vollständigkeit und Regelcharakter. Die Abb. 6.22 zeigt beispielsweise einen Messquerschnitt zur Erfassung von Verformungen im Gebirge und an der Ausbruchssicherung. Weiterhin werden auftretende Spannungen in und am Übergang der Ausbruchssicherung erfasst.

Die dargestellten Messungen in Abb. 6.23 skizzieren Verformungsmessungen an und vorab der Ortsbrust sowie Messungen in einzelnen Rohren eines Rohrschirmes.

Installation der untertägigen Messsysteme und zeitlicher Ablauf der Messungen

Die Installation der Messsysteme sollte möglichst zeitnah am vorgegebenen Querschnitt erfolgen. Im Vordergrund steht hierbei aber immer die Sicherheit des Vortriebs- und Instrumentierungspersonals. Das bedeutet, eine primäre Sicherung des Ausbruchsquerschnitts muss vor der Installation der Messsysteme sichergestellt sein. Vortriebsstillstände durch die Instrumentierung sind in Kauf zu nehmen und schon in der Ausschreibungsphase zu berücksichtigen.

Die verbauten Messinstrumente müssen nach der Installation vor mechanischen Einflüssen wie z. B. dem Aufbringen von Spritzbeton oder gegen die Explosions-

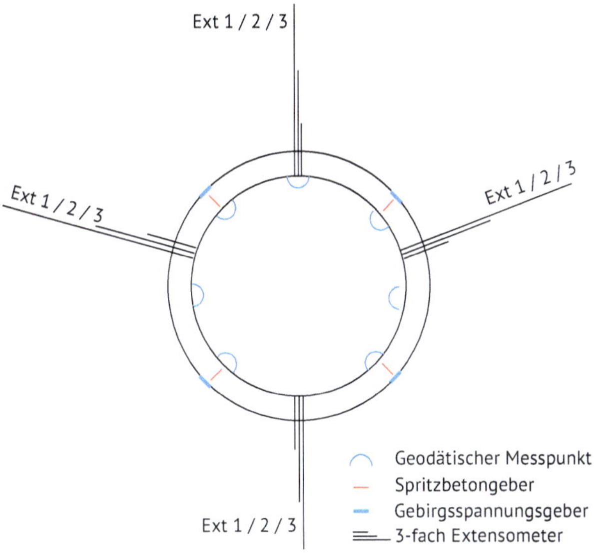

Abb. 6.22 Exemplarischer untertägiger Messquerschnitt.

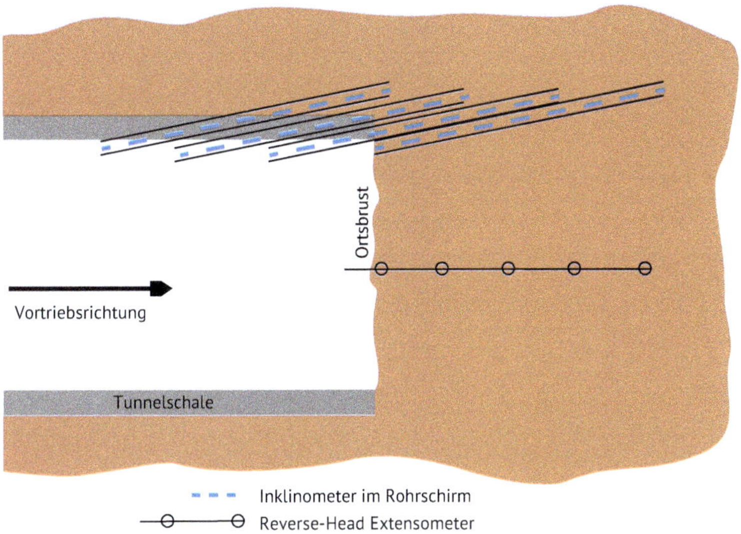

Abb. 6.23 Exemplarische Verformungsmessungen vorab der Ortsbrust in Tunnellängsrichtung.

wucht bei Sprengungen geschützt werden bzw. für solche Anforderungen geeignet sein. Gerade bei Messungen in Bohrlöchern ist es meist nicht mehr möglich, Schäden an den Messinstrumenten nachträglich zu beheben.

Idealerweise erfolgen die Messungen im Nahbereich der Ortsbrust möglichst vor und unmittelbar nach jedem neuen Abschlag. Zeitliche Einschränkungen ergeben sich durch die vorab zu erstellenden primären Sicherungsmaßnahmen.

Tab. 6.17 Häufig genutzte Messverfahren.

Messziel	Messverfahren bzw. -systeme
Messung von Verformungen an der Ausbruchskontur	• Geodätische Messverfahren (Tachymetrie, Laserscanning) • Distometer, Konvergenzmessband
Tiefenabhängige Fels- bzw. Baugrundverformung	• Extensometer (radial) • Reverse-Head-Extensometer (radial oder vorab der Ortsbrust) • Linienweise Verformungsmessung mit manuellen Messsonden (radial oder vorab der Ortsbrust)
Grundwasser	• Wasserdruckmessung mittels Piezometer • Örtlich aufgelöste Wasserdruckmessung mittels Packersystemen • Wasserzufluss mittels Durchflussmesser • Örtlich aufgelöste Wasserzuflussmessung mittels Packersystemen
Ankerkraft	• Ankerkraftmessdosen • Messanker
Verformungen im Rohrschirm	• Manuelle Messungen mit Horizontalinklinometersonde • Automatische Horizontalinklinometerketten
Gebirgsspannung	• Gebirgsdruckgeber am Übergang Gebirge/Ausbau
Betonspannung/ -dehnung	• Spritzbeton-/Betondruckgeber
Zustand Frostkörper	• Temperaturmessketten • Faseroptische Temperaturmessung
Primäre Felsspannung	• Hydraulic fracturing • Überbohrmethode • Bohrlochschlitzsonde
Verformungs- bzw. E-Modul	• Dilatometerversuche • Lastplattenversuche
Karsterscheinungen	• Seismische Messverfahren • Hydraulische Versuche mit Packersystemen

Um eine hohe Informationsdichte in der Erfassung von sicherheitstechnisch relevanten Messungen und deren zeitlichen Entwicklung nach einem Abschlag zu erzielen, ist es von Vorteil, die eigentliche Messung, wenn möglich, zu automatisieren und auf Datenloggern zu speichern. Darüber hinaus können auch automatische Datenübertragungen eingerichtet werden, wenn eine Onlineüberwachung erforderlich sein sollte.

6.6.3 Zu erfassende obertägige Messdaten

Mit obertägigen Messungen werden im Weiteren Messungen beschrieben, welche an der Oberfläche oder von der Oberfläche aus installiert und ausgeführt werden.

6.6.3.1 Aufgaben- bzw. Problemstellung für obertägige Messungen

Obertägige Messungen dienen dazu, Informationen zur Beurteilung der Standsicherheit an der Oberfläche im Einflussbereich einer Tunnelbaustelle bereitzustellen. Die kritischsten Momente treten auf, wenn sich der Vortrieb den gefährdeten Infrastrukturbauten oberhalb der Tunnelbaustelle nähert bzw. darunter hinweg fährt. Ziel muss es sein, die Tragsicherheit des Untergrundes und der darüberliegenden Bebauung sowie deren Gebrauchstauglichkeit nicht zu gefährden. Durch entsprechend geplante Messkonzepte und deren Umsetzung kann bei Näherung des Vortriebes auf einsetzende Verformungen an der Geländeoberfläche frühzeitig reagiert werden (vgl. Abschn. 2.3). In bestimmten stark gefährdeten Bereichen müssen Bauhilfsmaßnahmen wie z. B. Kompensationsinjektionen geplant werden, um prognostizierte Setzungen vorab auszugleichen und gegebenenfalls während und nach dem Vortrieb weiter reagieren zu können. Die Messungen dienen in diesem Fall der Steuerung von Baumaßnahmen (vgl. Abschn. 2.6). Je nach Beschaffenheit des Baugrundes kommt auch der Kontrolle der Grundwasserverhältnisse bzw. der Wasserhaltung eine maßgebende Rolle zu, um die Sicherheit der Vortriebsarbeiten zu gewährleisten.

6.6.3.2 Zu erfassende obertägige Messgrößen

Wie bei den untertägigen Messungen kann eine Wahl der zu erfassenden obertägigen Messgrößen nicht pauschalisiert werden. Die Baugrundverhältnisse und die Überlagerungshöhe über der Tunnelfirste sind entscheidend für mögliche Gefährdungsbilder. Hinzu kommt die Ausbildung der statischen Systeme zu unterfahrender Bauten, welche durch ihre Eigenheiten mehr oder weniger große Risiken zum Versagen in Tragfähigkeit oder Gebrauchstauglichkeit aufweisen. Die Tab. 6.18 zeigt typische Messgrößen, welche beim Tunnelbau durch obertägig ausgeführte Messungen häufig von Interesse sind.

Zu erwartende obertägige Messgrößenänderungen

Die Wahl der Messverfahren wird durch die projektabhängigen, geotechnischen Fragestellungen sowie die zu erwartende Größenordnung, die bei den einzelnen Messgrößen prognostiziert sind bzw. nicht überschritten werden dürfen, bestimmt.

Gewählte obertägige Messverfahren

In Abhängigkeit der zu erfassenden Messgrößen kommen unterschiedliche Messverfahren und Messsysteme zum Einsatz. Die Tab. 6.19 zeigt hierzu eine Zusammenstellung.

Tab. 6.18 Typische Messgrößen.

Bereich	Messgrößen
Oberfläche und Infrastruktur	• Setzungen • Verdrehungen • Hebungen
Baugrund	• Setzungen • Tiefenabhängige Setzungen (Auflockerungen) • Verschiebungen • Grundwasserstände • Porenwasserdrücke
Bauhilfsmaßnahmen	• Temperatur von Vereisungs- bzw. Frostkörpern • Hebungsüberwachung von Kompensations-/Hebungs-injektionen • Überwachung Grundwasserhaltung (Wassermenge, Grundwasserstände, Materialabzug)

Tab. 6.19 Häufig genutzte Messverfahren und -systeme.

Messziel	Messverfahren bzw. -systeme
Messung von Verformungen an der Oberfläche und an Gebäuden	• Geodätische Messverfahren (Nivellement, Tachymetrie, Laserdistanzmessung) • Schlauchwaagen • Horizontalinklinometer
Tiefenabhängige Baugrundverformung	• Extensometer • Sondenextensometer • Vertikalinklinometer
Grundwasser	• Pegelmessungen • Piezometermessungen • Durchflussmessungen
Bauhilfsmaßnahmen	• Temperaturüberwachung • Injektionsdrücke und -mengen

Anordnung der obertägigen Messinstrumente

Nachfolgend werden beispielhaft die Anwendung und die mögliche Anordnung einer Auswahl zuvor genannter Messverfahren dargestellt. Die Darstellungen erheben keinen Anspruch auf Vollständigkeit und Regelcharakter. Die Abb. 6.24 zeigt einen typischen obertägig installierten Messquerschnitt im innerstädtischen Tunnelbau. Hierbei werden vertikale Verformungen des Baugrundes infolge des Vortriebs sowohl an der Oberfläche als auch abschnittsweise im Baugrund erfasst. Durch zusätzliche Neigungsmessungen entlang von Bohrlochachsen erhält man Informationen von möglichen horizontalen Verschiebungen des Baugrundes im Einflussbereich des Vortriebs.

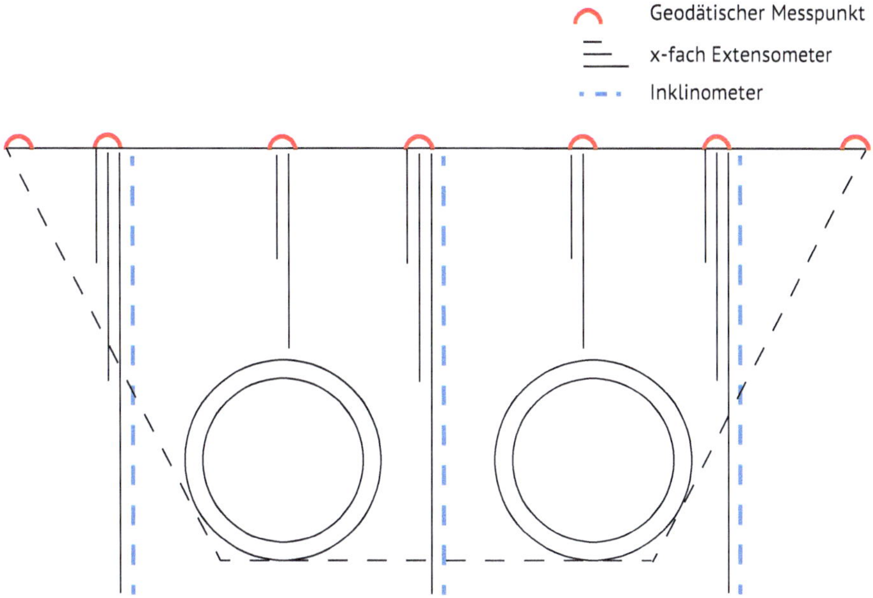

Abb. 6.24 Exemplarischer obertägiger Messquerschnitt.

Installation der Messsysteme und zeitlicher Ablauf der obertägigen Messungen
Die Installation der Messsysteme sollte mit genügend Vorlauf zum Vortrieb erfolgen, um den Einfluss von „natürlichen" Effekten wie z. B. Temperaturänderungen, Grundwasserstand etc. als gegebene Ganglinien registrieren zu können.

Schon in der Planungsphase ist zu überprüfen, inwieweit diverse Messsysteme aufgrund der örtlichen Gegebenheiten eingesetzt werden können und mit welchem Aufwand dies verbunden ist.

Die verbauten Messinstrumente müssen nach der Installation vor mechanischen Einflüssen wie z. B. Verkehr, Witterungseinflüssen oder Vandalismus und Diebstahl geschützt werden. Gerade bei Messungen in Bohrlöchern ist es meist nicht mehr möglich, Schäden an den Messinstrumenten nachträglich zu beheben, im Bedarfsfall werden aufwendige Ersatzmaßnahmen notwendig.

Sobald der Vortrieb im Einflussbereich der zu beobachtenden Messquerschnitte liegt, erfolgen die Messungen mit erhöhtem Messrhythmus. Bei sicherheitsrelevanten Fragestellungen und Unsicherheiten des Gesamtsystems in der Interaktion Baumaßnahme-Baugrund-Überbauung sind automatisierte Messungen mit automatischem Datentransfer zu empfehlen. Somit ist es möglich, ein Grenzwert- und Alarmsystem aufzubauen, um frühzeitig auf außerplanmäßige Gegebenheiten reagieren zu können.

6.6.4 Auswertung und Interpretation der Ergebnisse

Tunnelbau ist im Regelfall eine Linienbaustelle im Untergrund, bei der es mehr oder weniger große Lücken in der Prognose zum Baugrund gibt. Daher wird hier oftmals die Beobachtungsmethode angewendet, da aufgrund dieser Baugrundunsicherheit, jedoch auch bei gut prognostizierten Bereichen mit schwierigen Baugrundverhältnissen, eine zeitnahe Auswertung und Interpretation der gewonnenen geotechnischen Parameter und Messergebnisse obligatorisch ist. Der fortlaufende Bewertungsprozess dieser gewonnenen Messdaten im Vergleich zu den Prognosemodellen ist im Tunnelbau unabdingbar, um die Sicherheitskriterien einzuhalten und das Restrisiko für das Baustellenpersonal und die Umgebung (bestehende Bebauung) auf ein Minimum zu reduzieren.

6.6.5 Hinweise zur Verarbeitung der Messdaten

Kontinuierlich erfasste Messdaten werden automatisch gespeichert. Die Ergebnisse händischer Messungen müssen nachgetragen werden. Für Details der Datenverarbeitung wird auf Kap. 7 verwiesen.

6.7 Untertägiger Hohlraumbau

6.7.1 Ziel

Untertägige Hohlräume werden mit unterschiedlichen Zielstellungen erstellt. Sie können ausschließlich der Erkundung des Bau- und Untergrundes dienen oder werden zur Gewinnung von Rohstoffen (Tief- und Tagebau, Lösungsbergbau) aufgefahren. Aber auch für den Betrieb von Energieerzeugungsanlagen, für die Vorratshaltung, für die Speicherung von Energie(stoffen) und zur Entsorgung von Abfallstoffen werden untertägige Hohlräume genutzt. Die Vielfältigkeit der Nutzungsarten setzt unterschiedliche Anforderungen an die untertägigen Hohlräume, z. B. hinsichtlich Größe, Form, Ausdehnung, Teufe und Herstellung, voraus. Unter Berücksichtigung des jeweiligen Spannungs- und Verformungsverhaltens des Gebirges sind unterschiedliche Wirkungen bezüglich der zu erwartenden Spannungsänderungen und Verformungen zu erwarten. Vor diesem Hintergrund sind geeignete Messprogramme zu planen und auszuführen, die den jeweiligen Anforderungen unter Berücksichtigung der individuellen Messziele und betrieblichen Randbedingungen gerecht werden.

Die geotechnischen Messungen sind zur Überwachung der Hohlräume hinsichtlich der Standsicherheit sowie ihrer Gebrauchstauglichkeit erforderlich. Ergänzend werden die Messungen zur Beobachtung von Reaktionen des Gebirges, der Grubenbaue und der Tagesoberfläche auf bergtechnische Maßnahmen eingesetzt. Auch für die Nachweisführung im Rahmen von Schadensfällen nehmen geotechnische Messungen eine wichtige Rolle ein. Ergänzend werden geotechnische Messungen im untertägigen Hohlraumbau für die Charakterisierung des Gebirges und evtl. für die Bestimmung von Gebirgskennwerten herangezogen.

Im Hinblick auf die Wetterführung, die Fahrung, den Transport und die Förderung ist im untertägigen Hohlraumbau die Überwachung der Grubenraumdeformationen notwendig, da die Unterschreitung eines lichten Mindestquerschnittes zu einer Beeinträchtigung der Zufuhr von Frischwettern bzw. der Abfuhr von Abwettern führen kann. Ungleichmäßige Verformungen können zu Störungen in der Förderung (z. B. Bandanlagen, Rohrleitungen) bzw. zu einer Beschädigung des Fahrweges führen. Im Lösungsbergbau ist die Kenntnis der Ausdehnung des erstellten Hohlraumes (Kaverne) zwingend notwendig, damit der Sicherheitsabstand zu benachbarten Kavernen oder besonderen geologischen Schichten/Formationen bzw. Feldesgrenzen nicht unterschritten wird. Bei der Nutzung von Kavernen als Rohstoff- oder Energiespeicher ist die kontinuierliche Kenntnis über das für die Speicherung zur Verfügung stehende Volumen während der Betriebsphase schon allein aus wirtschaftlichen aber auch aus sicherheitstechnischen Gründen sicherzustellen. Basierend auf den Messergebnissen zur Verformung der Grubenräume kann eine Abschätzung bzw. Berechnung des gesamten Grubenvolumens sowie seiner zeitlichen Änderungen und anschließend ein Vergleich mit den Ergebnissen für die Oberflächenabsenkungen erfolgen.

Ein auf die Zielstellung angepasstes Messprogramm für untertägige Hohlräume kann auf einen Zeitraum bis zu mehreren Jahrzehnten oder sogar über ein Jahrhundert ausgelegt sein, wenn die Phasen der Planung, der Ausführung, des Betriebes sowie die Nachbetriebsphase erfasst werden.

6.7.2 Aufgaben- bzw. Problemstellung

Geotechnische Messungen zur Bestimmung der Gebirgs- bzw. Baugrundeigenschaften in Verbindung mit der Ableitung charakteristischer Materialkennwerte (thermisch, mechanisch, hydraulisch und geochemisch) sind ein wesentlicher Bestandteil der Planung. Ferner ist der Spannungszustand des Gebirges als Einflussgröße auf die bergtechnischen Maßnahmen zu ermitteln. Werden Messsysteme zeitlich nach der Auffahrung von Grubenräumen eingerichtet, kann nur noch ein Teil der gesamten initiierten Verformungen sowie Druck- und Spannungsänderungen erfasst werden. Wenn Umlagerungsprozesse bereits im Vorfeld von Auffahrungen erfasst werden sollen, sind spezielle Messprogramme zu entwickeln.

Sowohl während der Auffahrung bzw. der Bauphase als auch während des Betriebs untertägiger Hohlräume sind geotechnische Messungen zur Überwachung des wechselseitigen Tragverhaltens von Baugrund und Ausbau erforderlich. Der Vergleich von Planungs- und Messergebnissen kann zu einer Optimierung der Auffahrmethode und des erforderlichen Ausbauaufwandes führen.

Zum Schutz der Beschäftigten sowie zur Vermeidung innerer Bergschäden (siehe Bundesberggesetz (BBergG)) ist während der Betriebsphase eine kontinuierliche Überwachung der Hohlräume erforderlich. Dabei ist die Einhaltung der bei der Planung festgelegten Beanspruchungs- oder Verformungsgrenzen sowie die Entwicklung der hydraulischen Bedingungen und Eigenschaften messtechnisch zu prüfen oder nachzuweisen. Darüber hinaus sind Überwachungsmessungen zur Gewährleistung der Gebrauchstauglichkeit von Grubenbauen (z. B. Mindestquerschnitt für Fahrung und Bewetterung oder Speichervolumen von Kavernen) erforderlich.

Der Schutz Dritter gegenüber schädlichen Einwirkungen durch den bergmännischen Hohlraumbau erfordert eine messtechnische Überwachung der Hohlräume und der Tagesoberfläche während der Bau- und Betriebsphase und evtl. auch in einer Nachbetriebsphase.

Bei hohen Sicherheitsanforderungen und bei einer geforderten hohen Verfügbarkeit von Messergebnissen ist auf eine Redundanz der Messsysteme zu achten. Dabei können verschiedene Messmethoden (z. B. hydraulisch und elektrisch bzw. geomechanisch und geophysikalisch) zum Einsatz kommen.

6.7.3 Messungen

Die Messungen im untertägigen Hohlraum werden im Wesentlichen durch das jeweilige Projektziel und durch die anzuwendenden Kriterien bzw. die Größe der Messintervalle bestimmt.

6.7.3.1 Messungen im Grubengebäude

Die Auffahrung und der Betrieb untertägiger Hohlräume führt zu Umlagerungsprozessen im Gebirge, die durch Spannungsänderungen und Verformungen erkennbar sind. Sie dauern solange an, bis ein neuer Gleichgewichtszustand erreicht ist. Diese Umlagerungsprozesse können zu Gebirgszuständen führen, welche die Sicherheit der Belegschaft und der Tagesoberfläche sowie die Gebrauchstauglichkeit des Grubengebäudes gefährden. Daher ist eine messtechnische Beobachtung der Grubenräume und des Gebirges notwendig, damit solche sicherheitsgefährdende oder den Gebrauch einschränkende Zustände frühzeitig erkannt und verhindert bzw. minimiert werden. Darüber hinaus sind Messungen im untertägigen Hohlraumbau wichtig für die Erkundung und Charakterisierung des Gebirges sowie als Grundlage für die Prognose der zu erwartenden Spannungsänderungen und Verformungen.

Zu erfassende Messgrößen im Grubengebäude

Für jede untertägige Anlage sind die zur ermittelnden Messgrößen, Messlokationen, Messeinrichtungen und der jeweilige Messaufwand (z. B. Anzahl der Messlokationen, Messzyklen) separat in Abhängigkeit von geologischen Randbedingungen, Nutzung der Hohlräume und zu erwartendem Gefahrenpotenzial festzulegen. Die Tab. 6.20 enthält exemplarisch typische Messgrößen für untertägige Hohlräume.

Installation und Anordnung der Messsysteme im Grubengebäude

In zugänglichen Grubenräumen (Schächte, Strecken, Gewinnungsräume) kann die Verformung der Grubenräume durch Konvergenzmessungen ermittelt werden. Die Messpunkte – meist als Messbolzen ausgebildet – werden mit dem Gebirge bzw. mit dem Ausbau/Bauwerksteil dauerhaft und fest verbunden. In nicht ausgebauten Hohlräumen kann es sinnvoll sein, die Messbolzen außerhalb der Auflockerungszone (EDZ) zu verankern. In der Betriebsphase ist darauf zu achten, die Messbolzen nicht in den Hohlraum überstehen zu lassen, da sonst Beschädigungen der Messstelle durch Fahrzeuge auftreten können. Vor der Nullmessung ist auf ein ausreichendes Aushärten des Mörtels (Zement, Kunstharz o. ä.) in der Ankerbohrung bzw. des Ausbaustoffes bei Integration der Messpunkte in den Ausbau zu achten. Im Allgemeinen sollten eine vertikale und eine horizontale Konver-

Tab. 6.20 Typische Messgrößen im Grubengebäude.

Bereich	Messgrößen
Zustandsbeschreibung	• Primärspannungen im Gebirge (Größen und Richtungen) • Verformungskennwerte • Hydraulische Zustände und Eigenschaften (Durchlässigkeit, Druck, Fließgeschwindigkeit, Zutrittsmengen) • Temperaturverteilung
Hohlraumkontur	• Konvergenz • Punktverschiebung (Hebung/Senkungen, Lageänderung) • Hohlraumvolumen • Temperatur- und Feuchtigkeitsentwicklung • Beobachtung von Trennflächen (Klüfte, Risse, Schichtgrenzen etc.)
Gebirge	• Gebirgsverformung • Spannungsänderung • Vorverformung des Gebirges • Senkung und Hebung des Gebirges • Auflockerung und Rissbildung • Änderungen der hydraulischen Zustände und Eigenschaften • Temperaturänderungen
Ausbau	• Radiale und tangentiale Ausbaubeanspruchung • Ankerkräfte

genzmessstrecke in einem Messprofil vorgesehen werden, damit Unterschiede in der Verformungsrichtung erfasst werden können (vgl. Abb. 6.25, linke Seite). Zur Bestimmung unsymmetrischer Verformungen ist die Anordnung zusätzlicher diagonaler Messstrecken vorteilhaft (vgl. Abb. 6.25, rechte Seite). Eine Kombination der Konvergenzmessungen mit geodätischen Messverfahren (z. B. Nivellement, Lageänderungsmessung, Laserscanning) ist dann vorzusehen, wenn die Bestimmung relativer Konvergenzen durch absolute Punktverschiebungen (z. B. Hebungen oder

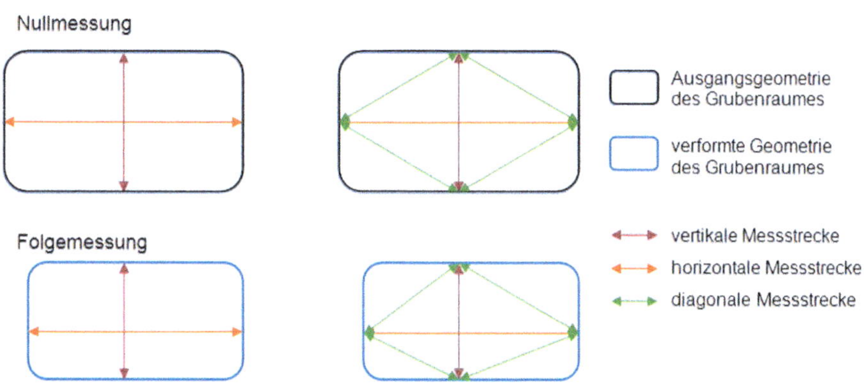

Abb. 6.25 Anordnung von Konvergenzmessstrecken.

Senkungen) ergänzt werden soll. Gegebenenfalls sind dann bei der Installation der Konvergenzmessquerschnitte sogenannte Kombibolzen zu verwenden.

Hebungen oder Senkungen von Messpunkten werden durch Nivellements bestimmt. Die Nivellements sind an höhenmäßig bekannten Festpunkten zu lagern. Sollte nur ein bekannter Festpunkt für eine Messung zur Verfügung stehen, kann das Nivellement ausgehend von diesem Festpunkt über die Messpunkte zu diesem Festpunkt zurückgeführt werden. Diese Nivellementsschleife ermöglicht nur die Kontrolle der Messung. Eine Höhenänderung des Festpunktes (z. B. durch Baumaßnahmen) kann dagegen nicht erkannt werden. Besser geeignet ist daher die Messung eines Nivellementszuges (Abb. 4.31), bei der das Nivellement bei einem bekannten Festpunkt beginnt und einem weiteren bekannten Festpunkt abgeschlossen wird.

Die Festlegung der Messlokationen wird maßgeblich durch das Ziel der Messungen bestimmt. Im Rahmen einer Erkundung und einer Bauwerksüberwachung sollten die Messquerschnitte mit ungefähr gleichen Abständen in den Grubenräumen angeordnet werden. Die Abstände richten sich nach den Ergebnissen der geologischen Erkundung. Eine solche Anordnung ermöglicht eine statistische Bewertung der Messergebnisse sowie die Identifizierung besonderer Gebirgs- oder Grubenraumbereiche mit erhöhten oder verminderten Verformungen. Eine Verdichtung der Messpunkte kann durch kleinräumige Änderungen der geologischen Verhältnisse (z. B. Wechsel geringmächtiger Schichten), besondere geometrische Bedingungen (Änderungen des Grubenraumquerschnittes, Streckenabzweige) oder durch die Ergänzung anderer Messverfahren (z. B. Extensometer- oder Fissurometermessungen) notwendig oder sinnvoll werden.

Für die Beobachtung von Trennflächen kommen üblicherweise Fissurometer bzw. Rissmeter oder sogenannte Rissspione zur Anwendung (Abb. 6.26). Die Messeinrichtung wird möglichst senkrecht zur Ausbisslinie der Trennfläche angeordnet und mit den durch die Trennfläche getrennten Gebirgskörpern fest verankert bzw. verklebt.

Mit eindimensionalen Fissurometern bzw. Rissmetern wird die Relativverschiebung längs der Messeinrichtung und somit üblicherweise die Verformung bzw. Verschiebung senkrecht zur Ausbisslinie der Trennfläche mit einer Messuhr oder mit einem Wegaufnehmer erfasst. Bei 2-D-Fissurometern bzw. 2-D-Rissmetern wird

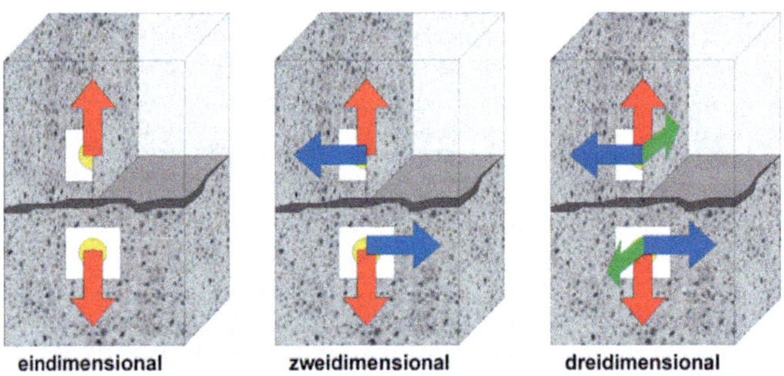

Abb. 6.26 Beobachtung von Trennflächen.

durch die Anordnung einer zweiten Messrichtung unter einem bestimmten Winkel eine Querverformung der Trennfläche gemessen. Mit Rissspionen werden die Verformungen einer Trennfläche in der Ebene der Grubenraumkontur beobachtet (zweidimensional). 3-D-Fissurometer haben drei Messrichtungen, die senkrecht aufeinander ausgerichtet sind, sodass die Verformung senkrecht zur Ausbisslinie der Trennfläche und die beiden Querverformungen erfasst werden.

Neben den Messsystemen an der Grubenraumkontur werden auch Messeinrichtungen im Gebirge angeordnet. Dabei ist auf einen möglichst gebirgsschonenden Einbau zu achten, damit die Gebirgseigenschaften an der Messlokation möglichst nicht verändert werden und nur minimale Spannungsänderung infolge der Installation hervorgerufen werden. Dazu zählt auch das gebirgsschonende Herstellen der Hohlräume zur Aufnahme der Messsysteme (z. B. Bohrlöcher), deren Größe auf die Messgeber abzustimmen und so klein wie möglich zu wählen ist.

Zur Erfassung von radialen Gebirgsdeformationen werden Extensometer nach DIN EN ISO 18674-2:2017-03 eingesetzt. Die Ankerpunkte der Extensometer bzw. die Längen der Verbindungselemente können bei bekanntem Baugrund bereits bei der Konfektionierung vom Hersteller fixiert werden. Bestehen dagegen noch Unsicherheiten bezüglich des Untergrundes (Fazieswechsel, Diskontinuitäten und andere geologische Besonderheiten) sollten die Ankerpunkte bzw. Längen der Messgestänge in gewissen Grenzen variabel sein und die exakte Position der Ankerpunkte erst nach Erstellung einer Kernbohrung und/oder einer visuellen Erfassung der Bohrlochwand zur detaillierten Erkundung bei der Installation in der Bohrung fixiert werden. Für die Fixierung der Ankerpunkte ungeeignete Bereiche können so gemieden werden.

Sind im Bereich des Messobjektes Temperaturänderungen zu erwarten, sind diese mit Sensoren am Extensometerkopf und an den Ankerpunkten zu erfassen und die Verformungsmessdaten dem Temperaturverhalten des Messsystems entsprechend zu korrigieren (Temperaturkompensation). Der Extensometerkopf am Bohrlochmund sollte durch geeignete Abdeckungen oder durch eine Fixierung hinter der Grubenraumkontur vor mechanischer Beanspruchung geschützt werden.

Es ist sinnvoll, die Extensometermessungen mit Konvergenzmessungen zu kombinieren (Abb. 6.27). Die Messlinie kann so auf die Grubenräume erweitert bzw. es können mehrere Extensometer über Grubenräume hinweg messtechnisch verbunden werden. Die Kombination der Extensometermessungen mit geodätischen/

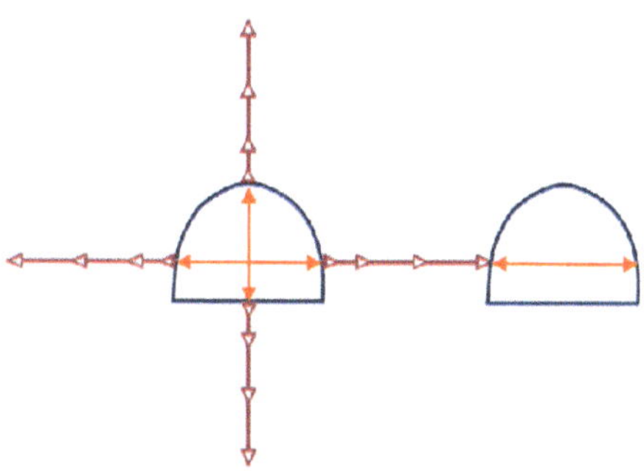

Abb. 6.27 Kombination von Extensometer- mit Konvergenzmessungen.

markscheiderischen Messungen (z. B. Tachymetermessungen) ermöglicht die Bestimmung der Messkopfverschiebung. Hierfür ist der Extensometerkopf mit einer geeigneten Einrichtung zur Ankopplung des Messbandes bzw. Messdrahtes oder eines Reflektors auszustatten.

Hebungen und Senkungen im Gebirge können mit Extensometern auch mit näherungsweise horizontal eingebauten Inklinometern und Deflektometern erfasst werden. Mit Deflektometermessungen ist zusätzlich die Bestimmung der Auslenkung quer zur Messlinie möglich. Bei stationären Inklinometern oder Deflektometern sind die Abstände benachbarter Auflagerpunkte so zu wählen, dass beim Einbau ein Blockieren der Messsonden sowie ein Durchhängen oder sogar Aufliegen der Verbindungselemente auf der Innenseite des Messrohres vermieden werden. Nach DIN EN ISO 18674-3:2020-06 werden maximale Basislängen von 3 m empfohlen. Bei mobilen Messgeräten sind die Messlinien mit der Sonde schrittweise abzufahren. Nach DIN EN ISO 18674-3:2020-06 muss die Schrittweite der Sondenlänge entsprechen.

Für die Erfassung von Spannungsänderungen im Gebirge oder im Ausbau können z. B. Druckkissen, elektrische Dehnungsmessstreifen, induktive Geber, Schwingsaiten und spannungsoptisch aktive Materialien als Spannungsmesseinrichtungen eingesetzt werden. Bei der Installation der Messgeber ist die Spannungsrichtung zu beachten.

Die Spannungsgeber sind tiefen- und richtungsorientiert zu installieren. Um einen möglichst guten Formschluss zu erzielen, sind Resthohlräume zwischen den Spannungsgebern und dem Gebirge zu verfüllen. Dabei ist die Steifigkeit des Verfüllmaterials an die Steifigkeit des Gebirges anzupassen. Gegebenenfalls kann ein expandierender Verfüllstoff verwendet werden oder ein Nachverpressen erfolgen. Einzelheiten zum Einbau sind u. a. in DIN EN ISO 18674-5:2020-02 geregelt. Die gleichzeitige Erfassung von Spannungsänderungen in verschiedenen Richtungen kann durch sogenannte Spannungsmonitorstationen erfolgen (vgl. Abschn. 4.3.2.6 und 4.3.2.7 sowie Abb. 4.48). Diese Spannungsmonitorstationen bestehen aus mehreren Druckkissen, die auf einer Trägerkonstruktion in verschiedenen Richtungen fest angeordnet sind.

Spannungsmessungen im Ausbau erfolgen oft durch Druckkissen, die meist radial und tangential angeordnet werden. Aber auch Druckmessdosen werden mit entsprechender Orientierung im Ausbau zur Erfassung der Beanspruchung integriert. Eine Skizze zur exemplarischen Anordnung von Druckkissen in einer Ausbauschale enthält Abb. 6.28.

Vor der Nullmessung müssen abbindende Baustoffe für den Ausbau bzw. zur Verfüllung der Resthohlräume ausreichend erhärtet sein, damit beim Messvorgang keine irreversible Verformung durch eine geringfügige Aufweitung des Druckkissens auftritt. Einzelheiten sind in Abschn. 4.3.2.6 beschrieben.

6.7.3.2 Messungen an der Tagesoberfläche

Die Auffahrung untertägiger Hohlräume hat langfristig Gebirgsbewegungen in Richtung der Hohlräume zur Folge, die sich an der Geländeoberfläche durch Sen-

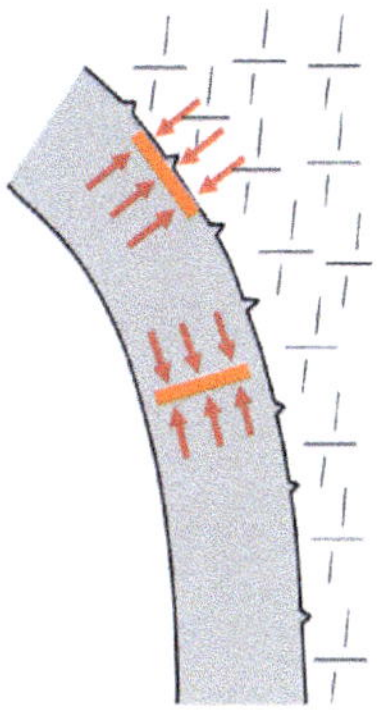

Abb. 6.28 Exemplarische Anordnung von Druckkissen in einer Ausbauschale.

kungen bemerkbar machen können. In Einzelfällen können unvorhergesehene Verbrüche im Untergrund auch zu sogenannten Tagesfällen/Tagbrüchen führen.

Höhenänderungen der Tagesoberfläche haben selbstverständlich Auswirkungen auf die Gewässer. Die Bebauung kann durch solche Senkungen der Tagesoberfläche in Mitleidenschaft gezogen werden, die mit kostspieligen Reparaturarbeiten oder Entschädigungszahlungen durch den Betreiber des Untertagebetriebes verbunden sein können. Eine messtechnische Überwachung der Tagesoberfläche ist daher vor dem Hintergrund der Beweissicherung erforderlich, um festzustellen, ob Schäden an der Tagesoberfläche tatsächlich im Zusammenhang mit dem bergmännischen Hohlraum stehen. Ferner ermöglichen die übertägigen Messungen eine Abschätzung der zukünftigen Entwicklung bzw. der noch zu erwartenden Senkungen.

Zu erfassende Messgrößen an der Tagesoberfläche

Für die messtechnische Erfassung von Veränderungen der Tagesoberfläche durch untertägigen Hohlraumbau werden Hebungen und Senkungen sowie Lageänderungen von Messpunkten erfasst.

Installation und Anordnung der Messsysteme an der Tagesoberfläche

Die messtechnische Beobachtung der Tagesoberfläche erfolgt beim untertägigen Hohlraumbau üblicherweise durch ein Nivellement. Dazu werden entlang von Messlinien die Lokationen mehrerer Messpunkte festgelegt, deren Höhenänderungen mit der Zeit bestimmt werden. Diese Messlinien sollten außerhalb des durch den bergmännischen Hohlraumbau beeinflussten Bereiches an das geodätische Höhenfestpunktnetz angeschlossen sein. Die Höhenmesspunkte können unterschiedlich ausgebildet sein. Bei der Installation ist darauf zu achten, dass die Höhenfestpunkte möglichst im festen Untergrund verankert sind und keine äußeren Einflüsse (z. B. Hangbewegungen, Grundwasserstandwechsel) zu einer Verfälschung der Messwerte führen. Die Lokationen der Höhenfestpunkte sollten weitestgehend an Orten der öffentlichen Hand gewählt werden, um Zugangsverbote auf Privatgrundstücken zu vermeiden. Darüber hinaus sollte eine einfache Zugänglichkeit der Messpunkte (z. B. Straßen- oder Wegesrand) bei der Festlegung der Messpunkte berücksichtigt werden.

Die Beobachtung der Tagesoberfläche mithilfe von Satelliten (z. B. Radarinterferometrie) ist ein relativ junges Messverfahren, das in den letzten Jahren auch durch die hohe Verfügbarkeit und die Erhöhung der Messgenauigkeit zunehmend an Bedeutung gewinnt. Dabei werden bereits vorhandene Reflektoren (z. B. Straßen, Dächer) für die Messung genutzt und deren Lageänderung durch Folgemessungen bestimmt. Die Genauigkeit des Verfahrens ist dabei begrenzt, kann aber durch die Installation spezieller technischer Reflektoren deutlich erhöht werden. Bewaldetes Gebiet oder landwirtschaftliche Nutzflächen können für die Bewertung und Interpretation nicht herangezogen werden (siehe auch Abschn. 4.3.1.4).

6.7.3.3 Zu erwartende Messgrößenänderungen

Änderungen der zu erfassenden Messgrößen im untertägigen Hohlraumbau können nicht im Voraus angegeben werden. Sie werden durch die Gebirgseigenschaften, die Teufe, die Größe, Form und Anordnung der Grubenräume, die Temperatur sowie von der Art und Dauer der Nutzung der Strecken, Kammern oder Kavernen bestimmt. Die Auswahl der Messsysteme hat daher auf der Grundlage von Prognoseberechnungen im Rahmen der Planung und Erkundung projektkonkret zu erfolgen. Im Gewinnungsbergbau erfolgt die Auswahl oft auch aufgrund von Erfahrungen und Expertenwissen.

6.7.3.4 Zeitlicher Ablauf der Messungen

In der Regel sind Messungen im untertägigen Hohlraumbau erst nach der Auffahrung der zu überwachenden Grubenräume bzw. unmittelbar nach einem Abschlag im Nahbereich der Ortsbrust möglich. Dabei sind Sicherungsmaßnahmen zum Schutz der Vor-Ort-Belegschaft vor der Installation der Messsysteme zu treffen. Für die Erfassung von Spannungsänderungen und Verformungen im Vorfeld von Auffahrungen sind spezielle Messprogramme zu entwickeln (vgl. Fallbeispiel Abschn. 6.7.4).

Die Häufigkeit der Messungen wird durch das Ziel des Messprogramms, die Art des Grubenraumes, die bereits aufgetretenen und noch zu erwartenden Messgrößenänderungen sowie durch die sicherheitstechnischen Anforderungen im Bereich der Messlokation bestimmt. Eine einheitliche Angabe zu Messzyklen kann daher nicht angegeben werden. Die Messdichte ist in regelmäßigen Abständen zu prüfen und bei Bedarf anzupassen. Generell ist eine möglichst lückenlose Erfassung der Umlagerungsprozesse vom Beginn der Erstellung über die Betriebsphase bis zum Abwerfen eines Grubenraumes anzustreben. Auch Messungen in der Nachbetriebsphase sind üblich, wenn weitergehende Auswirkungen auf das Gebirge und die Tagesoberfläche zu erwarten sind bzw. der Schutz von Dritten zu gewährleisten ist.

Langzeitmessungen sind durch Referenz- oder Vergleichsmessungen in regelmäßigen Abständen zu überprüfen. Darüber hinaus können Sondermessungen außerhalb des geplanten Messzeitplans bei der Bewertung und Interpretation der Messergebnisse hilfreich sein oder beim Auftreten von außergewöhnlichen Ereignissen erforderlich werden.

6.7.3.5 Auswertung und Interpretation der Messergebnisse

Die erfassten Messwerte sind generell möglichst zeitnah zu den Messungen aufzubereiten und zu bewerten. Momentane oder tendenzielle Abweichungen vom erwarteten Verhalten können so frühzeitig identifiziert und evtl. im Zusammenhang mit anderen Messergebnissen und visuellen Befunden bewertet und interpretiert werden.

Die Analyse von absoluten Messdaten muss nicht immer zielführend sein, da auch Einflüsse durch die Größe der Grubenräume zu berücksichtigen sind. Insbesondere bei einer vergleichenden Analyse von Verformungsmessungen ist bei wechselnden Grubenraumgeometrien respektive Messstreckenlängen die Berechnung der Messstreckenverzerrungen als Verhältnis von Längenänderung zu Messstreckenlänge zu empfehlen.

Bei der Beobachtung von Verformungen von Trennflächen sind sowohl die räumliche Orientierung der Messeinrichtung als auch das Einfallen und Streichen der Trennfläche möglichst exakt zu bestimmen. Dadurch ist eine Transformation der gemessenen Relativverschiebungen in die Orientierung der Trennfläche möglich und die Trennflächenöffnung sowie die Verformungen oder Verschiebungen im Streichen und im Einfallen der Trennfläche können ermittelt werden.

6.7.4 Fallbeispiel

Das Felslabor Mont Terri wurde in den Jahren 2018/2019 erweitert. Die Auffahrung der Strecken und Nischen erfolgte maschinell mit einer Teilschnittmaschine (Abb. 6.29). Zur Erfassung der durch die Auffahrung induzierten, mechanisch-hydraulisch gekoppelten Prozesse im Tonstein wurde ein Streckenabschnitt von 30 m Länge instrumentiert.

Abb. 6.29 Teilschnittmaschine für die Streckenauffahrung im Mont Terri Rock Laboratory.

6.7.4.1 Wichtige technische Daten der überwachten Strecke (Gallery18 – Section MB-A)

Bauzeit:	2018–2019,
Bauart:	teilmechanisierte Streckenauffahrung mit Teilschnittmaschine im Opalinuston,
Hauptnutzung:	Infrastruktur (Fahrung, Bewetterung, Transport),
Ausbruchhöhe:	5,40 m,
Ausbruchbreite:	5,40 m,
Ausbau:	Anker und Spritzbeton,
Gebirge:	Opalinuston (Jura).

6.7.4.2 Geotechnische Fragestellung

Welche hydromechanischen Prozesse werden bei der Auffahrung einer Strecke im Tongestein aktiviert? Wie entwickelt sich das langfristige Gebirgsverhalten? Beurteilung der Zuverlässigkeit (Tragsicherheit, Gebrauchstauglichkeit, Dauerhaftigkeit) im Rahmen der Überwachung des untertägigen Hohlraumes? Ergänzend zur Erfassung von Kurzzeit- und Langzeitverhalten der Strecke sind die hydraulischen und mechanischen Prozesse sowie deren Wechselwirkung in Abhängigkeit vom anisotropen Gebirgsaufbau messtechnisch zu identifizieren.

Schwerpunkte der geotechnischen Messungen:

- Verformung des Gebirges,
- Änderungen der Totalspannungen,
- Änderungen der Porenwasserdrücke.

Tab. 6.21 Messprogramm zur Beobachtung des Gebirgsverhaltens.

Typische Messgröße	Messverfahren		Typische Messintervalle	Messunsicherheit
Horizontalverschiebung	Extensometer	A	Halbstündlich bis täglich	±0,10 mm
Vertikalverformung	Inklinometer	A	Halbstündlich bis täglich	±0,03°
Spannungsänderung	Hydraulische Druckkissen	A	Halbstündlich bis täglich	±0,1 bar
Porendruckänderungen	Piezometer	A	Halbstündlich bis täglich	±0,1 bar
Verschiebungen der Streckenkontur	Tachymetermessung	M	Wöchentlich bis vierteljährlich	
Temperatur	Temperatursensor	A		±0,3°

M: manuelle Messung, A: automatisierte Messdatenerfassung

Die messtechnische Erfassung wurde rd. sechs Monate vor der Auffahrung des Überwachungsbereiches begonnen und noch mehrere Jahre nach der Auffahrung weitergeführt. Die Instrumentierung des überwachten Gebirgsbereichs gemäß dem Messprogramm in Tab. 6.21 wird in Abb. 6.30 verdeutlicht.

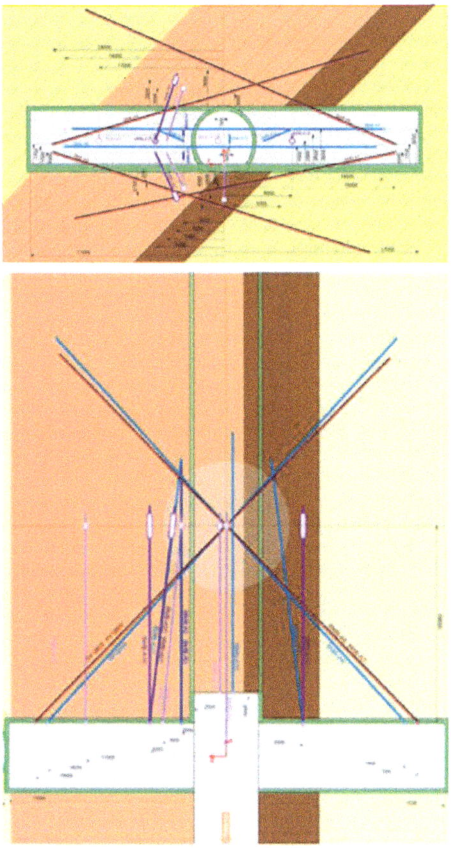

Abb. 6.30 Instrumentierung im Gebirge.

6.7.4.3 Interpretation der Messergebnisse

- In regelmäßigen Intervallen (z. B. wöchentlich): Aufbereitung, grafische Aufbereitung und messtechnische Bewertung,
- regelmäßige Interpretation unter Einbeziehung der Einflussfaktoren,
- Vergleich mit den Ergebnissen prädiktiver Berechnungen,
- Interpretation mithilfe numerischer Berechnungen,
- Ableitung von Gebirgskennwerten.

6.8 Kaimauern und Kajen

6.8.1 Ziel des Messprogramms

Hauptaugenmerk der in diesem Abschnitt beschriebenen Geländesprünge sind die sogenannten Kaimauern, die auch als Kaje bezeichnet werden können. Die Herausforderung des Bauens am oder im Wasser dieser Konstruktionen an Küsten und vorrangig in Häfen liegt an den sehr großen Geländesprüngen (zurzeit bis zu 30 m) und ihren daraus resultierenden Belastungen, dem Tideeinfluss in Seehäfen, der möglichst erschütterungsarmen Bauweise sowie der geforderten Dauerstandfestigkeit im Betrieb. Kaimauern sind zumeist lotrechte, geschlossene Wände, welche die Belastung durch den Erddruck als Horizontallast sowie Kräne, Einzelfahrzeuge oder Flächenlasten als Vertikallasten sicher in den Baugrund abtragen müssen.

Früher wurden kleinere Kaimauern in Form von reinen Schwergewichtsmauern hergestellt, z. B. aufgebaut aus massiven Betonkörpern. Dabei ergaben sich sehr robuste und langlebige Kaimauern. Auch Senkkästen, Schwimmkästen sowie unter bestimmten Randbedingungen Fangedämme sind in dieser Kategorie zu nennen. In begründeten Sonderfällen wurden auch Winkelstütz- und Schlitzwände hergestellt.

Heute wachsen die Anforderungen an Kaimauern ständig: auf der Wasserseite sowohl durch vergrößerten Tiefgang der Schiffe als auch durch die Einflüsse der veränderten An- und Ablegetechnik (Querstrahlruder die zur Auskolkung vor der Mauer führen können); auf der Landseite durch die laufende Verbesserung der Umschlagverfahren bzw. Umschlaggeräte (z. B. Containerbrücken mit mehr Auslegung) und den damit verbundenen größeren Lasten.

Die Planung und die Ausführung eines Messprogramms zur Überwachung einer Kaimauer hat das Ziel, die Qualitätskontrolle und damit auch den Nachweis einer technisch einwandfreien Planung und Bauausführung zu führen. Für Kaimauern der GK3 ist generell ein geeignetes Messkonzept zu erarbeiten und umzusetzen.

6.8.2 Aufgaben- bzw. Problemstellung

Senkrecht oder leicht geneigte Kaimauern erfordern eine Rückverankerung, um die auf die Wände wirkenden horizontalen Kräfte infolge Erddruck zu beherrschen. Eine Reduzierung dieser Lasten aus Erd- und Wasserdruck wurde durch Einführung der sogenannten „Hamburger Bauweise“ eingeführt. Hier ist unterhalb der Kaiplatte die Wand durch das Weglassen der Füllbohlen bis zu einer bestimmten Tiefe geöffnet, sodass kein Boden hinter der Wand und dementsprechend kein Wasserüberdruck wirken kann. Siehe hierzu den beispielhaften Querschnitt der Kaimauer 2, Liegeplatz Burchardkai in Hamburg in Abb. 6.31. Hier sind die besonderen Merkmale der neu erstellten Konstruktion im Wasser mit Hinterfüllung vor einer verbleibenden Altkonstruktion sowie der abgesetzte hintere Kranbahnbalken durch die größeren Spannweiten der erforderlichen Containerbrücken hervorzuheben.

Für die Wände sind verschiedene Ausführungsarten möglich. Verbreitet sind Stahlspundwände, entweder in ihrer ursprünglichen Form als Larssen-, Hoesch- oder Arcelor-Profile oder als kombinierte Wände mit Doppeltragbohlen. Auch für

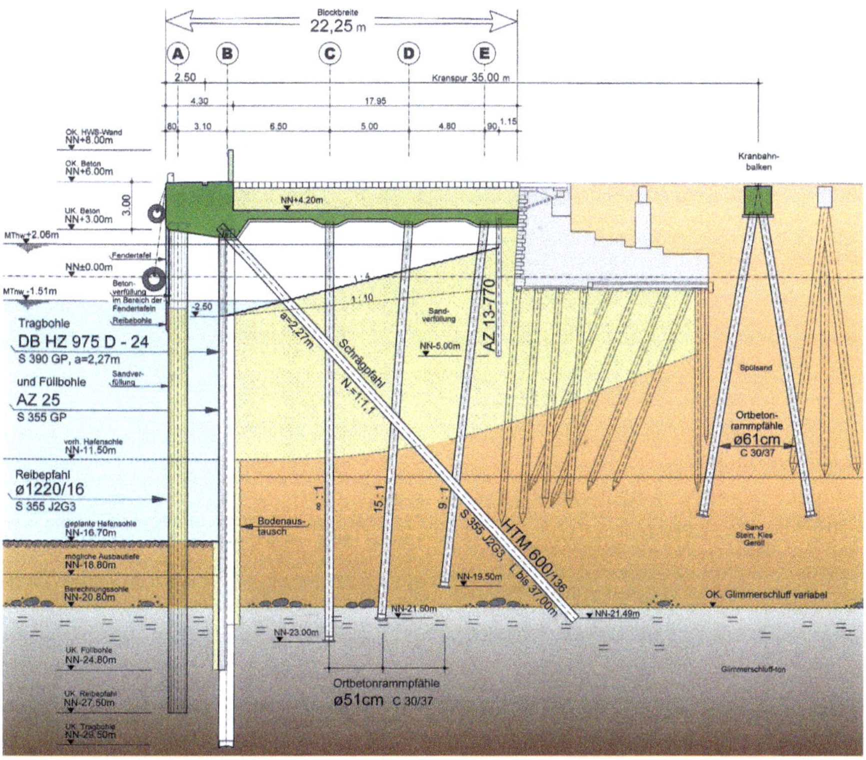

Abb. 6.31 Querschnitt Burchardkai 2, Liegeplatz (HPA Hamburg Port Authority 2008).

die Verankerungen sind diverse unterschiedliche Systeme auf dem Markt. Die am meisten verbreiteten Arten sind Schrägpfähle (reiner Lastabtrag über Mantelreibung) sowie horizontale oder leicht geneigte Anker mit Ankertafeln.

Eine Kaimauer ist immer ein Unikat. Aber zweifellos wirken viele Faktoren, die dabei zu berücksichtigen sind, bei großen Kaimauern überproportional. Dies gilt nicht nur für den Bau und den Bauablauf, sondern auch für das Verhalten des Bauwerkes in Bezug auf seine Standsicherheit und seine Gebrauchstauglichkeit. Die Standortbedingungen auf der Baustelle definieren also in erheblicher Weise das Bauverfahren und die Konstruktion.

Ein Messprogramm ist bei diesen großen Konstruktionen unerlässlich. Es muss sowohl die Bauzustände als auch den dauerhaften Betrieb umfassen, um jederzeit ausreichende Aussagen über den Zustand der einzelnen Bauteile, aber auch in ihrer Gesamtwirkung treffen zu können.

Da die herkömmlichen Einbringverfahren wie Rammen oder Vibrieren aufgrund der immer größeren Einbringtiefen und der nicht mehr akzeptierbaren Lärmbelastung an ihre Grenzen stoßen, werden neue Verfahren eingesetzt, wie z. B. ein vorlaufender Bodenaustausch, um etwaige Findlinge zu beseitigen, oder das Stellen der schweren Tragbohlen in vorher hergestellte Schlitze mit anschließender kurzer Rammung auf Endtiefe für die gesicherte Aufnahme von Spitzendrücken am Fuß.

6.8.3 Messungen

6.8.3.1 Messprogramm während der Bauzeit

Eine ordnungsgemäß durchgeführte Baugrunderkundung vorausgesetzt, muss das Messkonzept zur Überwachung eines Hafenbauwerks während der Bauzeit so geplant sein, dass alle relevanten Kräfte und Verformungen erfasst werden, sowohl die auf die Struktur wirkenden als auch die Einflussparameter, welche das Verhalten der Anlage charakterisieren.

Hafenbauwerke haben aufgrund ihrer Größe meistens eine Herstellungsdauer von mehreren Jahren. Maßgebende Belastungszustände entwickeln sich erst im Laufe bestimmter Bauzustände und können vor Fertigstellung auf eine geringere Belastung zurückgehen. Deshalb ist es zur gesicherten Interpretation der zeitlichen Messwertänderung zwingend nötig, dass zu jedem Zeitpunkt einer Messung die jeweiligen Bauzustände in den jeweiligen Messabschnitten dokumentiert werden. Dieses kann per Bautagebuch, Fotos oder mit dem Einsatz einer Videokamera erfolgen. Die Datenschutzrichtlinien sind dabei zu beachten.

6.8.3.2 Messprogramm während der Betriebsphase

Nach Herstellung des Bauwerks liegt das Augenmerk auf den Messungen, die für einen gesicherten Betrieb der Anlage nötig sind. Hierbei handelt es sich in erster Linie um Lage- und Verformungsmessungen in größeren Messintervallen, da sich diese Ergebnisse, bei sachgerechter Ausführung des Bauwerks, marginal gegenüber denen der Bauzeit verändern sollten.

6.8.3.3 Zu erfassende Messgrößen

Bei Bauwerken im Hafenbau ist in der Regel die Überwachung oder Bestimmung des Traglast- und Verformungsverhaltens der Bauteile wichtig, denen die Hauptfunktion und Sicherstellung des Lastabtrages zugeordnet sind. In den nachfolgenden Tabellen sind die wichtigsten Messgrößen (Tab. 6.22 während des Baus und Tab. 6.23 während des Betriebs) aufgelistet.

6.8.3.4 Gewählte Messverfahren

Die Auswahl der Sensorik hängt von den zu untersuchenden Größen, der Bauweise der Anlage und den Installationsmöglichkeiten ab. Des Weiteren ist der zu erwartende Messbereich beispielsweise durch numerische Untersuchungen vor Beginn der Messungen abzuschätzen sowie die erforderliche Auflösung zu definieren, damit das Messsystem entsprechend ausgelegt werden kann.

Bei der Montage muss auf eine korrekte Installation sowie Minimierung von Fehlereinflüssen durch Randbedingungen geachtet werden, um plausible, interpretierbare Messwerte zu gewinnen. Bei Sensoren die mitgerammt oder -vibriert werden sollen, ist insbesondere auf einen mechanischen Schutz der Sensoren und auch der Kabelführung zu achten. Wegen des hohen Risikos beim Einbau empfiehlt es sich, speziell die verlorenen Messgeber redundant anzulegen. Außerdem sollten sie speziell bei Langzeitmessungen unempfindlich gegenüber äußeren Bedingungen wie Temperatur, Feuchtigkeit, Salzwassereinfluss und die späteren, elektrischen Spannungseinflüsse der hochvoltig betriebenen Containerbrücken sein.

Tab. 6.22 Übersicht der zu messenden Parameter einer Kaianlage während des Baus.

Bereich	Messgröße	Messgrößen-veränderungen
Wand	Bewegung und Verformung über Wandhöhe Kopfpunktlagevermessung	0–300 mm ±(0–100) mm
Rückverankerung	Ankerkraft am Kopf Ankerkraftverlauf auf ganzer Länge	0–3000 kN 0–3000 kN
Kaiplatte und Kaiplattenpfähle	Lagevermessung/Durchbiegung der Platte Traglast Pfähle	0–20 cm 1000–5000 kN
Erd- und Wasserdruck	Totalspannung Porenwasserdruck	0–500 kN/m^3 0–300 kN/m^3
Kranspur	Einmessung hintere Kranspur	±10 mm
Umland	Erschütterungsmessung	Hz und m/s^2

Tab. 6.23 Übersicht der zu messenden Parameter einer Kaianlage während der Betriebsphase.

Bereich	Messgröße	Messgrößen-veränderungen
Wand	Bewegung und Verformung über Wandhöhe Kopfpunktlagevermessung	±(0–50) mm ±(0–20) mm
Kaiplatte und Kaikopf	Sichtprüfung auf Risse	0–10 mm
Kranspur	Abstandsmessung	0–30 mm
Kolkbildung	Lotung Hafensohle	dm bis m

6.8.3.5 Anordnung der Messinstrumente

Für die Anordnung der Messinstrumente wird auf das Fallbeispiel in Abschn. 6.8.5 verwiesen. In der nachfolgenden Tab. 6.24 sind die zu erfassenden Messgrößen mit der erforderlichen Sensorik aufgeführt.

6.8.3.6 Zeitlicher Ablauf der Messungen

Im Regelfall erfolgt die Installation der Messsysteme im Zuge der Herstellung des Bauwerks. Um den Ausgangszustand vor der Herstellung der Kaimauer zu erfassen, sollten vor Beginn der Gründungsarbeiten bereits Messsysteme (z. B. für hydraulische Situationen, Primärspannungszustände im Boden etc.) installiert werden. Dies gilt insbesondere für die Überwachung von Tragbohlen oder Pfählen und Ankern.

Tab. 6.24 Zu erfassende Messgrößen und die zugehörige Sensorik einer Kaimauer.

Messgröße	Sensorik
Mantelreibung, Spitzendruck	Beschleunigung und Dehnung ca. 1,5 D unterhalb des Pfahlkopfes gemäß EA-Pfähle (2012)
Lagebestimmungen Setzung, Rotation	GNSS, Nivellement an den bestimmten Lagepunkten
Neigung, Schiefstellung	zweiaxiales Vertikal-Inklinometer entlang des zu messenden Bauteils
Erddruck	Totalspannungsgeber in den zuvor bestimmten Tiefen am zu überwachenden Bauteil
Porenwasserdruck	Porenwasserdrucksensor an den festgelegten Positionen
Verformung, Biegebeanspruchung der Stahlbauteile	DMS an den maßgebenden Positionen
Kolkbildung der Hafensohle	Echolot (Multibeam Echosounder) oder Laserscanning
Temperatur	Temperaturfühler (z. B. PT-100) an den maßgebenden Positionen zur Interpretation der Messergebnisse

Sollen die Auswirkungen der Pfahlherstellung auf den Spannungszustand im Boden erfasst werden, müssen Messgeber mit ausreichendem zeitlichen Abstand vor den Pfahlarbeiten im Boden installiert werden. Dieses ist speziell bei der Ermittlung der Erddrücke hinter, oder in besonderen Fällen, auch vor der Wand erforderlich.

Grundsätzliche Anforderungen zu Pfahlprobebelastungen sind im Handbuch Eurocode 7, in DIN EN 1536:2015-10, DIN EN 12699:2015-07 und DIN EN 14199:2015-07 enthalten. Sie sollen an den Stellen ausgeführt werden, an denen repräsentative Baugrundverhältnisse für das Baugelände vorliegen und charakteristische Versuchsergebnisse zu erwarten sind. Bei der Durchführung einer einzigen Beprobung soll der Pfahl ausgewählt werden, bei dem die ungünstigsten Baugrundverhältnisse vermutet werden.

Sollten bei der messtechnischen Überwachung der Baumaßnahme sicherheitsrelevante Aspekte im Vordergrund stehen, ist eine Automatisierung der Sensorik erforderlich, kombiniert mit einer Datenfernübertragung und einer automatischen Alarmierung bei Überschreitung definierter Schwellen-, Grenz- und Alarmwerte.

6.8.3.7 Messprogramm während der Betriebsphase

In der Betriebsphase liegt das Augenmerk auf den Messungen, die für einen gesicherten Betrieb der Anlage nötig sind. Hierbei handelt es sich in erster Linie um Lage- und Verformungsmessungen in größeren Messintervallen (Monate, Jahre). Bei auffälligen Veränderungen werden auch weitere Parameter (z. B. Ankerkräfte) überprüft.

6.8.4 Auswertung und Interpretation der Ergebnisse

Kaianlagen haben aufgrund ihrer Größe meistens eine Herstellungsdauer von mehreren Jahren. Maßgebende Belastungszustände entwickeln sich erst im Laufe bestimmter Bauzustände und können vor Fertigstellung auf eine geringere Belastung zurückgehen. Der zeitliche Ablauf der Messungen sollte sich am Baufortschritt orientieren, in der Regel werden händische Messungen ausgeführt. Alternativ können die Einzelsensoren auch über zentrale Logger automatisiert gemessen und deren Daten gespeichert werden.

Für eine gesicherte Interpretation der Messdaten ist es deshalb zwingend nötig, dass zu jedem Zeitpunkt einer Messung die jeweiligen Bauzustände in den jeweiligen Messabschnitten aufgezeichnet werden. Dieses kann per Bautagebuch, Fotos oder mit einer Videokamera erfolgen. Die Datenschutzrichtlinien sollten dabei beachtet werden.

Es wird empfohlen, alle erhobenen Daten aus der Erkundung sowie aus der Bau- und Betriebsphase langfristig aufzubewahren und zu archivieren. Dazu zählen alle begleitenden Dokumentationsunterlagen (Spezifikation der eingesetzten Messsysteme, Sensorkalibrierblätter, Fotoeinbaudokumentation, Kabelverlegepläne etc.). In der Gesamtheit bilden sie im Bedarfsfall eine wichtige Grundlage und Hilfe für den Ingenieur bei zukünftig erforderlichen Sanierungs-, Ertüchtigungs- und Erweiterungsmaßnahmen des Bauwerks.

6.8.5 Fallbeispiel

Das Fallbeispiel „Kaimauer“ wird am Beispiel des JadeWeserPort nördlich von Wilhelmshaven erläutert.

6.8.5.1 Wichtige technische Daten des Tiefwasserhafens JadeWeserPort

Bauzeit:	2008–2012
Bauart der Kaje:	einfach rückverankerte, kombinierte Spundwand (Doppeltragbohlen mit Füllbohlen) mit hinterfüllter Sandaufspülung und aufgeständerter Kajenplatte und entkoppeltem landseitigem Kranbahnbalken
Länge der Kaje:	1725 m
Wassertiefe:	ca. 20 m
Baugrund:	Sand, Schluff und Schlickschichten, Lauenburger Ton, pleistozäne Sande

6.8.5.2 Geotechnische Fragestellung

Da es sich bei diesem Bauwerk um eines der größten Hafenbauwerke der jüngeren Vergangenheit handelt, war die Beurteilung des Spannungs-Verformungs-Verhaltens der Kajenkonstruktion (Tragfähigkeit, Gebrauchstauglichkeit, Dauerhaftigkeit) im Rahmen der Sicherheitsüberwachung wichtig. Schwerpunkte der geotechnischen Messungen über die Bauzustände und während des Betriebes waren:

- vertikale Tragfähigkeit der Wand,
- Traglastverhalten der Rückverankerung über ihre Länge,
- Verformung der Hauptwand infolge Hinterfüllung,
- Verformung der Rückverankerung infolge Hinterfüllung und der Herstellung der Kaiplattenpfähle,
- Nachweis der Integrität und Länge der Ortbetonpfähle.

Bei sämtlichen Inklinometermessungen war ein besonderes Augenmerk auf die zeitgleiche geodätische Lage- und Höhenbestimmung der jeweiligen Kopfpunkte gerichtet, um die Gesamtverformungen der Bauteile im Wasser und Boden sicher interpretieren zu können.

6.8.5.3 Messprogramm

Das Messprogramm umfasste insgesamt zehn Messquerschnitte (Abstand je ca. 150 m) über die gesamte Kajenlänge, die aufgrund wechselnder Geologie über diese Länge und der daraus resultierenden Geometrie der Tragkonstruktion (siehe Regelquerschnitt in Abb. 6.32 und Übersicht in der nachfolgenden Tab. 6.25) gewählt wurden.

Tab. 6.25 Messprogramm und eingesetzte Messsysteme am JadeWeserPort.

Typische Messgröße	Messverfahren		Typische Messintervalle	Messunsicherheit
Verformungsverlauf der Tragbohlen und Rückverankerung	Inklinometer	M	Diverse Bauzustände, danach jährlich	±2 mm am Kopf (s. a. Abschn. 4.3.1.14)
Ankerkraft	Dehnungsmessstreifen	A	Zweistündlich infolge Tide	±10 kN
Tragfähigkeit	High-Strain-Verfahren	M	Nach Herstellung und evtl. Restrike nach Wochen	±100 kN
Integrität der Tragbohlen und Rückverankerung	Low-Strain-Verfahren	M	Nach Herstellung	±0,1 m

M: manuelle Messung, A: automatisierte Messdatenerfassung

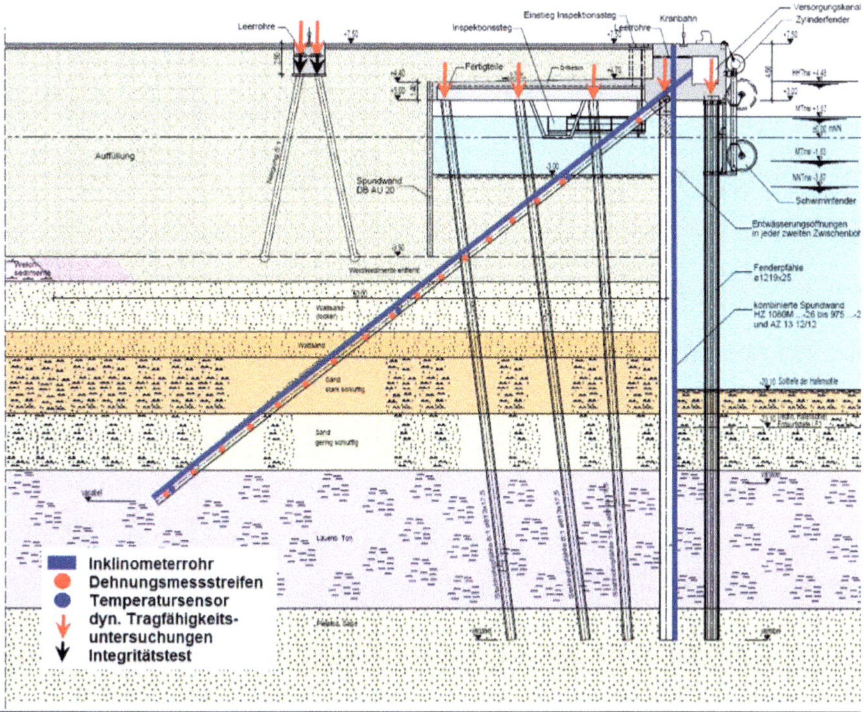

Abb. 6.32 Regelquerschnitt der Kajenkonstruktion des JadeWeserPort mit geotechnischem Messprogramm (Gattermann et al. 2013).

6.9 Offshorebauwerke

6.9.1 Ziel des Messprogramms

Für die Gründung von OWEA (Offshorewindenergieanlagen) wird auf bewährte Methoden aus der Offshoreerdöl- und Offshoreerdgasindustrie zurückgegriffen, die weiterentwickelt und auf die Wirtschaftlichkeit von OWEA angepasst werden. Während nach aktuellem Stand der Technik die Gründungsstrukturen überwiegend auf dem Einrammen von Pfählen basieren, werden vorwiegend aus Umweltverträglichkeitsgründen (Schallbelastung) andere Gründungsvarianten wie z. B. das Vibrieren, Bohren oder Eindrücken der Gründungspfähle, das Verankern schwimmender Strukturen durch Anker sowie Schwerkraftfundamente und Saugeimer (Suction Buckets) weiter untersucht und entwickelt.

Die Faktoren für die Wahl der Gründungsvariante sind hierbei vor allem die Wassertiefe, die an den vorgesehenen Standorten in der deutschen Nord- und Ostsee zwischen 20 und 40 m beträgt, der anstehende Baugrund sowie Art und Größe der auftretenden Lasten. Die abzutragenden axialen Lasten entstehen durch das Eigengewicht der Anlage sowie zyklisch durch das Rotieren der Rotorblätter. Hinzu kommen zyklische laterale Lasten durch die Windbelastung, den Wellengang und die Meeresströmung jeweils aus sich ändernden Richtungen. In Abb. 6.33 sind verschiedene Offshoregründungsstrukturen dargestellt.

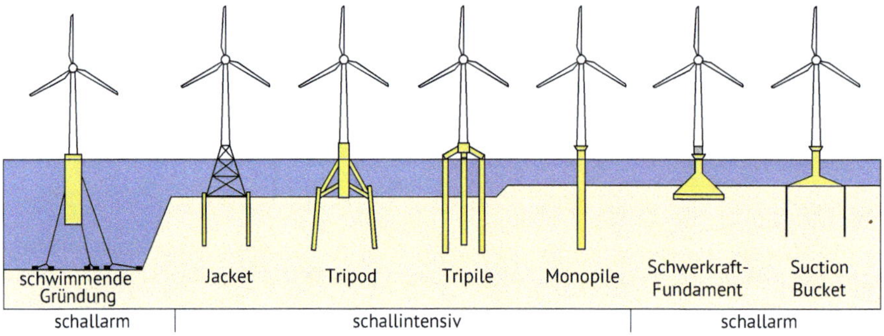

Abb. 6.33 Offshoregründungsstrukturen.

Das grundsätzliche Ziel des geotechnischen Messprogrammes für OWEA ist die Überprüfung zur Sicherstellung der Standsicherheit der Gründung während der Errichtung und des Betriebes. Die erhobenen Daten können auch zur Abschätzung der Langlebigkeit und der evtl. Verlängerung der Anlagenlaufzeiten in Betracht gezogen werden. Wiederkehrende Prüfungen lt. DIN 18088-6 (zurzeit in Bearbeitung) der Gesamtanlage, die nicht zum Bereich der Geotechnik gehören, werden hier nicht behandelt.

6.9.2 Aufgabenstellung

Die konstruktive Standsicherheit von Offshoregründungsstrukturen muss durch fachgerechte geotechnische und bautechnische Planung und Ausführung gewährleistet werden. Dabei kommt neben dem rechnerischen Nachweis der Tragfähigkeit, Gebrauchstauglichkeit und Dauerhaftigkeit auch der Überwachung während der Betriebsphase eine wichtige Bedeutung zu. Da diese Anlagen kilometerweit von der Küste entfernt liegen und somit nur mit hohem wirtschaftlichem Aufwand inspiziert werden können, wird auf Messverfahren und Sensoren zurückgegriffen, die langzeitstabil über den gesamten Betriebszeitraum (bis zu 25 Jahre) genutzt werden können.

Für den Bau und Betrieb von OWEA sind folgende Nachweise zu erbringen (BSH 7003:2013, BSH 7005:2015):

1. Nachweis der Stabilität des Meeresbodens:
   - Veränderung der Stabilität des Meeresbodens durch äußere Einflüsse wie Strömungs- und Wellenbeanspruchung, Erdbebeneinwirkung oder Offshoreoperationen wie Rammung oder Baggerung,
   - Veränderung des Meeresbodens durch Einflüsse wie Erosion (Kolkbildung) und Suffosion,
   - Veränderung der mechanischen Eigenschaften des Bodens durch Einflüsse wie Porenwasserdruckakkumulation (Verflüssigung), Verfestigung und Entfestigung,
   - Veränderung der Anordnung der Gründungselemente durch Einflüsse wie zyklisches Kriechen des Bodens und akkumulierte Verformungen.

2. Nachweis der Gründungselemente:
   - axiale und laterale Pfahltragfähigkeit (Mantelreibung und Spitzendruck),
   - Veränderung der inneren und äußeren Tragfähigkeit,
   - Eigenfrequenzanalysen der Offshore-WEA,
   - Effekte durch zyklische Belastungen,
   - Zwängungsbeanspruchungen von Strukturelementen und Anbauteilen,
   - für Pfahlgründungen speziell:
     - axiales und laterales Verformungs- und Verschiebungsverhalten (Setzung, Schiefstellung, Rotation),
     - Pfahlgruppeneffekte und Interaktion von Einzelgründungselementen (Tripod- und Jacket-Strukturen),
   - für Schwergewichtsgründungen speziell:
     - Baugrundbeanspruchungen durch Sohlnormalspannung,
     - Sicherheit gegen Kippen, Gleiten, Grundbruch.

Laut Standard „Konstruktion“ des BSH (BSH 7005:2015) müssen an 10 % der Gründungen eines Windparks Tragfähigkeitsuntersuchungen durchgeführt werden. Für WKP (wiederkehrende Prüfungen) an Gründungselementen von Offshorestationen muss alle vier Jahre die Übereinstimmung der Boden-Bauwerks-Interaktion mit den Entwurfs- und Planungsergebnissen verglichen werden.

6.9.3 Messungen

6.9.3.1 Zu erfassende Messgrößen

Das Messkonzept zur Überwachung einer OWEA muss so geplant sein, dass sowohl die auf die Struktur wirkenden Kräfte als auch die verschiedenen Parameter, welche das Verhalten der Anlage charakterisieren, erfasst werden. Dabei ist zwischen installationsbegleitenden Messungen und Messungen während des Betriebes zu unterscheiden (Tab. 6.26).

6.9.3.2 Gewählte Messverfahren

Die Auswahl der Sensorik hängt von den zu untersuchenden Größen, der Bauweise der Anlage und den Installationsmöglichkeiten ab und ist nach BSH Standard 7005: Objekt und Standortspezifisch als einmalige oder auch wiederkehrende Prüfung auszulegen (BSH 7003:2013 und BSH 7005:2015). Des Weiteren ist der zu erwartende Messbereich beispielsweise durch numerische Untersuchungen abzuschätzen sowie die erforderliche Messunsicherheit und Trennschärfe zu definieren. Bei der Montage muss auf eine korrekte Installation sowie Minimierung von Fehlereinflüssen durch Randbedingungen geachtet werden, um plausible, interpretierbare Messwerte zu generieren. Zu den wesentlichen Merkmalen, die speziell bei der Auswahl der Sensorik und Erfassung für OWEA zu berücksichtigen sind, gehören:

- Widerstandsfähigkeit, Robustheit, Zuverlässigkeit,
- Unempfindlichkeit gegenüber äußeren Bedingungen wie Temperatur, Feuchtigkeit, Salzwasser, Überspannung,
- Dauerhaftigkeit,
- ausreichende Präzision.

Tab. 6.26 Typische Messgrößen bei Offshorebauwerken.

Bereich	**Messgröße**
Vor Beginn der Installation	
Baugrunderkundung	Bodenparameter
Struktur des Meeresbodens	Relief
Position der geplanten OWEA zur evtl. Umpositionierung und Optimierung	Geodätische Einmessung
Installationsbegleitende Messungen	
Position der OWEA	Geodätische Einmessung
Vertikalität der OWEA	Neigung, Verdrehung
Ramm-/Penetrationstiefe	Geodätische Einmessung
Axiale Pfahltragfähigkeit	Mantelreibung, Spitzendruck, Bettung
Lärmbelastung (Luft und Wasser)	Schalldruck
Erschütterung	Schwinggeschwindigkeit
Messungen während der Betriebsphase	
Kolkbildung	Struktur des Meeresbodens und Kolkschutz
Lage der OWEA	Setzung, Schiefstellung, Krümmung, Rotation
Belastungen	Wind, Welle, Strömung, Schwingung
Bettung	Porenwasserdruckakkumulation
Materialverhalten	Korrosion
Umwelt	O_2, H_2S, CO, Temperatur

Bei unzugänglich eingebauten Sensoren ist insbesondere auf einen mechanischen Schutz der Sensoren und auch der Kabelführung zu achten. Es empfiehlt sich zudem eine Redundanz von Messpositionen vorzusehen. In der Tab. 6.27 sind für OWEA typische, zu erfassende Messgrößen sowie die zugehörige Sensorik aufgeführt.

Die größte Herausforderung bei der Installation von Sensorik an Offshoregründungsstrukturen ist häufig der späte Zeitpunkt der Beauftragung bezogen auf den gesamten Projektablauf. Beispielhaft soll dieses mit Messungen an einem Monopile erläutert werden. Gängig ist hier die Beauftragung der Erstellung eines Messkonzeptes nach abgeschlossener Zertifizierung der Monopiles. Damit ist es aber untersagt, in den Monopile weitere Löcher zur Befestigung der Sensoren zu bohren oder Tragteile für die Sensorik sowie Kabelschutzprofile anzuschweißen. Eine neue Zertifizierung wäre für so ein gewähltes Messprogramm unwirtschaftlich.

Das heißt zum einen, dass Installationsbedingungen der Sensorik so früh wie möglich in die Planung der Offshoregründungsstrukturen einfließen müssen oder zum anderen, dass alternative, teurere Installationsverfahren (z. B. Kleben) zum Einsatz kommen müssen.

Die Abb. 6.34 zeigt die Installation von mit einem Spezialklebstoff angeklebten Stahlprofilen zum Schutz von applizierten Lichtwellenleitern zur Bestimmung von Dehnungsänderungen im Gründungsbereich des Monopiles.

Tab. 6.27 Häufig genutzte Messverfahren bei Offshorebauwerken.

Messgröße	Messverfahren bzw. -systeme
Geotechnische Bodenparameter	Drucksondierung, Bohrung mit Probennahme
Relief	Sonar
Geodätische Einmessung	GNSS, Nivellement
Neigung	Inklinometer
Mantelreibung, Spitzendruck, Bettung	Beschleunigung und Dehnung 1,5 D unterhalb des Pfahlkopfes
Schalldruck	Schallpegelmessgerät, Hydrofon
Schwinggeschwindigkeit	Geofon, Dehnungsmessstreifen, Akzelerometer, Seismograf
Struktur des Meeresbodens und Kolkschutz	z. B. Multibeam Echosounder
Setzung, Schiefstellung, Krümmung, Rotation	Inklinometer, Nivellement
Wind, Welle, Strömung	Anemometer, LiDAR
Porenwasserdruckakkumulation	Porenwasserdrucksensor
Korrosion	Wandstärkenmesser
O_2, H_2S, CO, Temperatur	Messsensorik

Abb. 6.34 (a) Geklebter mechanischer Schutz von Lichtwellenleitern im Inneren eines Monopiles und (b) der Rammschuh am Fuß (Institut für Geomechanik und Geotechnik, TU Braunschweig, 2021).

6.9.3.3 Installation der Messsysteme und zeitlicher Ablauf der Messungen

Alle Messverfahren sind robust und den Offshorebedingungen entsprechend auszuwählen und zu installieren. Sie sind so häufig zu messen, dass eine zuverlässige Aussage zum Messziel möglich ist. Einige Messverfahren sind dabei im Kilohertzbereich zu erfassen, bei anderen genügen wenige Messungen am Tag. Bei außergewöhnlichen Ereignissen (z. B. Sturm) können Sondermessungen mit einer höheren Erfassungsrate notwendig werden. Für jedes Offshorebauwerk bzw. jeden Offshorewindpark sind bereits in der Genehmigungsphase CMS (Condition-Monitoring-Systeme) zu erstellen, in denen WKP detailliert beschrieben sind. Durch WKP werden die Zustände der Bauwerke während der Betriebsphase überwacht, die zur Aufrechterhaltung der Betriebserlaubnis erforderlich sind.

6.9.4 Auswertung und Interpretation der Ergebnisse

Alle Messungen müssen zeitnah und in regelmäßigen Intervallen analysiert und bewertet werden. Aufgrund des hohen Datenaufkommens empfiehlt sich eine automatisierte Auswertung und Aufbereitung der Daten. In diesem Zusammenhang ist es notwendig, bereits während der Planungsphase den Datentransfer zum Festland zu berücksichtigen.

Durch die automatisierte Analyse ist es möglich, Schwellenwerte zu definieren, die sowohl plötzlich auftretende Abweichungen zum Normalverhalten als auch tendenzielle längerfristige Abweichungen umfassen. Im Falle von außerhalb des Erwartungsbereiches liegenden Messergebnissen sind sachkundige Ingenieure zur Beurteilung heranzuziehen, und es ist über erforderliche Maßnahmen zu entscheiden.

6.9.5 Hinweise zur Verarbeitung der Messdaten

Bei Offshorebauwerken wird eine Vielzahl unterschiedlicher Messverfahren mit vornehmlich automatisierten Messungen durchgeführt. Insbesondere die Standsicherheit und die Gebrauchstauglichkeit betreffende Messungen sind intensiv zu begutachten. Für außergewöhnliche Ereignisse (starker Wind, Sturm) sind entsprechende Schutzmaßnahmen vorzusehen.

6.9.6 Fallbeispiel

Das Fallbeispiel „Offshorebauwerke" wird am Beispiel der Forschungsplattform FINO3 erläutert. Bei der Forschungsplattform FINO3 handelt es sich um ein Forschungsprojekt, bei dem vielfach mehr Sensorik installiert wurde, als bei realen OWEA. Das gesamte Projekt ist auf der Homepage http://www.fino3.de detailliert beschrieben.

6.9.6.1 Wichtige technische Daten der Forschungsplattform FINO3

Standort:	ca. 45 sm (80 km) westlich von Sylt,
Bauzeit:	2009–2010,
Bauart:	Monopilegründung mit Transition Piece, Arbeitsplattform, Hubschrauberlandeplatz und Messmast,
Monopile:	Länge 54,5 m, Durchmesser 4,75 m und Wandstärke 4,5 cm am Fuß bzw. Durchmesser 3 m und Wandstärke 7 cm im Kopfbereich,
Einbindelänge in den Meeresboden:	30 m,
Wassertiefe:	ca. 20 m,
Gesamthöhe:	105 m,
Baugrund:	Fein-, Mittel- und Grobsand.

6.9.6.2 Geotechnische Fragestellung

Folgende geotechnische Fragestellungen sollten durch die In-situ-Messungen (in Klammern sind die Messgrößen angegeben) beantwortet werden:

- Wellenausbreitung beim Rammvorgang im Monopile (Beschleunigung und Dehnung/Stauchung),
- vertikale Tragfähigkeitsentwicklung über die Tiefe und Verlauf der Mantelreibung über die Einbindelänge (Spannungen, Stauchung, Spalt),
- Spitzendruck am Pfahlfuß (Stauchung),
- Größe der Bettung in horizontaler Richtung (Spannungen, Spalt),
- Verformungen in horizontaler Richtung (Inklinometer, Spalt),
- Spaltbildung und -größe (Spalt, Spannung),
- Kolktiefe (Spannungen).

Zur Messung der zuvor aufgeführten Parameter wurden 36 Messstationen außen auf dem Monopile auf sechs Ebenen verteilt im Gründungshorizont aufgeschweißt (siehe Abb. 6.36). Eine Messstation besteht aus einer 6,7 cm dicken Stahlplatte (Vollstahl S355), in den Abmessungen 30 × 48 cm, in die die einzelnen Messgeber in ausgefrästen Vertiefungen eingebaut und wasserdicht verschlossen werden konnten (Abb. 6.35). Im Falle der Dehnungsmessstreifen diente die umläufig auf dem Mantel des Monopiles voll verschweißte Stahlplatte als mechanischer Schutz beim Rammvorgang. Für ein sattes Anliegen der Stahlplatte hatte diese auf ihrer dem Pfahl zugewandten Unterseite die gleiche Wölbung wie der Monopile. Diese Art von Messstation wurde zum Schutz der Geber vor den hohen Beanspruchungen beim Rammvorgang sowie der Wasserdichtigkeit der Messgeber und der Verschaltung gewählt. Außerdem bot sie beim Transport einen guten Schutz der Sensorik gegen mechanische Beschädigung. Bei der Auswahl der Messgeber war neben der Auflösung und der stark unterschiedlichen Messfrequenzen (~ 5 kHz, danach 1 Hz) vor allen Dingen die Robustheit bei der Rammung des Monopiles gefragt.

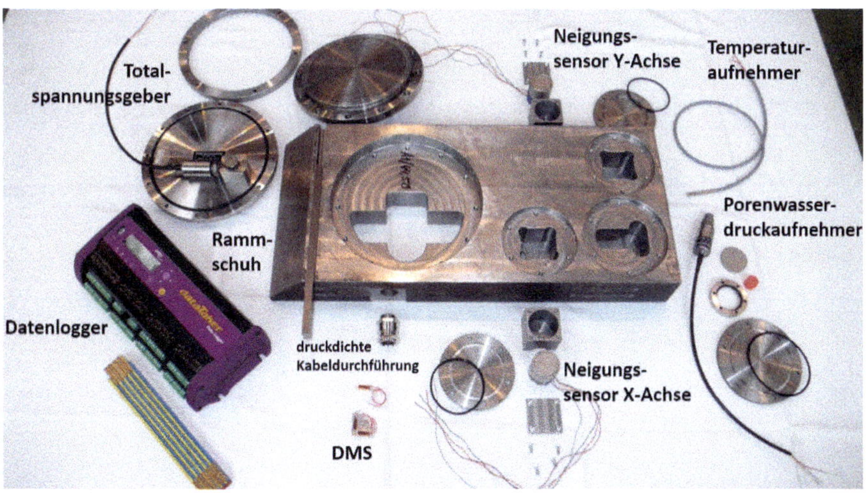

Abb. 6.35 Stahlplatte mit vorgesehener Messtechnik vor dem Einbau (Gattermann et al. 2009).

Abb. 6.36 Installierte Sensorik am Monopile FINO3 (Gattermann et al. 2009).

6.9.6.3 Messprogramm

Die Sensorik zur Messung der geotechnischen Parameter im Meeresboden wurde auf der unteren, in den Meeresboden einbindenden Schaftlänge, in sechs Ebenen und sechs gleich verteilten Achsen installiert und ist in Abb. 6.36 dargestellt und in Tab. 6.28 aufgelistet.

6.9.6.4 Interpretation der Messergebnisse

Sämtliche während der Rammung aufgezeichneten Signale wurden erst im Nachgang ausgewertet, da keine Notwendigkeit für die Onlineauswertung vor Ort gege-

Tab. 6.28 Messprogramm und eingesetzte Messsysteme bei der Forschungsplattform FINO³ in der ersten Betriebsphase.

Typische Messgröße	Messverfahren		Typische Messintervalle	Messunsicherheit
Totalspannung, Porenwasserdruck	Erddruckgeber, Wasserdruckaufnehmer	A	1 Hz	$\pm 1\,kN/m^2$
Neigung, Verformung	Inklinometer, Tiltmeter, Dehnungsmessstreifen	A	1 Hz	±0,1 mm/m
Klimatische Messgrößen	Anemometer, Temperatur, Windfahne, Luftdruck, Luftfeuchtigkeit, LiDAR	A	1–10 Hz	
Wasser- und Wellenbelastung und -geschwindigkeit	Akustischer Strömungsmesser, Drucksensoren	A	1 Hz	
Eigenfrequenz	Beschleunigung	A	100 Hz	

M: manuelle Messung, A: automatisierte Messdatenerfassung

ben war. Um die Signale später gesichert auswerten zu können, musste vorab sichergestellt werden, dass die aufgezeichneten Dehnungen plausibel waren. Da die Abstände der einzelnen Messgeber untereinander bekannt waren, konnten einfache Abstandsmessungen durchgeführt werden. Eine Auswertung der Abstände nur anhand der Zahlenwerte bzw. durch Ausmessen wäre relativ ungenau gewesen. Um Zeitverschiebungen von zwei unterschiedlichen Signalen festzustellen, wurde in der Signalverarbeitung auf die Auto- und Kreuzkorrelation zurückgegriffen. Somit konnten alle Spannungsentwicklungen im und am Pfahl bestimmt werden. Sie entsprachen größtenteils den vorher prognostizierten. Hier wird auf den Abschlussbericht (FINO3 2012) verwiesen.

Durch Schlechtwetterunterbrechungen nach der Rammung des Monopiles Ende Juli 2008 kam es nicht mehr zu dem geplanten Aufsetzen des Transition Pieces, dem Übergangsstück zwischen Monopile und Plattformschaft. Dieses wäre aber die Voraussetzung gewesen, um die dauerhafte Messanlage zu installieren und betreiben zu können. Der Weiterbau wurde aus verschiedenen Gründen erst ein Jahr später fortgesetzt. Durch diese lange Unterbrechung waren sämtliche Kabel, die relativ ungeschützt den Wellen und der Strömung ausgesetzt waren, abgerissen und konnten unter Wasser auch nicht mehr repariert werden.

Literatur

ACSE (Hrsg.) (2000). *Guidelines for Instrumentation and Measurements for Monitoring Dam Performance*. Reston, American Society of Civil Engineers, ISBN: 9780784405314.

AK 4.2 Böschungen (1997). Empfehlungen zum Erkennen und Erfassen von Rutschungen. *Geotechnik* 20.4: 248–259.

BAW (2018). BAW-Merkblatt Schadensklassifizierung an Verkehrswasserbauwerken (MSV), Ausgabe 2018.

Bock, B., Wehinger, A. und Krauter E. (2013). Hanginstabilitäten in Rheinland-Pfalz: Auswertung der Rutschungsdatenbank Rheinland-Pfalz für die Testgebiete Wißberg, Lauterecken und Mittelmosel, Bd. 41. Mainz: Mainzer geowiss. Mitteilungen, Landesamt für Geologie und Bergbau Rheinland Pfalz.

Boley, C. und Adam, D. (Hrsg.) (2012). *Handbuch Geotechnik: Grundlagen, Anwendungen, Praxiserfahrungen*. Wiesbaden: Vieweg Teubner, ISBN: 978-3-8348-0372-6.

Bruns, B., Gattermann, J., Stahlmann, J., Edelmann, T. und Kassel, A. (2008). Automatische seismische Vorauserkundung in Tunnelbohrmaschinen. Tagungsband des 6. Kolloquiums „Bauen in Boden und Fels“, 22.–23.01.2008. Technische Akademie Esslingen.

BSH 7003:2013 (2013). *Konstruktive Ausführung von Offshore-Windenergieanlagen*. Rostock: BSH.

BSH 7005:2015 (2015). *Standard Konstruktion, Mindestanforderungen an die konstruktive Ausführung von Offshore-Windenergieanlagen*, 1. Fortschreibung. Rostock: BSH.

Bundesberggesetz (BBergG) (2017). Bundesberggesetz vom 13. August 1980 (BGBl. I S. 1310), das zuletzt durch Artikel 2 Absatz 4 des Gesetzes vom 20. Juli 2017 (BGBl. I S. 2808) geändert worden ist.

Ciampalini, A., Bardi, F., Bianchini, S., Frodella, W., DelVentisette, C., Moretti, S. und Casagli, N. (2014). Analysis of building deformation in landslide area using multi-sensory PSInSAR technique. *International Journal of Applied Earth Observation and Geoinformation* 33: 166–180.

Cooper, M.R., Bromhead, E.N., Petley, D.J. und Grants, D.I. (1998). The Selborne cutting stability experiment. *Géotechnique* 48.1: 83–101, ISSN: 0016-8505, https://doi.org/10.1680/geot.1998.48.1.83 (abgerufen am 07.04.2021).

DIN 1054:2010-12 (2010). Baugrund – Sicherheitsnachweise im Erd- und Grundbau – Ergänzende Regelungen zu DIN EN 1997-1. Berlin: Beuth.

DIN 18088-6 (Entwurf) (o. D.). Wiederkehrende Prüfungen an Windenergieanlagen. Berlin: Beuth.

DIN 19700-10:2004-07 (2004). Stauanlagen – Teil 10: Gemeinsame Festlegungen. Berlin: Beuth.

DIN 19700-11:2004-07 (2004). Stauanlagen – Teil 11: Talsperren. Berlin: Beuth.

DIN 19700-12:2004-07 (2004). Stauanlagen – Teil 12: Hochwasserrückhaltebecken. Berlin: Beuth.

DIN 19700-13:2019-06 (2019). Stauanlagen – Teil 13: Staustufen. Berlin: Beuth.

DIN 19700-14:2004-07 (2004). Stauanlagen – Teil 14: Pumpspeicherbecken. Berlin: Beuth.

DIN 19700-15:2004-07 (2004). Stauanlagen – Teil 15: Sedimentationsbecken. Berlin: Beuth.

DIN 4047-2:1988-11 (1988). Landwirtschaftlicher Wasserbau; Begriffe; Hochwasserschutz, Küstenschutz, Schöpfwerke. Berlin: Beuth.

DIN 4084:2009-01 (2009). Baugrund – Geländebruchberechnungen. Berlin: Beuth.

DIN EN 12699:2015-07 (2015). Ausführung von Arbeiten im Spezialtiefbau – Verdrängungspfähle. Berlin: Beuth.

DIN EN 14199:2015-07 (2015). Ausführung von Arbeiten im Spezialtiefbau – Mikropfähle. Berlin: Beuth.

DIN EN 1536:2015-10 (2015). Ausführung von Arbeiten im Spezialtiefbau – Bohrpfähle. Berlin: Beuth.

DIN EN 1997-1:2009-09 (2009). Eurocode 7: Entwurf, Berechnung und Bemessung in der Geotechnik – Teil 1: Allgemeine Regeln; Deutsche Fassung EN 1997-1:2004 + AC:2009. Berlin: Beuth.

DIN EN ISO 18674-2:2017-03 (2017). Geotechnische Erkundung und Untersuchung – Geotechnische Messungen – Teil 2: Verschiebungsmessungen entlang einer Messlinie: Extensometer. Berlin: Beuth.

DIN EN ISO 18674-3:2020-06 (2020). Geotechnische Erkundung und Untersuchung – Geotechnische Messungen – Teil 3: Verschiebungsmessungen quer zu einer Messlinie: Inklinometer. Berlin: Beuth.

DIN EN ISO 18674-4:2020-10 (2020). Geotechnische Erkundung und Untersuchung – Geotechnische Messungen – Teil 4: Porenwasserdruckmessungen: Piezometer. Berlin: Beuth.

DIN EN ISO 18674-5:2020-02 (2020). Geotechnische Erkundung und Untersuchung – Geotechnische Messungen – Teil 5: Spannungsänderungsmessungen mittels Druckmessdosen. Berlin: Beuth.

DIN EN ISO 22475-1:2007-01 (2007). Geotechnische Erkundung und Untersuchung – Probenentnahmeverfahren und Grundwassermessungen – Teil 1: Technische Grundlagen der Ausführung. Berlin: Beuth.

DMV (2013). Grundsätze zum Einsatz von satellitengestützten Verfahren der Radarinterferometrie zur Erfassung von Höhenänderungen. Herne: Deutscher Markscheider-Verein. https://www.dmv-ev.de/images/stories/uploads/DMV_Radarinterferometrie_Grundsaetze_2013_09_16.pdf (abgerufen am 30.03.2021).

Dunnicliff, J. (1993). *Geotechnical Instrumentation for Monitoring Field Performance.* New York u. a.: Wiley Interscience, unveränderte Ausgabe von 1988 ISBN: 0-471-00546-0.

Dunnicliff, J., Marr, W.A. und Standing, J. (2012). Principles of geotechnical monitoring. In: *ICE Manuel of Geotechnical Egineering*, (Hrsg. J. Burlang, T. Chapman, H.D. Skinner und M. Brown). London: ICE Publishing.

DVWK (1995). Sicherheitsbericht Talsperren, Leitfaden. DVWK-M 231. Hennef: Deutsche Vereinigung für Wasserwirtschaft, Abwasser und Abfall.

DWA (2011a). Bauwerksüberwachung an Talsperren. Merkblatt DWA-M 514. Hennef: Deutsche Vereinigung für Wasserwirtschaft, Abwasser und Abfall. ISBN: 3941897810.

DWA (2015). Kleine Talsperren und kleine Hochwasserrückhaltebecken. Merkblatt DWA-M 522. Hennef: Deutsche Vereinigung für Wasserwirtschaft, Abwasser und Abfall, ISBN: 978-3-88721-234-6.

EA-Baugruben (2012). *EA-Baugruben: Empfehlungen des Arbeitskreises „Baugruben“*, 5. erg. u. erw. Aufl. Ernst & Sohn, ISBN: 978-3-433-02970-1.

EA-Pfähle (2012). *EA-Pfähle: Empfehlungen des Arbeitskreises „Pfähle“*, 2. erg. u. erw. Aufl. Ernst & Sohn, ISBN: 978-3-433-03005-9.

EBGEO (2010). *Empfehlungen für den Entwurf und die Berechnung von Erdkörpern mit Bewehrungen aus Geokunststoffen (EBGEO)*, 2. Aufl. Berlin: Ernst & Sohn, ISBN: 978-3-433-02950-3.

FINO3 (2012). Abschlussbericht FINO3. https://www.fino3.de/files/forschung/tubs/Abschlussbericht%202012%20TU%20BS.pdf (Zugriff am 30.03.2021).

Gattermann, J., Bruns, B. und Stahlmann, J. (2013). *Tragverhalten JadeWeserPort – Anschluss der Schrägpfähle*, (Hrsg. Mitteilungshefte Gruppe Geotechnik der TU Graz (28. Christian Veder Kolloquium: Tiefgründungskonzepte – Vom Mikropfahl zum Großbohrpfahl)), S. 33–48. Graz. TU Graz, ISBN: 978-3-900484-66-8.

Gattermann, J., Bruns, B., Kuhn, C. und Stahlmann, J. (2010). Zur Bedeutung geotechnischer Messungen im Spezialtiefbau. Tagungsband des 7. Kolloquiums „Bauen in Boden und Fels“, 26.–27.01.2010. Technische Akademie Esslingen, ISBN: 3-924813-81-7.

Gattermann, J., Horst, M. und Rodatz, W. (1996). Meßtechnische Überwachung eines verformungsarmen Verbaus. *Geotechnik* 19.1: 9–17.

Gattermann, J., Stahlmann, J. und Zahlmann, J. (2009). Rammbegleitende Messungen am Monopile von FINO3 – Der Einsatz von GEMSOGS im Offshore Bau. In: *VDI-Berichte 2063: 3. VDI-Fachtagung BAUDYNAMIK, 14.–15. Mai 2009 in Kassel*, Bd. 87. S. 443–454, ISBN: 978-3-18-092063-4.

Genske, D. (2017). Massenbewegungen. In *Grundbau-Taschenbuch – Teil 1: Geotechnische Grundlagen*, (Hrsg. K.J. Witt), S. 712–792. Ernst & Sohn, ISBN: 978-3-433-03151-3.

Handbuch Eurocode 7 (2015). Handbuch Eurocode 7 Geotechnische Bemessung – Band 1. Berlin: Beuth.

Highland, L.M. und Bobrowsky, P. (2008). The Landslide Handbook: a Guide to Understanding Landslides. Reston, Virginia. https://pubs.usgs.gov/circ/1325/pdf/C1325_508.pdf (Zugriff am 07.04.2021).

HPA Hamburg Port Authority (2008). Prospekt der Baumaßnahme Burchardkai 2. Liegeplatz.

ICOLD (2009). General approach to Dam Surveillance: Basic Elements in a "Dam Safety" Process. Bulletin 138. https://www.icold-cigb.org/GB/publications/bulletins.asp (abgerufen am 09.11.2018).

ICOLD (2014). Dam Surveillance Guide. Bulletin 158. https://www.icold-cigb.org/GB/publications/bulletins.asp (abgerufen am 07.04.2021).

Köhler, H.-J. (1997). Porenwasserdruckausbreitung im Boden: Messverfahren und Berechnungsansätze. In: *Mitteilungsblatt 75*, (Hrsg. BAW), S. 95–108. Karlsruhe: Eigenverlag, https://hdl.handle.net/20.500.11970/102753 (abgerufen am 30.03.2021).

Krauter, E. (1997). Empfehlungen zum Erkennen und Erfassen von Rutschungen: DGGT AK 4.2 Böschungen. *Geotechnik* 20.4: 248–259.

Krauter, E. (2001). Phänomenologie natürlicher Böschungen (Hänge) und ihrer Massenbewegungen. In *Grundbau-Taschenbuch*, (Hrsg. U. Smoltczyk), Teil 1, S. 613–665. Berlin: Ernst & Sohn, ISBN: 3-433-01445-0.

Krauter, E. (2004). Gefahrenabschätzung von Hangstabilitäten, S. 25–30. http://www.geo-international.info/FSR-2004-KRAUTER1.pdf (abgerufen am 30.03.2021).

Kuhn, D., Prüfer, S. (2014). Coastal cliff monitoring and analysis of mass wasting processes with the application of terrestrial laser scanning: A case study of Rügen, Germany. *Geomorphology* 213: 153–165, https://doi.org/10.1016/j.geomorph.2014.01.005 (abgerufen am 07.04.2021).

Kuntsche, K. (1996). Empfehlungen zum Einsatz von Meß- und Überwachungssystemen für Hänge, Böschungen und Stützbauwerke: Arbeitskreis 4.2 „Böschungen“. *Geotechnik*, 19.2: 82–98.

Montenegro, H. (2016). Infiltrationsdynamik in Erdbauwerken: FuE-Abschlussbericht: BAW-Nr. A39520310047. Karlsruhe. https://hdl.handle.net/20.500.11970/105099 (abgerufen am 30.03.2021).

Moormann, C., Glockner, A., Jud, H. und Holzhäuser, J. (2010). Messtechnische Überwachung eines 380 000 m^2 großen Erz- und Kohlelagers auf breiig-weichen Sedimentböden in der Bucht von Sepetiba, Brasilien. In *Mitteilung des Instituts für Grundbau und Bodenmechanik, Technische Universität Braunschweig*, (Hrsg. J. Gattermann und J. Stahlmann), Bd. 92, S. 231–263. Braunschweig: Inst. für Grundbau und Bodenmechanik, TU Braunschweig.

Moormann, C. (2002). Trag- und Verformungsverhalten tiefer Baugruben in bindigen Böden unter besonderer Berücksichtigung der Baugrund-Tragwerk- und der Baugrund-Grundwasser-Interaktion. Dissertation. Institut und Versuchsanstalt für Geotechnik der TU Darmstadt.

Niemeier, W. und Riedel, B. (2017). Monitoring von Hangrutschungen. In: *Ingenieurgeodäsie*, (Hrsg. W. Schwarz), S. 539–564. Berlin: Springer Spektrum, ISBN: 978-3-662-47187-6, https://doi.org/10.1007/978-3-662-47188-4.

Potts, D.M., Kovacevic, N. und Vaughan, P.R. (1997). Delayed collapse of cut slopes in stiff clay. *Géotechnique* 47.5: 953–982, ISSN: 0016-8505, https://doi.org/10.1680/geot.1997.47.5.953 (abgerufen am 01.04.2021).

Schulze, R. (2016). Bruch- und Verformungsverhalten von rutschgefährdeten Böschungen unter Berücksichtigung des Dreiphasensystems: FuE-Abschlussbericht: BAW-Nr. A39520210001. Karlsruhe. https://hdl.handle.net/20.500.11970/105108 (abgerufen am 30.03.2021).

Schulze, R. und Stelzer, O. (2015). Soil modelling considering the influence of gas inclusions in pore water below the piezometric line – A short introduction. In *Aktuelle Forschung in der Bodenmechanik 2015*, (Hrsg. T. Schanz und A. Hettler), S. 121–140. Berlin, Heidelberg: Springer, ISBN: 978-3-662-45990-4, https://link.springer.com/chapter/10.1007/978-3-662-45991-1_7 (abgerufen am 30.03.2021).

Schweizerisches Talsperrenkomitee (2006). Dam Monitoring Instrumentation Concepts, Reliability and Redundancy. *Wasser Energie Luft* 98.2, S. 143–162.

Taetz, S., Blume, K.-H., Keßel, M.-T. und Rathel, M. (2018). Brückenanrampungen auf geokunststoffummantelten Sandsäulen. BAB A26 Stade – Hamburg. *Geotechnik* 41.1: 55–63.

Wieczorek, G. und Snyder, J. (2009). Monitoring slope movements. In: *Geological Monitoring*, (Hrsg. Young & Norby), S. 245–271. Boulder: Geological Society of America. https://doi.org/10.1130/2009.monitoring(11). http://www.science.earthjay.com/instruction/chemeketa/2015_spring/GEO144/lectures/lecture_07/GEO144_lecture_7_Wieczorek_Snyder_2009_overview_monitoring_slope_movements.pdf (abgerufen am 30.03.2021).

7
Datenmanagement

7.1 Gliederung in verschiedene Funktionsebenen

Für die Betrachtung des Datenmanagements vom Sensor bis zur Auswertestelle wird nachfolgend zwischen Sensor-, Datenerfassungs- und Auswerteebene unterschieden.

7.1.1 Sensorebene

In der Sensorebene werden Sensoren mit analoger und digitaler Datenübertragung zusammengefasst. Der Übergang zur Ebene der Datenerfassung ist in Abb. 7.1 dargestellt.

Analoge Sensoren senden die Messgröße als Rohsignal bzw. als normiertes Messsignal (Abb. 4.1) über ein Messkabel an die Datenerfassung. Bei mehreren Sensoren im Bereich eines lokalen Instrumentierungsbereiches können Einzelsensoren über einen analogen Messstellenumschalter (MUX, Multiplexer) für die Datenübertra-

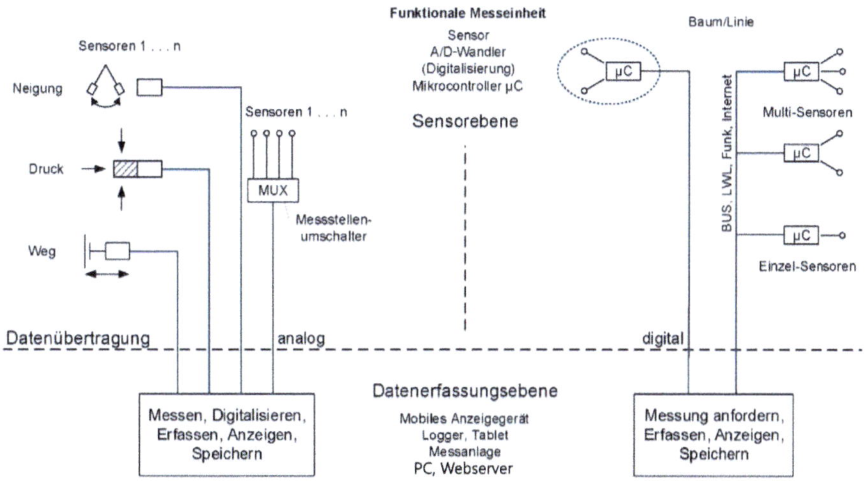

Abb. 7.1 Analoge und digitale Übertragungswege zwischen Sensor- und Datenerfassungsebene (Quelle: GLÖTZL GmbH).

Empfehlungen des Arbeitskreises Geomesstechnik, 1. Auflage. Arbeitskreis 2.10 „Geomesstechnik“.

gung zusammengefasst werden. Die Spannungsversorgung der Sensoren ist meist zwingend durch die Geräte der Datenerfassung über das Messkabel bereitzustellen.

Digitale Messeinheiten bestehen heute in der Regel aus mehreren messtechnischen Elementen. Ausgehend vom Sensor wird sein Analogsignal über einen A/D-Wandler digitalisiert und danach über einen Mikrocontroller (μC) (Wüst 2008, S. 259 ff.) in einen Messwert mit physikalischer Einheit der Messgröße umgewandelt. Im Mikrocontroller werden hierzu die Kalibrierdaten eines Einzelsensors bzw. eines Multisensors eingesetzt. Besitzt der Mikrocontroller eine interne Uhr und gleichzeitig eine Speicherfunktion mit Zeitprogramm für die auszuführenden Messungen, ist er bereits im Rang eines selbstständigen Datenloggers einzuordnen. Fehlen diese „aktiven" Messfunktionen in der digitalen Messeinheit, werden die Messauslösung und die Messzeitfolge von der Datenerfassungsebene bestimmt. Dort wird dem Messergebnis der Zeitstempel zugeordnet und der Datensatz wird gespeichert (vgl. Abschn. 7.3.1).

Die Spannungsversorgung digitaler Messeinheiten ist immer sehr energiesparend auszulegen, meist autark über Batterie oder durch ein Solarmodul, wenn keine Kabelverbindung zur Datenerfassung besteht. In diesen Konstellationen erfolgt die Signalübertragung über Funk (z. B. Bluetooth, LoRaWAN, Festfrequenzen im SRD-Band) bzw. mit analog-optischer Signalumwandlung für große Übertragungsstrecken über Lichtwellenleiter. Wenn in der funktionalen Messeinheit auch eine Direktanbindung an das Internet über Mobilfunk eingeschlossen ist, werden in der Regel höhere Versorgungsenergien benötigt, die eine netzgebundene Stromversorgung im Messkonzept erforderlich machen.

7.1.2 Datenerfassungsebene

In der Datenerfassungsebene werden Anzeigegeräte, Logger, Messanlagen oder Steuerrechner eingesetzt. Während bei kleineren und nicht kontinuierlichen Messaufgaben oft eine mobile Datenerfassung ausreichend ist, sind bei größeren Messprojekten meist autarke und stationäre Einheiten vor Ort mit eigener Stromversorgung erforderlich.

In einer *Basiskonfiguration* sind die Aufgaben von Logger bzw. Messanlage auf die Datenerfassung und -speicherung beschränkt. Abholung, Analyse, Steuerung und Bearbeitung erfolgen durch die Instanzen der Auswerteebene.

Eine *erweiterte Konfiguration* der Datenerfassung liegt vor, wenn neben der Datenermittlung und -speicherung zusätzlich automatisch und zeitnah per Internet Daten und Statusmeldungen an die Projektbeteiligten verschickt werden. Hierfür müssen die Daten bereits in der Datenerfassungsebene partiell bewertet und analysiert werden, z. B. durch die Festlegung und Bewertung von Schwellen-, Eingreif- und Alarmwerten (siehe Abschn. 5.7.2). Leistungsmerkmale ausgewählter Produkte verschiedener Hersteller zum Bereich Datenerfassung/Datenlogger sind in der Literaturangabe Datenlogger (2020) zusammengefasst.

7.1.3 Auswerteebene

In der Auswerteebene werden die Auswertefunktionen entweder durch Notebooks, stationäre PC-Einzelrechner bzw. durch Client-Server-Systeme oder auch internetvernetzte Rechnersysteme (Webserver) ausgeführt.

Insbesondere im Rahmen großer, komplexer Messaufgaben, bei denen oft auch sicherheitsrelevante Daten für Bauherr, Gutachter, Baufirma, Servicedienstleister zeitnah zur Verfügung stehen müssen, wird von den Auswertesystemen eine hohe Transparenz und Flexibilität bei gleichzeitiger Datensicherheit erwartet. Hier sind entsprechende Zugriffs- und Berechtigungsstrukturen zu hinterlegen.

Hard- und Software der Auswerteebene müssen je nach Aufgabenstellung einen raschen Zugriff auf die aktuellen Daten ermöglichen, wenn große Änderungen bzw. sogar Überschreitungen von Schwellen-, Eingreif- und Alarmwerten festgestellt werden, die ein unmittelbares Eingreifen in das Baugeschehen bzw. Maßnahmen zur Sicherheit erforderlich machen.

Eine automatische Benachrichtigung und Mobilisierung der Baubeteiligten durch Meldungen bei Überschreitung von Reaktionsstufen im Rahmen des Risikomanagements ist im Vorfeld der messtechnischen Überwachung in einem Alarmplan festzulegen. Geomesstechnisch definierte Reaktionsstufen, die z. B. die Risiken in Bezug auf die Sicherheit des Bauablaufs und die Standsicherheit des Bauobjektes beschreiben, sind festzulegen, in ihrer Gewichtung auf abgestufte Melde- bzw. Alarmstufen zu differenzieren und in der Datenerfassung (Messanlage) bzw. bei den Instanzen der Auswerteebene zu aktivieren (siehe Abschn. 5.7.2).

Durch die Strukturen der Datenhaltung in der Auswerteebene wird eine Nachverfolgung der Daten gewährleistet. In Anwendung der Beobachtungsmethode ist das gemessene Verhalten zu dokumentieren (Messberichte), damit es vom geotechnischen Gutachter mit der kalkulierten und prognostizierten Entwicklung verglichen werden kann. Hiermit ist die Grundlage für eine Rückkopplung auf die Bauausführung bzw. im Bedarfsfall sogar bis auf den Entwurf gelegt.

Auf den Rechnern der Auswerteebene laufen Programme, die alle zentralen Aufgaben des Datenmanagements übernehmen. Hierzu gehören:

- Übernahme der Messdaten der Datenerfassungsebene, Speicherung der Rohdaten,
- Übernahme von Ereignis- und Betriebsdaten sowie Statusmeldungen der Datenerfassungsebene,
- Fernzugriff zur Steuerung und Parametrierung der Messanlage, mit Rückkopplung auf die Arbeitsweise und Aufgaben der Datenerfassung, z. B. Anpassung der Messhäufigkeit und der Alarmgrenzen,
- zentrale Datenspeicherung (z. B. Datenbank) und Datenreplikation,
- Datenimport anderer, systemfremder Datenquellen,
- Auswertung der Daten mit Visualisierung und Dokumentation,
- Weitergabe von geotechnisch unmittelbar relevanten Statusmeldungen, (z. B. Überschreitung von Schwellen-, Eingreif- und Alarmwerten) an Sachverständige, Bauherr, Wartungspersonal usw.,
- Datenexport,
- Datenarchivierung.

7.2 Datenerfassung

7.2.1 Messprotokoll, Handmessgeräte

In der Einbau- und Installationsphase der Sensoren ist für die Messung mit Handmessgeräten ein Messprotokoll zu führen. Dies gilt für die Anfangsmessungen vor und nach dem Einbau sowie für die im Messprogramm festgeschriebenen Messtermine, solange eine evtl. vorgesehene Automatisierung noch nicht in Betrieb genommen werden kann.

Wenn bei den Handmessgeräten nur Rohwerte angezeigt werden können, sollten die Daten über das mitgeführte Kalibrierblatt händisch über die Parameter in physikalische Größen umgerechnet und parallel zur besseren Transparenz protokolliert werden. Die gemessenen Werte sind direkt vor Ort auf Plausibilität zu prüfen, um im Bedarfsfall eine Wiederholungsmessung ausführen zu können (DIN EN ISO 18674-1:2015-09).

Die Tab. 7.1 enthält einige Musterinhalte eines Messprotokolls.

7.2.2 Mobile Messgeräte mit Speicherfunktion

Bei Anzeigegeräten mit Speicherfunktion können die Sensordaten in der Regel mit einer Messkanal-Nr. oder einer Namenszuordnung eindeutig als Datensatz anzeigt und gespeichert werden. Die Kanalzuordnung bietet auch die Möglichkeit, die Kalibrierparameter des Sensors im Anzeigegerät abzulegen, sodass bei der Messung physikalische Größen angezeigt und gespeichert werden können.

Die Daten werden über eine serielle (z. B. RS 232 oder USB) Schnittstelle bzw. über eine Funkverbindung (z. B. Bluetooth) in das Datenerfassungs- bzw. Auswertesystem ausgelesen. Der Speicher des Anzeigegerätes sollte erst dann gelöscht werden, wenn im übergeordneten Auswertesystem die eingelesenen Daten zusätzlich in einem zweiten Speicherformat (Rohdatensicherung) gesichert sind.

7.2.3 Stationäre Logger und Messanlagen, Mess-PCs

In dieser Gruppe sind alle Geräte einzuordnen, die vor Ort automatisch nach einem programmierbaren Messzyklus Messungen ausführen und speichern können. Die Geräte sollten einen Datenspeicher besitzen, der bei normaler Messdichte (z. B. 1–4 Messungen pro Tag) eine Speicherung über mindestens drei Monate gewährleisten kann. Die Daten sollten im Datenspeicher bei Abruf durch die Instanz der Auswerteebene nicht gelöscht werden, um im Bedarfsfall einen erneuten Zugriff zu gewährleisten (Verbesserung der Datensicherheit). Im kontinuierlichen Messverlauf werden dadurch mit der Zeit „alte" Daten im Datenerfassungssystem in Abhängigkeit der Speicherkapazität überschrieben (z. B. bei Ringspeicherstrukturen).

Tab. 7.1 Musterinhalte des Messprotokolls.

Inhaltsangabe	Anmerkung
Allgemeine Angaben zum Messprojekt und den Messungen	• Protokollant • Auftraggeber • Projektbezeichnung, Messquerschnitte, evtl. Angaben von Grundrissen, Einbauprofilen • Messverfahren • Datum/Uhrzeit
Angaben zu den äußeren Umweltbedingungen	• Niederschlag, Wind, Temperatur, Sonneneinstrahlung
Angaben zum Bauzustand	• Aushubebene Baugrube, Schütthöhe, Belastungszustand • Andere Parameter wie z. B. Wasserstand
Angaben zum eingesetzten Messgerät	• Typ, Serien-Nr., Firmware-Version, Messbereich • Anzeigegerät • Kalibrierprotokoll
Messergebnisse	• Ablesungen
Qualitätssicherung	• Wiederholungsmessungen, Mehrfachmessungen • Standardabweichung bzw. Streuung • Differenzen zur Vormessung • Ergebnis von Plausibilitätsprüfungen
Auffälligkeiten an den Messeinrichtungen und Messpunkten vor Ort	• Sichtbare Veränderungen, evtl. Beschädigungen an den Messeinrichtungen • Dokumentation durch Fotos
Ereignisse und Störungen im Messbetrieb	• Messwertschwankungen, feste Grenzwertanzeige • Umschlagfehler bei Linienmessverfahren • Kann die Ursache von festgestellten Störungen eingegrenzt werden auf z. B. Sensor, Kabel, Datenerfassung, Stromversorgung usw.? • Ausfall von Messungen • Erschütterungen durch aktuellen Baubetrieb, Verkehr
Ausfall von Messeinrichtungen	• Nennung der nicht messbaren Messpunkte, Sensoren, Komponenten bzw. Systeme • Eventuell Beschreibung der möglichen Schadensursache
Empfehlung für Veranlassungen	• Reparatur defekter Messstellen, Kabelreparatur • Wiederholungsmessungen wegen Geräteausfall, Überprüfung der Plausibilität • Hinweise zum Arbeitsschutz
Verantwortlichkeiten	• Name, Unterschrift des ausführenden Messtechnikers/Messfirma • Datum

Die Messdaten sind mit einem Zeit- und Datumsstempel zu registrieren, wobei die Uhrzeit gegebenenfalls über die GNSS-Zeit bzw. über den Zeitzeichensender DCF 77 zu synchronisieren ist (PTB 2020). Die Synchronisierung der Uhrzeit ist besonders wichtig, um später Daten aus verschiedenen Messsystemen eindeutig zu Ereignissen im Bauablauf (z. B. Laständerungen) in Zusammenhang zu bringen.

Alle Rohdaten sind vom übergeordneten System der Auswerteebene zusätzlich zu speichern, um die Nachvollziehbarkeit und die Rückverfolgung der Messwerte zu gewährleisten. Weiter sollten alle Betriebs- und Steuerdaten (z. B. Messzyklen, Alarmgrenzwerte) registriert werden, damit diese von der Auswerteebene eingelesen und für eine evtl. Rückverfolgung gespeichert werden können. Zur Verbesserung der Betriebssicherheit ist die Messanlage durch eine unterbrechungsfreie Stromversorgung (USV) abzusichern. Außerdem ist das System netz- und messseitig (Stromversorgung, Analogkabel, Datenbus) mit einem Überspannungsschutz vor Schäden zu schützen.

7.2.4 Messtechnischer Bericht und Darstellung der Messdaten

Für die Analyse und die messtechnische Bewertung der Messdaten ist neben der Führung eines Messprotokolls auch die Erstellung eines messtechnischen Berichtes (Tab. 7.2) notwendig, in dem auf der Basis der Auswertesoftware die Messergebnisse in tabellarischer und grafischer Form dokumentiert werden.

In die Berichte (Tab. 7.2) sind neben den Standardangaben zum Messprojekt vor allem auch alle Beobachtungen und Ereignisse zum Messablauf, Störungen im Messbetrieb, das Baugeschehen, geologische Abhängigkeiten und Umweltbedingungen aufzunehmen, die bei der geotechnischen Gesamtbewertung der Daten Berücksichtigung finden (DIN EN ISO 18674-1:2015-09).

7.3 Datenübertragung

7.3.1 Messwertübertragung von der Sensorebene zur Datenerfassungsebene

7.3.1.1 Analoge Übertragung

Bei einer analogen Datenübertragung wird das Messsignal des Sensors über ein Messkabel bzw. mithilfe einer Druckmessleitung an ein Datenerfassungsgerät übertragen (Abb. 7.1).

Pneumatische bzw. hydraulische Sensoren liefern das Messergebnis unmittelbar als Druckgröße über die Messleitung, wobei allerdings noch der Vorspanndruck des Messwertaufnehmers, der Druckverlust in der Leitung und bei der Hydraulik auch die hydrostatische Druckdifferenz zwischen Einbauort und Messort (Pumpe) berücksichtigt werden müssen.

Die meisten analogen Messsignale werden je nach Messverfahren als elektrisches Rohsignal übertragen. Als elektrische Rohwerte werden in der Regel erfasst: Spannung, Strom, Frequenz und ohmscher Widerstand. Das Messsignal wird erst in der Datenerfassungsebene bzw. der Auswerteebene über Kalibrier- und Verrechnungsdaten in eine physikalische Messgröße umgewandelt.

Tab. 7.2 Musterinhalte/-angaben für einen messtechnischen Bericht.

Inhaltsangabe	Anmerkung
Allgemeine Angaben zum Messprojekt und den Messungen	• Auftraggeber • Projektbezeichnung • Messverfahren • Berichtszeitraum • Messstellenübersichten, Skizzen zur Lage der Messpunkte • Die der Messung zugrunde liegende geotechnische Problemstellung und Fragen, die durch die Messungen zu beantworten sind
Angaben zum Bauzustand	• Aushubebene Baugrube, Schütthöhe, Belastungszustand • Andere Parameter wie z. B. Wasserstand
Angaben zur Anbindung der Messpunkte an das absolute geodätische Netz	• Geodätische Lage- und Höhenkoordinaten als notwendiger Messbezug z. B. bei Setzungspegel, Inklinometermessungen, Grundwasserpegel, Extensometer
Angaben zu den eingesetzten Messgeräten	• Typ, Serien-Nr., Firmware-Version, Messbereich • Anzeigegerät, Datenerfassung • Kalibrierprotokolle
Messergebnisse und messtechnische Bewertung, Qualitätssicherung	• Tabellarische oder grafische Darstellung des vollständigen Messergebnisses in auswertegerechten Maßeinheiten • Angabe der erreichten Genauigkeit • Ergebnis von Plausibilitätsprüfungen
Auffälligkeiten an den Messeinrichtungen und Messpunkten vor Ort	• Sichtbare Veränderungen, evtl. Beschädigungen an den Messeinrichtungen • Dokumentation durch dem Bericht beizufügende Fotos
Ergänzende Informationen	• Hinweise auf weiterführende Sachverhalte und Beobachtungen, die zur Interpretation der Messergebnisse in Abhängigkeit von der Geologie, dem Baugeschehen und den eingesetzten Sicherungsmitteln von Bedeutung sein könnten
Störungen im Messbetrieb	• Zusammenfassung von Störungen im Berichtszeitraum • Ausfall von Messungen
Ausfall von Messeinrichtungen	• Nennung der nicht messbaren Messpunkte, Sensoren, Komponenten bzw. Systeme • Eventuell Beschreibung der möglichen Schadensursache
Empfehlung für Veranlassungen	• Empfehlungen zur Anpassung des Messprogramms • Hinweise zum Arbeitsschutz
Verantwortlichkeiten	• Name, Unterschrift • Datum und Version des Berichts

Tab. 7.3 Maximale Übertragungslängen in Abhängigkeit der Sensorart und der Sensorversorgung (GLÖTZL GmbH, langjährige Projekt-Erfahrungswerte).

Sensorart	Versorgungsart	max. Übertragungslänge in m	Anmerkung
Pneumatischer Sensor		< 200	Messbereich max. 2 MPa
Hydraulischer Sensor		< 500	Messbereich max. 30 MPa
Elektrische Sensoren	Gleichspannung in V geregelt	< 200	
	Konstantstrom in mA geregelt	< 500–700	
	Gleichspannung in V ungeregelt	< 500–700	Normierter Messausgang mit integriertem Verstärker, z. B. 4–20 mA-Sensoren
Messprinzip Schwingsaite	Erregerspannung	< 2000	

Das elektrische Signal kann jedoch je nach Messverfahren und je nach Örtlichkeit durch äußere Störungen (z. B. elektromagnetische Felder durch Starkstromleitungen) beeinflusst werden, die das Messsignal verfälschen. Jede störungsbedingte Änderung wirkt letztendlich wie eine Messwertänderung. Mögliche Einflüsse sind in jedem Einzelfall bei der Planung zu prüfen und zu berücksichtigen. Näherungsweise sind die in der Tab. 7.3 genannten Einsatzgrenzen für die Leitungs- und Kabellängen zur analogen Messwertübertragung zusammengestellt.

Die Anordnung der Messstellen sollte so geplant werden, dass die Strecke der analogen Messdatenübertragung bis zur Datenerfassungsebene möglichst kurz gehalten wird. Dies ist auch im Hinblick auf den Überspannungsschutz von Bedeutung, da lange Kabel generell das Risiko einer induzierten Überspannung im Kabel erhöhen, die zu Schäden am Sensor bzw. am Datenerfassungsgerät führen können.

Ein Überspannungsschutz und die Erdung der elektrischen Systeme sind daher generell vorzusehen; dies gilt sowohl für die Sensorkabel als auch für die netzseitige Stromversorgung. Bei Messaufgaben, die wegen der zeitnahen Visualisierung von Messdaten (z. B. im Rahmen der Beobachtungsmethode), der großen Messstellenanzahl, der hohen Messfrequenz und der Anforderung auf Langzeitbeobachtung eine Automatisierung erfordern, ist zu empfehlen, bereits auf der Sensorebene eine Digitalisierung des Messsignals über Mikrocontroller vorzunehmen. Besondere Sorgfalt ist auch auf die Abschirmung der Sensorkabel zu legen. Voraussetzung ist jedoch, dass der Elektronikteil immer zugänglich ist und somit gewartet (programmiert) und im Schadensfall ausgetauscht werden kann.

7.3.1.2 Digitale Übertragung

Zur Realisierung einer digitalen Datenübertragung ist dem Einzelsensor oder auch mehreren Sensoren unmittelbar bzw. über ein analoges Sensorkabel ein Mikrocontroller mit Busadresse und integriertem A/D-Wandler zugeordnet (Abschn. 7.1.1). Der Mikrocontroller (µC) führt auf Anforderung des übergeordneten Datenerfassungssystems eine Messung aus, digitalisiert das Messsignal und bildet daraus zusammen mit der Sensor-/Controlleradresse einen Datensatz. Der Datensatz wird dann in der Datenerfassung durch den Zeitstempel des eingegangenen Messwertes komplettiert.

Gleichzeitig ermöglicht die Entwicklung des Mobilfunknetzes und die Erweiterung des IP-Adressraumes (IPv6) prinzipiell eine direkte Adressierung der Einzelsensoren. In dieser Einheit – Sensor, Digitalisierung, Datenübertragung – können Daten in Echtzeit und unmittelbar direkt an den Rechner der Auswerteebene übertragen werden. In der Regel werden die Einheiten Sensor-Controller gemeinsam kalibriert und programmiert.

Durch die unterstützende Rechnerfunktion des Controllers können außerdem von Einflüssen (z. B. Temperatur, Linearisierung) bereinigte Messwerte übertragen werden. Dazu müssen die erforderlichen Kalibrierparameter dem Controller zur Verfügung stehen. Neben verrechneten Werten sollte aber parallel im Datensatz auch der eigentliche „Rohdatenwert" übertragen werden. Dies vereinfacht die höherrangige Analyse der Daten, fördert die Transparenz und gewährleistet die Rückverfolgbarkeit der Datenermittlung.

Der übertragene Datensatz enthält weitere protokollabhängige Informationen, die die sichere digitale Übertragung gewährleisten. Bei einer digitalen Übertragung können die einzelnen Sensoren sternförmig (einzeln), linienförmig oder in einer Baumstruktur mit dem übergeordneten Erfassungssystem vernetzt werden.

Der Vorteil dieser Übertragung gegenüber der analogen Variante liegt in der besseren Sicherheit gegenüber Störungen im Messbetrieb und bei der Datenübertragung durch die geringe Anzahl der Einzeldrähte bei der Vernetzung. Für die zurzeit verfügbaren Übertragungssysteme können näherungsweise die in Tab. 7.4 angegebenen Distanzen und Geschwindigkeiten für die Übertragung angegeben werden.

Alle angegebenen Werte gelten ohne Signalverstärker. Wenn größere Reichweiten erreicht werden sollen, sind zusätzlich Module zur Signalauffrischung zu verwenden. Weitere Informationen zu den Übertragungssystemen in Tab. 7.4 finden sich unter Semtech (2020); Schnabel (2016); Lichtwellenleiter (2020); Ziemann et al. (2007).

7.3.2 Datenübertragung zwischen Datenerfassungs- und Auswerteebene

Für die Datenübertragung und Leitungsverbindung zwischen Komponenten von Datenerfassungsanlagen und PC-Auswertesystemen kann technisch zwischen mehreren Ausführungsvarianten gewählt werden.

7.3.2.1 Direktverbindung über Standleitung

Diese Standardform entspricht den Merkmalen der digitalen Kabelübertragung (Abschn. 7.3.1) mithilfe eines Bussystems. Hier sind Schnittstelle und Firmware mit dem abgestimmten Datenübertragungsprotokoll jeweils Bestandteil der einzelnen Komponenten.

Tab. 7.4 Maximale Übertragungsreichweiten digitaler Übertragungssysteme.

Übertragungssystem, Übertragungsart	**Max. Reichweite in m**	**Anmerkung**
Serielle Schnittstelle RS232/RS485	100 1000 2000	(38,4/19,2 kBd) (9600 Bd) (1200 Bd)
USB	5	
LAN, Ethernet	200 2000	Kupferleitung Multimode-Kabel, stark abhängig von Wellenlänge und Übertragungsrate Singlemode-Kabel
		Bei 100 mW Leistung (2,4 GHz)
Bluetooth	10 100	Bei 1 mW Leistung Bei 100 mW Leistung
ZigBee	10–100	
Long Range Wide Area Network (LoRaWAN)	Unbebaute Bereiche: bis mehrere Kilometer Bebaute Bereiche: bis zu einem Kilometer	Über Gateways Anbindung an Internetserver
Funkübertragung mit fester direkter Sichtverbindung bzw. Frequenz im 868 MHz- und 2,4 GHz-Bereich SRD-Band (Europa)	Bis mehrere Kilometer	Funkübertragung mit fester, direkter Sichtverbindung bzw. bei Sichtbehinderung über Funknetzwerke
Mobilfunk	Global	

Durch Ergänzung einer optischen Pegelwandlung (LWL-Wandler) auf der Sende- und Empfängerseite kann die Direktverbindung auch über Glasfaserkabel erfolgen. Die Reichweite der Übertragung ist damit praktisch unbegrenzt (mehrere 100 km). Es gibt, neben vielen anderen Vorteilen, keine Einflüsse durch äußere elektrische oder elektromagnetische Störfelder.

7.3.2.2 Modemverbindung

Zur Bewältigung größerer Entfernungen am Bauobjekt oder auch zur Fernübertragung bestehen die nachfolgenden Optionen. Basis ist hierbei immer, dass Sende- und Empfangseinheit mit einem Modem bzw. Router betrieben werden. Die Systeme arbeiten je nach technischer Auslegung über serielle Schnittstelle, USB, LAN oder Mobilfunk, um die Verbindung zur Auswerteebene herzustellen.

- Standleitungsmodems mit Pegelwandlung (akustisch, optisch),
- Modemverbindung über Festnetz (Einwahlverbindung, inzwischen veraltet, ISDN),
- Modemverbindung mit Direktfunkfrequenzen (z. B. SRD-Band, Tab. 7.4),
- Modemverbindung über mobiles Funknetz.

7.3.2.3 Netzwerkverbindung

Die flexibelste und leistungsfähigste Form der Datenübertragung bieten die Netzwerkverbindungen, die heute allgemein auf dem Telekommunikationsmarkt zur Verfügung stehen.

- Lokales Netzwerk
  Hierzu zählen interne, lokale Netzwerke (Ethernet) oder per Funk (WLAN) bzw. Bluetooth.
- Internet über DSL-Router ohne bzw. mit VPN-Verbindung.

Beim Zugriff über öffentliche Netze oder Betreibernetze sind gegebenenfalls IT-Sicherheitsrichtlinien des Betreibers zu berücksichtigen.

7.4 Datensicherung und -archivierung

In der Auswerteebene muss die personelle Zuständigkeit für die zentrale Datenhaltung und -speicherung eindeutig geregelt sein. Ein durchgehend praktiziertes Qualitätsmanagement kann dazu beitragen, Datenverluste zu vermeiden und die Aktualität der Daten sicherzustellen.

Durch die fortschreitende Entwicklung in der Computertechnik ist es heute grundsätzlich sinnvoll, die Daten zentral in einer Datenbank auf einem Server zu halten und regelmäßig zu sichern. Über das Internet ist ein sicherer und schneller Zugang für alle Nutzer der Daten zu gewährleisten.

7.4.1 Datensicherung

Zur Gewährleistung einer ausreichenden Datensicherheit sind die Abläufe bei den Prozessen der Datenübertragung, der Datenerfassung und des Datenaustausches zwischen den Projektbeteiligten von besonderer Bedeutung.

Neben den Messdaten, die in der Auswerteebene von den Rechnern gespeichert und dann dort für die Analysen genutzt werden, sollte dazu parallel der gesamte Datenbestand, d. h. die Originalmessdaten und die dabei zugrunde liegenden Parameter der Messanlagen, in Form einer „Rohdatensicherung“ ein zweites Mal getrennt gespeichert werden.

Auf der Netzwerkseite sind Steuerrechner und Messanlage unmittelbar gefährdet, wenn sie direkt eine Internetanbindung haben. Sie sollten daher zur Vermeidung von möglichen Fremdzugriffen durch besondere Zugangsberechtigungen der Nutzer und durch die Verschlüsselung des Datenverkehrs (z. B. TLS/SSL-Verschlüsselung, VPN-Betrieb) geschützt werden.

7.4.2 Datenarchivierung

Datenarchivierung bedeutet in der Regel die Ablage und Sicherung von Messdaten über lange Zeiträume, wobei die Daten jederzeit auch wieder reaktiviert und erneut genutzt werden können.

Bei einer Datenarchivierung sind deshalb folgende Anforderungen zu beachten:

- Die Langzeitspeicherfähigkeit der heute verfügbaren Datenträger (maximal 10 Jahre) und die Nutzungsdauer der zugehörigen Hardware sind begrenzt. Zur Vermeidung von Datenverlusten sind daher die Daten durch regelmäßiges Umkopieren auf neue gleichartige Datenträger zu sichern bzw. in Abhängigkeit des technischen Fortschritts auf neue andere Datenträger umzusetzen.
- Für die Datenarchivierung ist ein geeignetes Datenformat zu wählen, das unabhängig von vorhandener Software wieder gelesen werden kann. Hiermit ist das permanente Problem der raschen Alterung genutzter, aber nicht mehr aktualisierter und gepflegter Software angesprochen (DIN EN ISO 18674-1:2015-09). Deshalb müssen auch immer Rohdaten in einem dokumentierten Datenformat archiviert werden.
- Die Datenstruktur des gewählten Dateiformats der Archivierung ist umfassend zu dokumentieren, damit später eine Umsetzung auf andere Datenformate möglich ist.
- Sofern es vom Datenumfang möglich ist, sollte ein textbasiertes, dokumentiertes Datenformat zur Datenarchivierung verwendet werden.

Literatur

Datenlogger (2020). https://www.solexperts.com/de/monitoring/produkte/datenerfassung/daten-logger, http://www.gloetzl.de/fileadmin/produkte/5_Datenerfassung/P_56.03_Messanlage_MCC6_de.pdf, https://www.geokon.com/Dataloggers-Software, https://www.sisgeo.com/de/produkte/ablesegeraete-und-datenlogger.html, (abgerufen am 13.03.2020).

DIN EN ISO 18674-1:2015-09 (2015). Geotechnische Erkundung und Untersuchung – Geotechnische Messungen – Teil 1: Allgemeine Regeln. Berlin: Beuth.

Lichtwellenleiter (2020). https://de.wikipedia.org/wiki/Lichtwellenleiter (abgerufen am 13.03.2020).

PTB (2020). https://www.ptb.de/cms/ptb/fachabteilungen/abt4/fb-44/ag-442/verbreitung-der-gesetzlichen-zeit/dcf77.html (abgerufen am 13.03.2020).

Schnabel, P. (2016). *Netzwerktechnik-Fibel*, 4. Aufl. Eigenverlag. https://www.elektronik-kompendium.de/shop/buecher/netzwerktechnik-fibel (abgerufen am 11.04.2021).

Semtech (2020). https://www.semtech.com/lora (abgerufen am 13.03.2020).

Wüst, K. (2008). *Mikroprozessortechnik: Grundlagen, Architekturen, Schaltungstechnik und Betrieb von Mikroprozessoren und Mikrocontrollern*, 3. Aufl. Wiesbaden: Vieweg Teubner, ISBN: 3834804617.

Ziemann, J., Krauser, P., Zamzow, E. und Daum, W. (2007). *POF-Handbuch: Optische Kurzstrecken-Übertragungssysteme*, 2. Aufl. Springer, ISBN: 978-3-540-49093-7.

8 Datenauswertung: Datenaufbereitung, Datenanalyse und Visualisierung

Die Auswertung der Messwerte umfasst zwei Arbeitsbereiche: die Datenaufbereitung und die Datenanalyse.

In einem vorlaufenden Arbeitsschritt der Datenaufbereitung werden die Messwerte in messtechnischer Sicht aufbereitet, auf Vollständigkeit und Plausibilität geprüft. Die nachfolgende Datenanalyse setzt an den bereinigten Messergebnissen an. Eine geotechnische Beurteilung der Messergebnisse im Hinblick auf die Funktionalität, Sicherheit und Gebrauchstauglichkeit eines Bauwerks ist nicht Gegenstand dieses Kapitels.

Im Rahmen der Datenauswertung werden die Messwerte sowie zugehörige Metadaten übernommen und im Rahmen der jeweiligen Fragestellung bis zu einem vordefinierten Stand aufbereitet (Datenaufbereitung). Die Ergebnisse werden dabei in verständlicher Form analysiert und visualisiert und allgemein akzeptierte Aussagen über die *Qualität der Messergebnisse (Datenanalyse)* gewonnen.

Hierzu gehört in der Regel die Angabe von Genauigkeitsmaßen, wobei klar unterschieden werden muss zwischen klassischen Genauigkeitsmaßen wie Standardabweichung, Konfidenzbereich oder vorzugsweise der Angabe einer Messunsicherheit nach GUM (siehe dazu Abschn. 4.6). Zusätzlich kann es sinnvoll sein, Angaben zur Zuverlässigkeit der Ergebnisse und zur Langzeitstabilität der Messeinrichtungen zu machen (vgl. Abschn. 4.5).

In jedem Fall ist aus Gründen der Qualitätssicherung die eindeutige Nachvollziehbarkeit bzw. Prüfbarkeit der aufbereiteten Daten zu gewährleisten. Dazu sind folgende Schritte erforderlich:

- Sämtliche Messwerte und Begleitprotokolle (Metadaten) sind – mit einem Zeitstempel versehen – für die gesamte Projektlaufzeit inklusive der Gewährleistungs- und der Haftungszeiträume abzuspeichern. Diese Daten sind in einem offen dokumentierten Format vorzuhalten.
- Alle Bearbeitungsschritte sind detailliert und nachvollziehbar zu dokumentieren. Dieser Nachweis muss so erfolgen, dass ein unbeteiligter Dritter auf Basis der Messwerte, der verwendeten Algorithmen und der dokumentierten Bearbeitungsschritte die Ergebnisse nachvollziehen kann.

Für eine eindeutige Zuordnung und Einschätzung der Messwerte sind geeignete Zusatzinformationen vorzuhalten. Dazu gehören allgemeine Projektangaben, die

Empfehlungen des Arbeitskreises Geomesstechnik, 1. Auflage. Arbeitskreis 2.10 „Geomesstechnik“.

Gerätenummern, die Messlokation (siehe Bezugssysteme absolut bzw. lokal in Abschn. 3.2), der Zeitstempel, die verantwortlichen Personen und auch Angaben über Eignung und Funktionalität der Messgeräte sowie eine gültige Kalibrierung.

Weiterhin ist grundsätzlich zu unterscheiden zwischen:

- *Messungen zur Erfassung eines Zustandes*
  Hierbei kann es sich um Einzel- bzw. Mehrfachmessungen (zu einem Zeitpunkt) oder Wiederholungs- bzw. Folgemessungen (zu späteren Zeitpunkten) handeln, z. B. geodätische Lagemessungen, geophysikalische Erkundungen.
- *Messungen zur Erfassung von Zustandsänderungen*
  Es liegen Messreihen (z. B. Dehnungen, Drücke, Neigungen, Rissbreiten) über ein bestimmtes Zeitintervall vor (Zeitreihen). Der zeitliche Abstand der einzelnen Messungen ist so zu wählen, dass das untersuchte Verhalten eines Messobjekts zeitlich kontinuierlich erfasst wird, siehe hierzu die Ausführungen im Kap. 6.

8.1 Datenaufbereitung

Die mathematischen Konzepte und damit die konkreten Algorithmen für die Aufbereitung der Messwerte (siehe Definitionen in Abschn. 4.1) unterscheiden sich je nach Messverfahren. In der Dokumentation der Datenauswertung genügt ein Verweis auf eine anerkannte, aussagekräftige Referenzliteratur, in der die zugehörige Auswertemethodik dargelegt ist.

8.1.1 Datensichtung (Plausibilitätsprüfung)

Jeder messtechnischen Aufgabe liegen Grundannahmen (Vorinformationen) über Art, Größe der zu bestimmenden Objekte bzw. gegebenenfalls zusätzlich über Größe und Richtung der zu erwartenden Veränderungen zugrunde. Darauf sind beispielsweise die Sensorauswahl und -anordnung und die Messintervalle unter Beachtung der geforderten Messunsicherheit abgestimmt.

Eine erste Sichtung der direkten Messwerte beinhaltet die Prüfung auf das Vorliegen von fehlerhaften Messungen, Ausreißern und die Abschätzung von eventuellen systematischen Effekten (vgl. Abschn. 4.6.2.1) sowie besonders bei Zeitreihen die Prüfung auf Datenlücken und Mehrfachregistrierungen. Dieser Arbeitsschritt kann auch als „messtechnische Bewertung" bezeichnet werden. Die hierzu notwendigen Prüfverfahren sind in der einschlägigen Literatur, wie z. B. Heunecke et al. (2013); Heinert und Niemeier (2004); Schlitten und Streitberg (2001); Thome (2005), zu finden.

In vielen Fällen liegen neben qualitativen Grundannahmen auch Modellberechnungen bzw. Erwartungsbereiche vor (vgl. Abschn. 5.7.1). Bei der „bautechnischen Sofortbewertung" werden die Messwerte dann mit den Grundannahmen oder Erwartungsbereichen verglichen, um die Abweichungen einer Einzelmessung oder eine eingetretene Veränderung zu beurteilen. Hier sind möglichst strenge statistische Verfahren anzuwenden. Werden Über- bzw. Unterschreitungen der Melde-,

Schwellen- oder Alarmwerte im Sinne von Abschn. 5.7.2 festgestellt, müssen sofort die im Messprogramm oder Havarieplan festgelegten Reaktionen eingeleitet werden.

Wenn die Grundannahmen oder Erwartungsbereiche hinreichend klar formuliert sind, können die Messwerte aussagekräftig gesichtet bzw. geprüft werden, z. B. bei Zeitreihen durch:

Betrachtung von einzelnen Zeitreihen: Hierzu ist eine Visualisierung des Verlaufs, die Kennzeichnung von Ausreißern bzw. grob falschen Messwerten oder von fehlenden Daten möglich.

Plausibilitätskontrollen für mehrere Zeitreihen: Zum Beispiel kann hier ein Vergleich/Abgleich mit einer redundant vorhandenen Messstelle (Referenz), mit Nachbarmesspunkten oder mit Parallelsystemen erfolgen.

Rückkopplung durch Kontrollmessungen: Bei groben nicht plausiblen Abweichungen ist eine Geräteprüfung nach Abschn. 4.5 zur Eingrenzung der Fehlerursache (Sensor, Datenerfassung, Datenübertragung) vorzunehmen.

Um eine Qualitätseinschätzung vorzunehmen, bieten sich die folgenden Möglichkeiten für eine eindeutige Kennzeichnung an:

Grafisch: Markierung und Klassifizierung von Datensätzen zur Differenzierung (einwandfrei, nicht plausibel, außerhalb des Messbereichs, grobe Fehler usw.). Angabe der Genauigkeiten durch Konfidenzbänder.

Numerisch: Definition von Fehlerklassen als Zahlenwerte, z. B. ohne Fehler = 0, tolerierbare Fehlermerkmale 1 bis 1000, größere Fehler (Messwert instabil, außerhalb des Messbereichs) 1001 bis 2000, grobe Fehler (ungültiger Messwert, Störungen bzw. Systemfehler der Datenerfassung) > 2000. Anhand der Fehlerklassen kann z. B. die Verwendung für die weiteren Berechnungsschritte oder für Diagramme gesteuert bzw. ausgeschlossen werden. Die Messwerte bleiben trotzdem im Datenbestand enthalten.

Bestimmung des Normalverhaltens

In der Praxis treten Aufgabenstellungen auf, in denen nur sehr vage Vorstellungen vom Verhalten eines Objektes bestehen. Dann ist es oft zweckmäßig, z. B. vor Beginn einer Baumaßnahme, ein Objekt über einen längeren Zeitraum zu beobachten, um sein „Normalverhalten" zu bestimmen und so einen Referenzdatensatz zu erhalten (vgl. Abschn. 5.7.1).

8.1.2 Bereinigung

Ziel ist die Erzeugung von Messergebnissen, die für weitere Analysen und Interpretationen verwendet werden können, d. h. die Erzeugung von (bereinigten) Messergebnissen, in denen keine fehlerhaften Daten, keine Ausreißer, keine Datenlücken, keine Mehrfachregistrierungen und keine systematischen Effekte mehr enthalten sind.

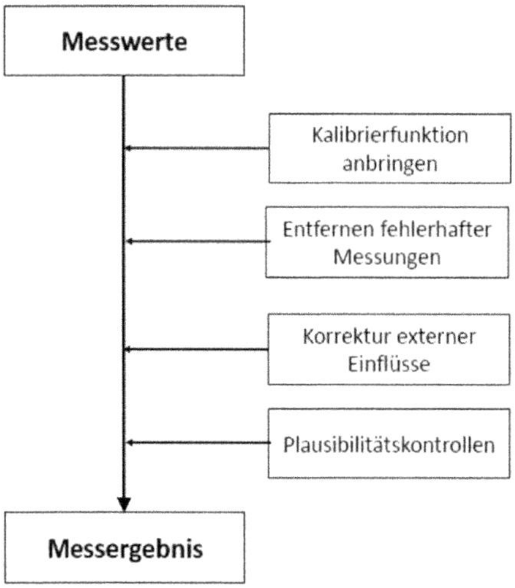

Abb. 8.1 Bereinigung von Messwerten.

Die hierzu erforderlichen wesentlichen Arbeitsschritte sind (siehe auch Abb. 8.1):

- Anbringen der Kalibrierfunktion, d. h. der gültigen Kalibrierparameter, sofern nicht schon im Messgerät geschehen. Hierzu gehört die Umrechnung des Messwertes in die für die Auswertung erforderliche physikalische Dimension. Bei bestimmten Sensoren erfolgt bereits geräteintern eine Kalibrierung, sodass keine zusätzliche Kalibrierfunktion anzuwenden ist.
- Entfernung von Werten, die als grob falsch anzusehen sind bzw. deutlich außerhalb der im Messprogramm festgelegten Messunsicherheit oder deutlich außerhalb des Messbereichs der verwendeten Messeinrichtung liegen (Ausreißer)!
- Berechnung abgeleiteter Messgrößen durch Korrektur externer Einflüsse, z. B. Temperaturkompensation.
- Entfernung (Kennzeichnung) von nicht plausiblen Werten nach der Datensichtung, z. B. durch Vergleich zwischen redundanten Messverfahren, Verhalten benachbarter Messpunkte, Einhaltung von Bedingungsgleichungen (z. B. Schleifenschlussfehler beim Nivellement).

Eine nachvollziehbare Dokumentation der Bereinigungsschritte ist zwingend erforderlich, damit eine Rückverfolgung bei wiederholter Prüfung möglich ist und die Qualität der Datenbereinigung nachgewiesen werden kann.

8.2 Auswertung von kontinuierlichen Messungen

8.2.1 Einführung und Aufgabenstellung

Durch die fortschreitende Automatisierung von Sensoren und die Entwicklung intelligenter Datenmanagementsysteme (siehe Kap. 7) gibt es zunehmend Messeinrichtungen, die kontinuierlich Messdaten liefern, z. B. für Dehnungen, Kräfte, Neigungen oder Verschiebungen.

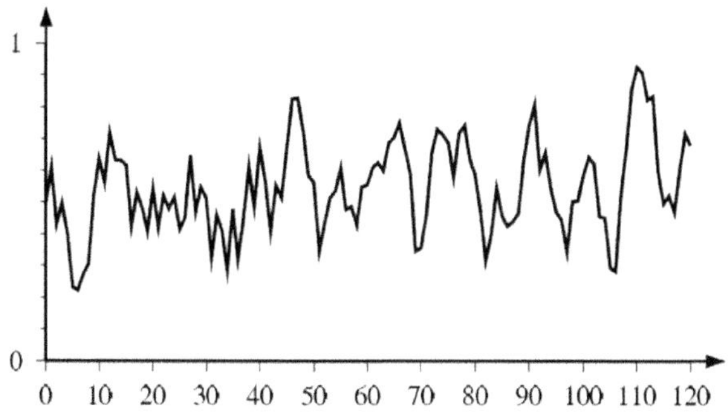

Abb. 8.2 Darstellung der Messwerte über der Zeit (Niemeier 2008).

Moderne Lösungsansätze für Monitoringaufgaben in der Geomesstechnik nutzen dieses Potenzial, z. B. um das zeitabhängige Verhalten einer Staumauer, einer Baugrube oder einer Kaianlage über einen längeren Zeitraum kontinuierlich zu beobachten. Dabei geht es sowohl um das Beschreiben des Verhaltens eines Sensors über die Zeit als auch das Aufzeigen möglicher Abhängigkeiten zwischen zwei oder mehr Sensoren bzw. das Aufzeigen des Verhaltens von Einfluss- und Wirkungsgrößen. Entsprechend gehören heute grundlegende Herangehensweisen und Konzepte für die Auswertung kontinuierliche Messungen zum Methodenschatz sowohl der Geotechnik als auch der Ingenieurgeodäsie.

Eine oder mehrere Folgen von Messwerten, bei denen *die zeitliche Reihenfolge das vorherrschende Ordnungskriterium* ist, werden als *Zeitreihen* bezeichnet. In Abb. 8.2 ist eine solche Zeitreihe grafisch veranschaulicht.

Die mathematische Grundlage für die Analyse von Zeitreihen ist die *Theorie stochastischer Prozesse*, die – vereinfacht – zur Beschreibung sehr unterschiedlicher dynamischer Vorgänge mit Zufallscharakter herangezogen wird. Streng genommen ist eine Zeitreihe (nur) eine Realisierung eines stochastischen Prozesses, die darüber hinaus immer eine endliche Länge hat, bedingt durch den begrenzten Zeitraum der Messungen. Grundsätzlich ist für jeden Messzeitpunkt t_i eine eigene Zufallsvariable mit eigener Verteilungsfunktion definiert. Entsprechend spricht man statt von Mittelwerten und Varianzen korrekt von einer Mittelwertfunktion und einer Verteilungsfunktion, die den zugrunde liegenden stochastischen Prozess beschreibt.

Empfohlene Literatur hierzu ist Rinne und Specht (2002); Schlitten und Streitberg (2001) sowie immer noch Taubenheim (1969). Daneben gibt es eine Vielzahl von z. T. frei verfügbaren Softwaretools mit guten Beschreibungen sowie frei verfügbare Skripte von diversen Universitäten, welche die hier angesprochenen Themen behandeln.

8.2.2 Charakterisierung einer Zeitreihe

Für eine grundlegende Beurteilung und weitergehende Analyse von Zeitreihen werden hier zunächst einige Charakteristika herausgestellt und dann zugehörige Parameter eingeführt. Eine grafische Darstellung der zeitlichen Abfolge der Messwerte wie in Abb. 8.2 erlaubt schon eine erste Einschätzung des Verhaltens einer Messgröße.

Bei der weitergehenden Charakterisierung von Zeitreihen spricht man häufig von einem *Komponentenmodell* und unterscheidet:

- *Trendkomponente:* Gibt es eine langfristige, systematische Veränderung der Mittelwertfunktion (siehe Abschn. 8.2.4.3)?
- *Saisonale und/oder zyklische Schwankungen:* Gibt es regelmäßige (z. B. saisonale) oder unregelmäßige Änderungen der Mittelwertfunktion? Man unterscheidet zwischen kalenderbedingten Schwankungen, die sich relativ regelmäßig wiederholen (Tag, Woche, Jahr) und sonstigen, längerfristig wiederkehrenden Schwankungen, deren Ursachen gegebenenfalls für die Messaufgabe besonders wichtig sein können.
- *Restkomponente:* Zusammenfassung aller sonstigen Einflüsse und Störungen; für diese Restkomponenten wird oft ein „weißes Rauschen" angenommen, d. h. eine rein zufallsbedingte Streuung gemäß einer Normalverteilung.

Numerisch geht man im einfachsten Fall von einer linearen Addition dieser Komponenten aus (siehe auch Abb. 8.3):

$$x(t) = g(t) + s(t) + u(t) \tag{8.1}$$

Näher diskutiert werden muss der *Zeitabstand der Messungen*. Für die hier behandelten diskreten Zeitreihen spricht man von einer *Abtastrate* (Messintervall) Δt, die wenige Sekunden, Minuten oder gar Tage groß sein kann; für Schwingungsuntersuchungen können die Abtastraten 10 bis mehr als 100 Hz betragen. Die zugehörigen Berechnungsformeln gelten streng nur für *gleichabständige Messwerte*, wobei der zeitliche Abstand Δt zu der in vorstehenden Kapiteln genutzten Messfrequenz korrespondiert. Für *stetige Messungen* ist vorab eine zeitliche Diskretisierung vorzunehmen, z. B. die Abtastung eines kontinuierlichen Signals im Abstand Δt. Für *nicht gleichabständige diskrete Messungen* ist vorab eine Zuordnung von Messwerten zu bestimmten Zeitpunkten vorzunehmen, d. h., es werden die Messwerte x_i zum Zeitpunkt t_i aus dem zugehörigen Intervall zwischen $[-\Delta t/2, +\Delta t/2]$ um den Zeitpunkt t_i gemittelt oder durch gewichtete Mittelungen oder eine lineare bzw. aufwendigere Interpolationen bestimmt.

Wichtig für die praktische Anwendung ist die Kenntnis des *Aliasing-Effekts*, der in Abb. 8.4 dargestellt ist. Wenn die Abtastrate Δt zu gering ist, d. h. nur Messungen zu den in der Abb. 8.4 durch Kreise „o" dargestellten Zeitpunkten vorliegen, kann durch die Messwerte die hochfrequente Bewegung nicht bestimmt werden, vielmehr nur die als gestrichelte Linie dargestellte niederfrequente Schwingung.

Die höchste Frequenz ν_N, die mit einer vorgegebenen Abtastrate Δt erfasst werden kann, ist gegeben durch:

$$\nu_N = \frac{1}{2\,\Delta t} \tag{8.2}$$

Diese *Nyquist-Frequenz* ist bei der Konzeption von Messsystemen und der Festlegung von Abtastraten zu berücksichtigen: Um eine tägliche Bewegung/Veränderung bestimmen zu können, sind mindestens drei, besser 4–5 Messungen pro Tag erforderlich; für die sichere Erfassung eines saisonalen Effekts sind entsprechend 4–5 oder mehr Messungen pro Jahr geboten.

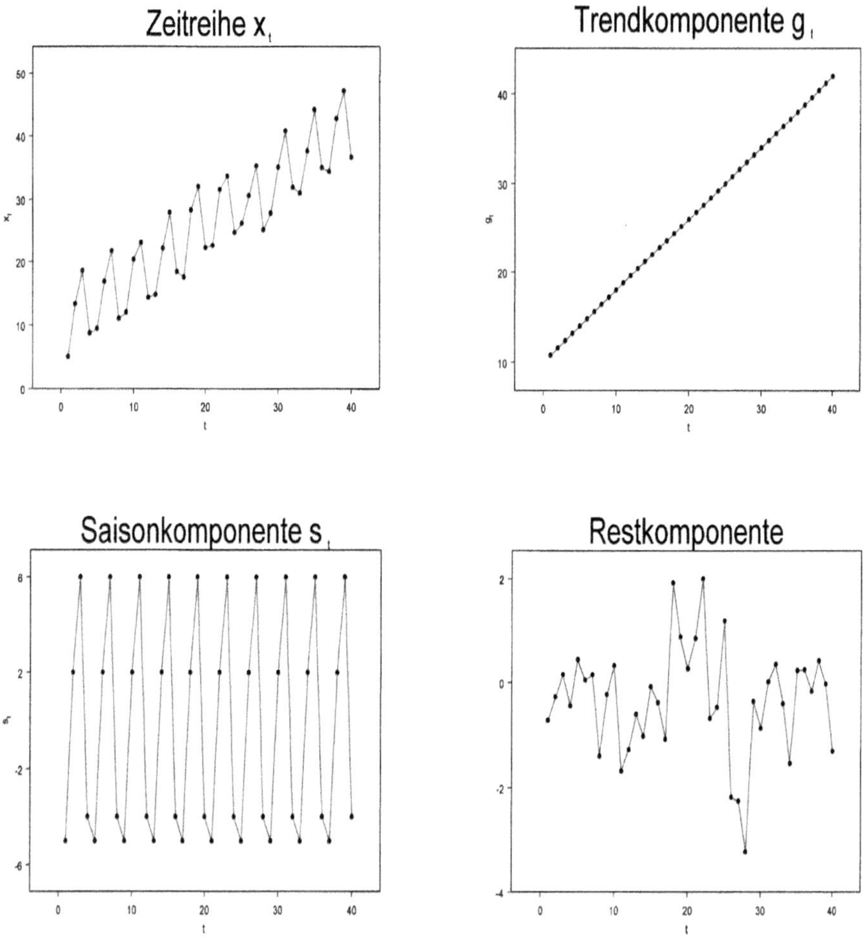

Abb. 8.3 Komponentenmodell für eine Zeitreihe (Kneip 2010).

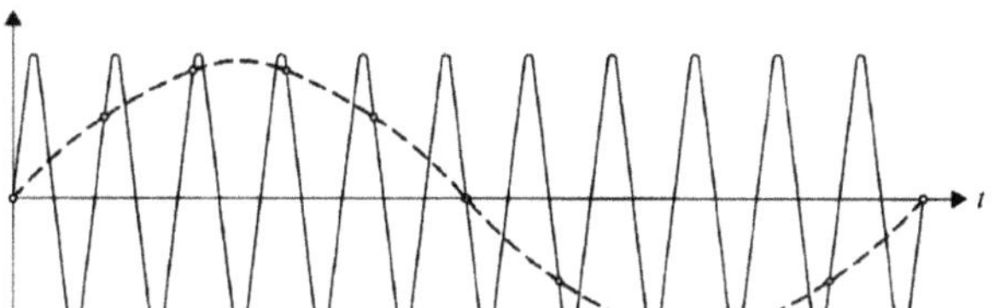

Abb. 8.4 Aliasing-Effekt bei sinusförmigen/saisonalen Veränderungen (Heunecke et al. 2013).

Bedingt durch technische Ausfälle eines Messsystems kann es zu kurzen oder längeren *Datenlücken* in den Aufzeichnungen kommen. In der Abb. 8.5 sind solche Datenlücken dargestellt. Für die hier betrachteten *Analysen im Zeitbereich* beeinflussen solche Lücken zwar die Qualität der Aussagen, sind numerisch jedoch nicht wirklich störend.

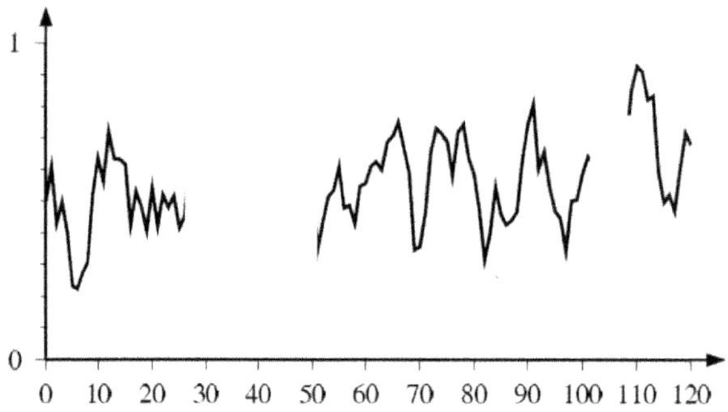

Abb. 8.5 Datenlücken in den aufgezeichneten Messwerten einer Zeitreihe.

Für die im Abschn. 8.2.6 angerissenen *Betrachtungen im Frequenzbereich* sind solche Lücken allerdings zu überbrücken, d. h. durch möglichst geeignete Datensätze zu füllen. Für kurze Ausfälle eignen sich Splinefunktionen, für längere Ausfälle sind aufwendigere Verfahren zu nutzen, siehe Heunecke et al. (2013)

8.2.3 Parameter einer Zeitreihe

Bereits in Abschn. 4.6.2.4 sind zur statistischen Kennzeichnung einer Anzahl von zusammengehörenden Messwerten x_i der Mittelwert $\overline{x}$ und die Varianz s_x^2 eingeführt worden. Eine äußerst wichtige und nützliche Kenngröße zur Beurteilung einer Zeitreihe ist die *Autokovarianzfunktion* $C(i)$, die hier für den in der Praxis vorliegenden diskreten Fall aufgeführt wird; der Laufindex i bezieht sich auf Messwerte x_i im Abstand Δt:

$$C(k) = \frac{1}{n-1}\sum_{i=1}^{n}\left(x_i - \overline{x}\right)\left(x_{i+k} - \overline{x}\right) \tag{8.3}$$

Der Laufindex k wird bei langen Aufzeichnungen nur bis zu etwa ein Zehntel der Länge der Zeitreihe berechnet, um so eine zuverlässige Schätzung für die Funktion $C(k)$ zu erhalten; in der Praxis wird dieser Idealwert allerdings häufig überschritten.

Streng genommen ist die Gültigkeit einer Autokovarianzfunktion an mehrere Voraussetzungen geknüpft:

- Die Zeitreihe muss stationär sein, d. h., es dürfen keine Trends mehr enthalten sein. Gegebenenfalls ist vorab eine Trendbeseitigung nach Abschn. 8.2.6 vorzunehmen.
- Die Messwerte liegen äquidistant vor, d. h., es gibt keine Datenlücken.
- Es sind keine Ausreißer in den Daten vorhanden.
- Das enthaltene Signal und die Varianz der Messwerte bleiben über die Gesamtzeit konstant.

In dieser Autokovarianzfunktion kommt zum Ausdruck, dass aufeinanderfolgende Messungen in einer Zeitreihe numerische Werte in ähnlicher Größe ergeben. Dies ist ein Hinweis auf stochastische Abhängigkeiten zwischen aufeinanderfolgenden Messwerten, ein Effekt, der auch als Erhaltensneigung (Taubenheim 1969) bezeichnet wird. Man erkennt, dass trotz der starken Schwankungen in den Aus-

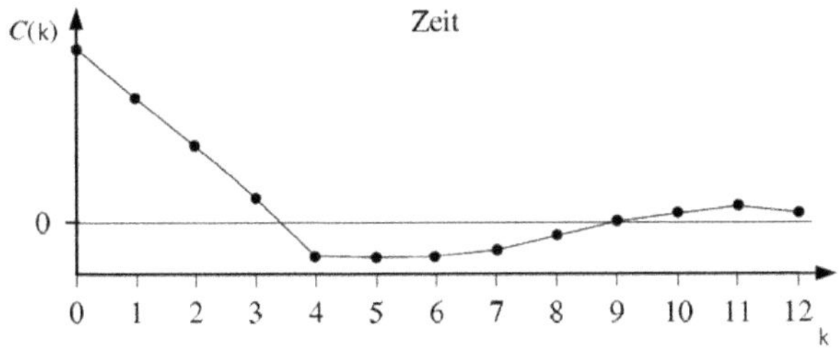

Abb. 8.6 Autokovarianzfunktion für die Zeitreihe aus Abb. 8.2 (Niemeier 2008).

gangswerten eine klare Erhaltensneigung zwischen zeitlich benachbarten Werten, hier bis zu drei Nachbarn, erkennbar ist. Aus der Autokovarianzfunktion kann auch eine Periodizität erkannt werden (siehe Abschn. 8.2.6).

Der Wert $C\,(k = 0)$ bezeichnet die Varianz der gesamten Messwerte, die nachfolgenden Kovarianzen für $k > 0$ sind alle kleiner als dieser Wert. Ab $k = 4$ liegt im Beispiel der Abb. 8.2 die Kovarianz bei etwa null, d. h., weiter auseinanderliegende Messwerte können als stochastisch unabhängig bezeichnet werden.

8.2.4 Voranalyse von Zeitreihen

8.2.4.1 Ausreißer und Sprünge

Ein wichtiger Schritt bei der Datenaufbereitung von Messreihen ist das *Eliminieren von Ausreißern* und das *Erkennen von Sprüngen*.

Als groben Messfehler oder *Ausreißer* betrachtet man Einzelwerte, die einen signifikant abweichenden Wert im Vergleich zu den benachbarten Messungen annehmen. Für das Beispiel der Abb. 8.2 wäre zu prüfen, ob die größten oder kleinsten Werte noch zum normalen Verhalten des Messsignals gehören oder eben als Ausreißer zu betrachten und dann aus der Zeitreihe zu eliminieren sind.

Hierzu wird geprüft, ob mit der Wahrscheinlichkeit P die Testgröße t kleiner oder gleich dem zugehörigen Quantil $t_{f,1-\alpha}$ der Student-Verteilung ist:

$$P\{t \leq t_{f,1-\alpha}\} = 1 - \alpha \tag{8.4}$$

Für die Erkennung signifikanter Ausreißer wird in der Regel $\alpha = 0{,}05$ angenommen. Die Testgröße t errechnet sich aus der Differenz des zu untersuchenden Einzelwertes y_i zu einem repräsentativen Mittelwert $\overline{y}$. Diese Differenz wird mit der empirischen Standardabweichung s_y normiert:

$$t = \frac{y_i - \overline{y}}{s_y} \tag{8.5}$$

Mit dieser Formel ergeben sich jedoch zwei Schwierigkeiten: Welcher Mittelwert $\overline{y}$ ist in einer trendbehafteten oder periodischen Zeitreihe gültig und wie soll in Bezug auf diesen Mittelwert die empirische Standardabweichung s_y berechnet werden? Meist hilft hier nur eine lokale Betrachtung, d. h. eine Durchführung des Tests mit Nutzung allein der Werte aus der Nachbarschaft.

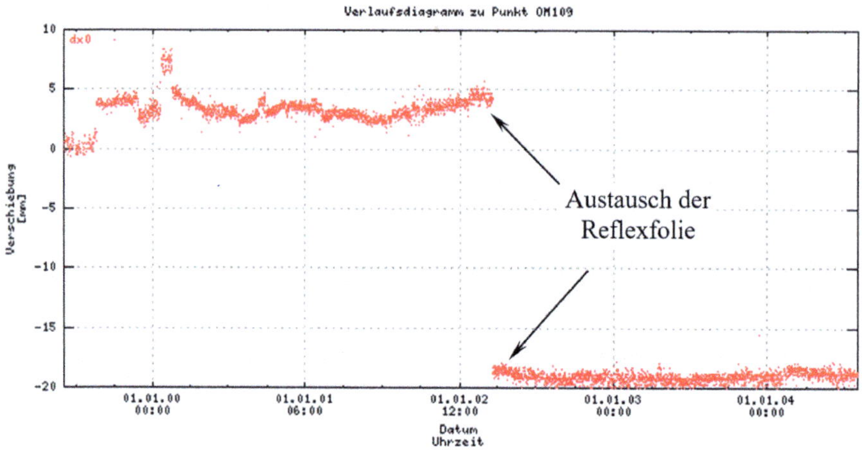

Abb. 8.7 Überwachungsmessung an der Fallersleber-Tor-Brücke in Braunschweig. Zeitreihe für die x-Koordinaten für eine Messmarke (Heinert und Niemeier 2004).

Neben deutlich abweichenden Einzelbeobachtungen kann es – oft durch nicht näher dokumentierte Veränderungen am Messsystem – zu Sprüngen in den Messreihen kommen. Im Beispiel der Abb. 8.7 ist bei der tachymetrischen Überwachung einer Brücke eine Reflexfolie ausgetauscht worden, die eigentlich dieselbe Position und dieselben Eigenschaften wie die Ausgangsfolie haben sollte.

Es wird deutlich, dass solche Sprünge erkannt und beseitigt werden müssen. Oft gibt es erste Hinweise auf derartige Sprünge durch eine Ausreißeranalyse: Wenn mehrere neue Messwerte nicht mehr zum bisherigen Verlauf, aber wieder gut zueinander passen, sollte man prüfen, ob hier nicht solch ein Sprung vorliegt.

Für einen Sprung wie in Abb. 8.7 kann durch Vergleich der Mittelwertfunktion vor und nach dem Ereignis der *Offset in der Zeitreihe* berechnet werden, der dann häufig zur Korrektur der Ausgangsdatenreihe verwendet wird.

8.2.4.2 Glättung von Zeitreihen

Zur Voranalyse einer Zeitreihe kann ebenso eine Glättung (Filterung) der originären Messwerte gehören, um so ein merkbares Rauschen zu reduzieren. Damit kann eine Unruhe in den Sensordaten selbst (Sensorverhalten) oder auch unregelmäßiges Verhalten eines Messobjektes (Verhaltensmodell) eliminiert werden. Daneben kann auch der Frequenzbereich für ein nicht weiter interessantes Verhalten des Untersuchungsobjektes ausgeschaltet werden, z. B. können durch diese Glättung tägliche Schwankungen, etwa hervorgerufen durch die wechselnde Tagestemperatur, herausgefiltert werden. Bei einer Glättung werden die hochfrequenten Anteile eliminiert, bei der im Abschn. 8.2.4.3 behandelten Trendbeseitigung die niederfrequenten Anteile.

Es gibt eine Vielzahl von Ansätzen für die Durchführung einer Glättung. Geht man zur Glättung um jeweils k Messwerte in der Zeit nach vorn und zurück, so kann eine ungeradzahlige Glättungsfunktion der Ordnung (Länge) $p = 2k + 1$ verwendet werden, für die gilt:

$$\overline{y}_t = \frac{1}{p} \cdot \frac{y_{t-k} + y_{t-k+1} + \cdots + y_t + \cdots + y_{t+k-1} + y_{t+k}}{2k+1} \tag{8.6}$$

Damit wird der geglättete Wert $\overline{y}_t$ an der Stelle t berechnet. Häufig wird für die Länge der Glättungsfunktion eine Ordnung p von drei oder fünf gewählt, etwa um das Grundrauschen eines Sensors zu unterdrücken. Neben der einfachen o. g. Formel werden häufig auch gewichtete Glättungsfunktionen verwendet. Diese Glättungsfunktionen stellen eine Verallgemeinerung der „gleitenden Mittelwertbildung" dar.

In Abb. 8.8 ist eine Glättung der Ordnung $p = 3$ dargestellt. Es muss betont werden, dass durch derartige Glättungen an beiden Rändern Messwerte verloren werden, d. h., die Zeitreihe wird kürzer.

Es gibt eine enge Wechselbeziehung zwischen dieser Glättung und einem Erkennen von Ausreißern: Durch eine Glättung wird das generelle Rauschen in den Daten herabgesetzt. Dabei werden auch grob abweichende Messwerte in Richtung des allgemeinen Verhaltens des Signals verändert. Ausreißer werden daher in den geglätteten Werten kaum noch sichtbar. Bei deutlichen Sprüngen versagt die Glättung.

8.2.4.3 Trendanalysen

Eine der wichtigsten Aufgaben in der Zeitreihenanalyse ist das Erkennen und Bestimmen von Trends. Als Trend wird eine langfristige, systematische Veränderung der Mittelwerte einer Zeitreihe verstanden.

In der Theorie stochastischer Prozesse und entsprechend in den hier verwendeten Berechnungsformeln wird von *stationären Zeitreihen* ausgegangen, die – vereinfacht ausgedrückt – über den gesamten Zeitverlauf keine Veränderung in den Mittelwerten und den Varianzen aufweisen. Entsprechend ist es absolut notwendig, einen eventuell vorhandenen Trend vorab aus der Zeitreihe abzuspalten.

In Abb. 8.9 ist für eine Zeitreihe mit dem CO_2-Gehalt über die Jahre 1975–1990 ein *linearer Trend* berechnet worden. Numerisch wird ein solch klarer Trend häufig durch eine Regressionsgerade bestimmt, für die die Formeln etwa in Kreyszig (1998) oder Niemeier (2008) zu finden sind.

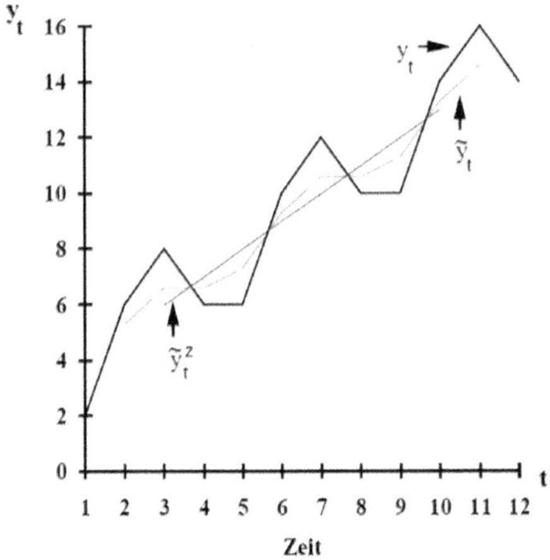

Abb. 8.8 Gleitende Durchschnittswerte der Ordnung drei bei einer Zeitreihe (aus von der Lippe 2019).

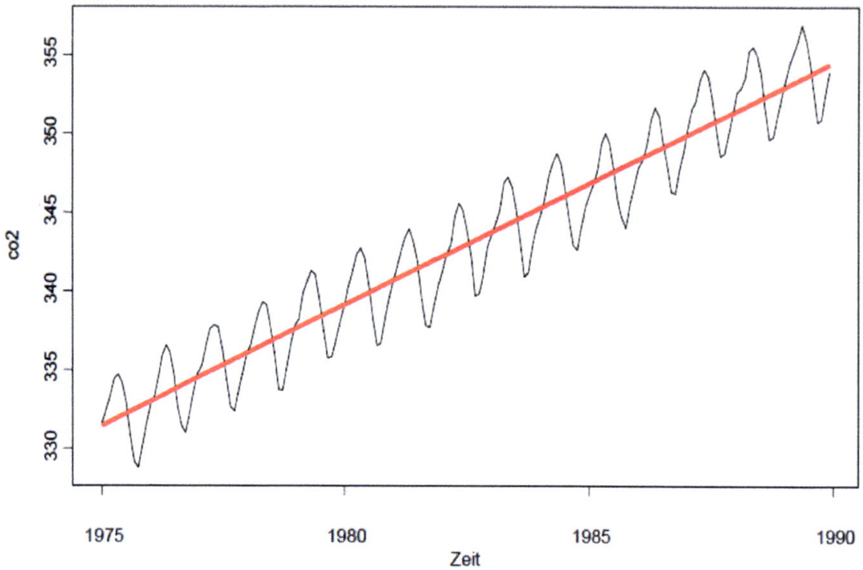

Abb. 8.9 Trendfunktion für eine Zeitreihe mit periodischem Signal (Holzmann 2002).

Für den Nachweis von Spannungsänderungen in Bauteilen, die Stabilität von Spundwänden, das Erkennen von Rutschungen u. a. sind oftmals *nichtlineare Trends* von besonderer Bedeutung. Reicht also die Annahme einer Geraden nicht aus, um das Trendsignal zuverlässig und umfassend zu approximieren, kommen auch nichtlineare Regressionsfunktionen (polynomial oder hyperboloid) oder z. B. auch univariate Splinefunktionen mit Anpassungsfaktoren zum Einsatz.

8.2.5 Betrachtung mehrerer Zeitreihen

Wie im Abschn. 8.2.1 dargelegt, geht es bei modernen Monitoringaufgaben mit kontinuierlichen Zeitreihen sowohl um das zeitabhängige Verhalten einer Messstelle als auch um das Aufzeigen möglicher Abhängigkeiten zwischen dem Verhalten zweier oder mehrerer Messstellen bzw. das Aufzeigen des Verhaltens von Einfluss- und Wirkungsgrößen.

8.2.5.1 Vorbereitende Schritte

Eine häufige Schwierigkeit ist die Nutzung von sowohl physikalisch als auch technisch unterschiedlichen Sensoren, z. T. durch unterschiedliche Fragestellungen und sogar Auftraggeber. Damit hat man in der Regel heterogene Datensätze, mit oftmals:

- verschiedenen Datenformaten,
- verschiedenen Abtastraten,
- unterschiedlich verrauschten Signalen,
- Ausreißern und lückenhaften Werten.

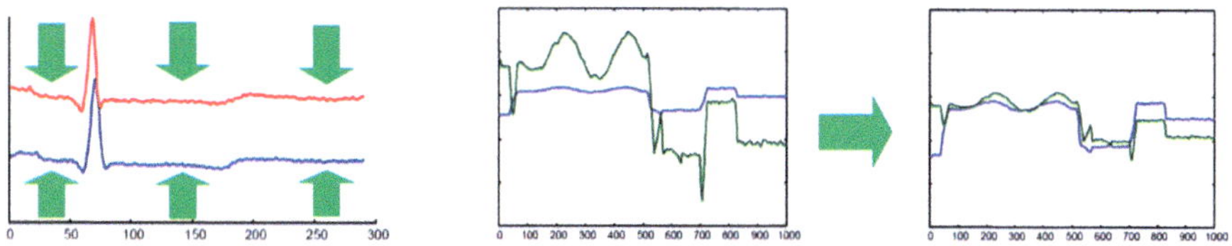

Abb. 8.10 Verschiebung der Zeitreihen um den Mittelwert (Offsettranslation) und Normierung mittels der Standardabweichungen (Amplitudenskalierung) (Kriegel et al. 2009).

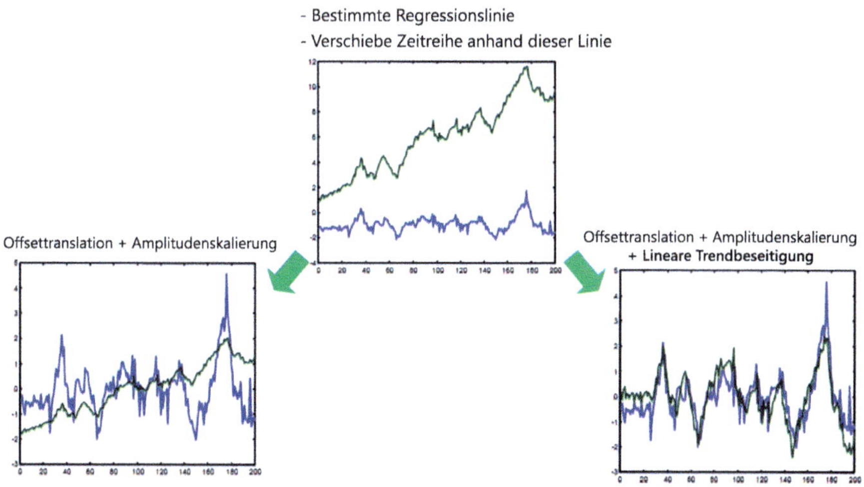

Abb. 8.11 Vorverarbeitungsschritte für die Verarbeitung von zwei Zeitreihen (Kriegel et al. 2009).

Als erster Schritt ist daher eine mehrstufige Datenvorverarbeitung vorzunehmen, die in den Abb. 8.10 und 8.11 skizziert ist. Zunächst sind die Zeitreihen um ihre Mittelwerte zu zentrieren, um sie besser vergleichbar zu machen: *Offsettranslation*. Da ebenso sehr unterschiedliche Amplituden (Messwertintervalle) vorliegen können, ist auch hier eine Normierung mittels der jeweiligen Standardabweichung sinnvoll: *Amplitudenskalierung*. Dann sind gegebenenfalls unterschiedliche Trends in den Zeitreihen zu bestimmen und zu eliminieren. *Trendbeseitigung*.

Schließlich gibt es eigentlich immer unterschiedliche Aufzeichnungsraten und -zeitpunkte (Abtastraten). Für die beiden betrachteten Sensoren/Messsysteme sind Folgen von Messwerten x_i und z_i abzuleiten, die sich auf dieselben Zeitpunkte t_i beziehen und denselben Messwertabstand Δt haben!

8.2.5.2 Kreuzkovarianzen zwischen zwei Messreihen

Für so vorausgewertete Zeitreihen kann nach einer ähnlichen Formel wie für die Autokovarianzfunktion hier die Kreuzkovarianzfunktion $C_{xz}(k)$ bestimmt werden, die als Maß für die Ähnlichkeit der betrachteten Zeitreihen bzw. der zugrunde liegenden Prozesse verstanden werden kann (siehe auch Abschn. 4.6.2.5):

$$C_{xz}(k) = \frac{1}{n-1} \sum_{i=1}^{n} \left(x_i - \overline{x}\right)\left(z_{i+k} - \overline{z}\right) \tag{8.7}$$

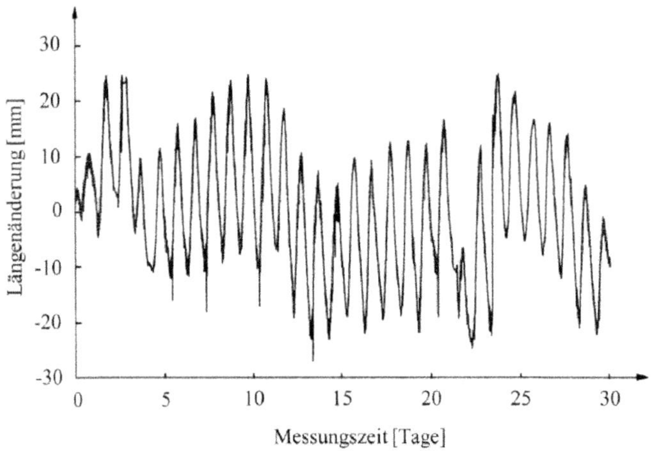

Abb. 8.12 Längenänderung eines Stahlträgers über 30 Tage (Heunecke et al. 2013).

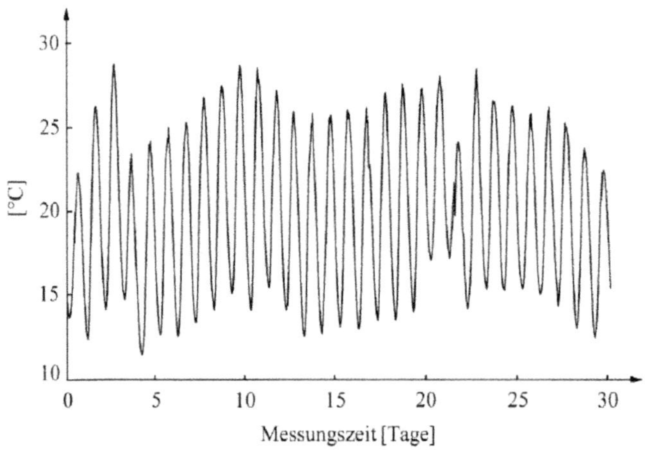

Abb. 8.13 Simultane Messung der Umgebungstemperatur (Heunecke et al. 2013).

Häufig wird eine normierte Funktion verwendet, die Kreuzkorrelationsfunktion $K_{xz}(k)$, z. B. wenn eine vorherige Skalierung der Amplituden nicht erfolgt ist. Es gilt:

$$K_{xz}(k) = \frac{C_{xz}(k)}{\sqrt{C_x(0) \cdot C_z(0)}} \tag{8.8}$$

In der Kreuzkorrelationsfunktion erkennt man u. a. den Zeitversatz zwischen den betrachteten Zeitreihen. Die Korrelation muss durchaus nicht bei $k = 0$ am größten sein, siehe auch das nachfolgende Beispiel.

Für das aus Heunecke et al. (2013) übernommene Beispiel der Längenmessung eines Bauteiles aus Stahl und dessen Abhängigkeit von der Umgebungstemperatur sind in Abb. 8.12 und 8.13 sowohl die Längenänderungen über die Zeit als auch die zugehörigen Messungen der Umgebungstemperatur dargestellt. Der Untersu-

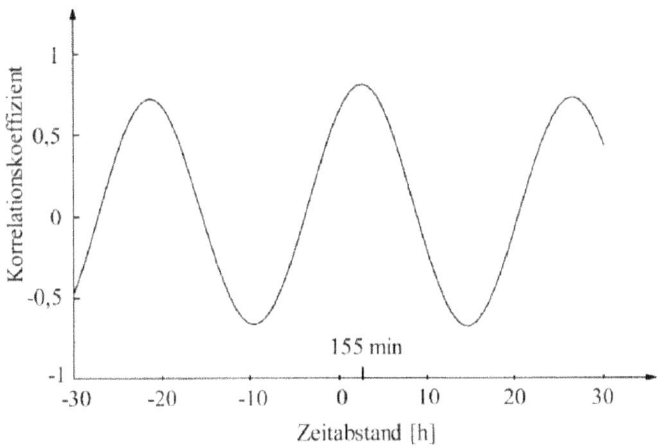

Abb. 8.14 Empirische Kreuzkorrelationsfunktion zwischen der Länge eines Stahlträgers und der Umgebungstemperatur (Heunecke et al. 2013).

chungszeitraum betrug 30 Tage und die Abtastrate $\Delta t = 5\,\text{min}$. Auch wenn es natürlich ein bekanntes mechanisches Modell für den Zusammenhang Ausdehnung zu Temperatur gibt, soll hier der zeitliche Versatz zwischen den Messreihen mit den Ansätzen der Zeitreihentheorie bestimmt werden.

Da hier eine synchrone Registrierung der Messwerte im Abstand von $\Delta t = 5\,\text{min}$ erfolgt ist, konnte direkt aus den vorliegenden Messreihen die Kreuzkorrelationsfunktion $K_{xz}(k)$ bestimmt werden (siehe Abb. 8.14). Man erkennt neben der Abhängigkeit zwischen Längenausdehnung und Umgebungstemperatur, dass eine maximale Korrelation von $\rho_{xz} = +0{,}8$ zwischen den beiden Zeitreihen bei einem Zeitversatz von 155 min auftritt, die Längenänderung des Stahlkörpers der Umgebungstemperatur also um ca. 2,5 h nachläuft.

8.2.6 Suche nach Periodizitäten

Wie bereits im Abschn. 8.2.1 und 8.2.2 dargelegt, gibt es in den Datensätzen der Geomesstechnik sehr häufig saisonale Schwankungen, die tages- oder jahreszeitlich bedingt sein können, etwa durch die Variation der Bauwerkstemperatur mit dem täglichen Stand der Sonne oder durch Änderungen des GW-Standes im Laufe eines Jahres. Daneben gibt es auch weitere zyklische Effekte, die durch bekannte oder nicht bekannte wiederkehrende Beeinflussungen hervorgerufen sein können, z. B. durch wechselnde Betriebszustände oder den fließenden Verkehr.

Entsprechend ist das Aufdecken von Periodizitäten eine der wichtigsten Aufgaben bei der Analyse von Zeitreihen. Oft können solche Effekte in „verrauschten" Messdaten nur durch eine *Frequenzanalyse* überhaupt erkannt und bestimmten Ursachen zugeordnet werden. Typische Periodizitäten wie Tagesgang, Wochengang (häufig an Pumpspeicherwerken) und Jahresgang können bei der Suche nach Einflüssen auf das Messergebnis helfen oder solche ausschließen.

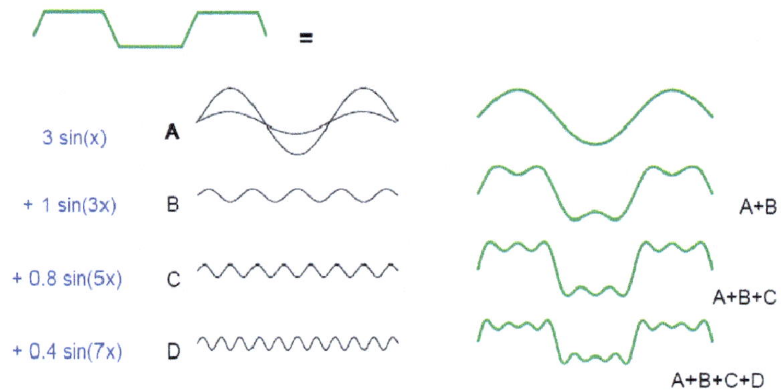

Abb. 8.15 Veranschaulichung der Approximation einer Treppenfunktion durch eine Folge von harmonischen Funktionen (Kriegel et al. 2009).

Während die bisherigen Betrachtungen im Zeitbereich erfolgten, muss jetzt ein *Übergang in den Frequenzbereich* erfolgen, da Periodizitäten eben durch ihre Frequenz und die zugehörige Amplitude ausgedrückt werden. Die Repräsentation des (diskreten) physikalischen Systems durch Zeit oder durch Frequenz ist (unter bestimmten Voraussetzungen) äquivalent! Es gibt keinen Informationsverlust, wenn man von dem einen Raum in den anderen transformiert oder zurück.

Grundlage für diesen Übergang in den Spektralbereich ist das mathematische Theorem (Satz von Fourier): „Jedes endliche periodische Signal kann mit Hilfe von überlagerten harmonischen Sinus- und Cosinus-Signalen dargestellt (approximiert) werden." Dieser Satz von Fourier wird in der Abb. 8.15 für eine Treppenfunktion (oben links) veranschaulicht. Schon durch die Nutzung von vier Sinusfunktionen kommt man zu einer recht guten Approximation der ursprünglichen Kurve.

Dieser Ansatz ist die Basis für eine DFT (diskrete Fourier-Transformation) (z. B. Butz 2000), die oft numerisch als FFT (Fast-Fourier-Transformation) umgesetzt wird. Für die Berechnungsformeln, Voraussetzungen und Einschränkungen dieser Darstellung im Frequenzbereich muss hier auf die Literatur verwiesen werden, z. B. auf Butz (2000); Kriegel et al. (2009); Schlitten und Streitberg (2001); Thome (2005).

Wichtig für die Praxis ist, dass nur bei einer ausreichenden Länge der Zeitreihe eine zufriedenstellende Auflösung der Frequenzen erreicht werden kann. Auch werden zumindest schwach stationäre Prozesse vorausgesetzt, was bedeutet, dass ein Trend vorab weitestgehend eliminiert werden muss.

In Abb. 8.16 ist anhand realer Messdaten exemplarisch das Ergebnis der Transformation einer Zeitreihe mit klar dominierenden Periodizitäten in den Frequenzbereich dargestellt. Bei den Messdaten handelt es sich um den Sickerwasserdurchfluss, welcher durch die Oberflächendichtung des Oberbeckens eines Pumpspeicherwerks dringt. Je höher der Wasserstand im Becken, desto höher der Sickerwasserandrang. Der Beckenpegel ist durch den Pumpspeicherbetrieb – statistisch gesehen – typischen Periodizitäten unterworfen. Dies spiegelt sich im Verlauf der Sickerwassermessreihe wider. Man kann im Zeitbereich folgende typische Frequenzen anhand der Maxima (Peaks) identifizieren:

- Peak 1 bei $f = 1/\text{Woche}$: typischer wöchentlicher Füllverlauf des Oberbeckens mit einem maximalen Stauspiegel am Wochenende,
- Peak 2 und 3: Ursache unbekannt,
- Peak 4 bei $f = 1/\text{Tag}$: typischer täglicher Füllverlauf mit hohen Wasserständen am frühen Morgen und niedrigen Pegeln am späten Abend,
- Peak 5 bei 1/12 h: vermutlich eine Oberfrequenz zu Peak 4.

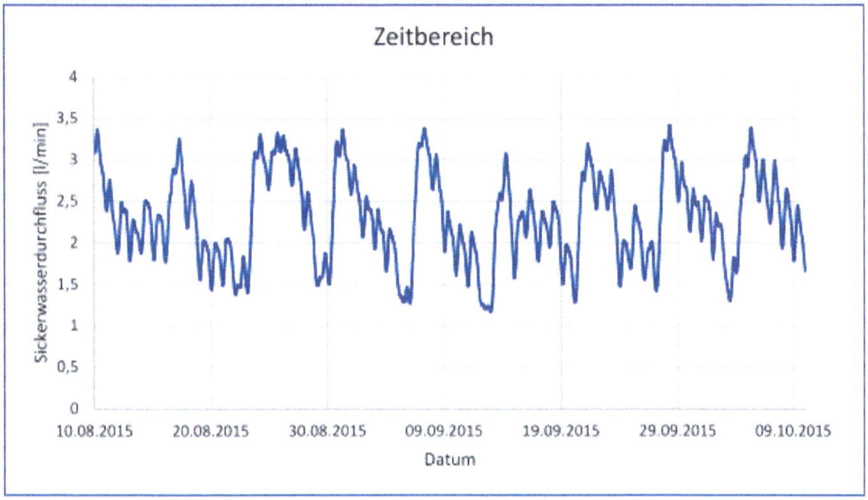

(a)

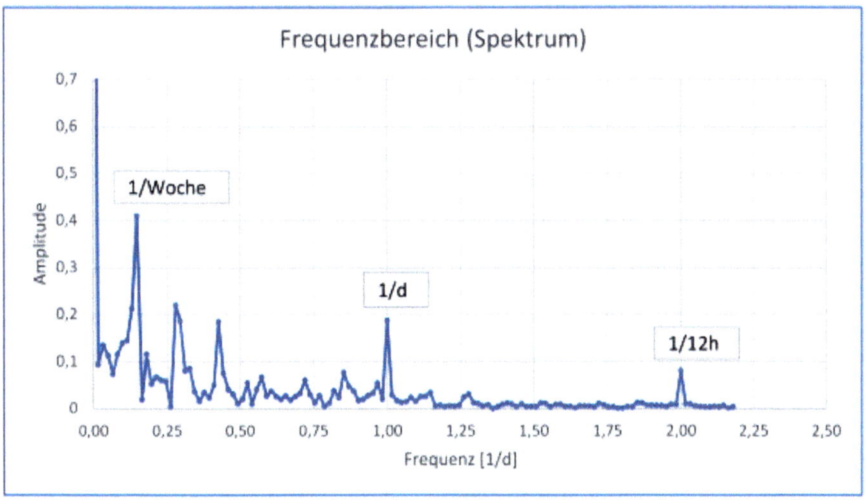

(b)

Abb. 8.16 Übergang (a) vom Zeitbereich in (b) den Frequenzbereich.

8.3 Visualisierung

8.3.1 Grundsätze

Für die grafische Darstellung der Resultate von geotechnischen Messungen gibt es zahlreiche Möglichkeiten, die hier in ihrer Gesamtheit nicht aufgeführt werden sollen; einige typische Beispiele finden sich in den Fallbeispielen im Kap. 6 und an etlichen anderen Stellen in diesen Empfehlungen. Hier sollen allein Grundsätze für die Visualisierung zusammengestellt werden, die etwa als Mindestanforderungen anzusehen sind. Dazu gehört folgende Darstellung:

- Grundriss,
- Lage der Messstellen, gegebenenfalls mit Detailzeichnungen,
- einzelne Messreihen.

Die Messwerte oder die Messergebnisse sind numerisch in Tabellen und/oder grafisch in Diagrammen darzustellen. Beide Darstellungsarten müssen eindeutig und gut lesbar sein und daher ein Minimum an Angaben erhalten:

- Projektspezifikationen,
- verantwortliche Personen/Firmen/Behörden,
- Zeitpunkt/-raum der Messwerterfassung,
- Referenz-/Null-/Bezugsmessung,
- Bezeichnung der Messlokation/des Messpunktes,
- Beschreibung der Lokation mit Ortsangabe, möglichst eindeutig georeferenziert,
- die darzustellenden Messergebnisse,
- eindeutige Kennzeichnung der physikalischen Einheiten,
- Genauigkeit bzw. Unsicherheit der Messung,
- Vorzeichendefinition/-konvention.

Die Messgrößen/Messergebnisse müssen in einem geeigneten Bezugssystem aufgetragen werden (siehe Abschn. 3.2), damit eine eindeutige Zuordnung auch nach Projektende und durch Dritte möglich ist. Auch für die Verknüpfung zu weiteren Informationen zum Projekt ist die eindeutige Beschreibung der Messlokationen durch Koordinaten sinnvoll bzw. erforderlich.

Die Darstellungen sollen signifikante Messgrößen/Messergebnisse erkennen lassen und die projektspezifischen Randbedingungen (z. B. erwartete Messgröße, Erwartungswert, Schwellenwert) beachten. Die Maßstäbe der verwendeten Achsen sind an den Wertebereich der Messungen anzupassen. Bei mehreren gleichartigen Diagrammen sollte der Maßstab möglichst unverändert bleiben, um die Vergleichbarkeit zu erleichtern. Aus Gründen der Übersichtlichkeit ist die Anzahl der Darstellungen zu begrenzen; eine Unterteilung der Grafik-/Darstellungsflächen darf die Lesbarkeit nicht beeinträchtigen. Die Zeitpunkte maßgebender Ereignisse, wie Schüttbeginn, Sprengungen, Einstaubeginn o. Ä. sind z. B. als vertikale Linien darzustellen. Wenn es möglich ist, sollten die jeweils maßgebenden Einwirkungen (Schütthöhe, Lufttemperatur, Stauspiegel) mit dargestellt sein.

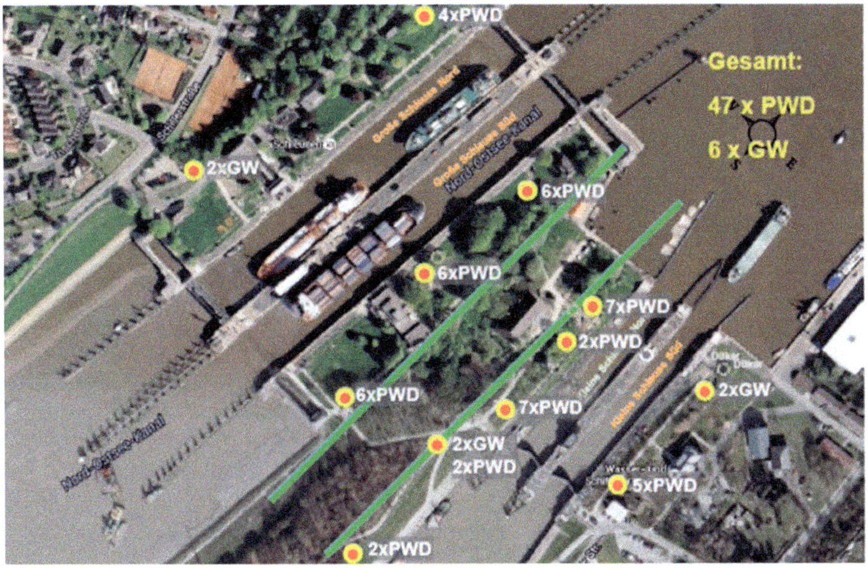

Abb. 8.17 Übersicht über ausgewählte Messstellen bei der Erneuerung der Schleuse Brunsbüttel (Otte 2017).

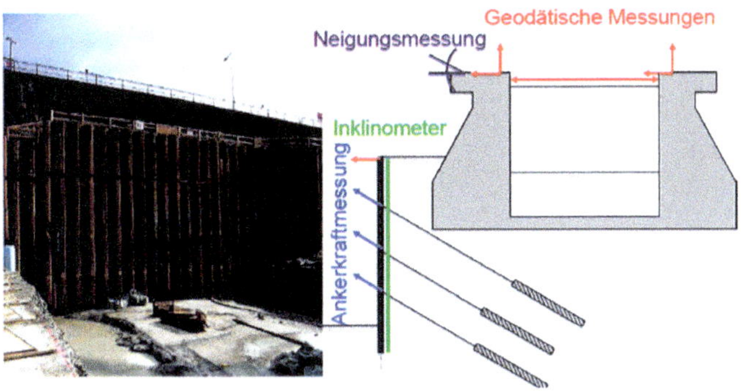

Abb. 8.18 Visualisierung der Lage der Messstellen für das Messkonzept der Überwachung der Schleuse Münster (Herten 2017).

Im Beispiel der Abb. 8.17 sind die Messstellen für Porenwasserdruck und Grundwasserstand schematisch dargestellt. Durch die Darstellung in einem Luftbild ist für diese Übersicht eine Zuordnung zu einem Bezugssystem ausreichend gegeben.

In der Abb. 8.18 ist die Anordnung der verschiedenen Sensoren und die jeweils zu bestimmende physikalische Größe dargestellt. Hierdurch erhält man einen guten Überblick über die Instrumentierung in Bezug auf das Objekt.

8.3.2 Darstellung von Zeitreihen

Zunehmend werden Messwerte kontinuierlich erfasst und müssen entsprechend ausgewertet und visualisiert werden. Dazu sind die Messgrößen bzw. aufbereite-

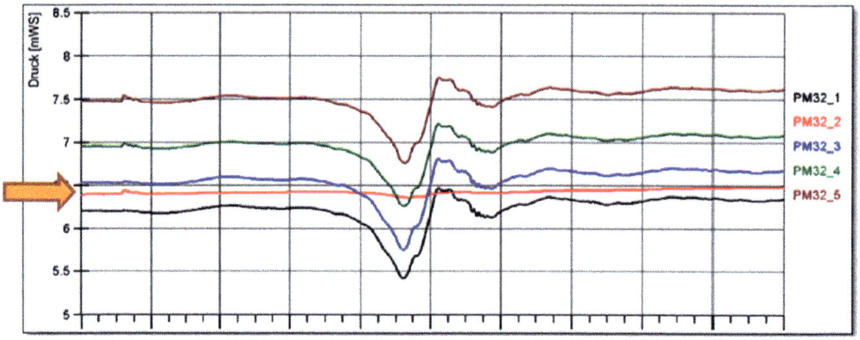

Abb. 8.19 Darstellung mehrerer Zeitreihen für Porenwasserdruckmessungen (Pohl 2017).

te oder gefilterte Messergebnisse in zeitlicher Reihenfolge, d. h. als Zeitreihe mit genauer Zeitangabe (Datum und gegebenenfalls Stunde, Minute, Sekunde, Millisekunde) grafisch dargestellt. Für längerfristige Messprojekte sollte neben der Visualisierung der Zeitreihe über die gesamte Messdauer auch eine Darstellung für ausgewählte Zeitintervalle möglich sein.

Die Zeitpunkte sollten immer auf der Abszisse und die Messdaten auf der Ordinate aufgetragen werden. Es kann durchaus sinnvoll sein und die Aussagekraft erhöhen, wenn man die Ergebnisse gleichartiger Sensoren in einer Abbildung zusammenfasst, wie es in Abb. 8.19 für die Messung von Porenwasserdrücken erfolgt ist.

Einzelne Sachverhalte können in einer grafischen Darstellung der Messgrößen in Abhängigkeit von weiteren Parametern verdeutlicht werden (z. B. Verschiebungen als Funktion des hydraulischen Druckes bei Dilatometerversuchen). Sinnvoll kann auch die grafische Darstellung von Messgrößen in Abhängigkeit von Umgebungsbedingungen (z. B. Luftdruck, Feuchtigkeit, Temperatur) sein.

Ein anderes Beispiel zur Darstellung von Zeitreihen findet sich in Abb. 6.8. In der Grafik werden die Ergebnisse einzelner Messepisoden einer Vertikalinklinometermessung in einem Ort-Deformations-Diagramm aufgetragen.

In Abb. 8.20 sind die Sohlwasserpotenziale über die Zeit dargestellt, wobei hier gleich ein Bezug zu Bau- und Betriebszuständen hergestellt wurde. Damit wird eine Interpretation der Messergebnisse erleichtert.

8.3.3 Isolinien- und Tensordarstellungen

Eine sehr anschauliche Möglichkeit, die Ergebnisse von Modellberechnungen (Abb. 8.21) oder von realen Messungen räumlich verteilt darzustellen, ist die Nutzung von Isolinien. Dabei ist es sinnvoll, die Messlokationen und die möglichen Verursacher mit einzuzeichnen, damit auch dieser Bezug gegeben ist.

In der Abb. 8.21 ist als Beispiel das Ergebnis einer Senkungsprognose (hier: prognostizierte Senkungen) für das Kavernenfeld Etzel wiedergegeben, die die Bundesanstalt für Geowissenschaften und Rohstoffe (BGR) im Jahre 2016 erstellt hat.

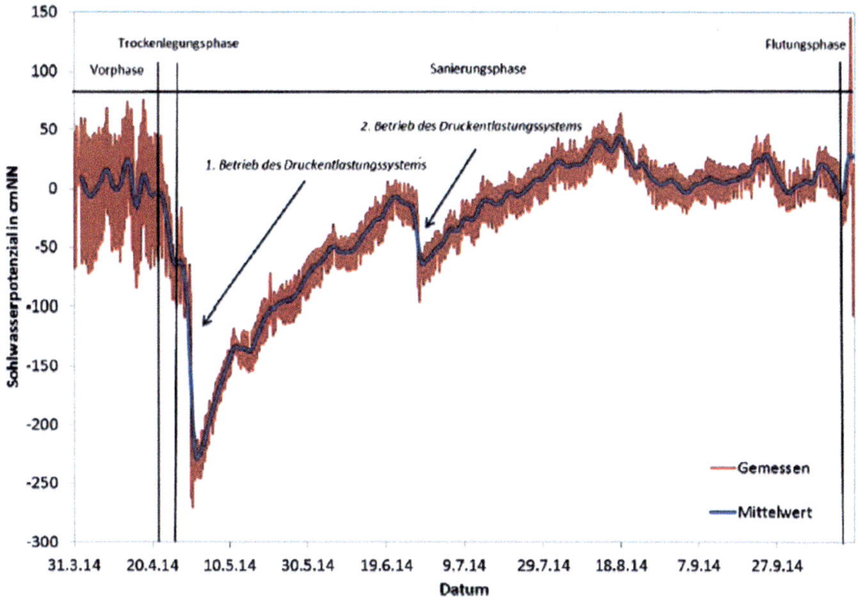

Abb. 8.20 Darstellung der Sohlwasserpotenziale am Eidersperrwerk (Nuber et al. 2016).

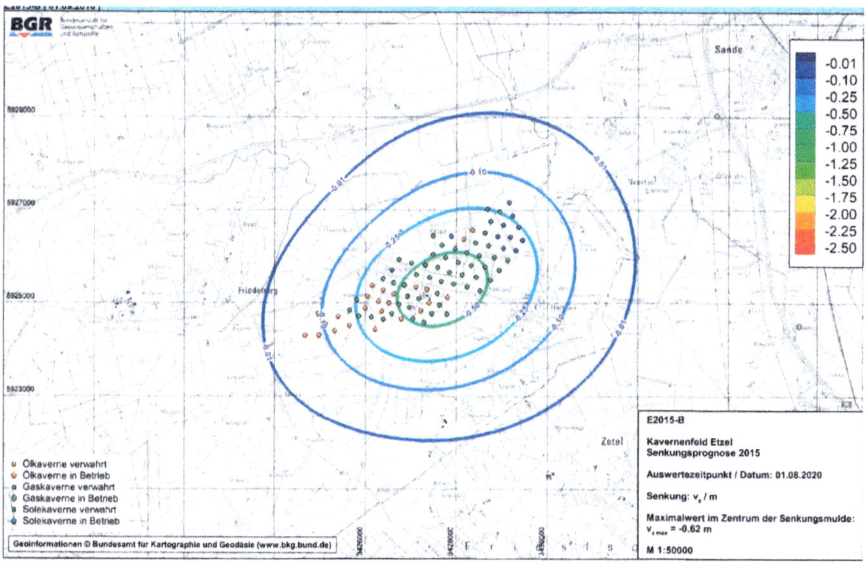

Abb. 8.21 Senkungsprognose für das Kavernenfeld Etzel (Eickemeier und Schäfers 2016).

Tensoren können durch die Lage der Hauptachsenkreuze dargestellt werden. In vielen Fällen werden Pfeildarstellungen verwendet: Nach innen gerichtete Pfeile stellen Druck oder Stauchung dar, nach außen gerichtete Pfeile dagegen Zug oder Dehnung. Im vorliegenden Fall der Abb. 8.22 erfolgt die Codierung über Farben:

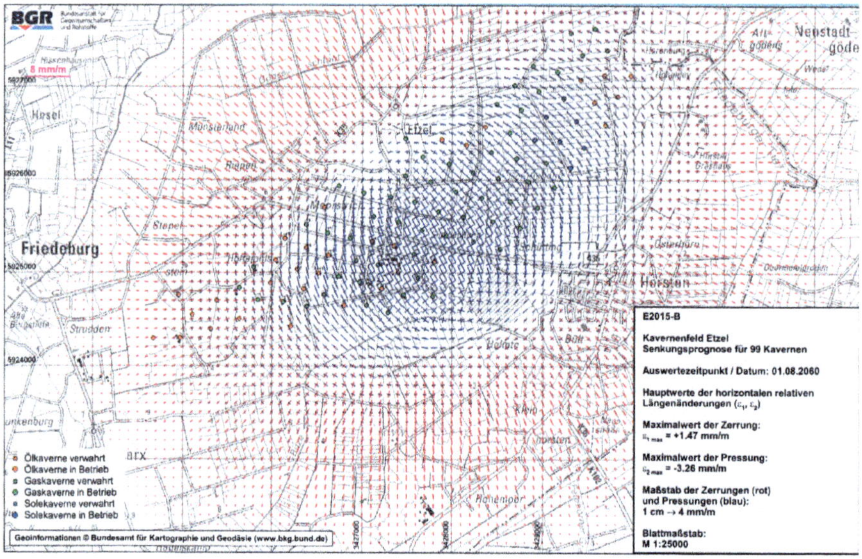

Abb. 8.22 Tensordarstellung der Hauptwerte der horizontalen relativen Längenänderungen für das Kavernenfeld Etzel für das Jahr 2006 (Eickemeier und Schäfers 2016).

Stauchungen (hier: Pressungen) sind in blau, Dehnungen (hier: Zerrungen) in rot dargestellt.

Zweidimensionale Tensoren, die nicht parallel zur Abbildungsebene liegen, sind je nach Informationserfordernis in einer geeigneten Projektion abzubilden, wobei auf jeden Fall die gegenseitige Orientierung von Tensor- und Abbildungsebene kenntlich zu machen ist. Bei dreidimensionalen Tensoren kann ein Schnitt, der parallel zur Abbildungsfläche verläuft, zur Darstellung genutzt werden. Für die Abbildung aller drei Hauptachsen – einschließlich ihrer rotatorischen Lage – ist eine axonometrische Darstellung zu wählen.

Literatur

Butz, T. (2000). *Fouriertransformation für Fußgänger*. Leipzig: Teubner.

Eickemeier, R. und Schäfers, A. (2016). Prognose der Senkungen und weiterer Bodenbewegungs- und Bodenverformungsgrößen für die Kavernenanlage Etzel mit 99 Kavernen. Gutachten. Hannover: Bundesanstalt für Geowissenschaften und Rohstoffe (BGR).

Heinert, M. und Niemeier, W. (2004). Zeitreihenanalyse bei der Überwachung von Bauwerken. In: *Interdisziplinäre Messaufgaben im Bauwesen*, (Hrsg. W. Schwarz), Heft 46, S. 157–174 Stuttgart: Wittwer.

Herten, M. (2017). *Beobachtungsmethode und Monitoring beim Schleusenbau an Binnengewässern*. BAW Kolloquium, Sept. 2017. Hamburg: Eigenverlag.

Heunecke, O., Kuhlmann, H., Welsch, W., Eichhorn, A. und Neuner, H. (2013). *Auswertung geodätischer Überwachungsmessungen*, 2. Aufl. Karlsruhe: Wichmann.

Holzmann, H. (2002). Wasserwirtschaftliche Planungsmethoden – Übungen zur Zeitreihenanalyse. Skript zur Vorlesung. BOKU Wien.

Kneip, L.S. (2010). Zeitreihenanalyse. Skript zur Vorlesung. Universität Bonn.

Kreyszig, E. (1998). *Statistische Methoden und ihre Anwendungen*, 7. Aufl., Göttingen: Vandenhoeck & Ruprecht.

Kriegel, H.-P., Kröger, P., Kunath, P., Renz, M. und Zimek, A. (2009). Spatial, Temporal and Multimedia Databases. Skript zur Vorlesung. LMU München.

von der Lippe, P. (2019). Einführung in die Zeitreihenanalyse. http://www.von-der-lippe.org/dokumente/buch/BUCH11.pdf (abgerufen am 01.04.2021).

Niemeier, W. (2008). *Ausgleichungsrechnung: Statistische Auswertemethoden*, 2. Aufl., Berlin: de Gruyter.

Nuber, T. und Siebenborn, G. (2016). *Überwachung und Steuerung der Sohlwasserdrücke am Eidersperrwerk*. Erschienen in: Messen im Bauwesen 2016, BAM Berlin. https://hdl.handle.net/20.500.11970/100951 (abgerufen am 30.03.2021).

Otte, K. (2017). *Die Anwendung messtechnischer Verfahren beim Monitoring*. BAW Kolloquium, Sept. 2017. Hamburg: Eigenverlag. https://izw.baw.de/publikationen/kolloquien/0/Vortrag%203_Die%20Anwendung%20messtechnischer%20Verfahren%20beim%20Monitoring.pdf (abgerufen am 01.04.2021).

Pohl, M. (2017). *Beobachtungsmethode und Monitoring in der Geotechnik*. BAW Kolloquium, Sept. 2017. Hamburg: Eigenverlag. https://izw.baw.de/publikationen/kolloquien/0/Vortrag%201_Die%20Beobachtungsmethode%20und%20das%20Monitoring%20in%20der%20Geotechnik.pdf (abgerufen am 01.04.2021).

Rinne, H. und Specht, K. (2002). *Zeitreihen: Statistische Modellierung, Schätzung und Prognose*. München: Vahlen.

Schlitten, R. und Streitberg, B. (2001). *Zeitreihenanalyse*, 9. Aufl., München: Oldenburg.

Taubenheim, J. (1969). *Statistische Auswertung geophysikalischer und meteorologischer Daten*. Leipzig: Akademische Verlagsanstalt Geest & Portig.

Thome, H. (2005). *Zeitreihenanalyse*. München: Oldenburg.

9 Qualitätssicherung und vertragliche Rahmenbedingungen

9.1 Planung messtechnischer Leistungen

Die Planung geomesstechnischer Leistungen ist eine eigenständige, interdisziplinäre Ingenieuraufgabe. Sie schafft die Voraussetzung für die spätere Realisierung des Messsystems. Das Ziel ist, geotechnische bzw. tragwerksplanerische Fragestellungen mit den passenden messtechnischen Mitteln zu beantworten. Eine hohe Qualität bei der Installation der Messsysteme und bei der Durchführung der Messungen sowie aussagekräftige Auswertungen sind nur mit einer fachgerechten Planung zu erreichen. Deshalb wird empfohlen, nur solche Unternehmen mit geomesstechnischen Planungsleistungen zu betrauen, die nachweislich über ausreichende Referenzen zur Planung geomesstechnischer Projekte verfügen.

Der Planungsprozess messtechnischer Leistungen kann zweckmäßigerweise an die Planungsphasen des Bauvorhabens (z. B. gemäß den Planungsphasen nach HOAI-Honorarordnung für Architekten und Ingenieurleistungen, (Bundesregierung 2013)) angelehnt sein. Während der Grundlagenermittlung, Vorplanung, Entwurfsplanung, Genehmigungsplanung und Ausführungsplanung werden messtechnische Anforderungen schrittweise entwickelt, die letztendlich im Messprogramm und in der Leistungsbeschreibung (Leistungsverzeichnis) münden.

Eine fachgerechte und störungsarme Ausführung des Gesamtprojekts kann nur dann erreicht werden, wenn die Belange der Messtechnik und der bautechnischen Ausführung bereits in den frühen Planungsphasen aufeinander abgestimmt werden. Als häufige Konfliktpunkte sind bekannt:

- fehlende Zeitfenster für die Installation (Baubehinderungen, Installation „auf Zuruf“ ohne ausreichende Vorbereitungszeit),
- mangelhafte Berücksichtigung bauzeitlicher oder endgültiger Kabeltrassen bzgl. Lage oder Bereitstellungszeitpunkt,
- fehlende Sichtschneisen für die Geodäsie (z. B. durch die Baustelleneinrichtung, Zwischenlager, Geländer),
- Platzierung der Messinstrumente an exponierten oder stark frequentierten Stellen (z. B. an Baustraßen, Lagerplätzen), dadurch wird häufig ein extrem aufwendiger Schutz der Instrumente und gegebenenfalls der Kabelführung erforderlich, der trotz bester Absicht nicht immer einen zuverlässigen Betrieb der Messanlage gewährleisten kann,

Empfehlungen des Arbeitskreises Geomesstechnik, 1. Auflage. Arbeitskreis 2.10 „Geomesstechnik“.

- häufige Umbauten durch mangelnde Berücksichtigung späterer Bauabschnitte, z. B. nachfolgender Geländemodellierungen,
- unzureichend berücksichtigte Versorgung mit elektrischer Energie oder Erdung (bzgl. Lage der Übergabepunkte oder Zeitpunkt der Verfügbarkeit).

Diese und weitere Probleme mindern allgemein die Projektqualität und verursachen Baubehinderungen, Zusatzkosten und Vertragsstreitigkeiten auf der Baustelle. Sie können durch eine aufeinander abgestimmte und bis zur Ausführungsreife abgeschlossene Planung erheblich reduziert werden.

Bei der messtechnischen Planung ist nicht nur der Bereich der eigentlichen Bauausführung, sondern auch das Umfeld des Bauvorhabens zu betrachten, soweit das Vorhaben im Sinne der LBO (Landesbauordnung) die öffentliche Sicherheit oder Ordnung, insbesondere Leben, Gesundheit oder die natürlichen Lebensgrundlagen gefährden könnte.

Der Planungsprozess muss darüber hinaus bei überwachungsbedürftigen Bauwerken oder bei Gefährdungen aufgrund natürlicher Veränderungen eines Geländes und möglicher Einwirkungen auf bauliche Anlagen (z. B. Gefahr von Hangrutschungen, Einfluss von Bergsenkungen) die Randbedingungen und Aufgaben einer messtechnischen Langzeitbeobachtung berücksichtigen.

Die Notwendigkeit zur messtechnischen Beobachtung bezieht sich nicht nur auf Bauwerke und deren Ausführungsbedingungen, die der Geotechnischen Kategorie 3 zugeordnet werden. Die sicherheitstechnische Wirkung, die Minderung technischer Risiken sowie mögliche wirtschaftliche Vorteile einer messtechnischen Beobachtung von Bauwerken mit scheinbar geringerem Schwierigkeitsgrad sollten für jeden Einzelfall überdacht und unter den Baubeteiligten abgewogen werden.

Ergebnisse der messtechnischen Planung sind in der Regel:

- Messprogramm (vgl. Kap. 6) einschließlich der Pläne mit Darstellung der Messpunkte,
- Ausschreibungsunterlagen/Leistungsbeschreibung wie im nachfolgenden Abschnitt beschrieben.

9.2 Ausschreibung und Vergabe von Ausrüstungs-, Mess- und Auswerteleistungen

Unter messtechnischen Leistungen im Sinne dieses Abschnitts sind zu verstehen:

- Lieferung und Installation der Messtechnik und Datenübertragung, gegebenenfalls inklusive Werksplanung,
- Durchführung der Messungen,
- Auswertung der Messungen und Übergabe der Ergebnisse.

Es wird davon ausgegangen, dass vor der Ausschreibung der Ausrüstungs-, Mess- und Auswerteleistungen die grundsätzliche Planung der messtechnischen Leistungen bereits erfolgt ist und ein Messprogramm erstellt wurde. Falls die Fortschreibung des Messprogramms durch den ausführenden Unternehmer erfolgen soll, muss dieser Leistungsumfang beschrieben und abgegrenzt sein.

Messtechnische Leistungen können entweder als Bestandteil der Bauleistungen an den Generalunternehmer von Baumaßnahmen oder als eigenständige Leistung vergeben werden. Letzteres ist naturgemäß dann der Fall, wenn die geomesstechnische Leistung nicht an Baumaßnahmen gekoppelt ist (z. B. Überwachung von Rutschhängen) oder es mehr als einen maßgeblichen Auftragnehmer im Projektgebiet oder im Projektzeitraum gibt.

In der Praxis wird kontrovers diskutiert, ob eine getrennte Vergabe oder die Kopplung von messtechnischen und Bauausführungsleistungen an den gleichen Unternehmer vorteilhafter ist. Grundsätzlich gilt: Die geomesstechnischen Leistungen sollten an denjenigen vergeben werden, der die größte Motivation für das Erreichen qualitativ hochwertiger (Mess-)Daten hat (Dunnicliff et al. 2012, Abschn. 9.3.8).

Eine allgemeingültige Empfehlung kann an dieser Stelle nicht ausgesprochen werden, allerdings Hinweise für einige typische Aufgabenstellungen:

- Messungen während der Erkundungsphase (vgl. Abschn. 2.2) müssen zwangsläufig vor Baubeginn separat vergeben werden.
- Messungen zur Überwachung der Qualität der Bauleistung sollte der Bauherr in eigener Verantwortung beauftragen.
- Messungen zur Steuerung von Bauprozessen (vgl. Abschn. 2.6) werden naturgemäß in den Verantwortungsbereich des Bauunternehmers fallen.
- Berührt das Messtechnikprojekt die Baubereiche mehrerer, voneinander unabhängiger Bauunternehmer, wird dringend die getrennte Vergabe der Messtechnikleistungen durch den Bauherrn empfohlen.
- Werden Überwachungsmessungen bereits während der Bauzeit begonnen und in der Betriebszeit weitergeführt, empfiehlt sich eine Vergabe der Messungen in Verantwortung des Bauherrn unabhängig vom Bauunternehmer. Andernfalls ist zum Bauende eine umfangreiche Dokumentations- und Erfahrungsübergabe notwendig.
- Beweissicherungen (vgl. Abschn. 2.4) im Zuge öffentlicher Baumaßnahmen sollten bevorzugt direkt vom Bauherrn beauftragt werden, um Interessenskonflikte mit den anderen am Bau Beteiligten zu vermeiden.

Die Verantwortung für die Koordinierung messtechnischer Ausführungsleistungen mit dem allgemeinen Bauprozess kann durch deren Integration in die Bauleistung zwar vom Bauherrn an den Generalunternehmer verschoben werden. Damit ist das Problem aber nicht gelöst, denn der Bauunternehmer wird diese Spezialleistungen in den seltensten Fällen selbst ausführen. Er wird sich dazu der Kompetenz externer Dritter oder eigener Fachabteilungen bedienen, deren Leistungsumfang wiederum abgegrenzt, beschrieben, abgefragt und vergeben werden muss. Somit wird das Problem nur auf eine andere Ebene verschoben.

Folgende Fragestellungen sollten vom Projektverantwortlichen des Bauherrn beantwortet werden, ehe er seine Entscheidung über die Art der Vergabe messtechnischer Leistungen trifft:

- Aus wessen Verantwortungsbereich heraus ergibt sich die Notwendigkeit der Messungen?
- Wie verhält sich der notwendige zeitliche Rahmen der Messungen zu dem des Bauprojekts? Hier sind insbesondere vorangehende Messungen und nachlaufendes Monitoring des Betriebszustands (Abschn. 2.7) zu berücksichtigen.
- Können oder müssen einzelne Teilleistungen abgetrennt voneinander vergeben werden? Wo genau liegen die Schnittstellen?
- Wie können Behinderungen des allgemeinen Bauablaufs, bei der Installation der Messtechnik/Datenübertragung und der Durchführung der Messungen so weit wie möglich vermieden werden? Sind Risiken aus baubetrieblichen Vorgängen hinsichtlich der Positionierung von Messstandorten und gegebenenfalls Kabeltrassen hinreichend berücksichtigt?
- Müssen die einzusetzenden Messgeräte, die Datenübertragung oder die Datenhaltung auf bereits beim Bauherrn oder im Projekt vorhandene Systeme abgestimmt werden? Hierbei sind solche Aspekte wie vorhandene Auswertesoftware, bestehende Wartungsverträge, Ersatzteilhaltung und Schulung des Personals zu berücksichtigen.
- Wie kann am wahrscheinlichsten sichergestellt werden, dass die aus der Aufgabenstellung begründeten Anforderungen an die Qualität der Geomesstechnik nicht kurzfristigen wirtschaftlichen oder bautechnologischen Interessen untergeordnet werden?
- Wie hoch ist der Koordinierungsaufwand zwischen Bau- und Messtechnik unter den konkreten Projektbedingungen? Wie kann am besten sichergestellt werden, dass die Kommunikation (z. B. Terminabsprachen) und Kooperation (z. B. Baufreiheit, Nutzung von Transportmitteln, Hebezeugen und Gerüsten) zwischen Baubetrieb und Messtechniker gewährleistet ist?

Die Ausschreibungspraxis für messtechnische Leistungen zur Überwachung der Bauausführung, zur Objektüberwachung oder zur Beweissicherung im Bauumfeld sollte den Grundsätzen der VOB (2019, Teil A) folgen.

Folgende Grundsätze sind bezogen auf die Vergabe messtechnischer Aufgaben hervorzuheben:

- Die Leistungen der Messtechnik dürfen nur an fachkundige, leistungsfähige und zuverlässige Unternehmen vergeben werden.
- Die Leistung ist eindeutig und so erschöpfend zu beschreiben, dass alle Unternehmen die Beschreibung im gleichen Sinne verstehen müssen (VOB 2019, Teil A, § 7 (1), Abs. 1).
- Die technischen Spezifikationen der Messungen müssen so ausgelegt werden, dass sie mit erprobter und am Markt verfügbarer Messtechnik tatsächlich erfüllt werden können. Der Einsatz von innovativen gleich- oder höherwertigen Lösungsansätzen zur Umsetzung des Messkonzeptes sollte dadurch nicht ausgeschlossen werden.

Eine Ausschreibung mit der Zielsetzung einer Pauschalvergabe oder Vergabe von Teilpauschalen sollte nur in solchen Fällen angestrebt werden, in denen der Leistungsumfang genau bestimmt werden kann und mit Änderungen während der Ausführung nicht zu rechnen ist.

Dies erfordert die Benennung von Qualitätsanforderungen an die Messtechnik anstelle der Vorgabe von Produkten (wo dies nicht wegen der Kompatibilität mit vorhandener Technik erforderlich ist), um einen Wettbewerb zu ermöglichen und aufwendige Gleichwertigkeitsnachweise zu vermeiden.

Es hat sich bewährt, die geomesstechnischen Leistungen mit einführenden Vorbemerkungen unter einem Titel/Gewerk z. B. „Messtechnische Leistungen und baubegleitende Beweissicherung“ zusammenzufassen. Dies erleichtert es dem Bieter, diese Leistungen komplett bei einem Nachunternehmen anzufragen.

Alle im Messprogramm benannten Anforderungen sind detailliert in der Leistungsbeschreibung zu dokumentieren, sodass deren spätere Umsetzung nicht zu vertraglichen Konflikten führt. Die folgende Aufzählung wichtiger Anforderungen ist als Beispiel zu verstehen:

- Fortschreibung des Messprogramms und Erstellung von Werksplanungen,
- Messtechnik (z. B. Installationszeitpunkte und Einsatzdauer, Art und Anzahl der Sensorik, Messunsicherheit, Messbereich, Dauerhaftigkeit, Datenübertragung, Materialien, Schutz vor Fremdeinflüssen, Wartung, Kalibrierung, Demontage),
- Messungsdurchführung (z. B. Beginn und Dauer der Messungen, Mess- bzw. Ausleseintervalle, geforderte Messunsicherheit und deren Nachweis, zulässige Messbedingungen, Dokumentation) und
- Auswertung (z. B. Auswerte- und Berichtsintervalle, Verfügbarkeit der Daten, Art und Umfang der Visualisierung und Aufbereitung, Softwareupdates, Meldewege).

Generell sind alle vertrags- bzw. leistungsrelevanten Anforderungen zu benennen, sodass sie vom Bieter kalkuliert und bepreist werden können. Dies betrifft auch Zwischenbauzustände und Baubehelfe, wenn sie in die messtechnische Überwachung einbezogen werden müssen.

Bei Beweissicherungen sind folgende zusätzliche Angaben erforderlich:

- Benennung der Beweissicherungsobjekte,
- Benennung der Art der zu überwachenden Objekte (z. B. EFH, MFH, Bürogebäude, Ingenieurbauwerke, Erdbauwerke, natürliche Geländebereiche),
- Verantwortung für die Einbindung und Information der Eigentümer,
- Verantwortung für Terminvereinbarungen.

Literatur

Bundesregierung (2013). Verordnung über die Honorare für Architekten- und Ingenieurleistungen (Honorarordnung für Architekten und Ingenieure – HOAI: HOAI 2013. https://www.gesetze-im-internet.de/hoai_2013/index.html (abgerufen am 06.04.2021).

Dunnicliff, J., Marr, W.A. und Standing, J. (2012). Principles of Geotechnical Monitoring. In: *ICE Manuel of Geotechnical Engineering*, (Hrsg. J. Burlang, T. Chapman, H.D. Skinner und M. Brown). London: ICE Publishing.

VOB (2019). Vergabe- und Vertragsordnung für Bauleistungen – Teil A: Allgemeine Bestimmungen für die Vergabe von Bauleistungen. Fassung 2019 Bekanntmachung vom 31. Januar 2019 (BAnz AT 19.02.2019 B2). https://www.vob-online.de/de/vob-gesamtausgaben/vob-2019 (abgerufen am 06.04.2021).

Anhang A
Kurzbiografien der derzeitigen Mitglieder des Arbeitskreises

Rolf Balthes, geb. 1962, studierte von 1984 bis 1990 an der Johannes Gutenberg-Universität Mainz Geowissenschaften (Vertiefungsfächer Ingenieur- und Hydrogeologie). Nach einer ingenieurgeologischen Abschlussarbeit zu Standsicherheitsfragen im Festgestein promovierte er 1992 in Zusammenarbeit mit der Bundesanstalt für Gewässerkunde in Koblenz. Von 1992 bis 2000 war er Gründungsgesellschafter und Partner des ingenieurgeologischen Büros IDE GmbH in Leipzig. Zwischen 2000 und 2020 war er in verschiedenen nationalen und internationalen Funktionen im Bereich Geotechnik bei Fugro N.V. tätig. Seit 2020 ist er Geschäftsführer der Mull und Partner Ingenieurgesellschaft mbH mit Sitz in Leipzig.

Helmut Bock, geb. 1940, studierte Geowissenschaften an der Universität München (1965 „Dipl.-Geol.") und Bauingenieurwesen an der TU Karlsruhe (1972 „Dr.-Ing."); Habilitation an der Ruhr-Universität Bochum (1976). Zwölf Jahre Professor für Geomechanik an der James Cook University in Australien. Von 1989 bis 1998 war er geschäftsführender Gesellschafter der Interfels GmbH in Bad Bentheim, danach Sachverständiger im internationalen Geoingenieurwesen. Von 2001 bis 2008 war er Leiter der Fachsektion Ingenieurgeologie der DGGT (Deutschen Gesellschaft für Geotechnik e. V.) und DGGV.

Conrad Boley ist Ordinarius für Bodenmechanik und Grundbau an der Universität der Bundeswehr München und Partner bei Boley Geotechnik in München. Er ist öffentlich bestellter Sach- und Prüfsachverständiger für Erd- und Grundbau sowie vom Eisenbahnbundesamt (EBA) anerkannt als Gutachter und Prüfingenieur. Prof. Boley ist Mitglied in zahlreichen nationalen und internationalen Ausschüssen und Fachgremien. Er leitet die Sachverständigenausschüsse „Tiefbau/Grundbau" sowie „Verpressanker/Verpresspfähle" beim DIBT (Deutsches Institut für Bautechnik) sowie den Arbeitskreis „Geotechnik/Tunnelbau" bei der VPI-EBA (Vereinigung der Sachverständigen/Prüfer für bautechnische Nachweise im Eisenbahnbau e. V.). Prof. Boley ist Leiter der Fachsektion Felsmechanik der DGGT und Mitglied des Vorstandes.

Empfehlungen des Arbeitskreises Geomesstechnik, 1. Auflage. Arbeitskreis 2.10 „Geomesstechnik".

Benedikt Bruns, geb. 1978, studierte an der TU (Technische Universität) Braunschweig Bauingenieurwesen (Vertiefungsfächer Grundbau, Straßenbau, Bahnbau). Von 2007 bis 2014 war er wissenschaftlicher Mitarbeiter am Institut für Grundbau und Bodenmechanik der TU Braunschweig bei Prof. Stahlmann. Parallel dazu arbeitete er seit 2011 als selbstständiger Ingenieur in Nebentätigkeit. Von 2015 bis 2017 arbeitete er beim Ingenieurbüro OffNoise Solutions GmbH als Projektingenieur. Seit 2017 ist er als geschäftsführender Gesellschafter beim Ingenieurbüro GEO-Inspector mit Firmensitz in Braunschweig tätig. Des Weiteren übt er seit 2018 einen Lehrauftrag der Vorlesung Grundbaudynamik an der TU Braunschweig aus.

Ulrich Estermann, geb. 1957, studierte Bauingenieurwesen an der Universität Essen (heute UDE (Universität Duisburg–Essen)). Er startete seine berufliche Tätigkeit 1983 als wissenschaftlicher Mitarbeiter am Institut für Verkehrswesen und Verkehrsbau im Fachbereich Bauwesen der Universität Essen. 1984 wurde er von Prof. Helmut Nendza an das Erdbaulaboratorium Essen geholt. Nach verschiedenen Stationen als Projektleiter, Abteilungsleiter und Laborleiter ist er seit 2012 geschäftsführender Gesellschafter der ELE Beratende Ingenieure GmbH, Erdbaulaboratorium Essen. Mehr als 900 Projekte wurden bisher von ihm als geotechnischer Sachverständiger bearbeitet. Diese umfangreichen Erfahrungen bringt er u. a. in die Gremienarbeit bei der IK Bau-NRW, dem VBI, der FGSV und der DGGT ein.

Sandra Fahland, geb. 1971, studierte Bauingenieurwesen an der TU Braunschweig. Von 1997 bis 2004 war sie als wissenschaftliche Angestellte am Institut für Geotechnik und Markscheidewesen an der TU Clausthal (Promotion 2004) tätig. Seit 2005 ist sie als wissenschaftliche Angestellte in der Abteilung „Unterirdischer Speicher- und Wirtschaftsraum“ bei der BGR (Bundesanstalt für Geowissenschaften und Rohstoffe) in Hannover tätig. Seit 2017 hat sie die Leitung des Fachbereichs „Geotechnische Sicherheitsnachweise“ in der BGR inne.

Wolfgang Fischle, geb. 1949, nach einer Ausbildung zum Maurer studierte er Bauingenieurwesen an der Ingenieurschule Stuttgart und anschließend an der TU Berlin in der Studienrichtung Wasserbau und Wasserwirtschaft. 1978 nahm er seine Tätigkeit als wissenschaftlich technischer Mitarbeiter am Institut für Tieflagerung bei der GSF auf. Zu seinen Aufgaben gehörte der Bau und die Überwachung von Dämmen im Salz. Ergebnisse wurden national und international veröffentlicht. 1988 wechselte er zur DBE und leitete dort die Fachgruppe Geotechnik bis zu seinem Renteneintritt im Jahr 2015. Er war verantwortlich für die messtechnische Überwachung von Bergwerken, die zur Erforschung und Endlagerung von radioaktiven Abfällen dienten.

Ralf Fritschen, geb. 1968, studierte an der Universität Köln Geophysik und promovierte 2001 an der TU Bergakademie Freiberg im Fach Markscheidewesen. Er arbeitet seit 1995 bei der DMT GmbH & Co. KG, leitet dort heute den Bereich Geo Field Services & Data Management und ist Geschäftsführer der DMT Engineering Surveying GmbH & Co. KG.

Jörg Gattermann, geb. 1961, studierte Bauingenieurwesen an der TU Braunschweig. Er ist seit 1991 bis heute als wissenschaftlicher Mitarbeiter, Promotion 1998, seit 2011 als Akad. Direktor und stellvertretender Institutsleiter am Institut für Geomechanik und Geotechnik (vormals Grundbau und Bodenmechanik) tätig; Abteilungsleitung am IGG-TUBS für Problemstellungen im Spezialtiefbau, Tunnelbau, Offshore-Gründungen und Geomesstechnik. Dr. Gattermann ist in einer Vielzahl geotechnischer und bautechnischer Vereinigungen und AK sowie Normenausschüssen tätig. Er ist Gründungsmitglied und Obmann des Arbeitskreises.

Ulrich Güttler, geb. 1950, studierte und promovierte im Bauingenieurwesen an der RUB (Ruhr-Universität Bochum); von 1980 bis 1989 war er wissenschaftlicher Mitarbeiter und Akad. Oberrat am Institut für Grundbau und Bodenmechanik der RUB; zwischen 1990–2006 Tätigkeit in der Bauindustrie und in der Bauberatung als Oberbauleiter, Bereichsleiter und Prokurist für die Dyckerhoff und Widmann AG, im Mittelstand und in der DMT GmbH mit den Schwerpunkten Umweltbau, Spezialtiefbau, SF-Hochbau und Projektentwicklung; seit 2007 setzt er seine umfangreiche Bauerfahrung als selbstständiger Beratender Ingenieur und Bausachverständiger vornehmlich für Industrie- und Gewerbekunden ein; Lehraufträge an der RUB Bochum, HFH-Hamburg, TFH Agricola Bochum und im Berufsförderungswerk der Bauindustrie begleiten seine berufliche Laufbahn.

Joachim Haberland, geb. 1954, studierte Bauingenieurwesen an der RWTH Aachen. Von 1980 bis 1985 war er bei der Bundesanstalt für Straßenwesen, Bergisch Gladbach, als wissenschaftlicher Angestellter tätig. Er arbeitete dort in der Abteilung Erd- und Grundbau als Bodengutachter für Straßenbaumaßnahmen. 1986 wechselte er zu GLÖTZL, Gesellschaft für Baumesstechnik mbH, und war dort zunächst als Projektleiter geomesstechnischer Projekte, ab 1995 dann auch als Prokurist in der Geschäftsleitung für das Unternehmen verantwortlich. Im Ruhestand unterstützt er seit 2015 das Unternehmen weiterhin in einem Teildeputat als Projektleiter und Prokurist.

Richard A. Herrmann, geb. 1950, studierte und promovierte im Bauingenieurwesen an der Bergischen Universität Wuppertal. Von 1980 bis 1994 war er am Grundbauinstitut der Landesgewerbeanstalt Bayern tätig. Von 1990 bis 1998 war er Lehrbeauftragter und Gastprofessor an der TU Dresden. Die Bestellung als öffentlich bestellter und vereidigter Sachverständiger für die Fachgebiete Bodenmechanik, Erd- und Grundbau und Baugrund und gründungsbedingte Schäden der IHK Nürnberg und IHK Siegen erfolgte 1993. Von 1994 bis 2020 war er als Leiter des Instituts für Geotechnik im Fachbereich Bauingenieurwesen der Universität Siegen tätig. Univ.-Prof. Herrmann ist in einer Vielzahl geotechnischer und bautechnischer Vereinigungen und AK, Normenausschüssen und als Prüfingenieur in der Geotechnik tätig.

Jürgen Hesser, geb. 1965, studierte Bergbau (Gewinnung mineralischer Rohstoffe) an der TUC (Technische Universität Clausthal). Er war von 1993 bis 1999 wissenschaftlicher Angestellter am Lehrstuhl für Deponietechnik und Geomechanik der TU Clausthal bei Prof. Lux. Im Rahmen einer Nebentätigkeit hat er sich mit der Simulation von Speicherkavernen im Salz beschäftigt. Er ist seit 2000 bei der BGR (Bundesanstalt für Geowissenschaften und Rohstoffe) in Hannover und beschäftigte sich zunächst mit Laboruntersuchungen und mikroakustischen Messungen. 2005 wechselte er in den Bereich Felduntersuchungen und Überwachungsmessungen in untertägigen Anlagen. Aktuell ist er Leiter des Arbeitsbereiches felsmechanische und felshydraulische Charakterisierung.

Werner Lienhart leitet das IGMS (Institut für Ingenieurgeodäsie und Messsysteme) an der TU Graz. Sein Forschungsschwerpunkt ist die Entwicklung von neuartigen Sensoren und Auswertemethoden zur Überwachung von Hangbewegungen und kritischen Infrastrukturbauten unter der Verwendung von berührungslosen und eingebetteten Sensoren. Vor der Tätigkeit an der TU Graz war Dr. Lienhart als Produktmanager-Innovation für die Entwicklung von GNSS-Empfängern und Totalstationen bei Leica Geosystems in der Schweiz verantwortlich. Werner Lienhart ist Präsident der Österreichischen Geodätischen Kommission und Vorstandsmitglied der ISHMII (International Society for Structural Health Monitoring of Intelligent Infrastructure).

Frank Manthee, geb. 1958, studierte Bergbau an der TU Bergakademie Freiberg. Von 1984 bis 1990 war er am Forschungsinstitut der Kaliindustrie der DDR in Sondershausen im Bereich Bergbausicherheitsforschung tätig. Seit 1990 arbeitet er bei der Bundesgesellschaft für Endlagerung (vormals DBE) in Peine und leitet dort heute die Geotechnik.

Christian Moormann, geb. 1970, studierte Bauingenieurwesen an der Universität Hannover. Nach einer Tätigkeit als wissenschaftlicher Mitarbeiter am Institut und der Versuchsanstalt für Geotechnik der TU Darmstadt promovierte er 2002 auch dort. Danach war er als Beratender Ingenieur und Geschäftsführer in Ingenieurbüros für Geotechnik tätig. 2009 habilitierte er an der TU Darmstadt für das Fach „Bodenmechanik und Grundbau“. 2010 hat er die Leitung des Institutes für Geotechnik an der Universität Stuttgart übernommen. Er ist öffentlich bestellter und vereidigter Sachverständiger für Erd-, Grund-, Fels- sowie Spezialtiefbau und ist Inhaber des Ingenieurbüros MGC (Prof. Moormann Geotechnik Consult). Er ist u. a. Mitglied im Vorstand der DGGT und Leiter der Fachsektion „Erd- und Grundbau“, deutscher Vertreter beim CEN für den Eurocode 7, Obmann des deutschen und des europäischen Normenausschusses „Pfähle“ sowie Beirat beim DIN.

Wolfgang Niemeier, geb. 1949, studierte Vermessungswesen an der TU Braunschweig und der Universität Bonn. Von 1972 bis 1988 war er wissenschaftlicher Mitarbeiter, Hochschulassistent und ab 1987 Professor auf Zeit am Geodätischen Institut der Universität Hannover. 1978 Promotion und 1987 Habilitation an der Universität Hannover. 1989 und 1990 DAAD-Langzeitdozent an der Universidad Nacional in Costa Rica. Ab 1991 Professor für Geodäsie an der TU Braunschweig, von 1995 bis 2016 geschäftsführender Leiter des Instituts für Geodäsie und Photogrammetrie. Daneben ist er Gründer und war Inhaber (bis 2019) der Firma Geotec Geodätische Technologie GmbH in Laatzen bei Hannover.

Holger Rosenkranz, geb. 1962, studierte Geodäsie an der TU Dresden. Seit 1987 war er als wissenschaftlich-technischer Mitarbeiter im Entwicklungslabor für Vermessungsgeräte bei Carl Zeiss in Jena beschäftigt. 1996 wechselte er zur Hydroprojekt Ingenieurgesellschaft mbH, heute Tractebel Hydroprojekt GmbH in Weimar, wo er seit 2000 den Fachbereich Bauwerksmonitoring/Ingenieurgeodäsie leitet. Seine beruflichen Schwerpunkte sind Monitoring im Wasserbau und Qualitätsmanagement.

Roland Schulze, geb. 1964, studierte an der Universität Karlsruhe (TH) Bauingenieurwesen (Vertiefungsrichtung Grundbau). Nach erster Berufserfahrung bei Bauer Spezialtiefbau wechselte er zur gbm (Gesellschaft für Baugeologie und -messtechnik). Seit 1995 ist er in der Bundesanstalt für Wasserbau (Abteilung Geotechnik, Referat Grundbau) tätig.

Willfried Schwarz, geb. 1948, studierte Vermessungswesen an der Ingenieurschule in Recklinghausen und anschließend an der Universität Bonn. Von 1976 bis 1978 Referendariat in Nordrhein-Westfalen (Vermessungsassessor). Von 1978 bis 1985 war er wissenschaftlicher Assistent am Geodätischen Institut der RWTH Aachen bei Prof. Witte (Promotion 1985). 1985 wechselte er als wissenschaftlicher Angestellter in die Vermessungsabteilung beim Deutschen Elektronen-Synchrotron DESY in Hamburg. 1998 erfolgte die Berufung auf die Professur Geodäsie und Photogrammetrie der Bauhaus-Universität Weimar, die er bis zum Eintritt in den Ruhestand 2014 leitete.

Markus Stolz, geb. 1975, studierte an der TU München Bauingenieurwesen. Nach einer Anstellung bei der Firma Ed. Züblin AG, wechselte er 2004 zur Firma Solexperts AG in die Schweiz. Von 2010 bis Ende 2017 war er beim Tochterunternehmen Solexperts GmbH in Deutschland angestellt und dort verantwortlich für die Abteilung Geotechnik. Seit Anfang 2018 übernahm er die Leitung der Abteilung Geotechnik bei der Solexperts AG in der Schweiz und ist seitdem Mitglied der erweiterten Geschäftsleitung.

Literatur

ACSE (Hrsg.) (2000). *Guidelines for Instrumentation and Measurements for Monitoring Dam Performance.* Reston, American Society of Civil Engineers, ISBN: 9780784405314.

AK 4.2 Böschungen (1997). Empfehlungen zum Erkennen und Erfassen von Rutschungen. *Geotechnik* 20.4: 248–259.

Arbeitsblatt DVGW W 135 (2018). Sanierung und Rückbau von Brunnen, Grundwassermessstellen und Bohrungen. Deutscher Verein des Gas- und Wasserfachs e. V. (DVGW).

Armbruster-Veneti, H. (1997). Leckageortung an Bauwerken der WSV mittels thermischer Messungen. Mitteilungsblatt der Bundesanstalt für Wasserbau, Nr. 76, Karlsruhe. https://hdl.handle.net/20.500.11970/102746 (abgerufen am 30.03.2021).

Aufleger, M. (2000). Verteilte faseroptische Temperaturmessungen im Wasserbau. Berichte des Lehrstuhls und der Versuchsanstalt für Wasserbau und Wasserwirtschaft der TU München, Nr. 89, München.

Baeßler, M., Niederleithinger, E., Herten, M. und Georgi, S. (2013). Dynamische Pfahlprobebelastungen an Bohrpfählen in einem Testfeld: Ein Ringversuch. In *Mitteilung der Technischen Universität Graz, Gruppe Geotechnik Graz, 28. Christian Veder Kolloquium*, Heft 49, S. 229–244, Eigenverlag.

Bamler, R. und Eineder, M. (2016). Grenzen der Vermessung der Erde aus dem All mit Synthetischem Apertur Radar. In: *Handbuch der Geodäsie*, (Hrsg. W. von Freeden und R. Rummel), Springer Reference Naturwissenschaften, S. 1–42. Berlin: Springer Spektrum, ISBN: 978-3-662-47187-6.

Bauer, M. (2011). Vermessung und Ortung mit Satelliten: Globales Navigationssatellitensystem (GNSS) und andere satellitengestützte Navigationssysteme. Heidelberg: Wichmann.

BAW (2018). BAW-Merkblatt Schadensklassifizierung an Verkehrswasserbauwerken (MSV), Ausgabe 2018.

Becker, H.J., Hubrig, M., Stolz, M., Thut, A. und Wörsching, H. (2017). Instrumentierung und Monitoring in der Geotechnik. In: *Grundbau-Taschenbuch*, (Hrsg. K.J. von Witt), S. 867–967. Berlin: Ernst & Sohn, ISBN: 978-3-433-03151-3.

Beckhaus, K. (2020). Empfehlungen zur Bewertung von Integritätsprüfungen an tiefen Pfählen. In *Mitteilung des Instituts für Geomechanik und Geotechnik, Messen in der Geotechnik 2020*, Bd. 110. S. 147–162, Eigenverlag.

Behensky, E. (Hrsg.) (2019). Mechanische Messanker. https://www.behensky.at/preise_2021/20MA2021.pdf (abgerufen am 30.03.2021).

Berardino, P., Fornaro, G., Lanari, R. und Sansosti, E. (2002). A new algorithm for surface deformation monitoring based on small baseline differential SAR interferograms. IEEE Transactions on Geoscience and Remote Sensing, 40.11, S. 2375–2383. ISSN: 0196-2892, https://doi.org/10.1109/TGRS.2002.803792 (abgerufen am 30.03.2021).

Bock, B., Wehinger, A. und Krauter E. (2013). Hanginstabilitäten in Rheinland-Pfalz: Auswertung der Rutschungsdatenbank Rheinland-Pfalz für die Testgebiete Wißberg, Lauterecken und Mittelmosel, Bd. 41. Mainz: Mainzer geowiss. Mitteilungen, Landesamt für Geologie und Bergbau Rheinland Pfalz.

Boley, C. und Adam, D. (Hrsg.) (2012). *Handbuch Geotechnik: Grundlagen, Anwendungen, Praxiserfahrungen.* Wiesbaden: Vieweg Teubner, ISBN: 978-3-8348-0372-6.

Bollrich, G. (2013). *Technische Hydromechanik 1, Grundlagen*. Berlin: Beuth.

Bonfig, K.-W. (2002). *Technische Durchflussmessung unter besonderer Berücksichtigung neuartiger Durchflussmessverfahren*. Essen: Vulkan.

Bozzano, F., Mazzanti, P., Perissin, D., Rocca, A., de Pari, P. und Discenza, M. (2017). Basin scale assessment of landslides geomorphological setting by advanced InSAR analysis. *Remote Sensing* 9.3: 267, ISSN: 2072-4292, https://doi.org/10.3390/rs9030267 (abgerufen am 30.03.2021).

Brunow, K. und Woldt, J. (2011). Pfahlprobebelastungen an Bohrpfählen im Hamburger Hafen mit der Osterbergmethode. *Mitteilungen des Instituts für Grundbau und Bodenmechanik der TU Braunschweig* 94: 397–419, Braunschweig.

Bruns, B., Gattermann, J., Stahlmann, J., Edelmann, T. und Kassel, A. (2008). Automatische seismische Vorauserkundung in Tunnelbohrmaschinen. Tagungsband des 6. Kolloquiums „Bauen in Boden und Fels“, 22.–23.01.2008. Technische Akademie Esslingen.

Bruns, B., Kuhn, C. und Perl, C. (2019). Messtechnische Begleitung bei der Durchführung von Vereisungsmassnahmen. Mitteilungen der Geotechnik Schweiz 178, Vereisungsmassnahmen in der Geotechnik, Frühjahrstagung am 16. Mai 2019, S. 75–81.

BSH 7003:2013 (2013). *Konstruktive Ausführung von Offshore-Windenergieanlagen*. Rostock: BSH.

BSH 7005:2015 (2015). *Standard Konstruktion, Mindestanforderungen an die konstruktive Ausführung von Offshore-Windenergieanlagen*, 1. Fortschreibung. Rostock: BSH.

BS 5930 (2015). Code of practice for site investigations. London: British Standards Institution (BSI).

Bundesberggesetz (BBergG) (2017). Bundesberggesetz vom 13. August 1980 (BGBl. I S. 1310), das zuletzt durch Artikel 2 Absatz 4 des Gesetzes vom 20. Juli 2017 (BGBl. I S. 2808) geändert worden ist.

Bundesregierung (2013). Verordnung über die Honorare für Architekten- und Ingenieurleistungen (Honorarordnung für Architekten und Ingenieure – HOAI: HOAI 2013. https://www.gesetze-im-internet.de/hoai_2013/index.html (abgerufen am 06.04.2021).

Butz, T. (2000). *Fouriertransformation für Fußgänger*. Leipzig: Teubner.

Ciampalini, A., Bardi, F., Bianchini, S., Frodella, W., DelVentisette, C., Moretti, S. und Casagli, N. (2014). Analysis of building deformation in landslide area using multisensory PSInSAR technique. *International Journal of Applied Earth Observation and Geoinformation* 33: 166–180.

Contreras, I.A., Grosser, A.T. und ver Strate, R.H. (2008). The Use of the Fully-Grouted Method for Piezometer Installation: Part 1 and 2. In *Geotechnical Instrumentation News (GIN)*, S. 30–37, https://cgs.ca/pdf/GeoTechNews/2008/GIN_June08.pdf (abgerufen am 30.03.2021).

Contreras, I.A., Grosser, A.T. und ver Strate, R.H. (2012). Update of the fully-grouted method for piezometer installation. *Geotechnical Instrumentation News (GIN)*, S. 20–25, https://cgs.ca/pdf/GeoTechNews/2012/GIN%203002.pdf (abgerufen am 30.03.2021).

Cooper, M.R., Bromhead, E.N., Petley, D.J. und Grants, D.I. (1998). The Selborne cutting stability experiment. *Géotechnique* 48.1: 83–101, ISSN: 0016-8505, https://doi.org/10.1680/geot.1998.48.1.83 (abgerufen am 07.04.2021).

Cudmani, R. (Hrsg.) (2018). Geotechnik – Zusammenwirken von Forschung und Praxis: Beiträge zum 17. Geotechnik-Tag in München: 06.04.2018, Heft 64. Schriftenreihe/Lehrstuhl und Prüfamt für Grundbau, Bodenmechanik und Tunnelbau der Technischen Universität München. München: Technische Universität München – Zentrum Geotechnik Lehrstuhl und Prüfamt für Grundbau Bodenmechanik Felsmechanik und Tunnelbau. ISBN: 9783943683479.

Datenlogger (2020). https://www.solexperts.com/de/monitoring/produkte/datenerfassung/daten-logger, http://www.gloetzl.de/fileadmin/produkte/5_Datenerfassung/P_56.03_Messanlage_MCC6_de.pdf, https://www.geokon.com/Dataloggers-Software, https://www.sisgeo.com/de/produkte/ablesegeraete-und-datenlogger.html, (abgerufen am 13.03.2020).

DepV (2009). Verordnung über Deponien und Langzeitlager (Deponieverordnung – DepV). Bundesministerium der Justiz und für Verbraucherschutz, S. 64. https://www.gesetze-im-internet.de/depv_2009/DepV.pdf (abgerufen am 07.04.2021).

Deumlich, F. und Staiger, R. (2001). *Instrumentenkunde der Vermessungstechnik*, 9. Aufl. Heidelberg: Wichmann.

DGGT (2016). EASV Sachverständige für Geotechnik – Anforderungen an Sachkunde und Erfahrung: Empfehlung des Arbeitskreises AK 2.11. https://www.dggt.de/images/PDF-Dokumente/Arbeitskreise/ak_2-11_empfehlung_2016.pdf (abgerufen am 07.04.2021).

DiBiagio, E. (2003). A case study of vibrating-wire sensors that have vibrated continuously for 27 years. In: *Field Measurements in Geomechanics*, (Hrsg. Frank von Myrvoll), S. 445–458. Lisse: Balkema, ISBN: 9058096025.

DIN 1054:2010-12 (2010). Baugrund – Sicherheitsnachweise im Erd- und Grundbau – Ergänzende Regelungen zu DIN EN 1997-1. Berlin: Beuth.

DIN 1301-1:2010-10 (2010). Einheiten – Teil 1: Einheitennamen, Einheitenzeichen. Berlin: Beuth.

DIN 1304-1:1994-03 (1994). Formelzeichen; Allgemeine Formelzeichen. Berlin: Beuth.

DIN 1311-1:2000-02 (2000). Schwingungen und schwingungsfähige Systeme – Teil 1: Grundbegriffe, Einteilung. Berlin: Beuth.

DIN 1314:1977-02 (1977). Druck; Grundbegriffe, Einheiten. Berlin: Beuth.

DIN 1319-1:1995-01 (1995). Grundlagen der Messtechnik – Teil 1: Grundbegriffe. Berlin: Beuth.

DIN 13316:1980-6 (1980). Mechanik ideal elastischer Körper; Begriffe, Größen, Formelzeichen. Berlin: Beuth.

DIN 18088-6 (Entwurf) (o. D.). Wiederkehrende Prüfungen an Windenergieanlagen. Berlin: Beuth.

DIN 18134:2012-04 (2012). Baugrund – Versuche und Versuchsgeräte – Plattendruckversuch. Berlin: Beuth.

DIN 18202:2019-07 (2019). Toleranzen im Hochbau – Bauwerke. Berlin: Beuth.

DIN 18709-2:2020-03 (2020). Begriffe, Kurzzeichen und Formelzeichen im Vermessungswesen; Ingenieurvermessung. Berlin: Beuth.

DIN 18709-4:2010-09 (2010). Begriffe, Kurzzeichen und Formelzeichen in der Geodäsie – Teil 4: Ausgleichungsrechnung und Statistik. Berlin: Beuth.

DIN 18710-1:2010-09 (2010). Ingenieurvermessung – Teil 1: Allgemeine Anforderungen mit Berichtigung 1 (2011-01). Berlin: Beuth.
DIN 18716:2017-06 (2017). Photogrammetrie und Fernerkundung – Begriffe. Berlin: Beuth.
DIN 19700-10:2004-07 (2004). Stauanlagen – Teil 10: Gemeinsame Festlegungen. Berlin: Beuth.
DIN 19700-11:2004-07 (2004). Stauanlagen – Teil 11: Talsperren. Berlin: Beuth.
DIN 19700-12:2004-07 (2004). Stauanlagen – Teil 12: Hochwasserrückhaltebecken. Berlin: Beuth.
DIN 19700-13:2019-06 (2019). Stauanlagen – Teil 13: Staustufen. Berlin: Beuth.
DIN 19700-14:2004-07 (2004). Stauanlagen – Teil 14: Pumpspeicherbecken. Berlin: Beuth.
DIN 19700-15:2004-07 (2004). Stauanlagen – Teil 15: Sedimentationsbecken. Berlin: Beuth.
DIN 4020:2010-12 (2010). Geotechnische Untersuchungen für bautechnische Zwecke – Ergänzende Regelungen zu DIN EN 1997-2. Berlin: Beuth.
DIN 4047-2:1988-11 (1988). Landwirtschaftlicher Wasserbau; Begriffe; Hochwasserschutz, Küstenschutz, Schöpfwerke. Berlin: Beuth.
DIN 4047-3:2002-03 (2002). Landwirtschaftlicher Wasserbau – Begriffe – Teil 3: Bodenkunde, Bodensystematik und Bodenuntersuchung. Berlin: Beuth.
DIN 4049-3:1994-10 (1994). Hydrologie – Teil 3: Begriffe zur quantitativen Hydrologie. Berlin: Beuth.
DIN 4084:2009-01 (2009). Baugrund – Geländebruchberechnungen. Berlin: Beuth.
DIN 4094-2:2003-05 (2003). Baugrund – Felduntersuchungen – Teil 2: Bohrlochrammsondierung. Berlin: Beuth.
DIN 4150-2:1999-06 (1999). Erschütterungen im Bauwesen – Teil 2: Einwirkungen auf Menschen in Gebäuden. Berlin: Beuth.
DIN 4150-3:2016-12 (2016). Erschütterungen im Bauwesen – Teil 3: Einwirkungen auf bauliche Anlagen. Berlin: Beuth.
DIN 45669-1:2019-03 (2019). Messung von Schwingungsimmissionen – Teil 1: Schwingungsmesser – Anforderungen und Prüfungen. Berlin: Beuth.
DIN 55350-13:1987-07 (1987). Begriffe der Qualitätssicherung und Statistik; Begriffe zur Genauigkeit von Ermittlungsverfahren und Ermittlungsergebnissen. Berlin: Beuth.
DIN EN 12699:2015-07 (2015). Ausführung von Arbeiten im Spezialtiefbau – Verdrängungspfähle. Berlin: Beuth.
DIN EN 14199:2015-07 (2015). Ausführung von Arbeiten im Spezialtiefbau – Mikropfähle. Berlin: Beuth.
DIN EN 1536:2015-10 (2015). Ausführung von Arbeiten im Spezialtiefbau – Bohrpfähle. Berlin: Beuth.
DIN EN 1997-1:2009-09 (2009). Eurocode 7: Entwurf, Berechnung und Bemessung in der Geotechnik – Teil 1: Allgemeine Regeln; Deutsche Fassung EN 1997-1:2004 + AC:2009. Berlin: Beuth.
DIN EN 1997-2:2010-10 (2010). Eurocode 7: Entwurf, Berechnung und Bemessung in der Geotechnik – Teil 2: Erkundung und Untersuchung des Baugrunds; Deutsche Fassung EN 1997-2:2007 + AC:2010. Berlin: Beuth.

DIN EN ISO 10012:2004-03 (2004). Messmanagementsysteme – Anforderungen an Messprozesse und Messmittel. Berlin: Beuth.

DIN EN ISO 11276:2014-07 (2014). Bodenbeschaffenheit – Bestimmung des Porenwasserdrucks – Tensiometerverfahren. Berlin: Beuth.

DIN EN ISO 18674-1:2015-09 (2015). Geotechnische Erkundung und Untersuchung – Geotechnische Messungen – Teil 1: Allgemeine Regeln. Berlin: Beuth.

DIN EN ISO 18674-2:2017-03 (2017). Geotechnische Erkundung und Untersuchung – Geotechnische Messungen – Teil 2: Verschiebungsmessungen entlang einer Messlinie: Extensometer. Berlin: Beuth.

DIN EN ISO 18674-3:2020-06 (2020). Geotechnische Erkundung und Untersuchung – Geotechnische Messungen – Teil 3: Verschiebungsmessungen quer zu einer Messlinie: Inklinometer. Berlin: Beuth.

DIN EN ISO 18674-4:2020-10 (2020). Geotechnische Erkundung und Untersuchung – Geotechnische Messungen – Teil 4: Porenwasserdruckmessungen: Piezometer. Berlin: Beuth.

DIN EN ISO 18674-5:2020-02 (2020). Geotechnische Erkundung und Untersuchung – Geotechnische Messungen – Teil 5: Spannungsänderungsmessungen mittels Druckmessdosen. Berlin: Beuth.

DIN EN ISO 20456:2020-09 (2020). Messung des Durchflusses in geschlossenen Leitungen – Richtlinie für den Einsatz von elektromagnetischen Durchflussmessgeräten für konduktive Fluide. Berlin: Beuth.

DIN EN ISO 22282-1:2012-09 (2012). Geotechnische Erkundung und Untersuchung – Geohydraulische Versuche – Teil 1: Allgemeine Regeln. Berlin: Beuth.

DIN EN ISO 22282-6:2012-09 (2012). Geotechnische Erkundung und Untersuchung – Geohydraulische Versuche – Teil 6: Wasserdurchlässigkeitsversuche im Bohrloch unter Anwendung geschlossener Systeme. Berlin: Beuth.

DIN EN ISO 22475-1:2007-01 (2007). Geotechnische Erkundung und Untersuchung – Probenentnahmeverfahren und Grundwassermessungen – Teil 1: Technische Grundlagen der Ausführung. Berlin: Beuth.

DIN EN ISO 22476-10:2018-03 (2018). Geotechnische Erkundung und Untersuchung – Felduntersuchungen – Teil 10: Gewichtssondierung. Berlin: Beuth.

DIN EN ISO 22476-11:2017-08 (2017). Geotechnische Erkundung und Untersuchung – Felduntersuchungen – Teil 10: Flachdilatometerversuch. Berlin: Beuth.

DIN EN ISO 22476-1:2013-10 (2013). Geotechnische Erkundung und Untersuchung – Felduntersuchungen – Teil 1: Drucksondierungen mit elektrischen Messwertaufnehmern und Messeinrichtungen für den Porenwasserdruck. Berlin: Beuth.

DIN EN ISO 22476-2:2012-03 (2012). Geotechnische Erkundung und Untersuchung – Felduntersuchungen – Teil 2: Rammsondierungen. Berlin: Beuth.

DIN EN ISO 22476-3:2012-03 (2012). Geotechnische Erkundung und Untersuchung – Felduntersuchungen – Teil 3: Standard Penetration Test. Berlin: Beuth.

DIN EN ISO 22476-4:2013-03 (2013). Geotechnische Erkundung und Untersuchung – Felduntersuchungen – Teil 4: Pressiometerversuch nach Ménard. Berlin: Beuth.

DIN EN ISO 22476-5:2013-03 (2013). Geotechnische Erkundung und Untersuchung – Felduntersuchungen – Teil 5: Versuch mit dem flexiblen Dilatometer. Berlin: Beuth.

DIN EN ISO 22476-6:2018-12 (2018). Geotechnische Erkundung und Untersuchung – Felduntersuchungen – Teil 6: Versuch mit selbstbohrendem Pressiometer. Berlin: Beuth.

DIN EN ISO 22476-7:2013-03 (2013). Geotechnische Erkundung und Untersuchung – Felduntersuchungen – Teil 7: Seitendruckversuch. Berlin: Beuth.

DIN EN ISO 22476-8:2019-03 (2019). Geotechnische Erkundung und Untersuchung – Felduntersuchungen – Teil 8: Verdrängungspressiometerversuch. Berlin: Beuth.

DIN EN ISO 22476-9:2021-01 (2021). Geotechnische Erkundung und Untersuchung – Felduntersuchungen – Teil 9: Flügelscherversuche (FVT und FVT-F). Berlin: Beuth.

DIN EN ISO 22477:2019-12 (2019). Geotechnische Erkundung und Untersuchung – Prüfung von geotechnischen Bauwerken und Bauwerksteilen – Teil 1: Statische axiale Pfahlprobebelastungen auf Druck. Berlin: Beuth.

DIN EN ISO 6416:2019-03 (2019). Hydrometrie – Messung des Durchflusses mit dem Ultraschall-Laufzeitverfahren. Berlin: Beuth.

DIN EN ISO 9001:2015-11 (2015). Qualitätsmanagementsysteme – Anforderungen. Berlin: Beuth.

DIN EN ISO/IEC 17025:2018-03 (2018). Allgemeine Anforderungen an die Kompetenz von Prüf- und Kalibrierlaboratorien. Berlin: Beuth.

DIN ISO 17123-3:2019-01 (2019). Optik und optische Instrumente – Feldprüfverfahren geodätischer Instrumente – Teil 3: Theodolite. Berlin: Beuth.

DIN ISO 17123-4:2017-09 (2017). Optik und optische Instrumente – Feldprüfverfahren geodätischer Instrumente – Teil 4: Elektrooptische Distanzmesser (EDM-Messungen mit Reflektoren). Berlin: Beuth.

DIN ISO 31000:2018-10 (2018). Risikomanagement – Leitlinien (ISO 31000:2018). Berlin: Beuth.

DIN V ENV 13005:1999-06 (1999). Leitfaden zur Angabe der Unsicherheit beim Messen; Deutsche Fassung ENV 13005:1999 (zurückgezogen). Berlin: Beuth.

DMV (2013). Grundsätze zum Einsatz von satellitengestützten Verfahren der Radarinterferometrie zur Erfasssung von Höhenänderungen. Herne. https://www.dmv-ev.de/images/stories/uploads/DMV_Radarinterferometrie_Grundsaetze_2013_09_16.pdf (abgerufen am 30.03.2021).

Döring, H., Habel, W., Lienhart, W. und Schwarz, W. (2017). Faseroptische Messverfahren. In: *Ingenieurgeodäsie*, (Hrsg. W. von Schwarz), S. 235–282 Berlin: Springer.

Dunnicliff, J., Marr, W.A. und Standing, J. (2012). Principles of Geotechnical Monitoring. *ICE Manuel of Geotechnical Engineering*: (Hrsg. J. Burland, T. Chapman, H.D. Skinner und M. Brown). London: ICE Publishing.

Dunnicliff, J. (1993). *Geotechnical Instrumentation for Monitoring Field Performance.* New York u. a.: Wiley Interscience, unveränderte Ausgabe von 1988, ISBN: 0-471-00546-0.

DVW-Merkblatt 2 (o. D.). Einmessung und Überprüfung von Grundwassermessstellen. Gesellschaft für Geodäsie, Geoinformation und Landmanagement: Deutscher Verein für Vermessungswesen e. V. (DVW).

DVWK (1995). Sicherheitsbericht Talsperren, Leitfaden. DVWK-M 231. Hennef: Deutsche Vereinigung für Wasserwirtschaft, Abwasser und Abfall.

DWA (2003). Technische Regel, Arbeitsblatt W 121, Bau- und Ausbau von Grundwassermessstellen. Bonn: DWA Deutsche Vereinigung des Gas- und Wasserfachs e. V.

DWA (2011a). Bauwerksüberwachung an Talsperren: Merkblatt DWA-M 514, Bd. M 514. DWA-Regelwerk. Hennef: DWA, September 2011. ISBN: 3941897810.

DWA (2011b). Messung von Wasserstand und Durchfluss in Entwässerungssystemen: Merkblatt DWA-M 181, Bd. M 181. DWA-Regelwerk. Hennef: DWA, September 2011.

DWA (2015). Kleine Talsperren und kleine Hochwasserrückhaltebecken. Merkblatt DWA-M 522. Hennef: Deutsche Vereinigung für Wasserwirtschaft, Abwasser und Abfall, ISBN: 978-3-88721-234-6.

DWD (2017). Richtlinie Automatische nebenamtliche Wetterstationen im DWD, Leistungsprozess DG_1110, Bodenbeobachtung. Offenbach: Deutscher Wetterdienst.

EA-Baugruben (2012). *EA-Baugruben: Empfehlungen des Arbeitskreises „Baugruben"*, 5. erg. u. erw. Aufl. Ernst & Sohn, ISBN: 978-3-433-02970-1.

EA-Pfähle (2012). *EA-Pfähle: Empfehlungen des Arbeitskreises „Pfähle"*, 2. erg. u. erw. Aufl. Ernst & Sohn, ISBN: 978-3-433-03005-9.

EANG (2014). *Empfehlungen des Arbeitskreises „Numerik in der Geotechnik" – EANG.* Berlin: Ernst & Sohn. ISBN: 978-3-433-03080-6.

EBGEO (2010). *Empfehlungen für den Entwurf und die Berechnung von Erdkörpern mit Bewehrungen aus Geokunststoffen (EBGEO)*, 2. Aufl. Berlin: Ernst & Sohn, ISBN: 978-3-433-02950-3.

Eickemeier, R. und Schäfers, A. (2016). Prognose der Senkungen und weiterer Bodenbewegungs- und Bodenverformungsgrößen für die Kavernenanlage Etzel mit 99 Kavernen. Gutachten. Hannover: Bundesanstalt für Geowissenschaften und Rohstoffe (BGR).

Fecker, E. (1997). *Geotechnische Meßgeräte und Feldversuche im Fels*. Stuttgart: Enke, ISBN: 3-432-29911-7.

Fecker, E. (2018). *Geotechnische Meßgeräte und Feldversuche im Fels*, Bd. 2. Berlin: Springer Spektrum, ISBN: 978-3662-57824-0.

Feldmann-Westendorff, U., Liebsch, G., Sacher, M., Müller, J., Jahn, C.-H., Klein, W., Liebig, A. und Westphal, K. (2016). Das Projekt zur Erneuerung des DHHN: Ein Meilenstein zur Realisierung des integrierten Raumbezugs in Deutschland. *Zeitschrift für Vermessungswesen (ZfV)* 141.5: 354–367.

Ferretti, A., Prati, C. und Rocca, F. (2001). Permanent Scatterers in SAR Interferometry. IEEE Trans. Geosci. Remote Sens., 39.1, S. 8–20. http://sismologia.ist.utl.pt/~sismologia.daemon/files/Ferretti_2001.pdf (abgerufen am 30.03.2021).

Ferretti, A., Monti-Guarnieri, A., Prati, C., Rocca, F. und Massonet, D. (2007). InSAR Principles: Guidelines for SAR Interferometry Processing and Interpretation. ESA TM-19. http://www.esa.int/About_Us/ESA_Publications/InSAR_Principles_Guidelines_for_SAR_Interferometry_Processing_and_Interpretation_br_ESA_TM-19 (abgerufen am 30.03.2021).

Ferretti, A. (1997). Generazione di mappe altimetriche da osservazioni SAR multiple. PhD thesis. Politecnico di Milano.

FGSV (2012). Dynamischer Plattendruckversuch mit Leichtem Fallgewichtsgerät, Bd. 591/B 8.3. FGSV. Köln: FGSV-Verlag, ISBN: 9783864460364.

FGSV (2014). Merkblatt über flächendeckende dynamische Verfahren zur Prüfung der Verdichtung im Erdbau: M FDVK E. FGSV R2 – Regelwerke. Köln: FGSV-Verlag, ISBN: 978-3-86446-095-1.

FGSV (2017). Zusätzliche technische Vertragsbedingungen und Richtlinien für Erdarbeiten im Straßenbau: ZTV E-StB 17, Bd. 599. FGSV. Köln: FGSV-Verlag, ISBN: 978-3-86446-188-1.

FINO3 (2012). Abschlussbericht FINO3. https://www.fino3.de/files/forschung/tubs/Abschlussbericht%202012%20TU%20BS.pdf (Zugriff am 30.03.2021).>

Fischer, C., England, M. und Bathes, R. (2011). Nearshore-Anwendungen für Pfahlgründungen mit der Osterberg-Zelle am Beispiel der Golden Horn Brücke. *Mitteilungen des Instituts für Grundbau und Bodenmechanik der TU Braunschweig* 94: 385–393, Braunschweig.

Fischer, U. (1990). *Fachkunde Metall.* Haan-Gruiten: Europa-Lehrmittel, 50, ISBN: 3-8085-1029-3.

FPM (Hrsg.) (2019). Schlauchwaage. https://www.fpm.de/index.php?option=com_virtuemart&view=category&virtuemart_category_id=21&Itemid=116&lang=de (abgerufen am 07.04.2021).

Franz, G. (1958). Unmittelbare Spannungsmessung in Beton und Bohrloch. *Bauingenieur* 33: 190–195.

Fredlund, D.G. und Rahardjo, H. (1993). Soil Mechanics for Unsaturated Soils. Hoboken: Wiley, ISBN: 9780470172759, https://doi.org/10.1002/9780470172759 (abgerufen am 07.04.2021).

Gattermann, J., Horst, M. und Rodatz, W. (1996). Meßtechnische Überwachung eines verformungsarmen Verbaus. *Geotechnik* 19.1: 9–17.

Gattermann, J., Stahlmann, J. und Zahlmann, J. (2009). Rammbegleitende Messungen am Monopile von FINO3 – Der Einsatz von GEMSOGS im Offshore Bau. In: *VDI-Berichte 2063: 3. VDI-Fachtagung BAUDYNAMIK, 14.–15. Mai 2009 in Kassel*, Bd. 87. S. 443–454, ISBN: 978-3-18-092063-4.

Gattermann, J., Bruns, B., Kuhn, C. und Stahlmann, J. (2010). Zur Bedeutung geotechnischer Messungen im Spezialtiefbau. Tagungsband des 7. Kolloquiums „Bauen in Boden und Fels", 26.–27.01.2010. Technische Akademie Esslingen, ISBN: 3-924813-81-7.

Gattermann, J., Bruns, B. und Stahlmann, J. (2013). *Tragverhalten JadeWeserPort – Anschluss der Schrägpfähle*, (Hrsg. Mitteilungshefte Gruppe Geotechnik der TU Graz (28. Christian Veder Kolloquium: Tiefgründungskonzepte – Vom Mikropfahl zum Großbohrpfahl)), S. 33–48. Graz. TU Graz, ISBN: 978-3-900484-66-8.

Gattermann, J. und Stahlmann, J. (Hrsg.) (2006). Messen in der Geotechnik 2006: Fachseminar: 23./24. Februar 2006, Bd. 82. Mitteilung des Instituts für Grundbau und Bodenmechanik, Technische Universität Braunschweig. ISBN: 3927610739.

Geiger, A. (2015). Auch der Weg der geodätischen Erkenntnis ist mit Unsicherheit gepflastert. *Geomatik* 11: 484–487.

Genske, D. (2017). Massenbewegungen. In *Grundbau-Taschenbuch – Teil 1: Geotechnische Grundlagen*, (Hrsg. K.J. Witt), S. 712–792. Ernst & Sohn, ISBN: 978-3-433-03151-3.

GEOKON (Hrsg.) (2019). Load Cells (VW). https://www.geokon.com/4900 (abgerufen am 07.04.2021).

Gernhardt, S., Auer, S. und Eder, K. (2015). Persistent scatterers at building facades – Evaluation of appearance and localization accuracy. *ISPRS Journal of Photogrammetry and Remote Sensing* 100: 92–105, ISSN: 09242716, https://doi.org/10.1016/j.isprsjprs.2014.05.014 (abgerufen am 30.03.2021).

Gibson, R.E. (1963). An analysis of system flexibility and its effect on time-lag in pore-water pressure measurements. *Géotechnique* 13.1: 1–11, ISSN: 0016-8505, https://doi.org/10.1680/geot.1963.13.1.1 (abgerufen am 30.03.2021).

GLÖTZL (Hrsg.) (2019a). Ankerkraftmessgeber KK. http://www.gloetzl.de/fileadmin/produkte/1%20Messwertaufnehmer/2%20Kraft%20und%20Ankerkraft/P_42.00_KK_Ankerkraftmessgeber_de.pdf (abgerufen am 11.08.2020).

GLÖTZL, Hrsg. (2019b). Einpressventilgeber für Erddruck und kombiniert mit Porenwasserdruck. http://www.gloetzl.de/fileadmin/produkte/1%20Messwertaufnehmer/1%20Druck%20und%20Spannung/P%20016.00%20Erd-%20und%20Porenwasserdruck%20PEP%20de.pdf (abgerufen am 11.08.2020).

GLÖTZL (Hrsg.) (2019c). Horizontal-Neigungsmesser. http://www.gloetzl.de/fileadmin/produkte/2%20Mobile%20Messsysteme/P_075.03_Neigungsmesser_NMGH_de.pdf (abgerufen am 11.08.2020).

GLÖTZL (Hrsg.) (2019d). Kraftmessgeber für Pfahlinstrumentierung. http://www.gloetzl.de/fileadmin/produkte/1%20Messwertaufnehmer/2%20Kraft%20und%20Ankerkraft/P_43.50_Kraftmessgeber_Pfahlinstrumentierung_KLP_de.pdf (abgerufen am 11.08.2020).

GLÖTZL (Hrsg.) (2019e). Kunststoff-Stangenextensometer. http://www.gloetzl.de/fileadmin/produkte/1%20Messwertaufnehmer/5%20Weg%20und%20Dehnung/P%20060.10%20Extensometer%20GKTE%20de.pdf (abgerufen am 11.08.2020).

GLÖTZL (Hrsg.) (2019f). Überlaufschlauchwaage. http://www.gloetzl.de/fileadmin/produkte/1%20Messwertaufnehmer/3%20Setzung%20und%20Hebung/P%20027.01%20Setzungsmesser%20SB10%20de.pdf (abgerufen am 11.04.2021).

GLÖTZL (Hrsg.) (2019g). Ventilgeber für Betonspannung und Fugendruck. http://www.gloetzl.de/fileadmin/produkte/1%20Messwertaufnehmer/1%20Druck%20und%20Spannung/B_001.00_Betonspannungsgeber_de.pdf (abgerufen am 11.08.2020).

GLÖTZL (Hrsg.) (2020). http://www.gloetzl.de/fileadmin/produkte/1%20Messwertaufnehmer/5%20Weg%20und%20Dehnung/P_66.80_Dehnungsaufnehmer_Beton_DBA_de.pdf (abgerufen am 11.08.2020).

Guan, Y. (1998). The measurement of soil suction. Canadian theses = Thèses canadiennes. Ottawa: National Library of Canada = Bibliothèque nationale du Canada. ISBN: 0-612-23989-6, https://harvest.usask.ca/bitstream/handle/10388/etd-10212004-000415/nq23989.pdf?sequence=1&isAllowed=y (abgerufen am 30.03.2021).

GUM (2009). GUM (Norm): Guide to the Expression of Uncertainty in Measurement. https://www.ptb.de/cms/fileadmin/internet/fachabteilungen/abteilung_8/8.4_mathematische_modellierung/8.40/JCGM_104_2009_DE_2011-03-30.pdf (abgerufen am 30.03.2021).

Häckel, H. (2016). *Meteorologie. UTB Geowissenschaften, Ökologie, Agrar- und Forstwissenschaften*, 8., vollständig überarbeitete und erweiterte Auflage. Stuttgart: Verlag Eugen Ulmer, ISBN: 978-3-8252-4603-7.

Handbuch Eurocode 7, Geotechnische Bemessung, Bd. 1: Allgemeine Regeln, 2. Aufl. 2015, Hrsg: DIN Deutsches Institut für Normung, Beuth Verlag, Berlin, ISBN 978-3-410-25835-3.

Havskov, J. und Alguacil, G. (2010). *Instrumentation in Earthquake Seismology*. Berlin: Springer.

Heckmann, B., Berg, G., Heitmann, S., Jahn, C.-H., Klauser, B., Liebsch, G. und Liebscher, R. (2015). Der bundeseinheitliche geodätische Raumbezug – integriert und qualitätsgesichert. *Zeitschrift für Vermessungswesen (ZfV)*: 140.3, S. 180–184.

Heckmann, B. (2006). Einführung des Lagebezugssystems ETRS89/UTM beim Umstieg auf ALKIS. *DVW-Hessen-/DVW-Thüringen-Mitteilungen* 1: 17–25.

Heckmann, B. (2009). Realisierung des geodätischen Raumbezugs in Hessen – Stand und Perspektiven. *DVW-Hessen-/DVW-Thüringen-Mitteilungen* 1: 14–27.

Heinert, M. und Niemeier, W. (2004). Zeitreihenanalyse bei der Überwachung von Bauwerken. In: *Interdisziplinäre Messaufgaben im Bauwesen*, (Hrsg. W. Schwarz), Heft 46, S. 157–174 Stuttgart: Wittwer.

Heister, H. (2005). Zur Messunsicherheit im Vermessungswesen (Teil II). *Geomatik* 670–673.

Hennes, M. (2007). Konkurrierende Genauigkeitsmaße – Potential und Schwächen aus der Sicht des Anwenders. *Allgemeine Vermessungs-Nachrichten (AVN)*, 115.4: 136–146.

Herten, M. (2017). *Beobachtungsmethode und Monitoring beim Schleusenbau an Binnengewässern*. BAW Kolloquium, Sept. 2017. Hamburg: Eigenverlag.

Heunecke, O., Kuhlmann, H., Welsch, W., Eichhorn, A. und Neuner, H. (2013). *Auswertung geodätischer Überwachungsmessungen*, 2. Aufl. Karlsruhe: Wichmann.

Heusermann, S. und Kiehl, J.R. (2021). Bestimmung von Gebirgsspannungen mit dem Überbohrverfahren, Teil 2: Weggebersonden. Neufassung der Empfehlung Nr. 14 des Arbeitskreises 3.3 „Versuchstechnik Fels“ der DGGT. Geotechnik (https://doi.org/10.1002/gete.202100014).

Highland, L.M. und Bobrowsky, P. (2008). The Landslide Handbook: a Guide to Understanding Landslides. Reston, Virginia. https://pubs.usgs.gov/circ/1325/pdf/C1325_508.pdf (Zugriff am 07.04.2021).

Hinnen, H., Gassner, M., Jaray, M. und Müller, E. (2013). *Kompendium: Die Geheimnisse der Neigungsmesstechnik*. Winterthur: Wyler AG. https://www.wylerag.com/fileadmin/pdf/catalogue/Kompendium%20deutsch%202013.pdf (abgerufen am 30.03.21).

Holst, C., Schmitz, B. und Kuhlmann, H. (2016). TLS-basierte Deformationsanalyse unter Nutzung von Standardsoftware. In: *DVW-Schriftenreihe*, Bd. 85, S. 39–58. Wißner-Verlag.

Holzmann, H. (2002). Wasserwirtschaftliche Planungsmethoden – Übungen zur Zeitreihenanalyse. Skript zur Vorlesung. BOKU Wien.

Höpcke, W. (1980). *Fehlerlehre und Ausgleichsrechnung*. Berlin: Walter de Gruyter.

Hottinger, K., Hoffmann, K. und Paetow, J. (1992). Messung von Kräften und daraus abgeleiteten Größen. In: *Handbuch der industriellen Meßtechnik*, (Hrsg. Profos, Pfeifer), 5. Aufl. München, Wien: Oldenbourg.

HPA Hamburg Port Authority (2008). Prospekt der Baumaßnahme Burchardkai 2. Liegeplatz.

Hvorslev, M.J. (1951). Time lag and soil permeability in ground-water observations. Hrsg. von USACE, Nr. 36 in Bulletin, Vicksburg, Mississippi.

ICOLD (2009). General approach to Dam Surveillance: Basic Elements in a "Dam Safety" Process. Bulletin 138. https://www.icold-cigb.org/GB/publications/bulletins.asp (abgerufen am 09.11.2018).

ICOLD (2014). Dam Surveillance Guide. Bulletin 158. https://www.icold-cigb.org/GB/publications/bulletins.asp (abgerufen am 07.04.2021).

Inaudi, D., Elamari, A., Pflug, L., Gisin, N., Breguet, J. und Vurpillot, S. (1994). Low-coherence deformation sensors for the monitoring of civilengineering structures. *Sensor and Actuators A* 44: 125–130.

ISO 1438:2017-04 (2017). Hydrometrie – Durchflussmessung in offenen Gerinnen mittels Dünnplatten-Wehren. Berlin: Beuth.

ISO 4793:1980-10 (1980). Laboratoriumsfilter, gesintert (gefrittet); Gradation nach Porosität, Klassifikation und Bezeichnung. Berlin: Beuth.

ISSMGE (2013). ISSMGE TC304-TF3. International State of the Art Report on Integration of Geotechnical Risk Management and Project Risk Management, Part1 – Report, Version 2, November 2013, Part 2 – Country Reports, Version 2, Oktober 2013.

ITIG (2006). Richtlinien zum Risikomanagement von Tunnelprojekten. International Tunnelling Insurance Group (ITIG).

JCGM 200:2008 (2008). International Vocabulary of Metrology – Basic and general concepts and associated terms, 3. Aufl. https://www.bipm.org/utils/common/documents/jcgm/JCGM_200_r2008.pdf (abgerufen am 11.08.2020).

Kathage, A., Kramp, J., Langer, U., Lehmann, B., Lenz, J., Miegel, W., Räkers, E. und Reinhard, M. (2011). Der gläserne Untergrund – So nutzt der Bauingenieur die Geophysik, In: *Schriftenreihe aus dem Institut für Rohrleitungsbau Oldenburg*, Bd. 14, S. 328. Essen: Vulkan.

Katzenbach, R., Reul, O. und Quick, H. (1994). Hochhausgründungen – Messungen und Qualitätssicherung. *Mitteilungen des Instituts für Grundbau und Bodenmechanik der TU Braunschweig* 44: 247–258, Braunschweig.

Kauther, R. und Schulze, R. (2015). Detection of subsidence affecting civil engineering structures by using satellite InSAR. In: Proceedings of the Ninth International Symposium on Field Measurements in Geomechanics, 9–11 September 2015, Sydney, Australia. Hrsg. von Dight, Phil. Nedlands: ACG. ISBN: 978-0-9924810-2-5, https://papers.acg.uwa.edu.au/d/1508_11_Kauther/11_Kauther.pdf (abgerufen am 07.04.2021).

Kiehl, J.R. und Heusermann, S. (2021): Bestimmung von Gebirgsspannungen mit dem Überbohrverfahren, Teil 1: Triaxialmesssonden. Neufassung der Empfehlung Nr. 14 des Arbeitskreises 3.3 „Versuchstechnik Fels" der DGGT. Geotechnik (https://doi.org/10.1002/gete.202100011).

Kneip, L.S. (2010). Zeitreihenanalyse. Skript zur Vorlesung. Universität Bonn.

Knödel, K., Krummel, H. und Lange, G. (2005). *Geophysik*. Berlin: Springer.

Köhler, H.-J. (1997). Porenwasserdruckausbreitung im Boden: Messverfahren und Berechnungsansätze. In: *Mitteilungsblatt 75*, (Hrsg. BAW), S. 95–108. Karlsruhe: Eigenverlag, https://hdl.handle.net/20.500.11970/102753 (abgerufen am 30.03.2021).

Köhne, A. und Wößner, M. (2009). Präzision, Richtigkeit und Genauigkeit, (Hrsg. Kowoma). http://www.kowoma.de/gps/zusatzerklaerungen/Praezision.htm (abgerufen am 07.04.2021).

Kramer, H. (2013). *Angewandte Baudynamik*, 2. Aufl. Berlin: Ernst & Sohn, ISBN: 978-3-433-03028-8.

Krauter, E. (1997). Empfehlungen zum Erkennen und Erfassen von Rutschungen: DGGT AK 4.2 Böschungen. *Geotechnik* 20.4: 248–259.

Krauter, E. (2001). Phänomenologie natürlicher Böschungen (Hänge) und ihrer Massenbewegungen. In *Grundbau-Taschenbuch*, (Hrsg. U. Smoltczyk), Teil 1, S. 613–665. Berlin: Ernst & Sohn, ISBN: 3-433-01445-0.

Krauter, E. (2004). Gefahrenabschätzung von Hangstabilitäten, S. 25–30. http://www.geo-international.info/FSR-2004-KRAUTER1.pdf (abgerufen am 30.03.2021).

Kreyszig, E. (1974). *Statistische Methoden und ihre Anwendungen*. Göttingen: Vandenhoeck & Ruprecht.

Kreyszig, E. (1998). *Statistische Methoden und ihre Anwendungen*, 7. Aufl., Göttingen: Vandenhoeck & Ruprecht.

Kriegel, H.-P., Kröger, P., Kunath, P., Renz, M. und Zimek, A. (2009). Spatial, Temporal and Multimedia Databases. Skript zur Vorlesung. LMU München.

Krohne (2018). *Produktübersicht Durchflussmesstechnik*. Duisburg: Krohe Messtechnik GmbH.

Kuhlmann, H., Hesse, C. und Holst, C. (2017). Standardabweichung vs. Toleranz. DVW-Merkblatt 12-2017. Vogtsburg: DVW – Gesellschaft für Geodäsie, Geoinformation und Landmanagement e. V. https://www.dvw.de/sites/default/files/merkblatt/daten/2017/12_DVW-Merkblatt_Stdabw_Toleranz.pdf (abgerufen am 07.04.2021).

Kuhn, D., Prüfer, S. (2014). Coastal cliff monitoring and analysis of mass wasting processes with the application of terrestrial laser scanning: A case study of Rügen, Germany. *Geomorphology* 213: 153–165, https://doi.org/10.1016/j.geomorph.2014.01.005 (abgerufen am 07.04.2021).

Kuntsche, K. (1996). Empfehlungen zum Einsatz von Meß- und Überwachungssystemen für Hänge, Böschungen und Stützbauwerke: Arbeitskreis 4.2 „Böschungen". *Geotechnik*, 19.2: 82–98.

Laloui, L. (2013). *Mechanics of Unsaturated Geomaterials. ISTE*. London: Wiley, https://doi.org/10.1002/9781118616871 (abgerufen am 07.04.2021).

Lang, M. (2001). Die Bestimmung von Messunsicherheiten an praktischen Beispielen. In: Qualitätsmanagement in der geodätischen Messtechnik. In: *Schriftenreihe des DVW e. V. – Gesellschaft für Geodäsie, Geoinformation und Landmanagement*, (Hrsg. H. Heister und R. Staiger), Bd. 42, S. 138–150. Stuttgart: Wittwer.

Läufer, G., Lehmann, M. und Rödelsperger, S. (2017). Terrestrische Mikrowelleninterferometrie. In: *Ingenieurgeodäsie*. Hrsg. von Schwarz, W., S. 213–233 Berlin, Heidelberg: Springer Spektrum, ISBN: 978-3-662-47188-3, https://doi.org/10.1007/978-3-662-47188-3.

Lhotzky+Partner (2019). Hydrostatische Linienvermessung – auf setzungsempfindlichen Baugründen. https://lhotzky-partner.de/baumesstechnik/hydrostatische-linienvermessung (abgerufen am 11.08.2020).

Lichtwellenleiter (2020). https://de.wikipedia.org/wiki/Lichtwellenleiter (abgerufen am 13.03.2020).

von der Lippe, P. (2019). Einführung in die Zeitreihenanalyse. http://www.von-der-lippe.org/dokumente/buch/BUCH11.pdf (abgerufen am 01.04.2021).

Luhmann, T. (2018). *Nahbereichsphotogrammetrie – Grundlagen – Methoden – Beispiele*, 4. Aufl. Offenbach: Wichmann.

Marefat, V., Duhaime, F., Chapuis, R.P. und Le Borgne, V. (2019). Performance of fully grouted piezometers under transient flow conditions: Field study and numerical

results. *Geotechnical Testing Journal* 42.2, 24 Seiten, ISSN: 01496115, https://doi.org/10.1520/GTJ20170290 (abgerufen am 30.03.2021).
Mayer, A., Habib, P. und Marchand, R. (1951). Underground rock pressure testing. Proc. Int. Conf. on Rock Pressure and Support in Workings, Le Liège, France, S. 217–221.
Meier, E. und Ingensand, H. (1996). Ein neuartiges hydrostatisches Messsystem für permanente Deformationsmessungen. In: *Beiträge zum XII. Internationaler Kurs für Ingenieurvermessung 96*, (Hrsg. Brandstätter, Brunner, Schelling), Graz, Beitrag A8. Bonn: Dümmler.
Melzer, K.-J., Fecker, E., und Westhaus, T. (2017). Baugrunduntersuchungen im Feld. In *Grundbau-Taschenbuch – Teil 1: Geotechnische Grundlagen*, (Hrsg. K.-J von Witt), S. 45–137. Ernst & Sohn, ISBN: 978-3-433-03151-3.
MessEG 2015 (2015). Gesetz über das Inverkehrbringen und die Bereitstellung von Messgeräten auf dem Markt, ihre Verwendung und Eichung sowie über Fertigpackungen (Mess- und Eichgesetz – MessEG). https://www.gesetze-im-internet.de/messeg/MessEG.pdf (abgerufen am 30.03.2021).
MessEV 2015 (2015). Verordnung über das Inverkehrbringen und die Bereitstellung von Messgeräten auf dem Markt sowie über ihre Verwendung und Eichung (Mess- und Eichverordnung – MessEV). https://www.gesetze-im-internet.de/messev/MessEV.pdf (abgerufen am 30.03.2021).
Messing, M. (2010). Steuerung der Tunnelbohrmaschine am Gotthard. *Geomatik Schweiz: Geoinformation und Landmanagement* 108.12: S. 571–574.
Mikkelsen, P.E. und Green, G.E. (2003). Piezometers in fully grouted boreholes. In: *Field Measurements in Geomechanics*, (Hrsg. F. Myrvoll). Lisse: Balkema, ISBN: 9058096025.
Mikkelsen, P.E. (2002). Cement-bentonite grout backfill for borehole instruments. In: *Geotechnical Instrumentation News (GIN)*, (Hrsg. J. Dunnicliff), S. 38–42. https://cgs.ca/pdf/GeoTechNews/GIN-Scans%201994-2019/GIN%20no.%2033_Vol.%2020_No.%204-Dec%202002.pdf (abgerufen am 30.03.2021).
Milillo, P., Giardina, G., Perissin, D., Milillo, G., Coletta, A. und Terranova, C. (2019). Pre-collapse space geodetic observations of critical infrastructure: The Morandi bridge, Genoa, Italy. *Remote Sensing* 11.12: 1403. ISSN: 2072-4292, https://doi.org/10.3390/rs11121403 (abgerufen am 26.07.2019).
Montenegro, H. (2016). Infiltrationsdynamik in Erdbauwerken: FuE-Abschlussbericht: BAW-Nr. A39520310047. Karlsruhe. https://hdl.handle.net/20.500.11970/105099 (abgerufen am 30.03.2021).
Moormann, C., Glockner, A., Jud, H. und Holzhäuser, J. (2010). Messtechnische Überwachung eines 380 000 m² großen Erz- und Kohlelagers auf breiig-weichen Sedimentböden in der Bucht von Sepetiba, Brasilien. In *Mitteilung des Instituts für Grundbau und Bodenmechanik, Technische Universität Braunschweig*, (Hrsg. J. Gattermann und J. Stahlmann), Bd. 92, S. 231–263. Braunschweig: Inst. für Grundbau und Bodenmechanik, TU Braunschweig.
Moormann, C. (2002). Trag- und Verformungsverhalten tiefer Baugruben in bindigen Böden unter besonderer Berücksichtigung der Baugrund-Tragwerk- und der Baugrund-Grundwasser-Interaktion. Dissertation. Institut und Versuchsanstalt für Geotechnik der TU Darmstadt.
Moormann, C. (2020). Jahresbericht 2019 des Arbeitskreises „Pfähle" der Deutschen Gesellschaft für Geotechnik (DGGT). *Bautechnik*, 97: 133–149.

Moretto, S., Bozzano, F., Esposito, C., Mazzanti, P. und Rocca, A. (2017). Assessment of landslide pre-failure monitoring and forecasting using satellite SAR interferometry. *Geosciences* 7.2: 36. ISSN: 2076-3263, https://doi.org/10.3390/geosciences7020036 (abgerufen am 05.04.2021).

Müller, G. und Habenicht, H. (1979). Entwicklungen der geotechnischen Messungen für den Hohlraumbau. *Rock Mech. Suppl.*, 8: 113–124.

Müller, U. und Sochert, T. (2006). Kinematisches Laserscanning in einem absoluten Koordinatensystem. *Geomatik – Schweiz – Geoinformation und Landmanagement* 104.6: 40–43.

Naterop, D. und Keppler, A. (1998). *Der Einsatz von automatisierten geodätischen Messinstrumenten in der Geotechnik – Beispiele aus der Praxis. Messen in der Geodtechnik, Mitteilung des Instituts für Grundbau und Bodenmechanik, Technische Universität Braunschweig*. Braunschweig: Institut für Grundbau und Bodentechnik Technische Universität Braunschweig.

Neuner, H., Holst, C. und Kuhlmann, H. (2016). Overview on current modelling strategies of point clouds for deformation analysis. *Allgemeine Vermessungs-Nachrichten (AVN)*, 123.11–12: 328–339, https://bonndoc.ulb.uni-bonn.de/xmlui/bitstream/handle/20.500.11811/8766/2016_Neuner_DefoModelTLS_AVN.pdf (abgerufen am 05.04.2021).

Niebuhr, J. und Linder, G. (1994). *Physikalische Meßtechnik mit Sensoren*, 3. Aufl. München, Wien: Oldenbourg.

Niemeier, W. und Riedel, B. (2017). Monitoring von Hangrutschungen. In: *Ingenieurgeodäsie*, (Hrsg. W. Schwarz), S. 539–564. Berlin: Springer Spektrum, ISBN: 978-3-662-47187-6, https://doi.org/10.1007/978-3-662-47188-4.

Niemeier, W. und Tengen, D. (2017). Uncertainty assessment in geodetic network adjustment by combining GUM and Monte-Carlo-simulations. *Journal of Applied Geodesy* 11.2: 67–76.

Niemeier, W. (2002). *Ausgleichungsrechnung: Statistische Auswertemethoden*. Berlin: de Gruyter.

Niemeier, W. (2008). *Ausgleichungsrechnung: Statistische Auswertemethoden*, 2. Aufl. Berlin: de Gruyter.

Nuber, T. und Siebenborn, G. (2016). *Überwachung und Steuerung der Sohlwasserdrücke am Eidersperrwerk*. Erschienen in: Messen im Bauwesen 2016, BAM Berlin. https://hdl.handle.net/20.500.11970/100951 (abgerufen am 30.03.2021).

Odenwald, B., Hekel, U. und Thormann, H. (2018). Grundwasserströmung – Grundwasserhaltung. In: *Grundbau-Taschenbuch*, Teil 2, (Hrsg. K.J. Witt), Grundbau-Taschenbuch Ser, S. 635–819. Newark: Ernst & Sohn, ISBN: 978-3-433-03152-0.

Otte, K. (2017). *Die Anwendung messtechnischer Verfahren beim Monitoring*. BAW Kolloquium, Sept. 2017. Hamburg: Eigenverlag. https://izw.baw.de/publikationen/kolloquien/0/Vortrag%203_Die%20Anwendung%20messtechnischer%20Verfahren%20beim%20Monitoring.pdf (abgerufen am 01.04.2021).

Paul, F. und Walter, A. (2004). Empfehlung Nr. 19 des Arbeitskreises 3.3 – Versuchstechnik Fels – der Deutschen Gesellschaft für Geotechnik e. V.: Messung der Spannungsänderung im Fels und an Felsbauwerken mit Druckkissen. *Bautechnik* 81.8: 639–647.

Peck, R.B. (1969). Advantages und limitations of the obeservational method in applied soil mechanics. *Geotechnique* 19.2: 171–187.

Pelzer, H. (1995). Auswertung und Interpretation. In: *Vermessungsverfahren im Maschinen- und Anlagenbau*, (Hrsg. W. Schwarz). Stuttgart: Wittwer.

Penman, A.D. (1961). A study of the response time of various types of piezometer. In: *Pore Pressure and Suction in Soils*, (Hrsg. British National Society of the International Society of Soil Mechanics and Foundation Engineering), S. 53–58. London. Butterworths.

Perau, E. und Potthoff, S. (2002). Das Messen von Fluiddrücken in gesättigten und teilgesättigten Böden. In: *Mitteilung des Instituts für Grundbau und Bodenmechanik, Messen in der Geotechnik 2002*, Bd. 68, S. 383–398, Eigenverlag.

Perau, E. (2001). Die Phasen des Bodens und ihre mechanischen Wechselwirkungen: Ein Konzept zur Mechanik teilgesättigter Böden: Zugl.: Essen, Univ., Habil.-Schr., 2001, Bd. 28. Mitteilungen aus dem Fachgebiet Grundbau und Bodenmechanik, Gesamthochschule, Essen. Essen: Verlag Glückauf. ISBN: 3-7739-1428-8.

Pesch, B. (2010). *Messunsicherheit: Basiswissen für Einsteiger und Anwender*, 1. Aufl. Zülpich: Books On Demand.

Pohl, M. (2017). *Beobachtungsmethode und Monitoring in der Geotechnik*. BAW Kolloquium, Sept. 2017. Hamburg: Eigenverlag. https://izw.baw.de/publikationen/kolloquien/0/Vortrag%201_Die%20Beobachtungsmethode%20und%20das%20Monitoring%20in%20der%20Geotechnik.pdf (abgerufen am 01.04.2021).

Potts, D.M., Kovacevic, N. und Vaughan, P.R. (1997). Delayed collapse of cut slopes in stiff clay. *Géotechnique* 47.5: 953–982, ISSN: 0016-8505, https://doi.org/10.1680/geot.1997.47.5.953 (abgerufen am 01.04.2021).

Premchitt, J. und Brand, E.W. (1981). Pore pressure equalization of piezometers in compressible soils. *Géotechnique* 31.1: 105–123. ISSN: 0016-8505, https://www.icevirtuallibrary.com/doi/10.1680/geot.1981.31.1.105 (abgerufen am 30.03.2021).

Priesack, T., Plinninger, R., Alber, M. und Salcher, B. (2016). Systematische Analyse innovativer Installationsverfahren für Porenwasserdruckgeber. TAE Esslingen.

PTB (2020). https://www.ptb.de/cms/ptb/fachabteilungen/abt4/fb-44/ag-442/verbreitung-der-gesetzlichen-zeit/dcf77.html (abgerufen am 13.03.2020).

Richtlinie 836 (2013). Erdbauwerke und sonstige geotechnische Bauwerke planen, bauen und instand halten (Ril 836). Frankfurt/Main.

Rinne, H. und Specht, K. (2002). *Zeitreihen: Statistische Modellierung, Schätzung und Prognose*. München: Vahlen.

Rocha, M., Lopes, J.B. und Da Silva, J.N. (1969). A new technique for applying in the method of the flat jack in the determination of stresses inside rock masses. Laboratorio Nacional De Engenharia Civil (LNEC), Lisboa, Memoria No. 324.

Rosenkranz, H., Wachsmann, G. und Mehl, J. (2002). Erste Erfahrungen bei der Planung und beim Bau von Schwimmloten mit selbstzentrierender Sonde (AVD-Verfahren) sowie der Messduchführung. Mittweidaer Talsperrentage 2002, Mittweida.

Rossi, P.P. (1987). Recent developments of the flat-jack test on masonry structures. Bergamo, ISMES publication Band 231: 1–29.

Ruhm, K. (1992). Thermometrie. In: *Handbuch der industriellen Meßtechnik*, (Hrsg. Profos, Pfeifer), 5. Aufl. München, Wien: Oldenbourg.

Samiei Esfahany, S. (2017). Exploitation of distributed scatterers in synthetic aperture radar interferometry. PhD thesis. Delft University of Technology. https://repository.tudelft.nl/islandora/object/uuid:22d46f1e-9061-46b0-9726-760c41404b6f/datastream/OBJ/download (abgerufen am 30.03.2021).

Scherer, M. (2007). Phototachymetrie: Eine Methode zur Bauaufnahme und zur Erstellung eines virtuellen Modells. *Allgemeine Vermessungs-Nachrichten (AVN)* 114.8–9: 307–313.

Schlemmer, H. (1996). *Grundlagen der Sensorik. Eine Instrumentenkunde für Vermessungsingenieure.* Heidelberg: Wichmann.

Schlitten, R. und Streitberg, B. (2001). *Zeitreihenanalyse*, 9. Aufl., München: Oldenburg.

Schmidt, H. (2003). Warum GUM? Kritische Anmerkungen zur Normdefinition der Messunsicherheit und zu verzerrten Elementarfehlermodellen. *Zeitschrift für Vermessungswesen (ZfV)*, 128.5: 303–312.

Schnabel, P. (2016). *Netzwerktechnik-Fibel*, 4. Aufl. Eigenverlag. https://www.elektronik-kompendium.de/shop/buecher/netzwerktechnik-fibel (abgerufen am 11.04.2021).

Schulze, R. und Stelzer, O. (2015). Soil modelling considering the influence of gas inclusions in pore water below the piezometric line – A short introduction. In: *Aktuelle Forschung in der Bodenmechanik 2015*, (Hrsg. T. Schanz und A. Hettler), S. 121–140. Berlin, Heidelberg: Springer, ISBN: 978-3-662-45990-4, https://link.springer.com/chapter/10.1007/978-3-662-45991-1_7 (abgerufen am 30.03.2021).

Schulze, R. (2016). Bruch- und Verformungsverhalten von rutschgefährdeten Böschungen unter Berücksichtigung des Dreiphasensystems: FuE-Abschlussbericht: BAW-Nr. A39520210001. Karlsruhe. https://hdl.handle.net/20.500.11970/105108 (abgerufen am 30.03.2021).

Schwarz, W. und Fedan, M. (2020). Effiziente Neigungsmessungen, ein Verfahren der permanenten Bauwerksüberwachung. *Allgemeine Vermessungs-Nachrichten (AVN)* 127.3: 125–146.

Schwarz, W. (1994). Zur Reduktion der Messungen bei räumlichen Punktbestimmungen. *Allgemeine Vermessungs-Nachrichten (AVN)* 101.6: 207–218.

Schwarz, W. (Hrsg.) (1995). *Vermessungsverfahren im Maschinen- und Anlagenbau.* Stuttgart: Wittwer.

Schwarz, W. (2020a). Methoden zur Bestimmung der Messunsicherheit nach GUM – Teil 1. *Allgemeine Vermessungs-Nachrichten (AVN)* 127.2: 69–86, https://www.gik.kit.edu/downloads/%5bSCHW20%5dGUM_AVN_Teil1.pdf (abgerufen am 05.04.2021).

Schwarz, W. (2020b). Methoden zur Bestimmung der Messunsicherheit nach GUM – Teil 2. *Allgemeine Vermessungs-Nachrichten (AVN)* 127.4: 211–219, https://www.gik.kit.edu/downloads/%5bSCHW20%5dGUM_AVN_Teil2.pdf (abgerufen am 05.04.2021).

Schweizerisches Talsperrenkomitee (2006). Dam Monitoring Instrumentation Concepts, Reliability and Redundancy. *Wasser Energie Luft* 98.2, S. 143–162.

Semtech (2020). https://www.semtech.com/lora (abgerufen am 13.03.2020).

Simeoni, L. (2012). Laboratory tests for measuring the time-lag of fully grouted piezometers. *Journal of Hydrology* 438-439: 215–222, ISSN: 00221694, https://doi.org/10.1016/j.jhydrol.2012.03.025 (abgerufen am 30.03.2021).

Stahlmann, J., Fischer, J. und Middendorp, P. (2012). Rapid-Load-Tests und dynamische Pfahlprobebelastungen – ein Vergleich. 32. Baugrundtagung

26.–29.09.2012 in Mainz, Tagungsband der DGGT (Eigenverlag). ISBN: 978-3-9813953-6-5.

Stahlmann, J. (Hrsg.) (2018). Messen in der Geotechnik 2018: Fachseminar: 22./23. Februar 2018, Heft Nr. 104. Mitteilung des Instituts für Grundbau und Bodenmechanik, Technische Universität Braunschweig. ISBN: 3927610968.

Taetz, S., Blume, K.-H., Keßel, M.-T. und Rathel, M. (2018). Brückenanrampungen auf geokunststoffummantelten Sandsäulen. BAB A26 Stade – Hamburg. *Geotechnik* 41.1: 55–63.

Taubenheim, J. (1969). *Statistische Auswertung geophysikalischer und meteorologischer Daten*. Leipzig: Akademische Verlagsanstalt Geest & Portig.

Thome, H. (2005). *Zeitreihenanalyse*. München: Oldenburg.

van Staveren, M. (2016). *Geotechnik im Umbruch: Praxisführer für Geo-Risikomanagement*. Karlsruhe: Bundesanstalt für Wasserbau: Eigenverlag. ISBN: 978-3-939230-52-6, URL: https://hdl.handle.net/20.500.11970/105058 (abgerufen am 30.03.2021).

Sychla, H., Tieleman, E. und Quaas, R. (2020). Messen in der Geotechnik 2020, Fachseminar: 20./21. Februar 2020, Bd. 110. Mitteilung des Instituts für Geomechanik und Geotechnik, Technische Universität Braunschweig. S. 121–146, https://doi.org/10.24355/dbbs.084-201912181435-0 (abgerufen am 11.04.2021)

Vaughan, P.R. (2003). Observations on the behaviour of clay fill containing occluded air bubbles. *Géotechnique* 53.2: 265–272, ISSN: 0016-8505, https://doi.org/10.1680/geot.2003.53.2.265 (abgerufen am 30.03.2021).

VDI 3786 Blatt 13:2019-11 (2019). Umweltmeteorologie; Meteorologische Messungen; Messstation. Berlin: Beuth.

VOB (2019). Vergabe- und Vertragsordnung für Bauleistungen – Teil A: Allgemeine Bestimmungen für die Vergabe von Bauleistungen. Fassung 2019 Bekanntmachung vom 31. Januar 2019 (BAnz AT 19.02.2019 B2). https://www.vob-online.de/de/vob-gesamtausgaben/vob-2019 (abgerufen am 06.04.2021).

VV-WSV 2602 (2012). Ingenieurvermessung im Bauwesen. Verwaltungsvorschrift der Wasser- und Schifffahrtsverwaltung des Bundes. Herausgegeben vom Bundesministerium für Verkehr, Bau und Stadtentwicklung.

Wagner, A., Wasmeier, P., Reith, C. und Wunderlich, T. (2013). Überwachung von Brücken mit Video-Tachymetern – eine Fallstudie. *Allgemeine Vermessungs-Nachrichten (AVN)* 120.8–9: 283–292.

Weiler, J. und Zwicky, R. (1992). Messung elektrischer Größen. In: *Handbuch der industriellen Meßtechnik*, (Hrsg. Profos, Pfeifer), 5. Aufl. München, Wien: Oldenbourg.

Wieczorek, G. und Snyder, J. (2009). Monitoring slope movements. In: *Geological Monitoring*, (Hrsg. Young & Norby), S. 245–271. Boulder: Geological Society of America. https://doi.org/10.1130/2009.monitoring(11). http://www.science.earthjay.com/instruction/chemeketa/2015_spring/GEO144/lectures/lecture_07/GEO144_lecture_7_Wieczorek_Snyder_2009_overview_monitoring_slope_movements.pdf (abgerufen am 30.03.2021).

Wiedemann, W., Wagner, A., Wasmeier, P. und Wunderlich, T. (2017). Monitoring mit scannenden bildgebenden Tachymetern. In: *DVW-Schriftenreihe*, Bd. 88, S. 31–44. Wißner-Verlag.

Witte, B. und Sparla, P. (2015). *Vermessungskunde und Grundlagen der Statistik für das Bauwesen*, 8. Aufl. Berlin: Wichmann.

Wolf, H. (1965). *Ausgleichungsrechnung nach der Methode der kleinsten Quadrate*. Bonn: Dümmler.

Wolf, H. (1975). *Ausgleichungsrechnung: Formeln zur praktischen Anwendung*. Bonn: Dümmler.

Woschitz, H. und Heister, H. (2017). Überprüfung und Kalibrierung der Messmittel in der Geodäsie. In: *Ingenieurgeodäsie*, (Hrsg. W. Schwarz), S. 403–461. Heidelberg: Springer Nature.

Wüst, K. (2008). *Mikroprozessortechnik: Grundlagen, Architekturen, Schaltungstechnik und Betrieb von Mikroprozessoren und Mikrocontrollern*, 3. Aufl. Wiesbaden: Vieweg Teubner, ISBN: 3834804617.

Yan, Y., Doin, M.-P., Lopez-Quiroz, P., Tupin, F., Fruneau, B., Pinel, V. und Trouve, E. (2012). Mexico City Subsidence Measured by InSAR Time Series: Joint Analysis Using PS and SBAS Approaches. IEEE Journal of Selected Topics in Applied Earth Observations and Remote Sensing, 5.4, S. 1312–1326, ISSN: 1939-1404, https://doi.org/10.1109/JSTARS.2012.2191146 (abgerufen am 06.04.2021).

Ziemann, J., Krauser, P., Zamzow, E. und Daum, W. (2007). *POF-Handbuch: Optische Kurzstrecken-Übertragungssysteme*, 2. Aufl. Springer, ISBN: 978-3-540-49093-7.

Stichwortverzeichnis

A

Absolutdruck 45
Absolutdrucksensor 128
Alarmwert 19, 205
Aliasing-Effekt 322
Amsterdamer Pegel 36
Ankerkraftmessgeber 108, 109
- Einbau 109
- Krafteinleitung in das Bauwerk 109
- Temperatureinfluss 110

Antistokes-Linie 74
Archivierung 202
Atmosphärendruck 48, 124, 128
Atomuhr 64
Auffüllungen 209
Auflösung 83, 157
- räumlich 199

Ausführung 7
Ausführungsplanung 7
Ausschlagmethode 52
Ausschreibung 342
Auswertekonzept 202
Autokovarianzfunktion 324

B

Baugruben 217
- Messprogramm 217

Baugrunderkundung 16
Baugrunduntersuchung 16
Baugrundverbesserungen 224
Bauprozess
- Steuerung 22
- typische Messgrößen 23

Bauwerksverhalten
- zulässige Grenzen 18

Bayes-Theorem 177
Beobachtungsmethode 1, 2, 18
Bernoulli-Gleichung 124
Beschleunigung 65, 106
Beschleunigungssensor
- piezoelektrisch 66

Bessel-Ellipsoid 34
Betriebszustand 336
- Gebrauchstauglichkeit 25

Beweissicherung 20
- bautechnische 19
- geomesstechnische 20

Beweissicherungsverfahren 19
Bewertung der Messdaten 7
Bezugsfläche
- Höhenmessungen 34
- Lagemessungen 34

Bezugssystem 31
- amtliches System 34
- Definition (lokales) 37
- globales 35
- in der Geotechnik 38
- konforme Abbildung 35
- Kriterien für die Wahl 39
- lokales 36
- spannungsfreies 37

Boden
- durchlässig 243

Bodenauflösung 84
Bodenvereisung 49
Bohrlochrammsondierung 17

Empfehlungen des Arbeitskreises Geomesstechnik, 1. Auflage. Arbeitskreis 2.10 „Geomesstechnik“.

Böschung 237
Brechungsindex der Luft 48
Breite
  astronomisch 32
  geografisch 33
Brillouin-Streulicht 68
Bruchmechanismus 239
Brückenschaltung 70
  Thomson 72
  Wheatstone 72

D

Damm 251, 257
Datenanalyse
  Aufbereitung 317
  Visualisierung 317
Datenarchivierung 316
Datenaufbereitung 318
  Bereinigung 319
  Messdaten 318
  Plausibilitätsprüfung 318
Datenauswertung
  s. Datenanalyse 317
Datenerfassung 308
  Darstellung der Messdaten 310
  Handmessgerät 308
  Messanlage 308
  messtechnischer Bericht 310
  Musterinhalte eines Messprotokolls 308
  stationärer Logger 308
Datenmanagement 305
  Auswerteebene 307
  Datenerfassungsebene 306
  Sensorebene 305
Datensicherheit 315
Datensicherung 315
Datenübertragung 310
  analog 310
  digital 312
  Modemverbindung 314
  Netzwerkverbindung 315
  Standleitung 313
DCF 77 310
Deflektometer 241
Deformation 42, 87
  Güte 160
Dehnung 42, 66, 104, 105
  Dehnungsmessstreifen 66, 104
  faseroptische Methoden 66
Dehnungsempfindlichkeit 67
Dehnungsmessung 107
Deich 251
Deponie 26
  radioaktive Abfallstoffe 26
  untertage 27
Deponiebau 21
DFT, diskrete Fourier-Transformation 332
DHHN2016 35
Dichtefunktion 164
Differenzdrucksensor 128
Differenzialdrossel 55
Differenzmethode 53
DInSAR 84
Distometer 98
Doppelmessungen 156
Drahtabtastung
  Licht-Schatten-Prinzip 58
Dreiecksverteilung 172
Druck 69, 70
Druckkissen 114
Druckschlauchwaage 60, 90
  Anwendungen 92
  Funktionsaufbau 90
  hydrostatische Linienvermessung 91
  offen stationär 91
Drucksensor
  Deformationsmessprinzip 70
  Kompensationsmessprinzip 70
  piezoresistiv 70
Durchflussmessung 49
  Methoden 136
Durchlässigkeit
  hydraulisch 126

E

Eichung 144
Einbildentzerrung 86
Einbildfotogrammetrie 86
Einflussgrößen 48
Eingreifwert 19, 205
Einmassenschwinger
  Prinzip 65

Einmodenfaser 67
Einschnittsböschung 244
Ellipsoidnormale 33
Emissionsgrad 73
Entgasung 130
Entwurfsplanung 6
Erdschwerefeld 32
Erkundungsphase 15
Ersatzflächen 33
Erstbeweissicherung 19
Erwartungswert 165
Erweiterungsfaktor 172
ETRS89 35
Euronorm 3
Extensometer
  Bohrloch- 94
  Draht- 95
  Prinzip 94
  Reverse-Head- 94

F

Fallbeispiel
  Auffüllungen und Schüttungen 214
  Baugruben 221
  bergmännischer Hohlraum 281
  Einschnittsböschung 245
  Gründungen und Baugrundverbesserungen 230, 232
  Hafenbau 289
  Hangrutschung 248
  Offshore-Bauwerke 296
  Rutschhang 248
  Talsperren (Staudämme) 261
Faser-Bragg-Gitter-Sensoren 67, 105
faseroptische Systeme 105
  Dehnung 105
  Prinzip 105
  SOFO-Messsystem 105
  Temperatur 105
  Temperaturkompensation 105
  Weißlichtinterferometrie 105
Fehler
  grobe 154
Feldversuch 16, 17
  Grundwasserverhältnisse 17
Fernerkundung 81
FFT, Fast-Fourier-Transformation 332
Filter 126, 130
  high air entry 126
  low air entry 126
Finite-Elemente-Methode 203
Fissurometer 95
  Schwingsaite 96
Flachgründungen 226
Flugzeug 81
Fotogrammetrie
  Bestimmung von Verformungen 87
  Einbild- 86
  Einbildentzerrung 86
  kinematische Abläufe 87
  Korrelationsverfahren 86
  Mehrbild- 86
  Messunsicherheit 87
  Prinzip 86
  Textur 86
Fourier-Transformation
  diskret 332
  numerisch 332
  Treppenfunktion 332
Fragestellung
  geotechnische 153, 197
Freiheitsgrad 166
Frequenzanalyse 331
Frequenzspektrum 43
Frühwarnung 27

G

Galileo 77
Gasblasenbildung 130
  elektrochemisches Potenzial 130
Gauß-Verteilung 165
GBInSAR 81
Gebrauchstauglichkeit 16, 25, 40
Gefährdungen
  natürliche 27
Gefahren- und Risikoabschätzung 238
Gefahrenabwehr 25
Genauigkeit 154, 157
  äußere 160
  innere 160
Genauigkeitsmaß 157, 161
Genauigkeitsnachweis 153
Genauigkeitssimulation 153
geodätisches Datum 33

Geoelektrik 139
  Anwendungen 139
Geofone 65
  Anwendungen 66
  Eigenfrequenz 65
Geoid 32
Geomesstechnik
  Bedeutung 1
Geometrie 54
  Abstand 54
  Distanz 54
  Koordinaten 54
  Länge 54
Geomonitoring 1
Geomonitoringprojekt
  Ablauf 6
Georadar 141
Geotechnik
  Ziele 1, 15
Geschwindigkeit 65, 106
Gewichtsfaktor 166, 172
Glasthermometer 72
Gleitmikrometer 96
globales Navigationssatellitensystem 63
GNSS 63
  Anwendungen 78
  Codes 64
  Differenzial- 64
  Grundprinzip 63
  Korrekturdaten 64, 78
  Kreuzkorrelation 64
  Langzeitbeobachtungen 79
  Nachteile 77
  Pseudoentfernung 64
  Referenzstationen 64
  Signalverzerrungen 78
  Trägerfrequenzen 64
GNSS-Sensoren 77
GPS 77
Gravimetrie 141
Gravitation 32
Größen
  elektromagnetische 139
ground-based InSAR 81
GRS 80 34
Gründungen 224
Grundwassermessstelle
  geschlossene 126
  offene 126
Grundwassermessung 123
Grundwasserpotenzial 124
GUM 157, 164, 166–168, 173
  Pro & Kontra 177

H

Halbbreite 166, 172
Hammerschlagmethode 22
Hänge 237
Hangrutschung
  Messgrößen 28
  Messverfahren 28
Hebung 41
Heißleiter 72
Höhenbestimmung
  trigonometrisch 60
Höhenreduktion 35
Höhenstatus 36
Höhenunterschied 60
Hohlraumbau 272
  untertägig 272

I

Infrarotthermometer 73
Injektionsgut 118, 127
Inklinometer 100, 241
  Gebäude- 103
  Horizontal- 101
  MEMS-Sensoren 103
  mobil 101
  Setzinklinometer 103
  stationär 100
  Umschlagsmessung 102, 103
  Vertikal- 101
InSAR 81
  distributed scatterer (DS) 85
  Flugrichtung absteigend – descending 82
  Flugrichtung aufsteigend – ascending 82
  line of sight 82
  persistent scatterer 85
Instrumentierung
  messtechnisch 199

Interferometric Synthetic Aperture Radar 81
Ishikawa-Diagramm 170

J

Justierung 144

K

Kaimauer/Kaje 284
Kalibrierung 143
  Aufgaben 143
  Bewertung der Ergebnisse 147
  Definition 143
  Dokumentation 147
  Konzepte 145
  Randbedingungen 146
  rückführbare 144
  Vorgehensweise 146
  Werks- 144
Kalorimeterthermometer 72
Kaltleiter 72
Kategorie
  geotechnische 16, 40, 239
Keramik 126
Ketteninklinometer 102
k-Faktor 67
Kinematik 65
  Einmassenschwinger 65
  Weg-Zeit-Verlauf-Verfahren 65
Kohärenzlänge 59
Kompensation 128
Kompensationsmessprinzip 70
Kompensationsmethode 53
Kompensator 89
Kompressibilität 125
Konvergenzen 41
Konvergenzmessgeräte 97
  Distometer 98
  Tachymeter 98
Konvergenzmessung 41
Koordinaten 32
  astronomische 32
  ellipsoidische 33
  UTM- 33
Koordinatensystem
  natürliches 32
Korrelation 160, 161, 163
  Betrag 163
  gemischt 161
  mathematisch 161
  physikalisch 161
Korrelationskoeffizient
  empirischer 161
Kraft
  Definition 44, 68
  Gegenkraft 68
Kraftmessdose 110
  hydraulisch 108
Kraftmessdosen für Ortbetonpfähle
  hydraulisch 111
Kraftmessgeber 110
Kraftmessung 107
  Arten 69
  Dehnungsmesssensor 112
  direkte Messverfahren 108
  indirekte Messverfahren 112
Kreuzkorrelation 64, 161
Kreuzkovarianzfunktion 329

L

Länge
  astronomisch 32
  geografisch 33
Langzeitanalyse 320
Langzeitlager 26
Langzeitstabilität 148
  Empfehlungen 149
  Überprüfung Messsystem 150
Langzeitüberwachung
  Bauwerke 25
Laserinterferometrie 58
Laserscanning
  Auswertesoftware 80
  Einsatzgebiete 81
  Farbkamera 80
  Genauigkeit 80
  Impulsverfahren 80
  Phasenvergleichsverfahren 80
  Plattformen 80
  Prinzip 79
  Verformungen 81
Lastplattendruckversuch 21
Laufzeitverfahren 59

Leckageortung 47
Lichtlot 126
Lichtschnittsensor 58
Lotabweichung 33
Lotachse 89
Lote 98
  Ablesevorrichtungen 100
  Messunsicherheit 100
  Pendellot 98
  Schwimmlot 98
Lotlinie
  Konvergenz 32, 42
Lotrichtung 37, 76
Lotvektor 32
Luftdichte 48
Luftdruck 48

M

Magnetfeld 142
Magnetik 142
Magnetsetzungslot 90
Maßabweichung 179
Massenbewegung
  gravitativ 27
Mechanik 66
Meeresboden
  Stabilität 292
MEMS-Technologie 61
Messabweichung
  aus Widersprüchen 157
  nicht erfasste systematische 155, 168
  systematisch 155
  zufällige 154, 168
Messanker 112
Messanlage 51
Messbereich 198
Messbericht 5
Messdaten
  Auswertung 202
  Verarbeitung 296
Messeinrichtung
  Definition 51
Messergebnis 153
  Güte 154
  Qualität 155
Messgenauigkeit
  optimale 153
Messgröße XXXVII, 51, 154, 169, 210, 227, 255, 293
  bei Hangrutschung 28
  Definition 51
  elektromagnetisch 139
  geometrische 40
  geotechnische 31
  Informationsgehalt 31
  Kinematik 65
  Mechanik 66
  mechanisch 43
  Thermodynamik 72
Messinstrumente
  Anordnung 212, 227, 257
Messkonzept 199
  Planung 18
Messmethode 52
  Ausschlagmethode 52
  Differenzmethode 53
  geophysikalische 138
  Kompensationsmethode 53
Messobjekt
  Definition 51
Messprinzip
  Arten 53
  Geometrie 54
Messprogramm 24, 153, 252, 253, 291
  Anforderungen 198
  Archivierung 202
  Auffüllungen und Schüttungen 209
  Auswertekonzept 202
  Baugruben 217
  Bestandteile 195
  Dämme 251
  Deiche 251
  Entwurf 209
  Grundsätze 201
  Gründungen und Baugrundverbesserungen 224
  Hänge und Böschungen 237
  Instrumentierung 199
  Kaimauer/Kaje 284
  Messgrößen 198
  Messintervall 201
  Messkonzept 199
  Messwertaufbereitung 202

Messziele 196
Offshorebauwerke 291
Probestau 254
Projektbedingungen 196
Staumauer 252
Talsperren 251
Tunnel 263
untertägiger Hohlraum 272
Verteilung der Messpunkte 200
Zeitplanung 201
Zeitreferenz 201
Messpunkte
räumliche Verteilung 200
Messstellenumschalter 305
Messsystem 74
Auswahl 24
Installation 213, 266, 271
Installation und zeitlicher Ablauf der Messungen 229
Kalibrierung 143
Stammdaten 202
Wartung 152
messtechnische Beobachtung
naturbedingter Gefährdungen 27
permanente Begleitung 41
messtechnische Überwachung
Betriebszustand 25
im Stilllegungs- und Nachbetriebszustand 25
während der Bauzeit 218
messtechnischer Bericht 310
Messuhr 54
Messung 210, 219, 226, 254, 293
dynamisch 52
Ergebnis 154
obertägig 269
Qualitätsbewertung 153
redundant 156
statisch 52
untertägig 264, 265
Zeitplan 201
Messunsicherheit 160, 171, 172, 181, 198
erweiterte 160
maximale 173
vom Typ A 168
vom Typ B 168
Messunsicherheitsanalyse
Ablauf 169
Aufgabenstellung 169
Berechnung 170
Berechnung der Ergebnisse 170
Budgetgleichung 173
Modellgleichung 171
Prozessgleichung 169
vollständiges Ergebnis 173
Messunsicherheitsbudget 166, 173
Messverfahren 227, 255, 258, 268, 270, 293
Begriffe 51
Definition 51
geophysikalische 17
Georadar 141
Gravimetrie 141
Messwehre 134
Messwert
Definition 51
Metadaten 317
Meteorologie 131
Michelson-Interferometer 58
microstrain 105
MID-Messsystem 136
Mikrocontroller 306
Mikrowellen 82
Mindestanforderung
Erkundung 16
Untersuchung des Baugrundes 16
Mittelwert
arithmetischer 159
gleitender 327
Modellgleichung 169, 171
Modemverbindung 314
Monitoring
geotechnisch 142
Multiplexer 305
MUX 305

N

Nachbetriebszustand 26
Neigung 61
Neigungsmesssonde
Kalibrierung 101
Messunsicherheit 101

Neigungsmessung 42
  Einheiten 42
  MEMS 61
  Messprinzipien 61
  mit Flüssigkeitshorizont 63
  mit Pendel 61
Neigungssensor
  Einsatzgebiete 103
  Vertikal- 101
Netzwerkverbindungen 315
NHN-Höhen 36
Niveaufläche 32
Nivellement
  geometrisch 60, 88
  Messunsicherheit 89
  Nachteile 90
  Nivellierlatten 89
  Präzisions- 88
  Präzisionslatten 89
  trigonometrisch 60
Nivelliergerät 88
  digital 89
  Justierung 89
  Kompensator 89
Nivellierlatten 89
Nivelliersysteme 88
NN-Höhen 36
NN-System 40
Normalhöhen 36
Normalhöhennull 36
Normalhöhenpunkt 36
Normalverteilung 165
Nyquist-Frequenz 322

O

Obertage 269
Offshorebauwerke 291
Offshorewindenergieanlage 291
Ortbetonpfahl 111
Osterberg-Zelle 111

P

Pendel 61
Pendellot 98
  Dämpfung 100
Periodizität 331
Pfahlkräfte 227
Phasendifferenz 82
Phasenspektrum 43
Phasenvergleichsverfahren 60
Piezometer 124
piezometrische Linie 244
Planung messtechnischer Leistungen 341
Plattendruckversuch
  dynamisch 21
Plattentektonik 35
Plausibilitätsprüfung 318
Polarisationsmodulation 60
Porenfluid 125
Porenvolumen
  quasigesättigt 125
  wassergesättigt 125
Porenwasser 125
  inkompressibel 125
  vollständig gesättigt 125
Porenwasserdruck 44, 123, 243
  Definition 45
Porenwasserdruckänderung 126
Porenwasserdruckmessstellen 243
Präzision 157, 160
Präzisionsnivellierlatte
  Kalibrierung 89
Präzisionsschlauchwaage
  Messunsicherheit 92
Primärspannungsmessung
  Methoden 122
Projektbedingungen 196
Projektionsverzerrungen 35
Prozess
  stochastisch 321
Prozessgleichung 169
Prüfmittelüberwachung 144
Prüfung 144
Pseudoentfernung 64
Pseudo-Noise-Modulation 60
PSI 84
Pumpversuch 123
Punktbestimmung
  polar 75

Q

Qualität 154
  Messergebnis 155

Qualitätsbewertung 153
Qualitätssicherung 341
  Anwendungsgebiete 20
  bei Baumaßnahmen 20
  bei Pfählen 22
  Deutsche Bahn AG 21
  im Spezialtiefbau 21
  Planung 341
  Prüfverfahren 20
Qualitätsüberwachung 21
  Erdbau 20
Quarzthermometer 73
Quarzuhr 64
Quasigeoid 36

R

Radar 82
Radardaten 82
Radarinterferometrie
  Anwendungen 85
  Auswertung 84
  Bodenauflösung 83
  Flugrichtung in der Umlaufbahn 82
  GBInSAR 82
  hochauflösend 82
  InSAR 81
  SAR-Satelliten 84
  Sentinel-1 84
  störende Einflüsse 85
  TerraSAR-X 84
Raman-Streulicht 68
Raman-Streuung 105
Raumbezug 31
Rayleigh-Streuung 105
Reaktionszeit 202
Rechteckverteilung 167
Reduktionen
  der Messgrößen 37
Referenzstation 64
Referenzstationsnetz 78
Refraktion 76
Relativdrucksensor 128
response time 125
Richtigkeit 157
Risikomanagement 7
  Bewertung 11
  Identifikation 8
  Risikoanalyse 11
  Risikobehandlung 8
Rückstreuer 85
Rutschung 237

S

SAA (shape acceleration array) 241
Säbelwuchs 238
Satellit 81
Saugspannung 45
Säulen-Geogitter-Polster-Bauweise 121
SBAS 84
Schallgeschwindigkeit 59
Scherfuge 242, 243
Scherparameter 244
Schiefstellung 41
Schlauchwaage 60
  Bauarten 92
  Druckschlauchwaage 60
Schüttungen 209
Schwadbreite 83
Schwellenwert 204
Schwere 141
Schwimmlot 98
  mit selbstzentrierender Sonde 100
Schwingsaite (vibrating wire) 130
Schwingsaitenaufnehmer 57
Schwingung
  Definition 43
  deterministisch 43
  Fourier-Transformation 43
  Grundbegriffe 43
  harmonisch 43
  nicht periodisch 43
  periodisch 43
  stochastisch 43
Schwingungsmesser 106
Seismik 138
  Messverfahren 138
Seitensichtradar 82
Sensitivitätskoeffizient 171
Sensor
  analog 305
  verteilt 68
Sensoren/Messeinheiten
  digital 306
Servo-Akzelerometer 103

Setzinklinometer 103
Setzung 41
Setzungsmessung
  Genauigkeit 90
  hydrostatisch 90
  Messpegel 90
  Metallplattensetzungsmessgerät 90
Sichelwuchs 238
Sickerlinie 243
Sickerwasser 49
Sinterglas 126
SOFO-Messsystem 105
Sondenextensometer 96
  Gleitmikrometer 96
  Kennwerte und Merkmale 97
  TRIVEC 97
Spannung 69
  Definition 44, 69
  mechanisch 44
Spannungsmessdosen
  Verteilung der Druckspannungen XXXIII, 117
Spannungsmessgeber
  Einpressgeber 121
  für Erddruck 120
Spannungsmessung 107, 114
  Dehnungsmesssysteme 114
  Einflüsse 116
  Gebirgseigenschaften 116
  hydraulische Spannungsgeber 114
  Tangential-, Kontakt- und Radialspannung 118
Spannungsmessungen im Tunnelbau
  tangential, radial XXXIII, 118
Spannungsmonitorstation 115
Spannungszustand
  hydrostatisch 44
Spektrometer 67
Stabilität 238
Standard Penetration Test 17
Standardabweichung 155
  einer Differenz 163
  einer Summe 162
  empirische 159
  theoretische 165
Standardunsicherheit 169
Standrohr 126
Standsicherheit 25, 40, 237
Stauchung 42
Staudamm 257
Stauhaltungsdamm 253
Staumauer XXXVII, 258
Steuerleitsystem 24
Stilllegung 26
Stokes-Linie 74
Streckenverzerrung 35
Streulicht
  Brillouin- 68
  Raman- 68
Student-Verteilung 166
Stützpunkt 41

T

Tachymeter 75
  Aufbau 75
  Effizienz 77
  Einflussgrößen 76
  Messgenauigkeit 76
  Neigungssensor 76
  Präzisionsmessungen 76
  räumlicher Vorwärtsschnitt 76
  Überprüfung und Kalibrierung 77
  Video- 77
  Zielerfassungssysteme 77
  zukünftige Entwicklungen 77
Temperatur 47, 72, 105
  Arten der Messung 72
  Einwirkung auf Messgeräte 48
Temperaturgradient 76
Temperaturkompensation 105
Temperaturmessung 131
  Aufheizmethode 133
  Faseroptik 74
  faseroptisch 132
  Leckageortung 133
  punktweise 131
Temperaturprofile
  linienhaft 132
Tensiometer 124
terrestrisches Laserscanning 80
Thermodynamik 72
Thermoelement 72

Thermometer
  Infrarot- 73
  Kalorimeterthermometer 72
  Quarz- 73
  Ultraschall- 73
  Widerstands- 72
Thomson-Brückenschaltung 72
time lag 125
Toleranz 178, 181
  Vermessungs- 179
Toleranzkette 179
Toleranzrechnung
  arithmetisch 179
  statistisch 179
Toleranzüberschreitung
  Prüfung 182
Totalspannung 115
Tragfähigkeit 16
Tragfähigkeitsprüfung
  dynamisch 22
  statnamisch 22
Trend
  linear 327
  nichtlinear 328
Trennschärfe 153, 181
Triangulationssensor 58
trigonometrische Höhenbestimmung 60
Tunnel 263
Tunnelbohrmaschine 24

U

Überlaufschlauchwaage
  Prinzip 93
  stationär 93
Überprüfung 150
Überwachung 254, 257
Überwachungssystem
  Damm 254
  Deich 254
  Talsperre 254
Uhrenablage 64
Ultraschall
  Abstandsmessungen 59
Ultraschallthermometer 73
Umlaufbahn XXXII, 83
Umschlagsmessung 103
Umwelt 47
  Einflussgrößen 47
Universalverteilung 167
Unsicherheit 154
  maximale 173
UTM-Koordinaten 33

V

Varianz
  empirische 159
Varianzfortpflanzungsgesetz 162
Venturigerinne 134
Verfahren
  geophysikalische 137
Verformungskörper
  Bauarten 68
Vergabe 342
  Grundsätze 344
  Leistungsbeschreibung 345
Vergleichsstandardabweichung 160
Vermessungstoleranz 179, 181
Verpressen
  vollständiges (fully grouted method) 127
Verschiebung 41, 242
Verteilung 164
  Dreiecks- 172
  eindimensionale 166
  Gauß- 165
  mehrdimensionale 166
  Normal- 165
  Rechteck- 167
  Student- 166
  Universal- 167
Vertikalneigungsmesssonde 101
Vertikalverformung 227
Vertikalverschiebung 41
vertragliche Rahmenbedingungen 341
Vertrauensintervall 173
Verzerrung 42, 104
Videotachymetrie 77
Visualisierung
  von Zeitreihen 336
Volumenstrom 49, 71, 134
  Arten der Messung 71
  Geschwindigkeitsmessung 135
Volumenstrommessung 49

W

Wahrscheinlichkeit 164
Wartung 152
Wasserdruckversuch 123
Wegaufnehmer 54
  induktiv (Bauarten) 55
  inkrementell 56
  kapazitiv (Bauarten) 56
  resistive 54
Wegsensor 54
Weißlichtinterferometrie 59, 105
Wellenlänge 82
Wellenlängenmultiplexverfahren 68
Werkskalibrierung 144
Wert
  quasiwahrer 156
  wahrer 155
Wetterstation 131
WGS 84 34, 63, 78
wheatstonesche Brückenschaltung 72
Widerstandsthermometer 72
Wiederholstandardabweichung 160
Wiederholungsmessung 156, 166

Z

Zeitmultiplexverfahren 68
Zeitreihe 43, 321
Zeitreihenanalyse 320
Zeitverzögerung
  hydrodynamisch 125
Zentrifugalkraft 32
Zielerfassungssysteme 77
Zufallsvariable 161